21世纪高等学校数字媒体专业系列教材

Animate动画制作实用教程

微课视频版

缪亮 郭刚 主编

清华大学出版社
北京

内容简介

本书是一本介绍Animate动画制作和设计的教材，作者从动画制作的基础知识开始讲解，通过大量的范例，由浅入深地介绍Animate动画制作的核心技术。

本书共11章，分别介绍了Animate图形的绘制、色彩的应用、图形的变换、文本的创建和应用、元件和实例概念、各种类型的动画制作、声音和视频的应用以及ActionScript 3.0程序编写等知识。本书融入了作者多年的动画制作经验和技巧，突出操作与实际应用的结合，范例来自作者多年动画制作和教学经验的总结，具有很强的针对性和实用性。同时，本书针对性地提供了上机练习，以帮助读者通过实践来体验所学的知识，更快地掌握实用技术。

为了让读者更轻松地掌握Animate动画制作，本书制作了配套微课视频。微课视频包括教材的精华内容，全程语音讲解，真实操作演示，让读者一学就会。另外，本书配套资源内容丰富、实用性强，提供了本书用到的实例源文件及各种素材。

本书面向学习Animate动画设计与制作的初、中级读者，可作为各类院校数字媒体、动漫设计和图形图像等专业的教材，也可作为各层次动画设计与制作专业职业培训的专业教材，同时还可作为广大动画爱好者的参考书。

图书在版编目(CIP)数据

Animate动画制作实用教程：微课视频版 / 缪亮，郭刚主编 . —北京：清华大学出版社，2023.9
21世纪高等学校数字媒体专业系列教材
ISBN 978-7-302-64236-7

Ⅰ. ① A…　Ⅱ. ①缪…　②郭…　Ⅲ. ①动画制作软件－高等学校－教材　Ⅳ. ① TP391.414

中国国家版本馆CIP数据核字(2023)第136009号

责任编辑： 贾　斌　薛　阳
封面设计： 刘　键
责任校对： 胡伟民
责任印制： 宋　林

出版发行： 清华大学出版社
　网　　址： http://www.tup.com.cn，http://www.wqbook.com
　地　　址： 北京清华大学学研大厦A座　　**邮　　编：** 100084
　社 总 机： 010-83470000　　**邮　　购：** 010-62786544
　投稿与读者服务： 010-62776969，c-service@tup.tsinghua.edu.cn
　质 量 反 馈： 010-62772015，zhiliang@tup.tsinghua.edu.cn
　课 件 下 载： http://www.tup.com.cn，010-83470236
印 装 者： 大厂回族自治县彩虹印刷有限公司
经　　销： 全国新华书店
开　　本： 185mm×260mm　　**印　　张：** 23.5　　**字　　数：** 572千字
版　　次： 2023年9月第1版　　**印　　次：** 2023年9月第1次印刷
印　　数： 1～1500
定　　价： 69.00元

产品编号：097892-01

前　　言

Flash 动画是一种常见的二维动画模式，其诞生于 20 世纪 90 年代末期。由于 Flash 以矢量绘图手段为主，其生成的动画文件体积小巧并支持交互，能够保证用户在当时网络带宽较小、网速加满的环境下流畅地观看动画，其一经推出就盛极一时。2005 年，Flash 所在的 Macromedia 被大名鼎鼎的 Adobe 公司收购，Flash 也由此跃升为专业的二维动画制作软件。2015 年 12 月 2 日，Adobe 公司正式将 Flash 未来版本更名为 Animate（简称为 AN）。新的命名带来了功能的大跃进，增加了大量的符合互联网时代要求的新特性，如支持 HTML5 Canvas 和 WebGL 等，能够通过可扩展架构支持包括 SVG 在内的动画格式。

Animate 的功能强大，可以制作各种精美的矢量动画，同时可以将声音、视频和图片等多种媒体融合在一起，使用户能够方便快捷地制作出各种高品质的多媒体作品。作为 Adobe 公司的一款动画制作软件，Animate 具有界面友好、使用方便和体系结构开放等特点，特别适用于网络动画设计、动漫作品的设计、商业广告动画的制作和各类多媒体作品的创作，并已经广泛用于网页制作、多媒体演示、游戏设计、网络广告制作及手机动画设计和制作等各领域。

本书以易学、全面和实用为目的，从基础到应用、从简单到复杂，系统地介绍了 Animate 的功能，详细分析各个功能的操作方法和使用技巧，通过动手练习将功能介绍融合到实际设计中，让读者能够轻松掌握 Animate 动画制作的各项功能和操作技巧。

主要内容

本书共分为 11 章，各章节的内容介绍如下：

第 1 章介绍 Animate 的基础知识，包括使用 Animate 必须掌握的有关概念、Animate CC 的工作界面、文件的基本操作以及 HTML5 的发布方式等。

第 2 章介绍 Animate 绘图工具的使用，包括使用绘图工具绘制各种规则和不规则图形的方法，以及各种特殊绘图工具和辅助绘图工具的使用技巧。

第 3 章介绍 Animate 色彩应用的知识，包括图形的纯色填充、渐变填充和位图填充等。

第 4 章介绍 Animate 图形变换的知识，包括对象的变形操作、对象的对齐和排列以及对象的合并和组合的操作技巧。

第 5 章介绍 Animate 文本使用的知识，包括文本的创建、文本样式的设置和段落格式的设置等，同时介绍了使用滤镜创建文字特效的方法。

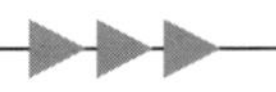

第 6 章介绍 Animate 基本动画制作的知识，包括逐帧动画、形状补间和传统补间动画的制作以及缓动效果的设置。

第 7 章介绍 Animate 元件和实例，包括元件和实例的概念、影片剪辑元件和按钮元件的使用方法以及库使用技巧。

第 8 章介绍 Animate 基于对象的补间动画的制作，包括动画的创建、动画编辑器的使用技巧以及预设动画的使用方法。

第 9 章介绍 Animate 高级动画的制作，包括遮罩动画的制作、3D 动画的制作、骨骼动画的制作和场景动画的制作。

第 10 章介绍 Animate 多媒体功能的使用知识，包括在作品中插入声音和声音的处理，以及在作品中添加视频的操作方法。

第 11 章介绍 Animate 动画交互的应用知识，包括在作品中进行 ActionScript 脚本编程的方法、ActionScript 3.0 类和时间的概念。同时，通过范例介绍 ActionScript 在动画制作中的应用技巧，包括实现动画交互、控制动画播放、处理文本、使用时间以及控制音频的播放等。

本书特点

1. 内容翔实

本书是一本 Animate 动画制作入门和提高的专业教材，内容涵盖 Animate 动画制作的实用知识，既介绍基本操作方法，也介绍各种高级操作技巧。同时，本书还涉及动画设计理念，扩展学习范围，提供丰富的应用方法。

2. 结构合理

本书在结构上以知识讲解为先导，以应用范例为中心，避免枯燥的说教，给读者以实际操作机会。每个章节内容均按照认知的规律，由知识到应用的过程来进行组织，在动画范例的制作过程中，穿插知识归纳和实用技巧点拨。每章提供针对性的练习和上机操作，给读者以思考和训练的空间。书后安排行业应用综合案例，同时对行业特性进行分析归纳，使读者不仅能“知其然”，更能“知其所以然”。

3. 精选案例

本书提供了大量的实际案例，案例选择合理，具有代表性并有较高的启发性，所有案例均倾注了作者多年的实践经验，具有较强的实用性和指导性。章节案例注意与知识点的密切结合，突出 Animate 动画的特点，小巧而精致，同时兼顾动画设计领域的实际需求。案例的制作步骤详细，条理清晰，使读者容易上手，便于理解。

4. 配套微课

为了让读者更轻松地掌握 Animate 动画制作技术，作者精心制作了配套微课视频。微课视频包括教材的精彩内容，全程语音讲解，真实操作演示，让读者一学就会。不管是教师还是学生，扫描二维码即可在线播放微课视频，这样更加有利于教师的教和学生的学。

本书作者

参加本书编写的作者均为从事一线教学工作多年的资深教师，有着丰富的教学经验和动画设计经验。

本书由缪亮担任主编（负责编写第 1 ～ 4 章），郭刚担任副主编（负责编写第 5 ～ 11 章）。另外，感谢开封文化艺术职业学院对本书创作给予的支持和帮助。

相关资源

立体出版计划，为读者建构全方位的学习环境。最先进的建构主义学习理论表明，建构一个真正意义上的学习环境是学习成功的关键。学习环境中有真情实境、有协商和对话、有共享资源的支持，才能使读者高效率地学习，并且学有所成。因此，为了帮助读者建构真正意义上的学习环境，作者以图书为基础，为读者专门设置了一个图书服务网站。

网站提供相关图书资讯，以及相关资料下载和读者俱乐部。在这里读者可以得到更多、更新的共享资源；还可以交到志同道合的朋友，相互交流、共同进步。

编　者

2023 年 7 月

目　录

第1章 Animate CC 动画制作基础

Animate CC 是一款优秀的动画、游戏和多媒体制作软件，从其诞生开始，对它的定义就在不断改变。Animate 的前身是大名鼎鼎的 Flash，2015 年 2 月 2 日，Adobe 公司宣布了将 Flash Professional 未来的版本正式更名为 Animate CC。相较于 Flash，Animate CC 增加了大量的新特性，是一款定位于游戏设计、应用程序开发和 Web 开发的交互式矢量动画设计软件。本章将介绍 Animate CC 的界面及基本操作的知识，引导读者进入 Animate CC 的学习之旅。

本章主要内容：

- Animate CC 的工作环境；
- 文档的基本操作；
- 影片的测试和导出；
- 文件的发布。

1.1 Animate CC 的工作环境

操作界面是 Animate CC 为用户提供的工作环境，也是软件为用户提供工具、信息和命令的工作区域。熟悉操作界面有助于提高工作效率，使操作得心应手。

1.1.1 Animate CC 的操作界面

AnimateCC 操作界面

启动 Animate CC 并创建一个新文档，此时将打开 Animate CC 的工作窗口并创建空白影片文档。Animate CC 的“传统”工作区界面窗口构成如图 1.1 所示。

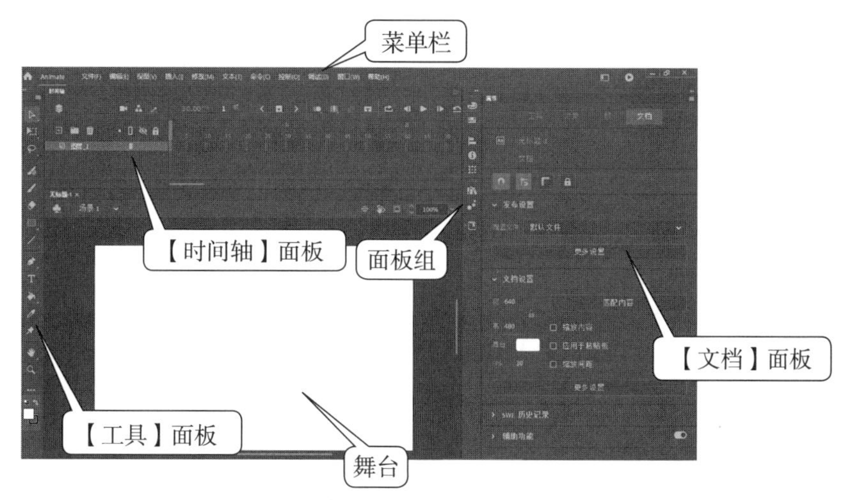

图 1.1　Animate CC 的工作窗口

Animate CC 的工作窗口主要包括菜单栏、绘图工具箱、时间轴、舞台和面板等构成要素。

1. 菜单栏

菜单栏包含 Animate CC 的操作命令，主要有【文件】【编辑】【视图】【插入】【修改】等 11 个菜单项，单击每一个菜单项都可以弹出一个下拉菜单，使用菜单中的命令将能够实现各种操作。

2.【工具】面板

【工具】面板是 Animate CC 的一个重要面板，其中包含了用于图形绘制和编辑的各种工具，利用这些工具可以绘制图形、创建文字、选择对象、填充颜色、创建 3D 动画等。单击【工具】面板中的【折叠为图标】按钮，可以将面板折叠为图标。在面板的某些工具的右下角有一个三角形符号，表示这里存在一个工作组，单击该按钮后按住鼠标不放，则会显示工具组的工具。将鼠标移到打开的工具组中，单击需要的工具，即可使用该工具，如图 1.2 所示。

在【工具】面板中单击某个工具按钮选择该工具，此时在【属性】面板中将显示工具设置选项。使用【属性】栏，可以对工具的属性参数进行设置，如图 1.3 所示。

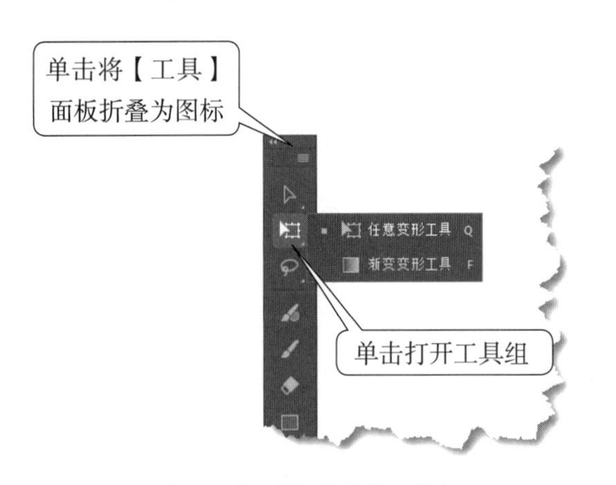

图 1.2 打开隐藏的子工具组

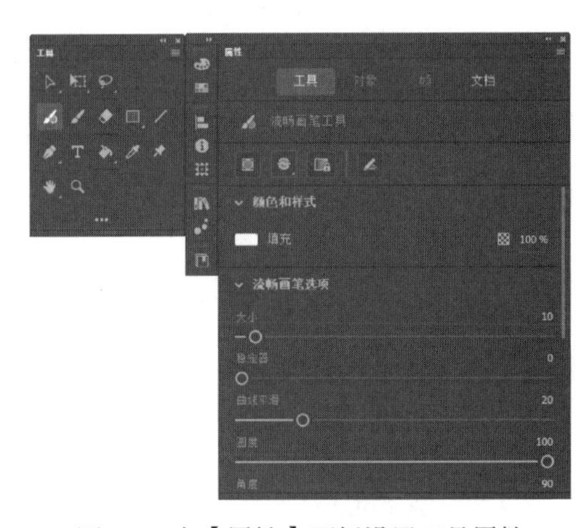

图 1.3 在【属性】面板设置工具属性

专家点拨： 按 F4 键将能够显示或隐藏【工具】面板和所有的面板。拖曳【工具】面板顶端的灰条可以移动该面板，此时面板成为一个浮动面板。将浮动面板拖放到程序窗口左右两侧的边框上，可以将面板停靠在窗口边框上。

3.【时间轴】面板

【时间轴】面板是一个显示图层和帧的面板，用于控制和组织文档内容在一定时间内播放的帧数，同时可以控制影片的播放和停止。Animate CC 动画与传统的动画原理相同，是按照画面的顺序和一定的速度来播放影片的。与胶片一样，Animate CC 动画将时长分为帧，每一帧中包含了不同的画面，这些画面分别是一组连贯工作的分解画面，按照一定的顺序将画面在时间轴中排列，连贯起来播放就好像动起来了。图层就像一张张透明的玻璃纸，每个图层中包含一个显示在舞台上的对象，一层层地叠加上去就

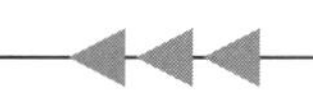

构成了一幅完整的图画。

Animate CC 中的【时间轴】面板主要包含图层、帧和播放头，其结构如图 1.4 所示。在面板中，时间轴顶部标题数字指示帧编号，蓝色的标记线为播放头，播放头可以在时间轴上任意移动，在工具栏中显示出在舞台上的当前帧。如果需要定位时间轴上的某一帧，可以单击时间轴上的帧格，也可以拖动播放头将其放置到该帧格上。

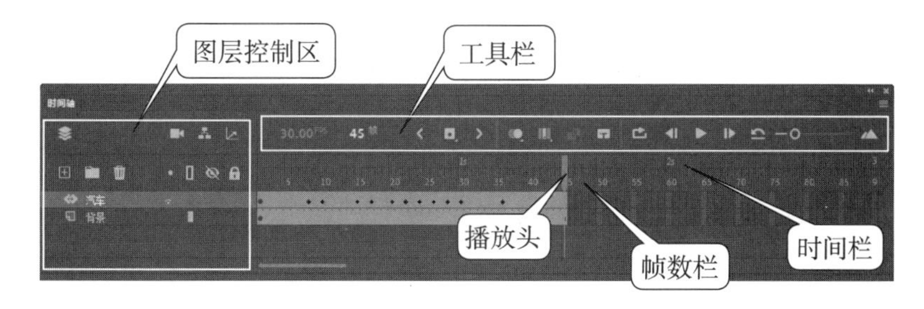

图 1.4 【时间轴】面板

单击【时间轴】面板右侧的按钮将打开一个菜单，使用该菜单中的选项可以对【时间轴】面板的显示样式进行设置。如勾选【预览】选项，时间轴的关键帧将显示该帧的对象和动画设置。勾选【时间轴控件 - 底部】选项，可以将【时间轴】面板中的工具栏放置到面板的下方，如图 1.5 所示。

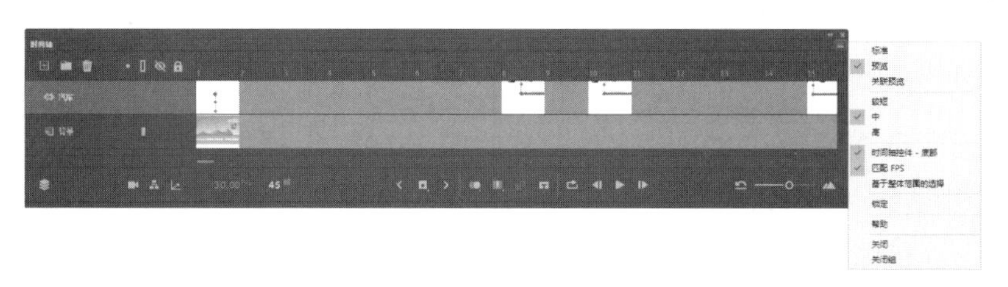

图 1.5　设置面板的样式

专家点拨：在【时间轴】面板上双击【时间轴】标签，可以隐藏面板。隐藏后再次双击该标签将取消面板的隐藏。

4. 面板组

面板组是多个面板的集合，其中放置着 Animate CC 常用的功能面板，如【颜色】面板、【对齐】面板和【信息】面板等。在面板组中单击某个按钮，可以直接打开该面板，如图 1.6 所示。在面板组中，将按钮拖放到面板组的外面可以使其成为单独的浮动面板。将一个浮动面板拖放到面板组中可以将该面板添加到组列表中。同时，在面板组中上下拖放面板按钮可以改变其在面板组中的位置。

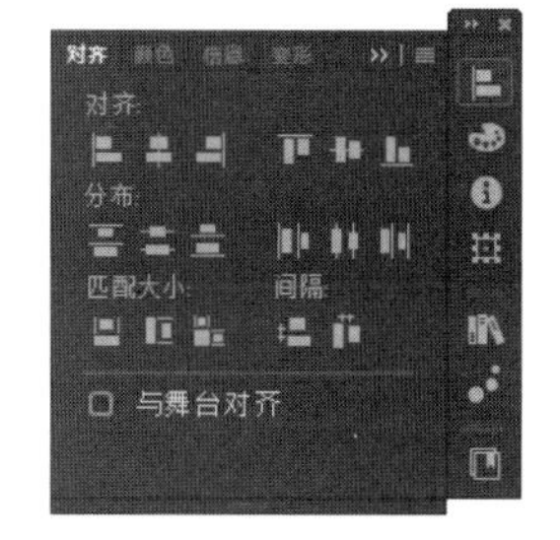

图 1.6　面板组

5. 舞台和场景

在 Animate CC 窗口中，对动画内容进行编辑的整个区域称为场景，用户可以在整个区域内对对象进行编辑绘制。在场景中，舞台用于显示动画文件的内容，供用户对对象进行浏览、绘制和编辑，舞台上显示的内容始终是当前帧的内容。

在默认情况下，舞台的背景色为白色，当在舞台区域放置了覆盖整个区域的图形，则该图形将作为 Animate 动画的背景。在舞台的周围存在着黑色区域，放在该区域中的对象可以进行编辑修改，但不会在导出的动画中显示出来。因此，所有需要在最终动画文件中显示的元素必须放置在舞台中，如图 1.7 所示。

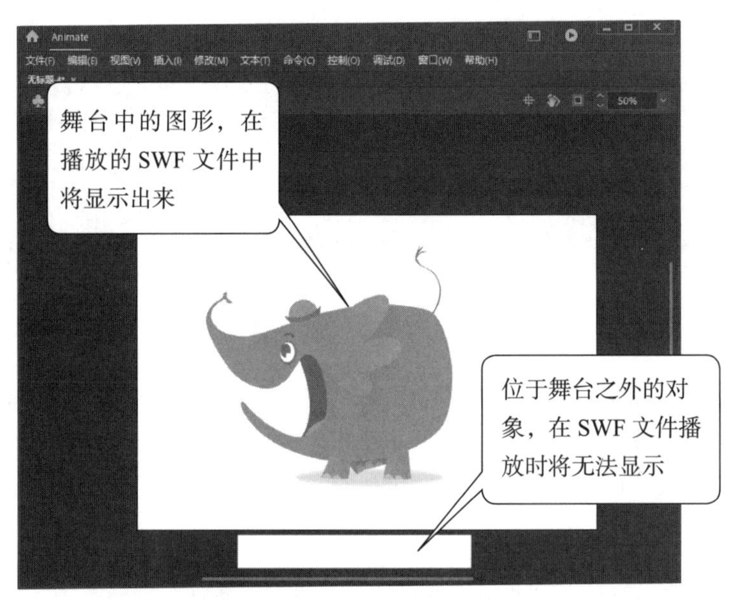

图 1.7　舞台上能够显示的图形

为了方便图形在编辑和绘制时定位，有时需要在舞台上显示网格和标尺。选择【视图】|【标尺】命令，将可以在场景中显示垂直和水平标尺。选择【视图】|【网格】|【显示网格】命令，在舞台上将显示出网格，如图 1.8 所示。

图 1.8　显示标尺和网格线

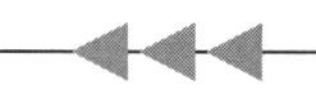

在对图形对象进行编辑制作时，用户可以根据需要对舞台进行操作。如用户可以对舞台进行旋转，具体的操作如图 1.9 所示。

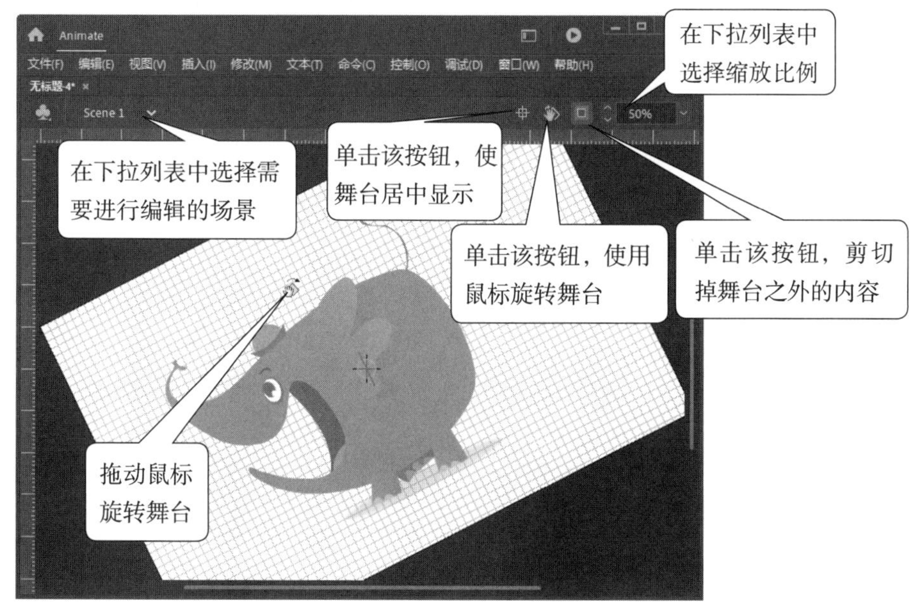

图 1.9　舞台上的操作

专家点拨： 如果使用 Animate CC 打开多个动画文件，在默认情况下会在场景的上方显示相应的选项卡，单击这些选项卡可以在不同的文档中进行切换。

1.1.2　设置工作环境

设置工作环境

不同的操作者在使用软件时有不同的操作习惯，因此创建符合自己操作习惯的工作环境将有助于提高工作效率。Animate CC 的界面具有强大的可定制性，用户可以根据需要通过调整面板的位置和是否显示来改变工作区的布局，同时还可以对工作区和舞台进行设置，以创建适合自己需要的工作环境。

1. 设置首选参数

在 Animate CC 中，选择【编辑】|【首选参数】|【编辑首选参数】命令将打开【首选参数】对话框，使用该对话框可以对 Animate CC 进行全局设置。在对话框左侧列表中选择设置类型，在窗口右侧对该类参数进行设置。如选择【常规】选项，操作者可以设置常规首选参数。这里勾选【自动折叠图标面板】复选框，则在单击展开的面板外部时，该面板将自动折叠，如图 1.10 所示。

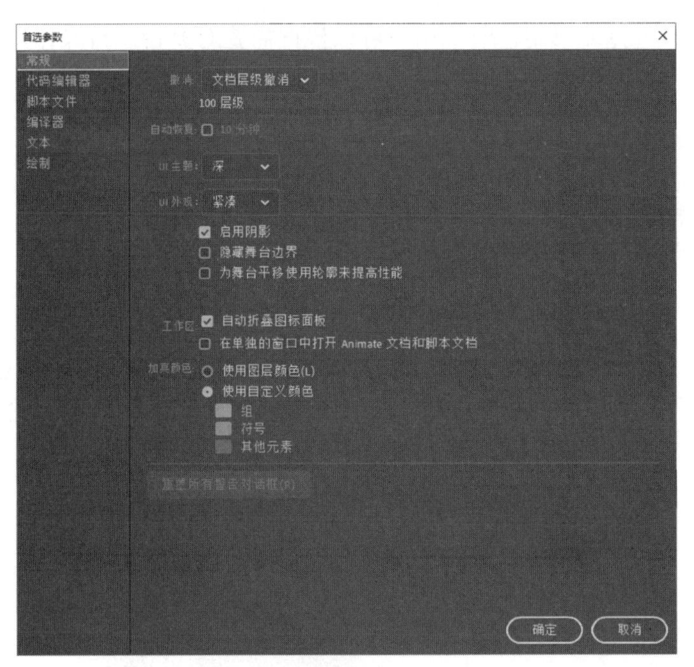

图 1.10 【首选参数】对话框

2. 自定义【工具】面板

Animate CC 的【工具】面板中工具的布局可以根据需要进行设置，下面介绍具体的操作方法。

（1）在【工具】面板中单击【编辑工具栏】按钮打开【拖放工具】面板，面板中列出了 Animate CC 所有可用的工具。【工具】面板中存在的工具，按钮显示为灰色。利用鼠标将未放置于【工具】面板中的工具拖放到【工具】面板中即可实现该工具的添加，如图 1.11 所示。从【工具】面板中将工具拖放到【拖放工具】面板中，可以将该工具从【工具】面板中删除。

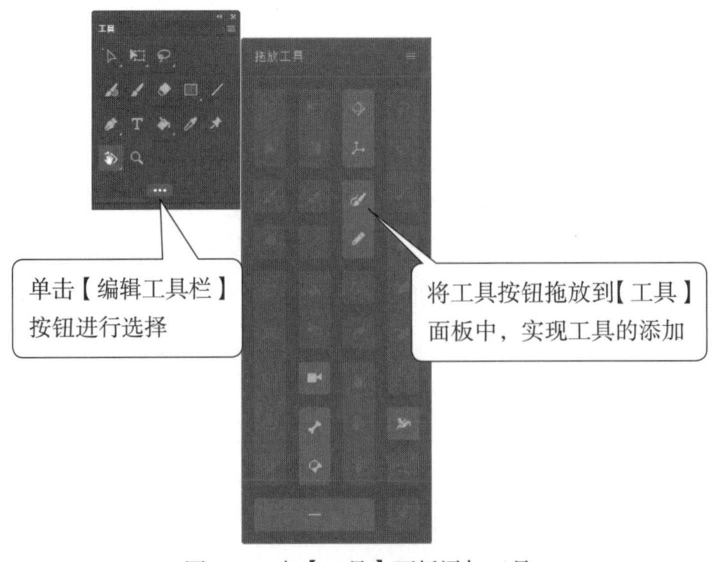

图 1.11 向【工具】面板添加工具

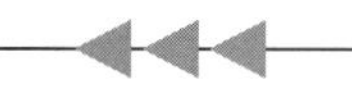

（2）从【拖放工具】面板中将【拖放间隔条以创建可拆分的分组】按钮拖放到【工具】面板的需要位置，可以在【工具】面板中创建工具分组，如图 1.12 所示。

图 1.12　实现分组

3. 设置工作区

Animate CC 提供了 8 种样式的工作区布局，它们包括传统、动画、基本、基本功能、调试、小屏幕、开发人员和设计人员。操作者可以根据不同的操作任务来选择，同时操作者也可以建立自己的工作区，并在以后的工作中使用。下面介绍新建和管理工作区的操作方法。

（1）在 Animate CC 程序窗口中单击【工作区】按钮，在打开的列表的【新建工作区】文本框中输入需要保存的工作区名称，单击【保存工作区】按钮即可将当前工作区按照输入名称保存，如图 1.13 所示。

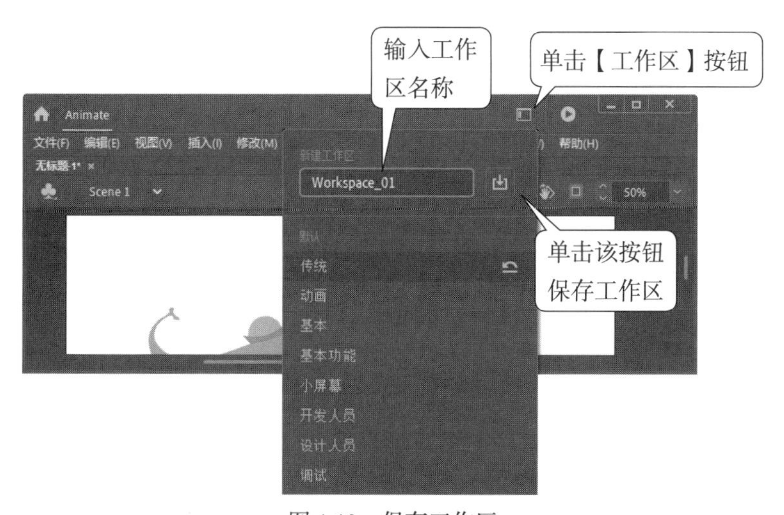

图 1.13　保存工作区

（2）保存的工作区将出现在【窗口】|【工作区】列表中，用户可以直接选择使用，

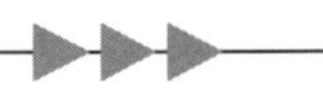

如图 1.14 所示。单击【工作区】按钮，在打开的列表中单击保存的工作区右侧的【删除】按钮将删除该工作区。单击【重置】按钮将重置该工作区，如图 1.15 所示。

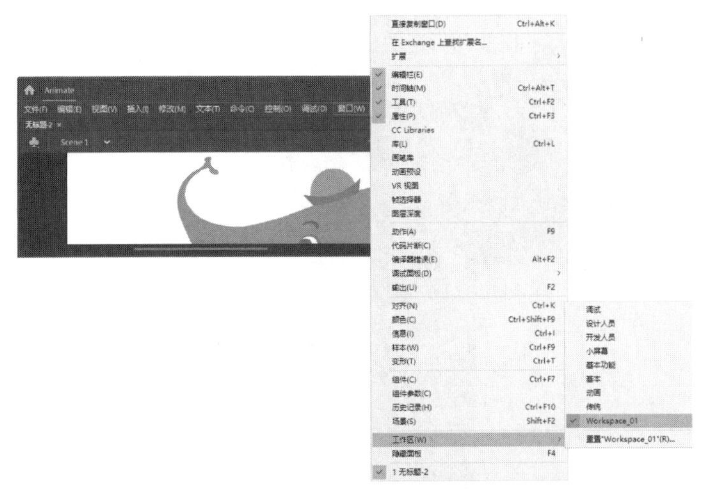

图 1.14　选择使用已保存的工作区

图 1.15　对保存的工作区进行操作

文档的基本操作

1.2　文档的基本操作

使用 Animate CC 制作动画，首先需要掌握其基本的操作技巧。本节将介绍初学者使用 Animate CC 必须掌握的文档新建、打开、关闭和设置文档属性等操作的方法和技巧。

1.2.1　新建文档

使用 Animate CC 制作动画的第一步是创建一个新文档，用户可以创建新的空白文档，也可以根据模板来创建新文档，下面介绍具体的操作方法。

1. 创建空白文档

启动 Animate CC，选择【文件】|【新建】命令打开【新建文档】对话框，在对话框

上方列表中选择创建文档类型，如这里选择【角色动画】选项。在【预设】列表中选择预设动画样式，在【详细信息】栏中设置新文档的【宽】【高】【帧速率】和【平台类型】。完成设置后，单击【创建】按钮即可创建空白文档，如图 1.16 所示。

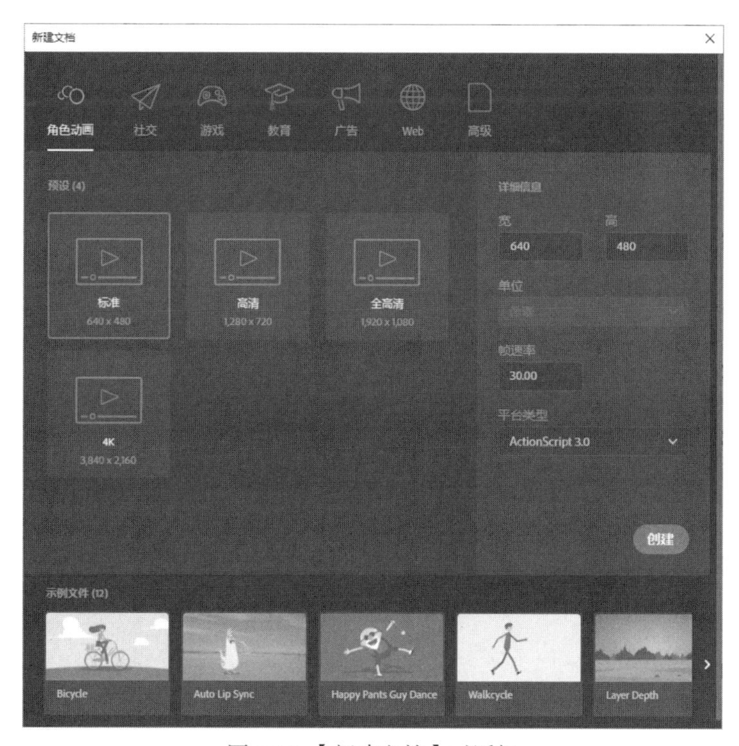

图 1.16 【新建文档】对话框

2. 从模板创建文档

Animate CC 提供了各种类型的应用模板供用户选择使用，选择【文件】|【从模板新建】命令打开【从模板新建】对话框。在对话框的【类别】列表中选择需要使用的目标类别，在【模板】列表中选择该类型的目标文件，此时在【预览】窗口中将能看到该模板的预览图。单击【确定】按钮即可基于选择的模板创建一个新文档，如图 1.17 所示。

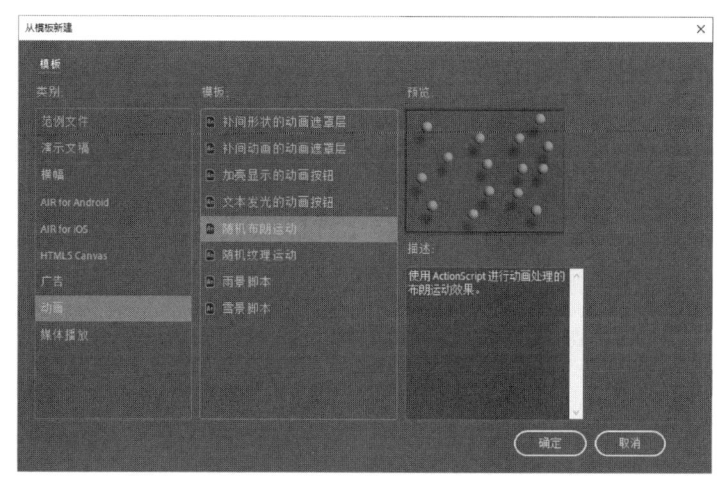

图 1.17 【从模板新建】对话框

1.2.2 设置文档属性

在创建新文档时，可以根据需要对文档的宽度、高度和舞台背景色进行设置。创建文档后，这些文档的基本属性是可以根据需要重新设置的，下面介绍具体的操作方法。

（1）选择【修改】|【文档】命令打开【文档设置】对话框，在对话框的【舞台大小】栏的【宽】和【高】文本框中输入数值设置舞台的宽度和高度。在【单位】列表中选择相应的选项可以设置舞台大小的设置单位，如图 1.18 所示。

（2）在【文档设置】对话框中单击【舞台颜色】按钮，在打开的调色板中选择颜色即可实现对舞台背景色的设置，如图 1.19 所示。

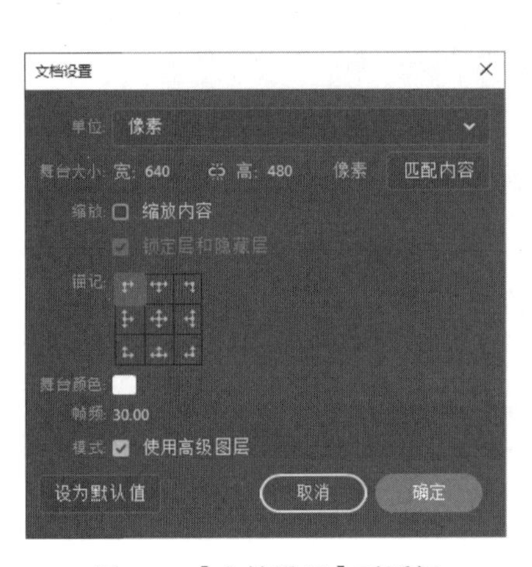

图 1.18 【文档设置】对话框

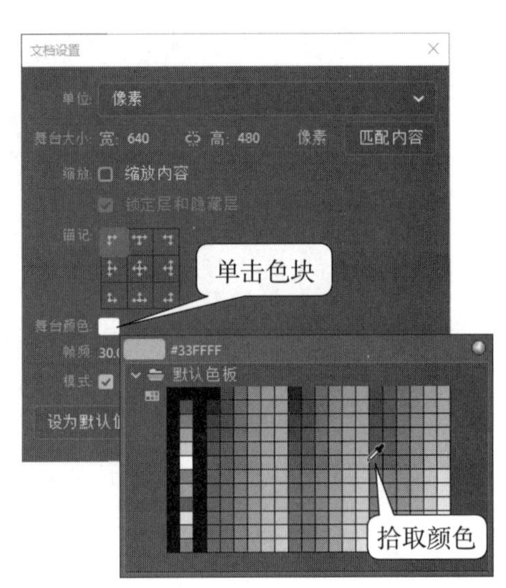

图 1.19 设置背景色

（3）将鼠标放置到【帧频】数字上，拖动鼠标改变影片放映的帧频值，如图 1.20 所示。这里，帧频值的大小决定了影片每秒放映的帧数，该值将直接影响到影片放映的快慢，其单位为“帧 / 秒”，也就是每秒放映的帧数。另外，单击对话框中的帧频值，将出现文本，可以直接输入数字对帧频进行设置。在设置完成后，单击【确定】按钮关闭对话框。

（4）在【属性】面板中单击【文档】标签，展开【文档设置】设置栏，同样可以对文档的属性进行设置，如图 1.21 所示。

图 1.20 设置帧频

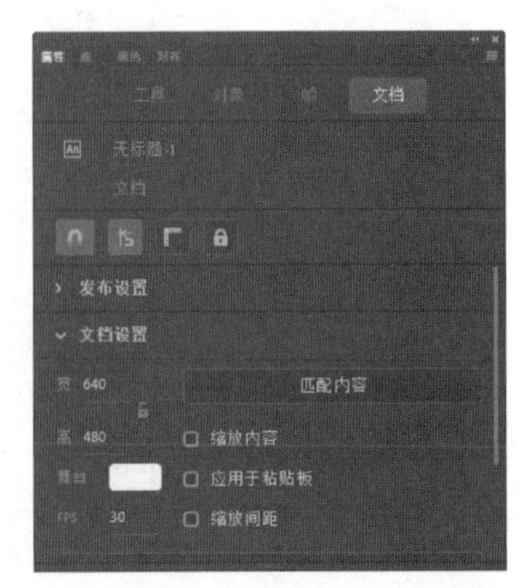

图 1.21 在【属性】面板中设置文档属性

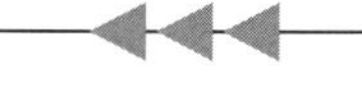

1.2.3　保存文档

在完成 Animate CC 文档的创建和制作后，文档需要保存。下面介绍 Animate CC 中文档的保存操作。

1. 文档的保存

用户创建新文档后，如果是第一次保存，在选择【文件】|【保存】命令时，Animate CC 将打开【另存为】对话框。使用该对话框用户可以设置动画文件保存的位置和文件名，如图 1.22 所示。完成设置后，单击【保存】按钮文档即被保存。

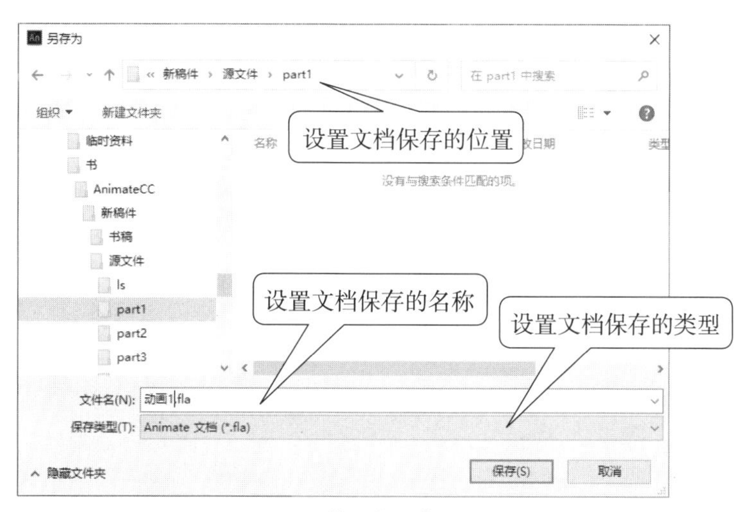

图 1.22 【另存为】对话框

对于已经保存过的文档，文档如果进行了修改，需要对其进行保存。如果选择【文件】|【保存】命令，文档将直接进行保存。如果需要将文档保存在其他位置或更改文档名和类型，可以选择【文件】|【另存为】命令，此时将打开【另存为】对话框，完成设置后单击【保存】按钮即可。

专家点拨：在动画的制作过程中，随时保存文件是一个好习惯，这样可以有效地避免因为计算机死机或断电等原因造成数据的丢失。在保存文件时，按 Ctrl+S 组合键将执行【保存】操作，按 Ctrl+Shift+S 组合键将执行【另存为】操作。

2. 将文档保存为模板

Animate CC 允许将文档保存为模板，选择【文件】|【另存为模板】命令打开【另存为模板】对话框。在对话框的【名称】文本框中输入模板的名称，在【类别】下拉列表中选择模板类型，在【描述】文本框中输入对模板的描述，如图 1.23 所示。完成设置后，单击【保存】按钮即可将动画以模板的

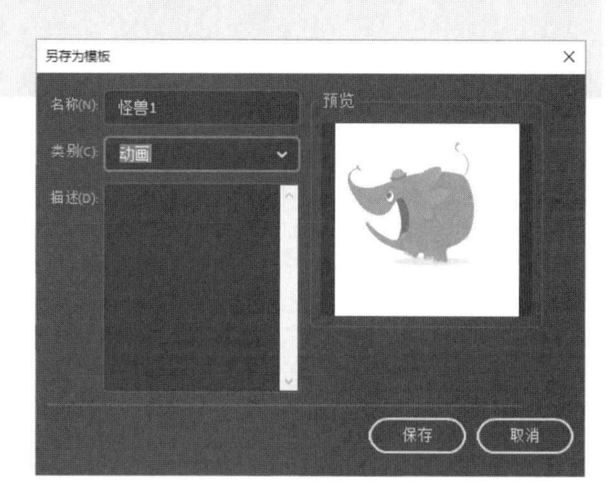

图 1.23 【另存为模板】对话框

形式保存下来。

专家点拨： 用户在关闭文档时，如果该文档是新文档或编辑过而未保存的文档，Animate 会给出提示对话框，提示用户是否要保存对该文档的修改。如果需要保存，单击对话框的【是】按钮；如果需要关闭文档而不保存，则可单击【否】按钮；如果是取消文档的关闭操作，则可以单击对话框中的【取消】按钮。

3. 自动恢复

设计师在制作作品时，往往忘记了文档的保存。此时如果遇到应用程序或操作系统崩溃，没有保存的文件将再也无法找回，自己辛勤劳动的工作成果将会丢失。Animate CC 为了减少这种情况发生时所带来的损失，提供了自动恢复功能。自动恢复功能能够定时自动保存当前正在编辑的文档作为备份，这样当遇到程序崩溃时用户还可以利用这个备份文档找回自己的工作成果。

选择【编辑】|【首选参数】|【编辑首选参数】命令打开【首选参数】对话框，在左侧的列表中选择【常规】选项，勾选【自动恢复】复选框开启自动恢复功能，在其后的文本框中输入数值设置自动备份文档的时间间隔，如图 1.24 所示。完成设置后单击【确定】按钮关闭对话框，Animate CC 将按照设定的时间间隔自动保存当前文档。

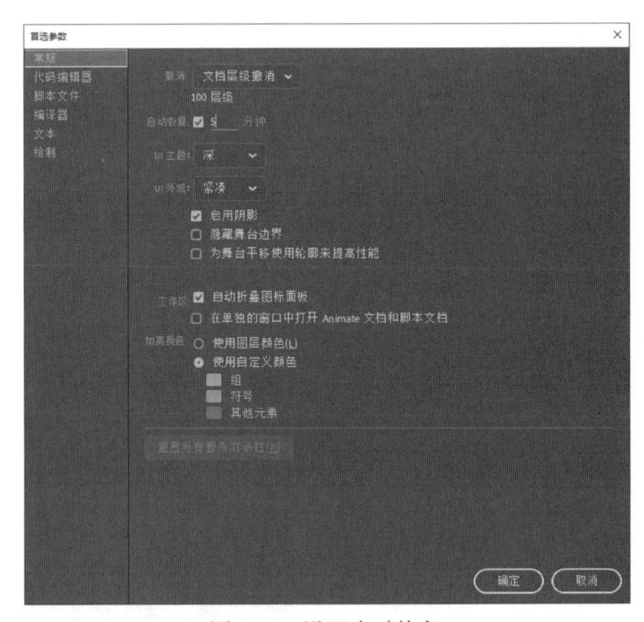

图 1.24 设置自动恢复

1.2.4 打开和关闭文档

在 Animate CC 中，打开已有文档和关闭当前正在编辑的文档均有多种方法。下面对文档的打开和关闭分别进行介绍。

1. 打开文档

启动 Animate CC 后，选择【文件】|【打开】命令将打开【打开】对话框，在该对话框

框中选择需要打开的文件后，单击【打开】按钮即可在 Animate 中打开该文件，如图 1.25 所示。

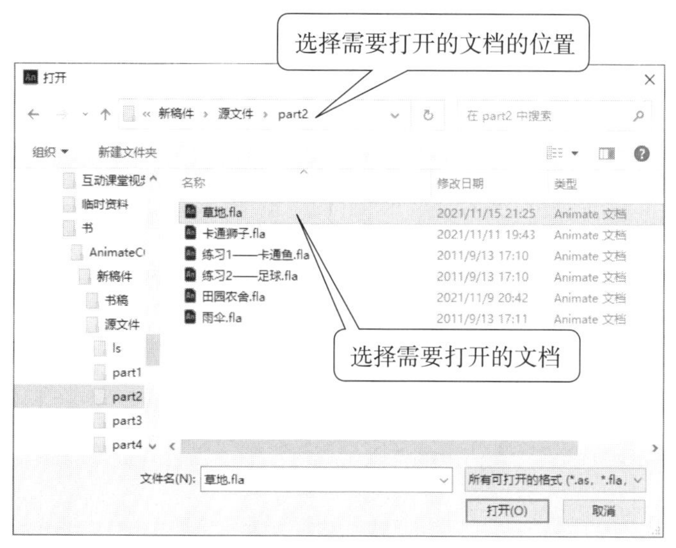

图 1.25 【打开】对话框

🔘**专家点拨：**Animate 打开文档的方式很多，在程序中按 Ctrl+O 组合键也可以实现文档的打开操作。Animate CC 在正常安装后，在 Windows 资源管理器中双击需要打开的“*.fla”文件可以直接打开该文档。另外，选择【文件】|【最近打开的文档】命令，在下级菜单中将列出最近打开的文档，单击某个文档可以快速将其打开。

2. 关闭文档

在 Animate CC 中，文档在程序界面中以选项卡的形式打开，单击文档标签上的【关闭】按钮，可以关闭该文档，如图 1.26 所示。

图 1.26　关闭文档

🔘**专家点拨：**按 Ctrl+W 组合键或选择【文件】|【关闭】命令将能够关闭当前正在编辑的文档。如果同时打开了多个文档，选择【文件】|【关闭全部】命令可以同时关闭在 Animate CC 中打开的所有文档。

影片的测试和导出

1.3 影片的测试和导出

在动画制作过程中，需要预览动画，对动画效果进行实时修改，这就需要对创作的动画进行测试。在效果测试满意后，用户可以根据需要将文件导出为指定的文件类型。

1.3.1 预览和测试动画

要预览和测试动画，可以选择【控制】|【测试影片】|【测试】命令，或直接按Ctrl+Enter组合键，此时即可在Flash播放器中预览动画效果，如图1.27所示。

图1.27 预览动画效果

专家点拨：这里选择【控制】|【测试场景】命令，将能够在Flash播放器窗口中预览当前场景动画。另外，如果选择【控制】|【播放】命令，或直接按Enter键，将能够在舞台上预览动画效果。

选择【视图】|【预览模式】，再选择其下级菜单中的命令可以对预览模式进行设置。例如这里选择【视图】|【预览模式】|【轮廓】命令，舞台上将只显示对象轮廓，如图1.28所示。

图1.28 显示对象轮廓

1.3.2　文件的导出

在完成动画的测试后，创建的动画可以导出为需要的文件格式。Animate CC 可以导出的文件格式很多，包括 SWF 影片、视频影片和图形文件等。

SWF 文件是 Animate CC 默认的文件导出格式，这种格式的文件能够播放所有创建的动画效果，具有交互功能，而且文件数据量小，能够设置对文件的保护。

选择【文件】|【导出】|【导出影片】命令打开【导出影片】对话框，在对话框中选择文件的保存路径并设置导出文件的文件名，将【保存类型】设置为【SWF 影片(*.swf)】，如图 1.29 所示。完成设置后，单击【保存】按钮即可将作品导出为 SWF 格式文件。

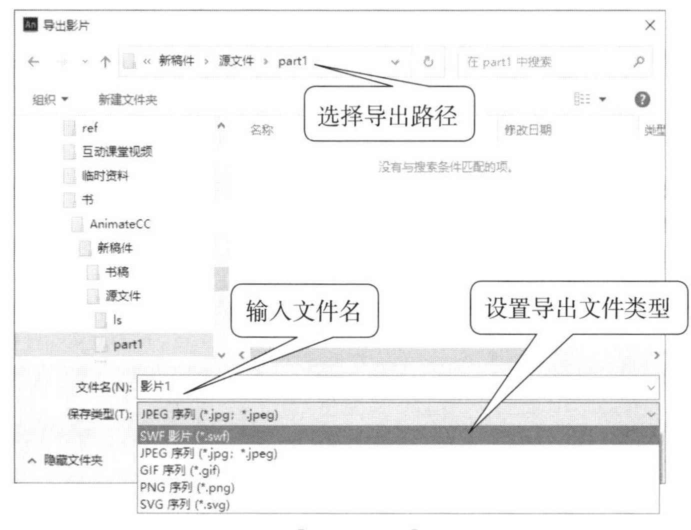

图 1.29　【导出影片】对话框

1.4　文件的发布

Animate CC 中能够创建多种文档类型以获得面向各种平台和用途的内容，包括适用于 Web 浏览器的 HTML5 多媒体、用于 Flash Player 的动画、桌面应用程序和高清视频等。文件的发布实际上就是为观众创建一个或多个文件以适应不同环境播放的过程。

1.4.1　文件的发布设置

Animate CC 创建的文件能够导出为多种格式，为了提高制作效率，避免在每次发布时都进行设置，可以在【发布设置】对话框中对需要发布的格式进行设置，然后只需要选择【文件】|【发布】命令即可按照设置直接将文件导出发布了。

选择【文件】|【发布设置】命令打开【发布设置】对话框，在【发布】栏中勾选【Flash(.swf)】复选框并选择该选项。在【输出名称】文本框中输入文件保存的路径和文件名，同时在对话框中对有关选项进行设置，如图 1.30 所示。

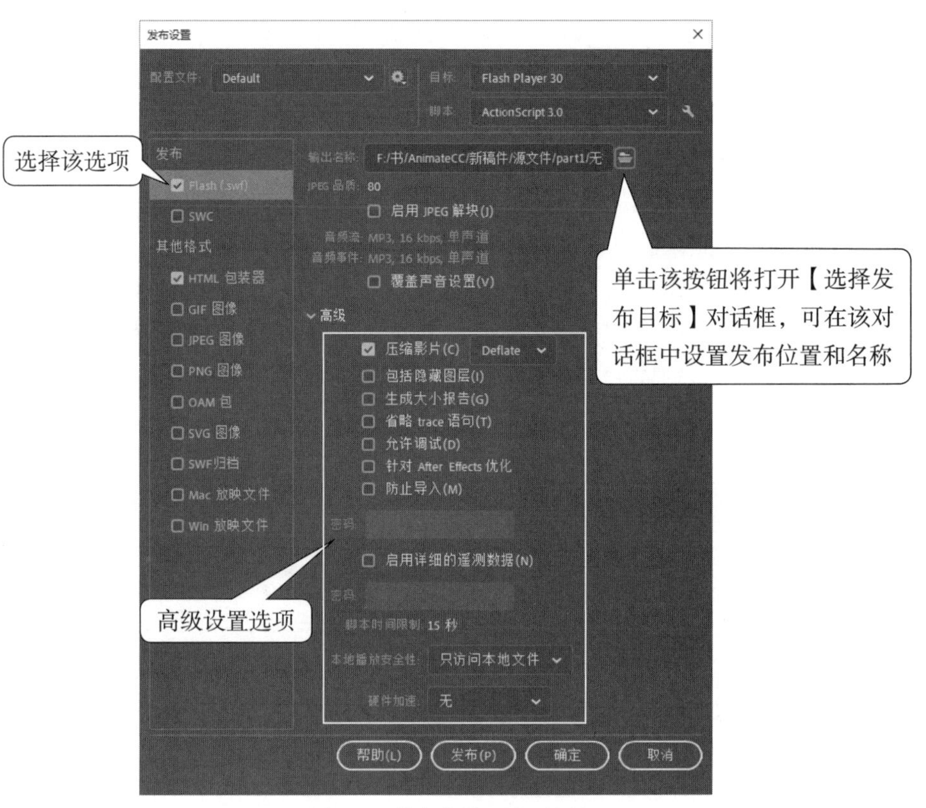

图 1.30 【发布设置】对话框

专家点拨：在完成发布设置后，单击【发布设置】对话框中的【发布】按钮即可直接按照设置发布当前文档。

1.4.2 针对 HTML5 的发布

HTML5 是用于浏览器标记网页的 HTML 规范的新版本，在 Animate CC 中选择 HTML5 Canvas 文档类型，即可将 HTML5 定义为文档发布的运行环境，文档发布时直接输出 HTML5 和 JavaScript 文件的集合。

1. 创建 HTML5 Canvas

Canvas 字面意思是画布，其可以理解为 HTML5 中的一个标记，运行 JavaScript 对 2D 图形进行渲染和动画处理。Animate CC 依赖于 CreateJS JacaScript 库来生成 HTML5 项目 canvas 元素中的图形和动画。

Animate CC 允许直接创建 HTML5 Canvas 文档，选择【文件】|【新建】命令打开【新建文档】对话框，在对话框中单击【高级】按钮。在打开的【平台】列表中选择 HTML5 Canvas 选项。在【详细信息】栏中对文档进行设置，如图 1.31 所示。完成设置后，单击【创建】按钮即可创建 HTML5 Canvas 文档。

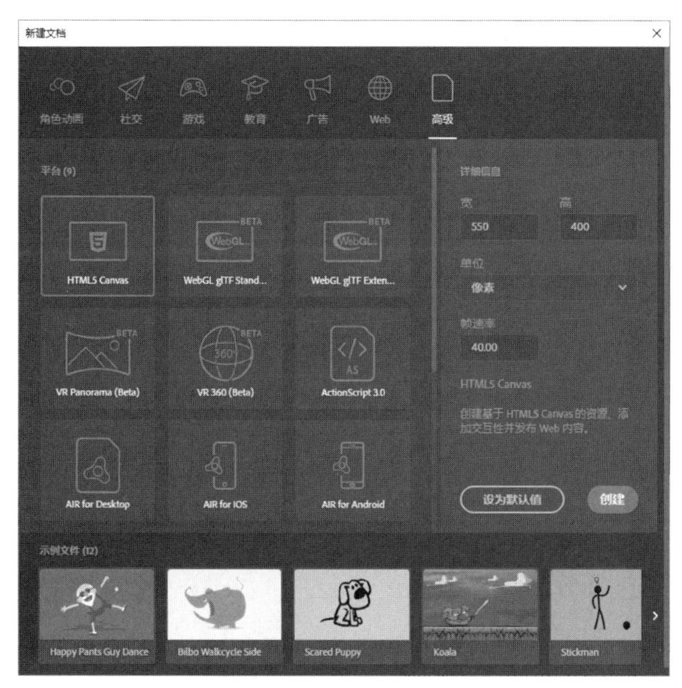

图 1.31　创建 HTML5 Canvas 文档

专家点拨：对于基于 ActionScript 3.0 的动画文档，有两种方法将其转换为 HTML5 Canvas 动画。一种方法是创建 HTML5 Canvas 文档后，直接将原文档中的图层复制粘贴到该文档中。另一种方法是打开 ActionScript 3.0 动画文档，选择【文件】|【转换为】| HTML5 Canvas 命令即可将文件转换为 HTML5 Canvas 文档。

2. 发布设置

对于 HTML5 Canvas 文档，选择【文件】|【发布设置】命令打开【发布设置】对话框。单击【选择发布目标】按钮打开【选择发布目标】对话框，在对话框中设置发布文件保存的文件夹和文件名，单击【确定】按钮完成设置，如图 1.32 所示。

图 1.32 【选择发布目标】对话框

在【发布设置】对话框中打开【基本】选项卡，对发布的基本参数进行设置，如图 1.33 所示。

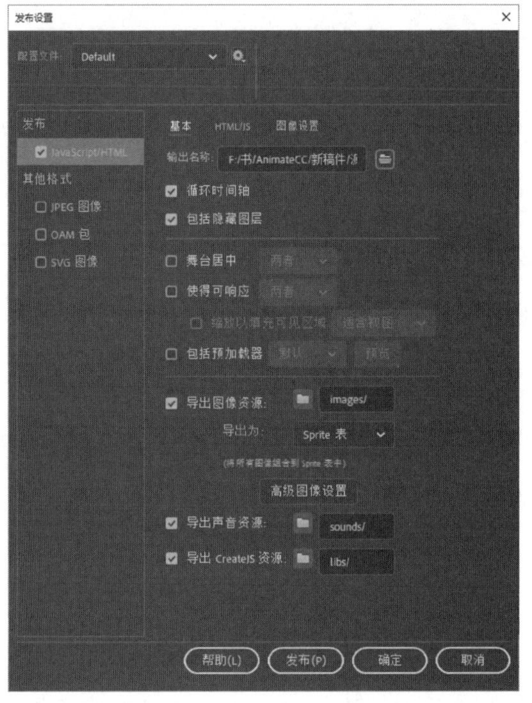

图 1.33 【发布设置】对话框中【基本】选项卡的设置

专家点拨：在【基本】选项卡中，可以进行如下的操作。

- 如果只想让时间轴播放一次，可以取消勾选【循环时间轴】复选框。
- 勾选【导出图像资源】【导出声音资源】和【导出 CreateJS 资源】复选框，可以将文档中的相关资源单独导出放置到默认的文件夹中，默认的文件夹是 HTML5 Canvas 文件所在文件夹中的 Image、sounds 和 libs 文件夹，这些文件夹在导出文件时会自动创建，文件夹的名称是可以在文本框中进行修改的。取消每个复选框右侧的按钮的按下状态，资源文件将直接放置到文档所在的文件夹中。
- 如果勾选【舞台居中】复选框，在右侧的列表中选择相应的选项可以设置 Animate 项目在浏览器窗口中的对齐方式。
- 勾选【使得可响应】复选框可以使 Animate 项目对浏览器窗口大小的改变做出响应，在右侧列表中选择相应的选项可以指定 Animate 项目是响应窗口高度的变化、窗口宽度的变化还是同时响应两者的变化。勾选【缩放以填充可见区域】复选框，在右侧列表中选择相应的选项可以设置填充浏览器窗口中可见区域的方式。
- 勾选【包括预加载器】复选框后，在浏览器中播放动画时将首先显示一个标准循环播放的小动画，该动画将在 Animate 动画加载完成播放之前播放，以表示 Animate 动画文件正在下载中。

打开 HTML/JS 选项卡，对相关的参数进行设置，如图 1.34 所示。

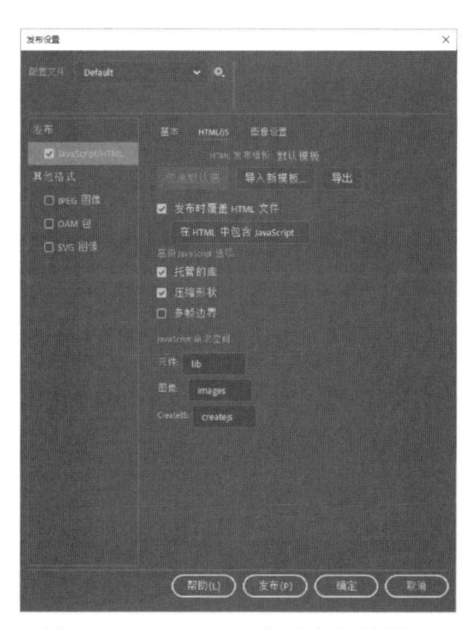

图 1.34　HTML/JS 选项卡中的设置

专家点拨： 在 HTML/JS 选项卡中，可以进行如下的操作。

- 在发布时如果只想更改生成的能够使动画动起来的 JavaScript 代码，原来的 HTML 文件需要保留，则要勾选【发布时覆盖 HTML 文件】复选框。单击【在 HTML 中包含 JavaScript】按钮，则发布的文件中将包含项目中所有必要的 JavaScript 和 HTML 代码，每次发布文档时 Animate 都将覆盖导出文件。
- 勾选【托管的库】复选框，用户在发布文档时将指向一个内容发布网络（即 CDN），其地址为 CreateJS 的官网，文档将下载这个库。因此，要想保证发布的文件能够实现动画效果，计算机必须要接入 Internet。取消这个复选框的勾选，Animate 将 CreateJS 库作为必须伴随项目文件的单独文件包含在发布文件中。

打开【图像设置】选项卡，对相关的参数进行设置，如图 1.35 所示。

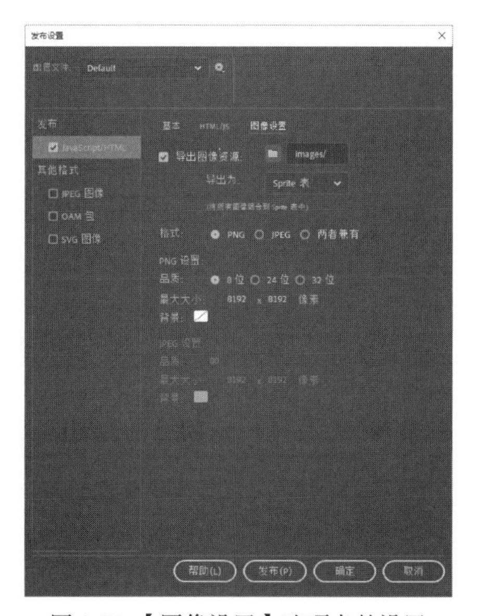

图 1.35　【图像设置】选项卡的设置

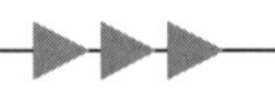

专家点拨：在【图像设计】选项卡中，可以进行如下的操作。

- 勾选【导出图像资源】复选框，将能够把文档中的图像资源导出到指定的文件夹中。在【导出为】列表中选择相应的选项可以指定图像导出的方式。
- 在【格式】栏中单击相应的按钮可以设置图像导出后的格式，图像可以导出为PNG和JPEG这两种常见的格式。根据格式选择的不同，用户可以在其下的设置栏中对导出的图像文件进行设置。

3. 发布文档

完成文档发布设置后，单击【发布设置】对话框中的【发布】按钮即可发布文档，Animate CC 文档发布进度提示如图 1.36 所示。

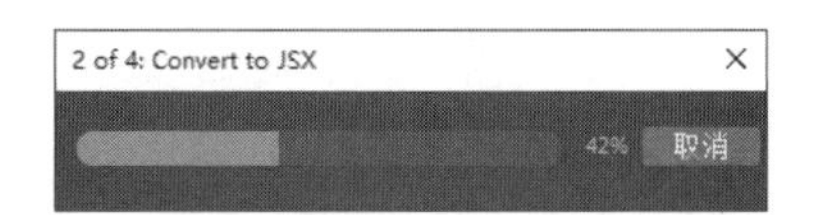

图 1.36　文档发布进度

发布完成后，在指定的文件夹中获得发布文件，如图 1.37 所示。单击文件夹中的HTML 文件，系统将使用默认浏览器打开该文件，如图 1.38 所示。

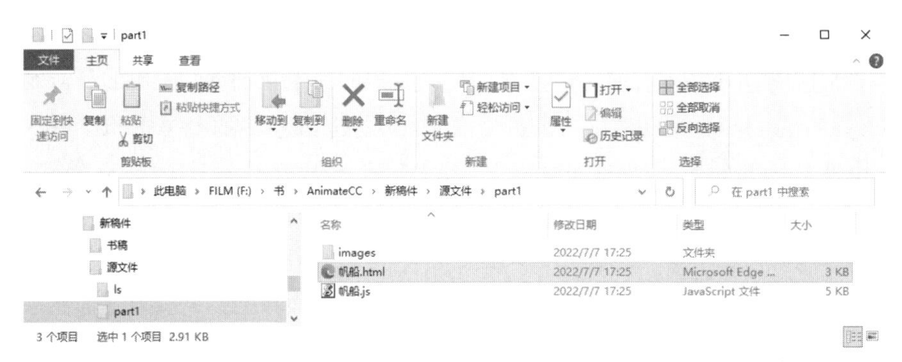

图 1.37　导出后的文件夹结构

图 1.38　浏览器中打开文件

专家点拨： 在发布文件时，Animate CC 会创建一个 HTML 文件和一个包含代码的 JavaScript 文件，代码用来对资源进行处理。同时，根据发布设置资源文件将放在设定的文件夹中。如果要在网上分享 HTML5 项目，只需要将这里的 HTML 文件、JavaScript 文件和资源文件上传到服务器即可。这里要注意的是，HTML 文件可以重命名，但 JavaScript 文件和资源文件夹以及资源文件夹中的资源文件不能重命名，否则 HTML 文件夹将找不到这些资源文件。

1.5　本章小结

本章介绍了 Animate CC 动画的应用领域和操作界面，同时对 Animate CC 的基本操作和文档发布及发布设置进行了介绍。通过本章的学习，读者能够掌握 Animate CC 操作界面的设置、文档打开和保存操作以及影片发布设置，为后面进一步的学习打下基础。

1.6　本章习题

一、选择题

1．Animate CC 动画源文件的扩展名是什么？（　　）

A．fla　　B．xfl　　C．swf　　D．asc

2．以下关于【传统】工作区界面布局的描述，错误的是哪一项？（　　）

A．应用程序栏位于窗口的右上方

B.【工具箱】停放在窗口的右侧

C.【属性】面板打开并停放在窗口右侧

D.【时间轴】面板位于界面的上方

3．Animate CC 无法将动画导出为下面哪种格式的文件？（　　）

A．jpg　　B．png　　C．avi　　D．ai

4．要直接在舞台上预览动画效果，应该按下面哪个快捷键？（　　）

A．Ctrl+Enter　　B．Ctrl+Shift+Enter

C．Enter　　D．Ctrl+Alt+Enter

二、填空题

1．在 Animate CC 程序窗口中，对动画内容进行编辑的整个区域称为______，用户可以在整个区域内对对象进行编辑绘制。______用于显示动画文件的内容，供用户对对象进行浏览、绘制和编辑，默认情况下它为白色。

2.【时间轴】面板是一个显示__________的面板，用于控制和组织文档内容在一定时间内播放的______，同时可以控制影片的__________。

3．将动画导出为 SWF 影片，可以选择【______】|【导出】|【导出影片】命令打开【导出影片】对话框，同时在【保存类型】下拉列表中选择__________选项。

4．在【发布设置】对话框中，在【发布】栏中选择【Flash（.swf）】选项，如果勾选

【省略 trace 语句】复选框，则将取消作品中脚本中的________函数。如果将【脚本时间限制】设置为 20 秒，则 Flash Player 将取消执行超过 20 秒的_________。

1.7 上机练习与指导

1.7.1 Animate CC 界面的操作

使用【传统】工作区，并以此为基础创建一个简洁的操作界面，界面中只包括浮动的【工具】面板，如图 1.39 所示，同时将工作区布局保存以备以后使用。

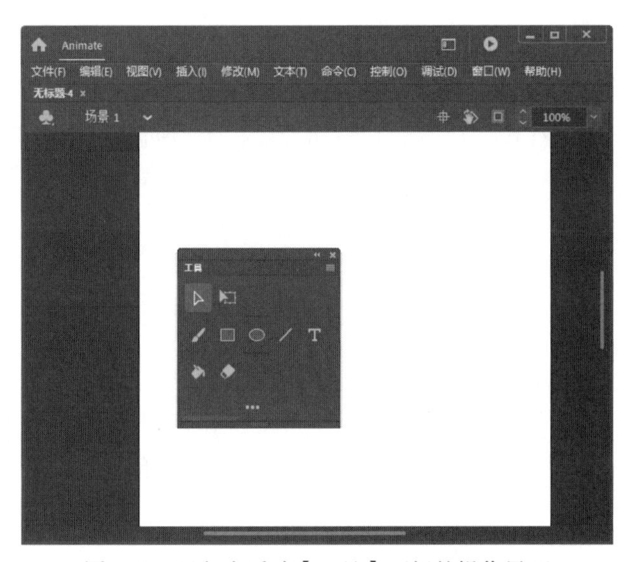

图 1.39 只包含浮动【工具】面板的操作界面

主要练习步骤如下。

（1）选择【窗口】|【属性】命令关闭【属性】面板，选择【窗口】|【时间轴】命令关闭【时间轴】面板。

（2）将面板组拖放到窗口中，单击右上角的【关闭】按钮☒关闭面板组。

（3）选择【窗口】|【工具栏】|【编辑栏】命令关闭舞台编辑栏。

（4）将【工具】面板拖放到窗口中间。

1.7.2 使用模板并发布为可执行文件

打开 Animate CC 自带的“随机布朗运动”模板，并将其发布为可执行文件。

（1）启动 Animate CC 后，在开始页中选择【从模板创建】栏中的【动画】选项。

（2）在打开的【从模板创建】对话框的【类别】栏中选择【动画】，在对话框中间的【模板】栏中选择【随机布朗运动】选项，单击【确定】按钮打开该模板文件。

（3）选择【文件】|【发布设置】命令打开【发布设置】对话框，在对话框的【其他格式】栏中勾选【Win 放映文件】复选框。设置文件输出的位置和文件名，单击对话框的【发布】按钮发布文件。

第2章

绘制图形

在 Animate CC 中，运用工具箱中的绘图工具来绘制图形，是创作动画的第一步，是动画设计的基础。使用 Animate CC 工具箱绘制的图形是矢量图形，其具有任意放大缩小而不失真的优势，同时也能保证获得的动画文件体积较小。本章将介绍使用 Animate CC 的绘图工具绘制各种图形对象的方法。

本章主要内容：

- 绘制规则图形；
- 绘制不规则图形；
- 三种画笔工具；
- 其他辅助绘图工具。

2.1 绘制规则图形

在 Animate CC 中，绘制规则图形的工具包括矩形工具、椭圆工具、基本矩形工具、基本椭圆工具和多角星形工具，在【工具】面板的【舒适】模式下，这些工具被组合在一个工具组中供用户选择使用。使用这些工具可以绘制规则的矢量图形。

2.1.1 矩形工具和基本矩形工具

矩形工具组

矩形工具和基本矩形工具主要用来绘制矩形、正方形和圆角矩形，在完成图形的绘制后，使用【属性】面板对绘制的图形进行设置。

1.【矩形工具】和【基本矩形工具】简介

【矩形工具】是基本的图形绘制工具，使用比较简单。在使用该工具时，首先在工具箱中选择该工具，如图 2.1 所示。在【属性】面板中对工具属性进行设置，如图 2.2 所示。

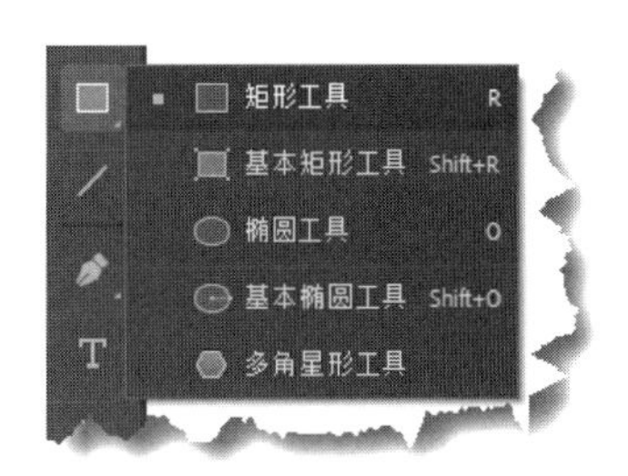

图 2.1　选择矩形工具

将鼠标光标移动到舞台上，当光标变为十字形时，拖动鼠标即可根据【属性】面板的设置绘制出需要的矩形。按照图 2.2 的设置得到的矩形如图 2.3 所示。

使用【基本矩形工具】绘制图形的方法和【矩形工具】相同，在工具箱中选择【基本矩形工具】，在【属性】面板中设置工具属性。将鼠标光标移动到舞台上，当光标变为十字形时，拖动鼠标即可绘制出需要的矩形，如图 2.4 所示。

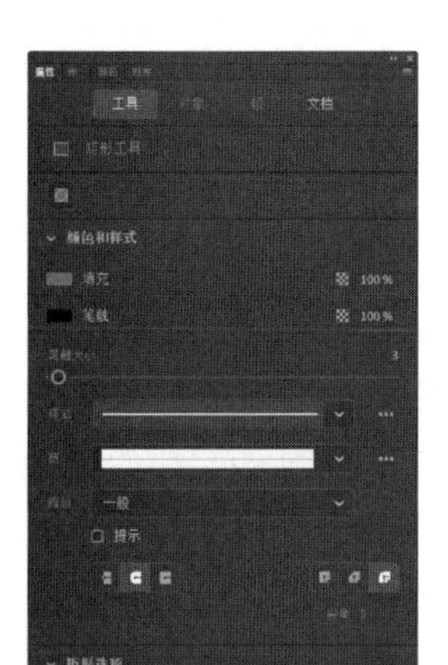

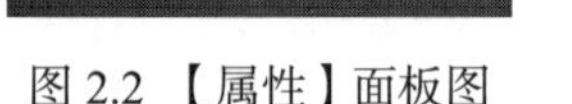

图 2.2 【属性】面板图

图 2.3 绘制图形

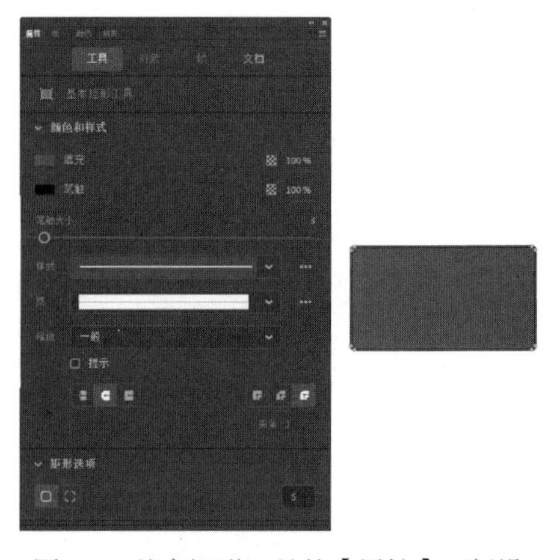

图 2.4 基本矩形工具的【属性】面板设置和绘制的图形

专家点拨：在使用【矩形工具】或【基本矩形工具】绘制矩形时，按住 Shift 键拖动鼠标将能够绘制正方形。使用【椭圆工具】或【基本椭圆工具】绘制椭圆时，按住 Shift 键拖动鼠标可以绘制圆形。

2. 设置图形的位置和大小

在完成图形的绘制后，可以使用【属性】面板对图形的属性进行设置。在工具箱中选择【选择工具】后框选绘制的图形，在【属性】面板的【位置和大小】栏中设置图形的位置以及图形的宽和高，如图 2.5 所示。

3. 填充和笔触

Animate CC 中的每个图形都开始于一种形状，形状由两个部分组成，填充和笔触。填充是形状里面的部分，笔触就是形状的轮廓线。填充和笔触是互相独立的，可以修改或删除一个而不影响另一个。例如在工具箱中选择【选择工具】，在图形中单击选择填充部分，按 Delete 键即可删除填充部分只留下笔触，如图 2.6 所示。

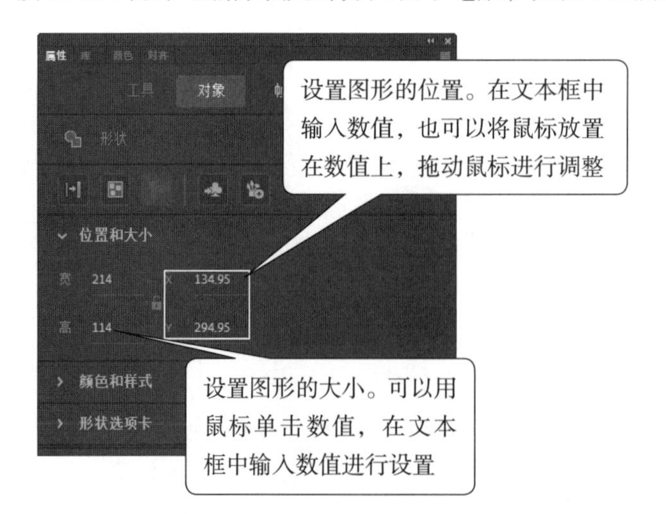

图 2.5 设置图形的位置和大小

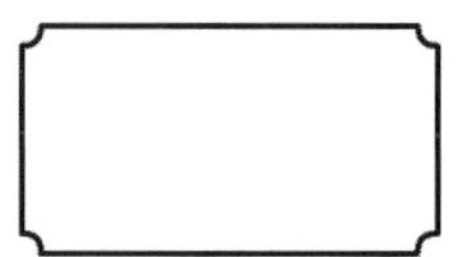

图 2.6 删除填充

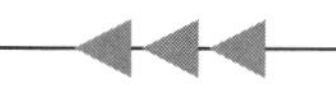

在图形的【属性】面板中可以对选择图形的填充和笔触进行设置，如这里设置绘制图形的填充色、笔触宽度和样式，如图 2.7 所示。

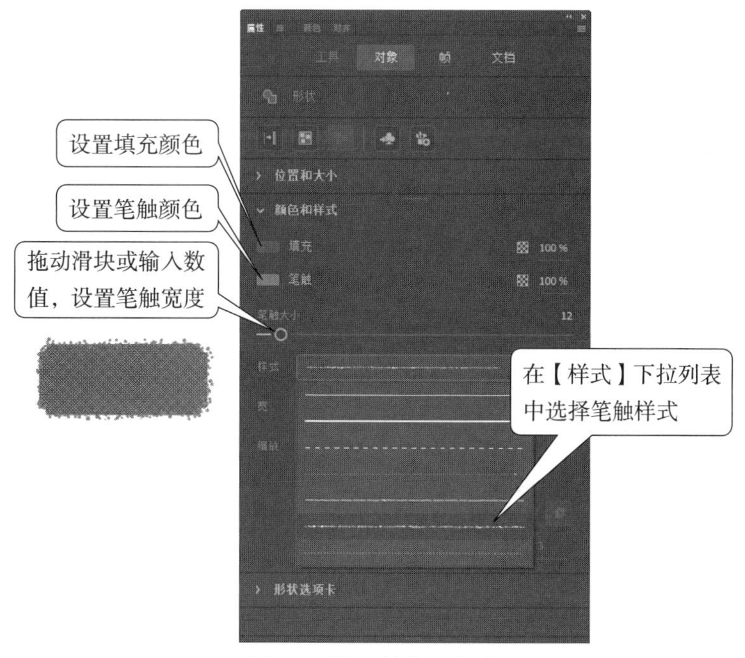

图 2.7　设置填充和笔触

4. 设置圆角

要绘制圆角矩形，如果使用【矩形工具】则只能在绘制矩形之前在【属性】面板中设置圆角半径。使用【基本矩形工具】绘制圆角矩形，在绘制完成后可以拖动图形边框上的控制柄来对圆角半径进行调整，也可以在【属性】面板的【矩形选项】栏中进行调整，如图 2.8 所示。

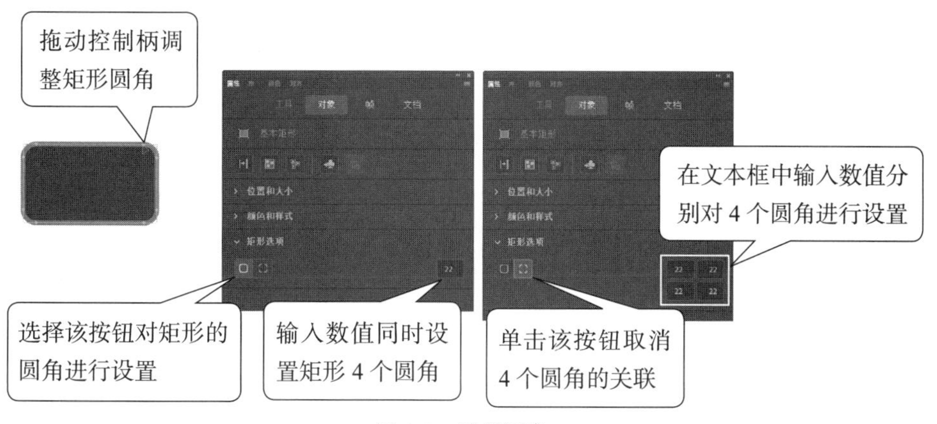

图 2.8　设置圆角

专家点拨：右击【基本矩形工具】绘制的图形，在快捷菜单中选择【分离】命令，可以将图形的笔触和填充分离。这样得到的图形和使用【矩形工具】绘制的图形就完全一样了，可以删除图形中的笔触或填充。

2.1.2　椭圆工具和基本椭圆工具

【椭圆工具】和【基本椭圆工具】可以用来绘制椭圆形、圆形和圆环，其中【椭圆工具】还可以用来绘制任意圆弧。这两个工具绘制图形的操作与【矩形工具】和【基本矩形工具】基本相同。

1. 椭圆工具

在工具箱中选择【椭圆工具】，如图 2.9 所示。在【属性】栏中对工具属性进行设置后，在舞台上拖动鼠标即可绘制出需要的图形，如图 2.10 所示。

专家点拨：在【属性】面板的【椭圆选项】栏中可以设置椭圆的各个参数，如图 2.11 所示。下面介绍各个设置项的含义。

- 【开始角度】：通过拖动滑块或在文本框中输入数值，可以设置椭圆开始点的角度。
- 【结束角度】：通过拖动滑块或在文本框中输入数值，可以设置椭圆结束点的角度。
- 【内径】：通过拖动滑块或在文本框中输入数值，可以设置内径的值。这个内径值决定了删除部分的大小。
- 【闭合路径】：勾选该复选框将能绘制一个封闭的图形，否则将绘制不闭合的开放图形。

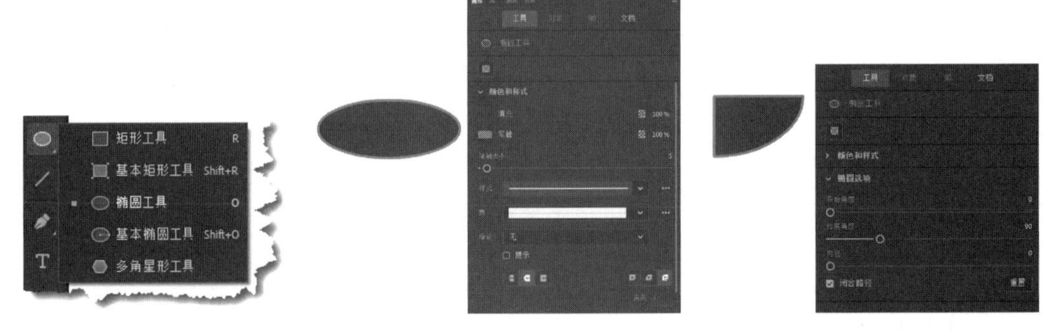

图 2.9　选择【椭圆工具】　图 2.10　【属性】面板的设置　图 2.11　【椭圆选项】栏中的设置

如果需要使用【椭圆工具】绘制一个封闭的环形，可以在【属性】面板的【椭圆选项】栏中将【开始角度】和【结束角度】设置相同的值，在【内径】文本框中设置环形的内径大小。这里，内径值设置得越大，中间删除的部分就越大，如图 2.12 所示。

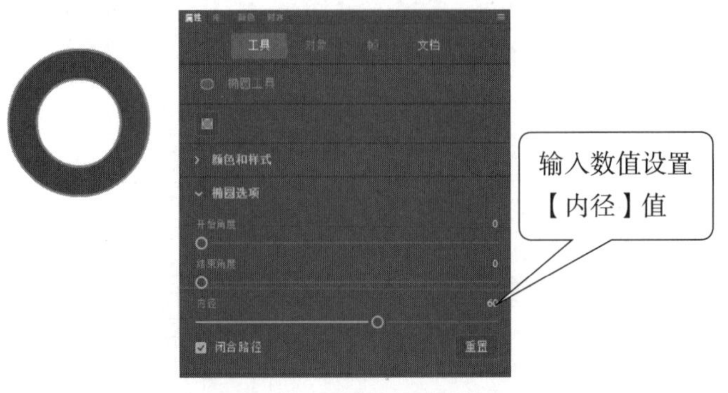

图 2.12　绘制封闭环形

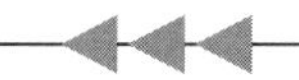

2. 基本椭圆工具

在工具箱中选择【基本椭圆工具】，在【属性】面板的【椭圆选项】栏中设置【开始角度】和【结束角度】的值。拖动鼠标即可在舞台上绘制出扇形，如图 2.13 所示。

图 2.13　绘制扇形

在【属性】面板的【椭圆选项】栏中设置【内径】值可以绘制环形，如图 2.14 所示。

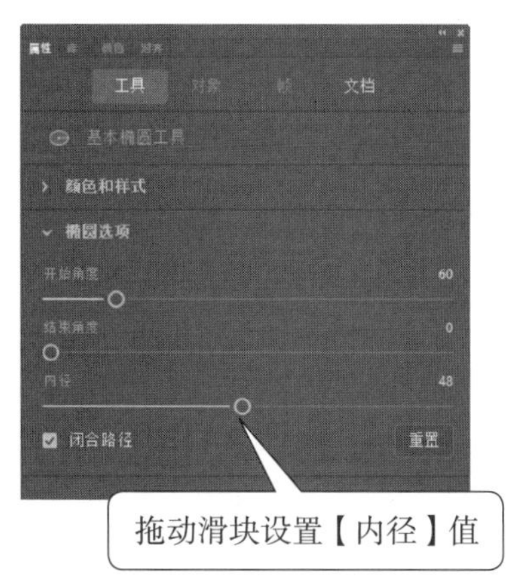

图 2.14　绘制环形

在【属性】面板的【椭圆选项】栏中取消【闭合路径】复选框的勾选，则图形将不再封闭，此时可以绘制弧形，如图 2.15 所示。

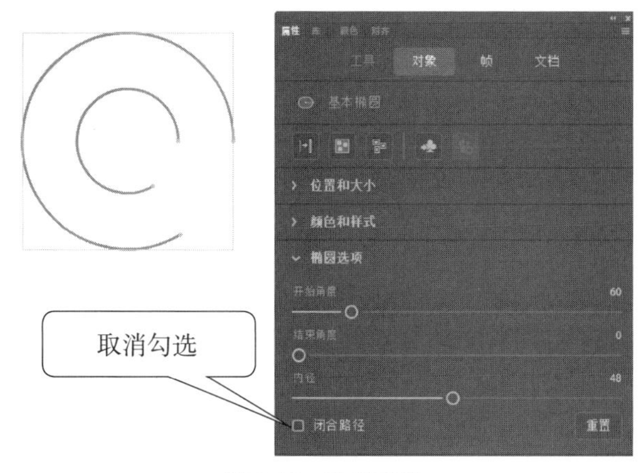

图 2.15　绘制弧形

在工具箱中选择【选择工具】，拖动图形上的控制柄，可以对图形的形状进行修改，如图 2.16 所示。

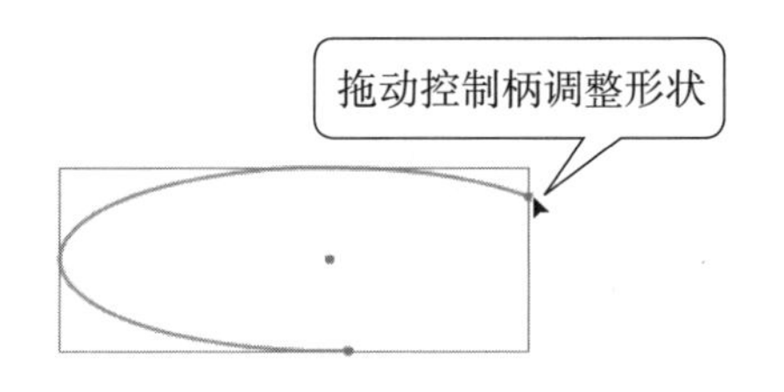

图 2.16　拖动控制柄修改图形形状

专家点拨：以上对使用【基本椭圆工具】绘制的图形的属性设置同样适用于【椭圆工具】。在使用【椭圆工具】时，这些设置需要在选择工具绘制图形前设置，图形绘制完成后无法再像【基本椭圆工具】那样进行设置修改。

多角星形工具

2.1.3　多角星形工具

使用【多角星形工具】绘制图形的方式与前面介绍的两类工具的绘图方式是相同的，可以用来绘制星形图案和多边形，如五角星或五边形等。

在工具箱中选择【多角星形工具】，在【属性】面板中对图形进行设置，在舞台上拖动鼠标即可绘制需要的图形，如图 2.17 所示。

在【属性】面板中的【工具选项】栏可以对绘制的多角星形进行设置，将工具设置为绘制 8 角星形后绘制的图形如图 2.18 所示。

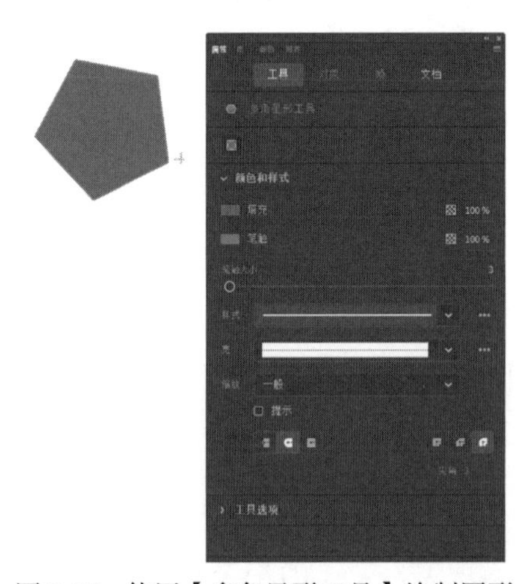

图 2.17　使用【多角星形工具】绘制图形

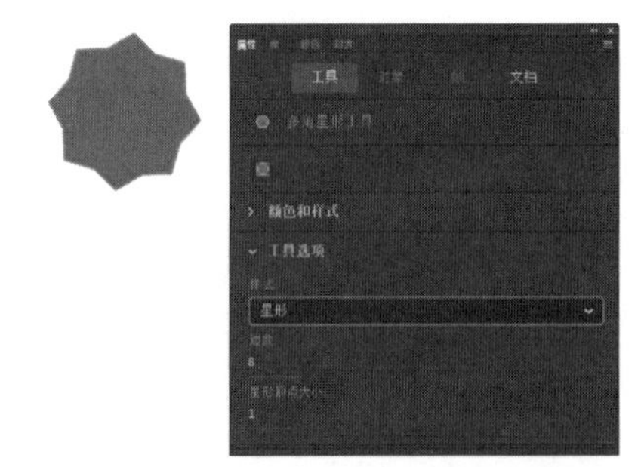

图 2.18　对多角星形进行设置

专家点拨：【工具选项】栏中各设置项的作用。

- 【样式】：用于设置工具的绘图样式，有两个选项，分别是【多边形】和【星形】，默认选项为【多边形】。
- 【边数】：用于设置多边形或星形的边数。
- 【星形顶点大小】：用于设置星形或多边形顶点的大小。

2.1.4　实战范例——田园农舍

田园农舍

1. 范例简介

本范例介绍绘制一幅炊烟升起的田园农舍剪影画的过程。在范例的制作过程中，使用【椭圆工具】【矩形工具】和【多角星形工具】等来绘制图形，通过【属性】面板对图形的大小和位置等属性进行设置。同时，通过范例的制作读者还将能够掌握图形的移动和复制的操作方法。

2. 制作步骤

（1）启动 Animate CC，选择【文件】|【新建】命令打开【新建文档】对话框。在对话框的【预设】栏中选择【标准 640×480】选项，其他设置项使用默认值。单击【创建】按钮创建一个新文档，如图 2.19 所示。

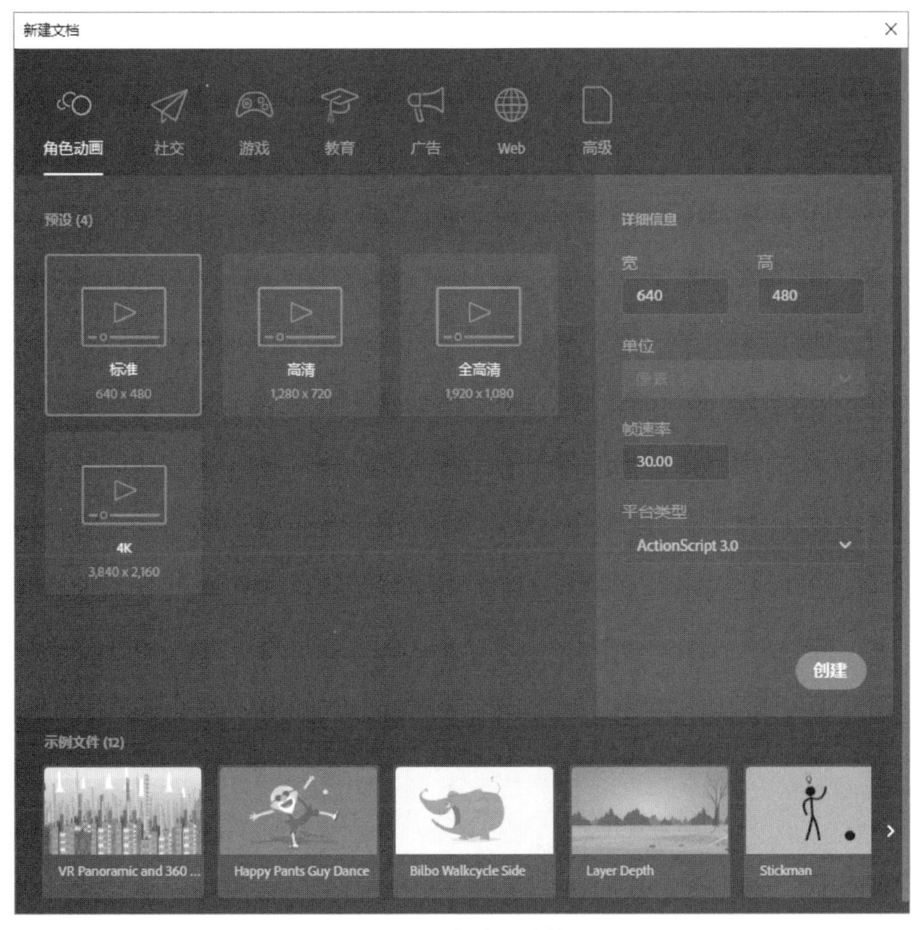

图 2.19　创建新文档

（2）在工具箱中选择【矩形工具】，在【属性】面板中单击【笔触颜色】色块，在打开的【调色板】中单击【无色】按钮取消笔触颜色，如图 2.20 所示。单击【填充颜色】色块，在打开的调色板中单击相应的颜色拾取填充色（绿色，颜色值为“#339900”），如图 2.21 所示。完成设置后拖动鼠标在舞台的下方绘制一个矩形，如图 2.22 所示。

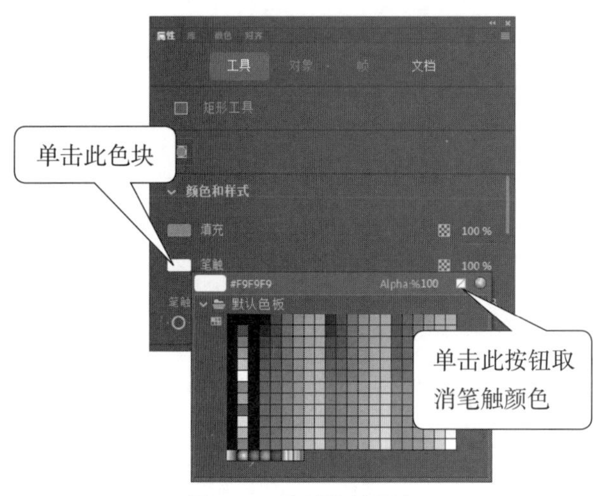

图 2.20　取消笔触颜色

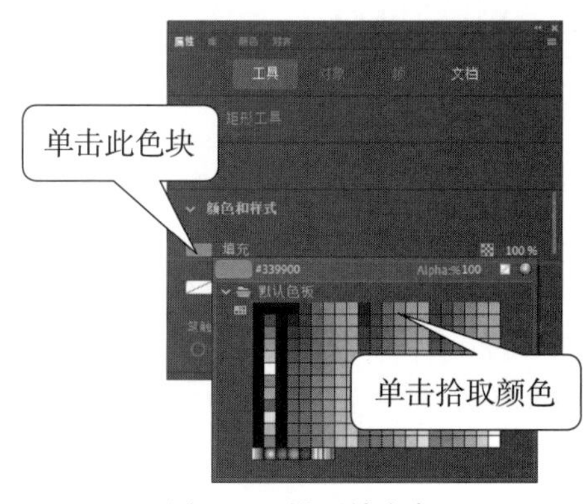

图 2.21　设置填充色

图 2.22　在舞台下方绘制一个矩形

（3）在工具箱中选择【多角星形工具】，在【属性】面板中的【颜色和样式】组中取消笔触并设置和第（2）步绘制的矩形相同的填充色。在【工具选项】组中将【样式】设置为【多边形】，设置多边形的边数为“3”，如图 2.23 所示。

（4）拖动鼠标在舞台上绘制一个三角形，在工具箱中选择【选择工具】，将鼠标指针移动到三角形顶点处，鼠标指针变为后拖动三角形的顶点修改三角形的形状，如图 2.24 所示。

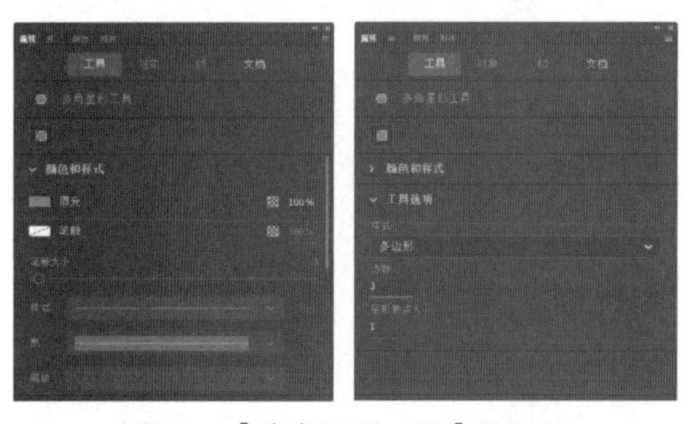

图 2.23 【多角星形工具】的设置

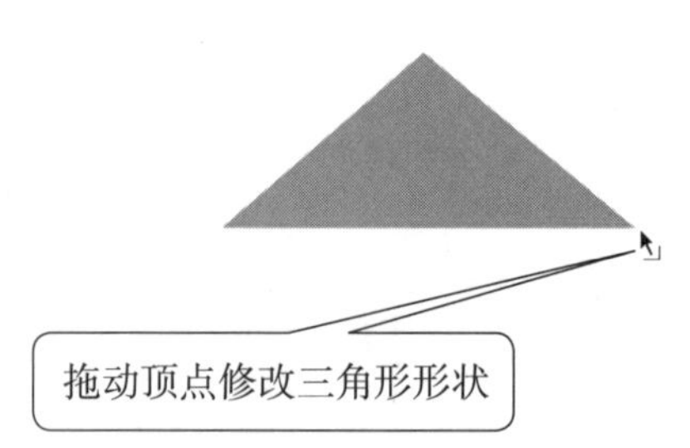

图 2.24　修改三角形形状

（5）选择【矩形工具】，使用相同的设置在三角形下方绘制一个矩形。使用【选择工具】选择绘制的矩形，在【属性】面板中输入数值调整矩形的大小和位置，如图 2.25 所示。完成设置后，使用【选择工具】框选三角形和矩形，拖动选择的图形将其放置到合适的位置，如图 2.26 所示。

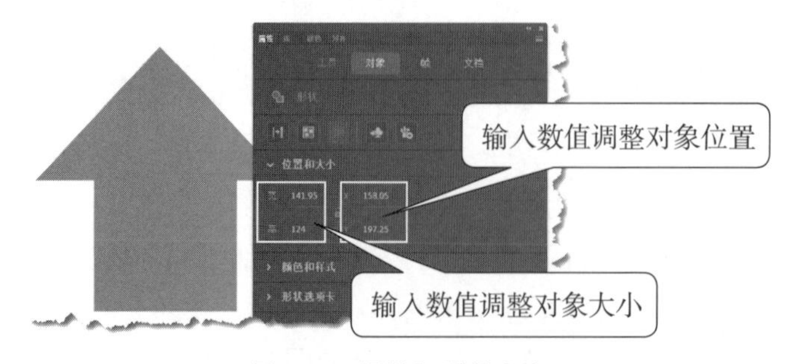

图 2.25　调整矩形的大小

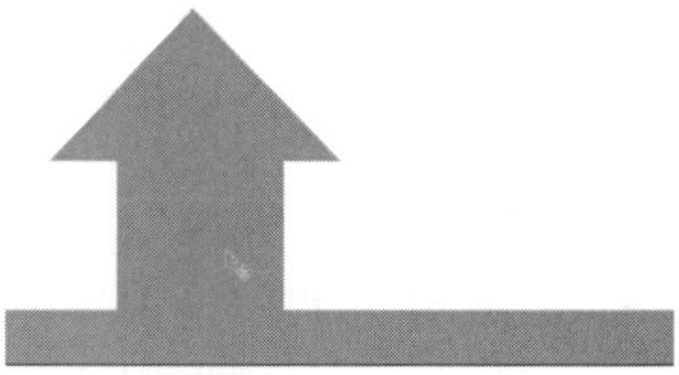

图 2.26　拖放图形到合适的位置

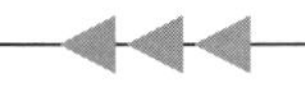

专家点拨：在对图形的位置和大小进行调整时，可以将鼠标指针放置到文本框中的数字上，拖动鼠标改变设置值。此时，图形将在舞台上随着设置值的改变而改变，这样便于及时查看设置效果。

（6）在工具箱中选择【基本矩形工具】绘制一个矩形，将该矩形的填充色设置为白色并取消笔触，同时适当调整其大小，如图 2.27 所示。

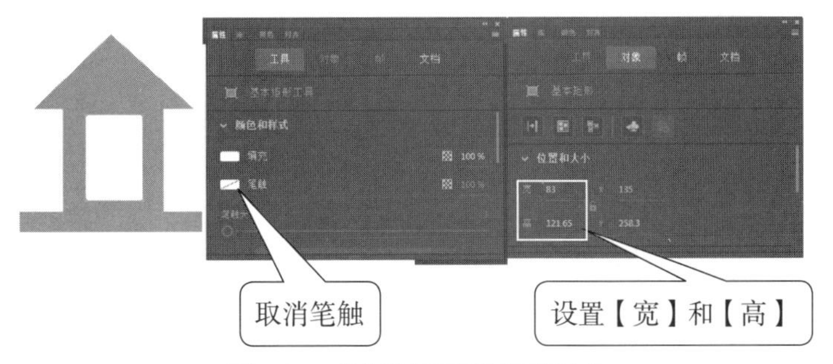

图 2.27　绘制矩形并设置其属性

（7）在【属性】面板中单击【单个矩形边角半径】按钮，拖动图形边角上的控制柄调整边角半径创建圆角，如图 2.28 所示。

（8）使用【基本矩形工具】绘制一竖二横 3 个矩形，调整它们的位置以及宽度和高度。将它们放置到窗口作为窗棂。在屋顶处使用【基本矩形工具】绘制烟囱，在房子的右侧底部绘制一个矩形作为台阶，如图 2.29 所示。

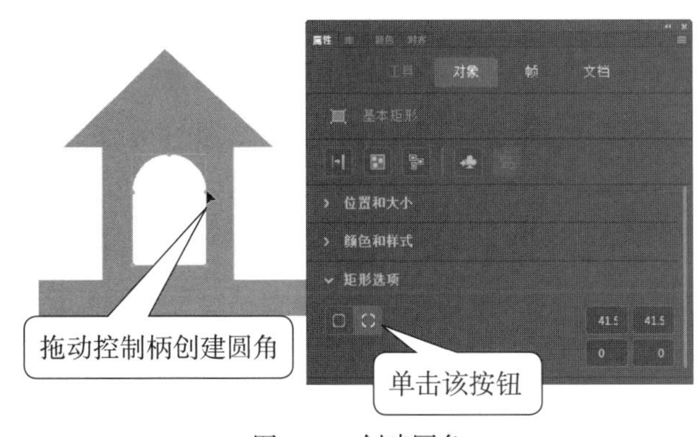

图 2.28　创建圆角　　图 2.29　绘制窗棂、烟囱和台阶

（9）在工具箱中选择【椭圆工具】，在【属性】面板中取消图形的笔触并将填充色设置为与前面相同的填充色相同。拖动鼠标在烟囱上方绘制一个椭圆形，选择绘制的图形，在【属性】面板中对图形对象的宽度和高度进行设置，如图 2.30 所示。

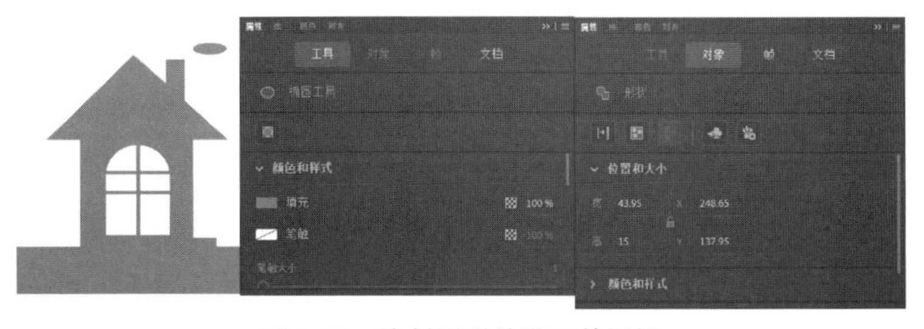

图 2.30　绘制图形并设置其属性

（10）使用【选择工具】选择椭圆形，按 Ctrl+C 组合键复制该图形，按 Ctrl+V 组合键两次在舞台上获得两个椭圆副本。拖动椭圆副本将其放置到适当的位置，在【属性】面板中单击【将宽度值和高度值锁定在一起】按钮锁定宽度和高度值，调整【宽】值将复制图形适当缩小，如图 2.31 所示。

图 2.31　缩小图形

（11）使用【基本工具】绘制一横一竖两个矩形，调整绘制图形的位置，同时在【属性】面板中分别设置图形的宽度和高度。这里，通过设置使篱笆中横向和纵向木板宽度相同，如图 2.32 所示。将竖放矩形复制 3 个，放置到横放的矩形上并调整它们的间距，在【属性】面板中将它们的 Y 值设置相同，如图 2.33 所示。至此，房屋左侧的篱笆制作完成。

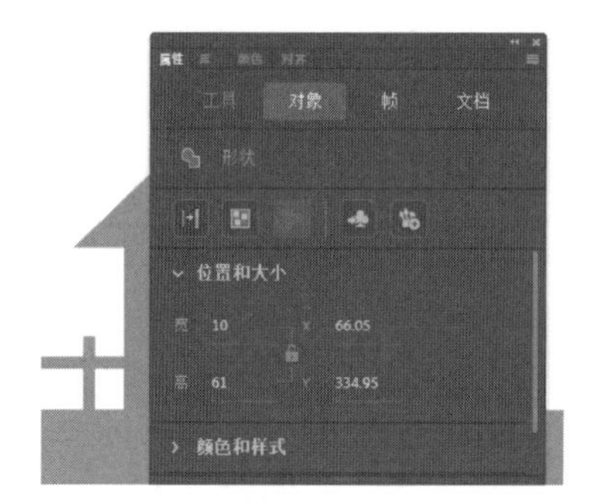

图 2.32　设置竖放矩形的宽度

图 2.33　设置 Y 值

（12）按住 Shift 键，使用【选择工具】分别单击构成篱笆的矩形的同时选择它们。按 Ctrl+C 组合键复制选择的图形，按 Ctrl+V 组合键将复制图形粘贴到舞台上，将它们移到房屋的右侧。继续按 Ctrl+V 组合键粘贴图形，将这些图形横向拼接在一起形成一条篱笆，如图 2.34 所示。

（13）使用【基本矩形工具】和【多角星形工具】绘制一个矩形和一个三角形，将矩形放置在三角形下方，调整它们的相对位置和大小。这样得到一个树的形状，如图 2.35 所示。使用相同的方法绘制第二个树形，这个树形比前一个树形要小。

图 2.34　拼接出右侧篱笆

图 2.35　绘制树形

（14）将绘制完成的两个树形放置到舞台中房子右侧适当的位置。至此，本范例制作完成，范例制作完成后的效果如图 2.36 所示。

图 2.36　范例制作完成后的效果

2.2　绘制不规则图形

在使用 Animate CC 制作动画时，经常需要绘制不规则图形。在 Animate CC 中，绘制不规则图形可以使用【线条工具】【铅笔工具】和【钢笔工具】。本节将介绍使用这些工具绘制不规则图形的方法。

2.2.1　线条工具

线条工具

线条是构成矢量图形的基本要素，在 Animate CC 中，可以使用【线条工具】来绘制各种长度和角度的直线。同时，将绘制的多条直线连接，可以构成各种多边形。

1. 绘制线条

与绘制规则图形一样，在使用【线条工具】时，首先在工具箱中选择【线条工具】▨，在【属性】面板中对工具的属性进行设置，然后在舞台上拖动鼠标即可，如图 2.37 所示。

图 2.37　拖动鼠标绘制线条

专家点拨： 在绘制直线时，按住 Shift 键拖动鼠标可以绘制水平、垂直或角度为 45° 倍数的直线。

2. 设置笔触样式

在完成线条绘制后，可以使用【属性】面板对线条进行设置。在工具箱中选择【选择工具】，选择线条。在【属性】面板的【颜色和样式】栏中可以对笔触的颜色和笔触大小进行设置，设置方法与使用规则工具绘制图形时的方法一样。

线条笔触的样式可以在样式下拉列表中选择，Animate CC 提供了极细线、实线、虚线、点状线等样式。在【颜色和样式】栏的【样式】下拉列表中选择相应的选项即可将该样式应用到线条，如图 2.38 所示。

单击【样式】下拉列表框右侧的【编辑笔触样式】按钮▪，在打开的列表中选择【编辑笔触样式】选项将打开【笔触样式】对话框，使用该对话框可以对笔触进行详细的设置，如图 2.39 所示。

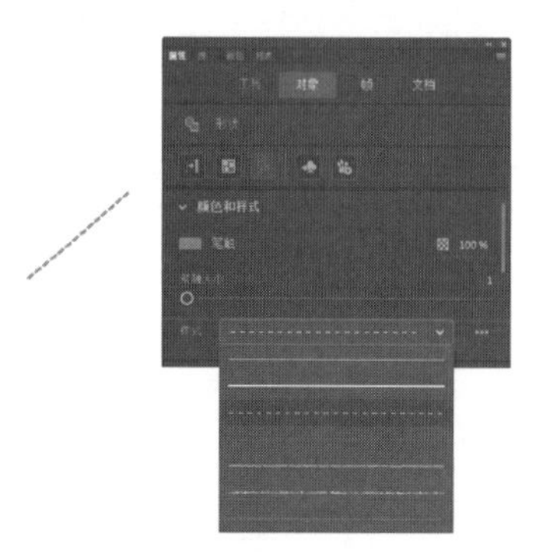

图 2.38　设置笔触样式

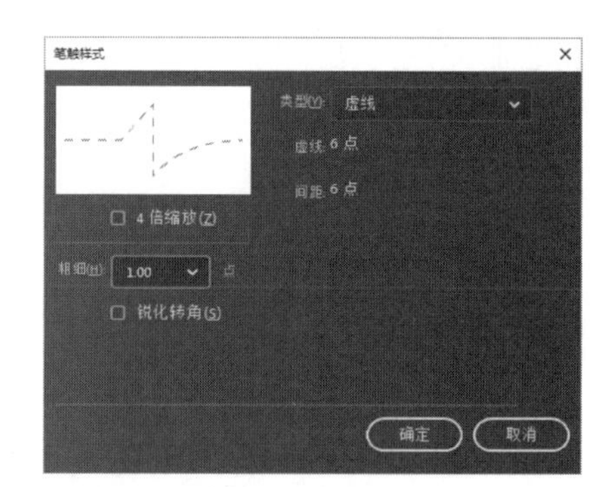

图 2.39 【笔触样式】对话框

专家点拨：在笔触样式列表中有一个【极细线】选项，使用这种样式的线条在进行任何比例的放大时，其显示的大小都会保持不变。

3. 线条的端点

在【属性】面板【颜色和样式】栏中，给出了【无】【圆角】和【方形】三个按钮，这三个按钮用来设置直线或曲线起始点和终止点的样式，如图 2.40 所示。

绘制三条直线，分别将它们的【端点】设置为【无】【圆角】和【方形】，图形的效果如图 2.41 所示。

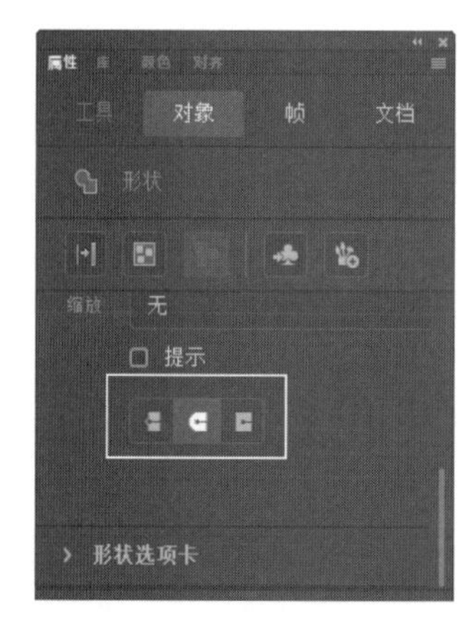

图 2.40　设置线条的端点样式　　图 2.41　设置不同端点类型后的图形效果

专家点拨：当将端点设置为【无】时，其端点样式与设置为【方形】时相同，只是此时相同长度的线段比设置为【方形】时要短一截。

4. 线条的接合

在绘制线条时，用户可以设置多条线条交叉时接合点的类型。缩微的接合点也称为拐点，是多条线条交叉时相接合的位置。在【属性】面板的【颜色和样式】栏中可以选择使用这三种接合类型，分别是【尖角】【圆角】和【斜角】。当设置为【尖角】时，可以在右侧的【尖角】文本框中输入尖角的限制值来控制尖角接合的清晰度，如图 2.42 所示。

绘制三条折线，在【属性】面板中分别将【接合】设置为【尖角】【圆角】和【斜角】后的效果如图 2.43 所示。

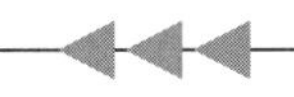

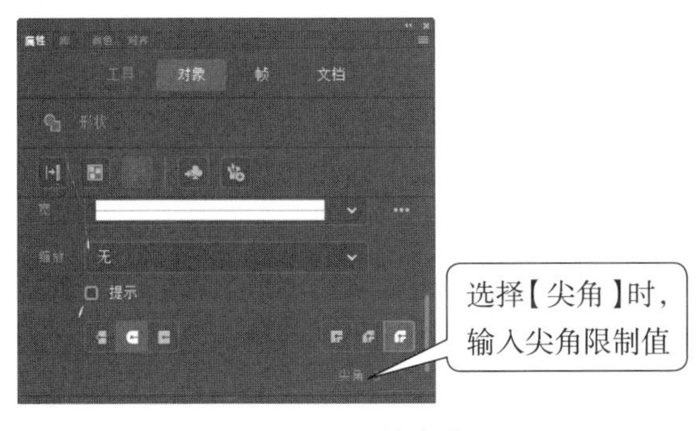

图 2.42　设置接合类型

图 2.43　选择不同【接合】选项后的折线效果

5. 选项栏工具

在工具箱中选择【线条工具】后，在【属性】面板中单击【对象绘制模式】按钮使其处于按下状态，此时绘制的线条将是一个独立的对象，如图 2.44 所示。

在工具箱中选择【选择工具】，在【属性】面板中单击【贴紧对象】按钮使其处于按下状态，此时在绘制图形时，Animate CC 能自动捕获直线的端点，使图形在端点处会自动闭合，如图 2.45 所示。

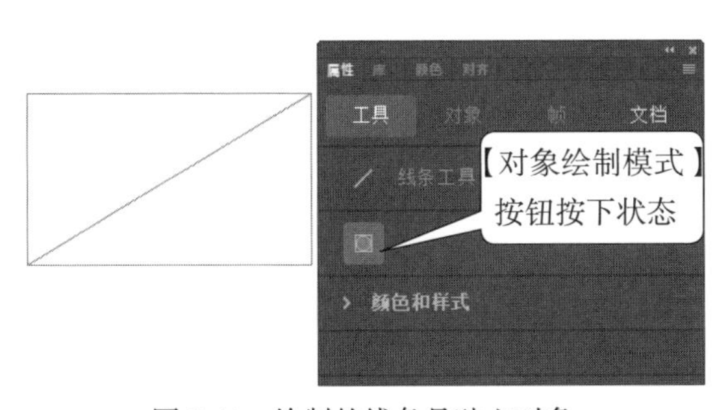

图 2.44　绘制的线条是独立对象

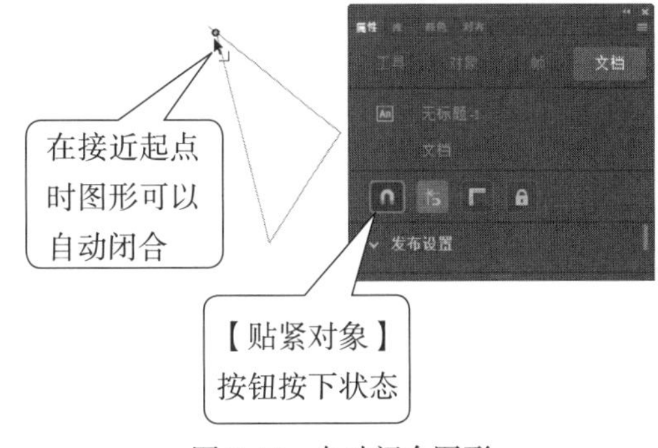

图 2.45　自动闭合图形

2.2.2　铅笔工具

在 Animate CC 中，可以使用【铅笔工具】来绘制不规则的曲线和直线。【铅笔工具】的使用方法很简单，在工具箱中选择【铅笔工具】，在【属性】面板中对工具进行设置。这里【属性】面板的设置与【线条工具】的设置基本一致。在完成绘制后，同样可以在【属性】面板中对笔触的颜色、高度、样式和端点等进行调整。

在工具箱中选择【铅笔工具】，此时在工具箱的选项栏中将出现【铅笔模式】按钮，单击该按钮有三种铅笔模式供选择，如图 2.46 所示。铅笔模式决定了使用【铅笔工具】绘制的曲线以何种方式来对轨迹进行处理。

1. 伸直

选择【伸直】模式，在绘制图形时，Animate CC 会自动规则所绘制的曲线，使其贴近规则图形。此时，在绘制图形时，只需要勾勒出图形的大致轮廓，Animate CC 就能够自动将图形转换为最接近的图形，如图 2.47 所示。

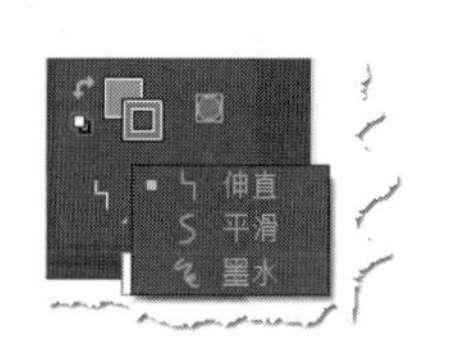

图 2.46 铅笔模式

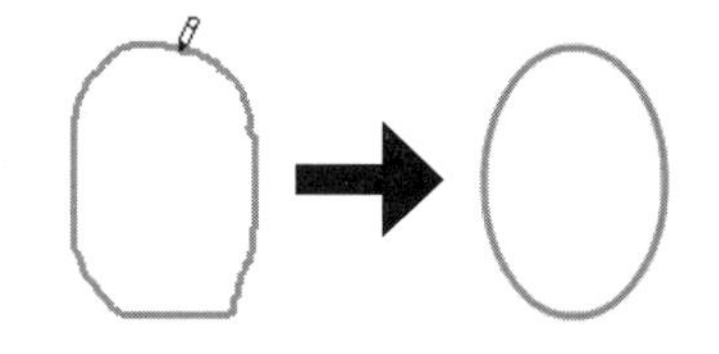

图 2.47 使用【伸直】模式时的绘图效果

2. 平滑

选择【平滑】模式，在绘制图形时，Animate CC 会自动平滑绘制的曲线，这样能够获得圆弧效果，使曲线更加平滑，如图 2.48 所示。

3. 墨水

选择【墨水】模式，在绘制图形时，Animate CC 不会对绘制的线条进行任何处理，此时绘制的线条将更加接近手绘的效果，如图 2.49 所示。

图 2.48 使用【平滑】模式时的绘图效果

图 2.49 使用【墨水】模式时的绘图效果

钢笔工具

2.2.3 钢笔工具

在 Animate CC 中，使用【钢笔工具】可以精确地绘制出平滑精致的直线和曲线。对于绘制完成的曲线，通过锚点可以方便地调整曲线的形状。

1. 绘制直线和曲线

在工具箱中选择【钢笔工具】，如图 2.50 所示。在舞台上单击创建锚点，再次单击创建锚点，锚点间将会以线段连接。在舞台上连续单击即可创建由线段连接各个锚点的折线路径，如图 2.51 所示。

如果需要绘制曲线，可以在舞台上单击创建第一个锚点，再次单击创建新的锚点。此时按住鼠标左键拖曳鼠标拉出一条线段，调整线段的长短和方向可以对曲线的形状进行调整，如图 2.52 所示。释放鼠标，即可获得需要的曲线。

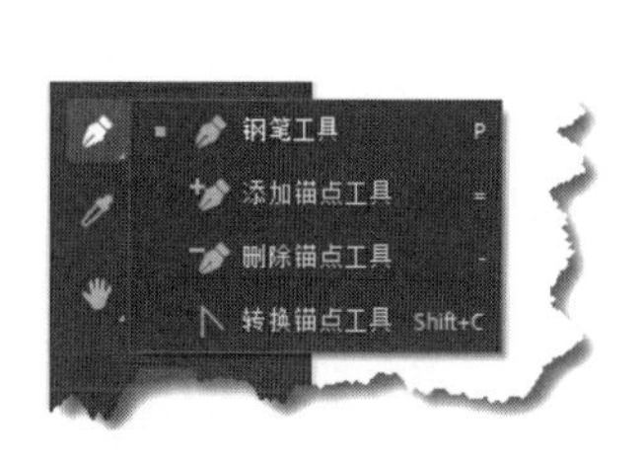

图 2.50 选择【钢笔工具】

图 2.51 绘制折线

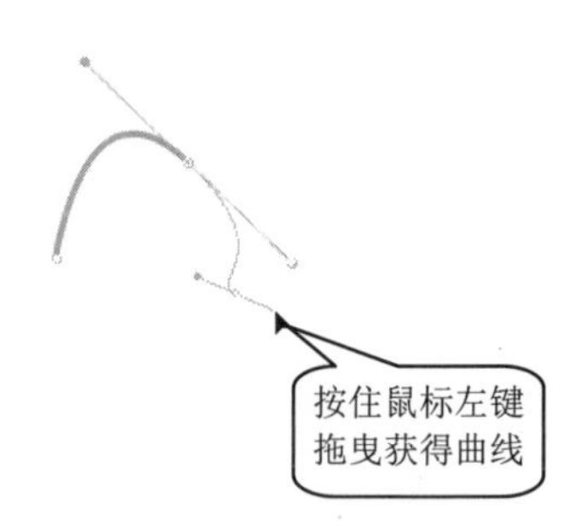

图 2.52 绘制曲线

专家点拨：如果需要创建闭合的路径，可以将鼠标放置到第一个锚点上，当鼠标指针变为时，单击鼠标即可。

2. 添加和删除锚点

使用【钢笔工具】绘制的曲线路径通过调整锚点来控制路径的形状。通过添加和删除锚点，可以更好地实现对路径的控制，同时可以扩展开放路径。在对路径进行编辑修改时要注意，不要在路径上添加不必要的锚点，较少的锚点更易于路径的编辑、文档的显示和打印。如果需要降低路径的复杂程度，可以适当删除不必要的锚点。

在使用【钢笔工具】时，将鼠标指针放置在路径上，会变为【添加锚点工具】，如图 2.53 所示。将鼠标指针放置到已经存在的锚点上时，会变为【删除锚点工具】，如图 2.54 所示。

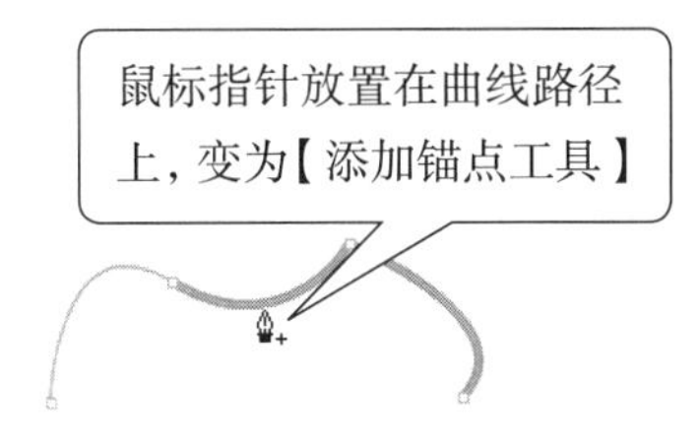

图 2.53　变为【添加锚点工具】

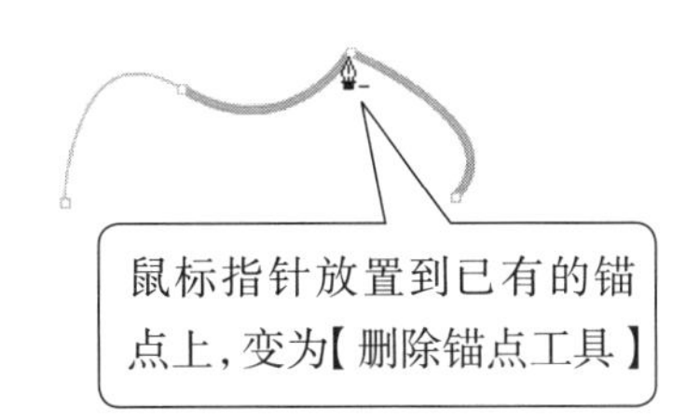

图 2.54　变为【删除锚点工具】

在工具箱中选择【添加锚点工具】后在路径上需要添加锚点的位置单击，即可添加锚点。在工具箱中选择【删除锚点工具】后，在锚点上单击，即可删除该锚点。

专家点拨：在工具箱中选择【部分选取工具】，在锚点上单击可以选择该锚点。此时选择【编辑】|【清除】命令，按 Delete 键或 BackSpace 键均可以删除该锚点。注意，这里删除锚点后，会同时删除与之相连的线。

3. 转换锚点

在使用【钢笔工具】绘制曲线时，创建的锚点是曲线点。使用【钢笔工具】绘制折线时，创建的锚点是尖角点。曲线点是连续弯曲路径上的锚点，而尖角点是直线路径或直线路径与曲线路径的接合处的锚点。

在 Animate CC 中，可以使用【转换锚点工具】来对锚点类型进行转换。在工具箱中选择【转换锚点工具】，在曲线点上单击，即可将曲线点转换为尖角点，如图 2.55 所示。

在工具箱中选择【转换锚点工具】，将鼠标放置到尖角点上，按住鼠标左键拖动鼠标，即可将尖角点转换为曲线点，如图 2.56 所示。此时拖动方向线上的控制柄即可对曲线进行调整。

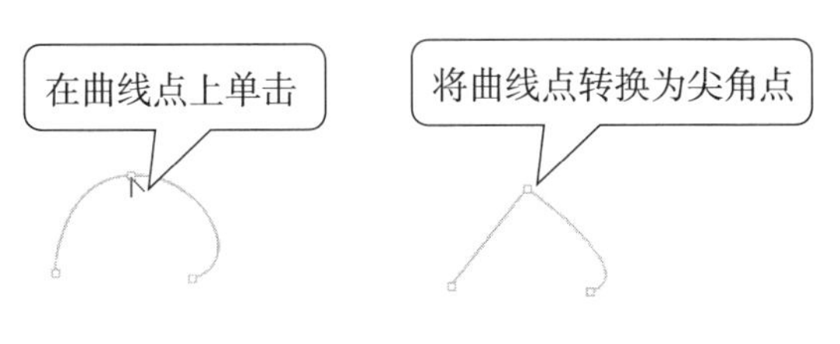

图 2.55　将曲线点转换为尖角点

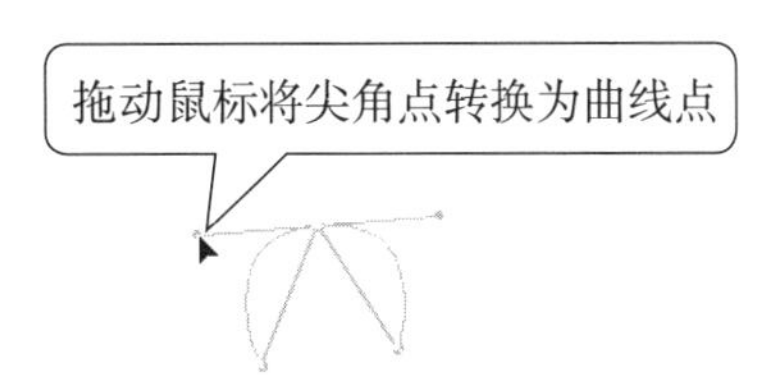

图 2.56　将尖角点转换为曲线点

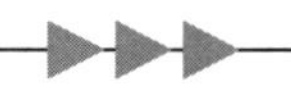

专家点拨：【添加锚点工具】【删除锚点工具】和【转换锚点工具】不仅适用于使用【钢笔工具】绘制的图形，而且可以应用这些工具修改使用【矩形工具】【椭圆工具】和【基本椭圆工具】等绘制的图形的形状。

卡通狮子

2.2.4 实战范例——卡通狮子

1. 范例简介

本范例介绍卡通狮子线稿的绘制方法。在范例制作过程中，使用【钢笔工具】【线条工具】和【铅笔工具】来勾绘图形轮廓，使用【转换锚点工具】转换锚点类型，并调整弧线的形状。通过本范例的制作，读者将能够掌握在 Animate CC 中使用各种工具绘制复杂形状图形的方法和技巧。

2. 制作步骤

（1）启动 Animate CC，创建一个新文档。在工具箱中选择【钢笔工具】，依次在舞台上单击鼠标，绘制一个由折线构成的封闭图形。绘制完成后使用【选择工具】框选绘制的图形，在【属性】面板中设置笔触颜色为黑色，同时将笔触高度设置为 4，如图 2.57 所示。

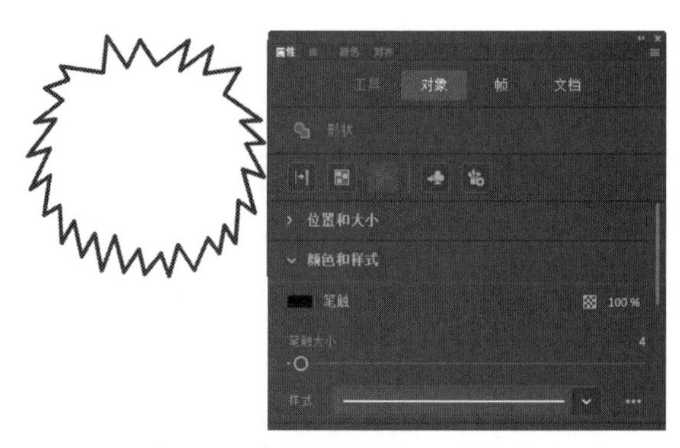

图 2.57　绘制图形并设置图形属性

（2）在工具箱中选择【转换锚点工具】，依次拖动图形上的各个锚点将它们转换为曲线点，同时拖动控制柄对曲线的弯曲弧度进行调整，如图 2.58 所示。

（3）再次选择【钢笔工具】，在第（2）步绘制的图形中绘制一个封闭图形，如图 2.59 所示。在工具箱中选择【转换锚点工具】，将图形上的锚点依次转换为曲线点，同时调整曲线的形状。这样得到狮子的脸部外形，如图 2.60 所示。

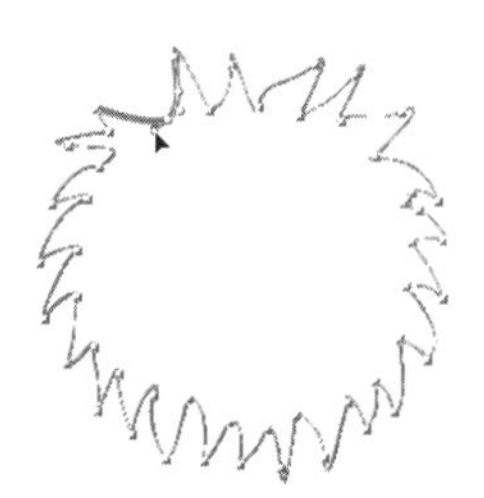

图 2.58　将锚点转换为曲线点后调整曲线形状

图 2.59　绘制封闭图形

（4）在工具箱中选择【铅笔工具】，在工具箱的选项栏中将铅笔模式设置为【平滑】。在狮子头部的耳朵部位拖动鼠标绘制两条弧线，如图 2.61 所示。

图 2.60　调整图形形状得到狮子脸部

图 2.61　在耳朵部位绘制两条弧线

（5）在工具箱中选择【椭圆工具】，在脸部绘制两个黑色的无笔触的椭圆作为狮子的眼睛。使用【多角星形工具】绘制一个三角形，其属性设置与第（1）步的设置相同，如图 2.62 所示。使用【转换锚点工具】将三角形底边两个端点设置为曲线点，调整曲线的形状，如图 2.63 所示。至此完成了狮子的眼睛和鼻子的绘制。

图 2.62　绘制椭圆和三角形

图 2.63　调整曲线的形状

（6）在工具箱中选择【线条工具】，拖动鼠标在狮子鼻子下方绘制一条线段。在工具箱中选择【添加锚点工具】，在线段中间单击添加一个锚点，如图 2.64 所示。在工具箱中选择【转换锚点工具】，将线段两端的锚点转换为曲线点，并调整曲线的形状，如图 2.65 所示。

（7）使用相同的方法绘制狮子的身体、双脚和尾巴，绘制完成后的效果如图 2.66 所示。

图 2.64　在线段中间添加一个锚点

图 2.65　调整曲线形状

图 2.66　范例效果

2.3 三种画笔工具

在 Animate CC 中除了绘制图形和线条的工具之外，还提供了必要的手绘工具，包括【传统画笔工具】【画笔工具】和【流畅画笔工具】，使用这些工具能够实现图形的手绘涂抹。

传统画笔工具

2.3.1 传统画笔工具

在 Animate CC 中，使用【传统画笔工具】可以绘制任意形状的色块，同时使用该工具还可以创建一些特殊的图形效果。

在工具箱中选择【传统画笔工具】，如图 2.67 所示。在【属性】面板中对工具的属性进行设置，这里可以设置画笔笔触的颜色、大小和平滑度等，如图 2.68 所示。完成设置后在舞台上拖曳鼠标即可绘制出需要的图形。

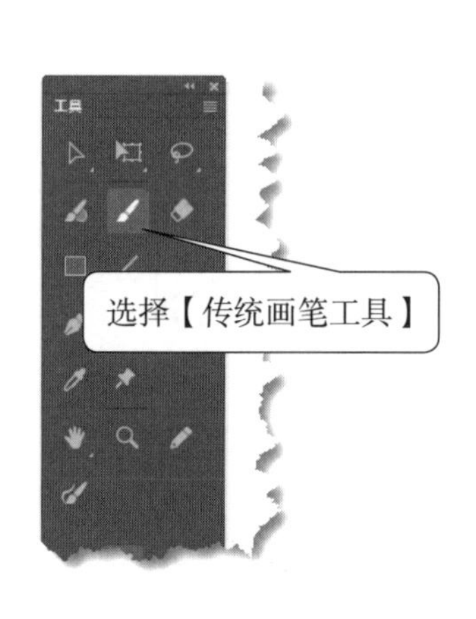

图 2.67 选择【传统画笔工具】

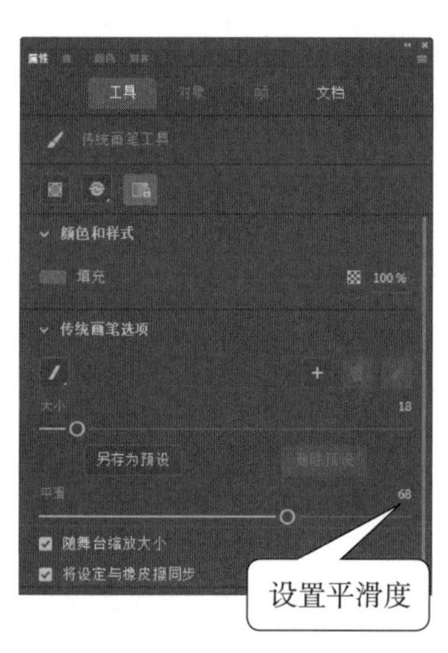

图 2.68 【属性】面板

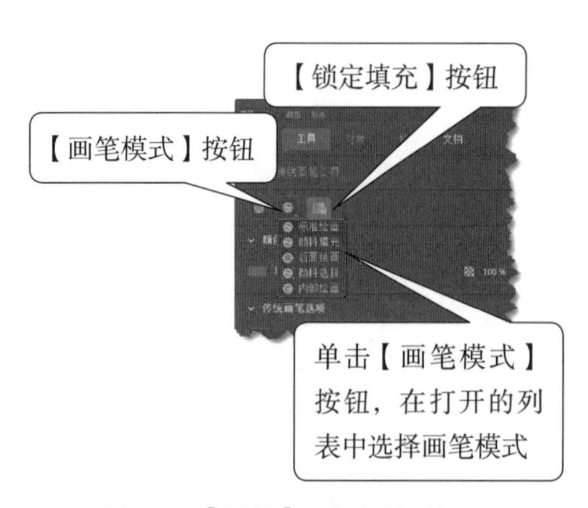

图 2.69 【属性】面板的辅助按钮

在选择【传统画笔工具】后，在【属性】面板中会出现辅助按钮，使用这些按钮可以设置画笔模式和锁定填充，如图 2.69 所示。

在【属性】面板中单击【画笔模式】按钮，在打开的列表中选择画笔模式，使用不同的模式将获得不同的绘画效果。

1. 标准绘画模式

在使用【传统画笔工具】绘画时，选择【标准绘画】模式，工具将不分笔触和填充。此时在拖动鼠标绘制图形时，画笔经过的地方，笔触轮廓和填充都将被覆盖，如图 2.70 所示。

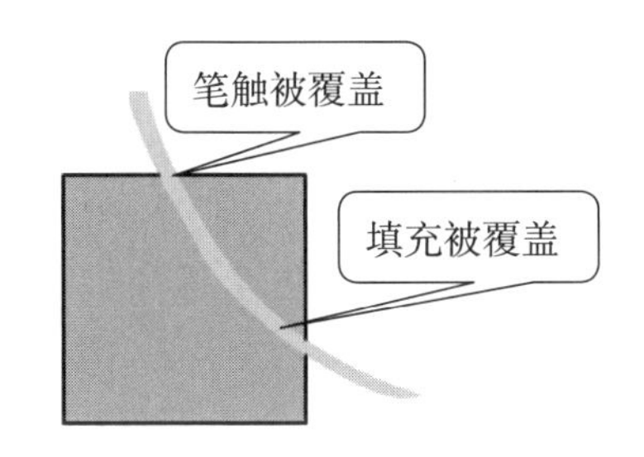

图 2.70　使用【标准绘画】模式绘制的效果

2. 颜料填充模式

选择【颜料填充】模式时，工具将不会填充笔触，只是对图形的填充部分进行填充覆盖，如图 2.71 所示。

3. 后面绘画模式

选择【后面绘画】模式，在绘制图形时，图形将自动放置在已有图形的后面，不会覆盖当前已有图形，如图 2.72 所示。

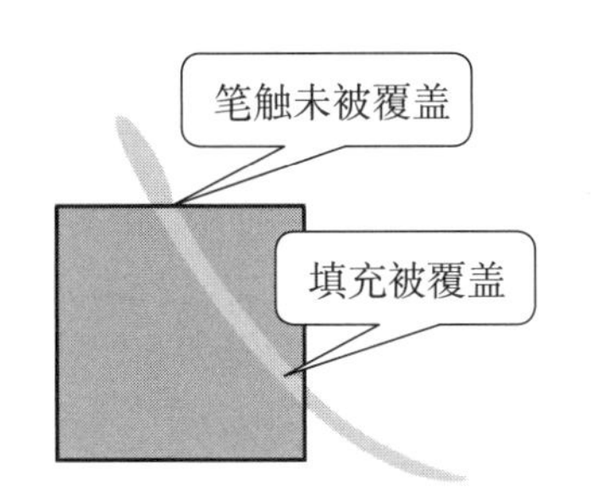

图 2.71 【颜料填充】模式绘制效果

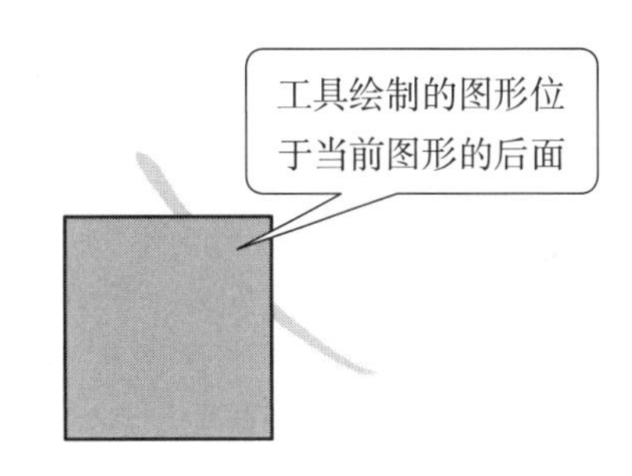

图 2.72 【后面绘画】模式绘制效果

4. 颜料选择模式

选择【颜料选择】模式，在绘制图形时，画笔将只能在选定的区域中着色，如图 2.73 所示。

5. 内部绘画模式

选择【内部绘画】模式，在绘制图形时，画笔将只对图形的填充部分或笔触轮廓包围的部分进行填充。此时，绘画的区域将只限制在轮廓线内，不会画到轮廓线外，如图 2.74 所示。

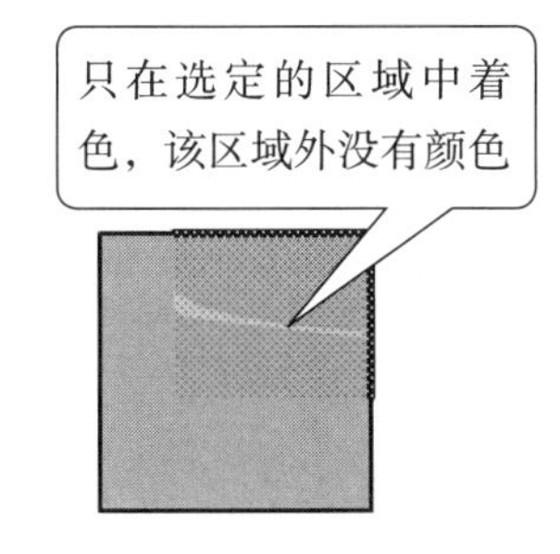

图 2.73 【颜料选择】模式绘制效果

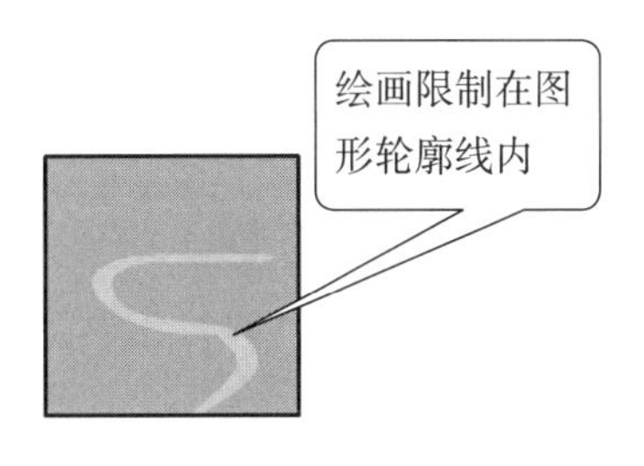

图 2.74 【内部绘画】模式绘制效果

在【属性】面板的【传统画笔选项】设置栏单击【画笔类型】按钮，在打开的列表中选择画笔笔触样式选项即可应用该画笔形状绘图，如图 2.75 所示。单击【添加自定义画笔形状】按钮+将打开【笔尖选项】对话框，在对话框中可对笔尖形状进行自定义。完成设置后单击【确定】按钮即可将自定义的笔尖添加到【画笔类型列表】中，如图 2.76 所示。

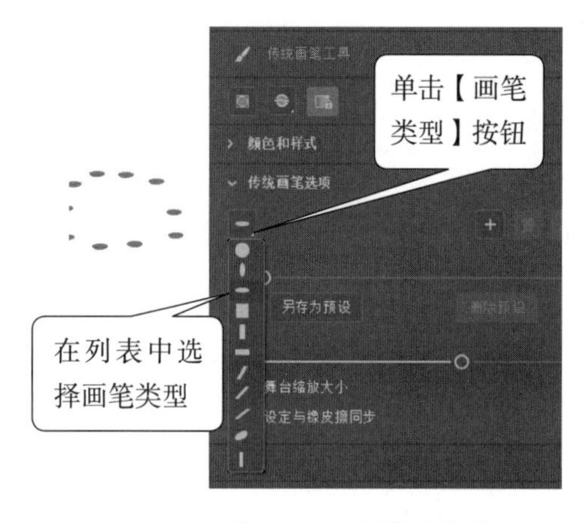

图 2.75 设置笔尖类型

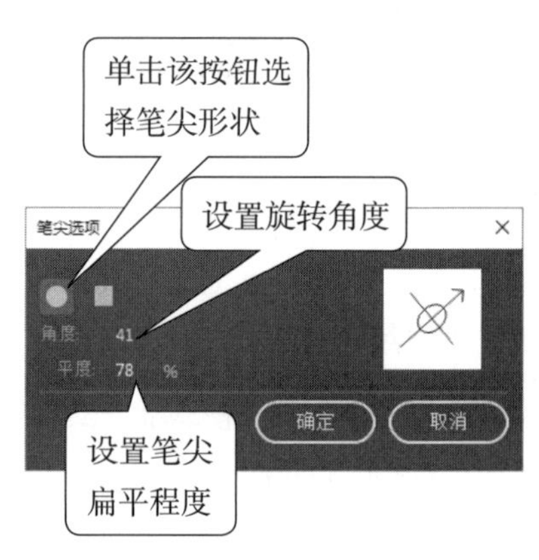

图 2.76 【笔尖选项】对话框

专家点拨：在【画笔类型】列表中选择自定义笔尖后，右侧的【删除自定义画笔形状】按钮和【编辑自定义画笔形状】按钮可用。单击【删除自定义画笔形状】按钮可将选择的自定义画笔笔尖删除，单击【编辑自定义画笔形状】按钮可打开【笔尖选项】对话框对笔尖形状进行重新编辑。

2.3.2 画笔工具

画笔工具

Animate CC 中的【画笔工具】就像一支画笔一样，能够让用户自由地绘制各种生动的形状。Animate CC 为用户提供了多种不同的画笔样式，用户可以根据需要进行选择，也可以根据需要对画笔进行自定义。

【画笔工具】的使用方法与【传统画笔工具】相同，在工具箱中选择该工具，如图 2.77 所示。在【属性】面板中对笔触的颜色、大小和样式等进行设置，如这里设置笔触的【宽】，如图 2.78 所示，然后在舞台上拖动鼠标绘制图形。

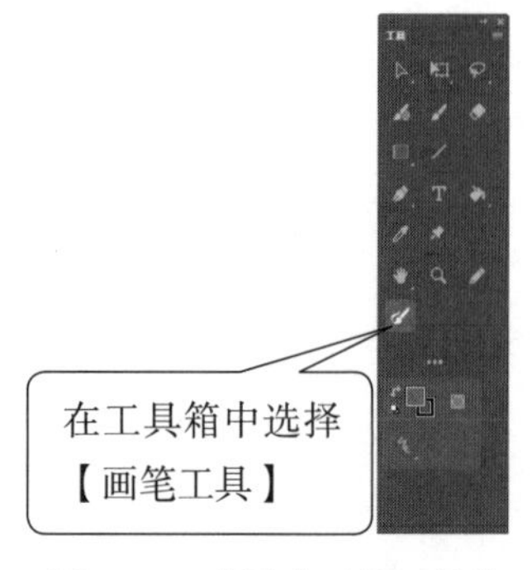

图 2.77 选择【画笔工具】

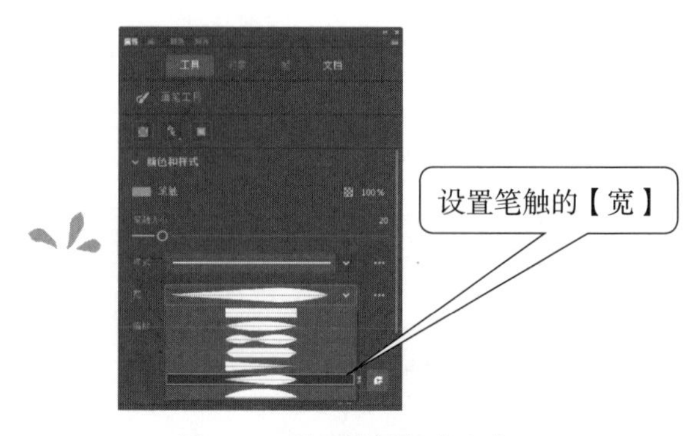

图 2.78 设置笔触的【宽】

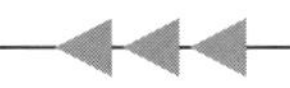

Animate CC 提供了【画笔库】,【画笔库】中带有多种笔触类型可供选择使用。用户可以根据需要选择这些内置的笔触并对其进行自定义。

1. 使用内置笔触样式

在【属性】面板中单击【样式】列表右侧的【样式选项】按钮▪▪▪，在打开的列表中选择【画笔库】选项，如图 2.79 所示。在打开的【画笔库】对话框在左边列表中选择画笔类型，在对话框中间列表中将列出该类型下所有可用的子类型。选择一个子类型，在右侧列表中将选择所有可用的画笔样式。选择需要使用的画笔样式后单击对话框下的【在文档中应用】按钮，拖动鼠标即可将该样式画笔绘制到舞台上，如图 2.80 所示。

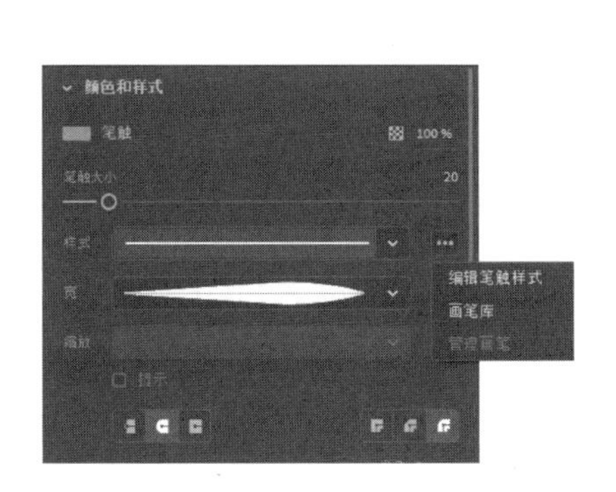

图 2.79　选择【画笔库】选项

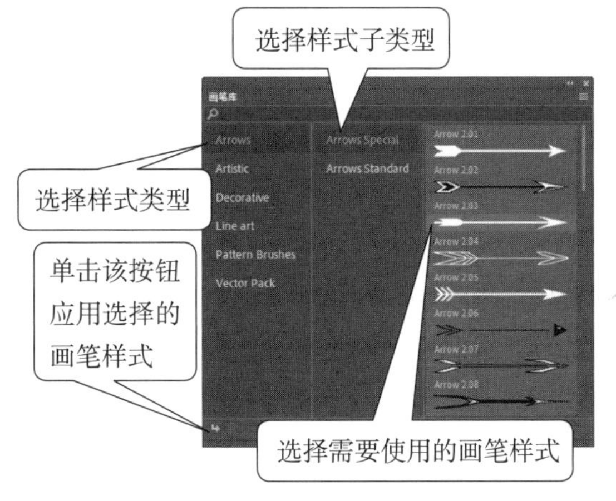

图 2.80　选择画笔样式

2. 管理文档画笔

应用于文档中的笔触样式将会添加到【属性】面板的【样式】列表中，单击【样式】列表右侧的【样式选项】按钮▪▪▪，在打开的列表中选择【管理画笔】选项将打开【管理文档画笔】对话框。在对话框的列表中选择笔触样式，单击【删除】按钮可将其从【属性】面板的【样式】列表中删除。如果对该画笔样式进行了自定义，单击【保存至画笔库】按钮可将该画笔样式保存到【画笔库】中，如图 2.81 所示。

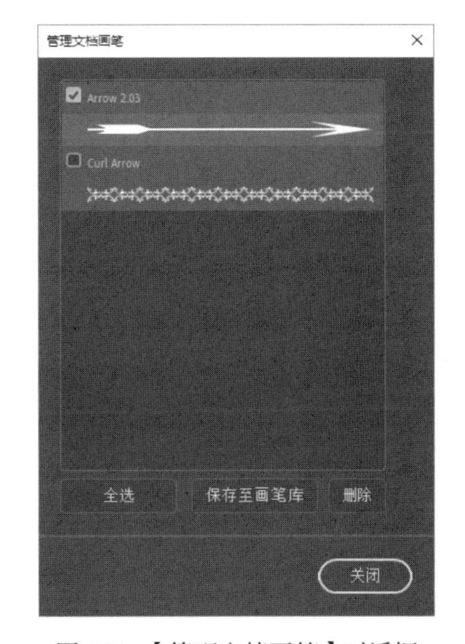

图 2.81 【管理文档画笔】对话框

3. 编辑笔触样式

Animate CC 允许对【画笔库】中的画笔样式进行编辑。在【属性】面板的【样式】列表中选择样式选项，单击右侧的【样式选项】按钮▪▪▪，在打开的列表中选择【编辑笔触样式】选项打开【画笔选项】对话框，在对话框的【类型】列表中选择【艺术画笔】选项，在对话框中对图案间距、形状重叠以及拉伸方式等进行设置，完成设置后单击【添加】按钮将其添加到【样式】列表中，如图 2.82 所示。

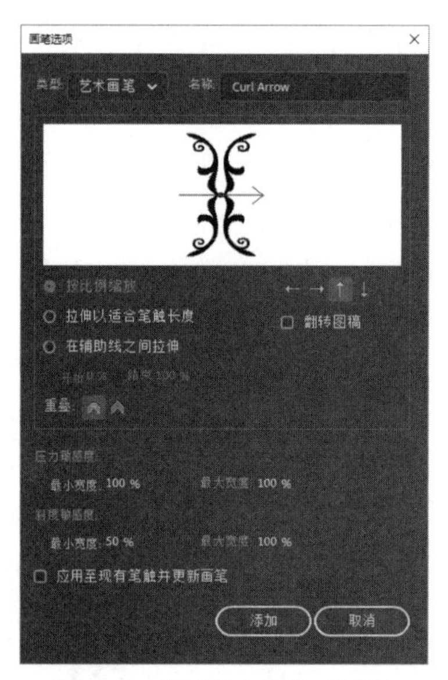

图 2.82 【画笔选项】对话框

专家点拨: Animate CC 的画笔笔触分为艺术画笔和图案画笔这两种类型，艺术画笔可以沿着路径绘制一个矢量图案，图案可以拉伸至整个长度。图案画笔则是可沿着某路径重复绘制的图形。在【画笔选项】对话框中，可以在【类型】列表中选择后进行设置。

2.3.3 流畅画笔工具

这是 Animate CC 提供的一个新的画笔工具，使用该工具能够十分方便快捷地获得平滑的手绘效果。

在【工具箱】中选择【流畅画笔工具】，如图 2.83 所示。在【属性】对话框的【流畅画笔选项】栏中对画笔的大小、圆度、角度和锥度等选项进行设置，拖动鼠标即可在舞台上绘制图形，如图 2.84 所示。

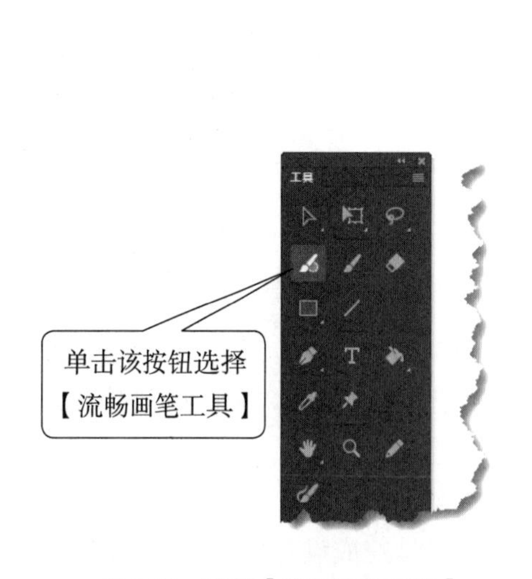

图 2.83 选择【流畅画笔工具】

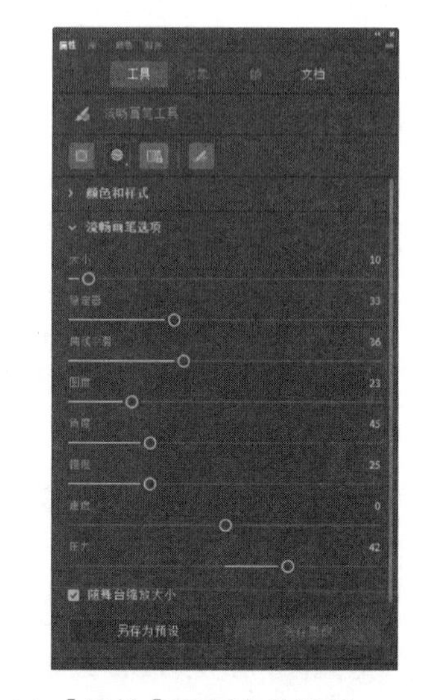

图 2.84 【属性】面板中的设置

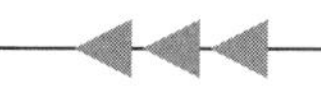

专家点拨：在【属性】面板中对画笔进行设置后，单击【流畅画笔选项】栏中的【另存为预设】按钮可以将当前画笔的设置保存下来以便多次重复使用。在保存了对画笔的设置后，打开【保存的预设】栏，单击该栏中保存的预设按钮即可选择使用该画笔预设。在画笔预设被选择的情况下，单击【删除预设】按钮即可将选择的预设删除，如图 2.85 所示。

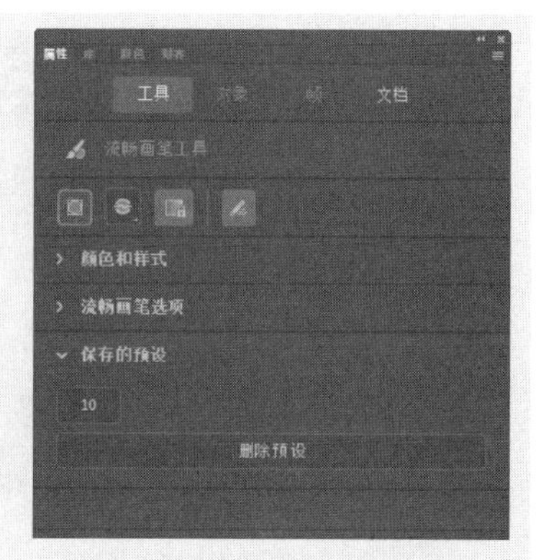

图 2.85 【保存的预设】栏

2.3.4　实战范例——草地

草地

1. 范例简介

本范例介绍一幅草地插画的制作过程。在本范例的制作过程中，使用【传统画笔工具】绘制舞台上的绿色山丘、太阳和山丘上的斑点，使用【画笔工具】绘制天空中的云朵和山丘上的绿色小灌木，使用【流畅画笔工具】绘制天空中的飞鸟。通过本范例的制作，读者将能够掌握使用 Animate CC 的三个画笔工具绘制图形的方法，进一步熟悉这三个画笔工具的属性设置。同时，熟练掌握对画笔笔尖自定义的方法。

2. 制作步骤

（1）启动 Animate CC，创建一个空白文档。打开【属性】面板，在【文档设置】栏中单击【背景颜色】按钮，在打开的色板中设置文档的背景颜色，如图 2.86 所示。

（2）在工具箱中选择【传统画笔工具】，在【属性】面板中设置画笔的填充颜色，如图 2.87 所示。在【传统画笔选项】设置栏中首先将笔尖形状设置为圆形，同时拖动【画笔大小】滑块设置画笔笔尖大小，如图 2.88 所示。拖动鼠标，在舞台上涂抹绘制绿色的山丘效果如图 2.89 所示。

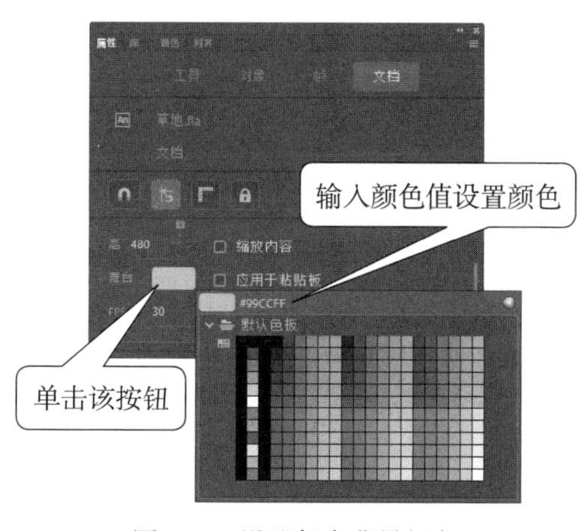

图 2.86　设置舞台背景颜色

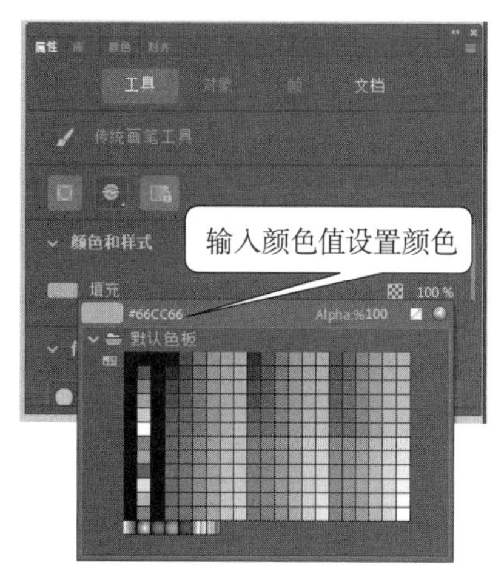

图 2.87　设置笔尖颜色

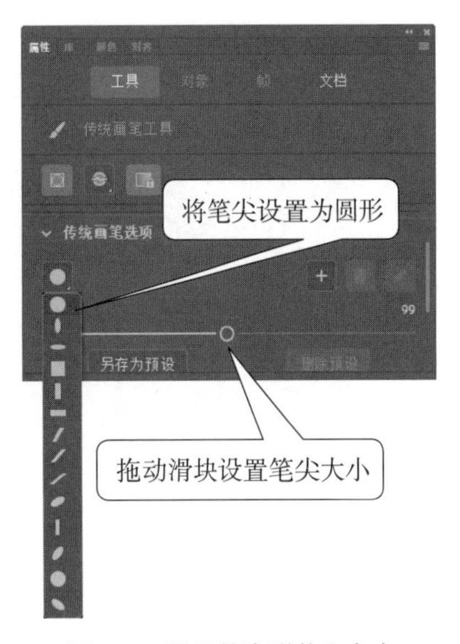

图 2.88　设置笔尖形状和大小

图 2.89　绘制绿色的山丘

（3）选择【传统画笔工具】，在【属性】面板中设置画笔的填充颜色，如图 2.90 所示。设置画笔的大小，如图 2.91 所示。使用鼠标在舞台上单击绘制一个太阳，如图 2.92 所示。

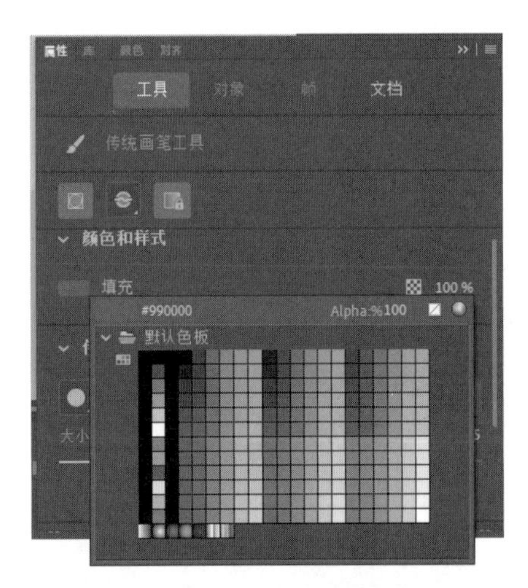

图 2.90　设置填充颜色

图 2.91　设置画笔大小

图 2.92　绘制太阳

（4）选择【传统画笔工具】，在【属性】面板中将画笔的填充颜色设置为白色，将填充色的 Alpha 值设置为 50%，在【传统画笔选项】栏中将画笔形状设置为椭圆形并设置画笔大小。在舞台上单击绘制几个椭圆，如图 2.93 所示。

图 2.93　在舞台上绘制几个椭圆

（5）在【属性】面板中单击【添加自定义画笔】按钮 + 打开【笔尖选项】对话框，在对话框中设置圆形笔尖的【角度】和【平度】，使笔尖形状与以前形状不同，如图 2.94 所示。单击【确定】按钮后关闭对话框，选择自定义笔尖后对笔尖填充色的 Alpha 值进行调整，在舞台上单击绘制几个自定义形状。使用相同的方法在【笔尖选项】对话框中调整笔尖的【角度】值和【平度】值，自定义多个不同旋转方向的笔尖。使用不同的填充 Alpha 值和笔尖大小在舞台上单击获得一系列斑点效果，如图 2.95 所示。

图 2.94 【笔尖选项】对话框

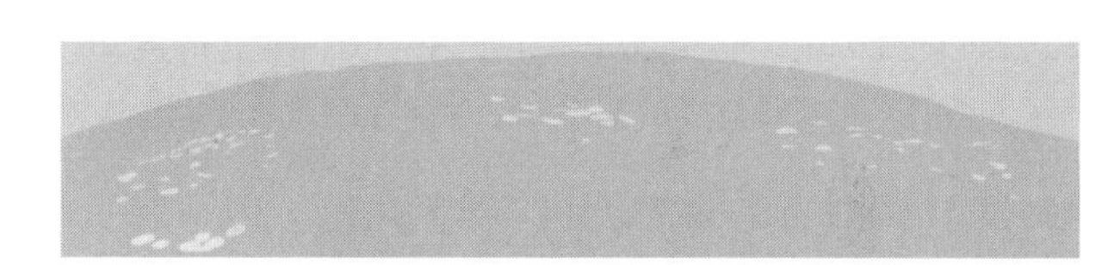

图 2.95　绘制斑点效果

（6）在工具箱中选择【画笔工具】，在【属性】面板的【颜色和样式】栏中单击【样式】列表右侧的【样式选项】按钮，在打开的列表中选择【画笔库】选项打开【画笔库】对话框。在对话框左侧列表中选择 Decorative 选项，在中间列表中选择 Elegant Curl and Floral Brush Set 选项。分别双击右侧的 Cloudy Full 和 Cloudy Half 选项将这两个笔尖添加到【属性】面板的【样式】列表中，如图 2.96 所示。

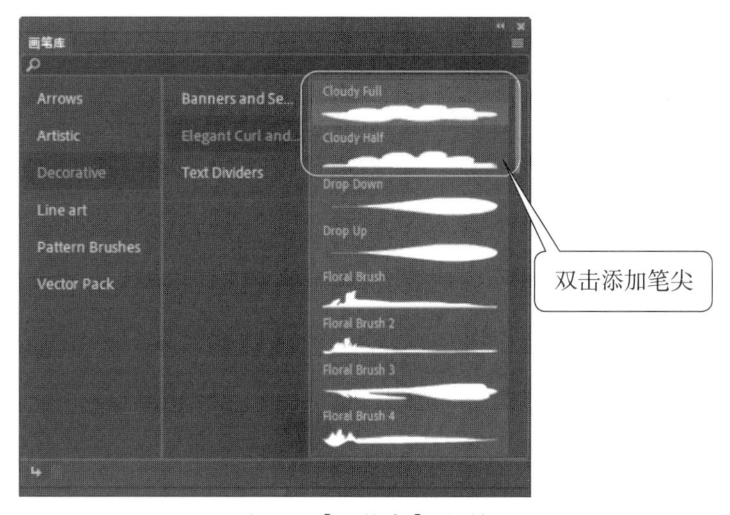

图 2.96 【画笔库】对话框

（7）在【属性】面板的【样式】列表中选择添加的 Cloudy Full 笔尖，将笔触颜色设置为白色，笔触的 Alpha 值设置为 55%，设置笔触的大小。在舞台上横向拖动鼠标绘制一个云朵，如图 2.97 所示。调整笔触的大小和 Alpha 值，拖动鼠标在舞台的不同位置添加多个不同的云朵，如图 2.98 所示。

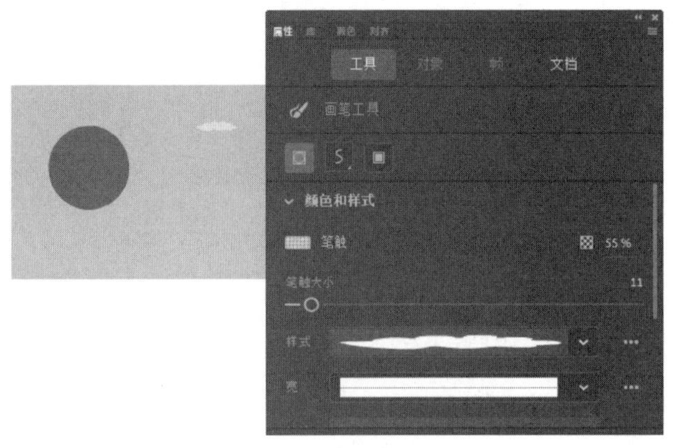

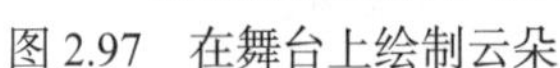
图 2.97　在舞台上绘制云朵

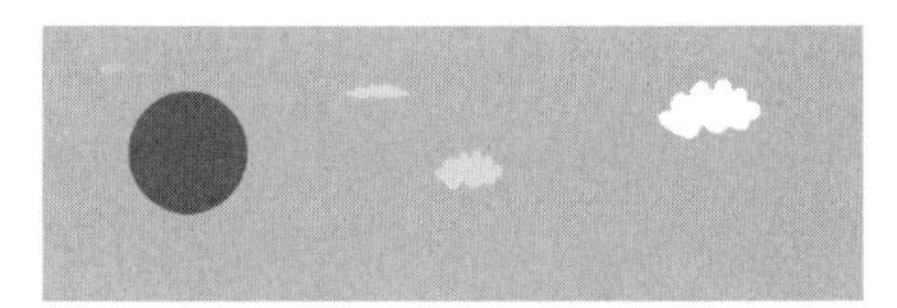
图 2.98　添加多个云朵

（8）在【属性】面板中设置笔触颜色和 Alpha 值，如图 2.99 所示。在【样式】列表中选择步骤（6）中添加的 Cloudy Half 画笔样式，使用不同的笔触大小在舞台上绘制几个灌木，如图 2.100 所示。

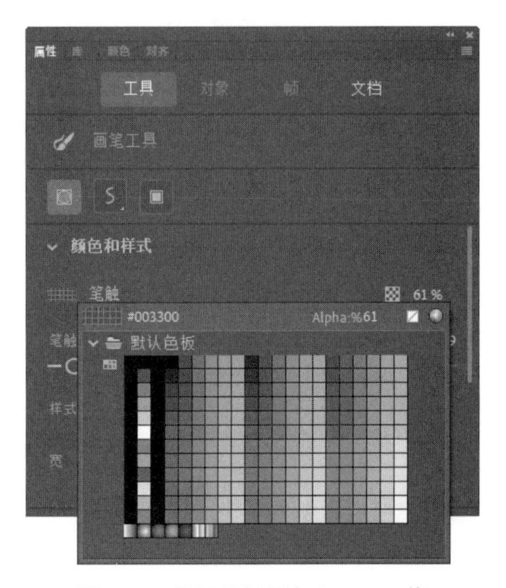

图 2.99　设置笔触颜色和 Alpha 值

图 2.100　在舞台上绘制灌木

（9）在工具箱中选择【流畅画笔工具】，在【属性】面板中将画笔的填充颜色设置为白色，同时对【流畅画笔选项】栏中的各个设置项进行设置。使用鼠标在舞台上绘制几个大小不等的 V 形绘制出天空中的飞鸟，如图 2.101 所示。至此，本范例制作完成。范例制作完成后的效果如图 2.102 所示。

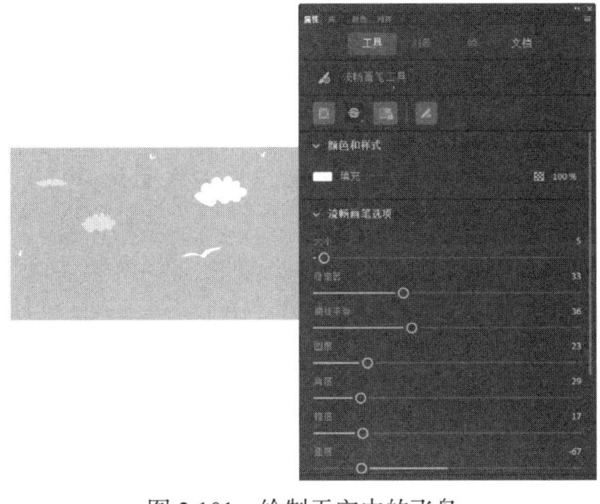

图 2.101　绘制天空中的飞鸟

图 2.102　范例制作完成后的效果

2.4　其他辅助绘图工具

在绘制图形时，有时需要使用一些辅助绘图工具的帮助来进行图形的绘制，如调整绘制图形的形状、去除不需要的图形或查看舞台上绘制图形的细部。本节将对 Animate CC 中的辅助绘图工具进行介绍。

2.4.1　选取对象

在 Animate CC 中，用于对象选取的工具有 5 个，分别是【选择工具】【部分选取工具】【套索工具】【多边形工具】和【魔术棒工具】。本节将对这 5 个工具的使用进行介绍。

1. 选择工具

【选择工具】用于选择和移动对象，同时使用该工具也可以对图形和线条的轮廓进行平滑和拉直等操作。

在工具箱中选择【选择工具】，拖动鼠标，选框中的图形将被选择，如图 2.103 所示。

专家点拨： 使用【选择工具】单击舞台上的对象可以选择该对象。使用【选择工具】框住舞台上的对象，或按住 Shift 键依次单击舞台上的图形可以实现多个图形的选择。直接按 Ctrl+A 组合键可以同时选择当前舞台上的所有图形。

在完成图形的绘制后，在工具箱中选择【选择工具】，将鼠标放置在图形的笔触上，拖动鼠标可以修改图形的形状，如图 2.104 所示。

图 2.103　框选图形

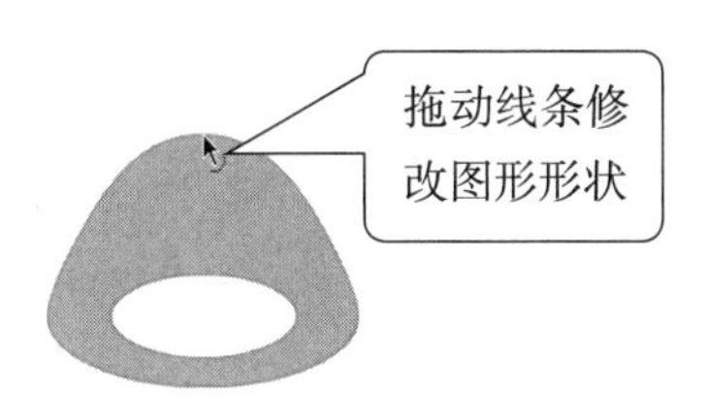

图 2.104　修改图形形状

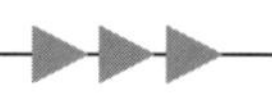

选择【选择工具】后，在工具箱底部的选项栏中单击【平滑】按钮或【伸直】按钮将能使选择的线条平滑或伸直。如选择一条弯曲的线条，单击【伸直】按钮，该线条将拉直，如图 2.105 所示。

专家点拨：在工具箱中选择【选择工具】，将鼠标指针放置到曲线上，当鼠标指针变为时，可以直接拖动曲线改变曲线的形状，如图 2.106 所示。

使用【选择工具】拖曳直线，可以将直线拉成光滑的弧线。在拖曳线条的同时按住 Ctrl 键，将增加一个锚点，此时当前线条被分为两个线条。

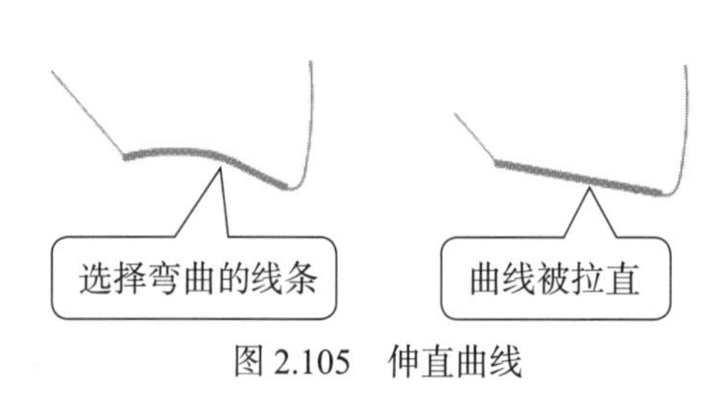

图 2.105　伸直曲线

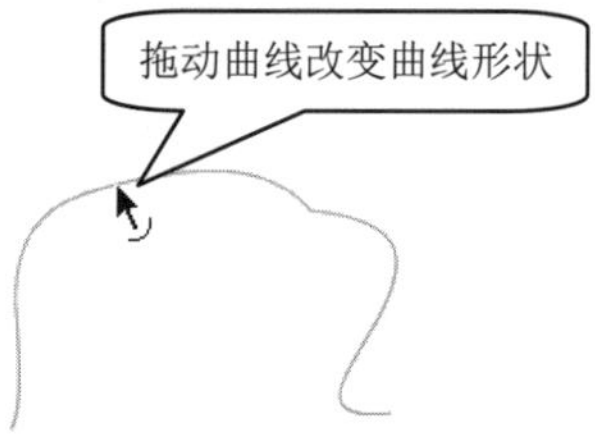

图 2.106　使用【选择工具】调整曲线形状

部分选取工具

2. 部分选取工具

【部分选取工具】可用于对图形的选择，也可以通过选择轮廓线上的锚点并通过拖动锚点上的控制柄来对图形轮廓进行调整。

在工具箱中选择【部分选取工具】，在绘制的图形上单击，图形上即会出现锚点。使用该工具选择锚点，拖动锚点可以改变图形的形状，如图 2.107 所示。在选择锚点后，拖动锚点两侧方向线上的控制柄改变方向线的方向和长度，可以对曲线进行调整，如图 2.108 所示。

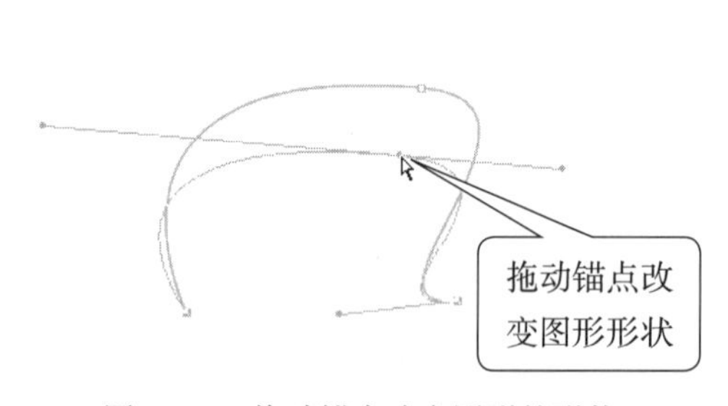

图 2.107　拖动锚点改变图形的形状

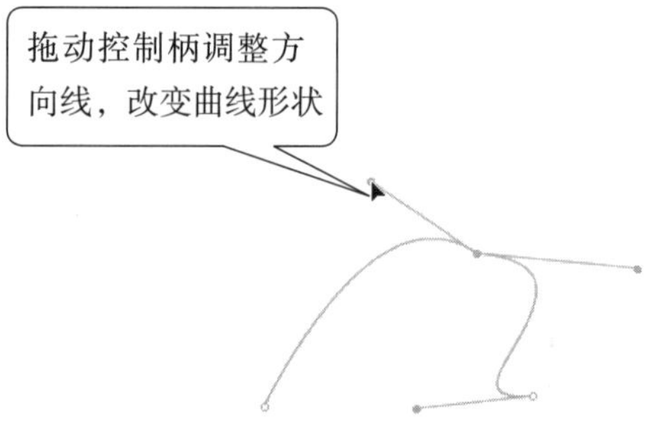

图 2.108　拖动控制柄调整曲线形状

3. 套索工具

【套索工具】用于在舞台上创建不规则的选区，以实现对多个对象的选取。在工具箱中选择【套索工具】，在舞台上按住鼠标左键移动鼠标即可绘制出选框，如图 2.109 所示。释放鼠标后，即可获得一个手绘的选区。

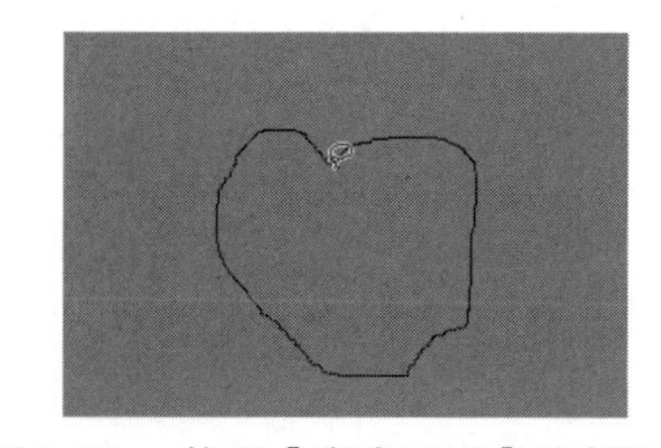

图 2.109　使用【套索工具】绘制选区

4. 魔术棒工具

Animate CC 的工具箱中提供了一个【魔术棒工具】，选择该工具后在舞台上单击，舞台上所有与单击点处颜色相同的连续区域都将被选择，如图 2.110 所示。在选择【魔术棒工具】后，在【属性】面板中可以对魔术棒进行设置，如图 2.111 所示。

专家点拨：使用【魔术棒工具】根据颜色来获得选区时，只对位图有效，且位图必须使用【修改】|【分离】命令进行分离。

图 2.110　选择颜色相同的连续区域

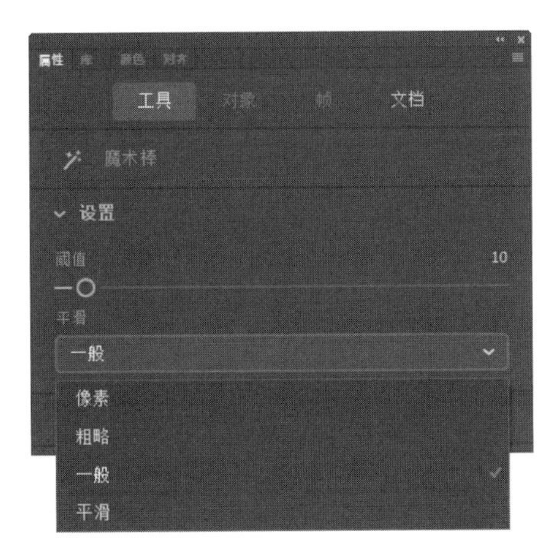

图 2.111 【魔术棒工具】设置

专家点拨：下面介绍【属性】面板【设置】栏中设置项的含义。

- 【阈值】：该值用于设置将相邻像素包含在选区中的颜色接近程度，其默认值为 10。该值范围为 1 ～ 200，这个值越大，则选区中包含的颜色范围就越大。
- 【平滑】：用于设置选择区域的平滑度。

5. 多边形工具

在工具箱中选择【多边形工具】，此时可以使用鼠标单击的方法在舞台上创建多边形选区，如图 2.112 所示。

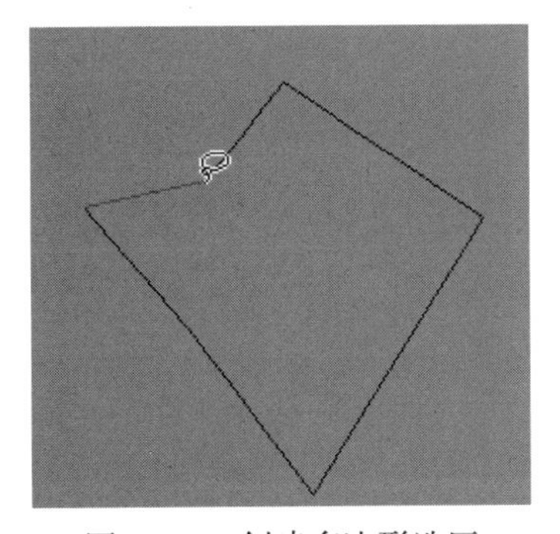

图 2.112　创建多边形选区

专家点拨：在多边形模式下，双击，Animate CC 将自动连接双击点和起始点，从而获得封闭的多边形选区。

橡皮擦工具

2.4.2　擦除对象

在 Animate CC 中，使用【橡皮擦工具】能够擦除舞台上对象的填充和轮廓。在工具箱中选择【橡皮擦工具】，在【属性】面板中选择擦除模式。按下【水龙头】按钮将进入水龙头模式，如图 2.113 所示。打开【橡皮擦选项】栏，可以像使用【传统画笔工具】那样设置橡皮擦笔触形状和大小，如图 2.114 所示。

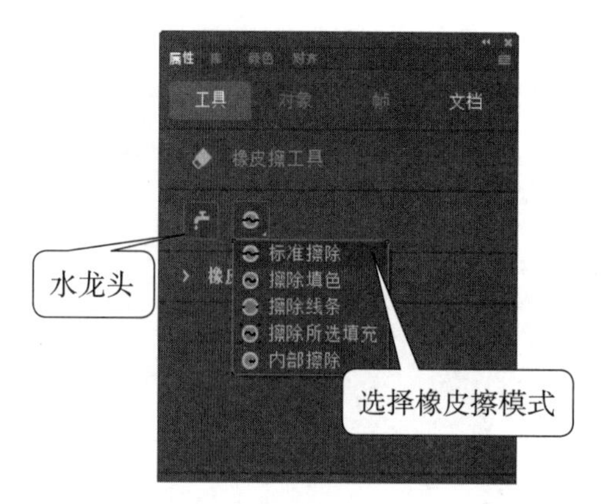

图 2.113 【橡皮擦工具】属性设置

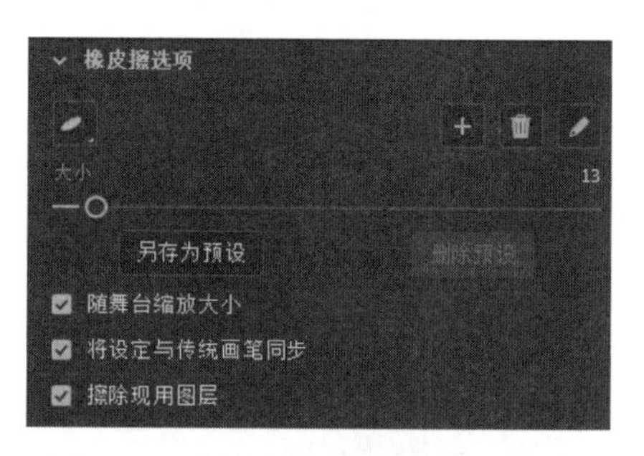

图 2.114 【橡皮擦选项】栏中的设置

1. 标准擦除模式

将【橡皮擦工具】设置为【标准擦除】模式，拖曳鼠标，位于同一图层的图形的笔触和填充都被擦除，如图 2.115 所示。

图 2.115　笔触和填充被擦除

2. 擦除填色模式

选择【擦除填色】模式，拖曳鼠标，位于同一图层的图形的填充被擦除，而笔触将保留，如图 2.116 所示。

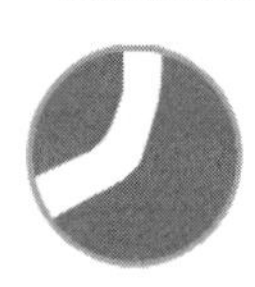
图 2.116　填充被擦除

3. 擦除线条模式

选择【擦除线条】模式，拖曳鼠标，位于同一图层图形的笔触被擦除，而填充将保留，如图 2.117 所示。

图 2.117　笔触被擦除

4. 擦除所选填充模式

使用工具对舞台上的图形区域进行选择，在使用【橡皮擦工具】时，如果选择了【擦除所选填充】模式，则在选择区域上拖曳鼠标时，该区域的填充被擦除，如图 2.118 所示。

图 2.118　只擦除选择区域中的填充部分

5. 内部擦除模式

选择【内部擦除】模式，拖曳鼠标，则将只擦除封闭图形内部的填充部分，不擦除笔触和该图形外的内容，如图 2.119 所示。

图 2.119　只擦除封闭图形内的填充

专家点拨：在使用【橡皮擦工具】时，在选项栏中单击【水龙头】按钮，则在单击要删除的笔触或填充区域时，整个笔触段或填充区域将被删除。

2.4.3 查看对象

Animate CC 提供了【缩放工具】和【手形工具】来帮助设计师更好地查看舞台上的图形对象。下面将对这两种工具的使用进行介绍。

1. 手形工具

在舞台上进行图形绘制和编辑时，有时需要移动舞台以便更好地查看舞台上的特定图形，此时可以使用【手形工具】。在工具箱中选择【手形工具】，按住鼠标左键移动鼠标可以拖动舞台画面，这样即可方便地查看到需要的图形。

2. 缩放工具

在绘制图形时，有时需要放大舞台画面查看图形的细节，而当需要了解整个舞台或某个对象的结构时，又需要缩小舞台，这类舞台画面的缩放操作可以通过使用【缩放工具】来实现。

在工具箱中选择【缩放工具】，在工具箱的选项栏中单击【放大】按钮，在舞台上单击即可增加舞台画面的显示比例。使用该工具在舞台中的图形上框选一个区域，则能将该区域放大，如图 2.120 所示。

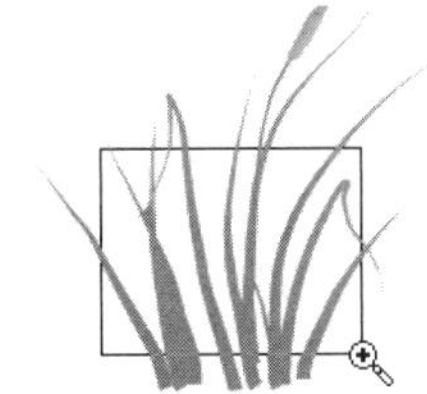

图 2.120　拖动鼠标选择要放大的区域

2.4.4 实战范例——雨伞

雨伞

1. 范例简介

本范例介绍雨伞和滴落在雨伞上的雨滴的绘制。本范例使用【多角星形工具】【钢笔工具】和【椭圆工具】来绘制基本图形，使用【选择工具】和【部分选取工具】来对图形的形状进行修改。通过本范例的制作，读者将掌握使用【选择工具】和【部分选取工具】对图形形状进行修改的方法，同时掌握不使用对象旋转和缩放命令，使用【选择工具】和【部分选取工具】实现对象倾斜放置的技巧。

2. 制作步骤

（1）启动 Animate CC，创建一个新文档。在工具箱中选择【多角星形工具】，在【属性】面板中将填充色设置为红色，并取消笔触，如图 2.121 所示。在【属性】面板的【工具选项】栏中，将【样式】设置为【多边形】，将多边形的边数设置为“3”，如图 2.122 所示。

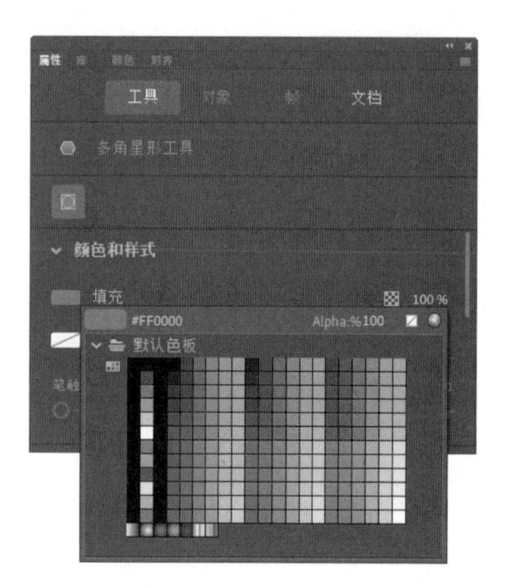

图 2.121 设置填充色

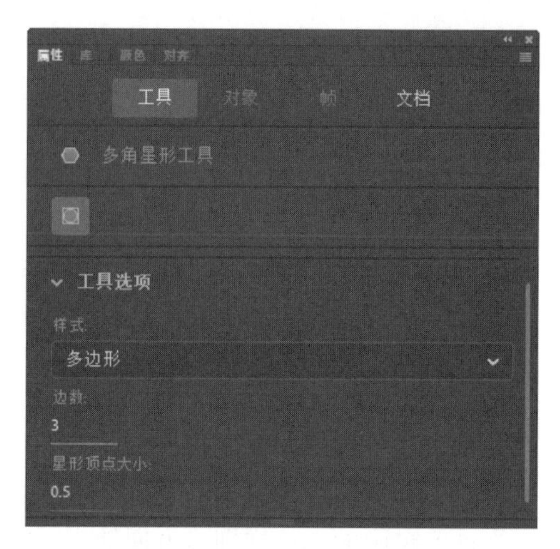

图 2.122 【工具选项】栏的设置

（2）在舞台上拖动鼠标绘制三角形，在工具箱中选择【选择工具】。将鼠标放置到三角形的顶点，光标变为后拖动顶点改变三角形的形状，如图 2.123 所示。将鼠标放置到三角形的边上，当光标变为后拖曳鼠标将直线变为曲线，如图 2.124 所示。

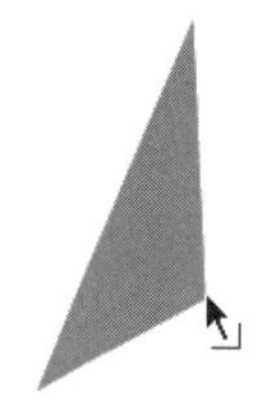

图 2.123 拖动三角形顶点

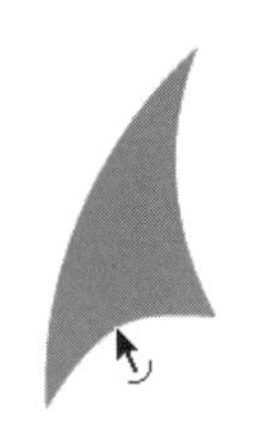

图 2.124 将直线变为曲线

（3）再次选择【多角星形工具】，在属性栏设置填充色，如图 2.125 所示。绘制一个三角形，使用与步骤（2）相同的方法对三角形进行修改，得到的图形如图 2.126 所示。再次绘制一个红色的三角形，使用【选择工具】调整三角形的形状，效果如图 2.127 所示。

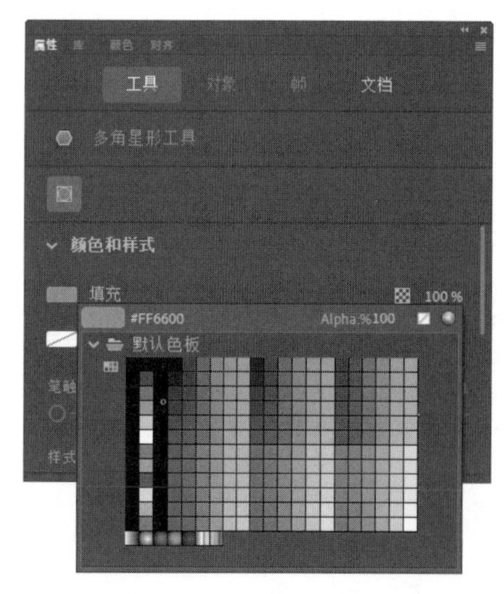

图 2.125 设置填充色

图 2.126 绘制图形

图 2.127 绘制三角形并调整形状

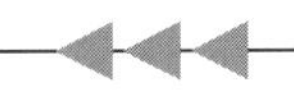

（4）在工具箱中选择【钢笔工具】，在【属性】面板中设置笔触的颜色，如图 2.128 所示。在【笔触大小】文本框输入数值 12 设置笔触的大小，在舞台上绘制一条折线，如图 2.129 所示。

图 2.128　设置笔触颜色

图 2.129　绘制一条折线

（5）在工具箱中选择【选择工具】，将折线的中间拉成弧线，如图 2.130 所示。选择【部分选取工具】，拖动折线上的锚点对线条进行调整，如图 2.131 所示。

图 2.130　拉成弧线

图 2.131　对线条进行调整

（6）在工具箱中选择【椭圆工具】，在【属性】面板中取消笔触并设置填充颜色，如图 2.132 所示。拖动鼠标在舞台上绘制一个椭圆，选择【缩放工具】后在舞台上单击放大场景。选择【选择工具】，将椭圆调整为水滴形，如图 2.133 所示。

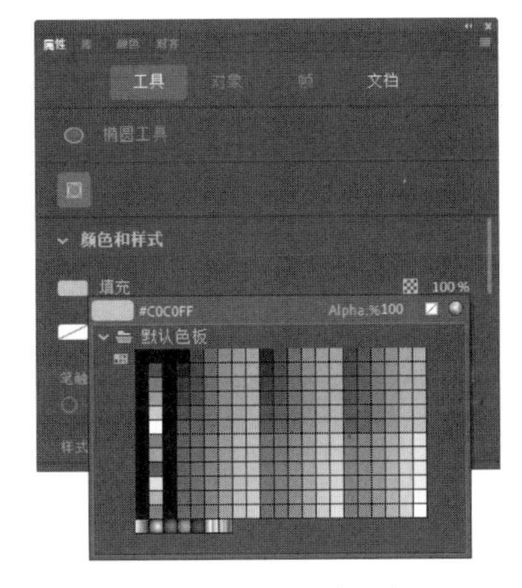

图 2.132　设置填充色

图 2.133　绘制水滴

（7）使用【选择工具】选择绘制的水滴，对水滴进行复制，并将这些复制的水滴放置到舞台的合适位置。至此，本范例制作完成。本范例的最终效果如图 2.134 所示。

图 2.134　本范例的最终效果

2.5　本章小结

图形绘制是 Animate CC 动画制作的基础，本章介绍了在 Animate CC 中绘制规则图形和不规则图形的方法、在舞台上绘制各种特殊图形的技巧以及 Animate CC 提供的辅助绘图工具的使用方法。通过本章的学习，读者可掌握【铅笔工具】【钢笔工具】【画笔工具】和规则图形工具的使用方法，能够灵活应用这些工具绘制各种图形。

2.6　本章练习

一、选择题

1．在使用【矩形工具】绘制图形时，要绘制正方形，可以按哪个键拖动鼠标？（　　）

A．Ctrl　　B．Alt　　C．Shift　　D．Ctrl+Shift

2．在使用【铅笔工具】绘制图形时，要使 Animate CC 对绘制的线条不做任何处理，应该使用下面哪种模式？（　　）

A.【对象绘制】　B.【伸直】　C.【平滑】　D.【墨水】

3．在使用【传统画笔工具】时，要获得如图 2.135 所示的绘图效果，应该使用哪种模式？（　　）

A.【标准绘画】　B.【颜料填充】

C.【后面绘画】　D.【颜料选择】

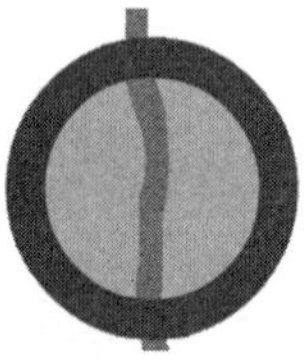

图 2.135　选择题 3

4．下面哪个工具是【画笔工具】？（　　）

A.　　B.

C.　　D.

二、填空题

1．在 Animate CC 中，绘制矩形可以使用的工具是________或________，绘制椭圆可以使用的工具是________或________。

2．在绘制图形后，使用________工具可以将尖角点转换为曲线点，要删除锚点可以使用________，在选择锚点后按________键或________键同样可以删除该锚点。

3．Animate CC 的【魔术棒工具】可以根据________________获得选区时，该工具只对________有效。

4．在使用【橡皮擦工具】时，在________模式下将只擦除填充色，在________模式下将擦除选择区域中的填充色，在________模式下将只会擦除轮廓线。

2.7　上机练习和指导

2.7.1　绘制卡通鱼

绘制卡通鱼，绘制完成后的效果如图 2.136 所示。

图 2.136　绘制完成的卡通鱼

主要操作步骤如下。

（1）使用【椭圆工具】分别绘制鱼的身体和嘴唇，使用【选择工具】对绘制的椭圆进行修改，获得需要的鱼身体和嘴唇效果。

（2）使用【椭圆工具】绘制 5 个椭圆，使用【添加锚点工具】添加锚点，使用【部分选取工具】选择锚点并对锚点进行调整获得鱼鳍和鱼尾。

（3）使用【钢笔工具】绘制鱼身上的鱼鳞和鱼鳍、鱼尾上的条纹。

（4）使用【椭圆工具】绘制鱼的眼睛。

2.7.2　绘制足球

绘制一个足球，如图 2.137 所示。

图 2.137　绘制完成的足球

主要操作步骤如下。

（1）使用【椭圆工具】绘制一个圆形。

（2）使用【多角星形工具】绘制黑色的五边形，将五边形复制 5 个。使用【选择工具】将五边形放置到圆中合适的位置，同时将它们的边调整为弧线，拖动顶点调整它们的大小。

（3）使用【钢笔工具】绘制线条连接各个多边形的顶点，同时对线条的形状进行调整。

第3章 图形的色彩

在绘制图形时，绘制出以线条为主体的矢量图形只是完成了图形绘制的第一步，接下来需要为图形上色。为图形上色可以使图形更逼真和美观，使其符合进一步制作动画的要求。在 Animate CC 中，填充了色彩的矢量图形在图形进行任意的缩放时，都不会出现色彩失真，同时色彩的复杂程度对文件大小也不会有影响。在 Animate CC 中，用户可以对对象进行纯色填充、渐变填充和位图填充，本章将分别对这些填充方式的使用方法进行介绍。

本章主要内容：

- 纯色填充；
- 渐变填充；
- 位图填充。

3.1 纯色填充

Animate CC 中的图形由两部分构成，即笔触和填充，因此矢量图形的颜色实际上包括笔触颜色和填充颜色这两个部分。对图形进行纯色填充一般需要先创建纯色，然后再使用 Animate CC 的填充工具来对图形应用创建的颜色。创建颜色可以在 Animate CC 的【调色板】【样本】面板和【颜色】面板中进行，而对笔触填充颜色可以使用【墨水瓶工具】，对图形填充颜色可以使用【颜料桶工具】。本节将对颜色的创建和填充的方法及操作技巧进行介绍。

3.1.1 创建颜色

每个 Animate CC 文件都有自己的调色板，其存储在 Animate CC 文档中，Animate CC 默认的调色板是 256 色的 Web 安全调色板。用户在创建颜色后，可以将颜色添加到调色板中，也可以将当前调色板保存为系统默认调色板，在下次创建文档时使用。

1.【样本】面板

选择【窗口】|【样本】命令（或按 Ctrl+F9 组合键）将打开【样本】面板，该面板中列出了文档中使用的一些颜色，默认情况下其列出了 Web 安全调色板。在面板中单击某个颜色，即可选取该颜色。

单击面板左上角的按钮▤将打开面板菜单，在菜单中选择命令可以进行颜色样本的复制、删除和添加，同时可以将当前颜色方案保存为默认调色板，如图 3.1 所示。

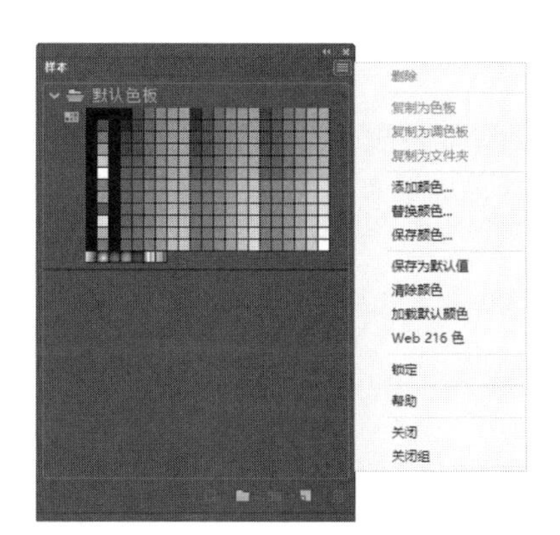

图 3.1 【样本】面板

专家点拨： 在面板菜单中选择【按颜色排序】命令，则颜色将按照色相排序，这样可以方便颜色的选取。选择【保存颜色】命令，可以将当前调色板的颜色信息以文件的形式保存。选择【添加颜色】命令将打开【导入色样】对话框，可以选择保存的颜色信息文件，将颜色添加到面板中。如果选择【替换颜色】命令，则导入的颜色将替换当前颜色。

2. 调色板

要设置填充色和笔触颜色，可以通过单击工具箱下方的【笔触颜色】按钮或【填充颜色】按钮打开调色板，如图 3.2 所示。使用调色板，用户可以拾取颜色、设置颜色的 Alpha 值、使用十六进制值来创建颜色以及取消笔触或填充颜色。

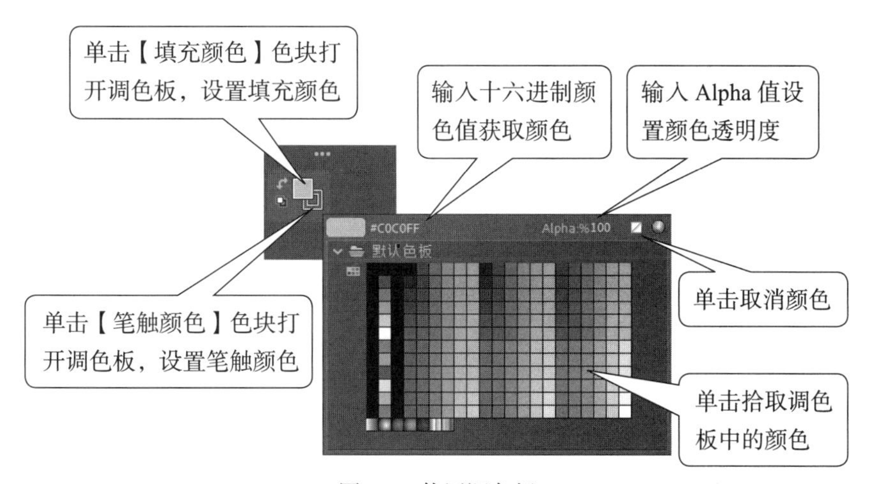

图 3.2　使用调色板

专家点拨： 在绘制图形时，可以在绘图工具的【属性】面板中单击【笔触颜色】按钮或【填充颜色】按钮打开调色板，通过选择调色板中的颜色来设置图形的笔触和填充的颜色。

选择颜色后，在调色板中通过设置 Alpha 值可以控制颜色的透明度。这里 Alpha 值的取值在 0 至 100%之间，0 表示颜色完全透明，100%表示完全不透明，其值越大，颜色的透明度就越低。如绘制一个矩形和一个圆形，圆形位于矩形的上方，在调色板中将圆形的填充色设置为“#99FFFF”，将 Alpha 值设置为 30%后的效果如图 3.3 所示。

颜色面板

3.【颜色】面板

如果需要创建纯色，最好的工具就是使用【颜色】面板。选择【窗口】|【颜色】命令打开【颜色】面板，如图 3.4 所示。

图 3.3 Alpha 值设置为 30% 时的效果

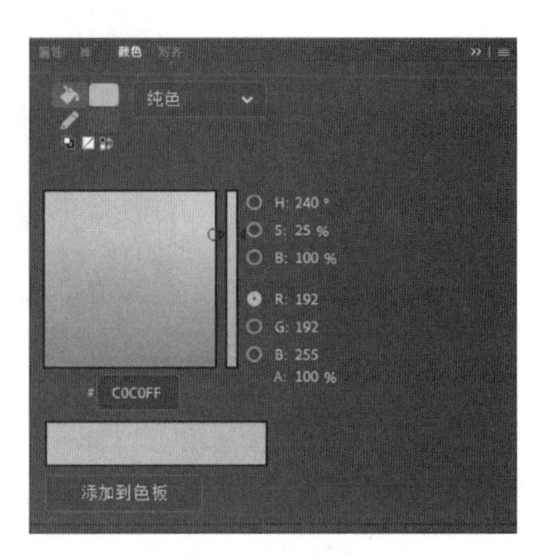

图 3.4 【颜色】面板

专家点拨：在【颜色】面板中，单击【黑白】按钮将切换到默认笔触颜色和填充色，即黑色笔触和白色填充。单击【无色】按钮，填充或笔触将设置为无色。单击【交换颜色】按钮，则填充色和笔触颜色将互换。

在【颜色】面板中，可以通过直接拾取颜色来设置选择图形的填充色或笔触颜色，如图 3.5 所示。

在【颜色】面板中，可以通过分别设置颜色 RGB 值来获得颜色。在面板中的 R、G 和 B 文本框中依次输入数值，Animate CC 将在面板中自动拾取该 RGB 值的颜色，如图 3.6 所示。

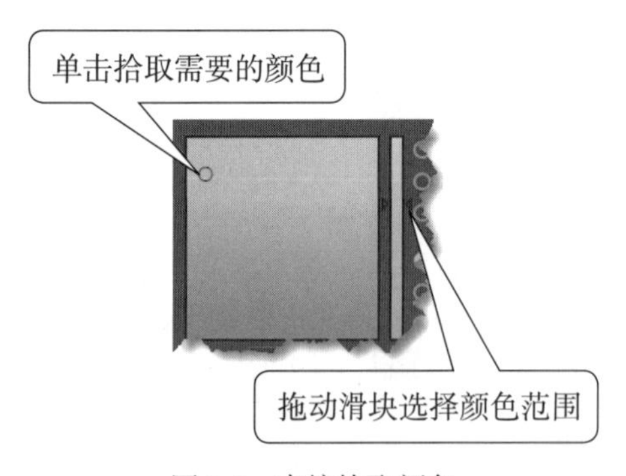

图 3.5 直接拾取颜色

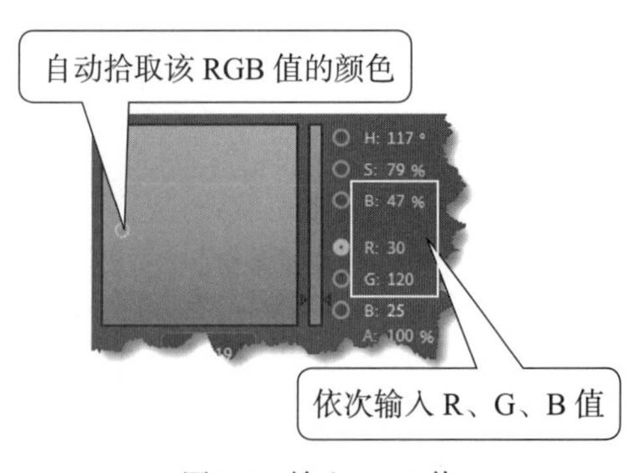

图 3.6 输入 RGB 值

专家点拨：在计算机中，色彩由红、绿和蓝这三种色光按照不同的比例交互叠加而成，这就是所谓的光的三原色。基于三原色原理，Animate CC 中的颜色可以用这三种颜色的数值来表示，R 表示红色值，G 表示绿色值，B 表示蓝色值。如纯红色的 R 值为 255，G 值为 0，B 值也为 0。将 R、G 和 B 值转换为十六进制数值，即是十六进制的颜色值。如红色颜色值为 #FF0000，按两位一组来对这一串十六进制数分组，其中 FF 即为 R 值 255 的十六进制值，第二组 00 是 B 的十六进制值，第三组 00 则是 G 的十六进制值。

在【颜色】面板中，同样可以通过输入颜色的 HSB 值来设置颜色。这里，在面板的 H、S 和 B 文本框中输入数值，Animate CC 将在面板中拾取该值对应的颜色，如图 3.7 所示。

专家点拨：自然界中的任何一种颜色都具有色相、明度和纯度这三个属性，即色彩三属性。其中，色相也称为色泽，是区别色彩的相貌。明度也称为亮度，是色彩的明暗程度，体现色彩的深浅。而纯度也称为饱和度，是颜色的纯洁程度。在色彩中，这三个属性中的一项或多项发生变化，色彩也将随之发生变化。正是利用了这个原理，在计算机中也可以以这三个属性的值来确定应该显示的色彩。在【颜色】面板中，H 值确定颜色的色相，S 值确定颜色的明度，B 值确定颜色的纯度，用这三个颜色的属性值即可确定唯一的颜色。

在【颜色】面板中单击【填充颜色】按钮或【笔触颜色】按钮可以选择当前设置的颜色是用于笔触还是填充。单击按钮后的色块可以打开调色板选择颜色，如图 3.8 所示。

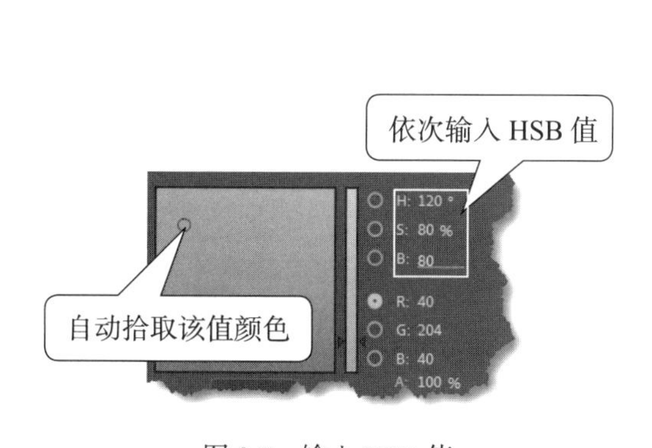

图 3.7　输入 HSB 值

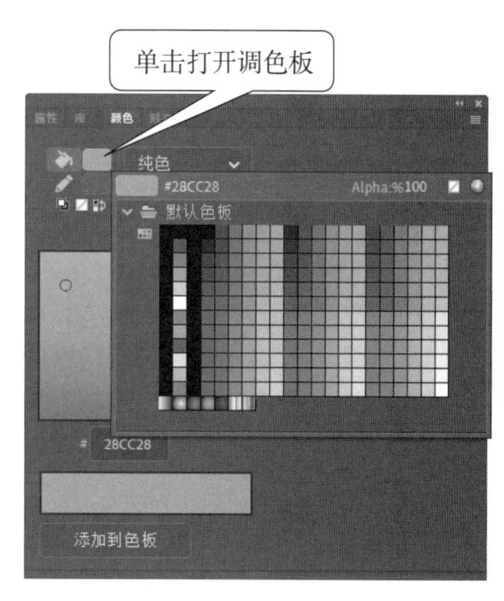

图 3.8　打开调色板选择颜色

在调色板中单击右上角的按钮将打开【颜色选择器】对话框，如图 3.9 所示。该对话框具有与 Animate CC 中的【颜色】面板相同的功能，用户可以通过设置 RGB 值或 HSB 值来选择颜色，也可以在【基本颜色】列表中单击相应的颜色将其应用到图形中。在设置颜色后，单击【添加到自定义颜色】按钮，该颜色将添加到对话框的【自定义颜色】列表中。

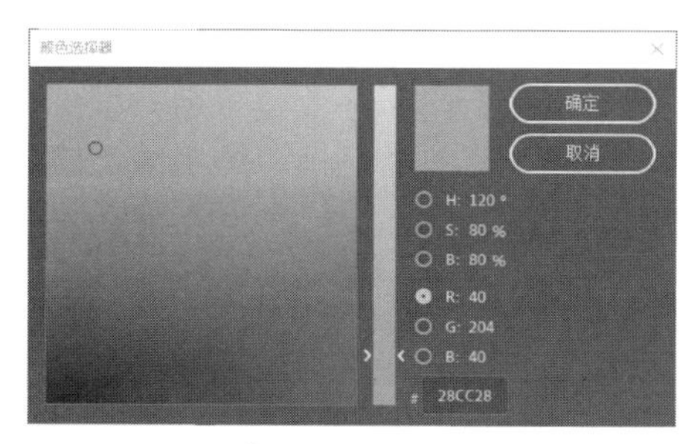

图 3.9 【颜色选择器】对话框

3.1.2 填充纯色

在完成颜色的设置后，即可将颜色应用到图形中。Animate CC 提供了上色工具，可以帮助用户将颜色应用到舞台的图形中。Animate CC 的上色工具一共有三个，它们是【墨水瓶工具】【颜料桶工具】和【滴管工具】，下面对这三个工具的使用方法进行介绍。

1.【墨水瓶工具】

【墨水瓶工具】用于以当前笔触方式对矢量图形进行描边，具有改变矢量线段、曲线或图形轮廓的属性。【墨水瓶工具】不仅能够改变图形笔触的颜色，还可以更改笔触的高度和样式。

图 3.10 选择【墨水瓶工具】

在工具箱中选择【墨水瓶工具】，如图 3.10 所示。在【属性】面板中对工具进行设置，这里的设置包括设置笔触的颜色、样式和端点的形状等，如图 3.11 所示。在图形边缘处单击，即可实现对图形笔触属性的修改，如图 3.12 所示。

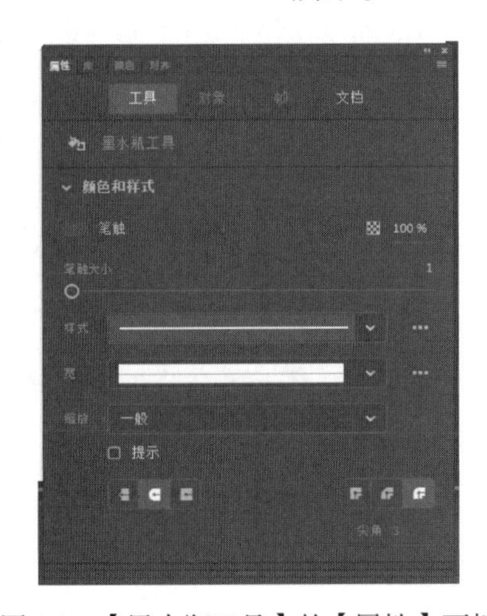

图 3.11 【墨水瓶工具】的【属性】面板

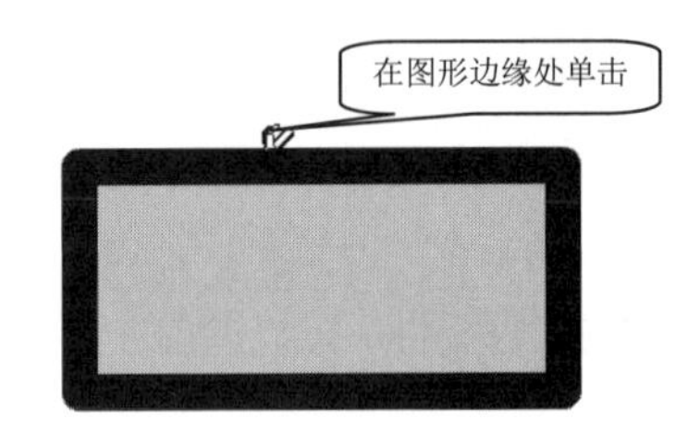

图 3.12 改变图形笔触属性

颜料桶工具

2.【颜料桶工具】

【颜料桶工具】用于使用当前的填充方式对对象进行填充，该工具可以进行纯色填充，也可以实现渐变填充和位图填充。【颜料桶工具】的使用方法和【墨水瓶工具】相似，在工具箱中选择该工具后，在【属性】面板或【颜色】面板中对颜色进行设置，在图形中单击，即可将颜色填充到图形中，如图 3.13 所示。

在工具箱中选择【颜料桶工具】后，在【属性】面板中单击【间隙大小】按钮将打开包含 4 个选项的列表。这些选项用于设置在向指定的图形区域填充时，如何对未封闭的区域进行填充，如图 3.14 所示。

专家点拨： 下面介绍【空隙大小】列表中 4 个选项的含义。

- 【不封闭空隙】：选择该选项，则填充时要求填充区域必须是封闭区域，否则将无法进行填充。

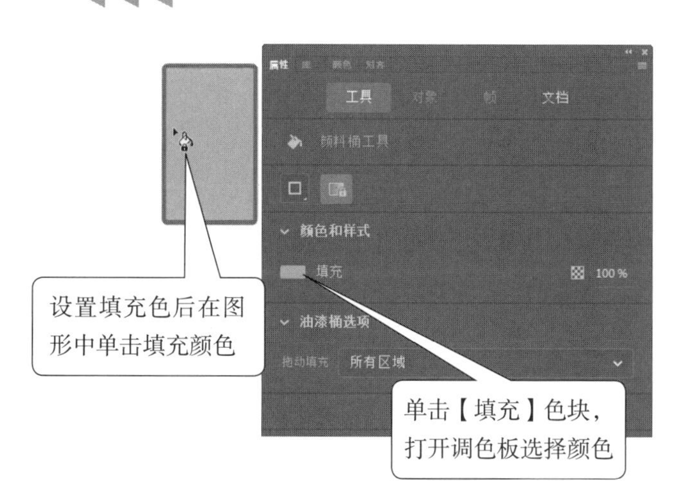

图 3.13　向图形填充颜色

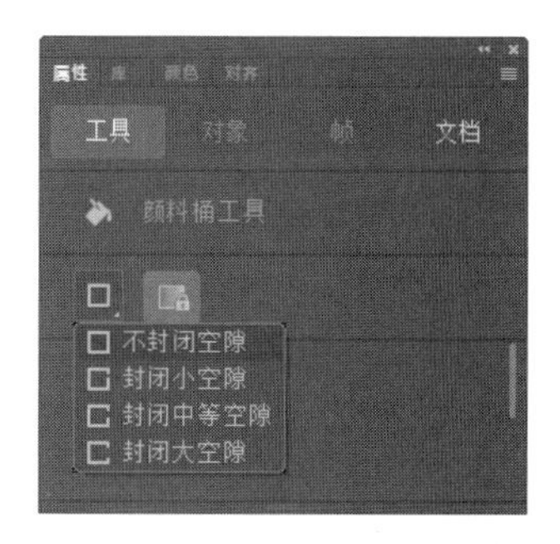

图 3.14 【间隙大小】列表的选项

- 【封闭小空隙】：选择该选项，允许填充区域有一些小空隙，填充时将忽略这些小空隙。
- 【封闭中等空隙】：选择该选项，允许填充区域有一些较大的空隙存在，此时填充操作将能够执行。
- 【封闭大空隙】：选择该选项，允许填充区域有一些大的空隙存在，此时填充操作将能够被执行。

3.【滴管工具】

在对图形进行颜色填充时，有时需要将一个图形中的颜色应用到另外的图形中，此时使用【滴管工具】可以快速实现这种相同颜色的复制操作。

首先选择需要填充的图形或图形区域，在工具箱中选择【滴管工具】，将鼠标移动到需要吸取颜色的地方，如图 3.15 所示。此时，单击，则选择图形或区域的颜色设置为单击点处的颜色，如图 3.16 所示。

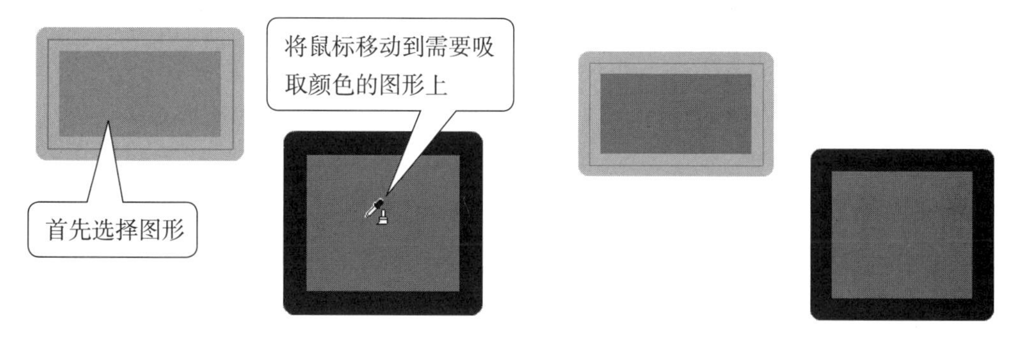

图 3.15　将鼠标放置到需要吸取颜色的地方　图 3.16　单击后选择图形的填充色变为单击点处的颜色

专家点拨： 在使用【滴管工具】时，也可以先在图形上拾取颜色，当鼠标指针变为后，在需要填充颜色的图形上单击即可将拾取的颜色应用到这个图形。

线稿上色

3.1.3 实战范例——线稿上色

1. 范例简介

本范例介绍对一个卡通螃蟹线稿上色的过程。在本例的制作过程中，应用【颜料桶工具】来给线稿的各个部分上色。使用【滴管工具】来对线稿不同部分添加相同的颜色。通过本例的制作，读者将能够进一步熟悉设置颜色以及将颜色应用到图形中的操作方法。

2. 制作步骤

（1）启动 Animate CC，打开素材文件（文件的位置为：素材和源文件 \part3\ 卡通螃蟹线稿 .fla）。这是一个已经绘制完成的线稿图形，如图 3.17 所示。

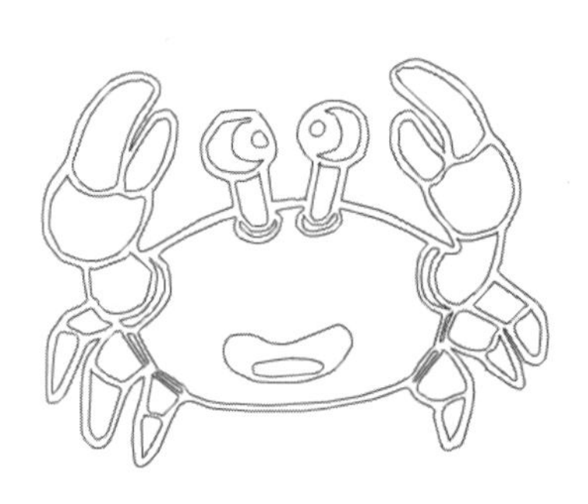

图 3.17　打开素材文件

（2）在工具箱中选择【颜料桶工具】，在【属性】面板中单击【填充颜色】色块。在打开的调色板中输入十六进制颜色值“#DA251D”设置填充色，如图 3.18 所示。在工具箱的【空隙大小】列表中选择【不封闭空隙】选项，在需要填充颜色的区域中单击填充颜色，如图 3.19 所示。

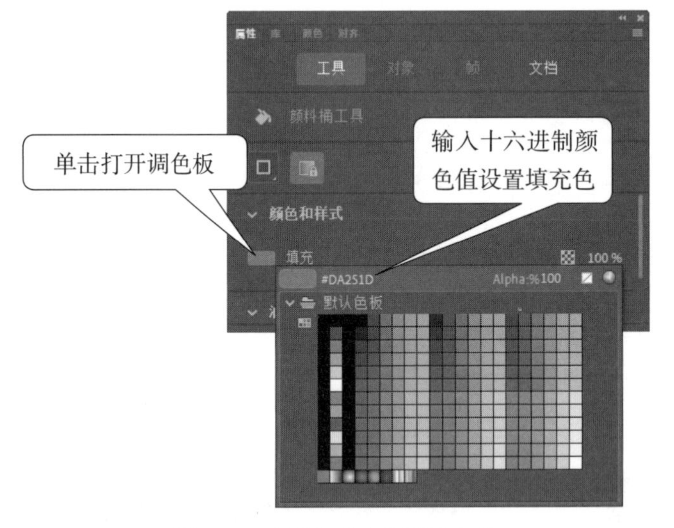

图 3.18　在调色板中设置填充色

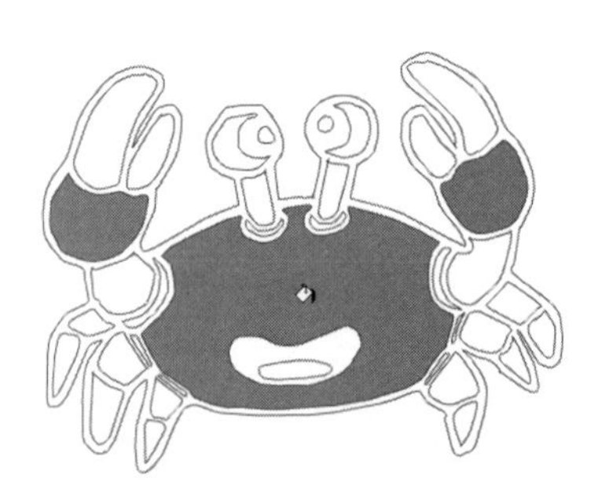

图 3.19　单击填充颜色

（3）在工具箱的选项栏中单击【填充颜色】色块打开调色板，再次在调色板中输入填充颜色的十六进制颜色值。这里的颜色值为“#EF9B49”，如图 3.20 所示。在需要填充颜色的区域单击填充颜色，如图 3.21 所示。

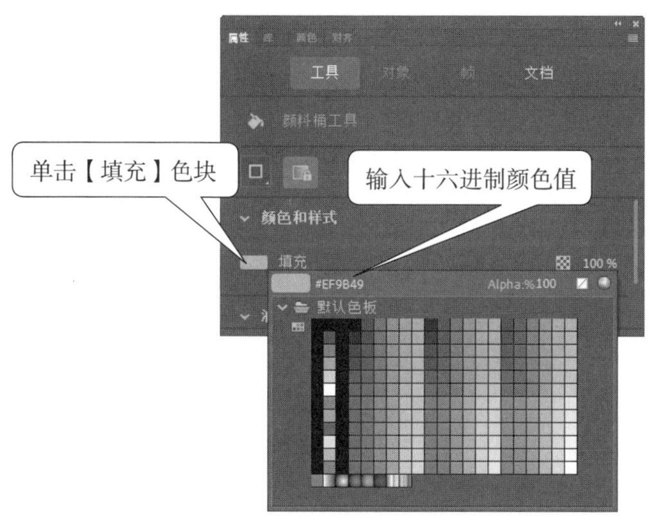

图 3.20　在调色板中设置填充颜色

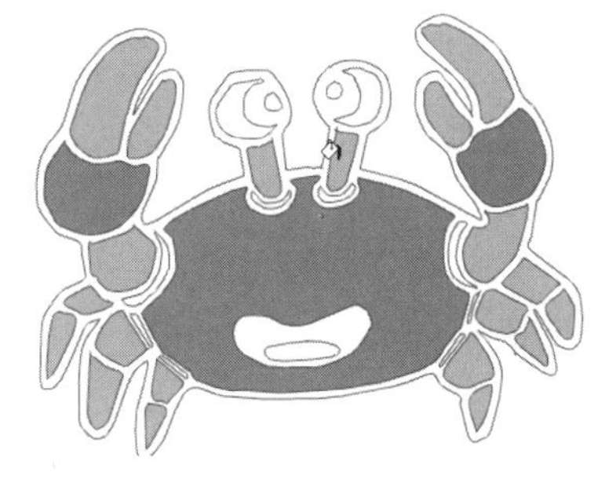

图 3.21　填充颜色

（4）将填充色设置为黑色（颜色值为“#000000”），在眼睛、线稿的轮廓线内和嘴巴内单击填充黑色。将填充色的颜色值设置为“#E77860”，在嘴巴内的椭圆内单击填充颜色，如图 3.22 所示。

（5）在工具箱中选择【缩放工具】，在舞台上单击放大图形，使用【颜料桶工具】在左侧的蟹脚处填充黄色（颜色值为“FF0000”）。在工具箱中选择【滴管工具】，在填充了黄色的位置单击吸取颜色。在其他需要填充这种颜色的区域中单击填充吸取的颜色，如图 3.23 所示。

（6）完成各个部位的颜色填充后，保存文档。本例制作完成后的效果如图 3.24 所示。

图 3.22　继续填充颜色

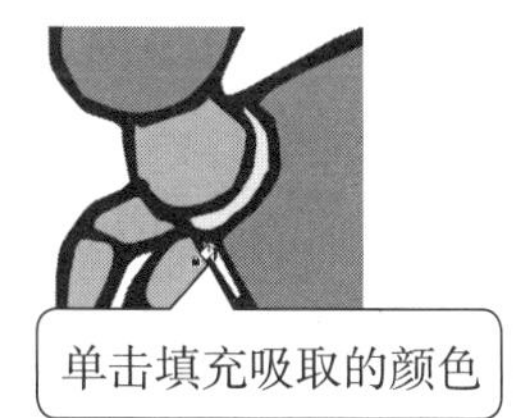

图 3.23　填充吸取的颜色

图 3.24　范例制作完成后的效果

3.2　渐变填充

在 Animate CC 中，给绘制的图形填充颜色不仅仅是使用单一的纯色进行填充，有时还需要填充颜色的渐变效果。在 Animate CC 中，颜色渐变主要有线性渐变和径向渐变这两种形式，下面从渐变的创建和渐变效果的调整这两个方面来介绍对图形进行渐变填充的方法。

渐变色

3.2.1 创建渐变

Animate CC 提供了一些预设渐变供用户使用，而在进行渐变填充时，有时也需要对已经创建完成的渐变效果进行编辑修改。这里将介绍如何使用预设渐变以及在【颜色】面板中对渐变进行设置的方法。

1. 使用预设渐变样式

选择图形后，在【属性】面板中打开【填充颜色】调色板，单击调色板下的预设渐变样式即可将其应用到选择的图形中，如图 3.25 所示。

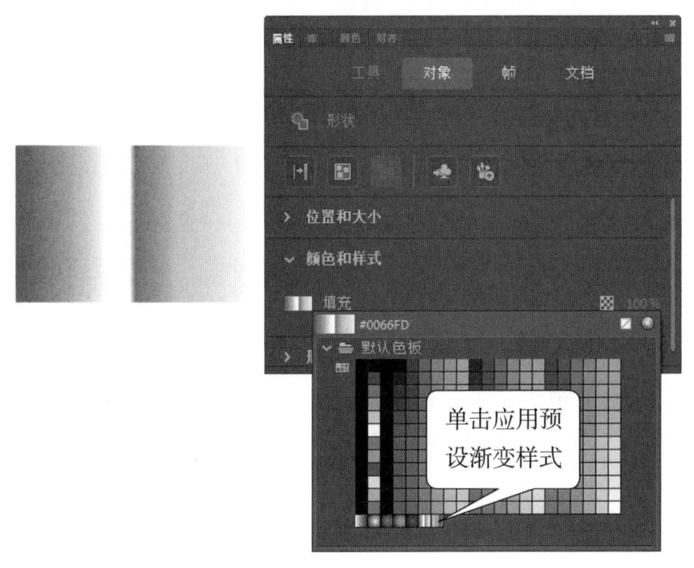

图 3.25 应用预设渐变

2. 创建渐变

在进行渐变填充时，预设渐变往往无法满足效果的需要，此时需要创建渐变。创建渐变效果，可以在【颜色】面板中进行。选择【窗口】|【颜色】命令打开【颜色】面板，在面板中选择需要使用的渐变类型，这里选择【线性渐变】，如图 3.26 所示。

图 3.26 在【颜色】面板中选择渐变类型

选择线性渐变模式后，在【颜色】面板的下方将会出现一个色谱条，色谱条显示出颜色的变化情况。在色谱条下方有颜色色标，它是一种颜色标记，标示出颜色在渐变中的位置。颜色的渐变就是从一个色标所代表的颜色过渡到下一个色标代表的颜色。

专家点拨：Animate CC 的色谱条上最多可以有 15 个色标，也就是说，Animate CC 最多能够创建具有 15 种颜色的颜色渐变效果。

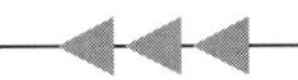

如果要向渐变添加颜色，可以将鼠标光标放置在色谱条的下方，当其变为时单击鼠标即可，如图 3.27 所示。

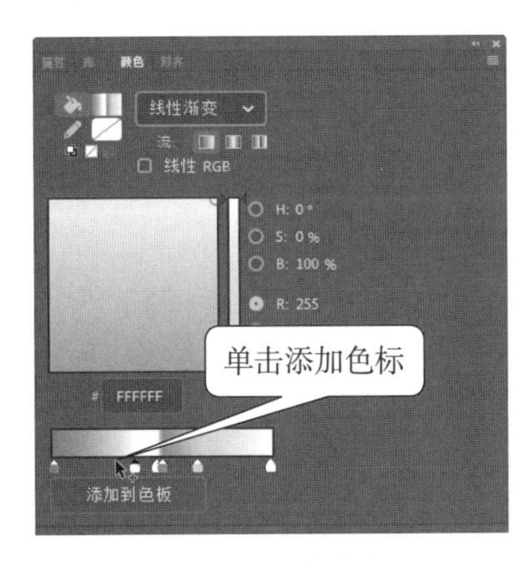

图 3.27　添加色标

专家点拨： 如果需要从渐变色中删除颜色，可以将该颜色的色标拖离色谱条即可。同时，也可以在选择该颜色的色标后，按 Delete 键将其删除。这里要注意，在选择某个颜色色标后，色标上面的三角形变为黑色。

如果需要改变渐变中的某个颜色，可以选择该颜色色标，在【颜色】面板中拾取需要的颜色即可，如图 3.28 所示。

专家点拨： 与纯色填充中设置颜色相同，这里也可以通过输入颜色的十六进制值、输入颜色的 RGB 值和颜色的 HSB 值来设置颜色。同时，也可以通过设置颜色的 Alpha 值来设置颜色在渐变中的透明度。

如果需要更改某个颜色在渐变中的位置，只需要用鼠标拖动该颜色色标改变其在色谱条上的位置即可，如图 3.29 所示。

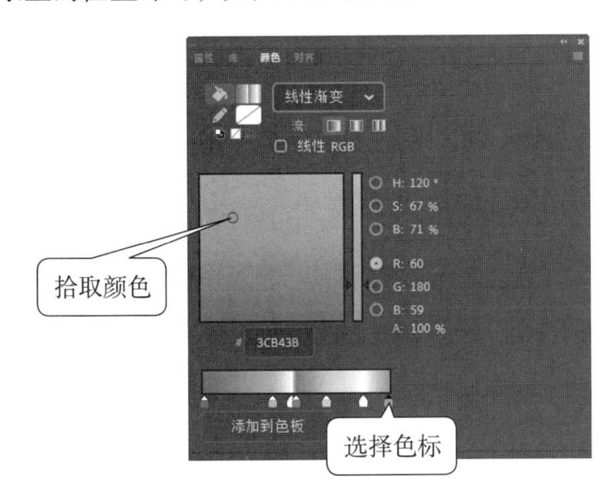

图 3.28　改变渐变中的颜色

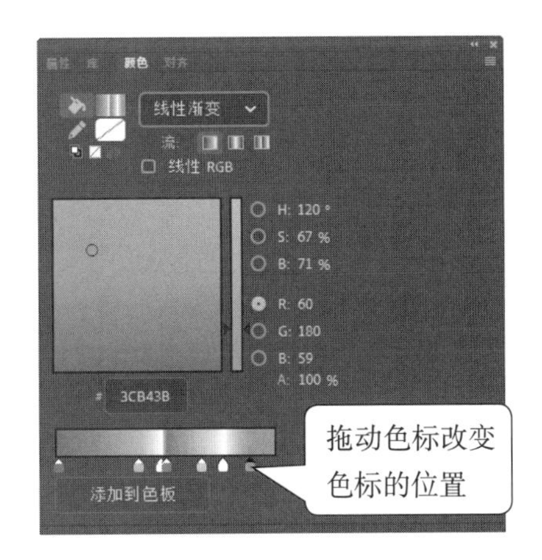

图 3.29　改变颜色在渐变中的位置

3.2.2　渐变的调整

渐变变形工具

在 Animate CC 中，【渐变变形工具】用于控制渐变的方向和渐变色之间的过渡强度，使用该工具能够方便直观地对渐变效果进行调整。

1. 线性渐变的调整

在图形中添加线性渐变效果后，在工具箱中选择【渐变变形工具】，如图 3.30 所示。此时，图形将会被含有控制柄的边框包围，拖动控制柄即可对渐变角度、方向和过渡强度进行调整，如图 3.31 所示。

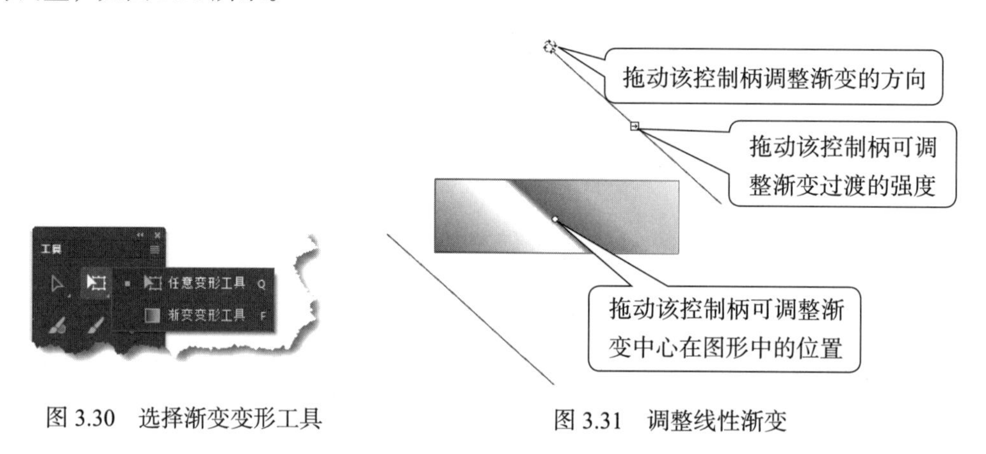

图 3.30　选择渐变变形工具　　　图 3.31　调整线性渐变

专家点拨： 按住 Shift 键调整线性渐变的方向，可以将渐变方向控制为 45° 的倍数。

2. 径向渐变的调整

在图形中创建径向渐变后，在工具箱中选择【渐变变形工具】。此时图形将被带有控制柄的圆框包围，拖动控制柄即可实现对渐变效果的调整，如图 3.32 所示。

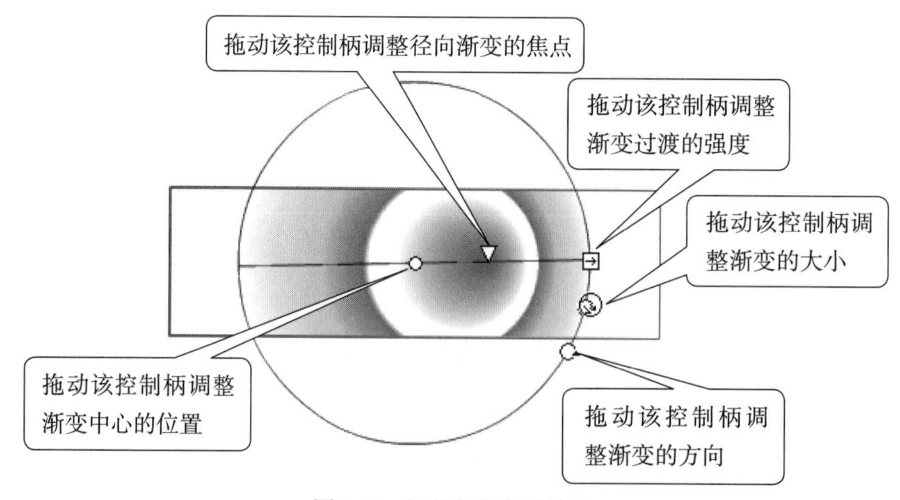

图 3.32　调整径向渐变效果

3. 溢出的三种模式

所谓溢出，是指当颜色超出了渐变的限制时，以何种方式来填充空余的区域。简单地说，溢出就是当一段渐变结束时，如果还不能填满整个区域，将怎样来处理多余的空间。要设置渐变的溢出模式，可以在【颜色】面板中进行，如图 3.33 所示。下面以【线性渐变】为例来介绍这三种模式的效果。

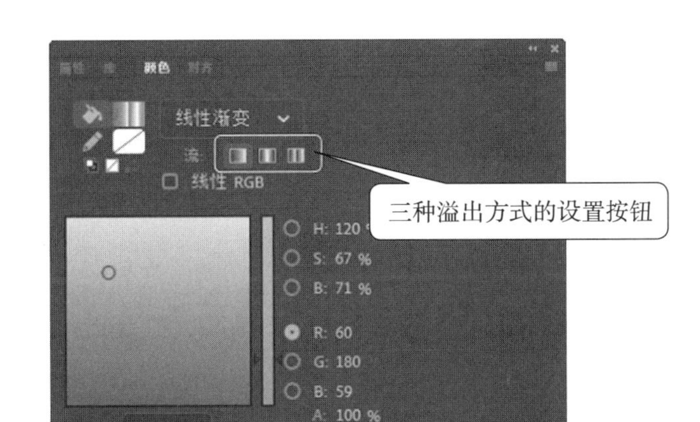

图 3.33　在【颜色】面板中设置溢出方式

使用【渐变变形工具】缩小渐变的宽度，此时渐变集中于图形的中间。在【颜色】面板的【流】选项中，当单击【扩展颜色】按钮选择该模式时，渐变的起始色和结束色向边缘漫延以填充空出来的空间，如图 3.34 所示。

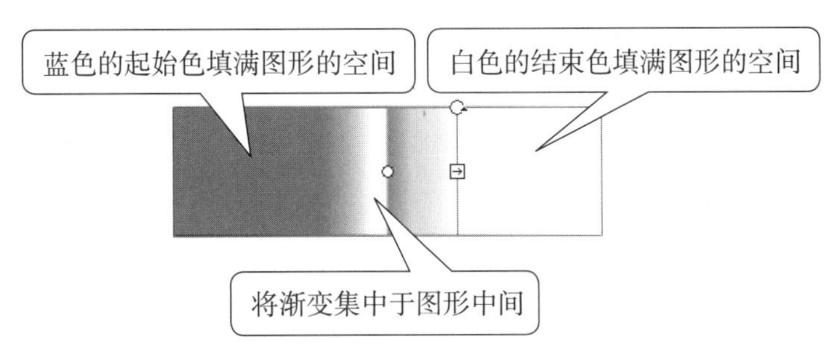

图 3.34　【扩展颜色】模式下的渐变效果

当单击【反射颜色】按钮选择该模式时，当前渐变将对称翻转并首尾相接合为一体后作为图案平铺到空余的区域。此时，图案将能够根据形状的大小进行伸缩，一直填满整个图形，如图 3.35 所示。

当单击【重复颜色】按钮选择该模式时，渐变将出现无数个副本，这些副本一个一个地连接起来填充多余的空间，如图 3.36 所示。

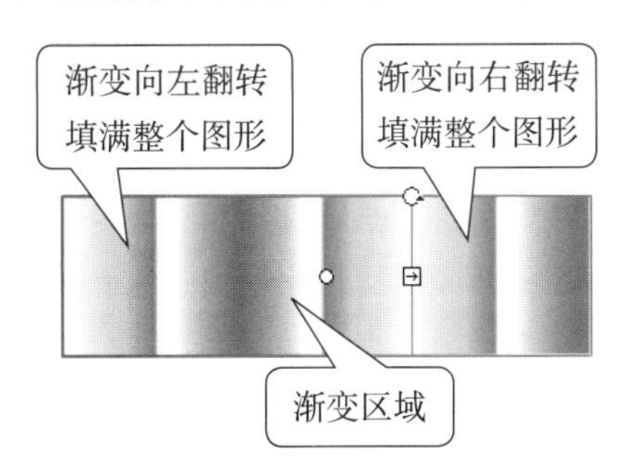

图 3.35　【反射颜色】模式下的渐变效果

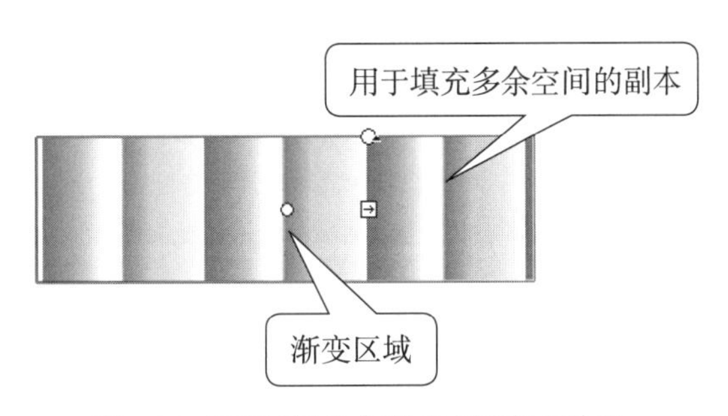

图 3.36　【重复颜色】模式下的渐变效果

水晶时钟

3.2.3 实战范例——水晶时钟

1. 范例简介

本范例介绍水晶时钟的制作过程，为了简化范例的制作步骤，本例只介绍钟面效果的制作，而刻度、指针和商标的制作这里不做讲述。在本范例的制作过程中，使用【椭圆工具】绘制钟面，通过对图形应用线性渐变和径向渐变来创建水晶玻璃立体效果和透明效果。通过本例的制作，读者将能够掌握 Animate CC 中两种渐变模式的创建方法，掌握【渐变变形工具】的使用技巧。同时，读者将能够了解使用渐变来模拟立体和透明效果的方法。

2. 制作步骤

（1）启动 Animate CC，创建一个空白文档。在工具箱中选择【椭圆工具】，按住 Shift 键拖动鼠标绘制一个圆形。选择绘制的圆形，在【属性】面板中取消笔触颜色，将圆形的【宽】和【高】均设置为 195 像素，如图 3.37 所示。

（2）在圆形被选择的状态下，选择【窗口】|【颜色】命令打开【颜色】面板，在其中选择颜色类型为【径向渐变】。将左侧的起始颜色色标向右拖动，设置其颜色值为“#E1E1E1”；选择右侧终止颜色色标，将其颜色值设置为“#DCDCDC”；在这两个色标间单击创建一个新色标，将其颜色设置为纯白色（颜色值为“#FFFFFF”），如图 3.38 所示。此时，创建的渐变将直接应用到圆形。

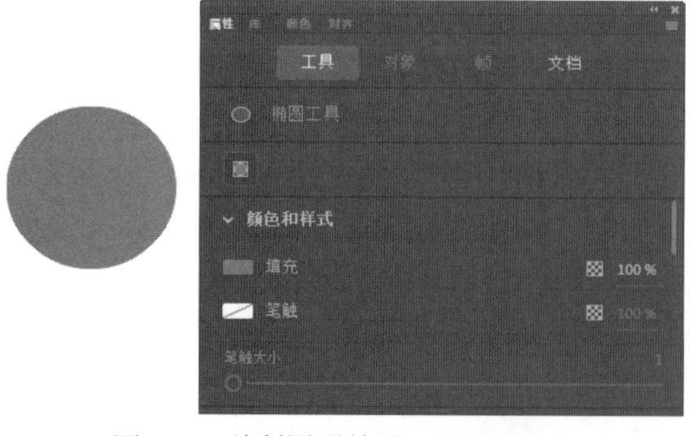

图 3.37 绘制圆形并设置圆形的大小

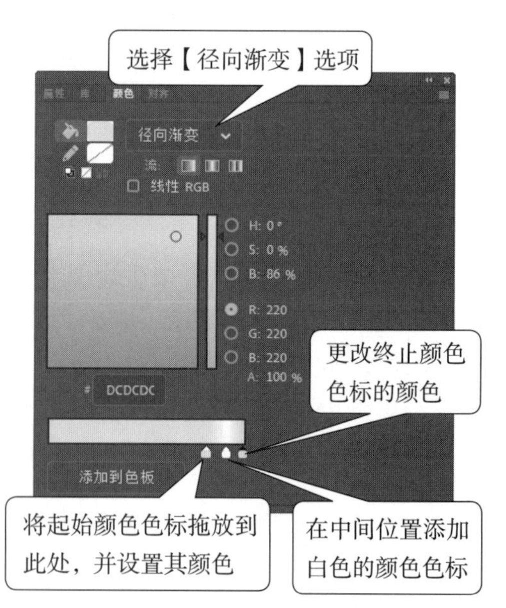

图 3.38 选择渐变模式并设置颜色

（3）在工具箱中选择【渐变变形工具】，拖动渐变框上的控制柄对渐变效果进行调整，使渐变框正好框住圆形，如图 3.39 所示。

（4）使用【椭圆工具】再次绘制一个圆形，将其放置到前面绘制的圆形的中间。在【属性】面板中取消图形的笔触，并设置其【宽】和【高】的值，使圆形正好位于下面圆形的内圈，如图 3.40 所示。

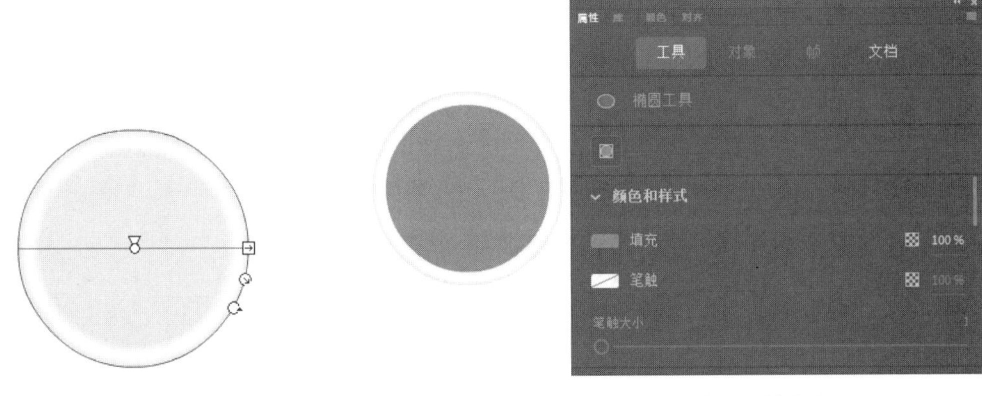

图 3.39　调整渐变效果　　　　图 3.40　绘制圆形并调整其大小

（5）在【颜色】面板中将颜色类型设置为【线性渐变】，选择起始颜色色标，将颜色值设置为“#003399”；选择终止颜色色标，将颜色值设置为“#0099FF”，如图 3.41 所示。在工具箱中选择【渐变变形工具】，拖动控制柄将渐变旋转 90°，如图 3.42 所示。

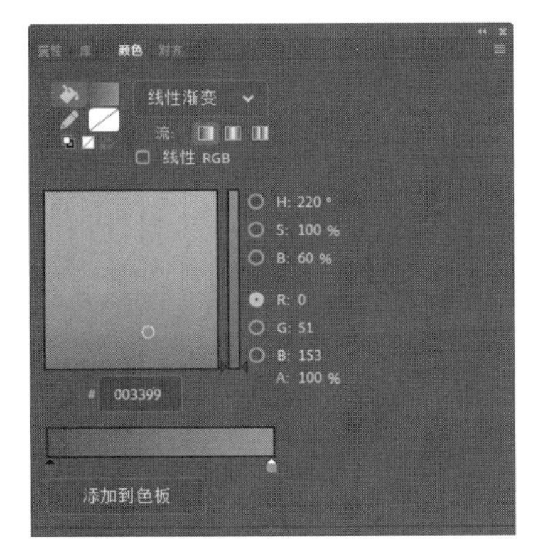

图 3.41　设置渐变

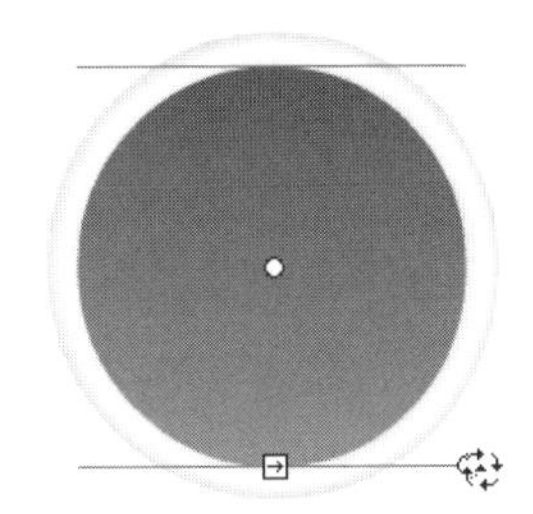

图 3.42　将渐变旋转 90°

（6）在【时间轴】面板中单击【新建图层】按钮创建一个新图层，在该图层中使用【椭圆工具】绘制一个与钟面内圈圆相同大小的圆形，在【属性】面板中取消图形的笔触。在工具箱中选择【选择工具】，将圆形放置到与内圈圆对齐的位置。将鼠标放置到圆形边框上，当鼠标指针变为↖时拖动边框调整图形的形状，如图 3.43 所示。

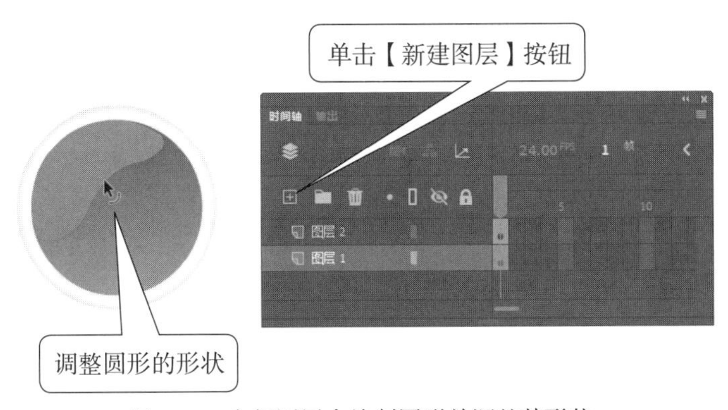

图 3.43　在新图层中绘制圆形并调整其形状

（7）在【颜色】面板中选择颜色类型为线性渐变，将渐变的起始颜色设置为白色（颜色值为“#FFFFFF”），其 Alpha 值设置为 60%；将渐变的终止颜色也设置为白色，其 Alpha 值设置为 0，如图 3.44 所示。在工具箱中选择【颜料桶工具】，在步骤（6）绘制的图形上单击应用创建的渐变效果。在工具箱中选择【渐变变形工具】，调整渐变角度，如图 3.45 所示。

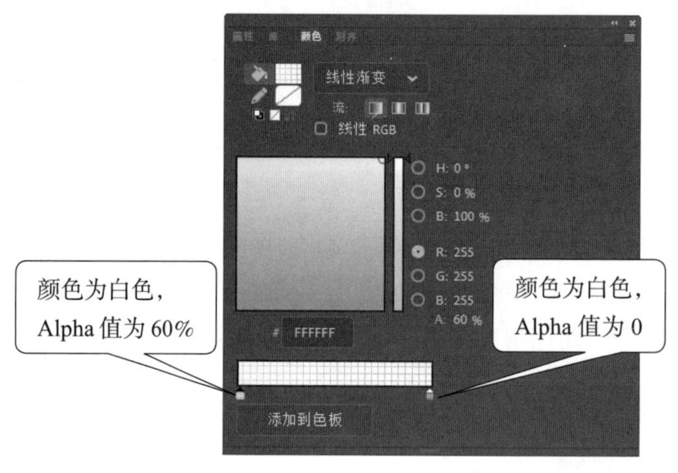

图 3.44 设置渐变

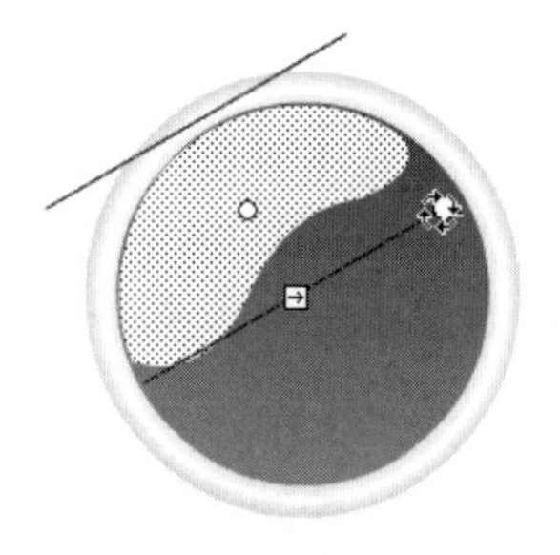

图 3.45 调整渐变角度

（8）选择【文件】|【导入】|【导入到舞台】命令打开【导入】对话框，选择钟表刻度素材文件，如图 3.46 所示。使用【选择工具】选择导入的素材，将其放置到钟面的中间，如图 3.47 所示。

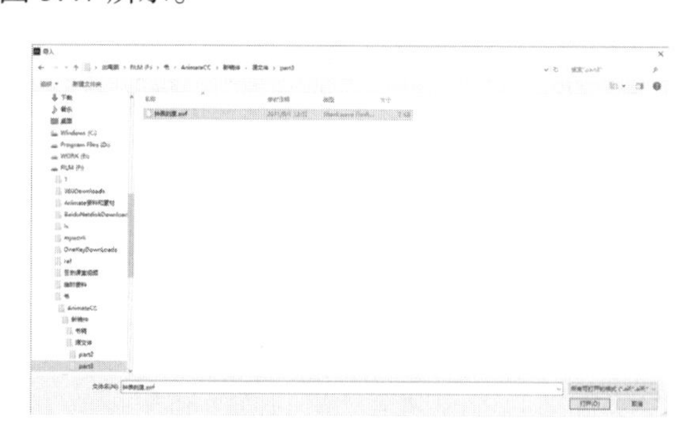

图 3.46 【导入】对话框

图 3.47 放置导入的素材

（9）对构成钟表的各个部件的位置进行调整，效果满意后，保存文档。本例完成后的效果如图 3.48 所示。

图 3.48 本例制作完成后的效果

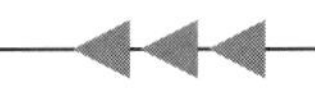

3.3　位图填充

对于绘制的图形，除了可以使用纯色和渐变色进行填充之外，还可以使用位图来对图形进行填充。在 Animate CC 中，位图不仅可以用于填充图形的内部，还可以应用到图形的笔触上。下面介绍位图填充的有关知识。

3.3.1　填充位图

应用位图

对图形进行位图填充的方法与渐变填充类似，可以在【颜色】面板中选择位图填充并将其应用到图形上。

选择【窗口】|【颜色】命令打开【颜色】面板，在面板中单击【填充颜色】按钮，选择颜色类型为【位图填充】，如图 3.49 所示。此时将打开【导入到库】对话框，在对话框中选择用于填充的图像文件，如图 3.50 所示。单击【打开】按钮，图像将会填充到选择的图形中，如图 3.51 所示。

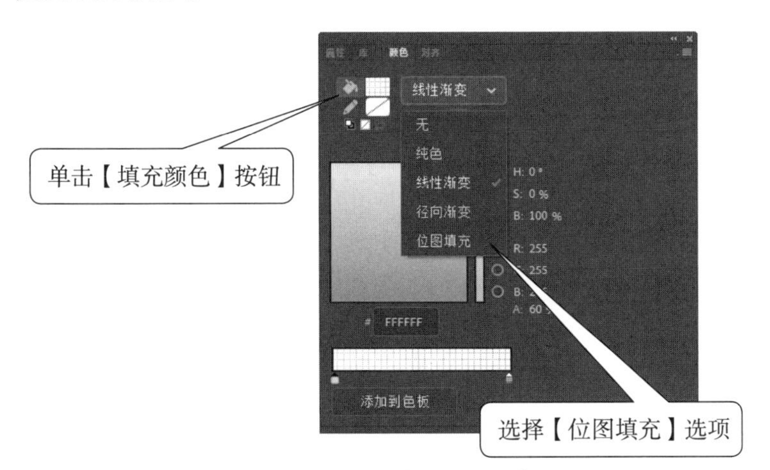

图 3.49　选择【位图填充】

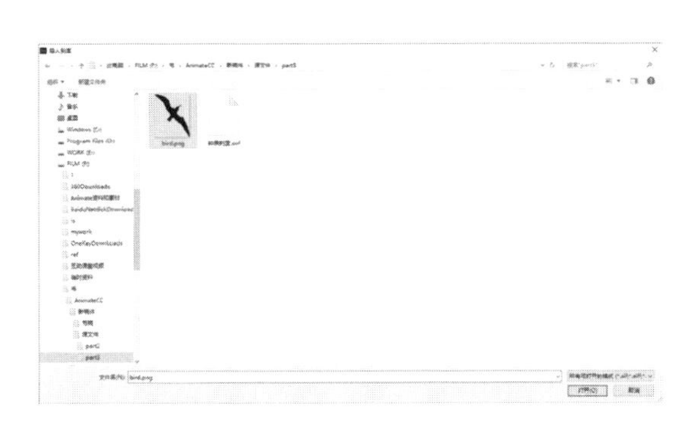

图 3.50 【导入到库】对话框

图 3.51　将图像填充到选择的图形中

如果当前的文件已经使用位图填充过图形，或位图已经导入库中，则使用过的位图将出现在调色板中，选择该位图后可以将其直接应用到图形中，如图 3.52 所示。如果需要使用其他的位图文件，可以在【颜色】面板中单击【导入】按钮打开【导入到库】对话框导入位图。

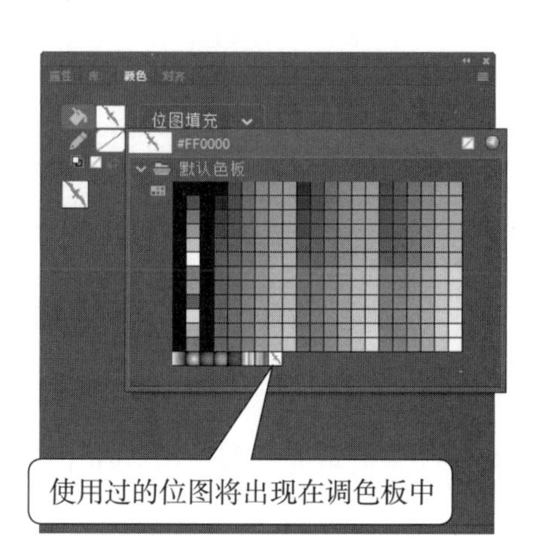

图 3.52 在列表中选择位图

专家点拨： 用于填充的位图被导入库中。按 Ctrl+L 组合键打开【库】面板，在面板的列表中将可以看到导入的位图和元件。如果需要将该位图从调色板列表中删掉，只需要在【库】面板的列表中删除对应的位图和元件即可。

3.3.2 调整位图填充

与渐变填充一样，在对图形进行了位图填充后，可以使用【渐变变形工具】对位图的填充效果进行修改。在工具箱中选择【渐变变形工具】，在应用了位图填充的图形上单击，图形将被一个带有控制柄的方框包围。与渐变填充一样，拖动方框上的控制柄能够对填充效果进行修改，如图 3.53 所示。

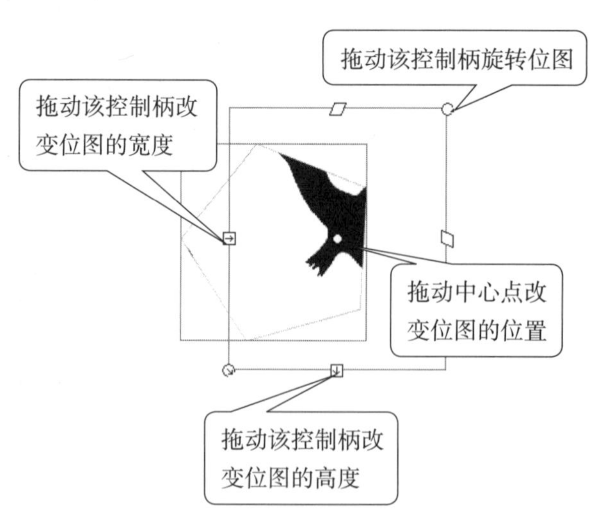

图 3.53 拖动控制柄修改位图填充效果

当需要使图形中的填充位图倾斜时，可以拖动边框上方和右边的控制柄，如图 3.54 所示。

如果需要位图在图形中平铺，可以通过拖动边框左下角的控制柄缩小位图来实现，如图 3.55 所示。

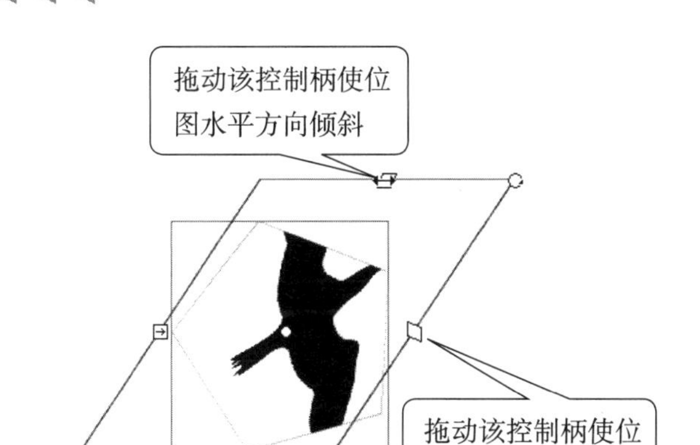

图 3.54　倾斜填充位图

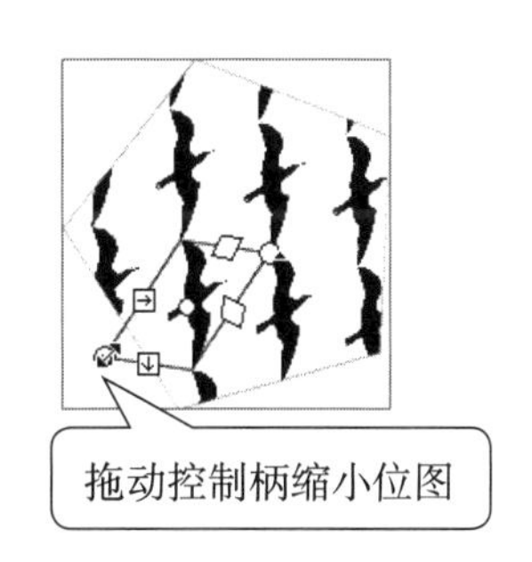

图 3.55　平铺位图

3.3.3　实战范例——国画卷轴

国画卷轴

1. 范例简介

本例介绍一幅国画卷轴的制作过程。本例在制作时，作为素材的纸材质、国画和卷轴的柄均以位图填充的方式添加到舞台上的基本图形中。同时，使用渐变填充方式来模拟卷轴两侧的卷起效果。通过本例的制作，读者将掌握使用位图填充图形和使用【渐变变形工具】对填充的位图进行调整的操作方法。

2. 制作步骤

（1）启动 Animate CC，创建一个新文档。打开【颜色】面板，在面板中将填充模式设置为【位图填充】，单击【导入】按钮。在打开的【导入到库】对话框中选择纸材质图片，如图 3.56 所示。单击【确定】按钮导入用于填充的位图。

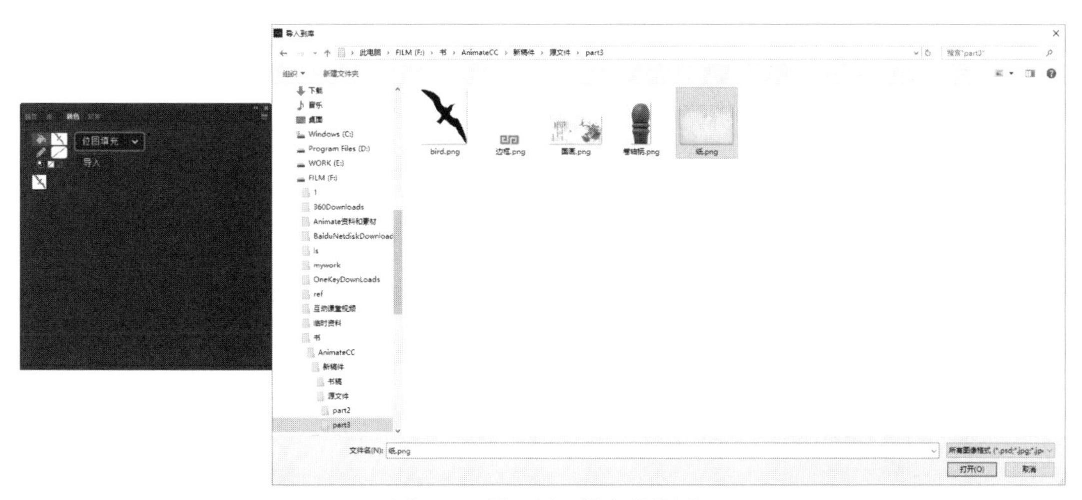

图 3.56　导入用于填充的位图

（2）在工具箱中选择【基本矩形工具】，拖动鼠标在舞台上绘制一个矩形。选择矩形后，在【属性】面板中将笔触颜色设置为无色，同时打开【填充颜色】调色板，拾取步骤（1）导入的位图对图形进行位图填充，如图 3.57 所示。

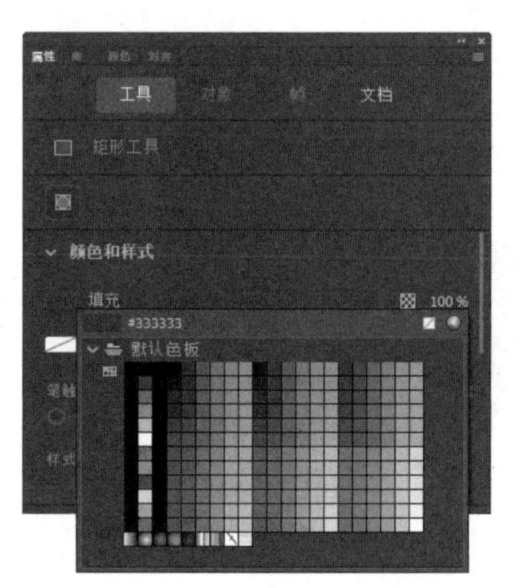

图 3.57 选择位图填充图形

（3）在工具箱中选择【矩形工具】，在【属性】面板中对矩形圆角进行设置，如图 3.58 所示。在步骤（2）绘制的矩形上拖动鼠标绘制一个没有笔触的圆角矩形，如图 3.59 所示。在【颜色】面板中选择颜色类型为【位图填充】，单击【导入】按钮打开【导入到库】对话框。为了后面操作的方便，这里按住 Ctrl 键依次选择后面步骤中所有需要使用的位图图片，如图 3.60 所示。单击【打开】按钮将这些图片导入库中。

图 3.58 设置圆角

图 3.59 绘制一个无笔触的圆角矩形

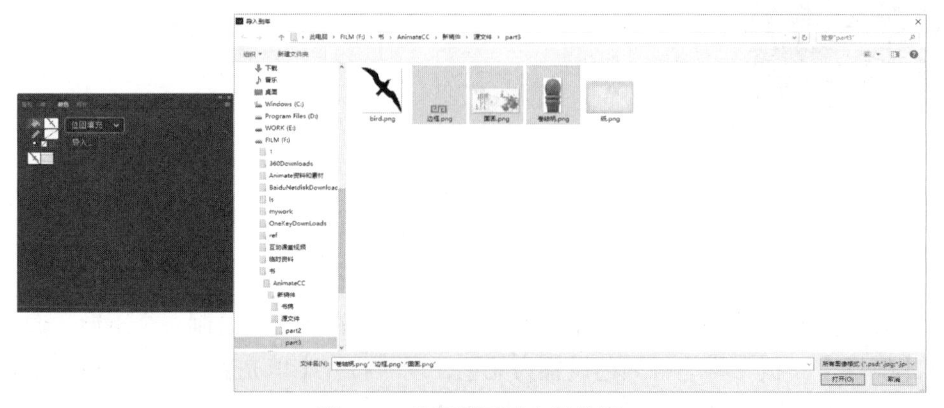

图 3.60 选择需要导入的位图

（4）在工具箱中选择【颜料桶工具】，在【颜色】面板的列表中拾取导入的国画位图文件填充矩形，如图 3.61 所示。在工具箱中选择【渐变变形工具】对填充的位图进行调整，这里拖动左侧和下方边框上的控制柄调整位图的大小，使位图在矩形中完全显示出来，如图 3.62 所示。

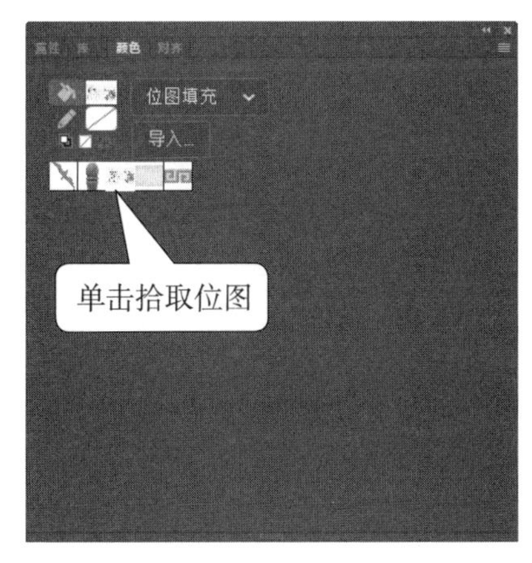

图 3.61　拾取位图

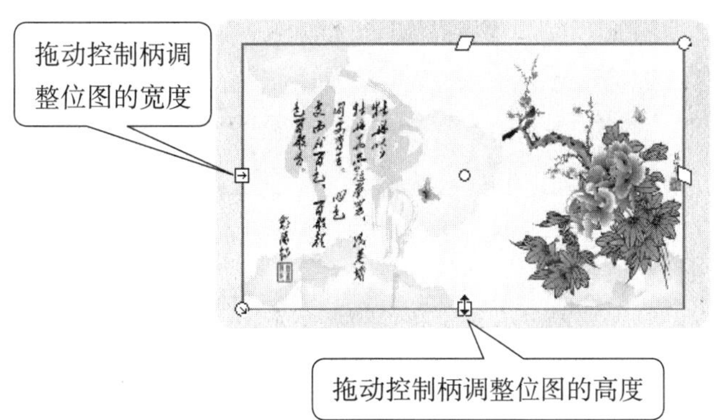

图 3.62　调整位图的大小

（5）在工具箱中选择【线条工具】，在调色板中选择用于填充笔触的位图，如图 3.63 所示。在国画的上方拖动鼠标绘制一条直线，此时直线笔触以选择的位图填充，如图 3.64 所示。

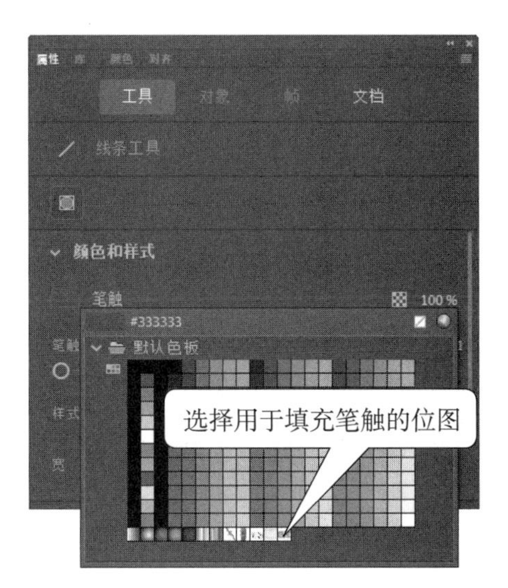

图 3.63　使用位图填充笔触

图 3.64　绘制一条直线

（6）选择绘制的直线，在【属性】面板中将笔触的高度设置为 14，使位图全部显示出来。同时，将【端点】设置为【平头端点】，使线段两端显示为方形，如图 3.65 所示。复制设置完成的线段，将其放置到国画的下方，如图 3.66 所示。

图 3.65　设置线段属性

图 3.66　复制线条并放置到国画的下方

（7）在工具箱中选择【矩形工具】，在舞台上绘制一个矩形，选择该矩形后在【属性】面板中选择以卷轴柄位图来填充图形，如图 3.67 所示。将矩形放置到卷轴的右上方，使用【渐变变形工具】调整填充位图的大小和位置，使其正好在矩形中完全显示，如图 3.68 所示。

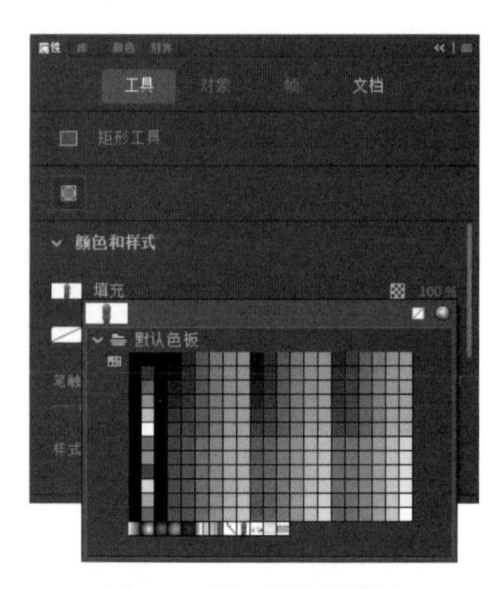

图 3.67　设置填充的位图

图 3.68　调整位图在矩形中的大小和位置

（8）复制步骤（7）制作的矩形，将其放置到国画的下方，使用【渐变变形工具】将填充的位图旋转 180°，如图 3.69 所示。复制这两个图形，将复制图形分别放置到国画左侧的上方和下方，如图 3.70 所示。

（9）在工具箱中选择【基本矩形工具】，在国画右边绘制一个与国画等高的矩形，在【颜色】面板中将颜色类型设置为【线性渐变】，如图 3.71 所示。这里，创建有三种颜色的线性渐变，如图 3.72 所示。

（10）在工具箱中选择【颜料桶工具】，在绘制的矩形上单击将渐变色应用到图形，如图 3.73 所示。复制该矩形，将其放置到国画的左侧，选择【修改】|【变形】|【水平翻转】命令将其水平翻转放置，如图 3.74 所示。

（11）对各个图形的大小和位置进行适当的调整，效果满意后保存文档。本例制作完成后的效果如图 3.75 所示。

图 3.69　旋转复制图形中的位图

图 3.70　放置复制的图形到国画的左侧

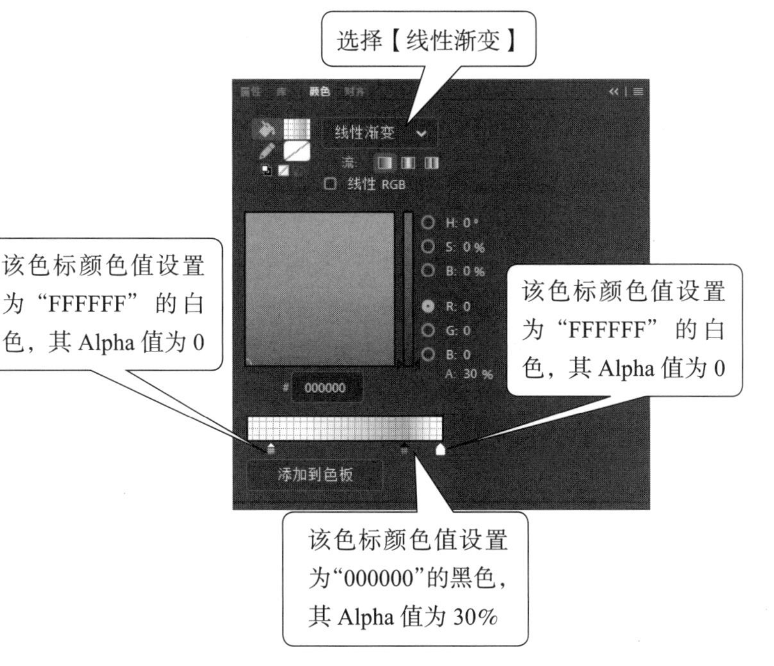

图 3.71　设置渐变

图 3.72　创建渐变

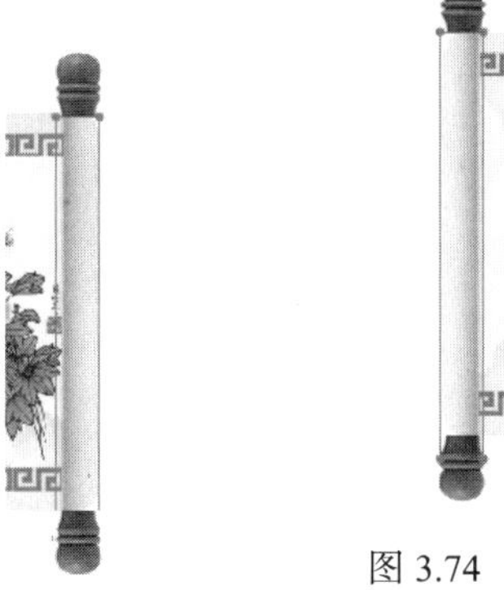

图 3.73　应用渐变效果

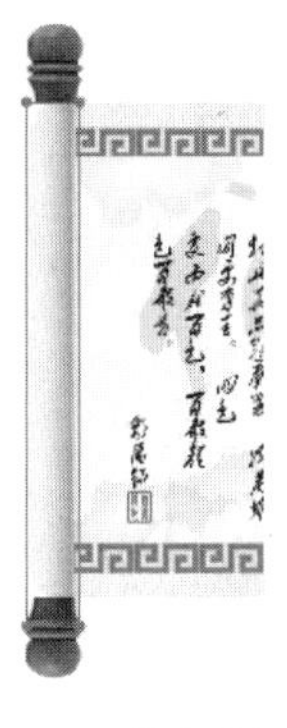

图 3.74　将复制矩形放置到左侧并翻转

图 3.75　本例制作完成后的效果

3.4 本章小结

本章学习了 Animate CC 中图形填充的三种方式，它们是纯色填充、渐变填充和位图填充。通过本章的学习，读者可掌握纯色填充时颜色设置和拾取的方法，能够在【颜色】面板中创建渐变并使用【渐变变形工具】对渐变效果进行修改。同时，读者还能熟悉使用位图填充图形的方法。

3.5 本章练习

一、选择题

1．在【颜色】面板中，要将填充色和笔触颜色设置为白色和黑色，应该单击下面哪个按钮？（　　）

A．　　B．　　C．　　D．

2．下面哪个按钮是【颜色】面板中用于编辑渐变的颜色色标？（　　）

A．　　B．　　C．　　D．

3．在使用【渐变变形工具】调整径向渐变效果时，如图 3.76 所示，使用下面哪个控制柄可以旋转渐变？（　　）

4．在使用【渐变变形工具】对位图填充效果进行调整时，如图 3.77 所示，使用下面哪个控制柄能够实现位图的水平倾斜？（　　）

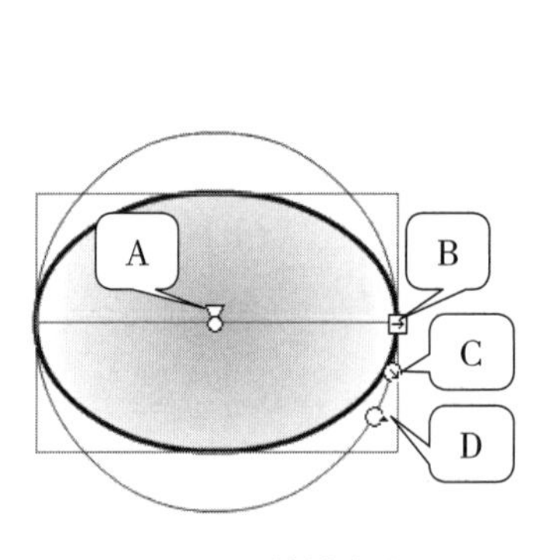

图 3.76　旋转渐变

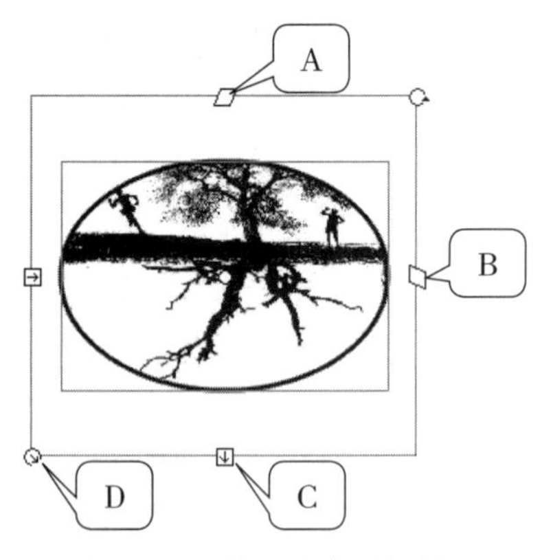

图 3.77　位图的水平倾斜

二、填空题

1．在【属性】面板的调色板中通过设置 Alpha 值可以控制________。这里，Alpha 值的取值在________之间，其值越大，________就越低。

2．在 Animate CC 中，【墨水瓶工具】用于以当前笔触方式对矢量图形进行______，【颜料桶工具】用于使用当前的填充方式对对象进行________，该工具可以进行纯色填充、渐变填充和________。

3．在【颜色】面板中，如果要向渐变添加颜色，可以在色谱条下方________添加色标即可。如果需要删除渐变中的颜色，可以将色标________或选择色标后按______即可。

4．溢出是指当颜色超出了渐变的限制时，以何种方式来________，Animate CC 的渐变有三种溢出方式，分别是________、________和________。

3.6　上机练习和指导

3.6.1　苹果

绘制卡通苹果，如图 3.78 所示。

主要操作步骤如下。

（1）使用【椭圆工具】绘制椭圆。使用【选择工具】修改绘制的椭圆形状，获得苹果、果柄、叶片和高光区等图形。

（2）在【属性】面板中设置图形笔触宽度和颜色。其中，叶片和苹果的笔触颜色值为“2B5203”，苹果柄的笔触颜色值设置为“50371B”。

图 3.78　绘制完成的卡通苹果

（3）苹果主体使用径向渐变填充，渐变使用 4 种颜色，从左向右的颜色值分别为“C7FB28”“68C53A”“1A2D0D”和“4F8D27”，Alpha 值均为 100%。叶片区域使用线性渐变填充，渐变使用两种颜色，从左向右颜色值分别为“54D515”和“377D0D”。苹果柄区域使用线性渐变填充，渐变使用两种颜色，从左向右颜色值分别为“E0974E”和“6C4013”。使用“渐变变形工具”对渐变效果进行调整。

（4）苹果上的高光区域使用纯色填充方式，填充颜色值为“E4FE96”。叶片上的圆形高光区使用纯色填充，填充颜色值为“BDFD51”。苹果柄与苹果接触部位使用纯色填充，填充颜色值为“333333”，Alpha 值为 40%。

3.6.2　水晶按钮

制作凸起和凹陷的透明水晶按钮，按钮效果如图 3.79 所示。

主要制作步骤如下。

（1）使用【基本矩形工具】绘制一个带有圆角的矩形，以双色线性渐变填充该矩形。渐变的起始颜色为白色（颜色值为“#FFFFFF”），渐变的终止颜色为蓝色（颜色值为“#0000FF”），将终止色的 Alpha 值设置为 0。

图 3.79　水晶按钮效果

（2）复制该矩形，在【属性】面板中调整其【宽】和【高】的值将其适当缩小。复制缩小后的矩形，选择【修改】|【变形】|【垂直翻转】命令将其垂直翻转。

（3）选择第二次复制的矩形，在【颜色】面板中将渐变白色颜色色标向右适当移动，此时即可获得凸起水晶按钮效果。

（4）要获得凹陷的水晶按钮效果，只需将步骤（3）改为缩小最后复制矩形即可。

第4章 图形的变换

在舞台上要构成漂亮的场景，往往需要大量的图形对象。放置于舞台上的对象，需要对其进行布局才能符合场景画面的要求。而对象的布局，离不开对象的移动、缩放、旋转以及对齐等操作。同时为了方便实现各种操作，需要将多个图形变为一个对象。本章将介绍对象的变形、位置排列和组合等变换操作。

本章主要内容：

- 对象的变形；
- 对象的对齐和排列；
- 对象的合并和组合。

4.1 对象的变形

在完成图形的绘制后，往往需要对图形进行变形以修改图形的形状。对象的变形可以使用 Animate CC 提供的【任意变形工具】来操作，也可以使用【变形】面板来对图形进行精确变形。下面介绍 Animate CC 中对图形变形的操作方法。

线条的操作

4.1.1 线条的平滑和伸直

对线条进行平滑和伸直处理是图形变形的常用操作，主要用于对所选线条进行调整，以改变图形的外观。修改线条的形状，除了使用工具箱中提供的【选择工具】和【部分选择工具】外，还可以使用菜单命令对线条进行更为精确的平滑和伸直处理。

在绘制图形时，拉伸操作能够使绘制的线条变直，可以让图形的几何外观更加完美。平滑操作能够使曲线变得柔和并减少曲线整体方向上的突起和变化，减少曲线中的线段数。在工具箱中选择【选择工具】，选择图形上的曲线，选择【修改】|【形状】|【伸直】命令，将曲线伸直为直线，如图 4.1 所示。

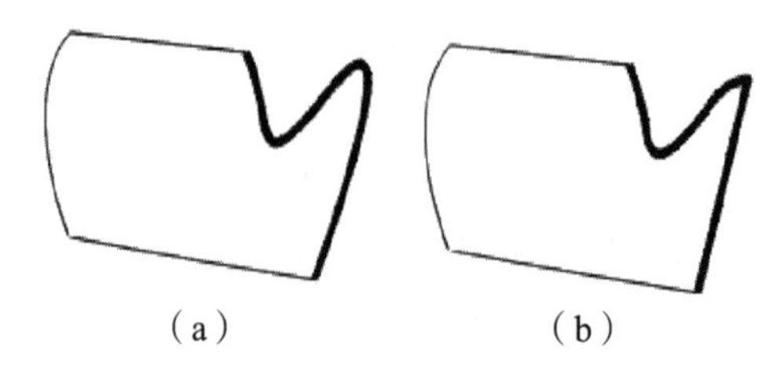

（a）　　（b）

图 4.1　命令使用前后的图形效果

专家点拨：在进行拉伸和平滑线条操作时，有时需要多次使用相同的命令才能达到需要的直线或曲线效果。

选择图形上的线条，选择【修改】|【形状】|【高级伸直】命令打开【高级伸直】对话框，在其中的【伸直强度】文本框中输入数值可以调整曲线拉直的强度，如图 4.2 所示。

使用【选择工具】选择曲线，选择【修改】|【形状】|【高级平滑】命令打开【高级平滑】对话框，在其中的【下方的平滑角度】【上方的平滑角度】和【平滑强度】文本框中输入数值，即可对线条的平滑操作进行设置，如图 4.3 所示。

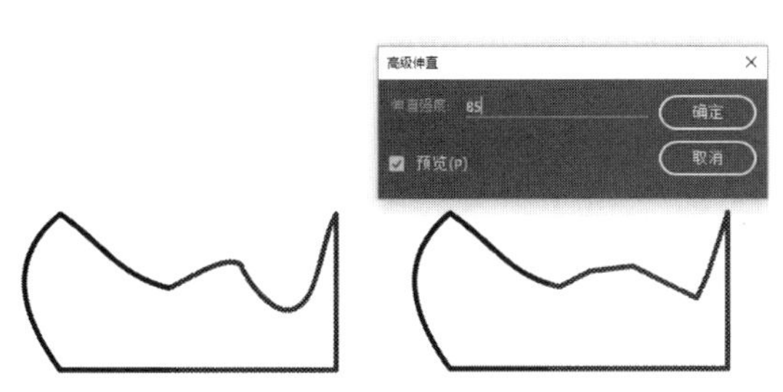

图 4.2　打开【高级伸直】对话框设置伸直效果

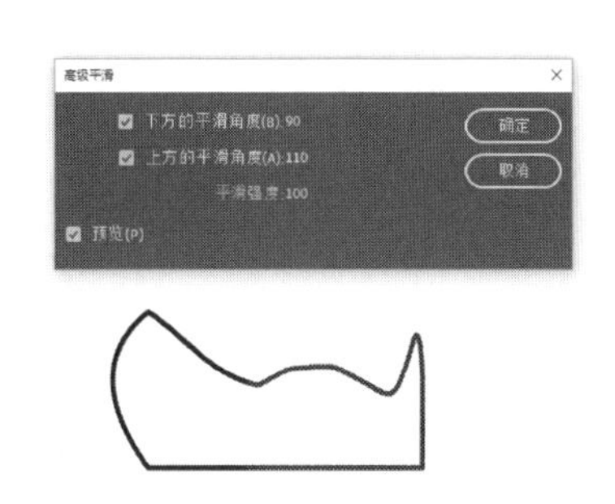

图 4.3　打开【高级平滑】对话框设置平滑效果

4.1.2　对象的任意变形

任意变形工具

对对象进行变形操作，可以使用【任意变形工具】或选择【修改】|【变形】的下级菜单命令来进行操作。这些操作包括对图形进行缩放、旋转、扭曲或封套等操作。

1．缩放和旋转

在工具箱中选择【任意变形工具】后在需要变形的对象上单击，对象即被含有控制柄的变形框包围，此时拖动位于变形框上的控制柄可以对对象进行缩放操作。

将鼠标放置到变形框四角上的控制柄上，鼠标指针变为或时，拖动控制柄可以将对象沿对角方向进行缩放。将鼠标放置到变形框四边的控制柄上时，鼠标指针变为或时，拖动控制柄能使对象沿垂直方向或水平方向缩放。将鼠标放置到变形框四角的控制柄外，鼠标指针变为时，拖曳鼠标可以实现图形的旋转操作，如图 4.4 所示。

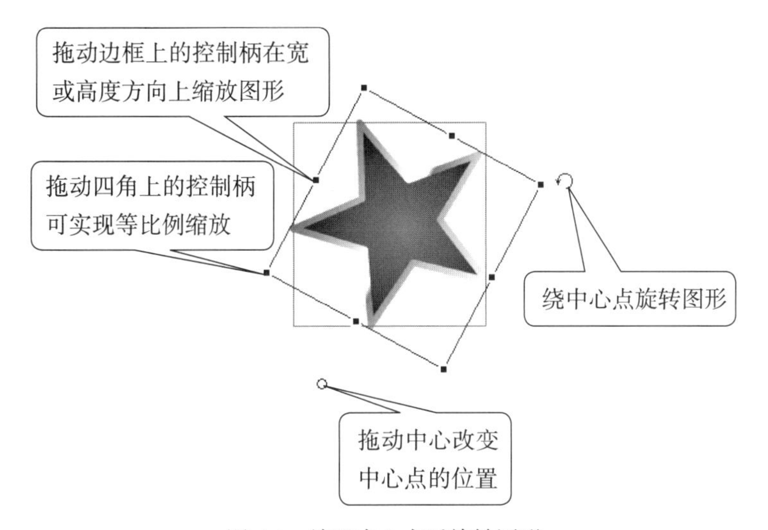

图 4.4　放置中心点后旋转图形

专家点拨：这里要注意，【任意变形工具】不能对元件、位图、视频对象、声音对象、渐变或文本进行变形。如果选择的多个对象中包含有上面的对象，则只能变形其中的形状对象。

在选择对象后，选择【修改】|【变形】|【缩放和旋转】命令将打开【缩放和旋转】对话框。在其中的【缩放】文本框中输入缩放比例，在【旋转】文本框中输入旋转角度，这样可以实现对象旋转和缩放的精确控制，如图 4.5 所示。

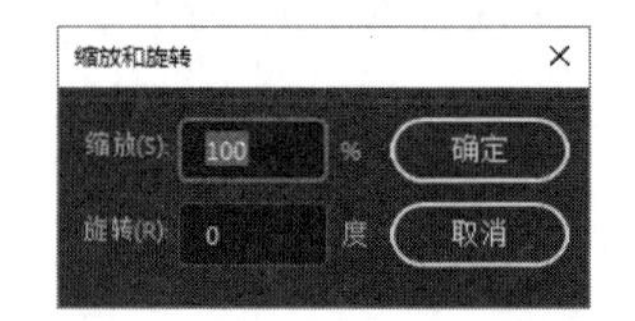

图 4.5 【缩放和旋转】对话框

专家点拨：选择【修改】|【变形】|【顺时针旋转 90°】或【逆时针旋转 90°】命令可以使图形绕中心点顺时针或逆时针旋转 90°。在旋转对象时，如果按住 Shift 键拖动鼠标，则可以以 45° 为增量进行旋转。如果按住 Alt 键拖动鼠标，则将实现围绕对角的旋转。

2. 倾斜变形

对象倾斜指的是使选择对象沿着一个或两个轴倾斜。使用【任意变形工具】单击图形，将鼠标放置到变形框的上下边框上，指针变为⇋后，拖动鼠标即可实现对象的水平倾斜变形。将鼠标放到变形框左右边框上，鼠标指针变为⥯后，拖动鼠标即可实现对象的垂直倾斜变形，如图 4.6 所示。

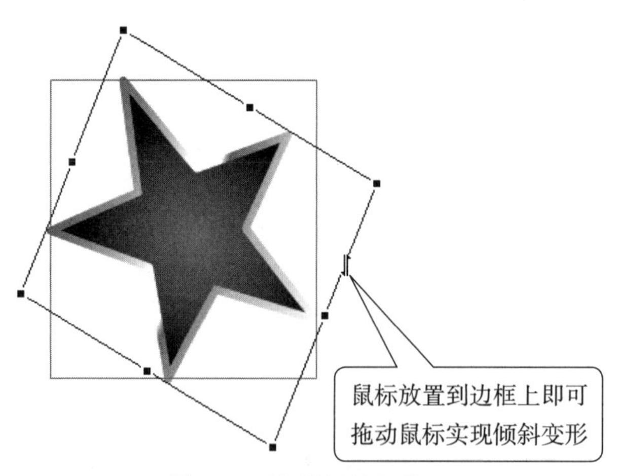

图 4.6 对象的倾斜变形

专家点拨：选择【修改】|【变形】|【旋转和倾斜】命令，对变形框的拖放操作将只能实现旋转和倾斜操作。

3. 扭曲变形

在使用【任意变形工具】时，选择需要变形的对象，选择【修改】|【变形】|【扭曲】命令，此时拖动变形框上的控制柄即可实现对象的扭曲变形，如图 4.7 所示。

按住 Shift 键拖动变形框角上的控制柄，可以使该角和相邻的角沿着相反方向移动相等的距离，如图 4.8 所示。

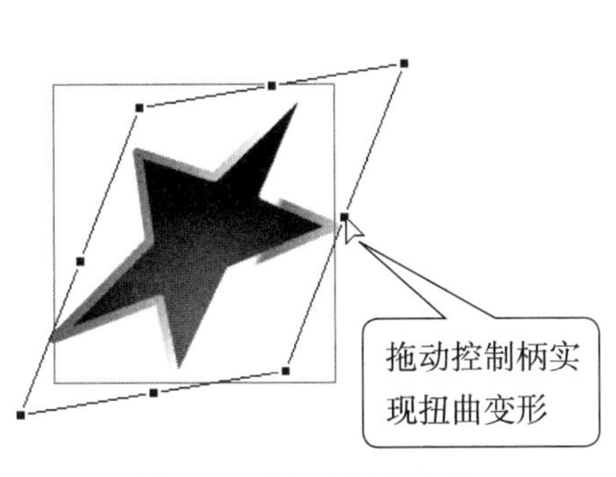

图 4.7　对象的扭曲变形

按住 Shift 键拖动控制柄

图 4.8　按住 Shift 键拖动变形框角上的控制柄

4. 封套变形

Animate CC 的封套是一个边框，该边框套住需要变形的对象，通过更改这个边框的形状从而改变套在其中的对象的形状。

在使用【任意变形工具】时，选择需要变形的对象，选择【修改】|【变形】|【封套】命令，此时对象被一个带有锚点的边框包围。这个边框可以像矢量线条那样通过拖放锚点或是调整锚点拉出的方向线来修改形状。封套形状的改变将改变套于其中的图形的形状，如图 4.9 所示。

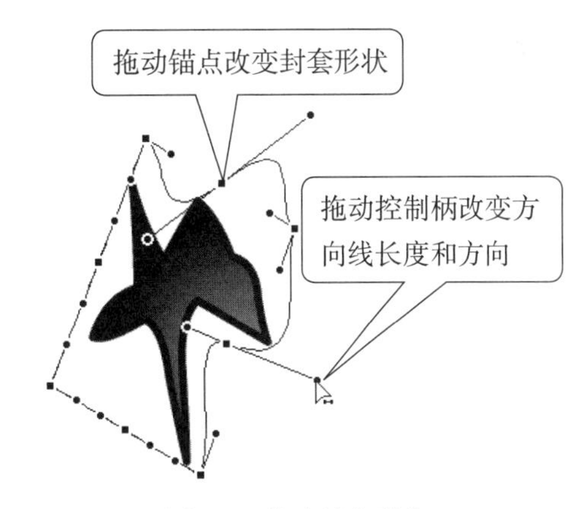

图 4.9　修改封套形状

专家点拨： 如果需要取消对选择对象的变形，可以选择【修改】|【变形】|【取消变形】命令。如果需要对选择的对象进行垂直翻转或水平翻转变形，可以选择【修改】|【变形】|【垂直翻转】或【水平翻转】命令。

4.1.3　对象的精确变形

变形面板

使用【任意变形工具】可以快速地实现对选择对象的各种变形操作，但却无法控制变形的精确度。在需要对对象进行精确变形的场合，可以使用【变形】面板来进行操作。

1. 对象的精确变形

选择【窗口】|【变形】命令打开【变形】面板，在舞台上选择需要变形的图形，在面板中设置缩放、旋转或倾斜值，即可实现对图形的变形操作。如选择【倾斜】单选按钮，在其下的文本框中输入水平和垂直倾斜的度数即可实现图形的倾斜变形，如图 4.10 所示。

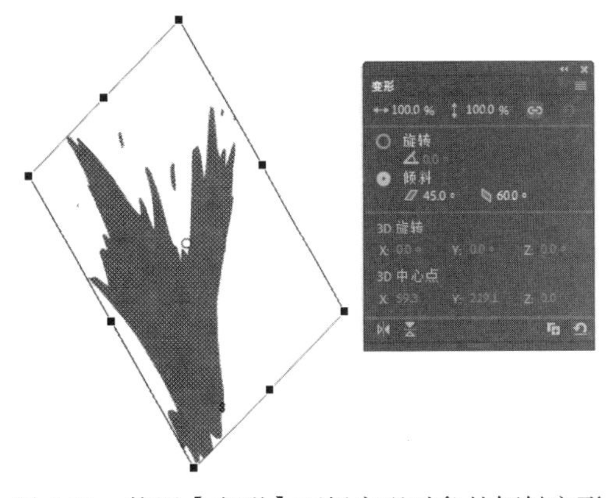

图 4.10　使用【变形】面板实现对象的倾斜变形

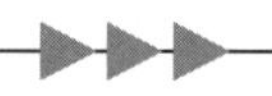

专家点拨：下面对【变形】面板中的一些功能按钮的作用进行介绍。

- 【约束】按钮：在对选择对象进行缩放变形时，如果需要对对象的宽度和高度按照相同比例缩放，则可以按下该按钮，使其处于状态（即锁定状态）。再次单击该按钮，使按钮处于状态即可解除缩放时对宽度和高度的约束。
- 【重置缩放】按钮：单击该按钮，则可取消对象的缩放变形。该按钮只有对选择对象进行了缩放变形才可用。
- 【取消变形】按钮：单击该按钮，将选择对象还原到变形前的状态。
- 【水平翻转所选内容】按钮和【垂直翻转所选内容】按钮：单击按钮能对选择对象进行水平翻转和垂直翻转。

2. 重置选区和变形

使用【变形】面板不仅能够对选择对象进行精确变形，而且可以在变形对象的同时复制对象。如在舞台上选择需要变形的对象，使用【任意变形工具】重新放置中心，在【变形】面板中将【旋转】设置为45°。在面板中连续单击【重置选区和变形】按钮，此时将不断复制图形，后一个复制图形相对于前一个复制图形都将绕中心点旋转45°，如图4.11所示。

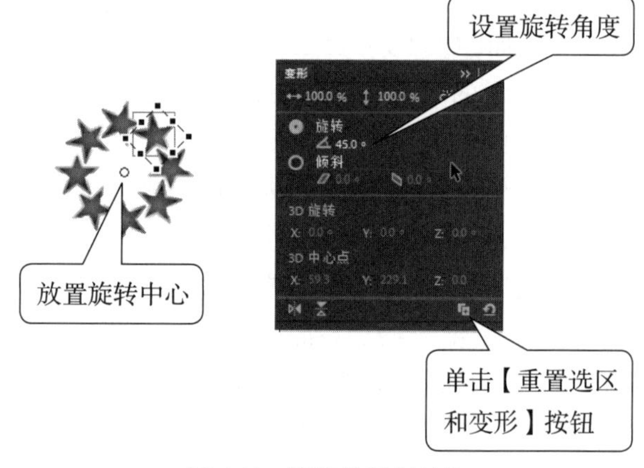

图4.11　旋转并复制对象

4.1.4　实战范例——礼品盒

1. 范例简介

本例介绍礼盒打开盒盖喷洒彩带的画面的制作过程。本例在制作过程中，使用【矩形工具】【椭圆工具】和【多角星形工具】等工具绘制图形，使用【任意变形工具】对图形进行变形处理以获得立体效果。通过本例的制作，读者将能掌握通过对矩形进行变形来制作立方体的方法，了解利用渐变填充使二维图形获得立体感和体积感的制作技巧。同时，本例将使用各种绘图工具绘制大量图形并对图形进行变形和填充，读者将能够进一步巩固各种图形绘制工具的使用方法和对象填充的技巧，熟练掌握对象变形的操作技巧。

2. 制作步骤

（1）启动 Animate CC，创建一个空白文档。在工具箱中选择【矩形工具】，拖动鼠标在舞台上绘制一个覆盖整个舞台的矩形。在【颜色】面板中将填充方式设置为【径向渐变】，创建一个双色渐变，将渐变的起始颜色设置为白色（其颜色值为“#FFFFF”），将渐变的终止颜色的颜色值设置为“#006280”，如图4.12所示。使用【颜料桶工具】对矩形填充颜色，同时使用【渐变变形工具】将渐变中心拖放到矩形的下方，如图4.13所示。

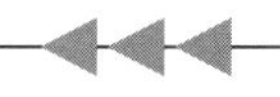

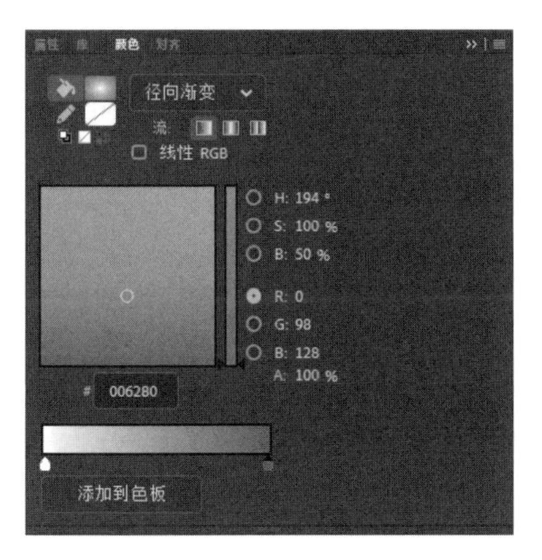

图 4.12　设置填充颜色

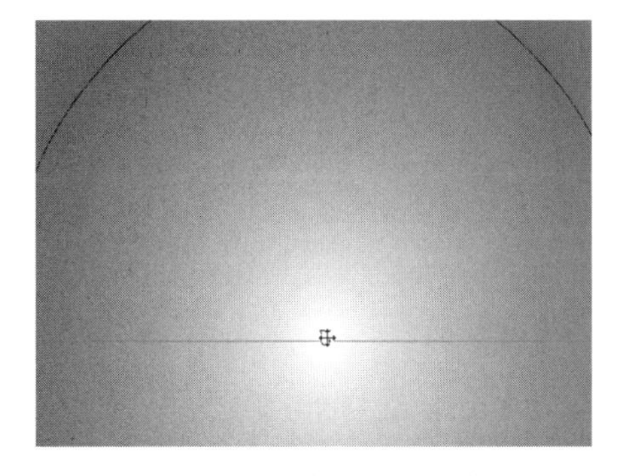

图 4.13　调整渐变中心的位置

（2）在【时间轴】面板中单击【创建新图层】按钮⊞创建一个新图层。在工具箱中选择【矩形工具】，在舞台上绘制一个矩形的长条。在【属性】面板中取消其笔触，设置其填充颜色（颜色值为“#66CCFF”），同时将 Alpha 值设置为 20%，如图 4.14 所示。

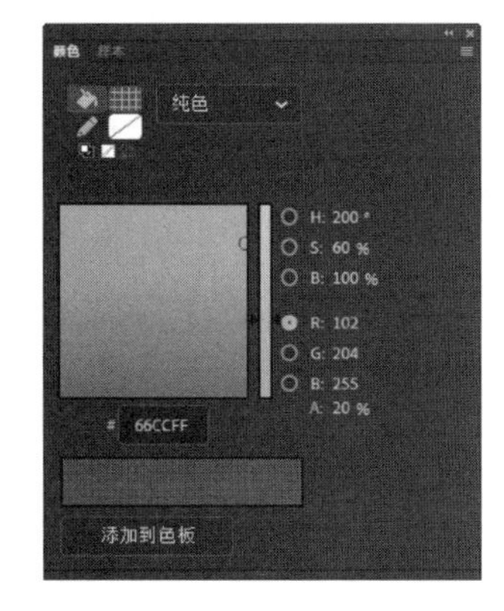

图 4.14　在【属性】面板中设置填充色

（3）在工具箱中选择【任意变形工具】，首先将中心拖放到图形下面的边上，如图 4.15 所示。在工具箱选择【扭曲】工具，拖动矩形下面边上的控制柄调整其形状，如图 4.16 所示。

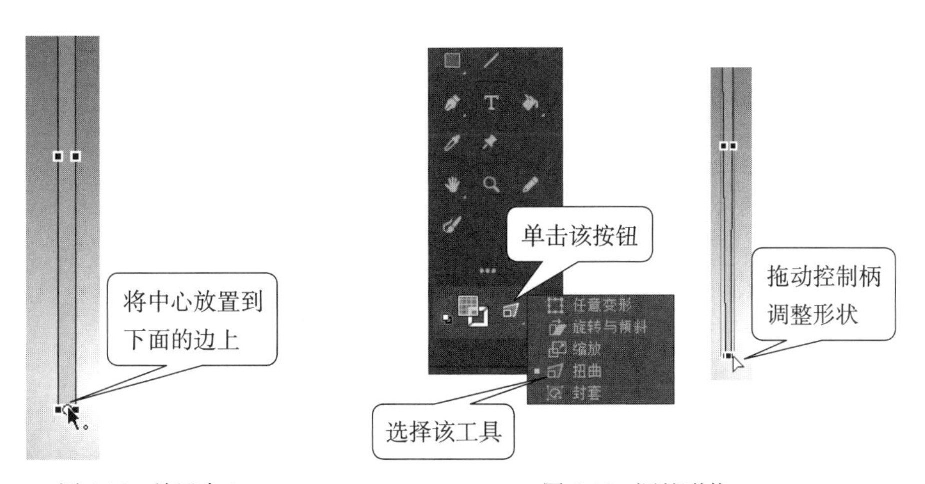

图 4.15　放置中心

图 4.16　调整形状

（4）在【变形】面板中选择【旋转】单选按钮，设置旋转角为 15°，单击【重置选区和变形】按钮旋转并复制图形，如图 4.17 所示。继续单击【重置选区和变形】按钮旋转并复制图形，此时可以获得环绕中心点一周的光芒效果，如图 4.18 所示。

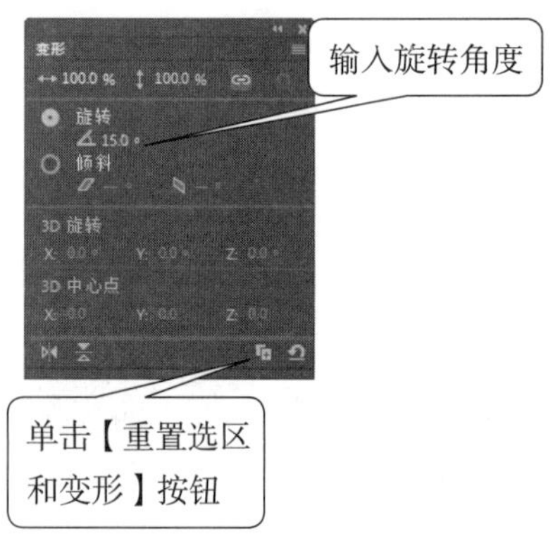

图 4.17 旋转并复制图形

图 4.18 获得光芒效果

（5）在【时间轴】面板中单击【创建新图层】按钮创建一个新图层。在工具箱中选择【矩形工具】，按住 Shift 键拖动鼠标绘制一个正方形。在【颜色】面板中设置填充方式为【线性渐变】，创建一个双色线性渐变，其中渐变开始颜色的颜色值为“#FFF31C”，渐变终止颜色的颜色值为“#F5BB4F”，如图 4.19 所示。使用【颜料桶工具】渐变填充绘制的正方形，如图 4.20 所示。

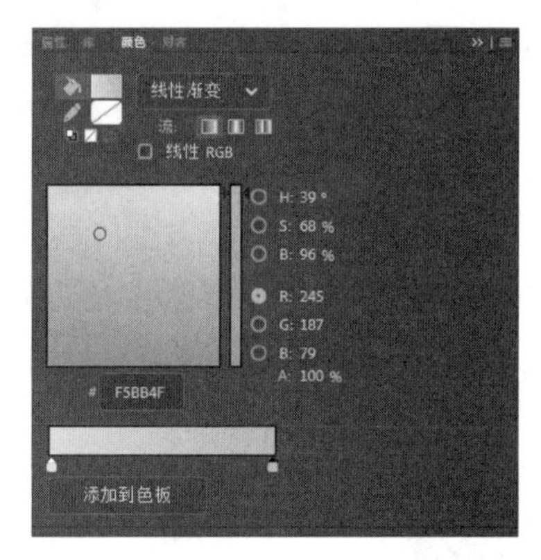

图 4.19 在【颜色】面板中创建渐变

图 4.20 用渐变填充正方形

（6）在工具箱中选择【任意变形工具】，在工具箱下方选择【扭曲】工具。单击舞台上的正方形，拖动变形框 4 个角上的控制柄调整正方形的形状，如图 4.21 所示。将该图形复制一个，使用相同的方法对图形进行变形，如图 4.22 所示。在工具箱中选择【渐变变形工具】，旋转填充的渐变效果，如图 4.23 所示。

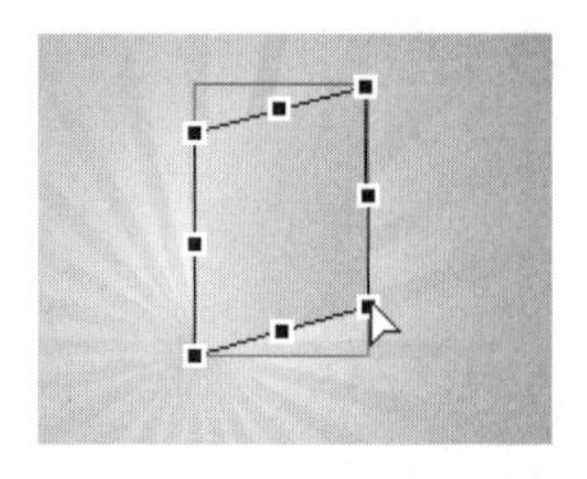

图 4.21 调整正方形的形状

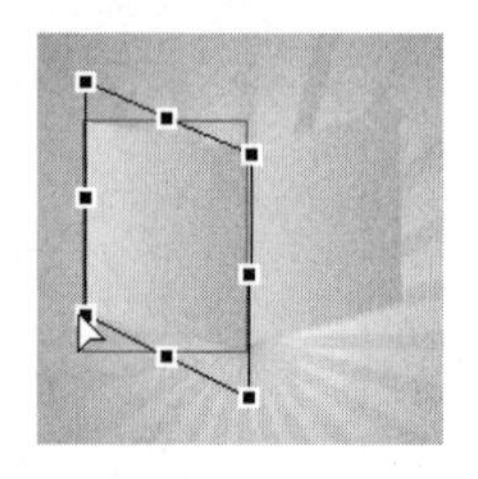

图 4.22 对复制图形进行变形

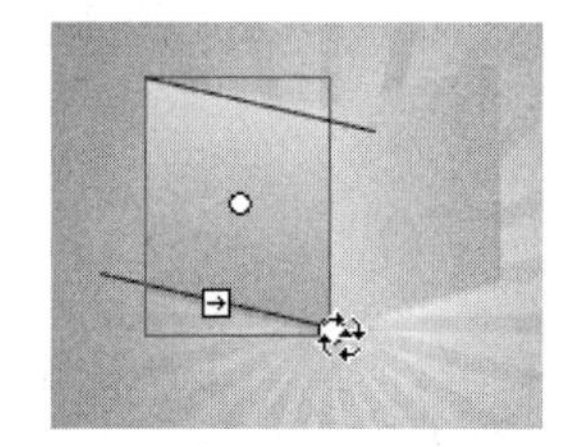

图 4.23 旋转渐变

（7）在工具箱中选择【钢笔工具】，在【属性】面板中取消笔触，同时设置填充颜色（颜色值为“#DF7B1D”），在舞台上绘制一个三角形，如图 4.24 所示。将该三角形复制一

个，选择【修改】|【变形】|【水平翻转】将复制三角形水平翻转，在【属性】面板中修改其填充色（颜色值为“FAA21C”）。将该三角形与前一个三角形并排放置，此时获得立体纸盒，如图 4.25 所示。

图 4.24　绘制一个三角形

图 4.25　获得立体纸盒

（8）在工具箱中选择【矩形工具】，在【属性】面板中设置填充色（颜色值为“#FFE14F”），在舞台上绘制一个正方形。选择【任意变形工具】，在工具箱下方选择【扭曲】工具，拖动变形框上的控制柄对正方形进行变形处理，获得一个打开的盒盖，如图 4.26 所示。复制变形后的正方形，将其放置到纸盒的左侧，使用【任意变形工具】调整该副本的形状创建另外一个打开的盒盖，如图 4.27 所示。

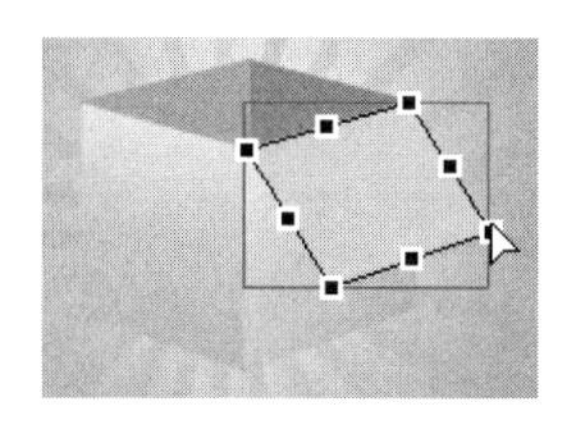

图 4.26　变形正方形

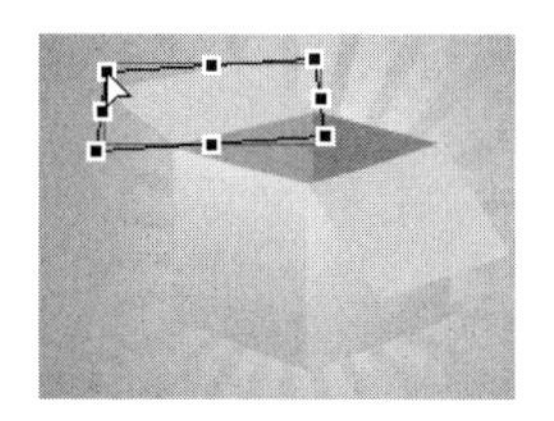

图 4.27　调整副本形状

（9）使用【矩形工具】再绘制两个正方形，这两个正方形的填充色的颜色值为“#FFC20F”。使用【任意变形工具】对这两个正方形进行扭曲变形处理获得另外两个打开的盒盖，一个打开的纸盒制作完成，如图 4.28 所示。

（10）在【时间轴】面板中单击【创建新图层】按钮⊞创建一个新图层。在工具箱中选择【矩形工具】，将填充色设置为“#01BAF2”，在舞台上绘制一个矩形。在工具箱中选择【任意变形工具】，使用工具旋转绘制的矩形，选择【扭曲】工具后拖动变形框上的控制柄将其变为三角形，如图 4.29 所示。

图 4.28　绘制完成的纸盒

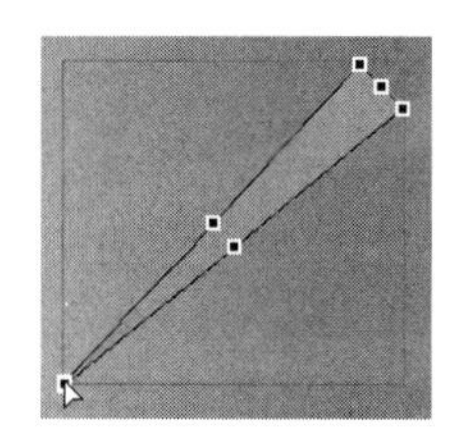

图 4.29　拖动控制柄将旋转后的矩形变为三角形

（11）在工具箱下方选择【封套】工具，图形被含有锚点的变形框包围。拖动锚点改变图形形状，拖动锚点两侧方向线上的控制柄对曲线的方向和弯曲程度进行调整，如图 4.30 所示。使用相同的方法绘制其他图形获得喷出的飘带，如图 4.31 所示。

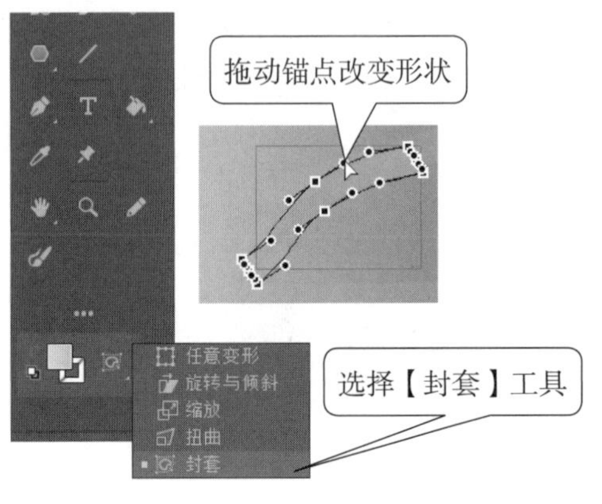

图 4.30　对封套进行调整

图 4.31　绘制其他图形获得喷出的飘带

（12）在工具箱中选择【多边形工具】，在【属性】面板中取消笔触，设置填充颜色（颜色值为“#F8DB03”）。在【属性】面板中单击【选项】按钮打开【工具设置】对话框，在其中将【样式】设置为【星形】，将【边数】设置为 5，将【星形顶点大小】设置为 0.8，如图 4.32 所示。拖动鼠标绘制不同大小的星形，如图 4.33 所示。

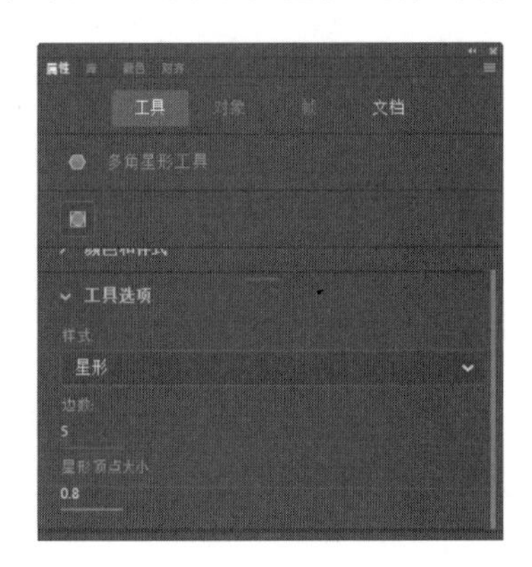

图 4.32　设置星形形状

图 4.33　绘制星形

（13）在工具箱中选择【钢笔工具】，勾勒出弯曲的月牙形框架，在【属性】面板中取消笔触，同时设置填充颜色（颜色值为“#4D4D4D”），如图 4.34 所示。在工具箱中选择【选择工具】，在【属性】面板的【形状选项】栏中单击【平滑】按钮几次，使图形的边界变得平滑，如图 4.35 所示。

图 4.34　勾勒出月牙形

图 4.35　平滑边界

（14）复制绘制的图形，在【属性】面板中分别更改复制图形的填充色。使用【任意变形工具】对复制图形进行缩放、旋转和扭曲变形，并将这些图形放置到舞台的不同位置，如图 4.36 所示。

（15）在工具箱中选择【矩形工具】和【椭圆工具】，使用工具在舞台的不同部位绘制大小和颜色不同的正方形和圆形，如图 4.37 所示。

图 4.36　复制图形并改变它们的颜色和形状　　图 4.37　在舞台上绘制大小和形状不同的正方形和圆形

（16）在工具箱中选择【多角星形工具】，在【属性】面板中将填充色的 Alpha 值设置为 50%，在【工具选项】栏中将【样式】设置为【星形】，将【边数】设置为 12，如图 4.38 所示。拖动鼠标在舞台上绘制星形，在舞台的不同位置复制星形，使用【任意变形工具】调整星形的大小，如图 4.39 所示。

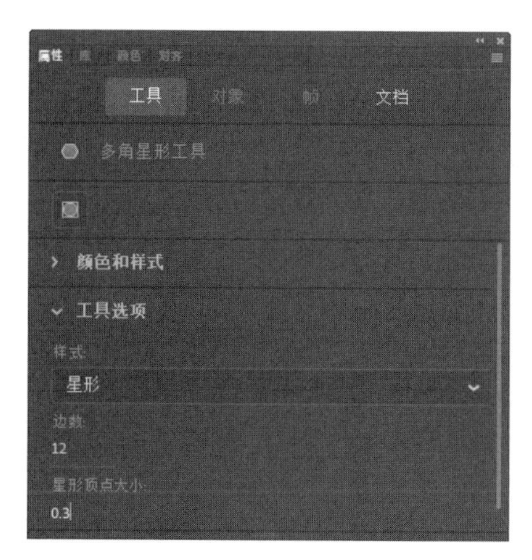

图 4.38　设置绘制十二边星形　　图 4.39　在舞台上复制星形并调整其大小

（17）对绘制的各个图形的大小和位置进行适当调整，效果满意后，保存文档完成本例的操作。本例制作完成后的效果如图 4.40 所示。

图 4.40　本例制作完成后的效果

4.2 对象的对齐和排列

在 Animate CC 中绘制复杂图形时，常常需要将复杂图形分解为小的图形分别进行绘制，然后再将它们放置在一起构成一个完整的图形。在构建图形时，不可避免地会遇到图形的对齐以及改变图形间的堆叠关系的问题，本节将介绍在 Animate CC 中精确对齐对象和改变对象排列顺序的方法。

4.2.1 对象的对齐

在由多个对象构成复杂图形时，往往需要精确确定各个对象间的相对位置。在 Animate CC 中，可以使用【对齐】菜单命令或【对齐】面板来调整各个对象之间的相对位置和对象相对于舞台的位置。

1. 对齐对象

选择【窗口】|【对齐】命令打开【对齐】面板，在【对齐】栏中包含了 6 个按钮，左边的 3 个按钮用于将对象在垂直方向上的对齐，右边的 3 个按钮用于对象在水平方向上的对齐。

在舞台上框选 3 个对象，如图 4.41 所示。在【对齐】面板中单击【水平中齐】按钮，此时选择图形的中心将对齐到同一条垂直线上，如图 4.42 所示。如果单击【顶对齐】按钮，选择对象的顶部将对齐到同一条水平线上，如图 4.43 所示。

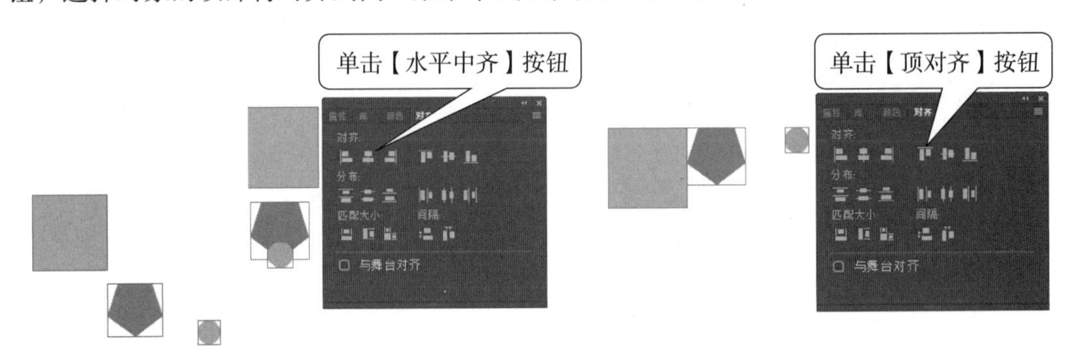

图 4.41　选择图形　　图 4.42　图形水平中对齐　　图 4.43　图形顶对齐

专家点拨： 下面介绍其他【对齐】按钮的含义。

- 【左对齐】按钮：单击该按钮，所选对象以靠左对象的左侧为基准对齐。
- 【右对齐】按钮：单击该按钮，所选对象以靠右对象的右侧为基准对齐。
- 【顶对齐】按钮：单击该按钮，所选对象以最上边对象的上边界为基准对齐。
- 【底对齐】按钮：单击该按钮，所选对象以最下边对象的下边界为基准对齐。

另外，在【对齐】面板中勾选【与舞台对齐】复选框，则所有的调整都将按照与整个舞台的相对关系来进行操作。

2. 分布对象

在【对齐】面板中，【分布】栏中提供了 6 个按钮，其中左边 3 个按钮用于对象在垂直方向上的分布，右边 3 个按钮用于对象在水平方向上的分布。【分布】栏中的按钮可以将选择的对象在垂直方向上或水平方向上均匀地分散开。

在舞台上选择需要分布处理的图形，如图 4.44 所示。在【对齐】面板中单击【顶部分布】按钮，则对象的顶部将在垂直方向上均匀分布，如图 4.45 所示。如果单击【左侧分布】按钮，则对象的左侧将在水平方向上均匀分布，如图 4.46 所示。

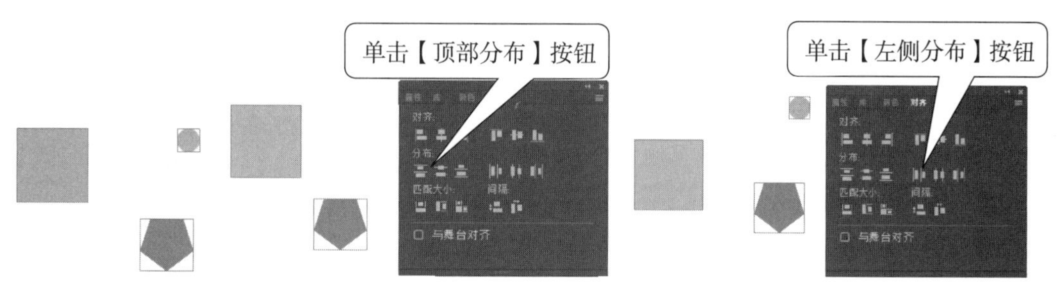

图 4.44 选择图形　　图 4.45 图形的顶部分布　　图 4.46 图形左侧分布

专家点拨：下面介绍其他【分布】按钮的含义。

- 【垂直居中分布】按钮：单击该按钮，选择对象的中心垂直方向等间距。
- 【底部分布】按钮：单击该按钮，选择对象的下边沿等间距。
- 【水平居中分布】按钮：单击该按钮，选择对象的中心水平方向等间距。
- 【右侧分布】按钮：单击该按钮，选择对象的右边沿等间距。

3. 匹配大小

【对齐】面板中的【匹配大小】栏提供了三个按钮，该按钮能够强制两个或多个大小不同的对象宽度或高度变得相同。选择三个图形后单击【匹配宽度】按钮，则三个图形的宽度变得相同，如图 4.47 所示。

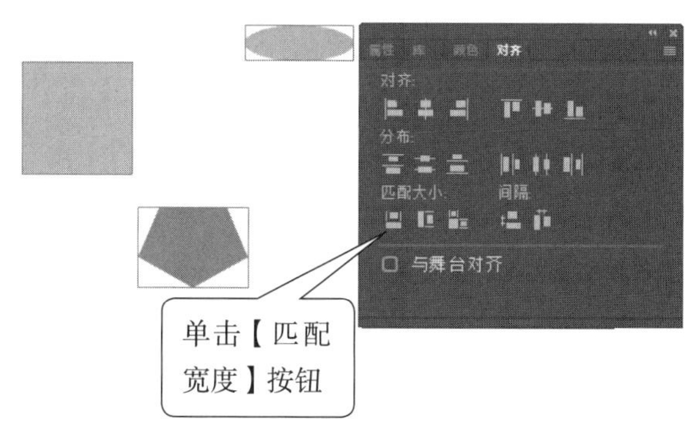

图 4.47 图形宽度变得相同

专家点拨：下面介绍其他【匹配大小】按钮的含义。

- 【匹配高度】按钮：单击该按钮，所选对象将调整为相同的高度。
- 【匹配宽和高】按钮：单击该按钮，所选对象将调整为相同的高度和宽度。

4. 调整间隔

【对齐】面板中的【间隔】栏提供了两个按钮，它们用于使选择的对象在水平方向和垂直方向上均匀地分隔开。如选择舞台上的三个图形，如图 4.48 所示。单击【水平平均间隔】按钮，此时图形将在水平方向上均匀分隔，如图 4.49 所示。

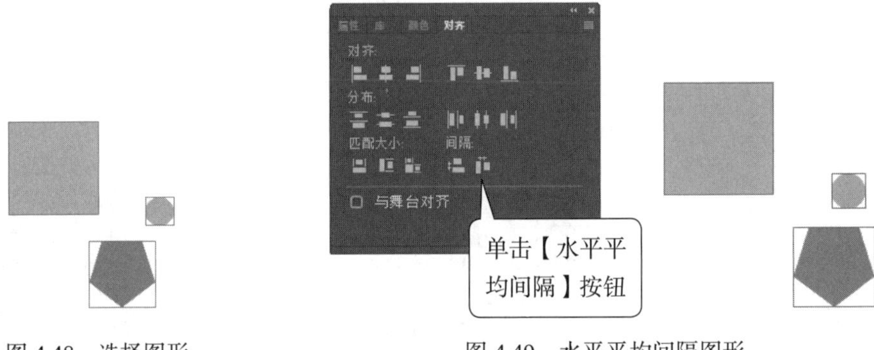

图 4.48　选择图形　　　　图 4.49　水平平均间隔图形

专家点拨:【分布】按钮是根据共同的参照物（顶部、中心或底部）来均匀放置对象的，而【间隔】则是使所有对象间隔相同。因此当选择图形具有相同的大小时，使用【间隔】栏中的按钮和使用【分布】栏中的按钮会有相同效果。只是当图形大小不一时，两者在使用上的效果才会不同。

4.2.2　对象的排列

在舞台上创建多个图形，图形将按照创建的先后顺序来排列，即先创建的图形在下层，后创建的图形在上层，舞台上层的图形将遮盖下层的图形。Animate CC 的【修改】【排列】子菜单提供了【移至顶层】【上移一层】【下移一层】和【移至底层】这 4 个命令，使用这些命令可以调整各个对象之间的叠放次序，以改变图形间的遮盖关系。

在舞台上有三个叠放在一起的图形，最上层是圆形，中间是五边形，最下层是正方形，如图 4.50 所示。选择圆形后，选择【修改】|【排列】|【下移一层】命令，则圆形将下移一层被五边形遮盖，如图 4.51 所示。如果选择【修改】|【排列】|【移至底层】命令，则圆形将被移至底层，被正方形和五边形遮盖，圆形将看不见，如图 4.52 所示。

图 4.50　三个图形的叠放关系

图 4.51　圆形被五边形遮盖

图 4.52　圆形被遮盖

专家点拨: 选择对象后右击，在弹出的快捷菜单中选择【排列】命令也可以获得对象排列的子菜单命令。

4.2.3　对象的贴紧

贴紧是 Animate CC 为了方便在舞台上移动对象时定位而提供的一种功能，使用该功能能够帮助用户精确调整对象与其他对象、网格线、参考线以及整个像素网格点之间的位

置关系。Animate CC 提供了 5 种贴紧方式，它们是【贴紧对齐】【贴紧至网格】【贴紧至辅助线】【贴紧至像素】和【贴紧至对象】，可以通过勾选【视图】|【贴紧】命令的下级菜单选项来实现贴紧方式的选择。

选择【视图】|【贴紧】|【贴紧对齐】命令，使用鼠标移动图形，当两个图形的边缘接触时，可以看到水平的或垂直的参考线提示边缘接触的位置。这样可以有效地帮助用户在移动图形时精确定位，如图 4.53 所示。

选择【视图】|【贴紧】|【贴紧至对象】命令（或在使用【选择工具】时，在工具箱下的选项栏中按下【贴紧至对象】按钮），在拖动对象靠近另一个对象时，鼠标指针旁会显示圆圈标记，表示图形正在贴紧中，如图 4.54 所示。当该圆圈被贴紧到图形上，圆圈图标稍微变大，如图 4.55 所示。此时释放鼠标即可使对象贴紧另一对象放置。

图 4.53　显示水平和垂直参考线　　图 4.54　图形上显示圆圈图标　　图 4.55　贴紧对象时圆圈图标变大

专家点拨：下面介绍 Animate CC 提供的其他贴紧方式的含义。

- 【贴紧至网格】：当舞台上显示网格时，开启该功能，能够帮助用户在移动对象时对齐到网格。当对象移动到网格线附近时将会出现贴紧图标。
- 【贴紧至辅助线】：舞台上存在水平或垂直辅助线，开启该功能，在移动对象时将能够使对象贴紧到辅助线上。
- 【贴紧至像素】：开启该功能，在移动对象时，对象将能够对齐到舞台上的像素网格。这里要注意，选择该功能后，只有将舞台的显示比例放大到 400 % 以上才会出现像素网格，此功能能够方便实现将对象放置到像素点上。

选择【视图】|【贴紧】|【编辑贴紧方式】命令打开【编辑贴紧方式】对话框，在对话框中勾选【贴紧对齐】和【贴紧网格】等复选框将能够选择相应的贴紧方式，如图 4.56 所示。

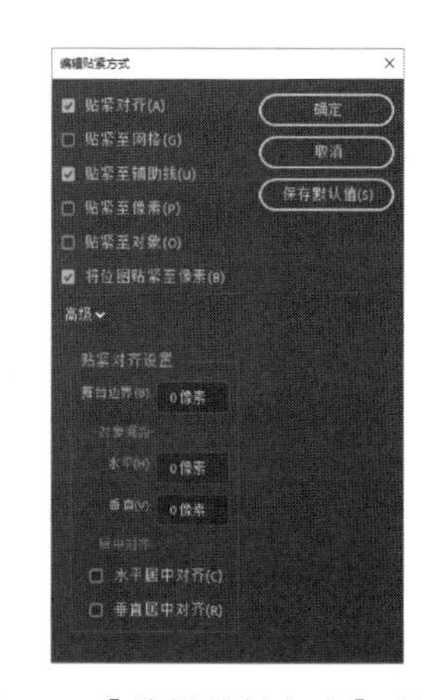

图 4.56　【编辑贴紧方式】对话框

专家点拨：下面介绍【编辑贴紧方式】对话框的【高级】栏中各个设置项的含义。

- 【舞台边界】文本框：在使用【贴紧对齐】功能时，拖动对象，当对象靠近舞台边缘时，将会出现水平或垂直参考线提示接触。该文本框用于设置距离舞台边缘多少像素时出现参考线以提示边缘接触。

- 【水平】和【垂直】文本框：该文本框用于设置当对象靠近另一个对象多少像素时出现提示参考线。
- 【水平居中对齐】和【垂直居中对齐】复选框：勾选这两个复选框，当对象与另一个对象水平居中对齐或垂直居中对齐时，将出现提示参考线。

4.2.4 实战范例——手机

手机

1. 范例简介

本例介绍一个手机的制作过程。在本例的制作过程中，使用绘图工具绘制图形并填充颜色，使用【对齐】面板放置绘制的图形。通过本例的制作，读者将能够掌握使用【对齐】面板构造复杂图形的操作方法和技巧。

2. 制作步骤

（1）启动 Animate CC，创建一个空白文档。在工具箱中选择【基本矩形工具】在舞台上绘制一个矩形，在【属性】面板中将矩形的填充颜色设置为黑色（颜色值为“#000000”），取消矩形笔触，同时设置矩形的圆角，如图 4.57 所示。

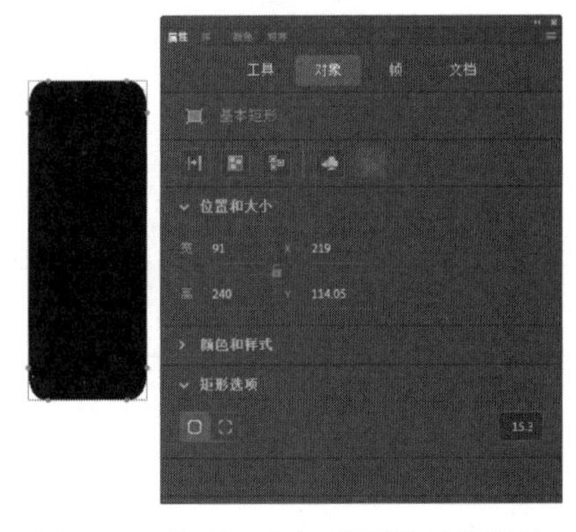

图 4.57 绘制一个矩形并设置其属性

（2）按住 Ctrl 键拖动该矩形创建一个副本，在【颜色】面板中将填充设置为【线性渐变】。创建一个双色渐变，渐变的起始颜色设置为白色（颜色值为“#FFFFFF”），渐变终止颜色的颜色值为“#E9AD17”，如图 4.58 所示。在工具箱中选择【渐变变形工具】旋转渐变，如图 4.59 所示。

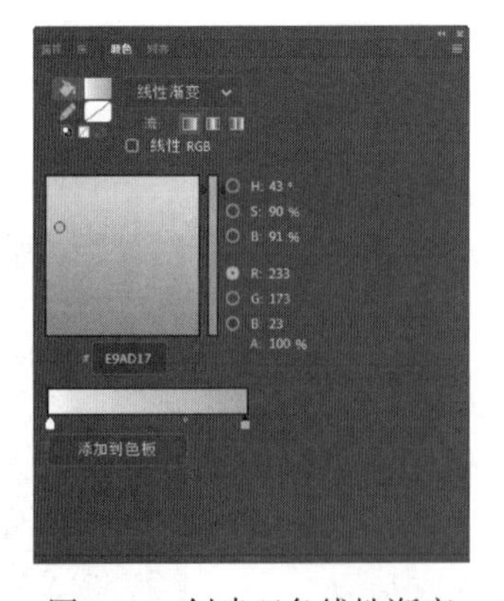

图 4.58 创建双色线性渐变

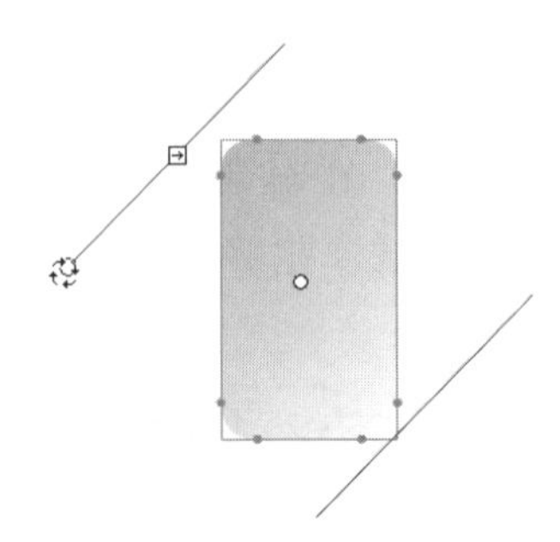

图 4.59 旋转渐变

（3）使用【选择工具】框选这两个矩形，在【对齐】栏中单击【水平中齐】按钮使它们的中心在垂直方向对齐，如图 4.60 所示。按键盘上的【↑】键将图形垂直上移到需要的位置，如图 4.61 所示。

图 4.60　图形中心在垂直方向对齐

图 4.61　将矩形上移到需要的位置

（4）再将步骤（1）中绘制的矩形复制一个，选择【修改】|【排列】|【移至底层】命令将其移至舞台底层。在【属性】面板上通过输入【宽】和【高】的值改变图形的大小，通过输入【X】和【Y】的值改变其位置，如图 4.62 所示。

（5）使用【基本矩形工具】绘制一个正方形，在调色板中选择 Animate CC 预设的黑白双色径向填充，如图 4.63 所示。在工具箱中选择【渐变变形工具】将渐变中心移到正方形的右下角，如图 4.64 所示。

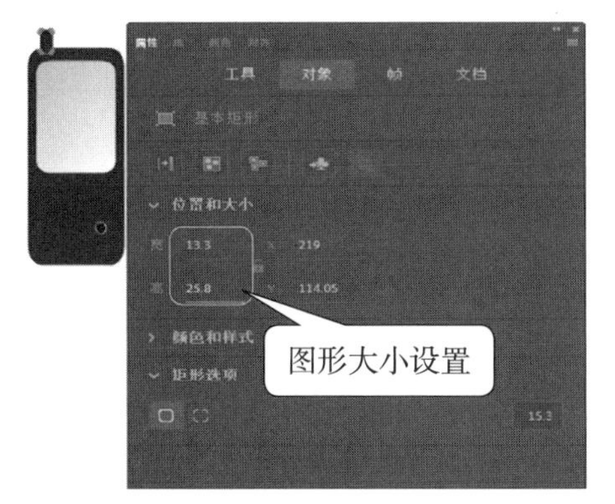

图 4.62　设置图形的大小和位置

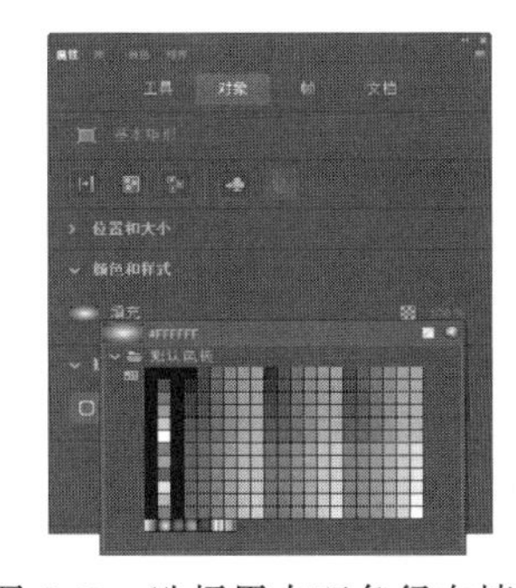

图 4.63　选择黑白双色径向填充

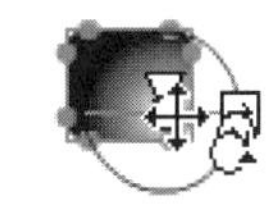

图 4.64　将渐变中心移动到右下角

（6）将正方形放置到步骤（1）绘制的矩形左侧适当的位置，按住 Ctrl 键拖动鼠标复制两个正方形。将第三个正方形放置在右侧适当的位置，如图 4.65 所示。按住 Shift 键依次单击这三个正方形将它们同时选择，在【对齐】面板中单击【顶对齐】按钮使它们顶部对齐，按下【水平居中分布】按钮使它们在水平方向上对齐，如图 4.66 所示。

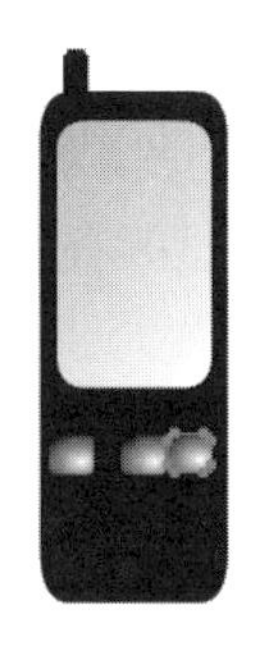

图 4.65　复制并放置正方形

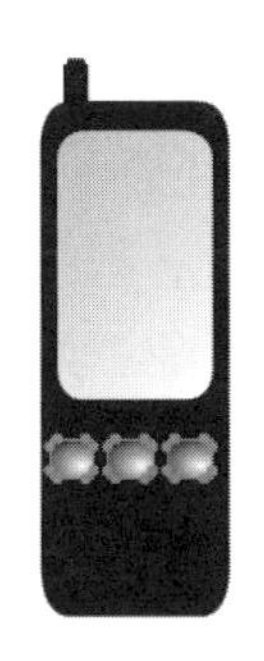

图 4.66　使正方形水平居中分布

（7）按住 Ctrl 键拖动选择的这三个正方形创建两个副本，在图形中增加两行正方形，如图 4.67 所示。按住 Shift 键选择第一列的三个正方形，在【对齐】面板中单击【左对齐】按钮使它们左对齐排列，然后单击【垂直居中分布】按钮使它们在垂直方向上均匀分布，如图 4.68 所示。使用相同的方法对另外两列正方形进行排列，至此手机制作完成，如图 4.69 所示。

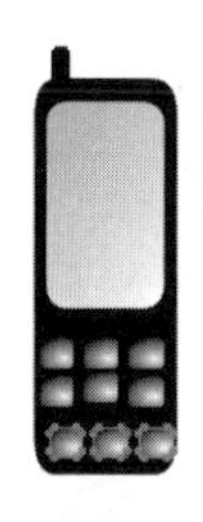

图 4.67　增加两行正方形

图 4.68　对齐图形

图 4.69　绘制完成的手机

（8）在工具箱中选择【基本椭圆工具】，在【属性】面板中将笔触颜色设置为黑色，取消图形的颜色填充。设置【笔触高度】，同时设置椭圆的【结束角度】，拖动鼠标在舞台上绘制弧线，如图 4.70 所示。使用【选择工具】按住 Ctrl 键拖动弧线，为该弧线创建两个副本，如图 4.71 所示。框选这三条弧线，在【对齐】面板中单击【垂直中齐】按钮使它们中心在一条水平线上，单击【水平居中分布】按钮使它们在水平方向上均匀分布，如图 4.72 所示。

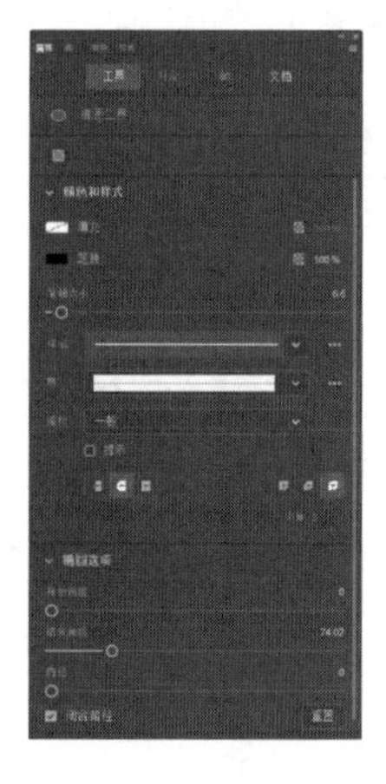

图 4.70　绘制弧线

图 4.71　创建副本

（9）使用【选择工具】框选绘制的三条弧线，按 Ctrl+C 组合键后按 Ctrl+V 组合键复制图形，选择【修改】|【变形】|【水平翻转】命令将复制图形水平翻转。将开口朝左的三条弧线放置到手机的左侧，把开口向右的弧线放置到手机的右侧。在放置图形时，可以根据出现的参考线来对齐对象，如图 4.73 所示。

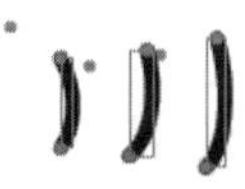

图 4.72　对弧线进行对齐和分布操作后的效果

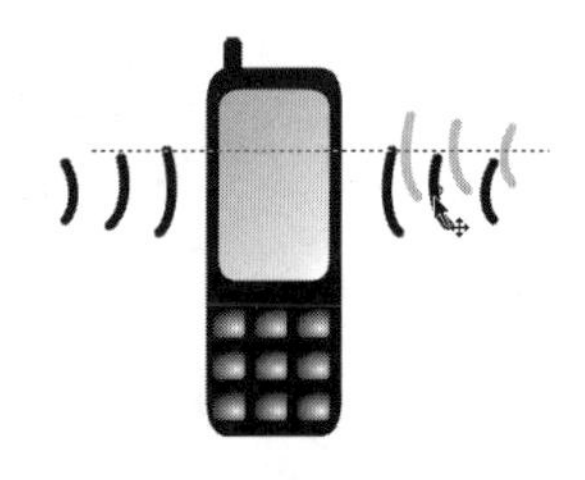

图 4.73　放置弧线

（10）对各个图形的位置进行适当调整，效果满意后保存文档完成本例的制作。本例完成后的效果如图 4.74 所示。

图 4.74　本例制作完成后的效果

4.3　对象的合并和组合

对于由多个图形构成的对象，往往在制作动画时需要对其进行整体操作，这就需要使这些图形成为一个整体。在 Animate CC 中，图形可以通过组合或合并操作成为一个整体，同时绘制的图形也可以被分离成单独的元素以便于局部操作。本节将对图形对象的合并、组合以及分离等操作进行介绍。

4.3.1　Animate CC 的绘图模式

要很好地理解对象的合并和分离等操作，首先需要了解 Animate CC 的绘图模式。Animate CC 提供了三种绘图模式，分别是合并绘制模式、对象绘制模式和基本绘制模式。下面主要对合并绘制模式和对象绘制模式进行介绍。

合并绘制模式

1. 合并绘制模式

这是 Animate CC 默认的绘图模式，在这种模式下使用工具绘制的将是矢量图形。在这种模式下绘制的图形，笔触和填充作为独立的部分存在，可以单独选择笔触和填充进行变形修改。在合并模式下绘制一个圆形，可以使用【选择工具】将圆形的填充部分拖出到图形的外部，如图 4.75 所示。

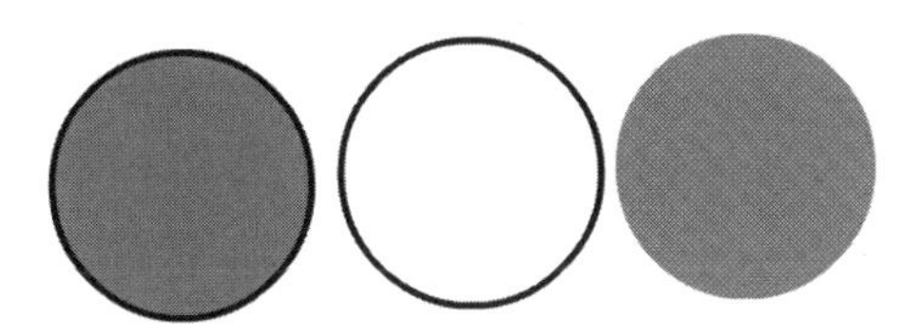
图 4.75　单独将填充部分移到图形外部

在合并绘制模式下，Animate CC 将会把绘制图形的重叠部分进行合并或裁切。当绘制的两个图形的填充属性相同时，重叠后图形将合并。如果两个图形的填充属性不同，则重叠时将会出现裁切现象。

绘制一个圆形和一个五边形，使用相同的填充色填充它们。将它们放置到一起，鼠标在舞台空白处单击取消对图形的选择，此时这两个图形将被合并为一个图形，如图 4.76 所示。

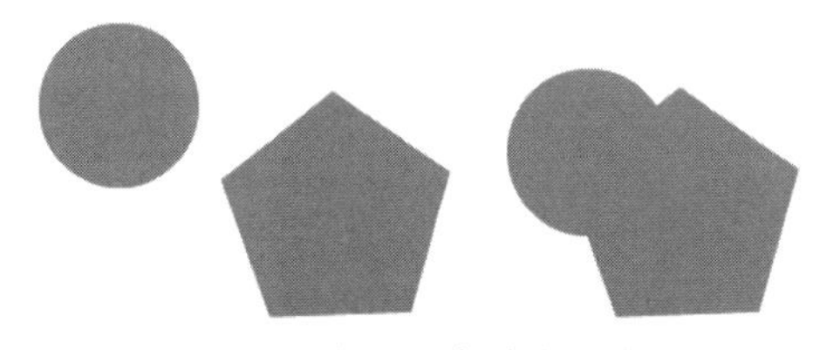
图 4.76　两个图形合并为一个图形

绘制一个圆形和一个五边形，使用不同的颜色填充这两个图形。将它们放置在一起，上层的形状将会截取下层重叠图形的形状，如图 4.77 所示。

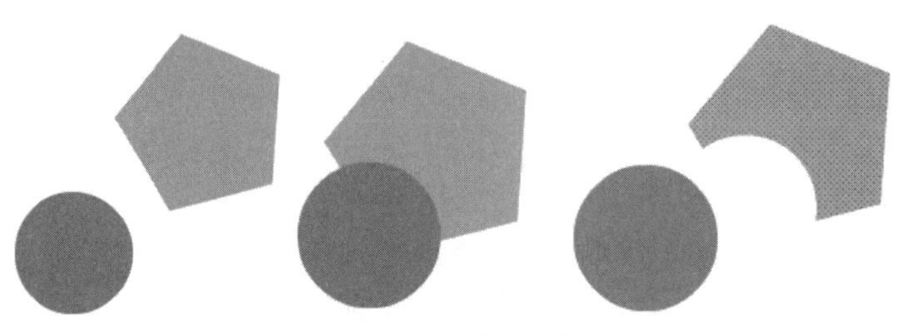

图 4.77 图形的裁切

专家点拨：这里要注意，填充属性相同的两个图形叠放时同样也会出现裁切现象。将一个图形叠放到另一图形上，如果直接切换图形的选择，则位于下层的图形同样会被裁切。

当线条与图形重叠时，线条将切割矢量图形，如图 4.78 所示。当线条与线条重叠时，线条将会在交叉点处相互切割，如图 4.79 所示。

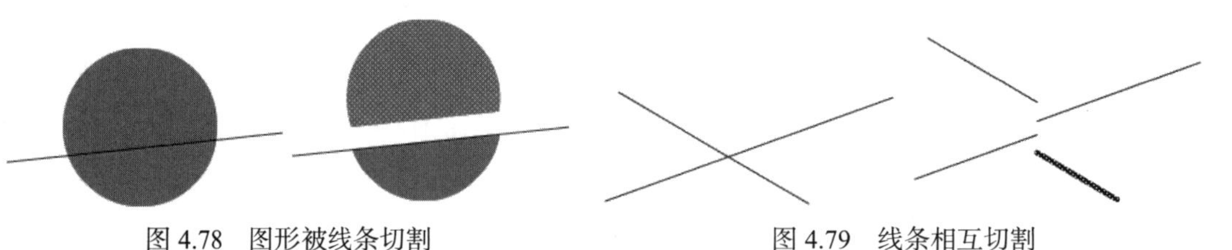

图 4.78 图形被线条切割　　　　图 4.79 线条相互切割

对象绘制模式

2. 对象绘制模式

图元对象绘制模式

在对象绘制模式下，绘制的图形作为一个对象存在，笔触和填充不会分离，当两个作为对象的图形重叠时也不会出现合并绘制模式下的合并和分割现象。在绘制图形时，要启用对象绘制模式，可以在选择绘图工具后，在工具箱中按下【对象绘制】按钮，此时绘制的图形将出现对象框，图形重叠也不会合并或切割，如图 4.80 所示。

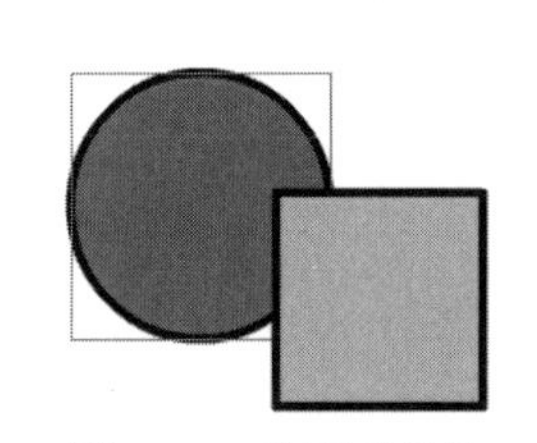

图 4.80 使用对象绘制模式绘制的图形

专家点拨：Animate CC 的基本绘制模式比较简单，使用【基本椭圆工具】和【基本矩形工具】绘制图形时，Animate CC 将把图形绘制为独立的对象，这就是所谓的图元对象。与普通对象不同的是，图元对象可以在绘制完成后调整边角半径以及其他的属性。

4.3.2 对象的合并

在创建图形对象时，可以通过合并操作来获得新图形。在 Animate CC 中，对象的合并包括联合、交集、打孔和裁剪，下面对这些操作进行介绍。

1. 联合

联合是将选择的对象合并为一个对象。在对象绘制模式下绘制重叠放置的圆形和五角

星，选择这两个图形，如图 4.81 所示。选择【修改】|【合并对象】|【联合】命令，则选择的图形变为一个图形对象，如图 4.82 所示。

图 4.81　选择图形

图 4.82　联合后的图形效果

2. 交集

当两个图形有重叠时，交集是把两个图形的重叠部分留下来，而其余的部分被裁剪掉，此时留下的是位于上层的图形。选择图 4.81 中叠放在舞台上的五角星和圆形，选择【修改】|【合并对象】|【交集】命令，此时重叠部分五角星保留下来，五角星之外的其他部分被裁剪掉，如图 4.83 所示。

3. 打孔

当两个图形有重叠时，打孔是使用位于上层的图形去裁剪下层的图形，此时留下的将是下层的图形。选择图 4.81 中叠放在舞台上的五角星和圆形，选择【修改】|【合并对象】|【打孔】命令。此时上层的五角星消失，下层的圆被保留，且圆与五角星重叠部分被裁剪掉，如图 4.84 所示。

图 4.83　交集后的图形效果

图 4.84　打孔后的图形效果

4. 裁剪

裁剪与交集正好相反，当两图形有重叠时，裁剪是使用上层图形去裁剪下层图形，多余图形被裁剪掉，而留下的是下层图形。选择图 4.81 中叠放在舞台上的五角星和圆形，选择【修改】|【合并对象】|【裁剪】命令，此时可以看到圆形与五角星重叠部分被保留，获得一个与圆形相同颜色的五角星，如图 4.85 所示。

图 4.85　裁剪后的图形效果

专家点拨： 这里要注意，除了联合操作可以同时用于合并绘制模式下绘制的矢量图形和对象绘制模式下绘制的对象外，交集、打孔和裁剪操作都只能用于使用对象绘制模式下绘制的图形对象。

4.3.3 对象的组合

在进行图形绘制时，有时需要将多个图形对象作为一个整体来进行处理，如改变它们的大小、修改它们的填充和笔触或对其进行变形。如果需要构成对象的各个图形仍然保持独立，并能够单独编辑，则应该使用组合操作。

要进行图形的组合，首先使用【选择工具】选择需要组合的对象，这些对象可以是图形、文本或其他的组对象。选择【修改】|【组合】命令（或按 Ctrl+G 组合键）即可将选择对象组合为一个对象，如图 4.86 所示。

选择组合后的对象，选择【修改】|【取消组合】命令（或按 Ctrl+Shift+G 组合键），即可取消对象的组合，将这些对象变为组合前的状态，如图 4.87 所示。

图 4.86 对象组合

图 4.87 图形恢复到组合前的状态

在对图形组合后，可以对组合后的对象进行各种操作，同时也可以对组中的单个对象进行单独的操作而不需要取消组合。下面以对图 4.86 中成组后的五角星进行变形操作为例来介绍具体的操作方法。

在工具箱中选择【选择工具】，双击需要编辑的组，此时将进入组编辑状态。在舞台上方将显示【组】图标，舞台上其他不属于该组的对象将显示为灰色并不可访问，此时即可对组中的对象单独进行各种编辑操作了。例如在工具箱中选择【任意变形工具】，单击组中的五角星，即可对五角星进行变形操作，如图 4.88 所示。完成操作后，在空白处双击或单击舞台上方的【场景 1】按钮场景 1即可退出组编辑状态。

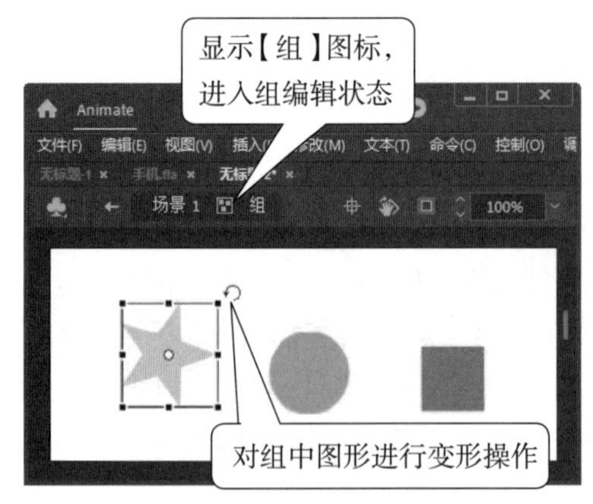

图 4.88 对组中对象进行操作

4.3.4 对象的分离

在 Animate CC 中，可以使用【分离】命令将组、图形、文本、实例和导入的位图分离成单独的元件，通过对元件的修改来对这些对象进行各种编辑操作。同时，对于导入的图形来说，分离能够减小它们的大小。

选择需要分离的图形对象，选择【修改】|【分离】命令即可对图形进行分离，如图 4.89 所示。此时即可对分离出来的元素进行编辑，这里框选正方形左上角，将颜色变为黄色，如图 4.90 所示。

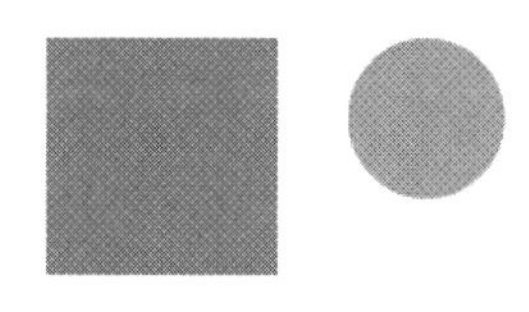

图 4.89　分离选择图形

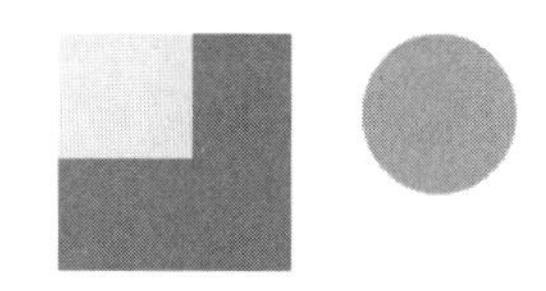

图 4.90　编辑分离出来的元素

专家点拨：这里要注意，【分离】命令是将图形、文本、位图和实例等分离成矢量图形。如果需要将在对象合并模式下绘制的图形对象转换为矢量图形，可以使用【分离】命令来实现这种转换。特别需要注意，【分离】命令对影片实例是不可逆的，使用该命令可能会造成实例时间轴除当前帧外的其他帧的丢失。

4.3.5　实战范例——清晨

清晨

1. 范例简介

本例介绍一个风景画的制作过程。本例场景中的绿地、树木和花朵在制作时，使用图形绘制工具绘制基本图形，然后进行复制和变形，再将变形后的对象合并。通过本例的制作，读者将能体会到对象的组合和合并在绘制复杂场景时的作用，掌握构建各种复杂图形的技巧，同时进一步巩固图形的绘制、图形的填充和对象的变形的操作技巧。

2. 制作步骤

（1）启动 Animate CC，创建一个空白文档。在工具箱中选择【椭圆工具】，在【属性】面板中按下【对象绘制模式】按钮，本例中绘制的图形都将在对象绘制模式下绘制。在【属性】面板取消图形的笔触，并设置填充颜色（颜色值为“#00973A”）。使用【椭圆工具】在舞台下方绘制两个叠放的椭圆，使用【选择工具】框选这两个图形后，选择【修改】|【合并对象】|【联合】命令将图形合并为一个图形，如图 4.91 所示。

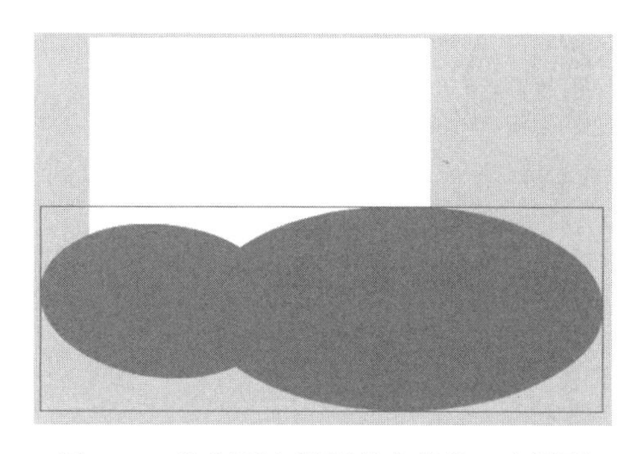

图 4.91　绘制两个椭圆并合并为一个图形

（2）在工具箱中选择【椭圆工具】，在舞台上绘制一个占满舞台的椭圆。选择【窗口】|【颜色】命令打开【颜色】面板，将填充类型设置为【径向渐变】，设置渐变的起始颜色和终止颜色（颜色值分别为“#F5B700”和“#E87C19”），同时将起始颜色色标适当右移，如图 4.92 所示。使用【渐变变形工具】调整径向渐变中心在图形中的位置并调整渐变的大小，如图 4.93 所示。

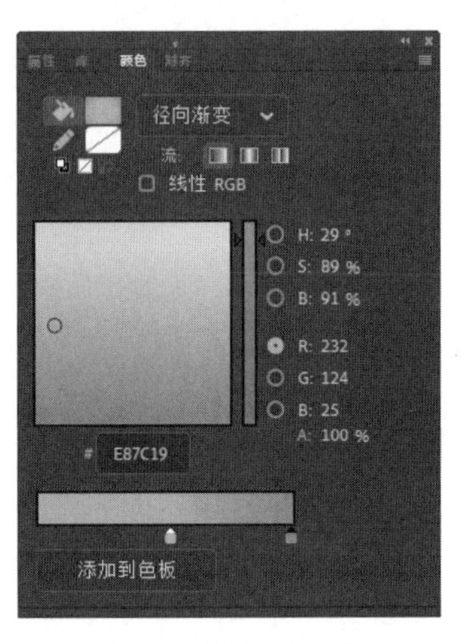

图 4.92 【颜色】面板

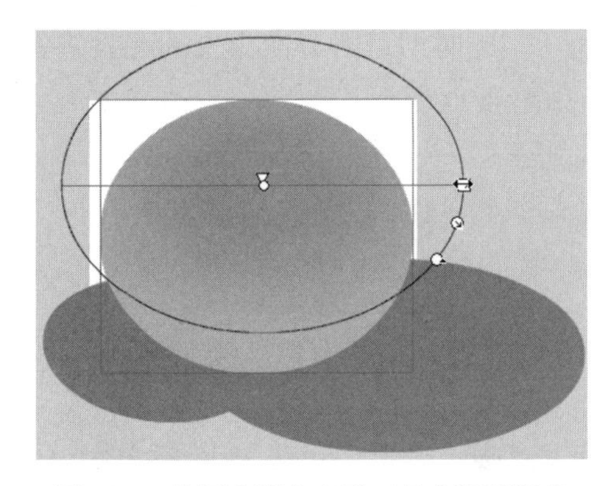

图 4.93 使用【渐变变形工具】调整渐变

（3）在工具箱中选择【椭圆工具】，在【属性】面板中将填充色设置为白色（颜色值为“#FFFFFF”）。使用该工具在舞台上绘制一个白色椭圆，使用【任意变形工具】将其适当旋转，如图 4.94 所示。

（4）按住 Ctrl 键使用【选择工具】拖动白色椭圆创建一个副本，将该副本放置到当前椭圆的旁边。然后再创建一个椭圆副本，使用【任意变形工具】将其放大并适当旋转。将这三个椭圆依次靠拢叠放，如图 4.95 所示。依次复制椭圆，调整它们的大小和旋转角度，并将它们从左向右排列叠放，如图 4.96 所示。

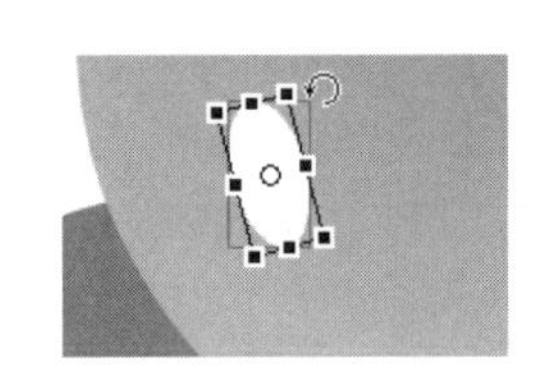

图 4.94 绘制椭圆并旋转

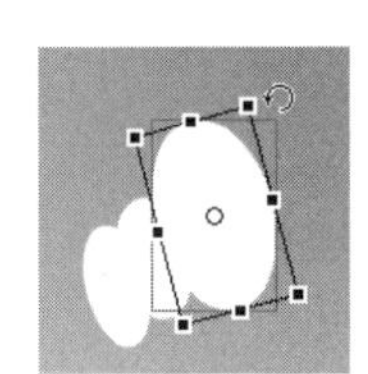

图 4.95 复制并放置椭圆

图 4.96 从左向右叠放复制的椭圆

（5）使用【椭圆工具】再绘制一个较大的白色椭圆放置到步骤（4）绘制椭圆的下部，如图 4.97 所示。选择步骤（1）中绘制的图形，选择【修改】|【排列】|【移至顶层】命令将其移动到顶层。此时即获得朝阳、白云和绿地效果，如图 4.98 所示。

图 4.97 绘制一个较大的椭圆

图 4.98 获得朝阳、白云和绿地

（6）使用【椭圆工具】绘制一个椭圆和一个小圆形，将小圆形放置到椭圆上，只露出部分，如图 4.99 所示。复制圆形，将圆形沿着椭圆的边摆放，使它们只露出部分并且露出部分大小不一，如图 4.100 所示。使用【选择工具】选择所有的圆形和椭圆后，选择【修改】|【合并图形】|【联合】命令将这些图形合并为一个图形。

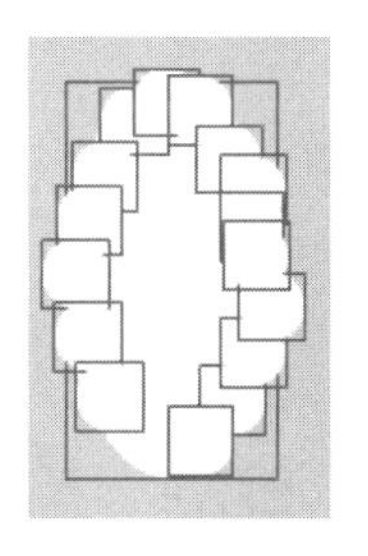

图 4.99　将小圆形放置到椭圆的上边　　　图 4.100　放置复制的圆形

（7）选择合并后的图形，在【颜色】面板中创建一个双色的线性渐变，渐变起始颜色的颜色值为“#79B84F”，渐变终止颜色的颜色值为“#DAD754”，如图 4.101 所示。至此完成了树冠的制作，效果如图 4.102 所示。

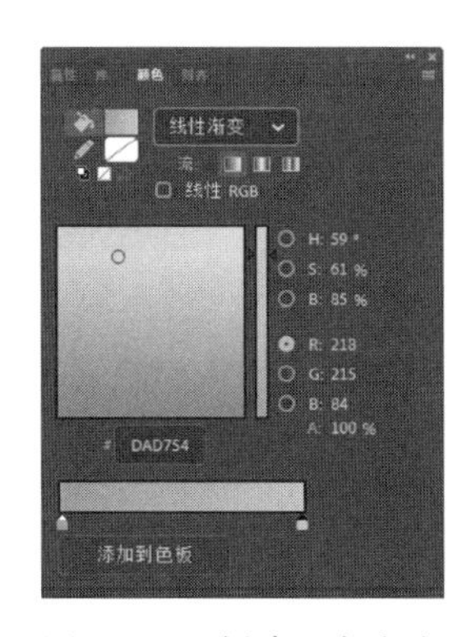

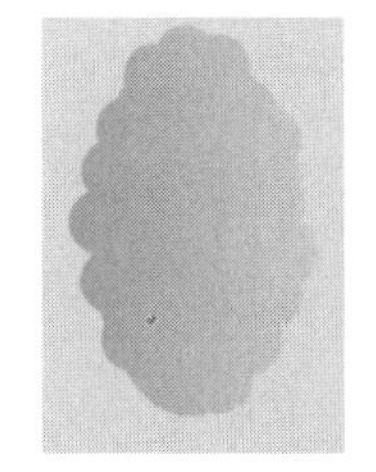

图 4.101　创建双色渐变　　　图 4.102　完成的树冠

（8）在工具箱中选择【矩形工具】，在【属性】面板中将填充颜色设置为“#9F5D47”，如图 4.103 所示。在绘制的树冠下绘制一个矩形，选择【修改】|【排列】|【下移一层】命令将其下移一层，这个矩形将作为树干。同时选择树干和树冠，按 Ctrl+G 组合键将它们组合为一个对象。此时得到一棵完整的树，如图 4.104 所示。

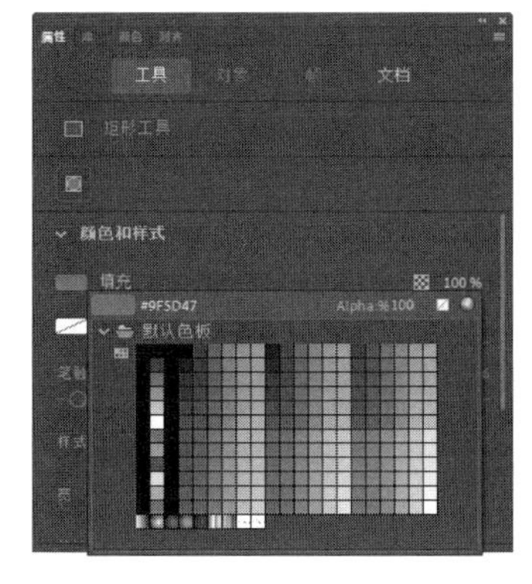

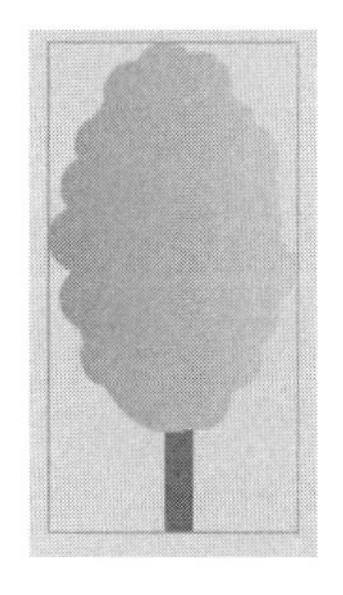

图 4.103　设置填充色　　　图 4.104　绘制完成的树

（9）使用【选择工具】将树移动到绘制的绿地上，在【属性】面板中拖动【宽】或【高】值来调整图形的大小，如图 4.105 所示。将树复制一棵，选择【修改】|【排列】|【下移一层】命令将其下移一层并适当缩小，如图 4.106 所示。再将树复制两棵，调整它们的大小并放置在需要的位置，如图 4.107 所示。

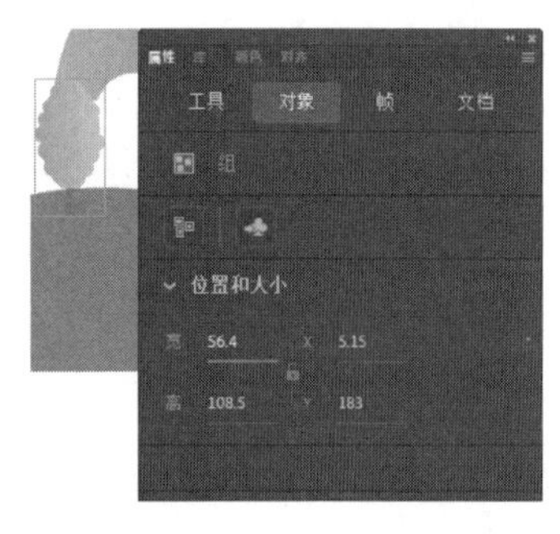

图 4.105　调整图形的大小

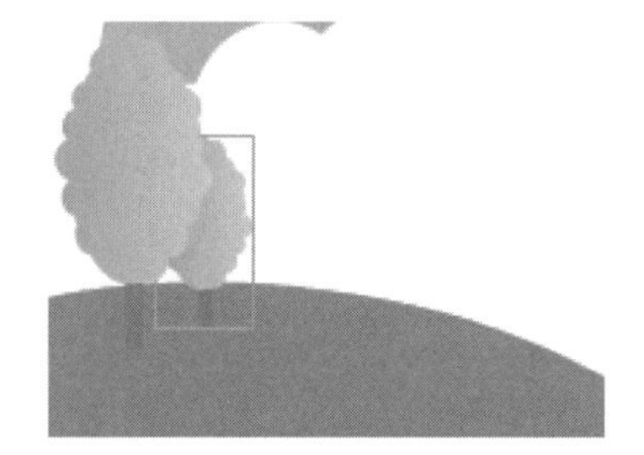

图 4.106　下移一层并缩小复制的树

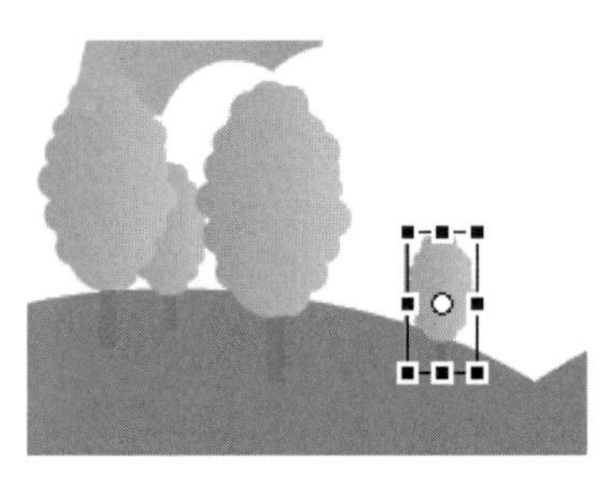

图 4.107　再复制两棵树

（10）将步骤（9）中的树复制一棵，选择【修改】|【变形】|【水平翻转】命令将图形水平翻转，将其放置到右边山坡上，如图 4.108 所示。将这棵树再复制两棵，调整它们的大小，放置在右侧山坡的不同位置，如图 4.109 所示。

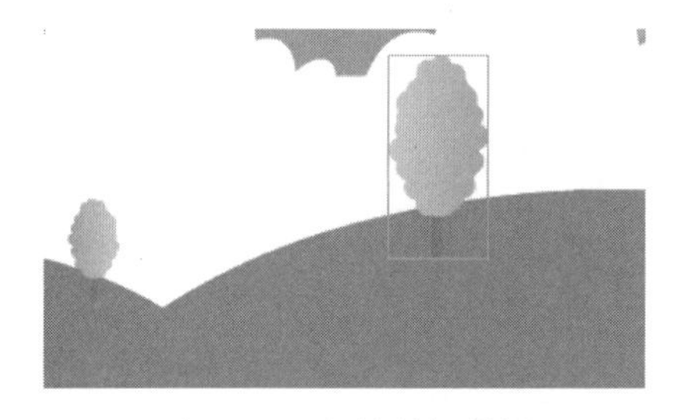

图 4.108　翻转并复制树

图 4.109　再复制两棵树

（11）使用【钢笔工具】绘制一个封闭的多边形，使用【颜料桶工具】为其填充颜色（颜色值为“#75D071”），如图 4.110 所示。使用【转换锚点工具】依次将路径上的锚点都转换为曲线锚点，使用【部分选择工具】修改图形的形状，如图 4.111 所示。

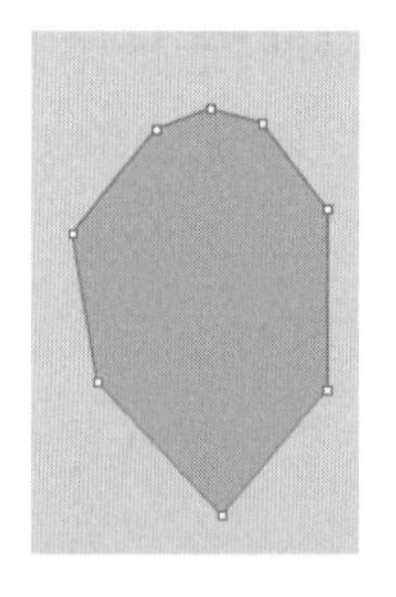

图 4.110　绘制多边形

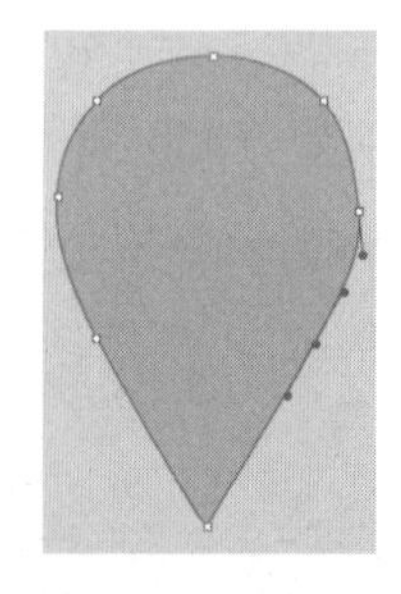

图 4.111　修改图形形状

（12）在工具箱中选择【任意变形工具】将步骤（11）绘制的图形的中心放置到下面的尖端，如图 4.112 所示。选择【窗口】|【变形】命令打开【变形】面板，选择其中的【旋转】按钮，将旋转角设置为 90°，如图 4.113 所示。单击【重置选区和变形】按钮复制并旋转图形，如图 4.114 所示。

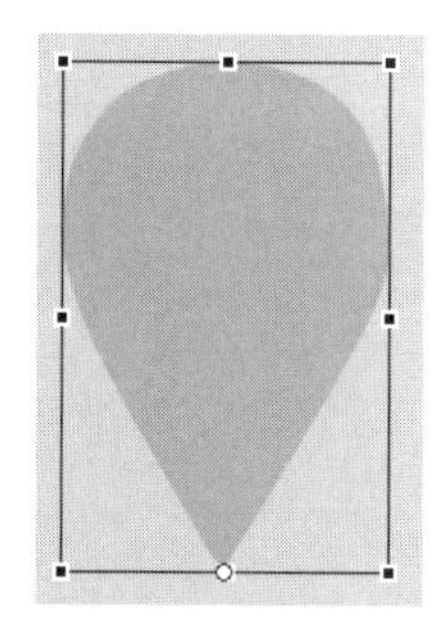

图 4.112　放置中心

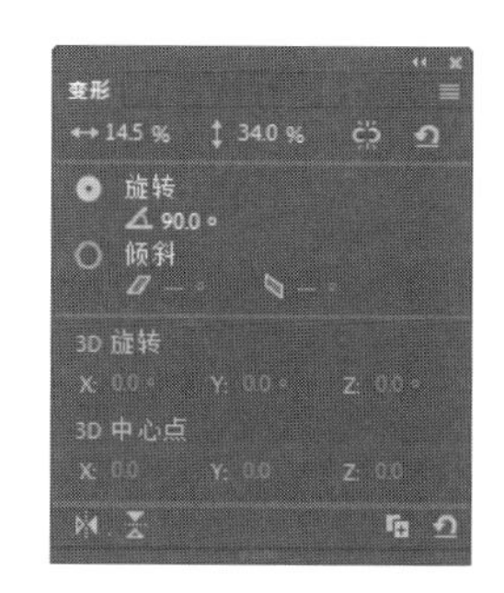

图 4.113　在【变形】面板中设置旋转角

图 4.114　复制并旋转图形

（13）使用【选择工具】框选这 4 个图形，选择【修改】|【对象合并】|【联合】命令将它们合并为一个图形。将该图形放置在左侧山坡上，使用【任意变形工具】对其进行扭曲变形，如图 4.115 所示。复制这朵花，将复制的花放置在山坡的不同位置，并使它们大小略有不同，如图 4.116 所示。

图 4.115　放置花朵

图 4.116　复制花朵

（14）在工具箱中选择【椭圆工具】绘制一个椭圆，复制该椭圆，将两个椭圆并排放置使它们部分重叠，如图 4.117 所示。选择这两个椭圆后，选择【修改】|【合并对象】|【联合】命令将这两个图形合并为一个图形，使用【部分选择工具】调整图形的形状，如图 4.118 所示。

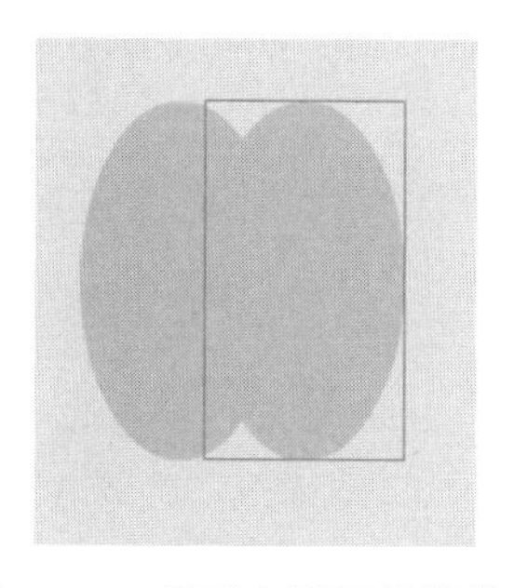

图 4.117　将两个椭圆并排放置

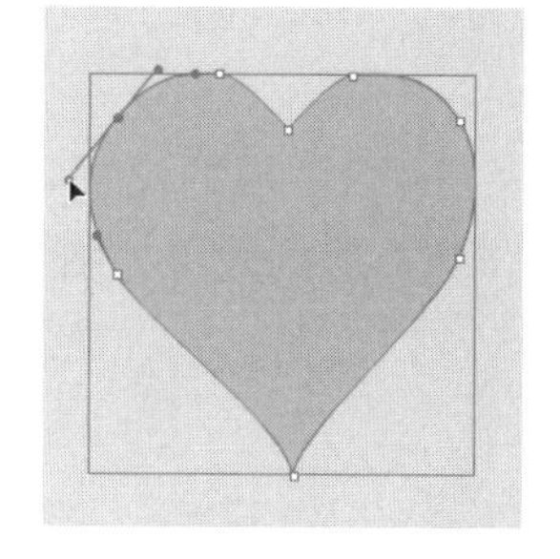

图 4.118　调整图形形状

（15）在【颜色】面板中创建双色线性渐变，渐变起始颜色值为“#F09A900”，渐变终止颜色值为“#E2E532”，如图 4.119 所示。使用【任意变形工具】将图形的中心放置到下面的尖端，如图 4.120 所示。在【变形】面板中将旋转角度设置为 75°，旋转并复制图形得到旋转的花瓣，如图 4.121 所示。

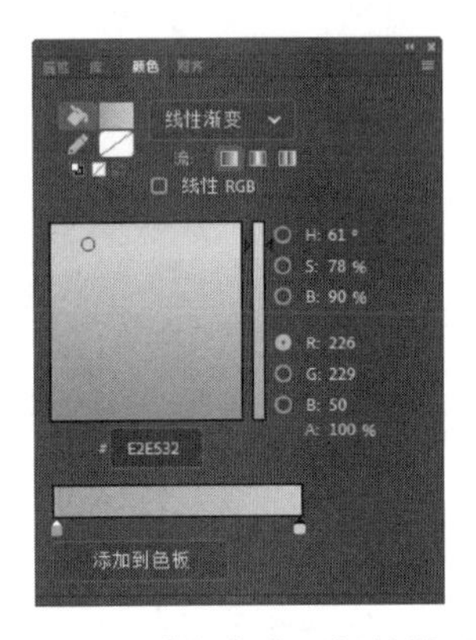

图 4.119 【颜色】面板的设置

图 4.120 放置中心

图 4.121 复制并旋转图形

（16）使用【椭圆工具】在步骤（15）制作的图形中绘制一个黄色的圆形作为花心（花心的颜色值为“#FFFF00”），在框选花瓣和花心后，选择【修改】|【合并对象】|【联合】命令将它们合并为一个对象，如图 4.122 所示。

（17）将该花放置到右侧山坡的下角，使用【任意变形工具】对其进行变形，如图 4.123 所示。将花朵复制多个，调整它们的大小和位置，如图 4.124 所示。

图 4.122 绘制花心后合并对象

图 4.123 对花进行变形处理

图 4.124 复制花朵并调整它们的大小和位置

（18）使用【钢笔工具】在山坡上勾勒上山道路的轮廓，使用【颜料桶工具】对其填充颜色（颜色值为“# B8CCCA”）。使用【部分选择工具】对绘制轮廓的形状进行调整，如图 4.125 所示。

（19）对舞台上各个图形的位置和大小进行适当调整，效果满意后保存文档完成本例的制作。本例制作完成后的效果如图 4.126 所示。

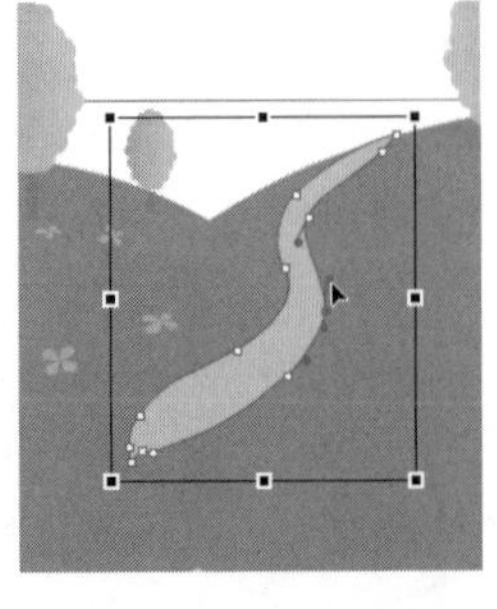
图 4.125 调整道路轮廓

图 4.126 本例制作完成后的效果

4.4　本章小结

本章学习了对选择对象进行旋转、缩放和扭曲等变形的操作方法，介绍了 Animate CC 中对象的各种对齐方式的应用，同时讲解了将多个对象组合或合并为一个对象的操作方法。通过本章的学习，读者能够掌握对象的变形、对齐和合并的方法，能够利用各种基本图形来创建复杂的场景效果。

4.5　本章练习

一、选择题

1．在对图形进行变形操作时，在【变形】面板中单击下面哪个按钮能够将图形恢复到操作前的初始状态？（　　）

A．　　B．　　C．　　D．

2．要匹配对象宽度，应该在【对齐】面板中单击下面哪个按钮？（　　）

A．　　B．　　C．　　D．

3．要将选择的对象组合起来，可以使用下面哪个快捷键？（　　）

A．Ctrl+G　　B．Ctrl+Shift+G　　C．Ctrl+B　　D．Ctrl+Z

4．在【对齐】面板中，单击下面哪个按钮能使选择的对象的中心沿一条水平线对齐？（　　）

A．　　B．　　C．　　D．

二、填空题

1．在旋转对象时，如果按住________键拖动鼠标，则可以以 45° 为增量进行旋转。如果按住________键拖动鼠标，则将实现围绕对角的旋转。

2．在【变形】面板中，对选择对象进行缩放变形时，如果需要对对象的宽度和高度按照相同比例来进行缩放，则可以按下________按钮。如果要取消对象的变形，应该按下________按钮。

3．Animate CC 提供了 5 种贴紧方式，它们是________、贴紧至网格、贴紧至辅助线、贴紧至像素和贴紧至对象。可以通过勾选【________】|【贴紧】命令的下级菜单选项来实现贴紧方式的选择。

4．要分离对象，可以选择【修改】|【________】命令或按________键，分离是将图形、文本、位图和实例等分离成________。

4.6　上机练习和指导

4.6.1　绘制图案

绘制图案，效果如图 4.127 所示。

图 4.127　绘制完成的图案

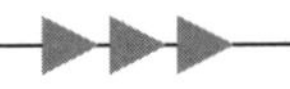

主要操作步骤如下。

（1）使用【多角星形工具】绘制一个六角星，使用【选择工具】将其各边拉成弧线。将该图形复制三个，调整边框弧度获得尖角。将填充色变为绿色、白色和红色并旋转。选择这 4 个图形，在【对齐】面板中依次单击【水平中齐】和【垂直中齐】按钮使它们按图形中心居中对齐。

（2）使用【多角星形工具】绘制绿色六角星，复制三个，更改它们的颜色后将它们与上一步绘制的图形按图形中心居中对齐，分别调整它们的大小和旋转角度。

（3）使用【多角星形工具】绘制两个六边形，设置颜色后将它们与前面绘制的图形按图形中心居中对齐，分别调整它们的大小和旋转角度后完成本例的制作。

4.6.2 绘制各种花朵

分别绘制 4 朵花，效果如图 4.128 所示。

图 4.128 绘制 4 朵花

主要操作步骤如下。

（1）花 1 的制作：使用【椭圆工具】绘制一个椭圆，使用【任意变形工具】将旋转中心移到椭圆外部适当位置。在【变形】面板中将旋转角设置为 75° 后旋转并复制图形即可。

（2）花 2 的制作：首先绘制一个椭圆，将旋转中心移到椭圆的顶点处，在【变形】面板中对其复制并旋转 15° 获得一个副本，将两个图形联合为一个图形。将联合后的图形的中心移到图形外合适的位置，使用【变形】面板对图形复制并依次旋转 15° 得到花瓣，合并获得的花瓣。绘制一个黄色的圆形，将其与花瓣的中心对齐即可。

（3）花 3 的制作：使用【多角星形工具】绘制一个五角星，使用【选择工具】将五角星的边变为弧线。将五角星复制两个并填充不同的颜色，将三个图形中心对齐后，调整图形的大小。

（4）花 4 的制作：绘制一个浅蓝色圆形，使用【任意变形工具】将圆形的中心移到圆形的边上，使用【变形】面板复制图形并依次使复制图形旋转 45° ，将所有图形联合为一个图形。在图形中心绘制一个小一些的圆形（对象类型为绘制对象），选择这两个图形，执行【修改】|【合并对象】|【打孔】命令将蓝色图形打孔。绘制一个绿色圆形（对象类型为绘制对象），在其内部靠边框绘制一个较小的红色圆形。使用【任意变形工具】将较小圆形的中心移到绿色圆形的中心位置，使用【变形】面板复制图形并依次旋转 45° ，将它们联合为一个图形。将获得的图形按照舞台中心居中对齐后，在内部再绘制一个黄色圆形即可。

第5章 在作品中应用文字

文字无论是在动画还是在绘画作品中都是不可或缺的元素，在作品中文字是传递各种信息最直接也是最有效的手段。作品中的文字不仅能够迅速而直接地表达作品的主题，还能够起到影响整个画面效果的作用。Animate CC 的文本功能十分强大，不仅能够输入文本，而且借助于滤镜可以制作出各种漂亮的文字效果。本章将对文字的创建和编辑的有关知识进行介绍。

本章主要内容：

- 文本的基本操作；
- 使用滤镜。

5.1 文本的基本操作

应用文字

Animate CC 文本功能十分强大，用户不仅可以在作品中输入各种类型的文字，还能方便地调整文本在舞台上的布局并且对文本属性进行精确控制。本节将介绍在 Animate CC 作品中创建文本、文字样式和段落样式设置的知识。

5.1.1 创建文本

在 Animate CC 中，使用工具箱中的【文本工具】T可以创建两种类型的文本，即点文本和区域文本。点文本的容器大小由其包含的文本所决定，而区域文本的容器大小与包含的文本数量无关。在 Animate CC 中，默认创建的是点文本。

1. 点文本

在工具箱中选择【文本工具】T，在舞台上单击，此时就会出现一个文本输入框。在文本框中输入文字，文本框会随着文字的输入而向右扩大。此时，文本框中的文字不会自动换行，在需要换行时，按 Enter 键即可，如图 5.1 所示。

在文本框中输入文字，

图 5.1　输入点文本

2. 区域文本

在工具箱中选择【文本工具】T，在舞台上向右拖动鼠标获得一个文本框，这个文本框就是一个文本容器，如图 5.2 所示。在文本框中输入文字时，文本的输入范围将被限制在这个容器中，即当文字超出了这个范围时将会自动换行，如图 5.3 所示。

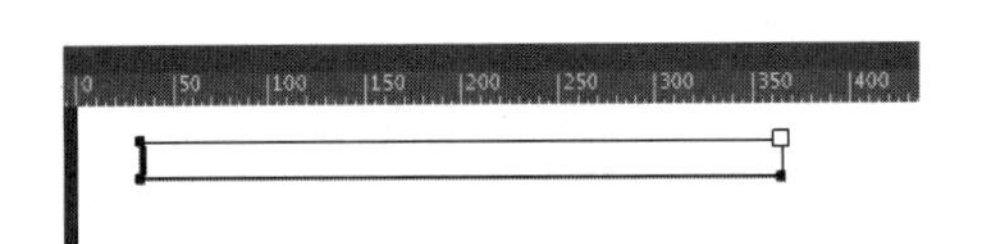

图 5.2　拖动鼠标绘制文本框

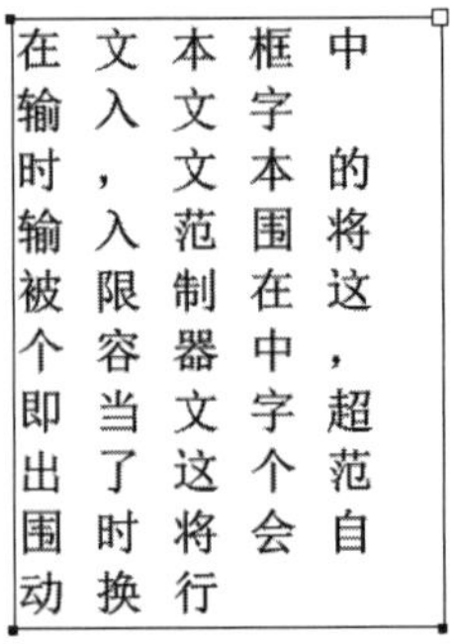

在 文 本 框 中
输 入 文 字
时 ， 文 本 的
输 入 范 围 将
被 限 制 在 这
个 容 器 中 ，
即 当 文 字 超
出 了 这 个 范
围 时 将 会 自
动 换 行

图 5.3　输入的文字会自动换行

专家点拨：使用【选择工具】可拖动文本框上的控制柄调整文本框的大小，如果需要还可将点文本转换为区域文本。

5.1.2　文本的选择

在创建文本后，如果需要对文本的属性进行设置，首先选择需要设置的文本。选择文本包括选择文本框中部分文本和选择文本框中的所有文字这两种方式。

1. 选择文本框中部分文本

与常用的文字处理软件一样，要选择文本框中的文字，可以从要选择的第一个字符开始拖动鼠标到需要选择的最后一个字符。此时，鼠标拖动过的文字被选择，文字背景呈蓝色，如图 5.4 所示。

专家点拨：在文本框中的文字前用鼠标双击，则双击点后的单个字符被选择。在需要选择的文字前单击，在需要选择的文字后按住 Shift 键单击，则这两个单击点间的文字被选择。在文本框中右击，选择快捷菜单中的【全选】命令，则能够将文本框中的所有字符全部选择。

2. 选择文本框中的所有文字

在工具箱中选择【选择工具】，在舞台上单击文本框，则该文本框被选择，文本框显示为蓝色的线框。此时，文本框中所有的文本被选择，如图 5.5 所示。

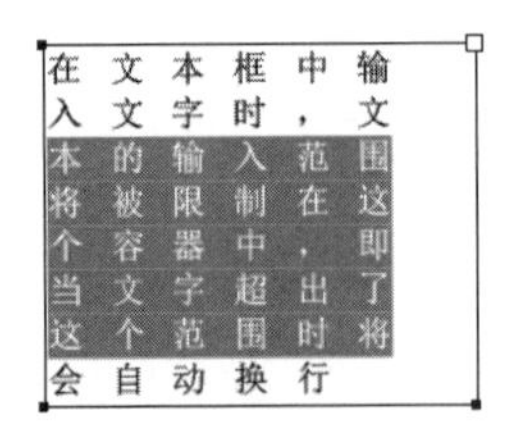

图 5.4　选择文本框中的部分文字

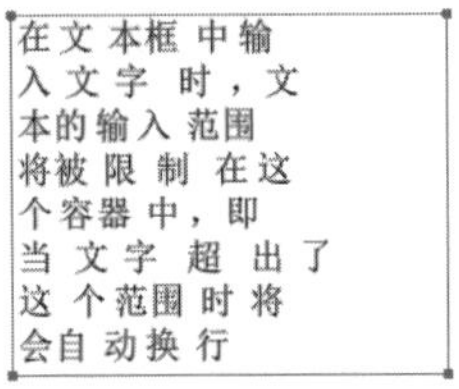

在文 本框 中输
入 文 字 时，文
本的 输入 范围
将被 限 制 在这
个容器 中，即
当 文 字 超 出 了
这 个 范围 时 将
会自 动 换 行

图 5.5　选择文本框

5.1.3　设置文本方向

在 Animate CC 文档中，文本有两种排列方向；水平方向和垂直方向。其中，垂直方向的排列又可分为从右向左的垂直排列和从左向右的垂直排列。在文本框中选择需要改变文本方向的文本后，在【属性】面板中单击【改变文本方向】按钮，在下拉列表中选择相应的选项，如图 5.6 所示。分别选择“水平”“垂直”和“垂直，从左向右”选项后文字的排列效果如图 5.7 所示。

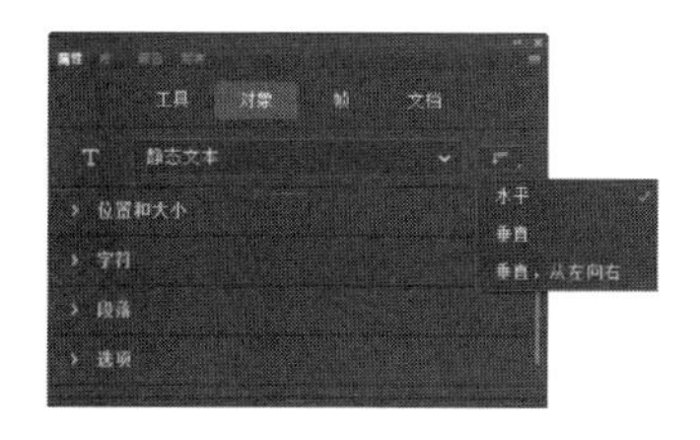

图 5.6 【改变文本方向】下拉列表

图 5.7　选择不同选项后的文本排列效果

5.1.4　设置字符样式

字符样式是应用于单个或多个字符的属性，其决定了字符的外观表现。在 Animate 中，要设置字符的样式，可以在文本的【属性】面板的【字符】和【高级字符】栏中进行选择。

1.【字符】设置栏

与常用的文字处理软件一样，Animate CC 可以对选择字符的字体、大小、颜色和字符间距等进行设置。对于这些常用字符样式的设置，可以在【属性】面板的【字符】栏中进行。

在【属性】面板中展开【字符】设置栏，在该栏的【系列】下拉列表中可以选择字体应用于选择的字符，在【样式】下拉列表中选择设置字符的样式，如图 5.8 所示。

图 5.8　设置字体和字符样式

专家点拨： 这里，并非所有的字体都可以设置样式。当选择了不能设置样式的字体时，该下拉列表不可用。

在【大小】文本框中输入数值，可以设置选择字符的大小。在【选择字距调整量（以点为单位）】文本框中输入数值可以设置选择字符之间的间距，如图 5.9 所示。

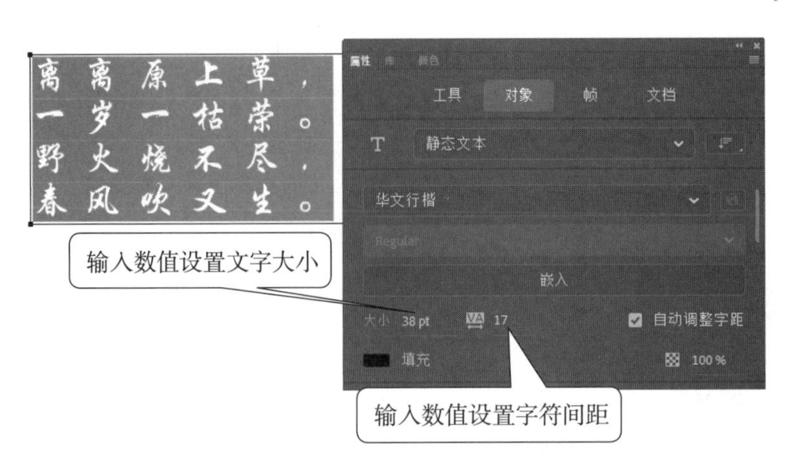

图 5.9　设置字符大小和字符间距

专家点拨：选择【文本】|【大小】命令，在打开的列表中选择相应的选项可以将字符大小设置为对应的值。选择【文本】|【字符间距】命令，在打开的菜单中选择【增加】或【减少】命令将能够增大或减小选择字符的字间距，每次增加或减小量为 0.5 点。选择菜单中的【重置】命令将取消调整字符间距操作，将字符间距重置为初始值。

在文本框中选择字符，单击【颜色】按钮可以打开调色板，拾取的颜色将应用到选择文本，调节 Alpha 值可以设置颜色透明度，如图 5.10 所示。

在文本框中选择文字，单击【属性】面板中的【切换下标】按钮可以将选择文字变为下标。单击【切换上标】按钮可以将选择文字变为上标，如图 5.11 所示。

专家点拨：在【属性】面板中，【消除锯齿】下拉列表框中有 3 个选项，下面分别介绍它们的含义。

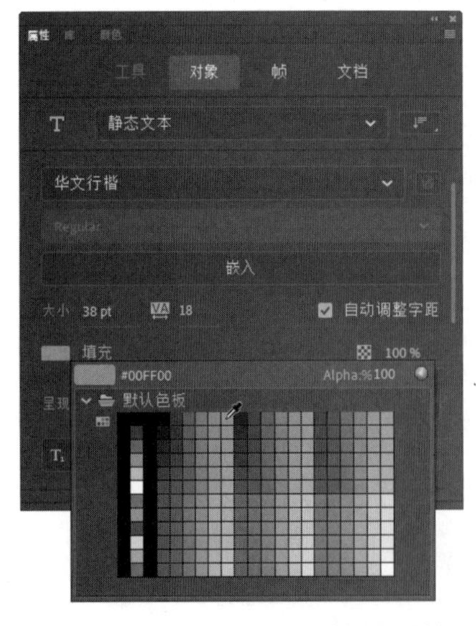

图 5.10　拾取颜色并调节其 Alpha 值

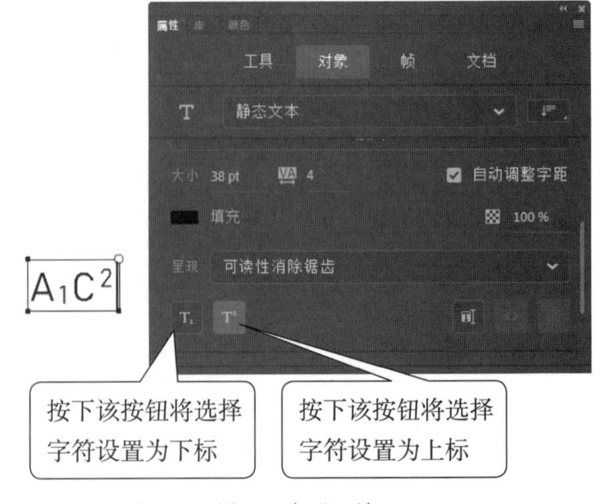

图 5.11　设置上标和下标

- 【使用设备字体】：指定 SWF 文件使用本地计算机上安装的字体来显示文字。此选项不会增加 SWF 文件的大小，但会强制用户依靠计算机上已安装的字体进行

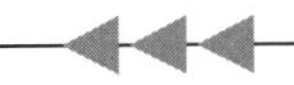

文字显示。如果选择该选项，则应该选择计算机上已安装的字体系列。

- 【位图文本 [无消除锯齿]】：选择该选项将无消除锯齿操作。
- 【可读性消除锯齿】：如果文字比较小，选择该选项能够使文字易于辨认。在选择该选项时，应该嵌入文本对象使用的字体。如果对文本使用了动画效果，不要使用该选项，应使用【动画消除锯齿】选项。
- 【动画消除锯齿】：通过忽略对齐方式和字距微调信息来创建平滑的动画。使用该选项时，应嵌入文本使用的字体。同时，为了提高清晰度，在选择该选项时文字应使用 10 点或更大的字号。
- 【自定义消除锯齿】：选择该选项将打开【自定义消除锯齿】对话框，在对话框的【粗细】和【清晰度】文本框中输入数值，可以设置文字边缘粗细和清晰度，如图 5.12 所示。

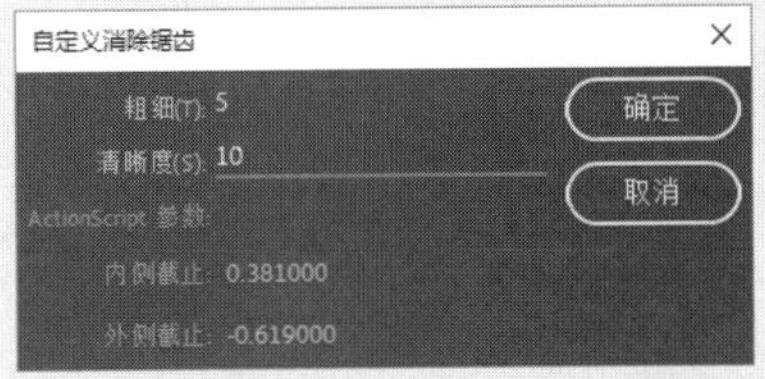

图 5.12 【自定义消除锯齿】对话框

2.【选项】设置栏

在【属性】面板中展开【选项】设置栏，在该栏的【链接】文本框中输入文本的超链接，即在发布为 SWF 文件运行时单击该文字将要链接到的地址，如果这里输入了链接地址，在其下的【目标】下拉列表中选择链接内容加载位置，如图 5.13 所示。

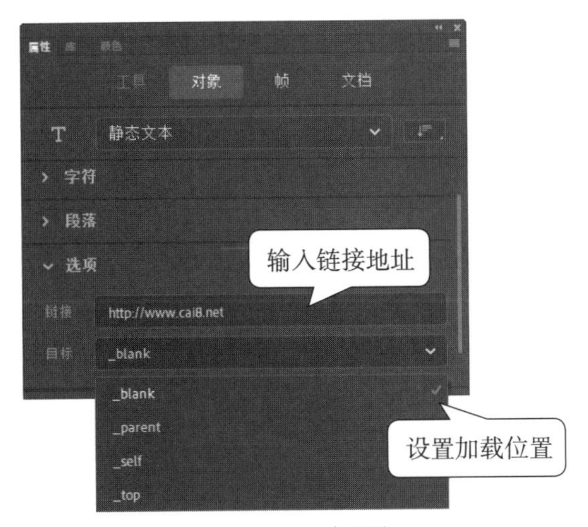

图 5.13　创建链接

专家点拨：在【目标】下拉列表框中有 4 个选项，当在【链接】文本框中输入链接地址后此下拉列表框可用，其用于指定链接内容加载的窗口，下面介绍各个选项的含义。

- 【_self】：指定在当前窗口的当前帧中显示链接内容。
- 【_blank】：指定在一个新的空白窗口中显示链接内容。
- 【_parent】：指定当前帧的父级显示链接内容。
- 【_top】：指定在当前窗口的顶级帧中显示链接内容。

5.1.5 设置段落样式

要设置文本的段落样式，可以在【属性】面板的【段落】设置栏中进行。在舞台的文本框中单击，将插入点光标放置到需要设置样式的段落中。在【属性】面板中展开【段落】栏，使用该栏中的设置项可以对段落的样式进行设置。在【段落】设置栏中，【对齐】按钮用于设置段落在文本框中的对齐方式。如这里单击【右对齐】按钮，当前段落将以文本框右侧边框为基准对齐，如图 5.14 所示。

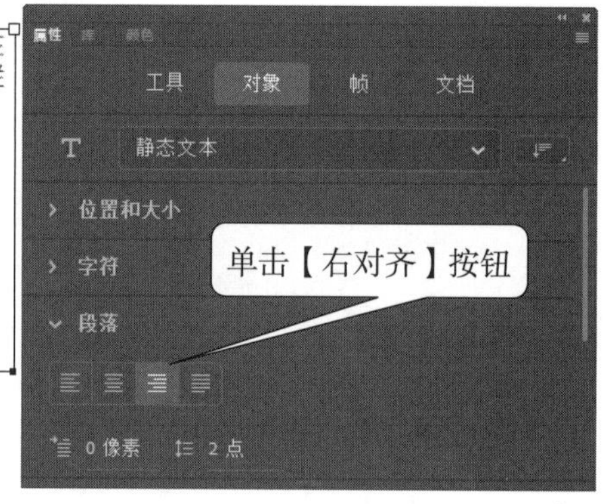

图 5.14　段落右对齐

在【段落】设置栏中【左边距】和【右边距】输入框输入数值可以设置段落左边距和右边距，其单位为像素，默认值为 0。将段落的【左边距】和【右边距】均设置为 20 像素，此时文本框中的段落效果如图 5.15 所示。

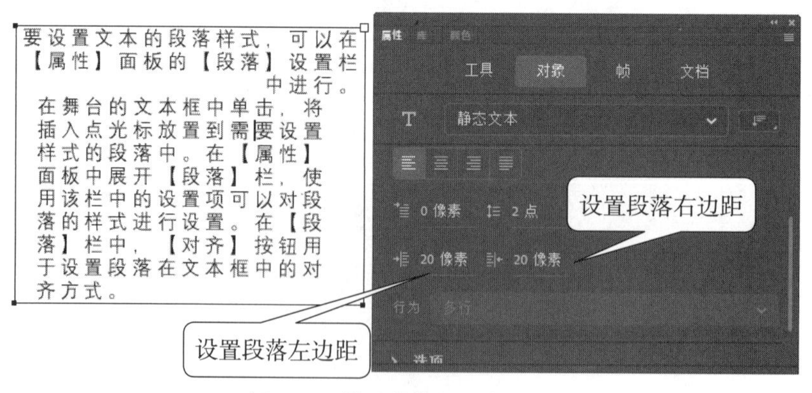

图 5.15　设置段落左、右边距

在【段落】设置栏中，【缩进】用于设置段落首行的缩进量。如这里将选择段落的【缩进】设置为 20 像素，此时段落在文本框中的效果如图 5.16 所示。

在【段落】设置栏中，【左边距】和【右边距】用于设置选定段落与文本框左右边的距离，【行距】用于设置选择段落行间的距离。这里将选择段落的【左边距】和【右边距】均设置为 20 像素，【行距】设置为 10 点，此时段落在文本框中的效果如图 5.17 所示。

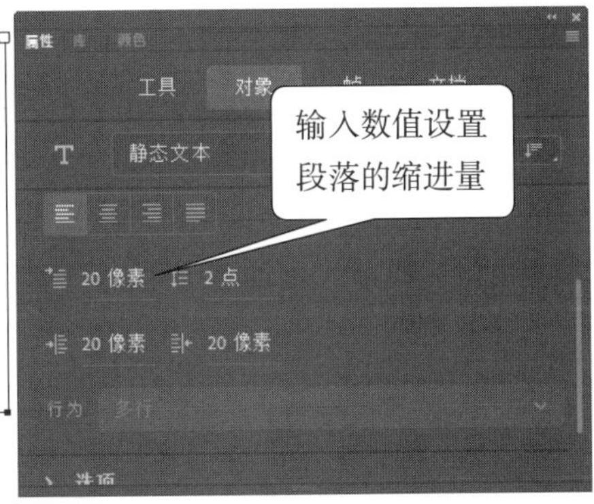

图 5.16　设置段落缩进量

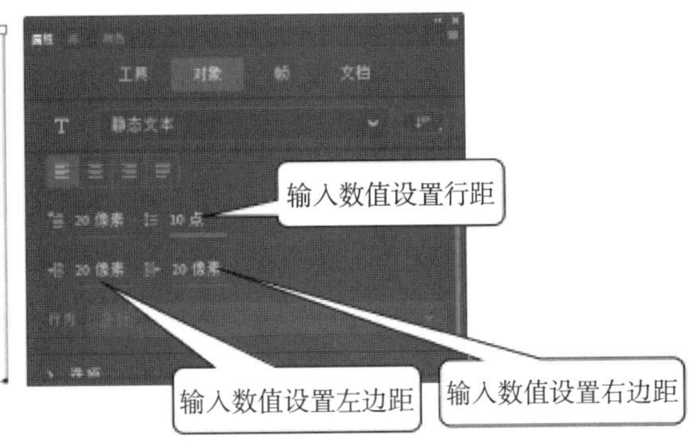

图 5.17　设置段落与段落之间的距离

专家点拨：在【段落】栏中，【文本对齐】用于指定文本如何应用对齐，包含下面两个选项。

- 【字母间距】：在字母之间进行字距调整。
- 【单词间距】：在单词之间进行字距调整。

在【段落】栏中，【方向】下拉列表用于指定段落的方向，只有在面板菜单中选择【显示从右至左】选项才可用，仅适用于文本框中当前选定的段落。该下拉列表包含下面两个选项。

- 【从左到右】：设置从左到右的文本方向，其为默认值。
- 【从右到左】：设置从右到左的文本方向，一般适用于中东语言，如阿拉伯语和希伯来语等。

5.1.6　输入文本和动态文本

在 Animate CC 中，用户可以创建 3 种传统文本，它们是静态文本、动态文本和输入文本。其中，静态文本显示不会动态改变字符的文本，动态文本显示可以动态更新的文本，输入文本可以使用户将文本输入到文本框中。

在工具箱中选择【文本工具】，在舞台上创建一个文本输入框。选择创建的输入文本框后，在【属性】面板中将文本类型设置为“输入文本”，此时【段落】设置栏的【行为】

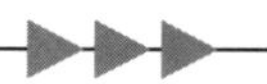

下拉列表可用。在【行为】下拉列表中选择【密码】选项。此时，输入文本框设置为文字不显示的密码文本框，文本框中的文字以星号“*”代替，如图 5.18 所示。

图 5.18 设置密码框

专家点拨：在【行为】下拉列表中，【密码】选项只有在【文本类型】下拉列表中选择【输入文本】选项后才可见，列表中的其他选项对于输入文本和动态文本均可用。下面介绍列表中各个选项的含义。

- 【单行】：选择该项，文本框中文本是单行文本，将不管文字有多少都以单行排列。
- 【多行】：该选项只在创建的文本是区域文本时才出现。选择该选项，选定的文本将以多行排列。
- 【多行不换行】：选择该选项，文本框中的文本将按照段落分行，段落中的文字将一行排列而不分行。

当文本类型指定为输入文本时，打开【选项】设置栏，在【最大字符数】文本框中输入文字，可以设置输入文本框中最多可输入的字符数，如图 5.19 所示。

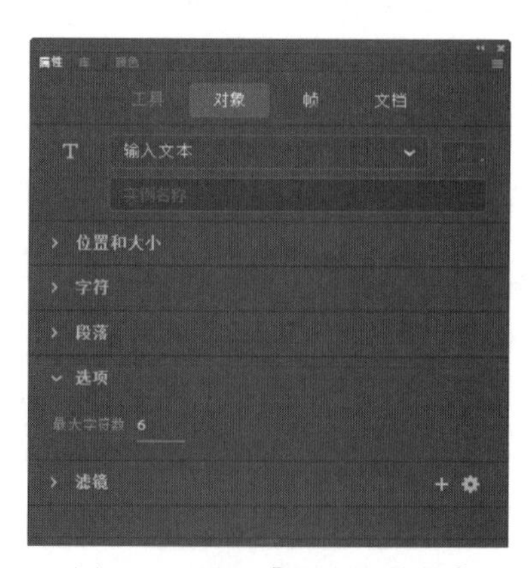

图 5.19 设置【最大字符数】

无论文本类型是输入文本还是动态文本，在【字符】设置栏中按下【在文本周围显示边框】按钮，文本框会显示黑色边框和白色背景，以便用户在作品播放时方便地找到输入框的位置，如图 5.20 所示。

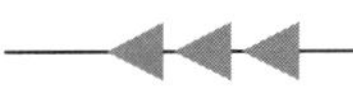

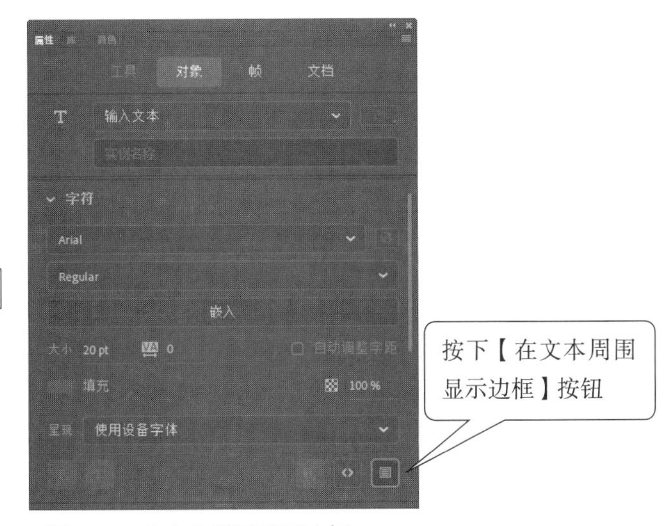

图 5.20　在文本周围显示边框

将文本的类型设置为动态文本，在【属性】面板的【字符】设置栏中按下【可选】按钮。此时，当作品播放时，用户可以选择文本框中的文字，如图 5.21 所示。

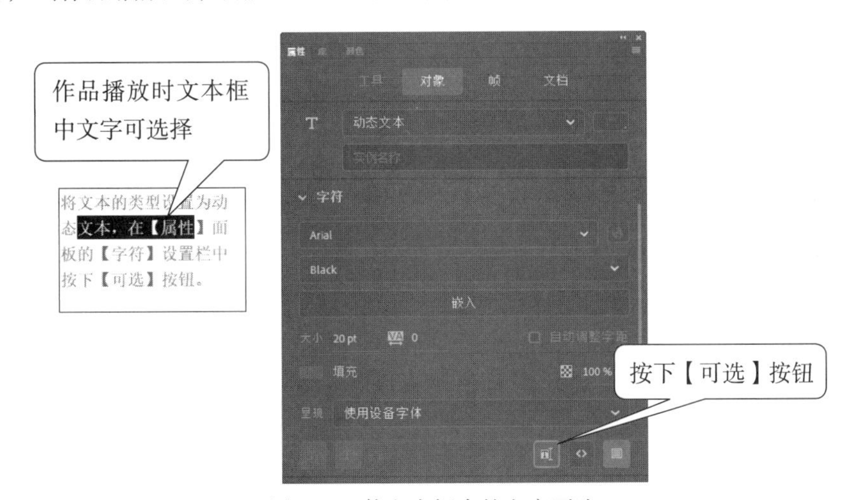

图 5.21　使文本框中的文字可选

5.1.7　嵌入字体

在发布含有文字的文档时，并不能保证所有文字的字体在播放计算机上可用，如果不可用则会出现播放时文字的外观发生改变的现象。要保证发布的文档播放时文字效果不变，需要在文档中嵌入全部的字体或某个字体的特定的字符集。

选择文本框，在【属性】面板的【字符】设置栏中单击【嵌入】按钮将打开【字体嵌入】对话框。在对话框的【名称】文本框中输入嵌入字体方案的名称，在【系列】下拉列表中选择字体，在【字符范围】列表中选择要嵌入的字符范围，在【还包含这些字符】文本框中输入需要嵌入的其他特定字符。完成设置后单击【添加新字体】按钮 + 将其添加到字体列表中，如图 5.22 所示。

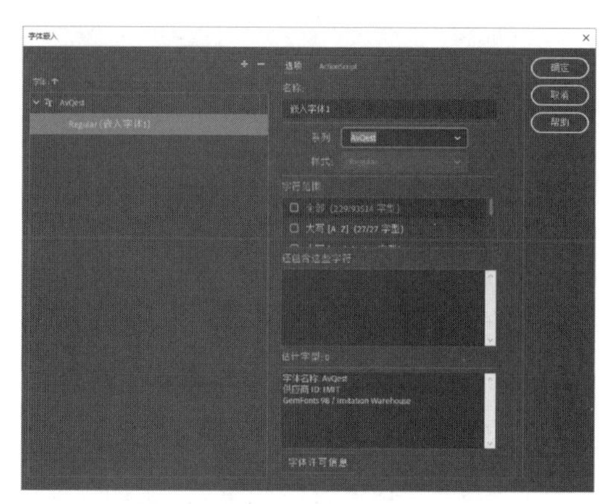

图 5.22 【字体嵌入】对话框

专家点拨：这里要注意，在【字符范围】列表中选择嵌入的字体范围越大，发布时生成的文件就越大。

店内广告

5.1.8　实战范例——店内广告

1. 范例简介

本例介绍网店广告页的制作过程。在本例的制作过程中，在文本框中输入广告文字，利用【属性】面板对文字段落进行设置。同时，在使用文本框创建标题文字后将标题文字打散，对打散的文字进行渐变填充和变形。通过本例的制作，读者将熟悉 Animate CC 中段落文字格式的设置方式，同时了解对文字应用渐变填充以及对文字进行变形的方法。

2. 制作过程

（1）启动 Animate CC，创建一个新文档，设置文档的【宽】和【高】，如图 5.23 所示。单击【创建】按钮创建一个新文档。选择【文件】|【导入】|【导入到舞台】命令打开【导入】对话框，在对话框中选择作为背景的图片，如图 5.24 所示。单击【打开】按钮将图片导入到舞台上，如图 5.25 所示。

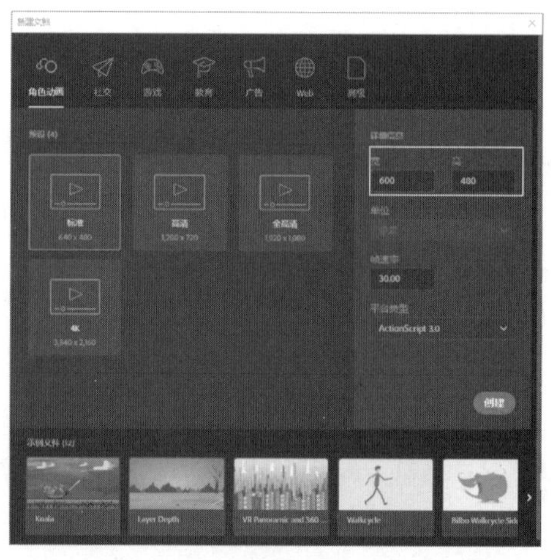

图 5.23　设置文档的【宽】和【高】

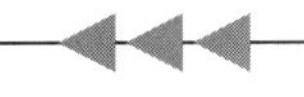

图 5.24　选择需要导入的图片

图 5.25　背景图片导入到舞台

（2）在工具箱中选择【基本矩形工具】，在【属性】面板中取消图形的笔触，将填充色设置为纯白色（颜色值为“#FFFFFF”），将填充色的 Alpha 值设置为 50%。同时，在【矩形选项】栏中按下【矩形边角半径】按钮并将其值设置为 25，如图 5.26 所示。使用【基本矩形工具】在舞台上绘制两个大小相同的圆角矩形，如图 5.27 所示。

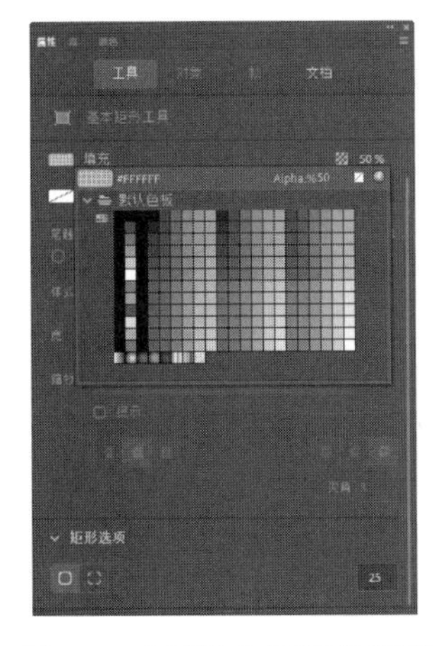

图 5.26 【属性】面板的设置

图 5.27　绘制圆角矩形

（3）在工具箱中选择【文本工具】，在舞台上单击后输入文字。用【选择工具】在创建的文本框上单击选择所有文本，在【属性】面板中将文字设置为“静态文本”，在【字符】栏中将文字字体设置为“微软雅黑”，文字大小设置为“10pt”，文字的填充颜色设置为黑色，如图 5.28 所示。

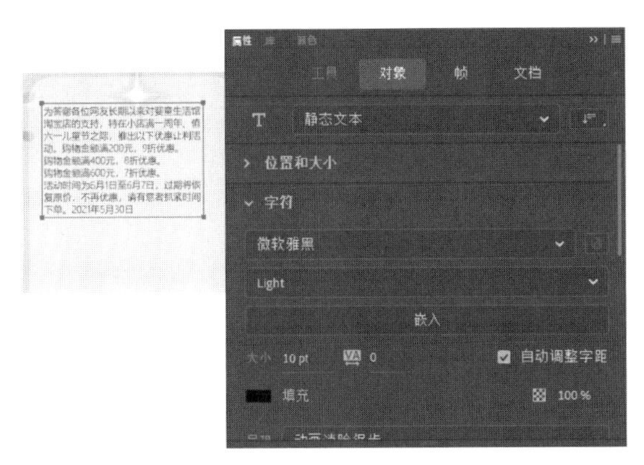

图 5.28　设置文本属性

（4）在【段落】栏中对段落格式进行设置，这里将【缩进】设置为“14 像素”，【行距】设置为“15 点”，【左边距】设置为“5 像素”，【右边距】设置为“5 像素”，如图 5.29 所示。选择【文本工具】，将插入点光标放置到落款日期前后按 Enter 键换行。单击【段落】栏中的【右对齐】按钮使落款日期右对齐放置，如图 5.30 所示。

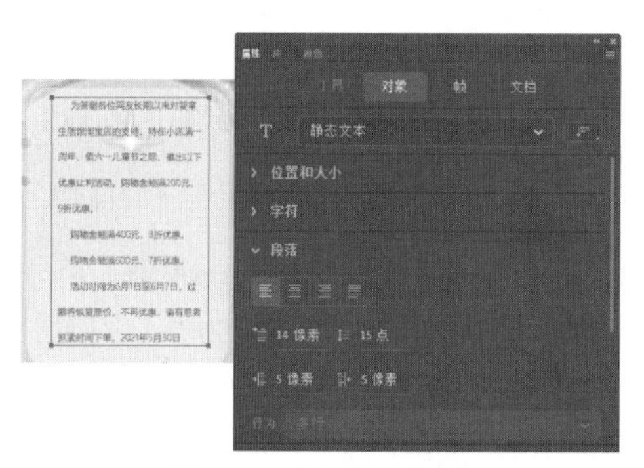

图 5.29　设置段落格式

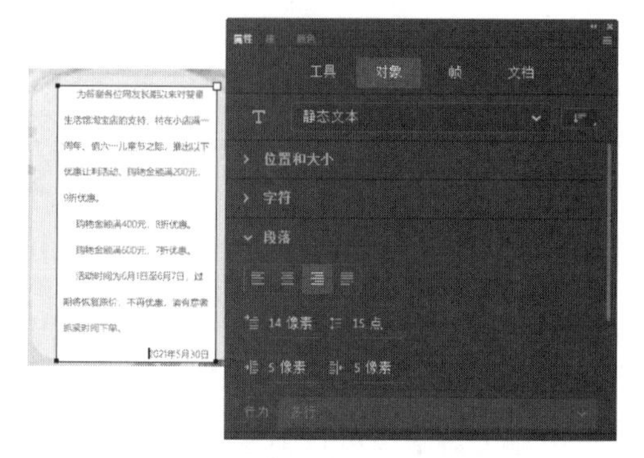

图 5.30　使日期右对齐放置

（5）选择【文本工具】，在舞台上创建文字“店内公告”。使用【选择工具】选择创建的文字，在【属性】面板中设置文字字体，并将【大小】设置为“40pt”，如图 5.31 所示。在文本被选择的情况下按 Ctrl+B 组合键两次将文字完全打散。

图 5.31　设置文字的字体和大小

（6）在工具箱中选择【颜料桶工具】，在【属性】面板中单击【填充】按钮。在打开的面板中选择内置的彩虹渐变，如图 5.32 所示。使用【颜料桶工具】在打散的文字上单击，对文字应用渐变填充，如图 5.33 所示。

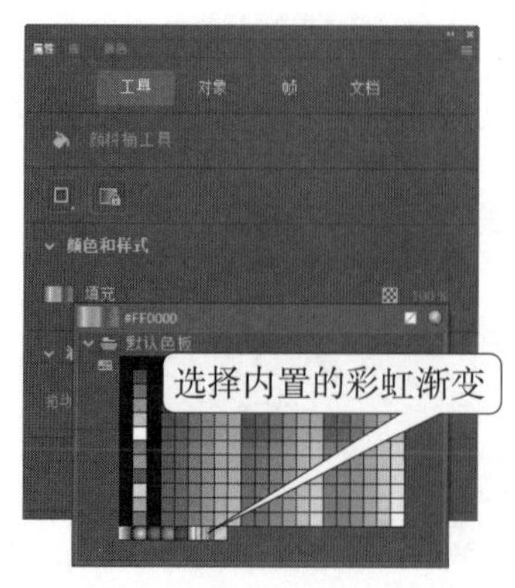

图 5.32　选择内置的彩虹渐变

图 5.33　对文字应用渐变填充

（7）在工具箱中选择【墨水瓶工具】，在【属性】面板中将笔触颜色设置为黑色，颜色设置为“40%”，如图 5.34 所示。将笔触的大小设置为“1”，笔触的样式设置为“实线”。使用工具在文字的各个部分上单击，为文字添加边框线，如图 5.35 所示。

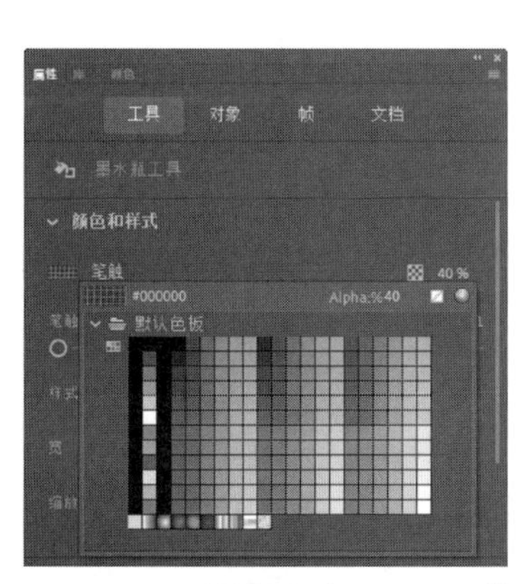

图 5.34　设置笔触颜色和 Alpha 值

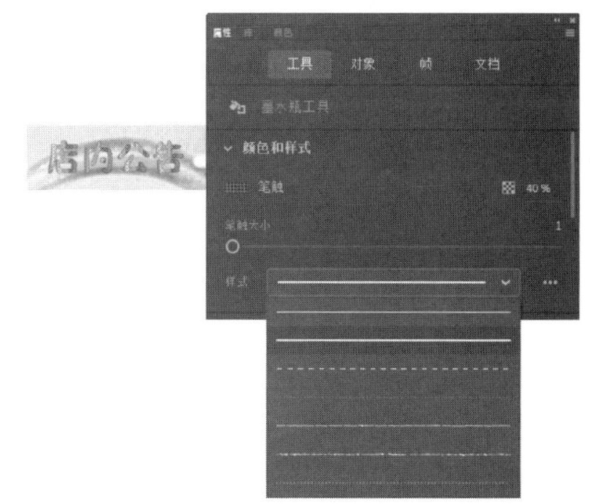

图 5.35　为文字添加边框线

（8）在工具箱中选择【任意变形工具】，框选文字“店”，将文字移动到背景彩虹的左侧，拖动控制柄旋转文字，如图 5.36 所示。使用相同的方法，依次移动其他 3 个文字的位置，并对文字进行适当的旋转，如图 5.37 所示。

图 5.36　移动文字并旋转文字

图 5.37　调整文字的位置并旋转

（9）对舞台上各个对象的位置进行适当调整，效果满意后保存文档。本例制作完成后的效果如图 5.38 所示。

图 5.38　本例制作完成后的效果

5.2 使用滤镜

在 Animate CC 中，滤镜是一种对对象的像素进行处理以生成特定效果的工具。使用滤镜可以创建各种充满想象力的文字效果。Animate CC 中滤镜的使用十分方便，使用它可以方便地为文本添加阴影、模糊和发光等效果。

5.2.1 滤镜的操作

Animate CC 的滤镜可以应用于文本、影片剪辑和按钮。为对象添加滤镜，可以通过【属性】面板的【滤镜】栏进行添加和设置。在【滤镜】栏中，可以对滤镜进行添加、复制、粘贴以及启用和禁用等操作，还可以对滤镜的参数进行修改。

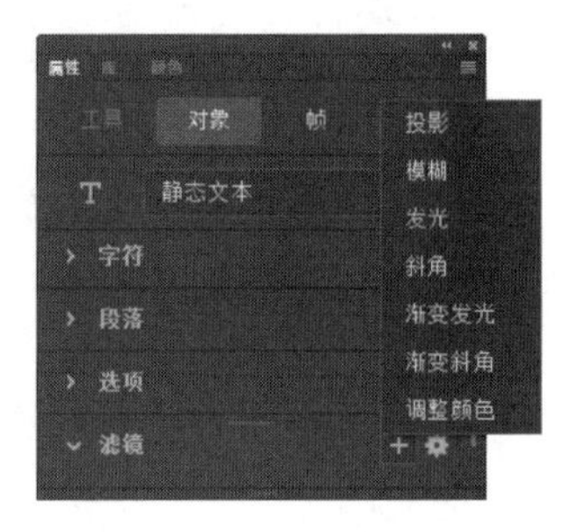

图 5.39 选择需要使用的滤镜

在舞台上选择对象，在【属性】面板中展开【滤镜】栏，单击【添加滤镜】按钮，在打开的菜单中单击需要使用的滤镜即可，如图 5.39 所示。针对一个对象，可以添加多个滤镜效果叠加。添加的滤镜以列表方式显示在【滤镜】栏。

如果需要将应用于一个对象的滤镜应用到另一个对象，可以使用复制粘贴的方法。在【滤镜】栏列表中选择一个滤镜，单击【选项】按钮。选择打开菜单中的【复制选定的滤镜】命令即可复制选择的滤镜效果，如图 5.40 所示。如果需要复制所有的滤镜效果，则可选择【复制所有滤镜】命令。选择另一个对象，单击【属性】面板中的【选项】按钮，选择菜单中的【粘贴滤镜】命令即可将滤镜效果复制给该对象，如图 5.41 所示。

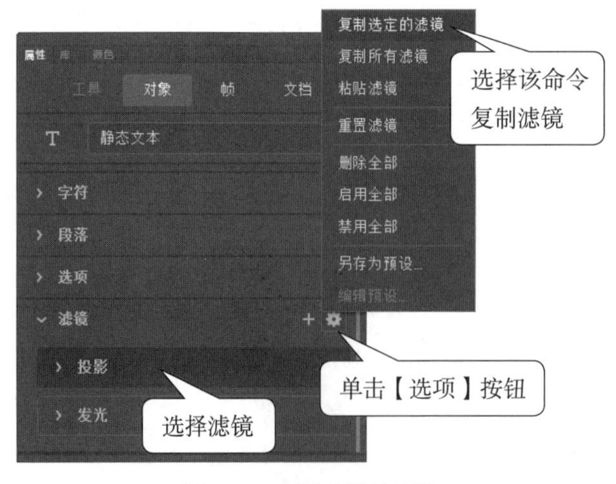

图 5.40 复制选择的滤镜

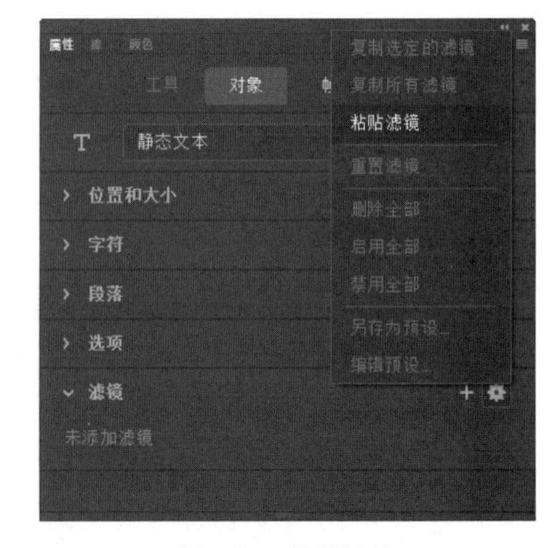

图 5.41 粘贴滤镜

专家点拨：在【滤镜】栏的【选项】菜单中，选择【删除滤镜】命令可以将当前选择的滤镜删除。选择【禁用全部】命令将禁用所有的滤镜效果，选择【启用全部】命令将启用全部的滤镜效果。选择【重置滤镜】命令将能够使滤镜的参数恢复到初始值。选择【另存为预设】命令能够当前使用的滤镜保存为预设滤镜，以便于下次直接使用。

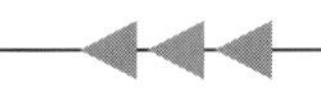

5.2.2　滤镜详解

Animate CC 包括投影、模糊、发光、斜角、渐变发光、渐变斜角和调整颜色 7 种滤镜特效，如图 5.42 是添加前 6 种滤镜后的文字效果。

投影滤镜　模糊滤镜　发光滤镜　斜角滤镜
渐变发光滤镜　　渐变斜角滤镜

图 5.42　各种文字滤镜效果

下面分别对这些滤镜的应用和参数设置进行介绍。

1．投影滤镜

投影滤镜可以模拟光线照射到一个对象上产生的阴影效果，或者在背景中剪出一个形似对象的孔洞来模拟对象的外观。在舞台上选择文本，在【属性】面板中展开【滤镜】栏，为文本添加投影效果。在【滤镜】栏的滤镜列表中单击【投影】左侧的›按钮将滤镜展开，此时即可对滤镜的参数进行设置。如单击【阴影】按钮将打开调色板，可以对阴影颜色进行设置，如图 5.43 所示。

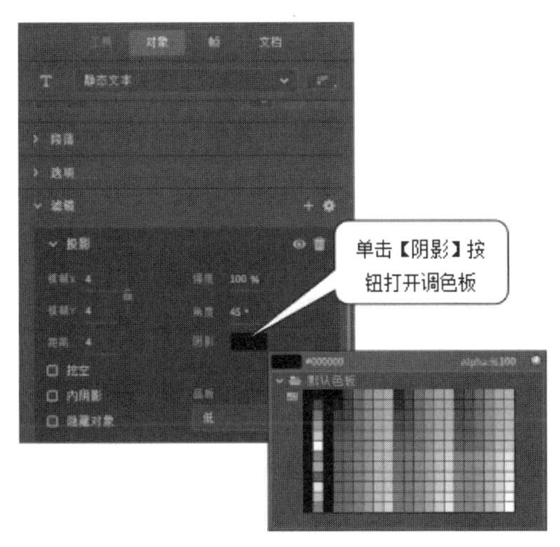

图 5.43　应用“投影”滤镜

投影滤镜的各个参数的含义介绍如下。

【模糊 X】和【模糊 Y】：用于设置投影的模糊程度，其值决定了投影的宽度和高度。取值范围为 0 ～ 255，可以通过直接在数值上拖动鼠标或单击数值在文本框中输入数值进行调整。

【强度】：用于设置投影的强烈程度，其取值范围为 0 ～ 25500，数值越大，投影就越强。

【品质】：用于设置投影的品质。在其下拉列表中有 3 个设置项，分别是高、中和低，品质设置得越高，投影就越清晰。建议将“品质”设置为低，以实现最佳的播放性能。

【角度】：用于设置投影的角度，其取值范围为 0 ～ 360°　。

【距离】：用于设置投影与对象之间的距离，其取值范围为 -255 ～ 255。

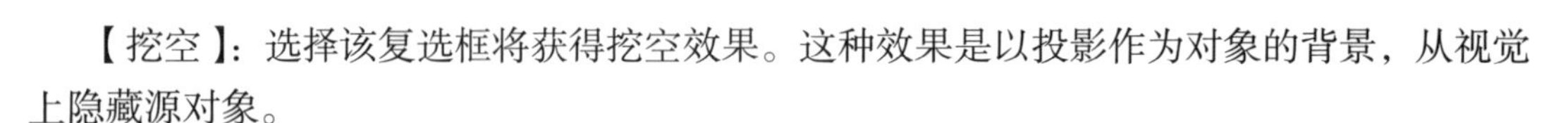

【挖空】：选择该复选框将获得挖空效果。这种效果是以投影作为对象的背景，从视觉上隐藏源对象。

【内阴影】：选择该复选框将获得内阴影效果。这种效果是将投影效果应用到对象的内侧。

【隐藏对象】：勾选该复选框将隐藏对象只显示阴影。

【阴影】：单击该按钮将打开调色板选择投影的颜色。

2. 模糊滤镜

模糊滤镜可以柔化对象的边缘和细节，获得对象在运动或对象位于其他对象后面的效果。为选定的对象添加“模糊”滤镜，在【属性】面板中将滤镜的设置选项展开可以对滤镜的效果进行设置，如图 5.44 所示。

图 5.44 应用“模糊”滤镜

模糊滤镜的各个参数的意义介绍如下。

【模糊 X】和【模糊 Y】：用于设置模糊的宽度和高度。

【品质】：用于设置模糊的品质。其有 3 个选项，分别是低、中和高，设置为高时类似于 Photoshop 的高斯模糊效果。

3. 发光滤镜

发光滤镜可以在对象的边缘应用颜色获得类似于发光的效果。为选择对象添加滤镜，在【属性】面板中将滤镜的设置项展开即可对滤镜效果进行设置，如图 5.45 所示。

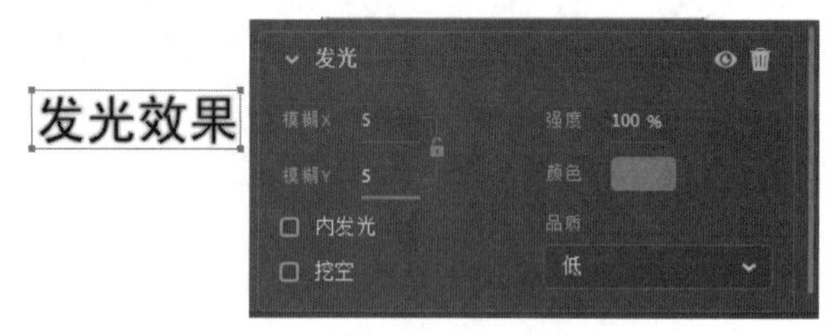

图 5.45 应用“发光”滤镜

发光滤镜的各个参数的含义介绍如下。

【模糊 X】和【模糊 Y】：用于设置发光的宽度和高度，其取值范围为 0 ～ 255。

【强度】：用于设置发光效果的强烈程度，其取值范围为 0 ～ 25500，数值越大，发光越清晰。

【品质】：设置发光的品质，其有高、中和低三个选项供选择，品质越高则发光就越清晰。

【颜色】：单击该按钮可以打开调色板拾取发光颜色。

【内发光】：选择该复选框，将在对象边界内部应用发光。

【挖空】：选择该复选框，从视觉上隐藏源对象，以发光效果作为对象背景。

4. 斜角滤镜

斜角滤镜是向对象应用加亮效果，使其看上去是突出于背景的表面。斜角滤镜可以产生内斜角、外斜角和完全斜角这 3 种效果。为选择的对象添加滤镜，在“属性”面板中将滤镜设置项展开可以对滤镜参数进行设置，如图 5.46 所示。

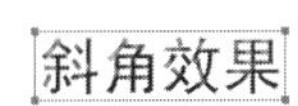

图 5.46　应用“斜角”滤镜

斜角滤镜的各个参数的含义介绍如下。

【模糊 X】和【模糊 Y】：用于设置斜角的宽度和高度，其取值范围为 0 ～ 255。

【强度】：用于设置斜角的不透明度，其取值范围为 0 ～ 25500，其值越大，斜角效果越明显，但值的大小不会影响其宽度。

【品质】：设置斜角的品质，其有高、中和低 3 个选项供选择，品质越高则斜角就越明显。

【阴影】：单击该按钮可以打开调色板拾取斜角颜色。

【加亮显示】：设置斜角高光加亮的颜色。

【角度】：设置斜角的角度，其取值范围为 0 ～ 360°　。

【距离】：设置斜角的宽度，其取值范围为 -255 ～ 255。

【挖空】：选择该复选框，则从视觉上将隐藏源对象，只显示对象上的斜角。

【类型】：该下拉列表框用于设置应用到对象的斜角类型，其选项包括“内侧”“外侧”和“整个”。如果选择“内侧”或“外侧”，则在对象的内侧或者是外侧应用斜角效果。如果选择“整个”，则在对象的内侧和外侧都应用斜角效果。

5. 渐变发光滤镜

渐变发光滤镜与发光滤镜一样可以为对象添加发光效果，只是发光表面产生的是渐变颜色。为选择的对象添加滤镜，在“属性”面板中将滤镜的设置项展开可以对滤镜进行设置，如图 5.47 所示。

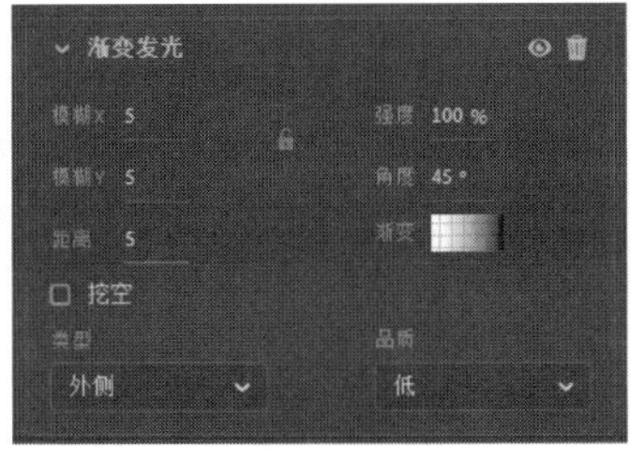

图 5.47　应用“渐变发光”滤镜

单击“渐变”按钮打开渐变栏，在栏中选择一个色标可以打开调色板选择颜色，在渐变栏上单击可以创建新的色标，将色标拖离渐变栏可以删除色标。发光效果渐变的开始颜色的 Alpha 值固定为 0，用户可以改变其颜色但无法通过移动色标改变其位置，如图 5.48 所示。

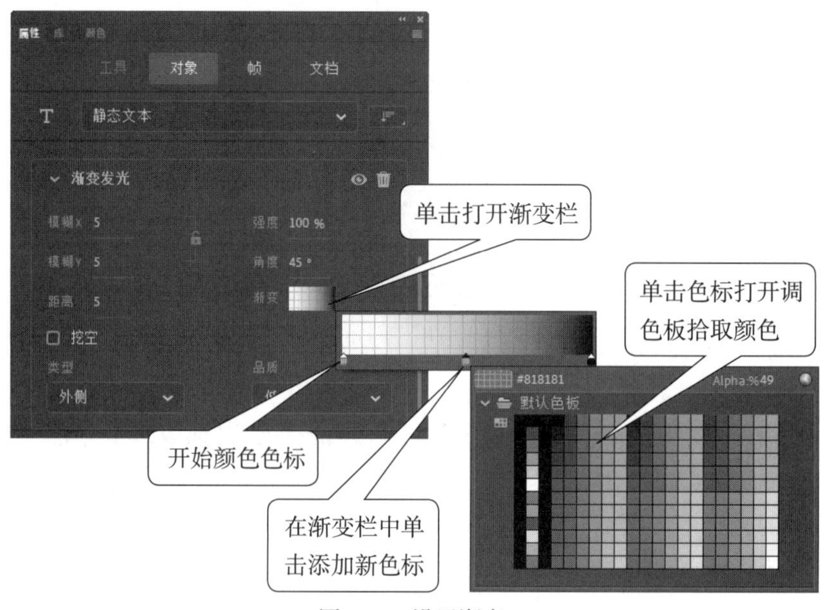

图 5.48 设置渐变

渐变发光滤镜各个参数的含义介绍如下。

【模糊 X】和【模糊 Y】：用于设置发光的宽度和高度，其值范围为 0 ～ 255。

【强度】：用于设置发光的不透明度，其取值范围为 0 ～ 255，其值越大，发光效果越明显。

【角度】：用于设置发光效果的角度。

【品质】：设置斜角的品质，其有“高”“中”和“低”3 个选项供选择，品质越高则斜角就越明显。

【距离】：用于设置发光效果与对象之间的距离。

【渐变】：单击该按钮可以打开色谱条对渐变进行设置。

【挖空】：选中该复选框将只显示渐变发光，获得对象被隐藏的视觉效果。

【类型】：该下拉列表框用于设置应用到对象的发光效果类型，其包括【内侧】【外侧】和【全部】选项。如果选择【内侧】或【外侧】，则在对象的内侧或外侧应用发光效果。如果选择【全部】，则在对象的内侧和外侧都应用发光效果。

【品质】：该下拉列表用于设置渐变发光的质量级别，其包括【低】【中】和【高】选项。

6. 渐变斜角滤镜

应用渐变斜角滤镜可以产生一种凸起的效果，同时凸起的斜角表面可以有渐变颜色。为选择的对象添加滤镜，在【属性】面板中将滤镜的设置项展开对滤镜进行设置，如

图 5.49 所示。【渐变斜角】滤镜的参数设置和【渐变发光】滤镜的参数设置基本相同，这里不再详细叙述。

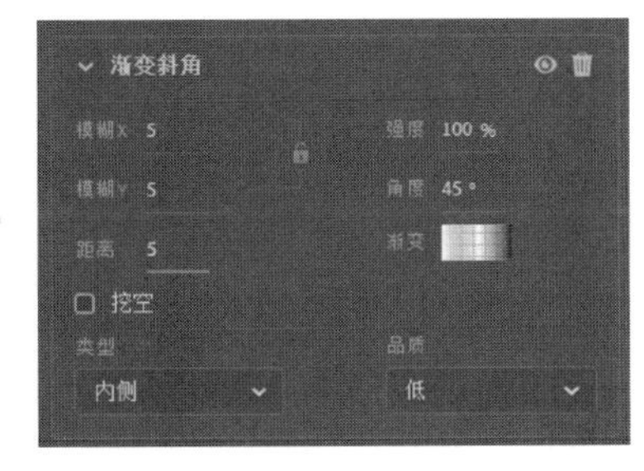

图 5.49　应用“渐变斜角”滤镜

7. 调整颜色滤镜

调整颜色滤镜用于对文字、影片剪辑或按钮的亮度、对比度、饱和度和色相进行调整，以获得不同的颜色效果。在舞台上创建红色的文字（颜色值为“#FF0000”），选择该文字后对其添加【调整颜色】滤镜。在【属性】面板中调整滤镜参数，文字的颜色发生改变，如图 5.50 所示。

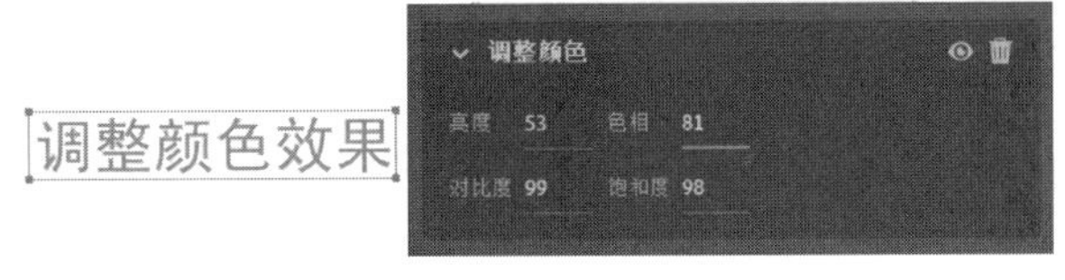

图 5.50　改变文字颜色

调整颜色滤镜的各个参数的含义介绍如下。

【亮度】：调整对象的亮度，其取值范围为 -100 ～ 100。

【对比度】：调整对象的对比度，其取值范围为 -100 ～ 100。

【饱和度】：调整对象颜色的饱和度，其取值范围为 -100 ～ 100。

【色相】：调整颜色的色相，其取值范围为 -100 ～ 100。

5.2.3　实用范例——新年日历

新年月历

1. 范例简介

本例介绍新年元月份日历的制作过程。在制作过程中，使用【文本工具】创建文字“HAPPY NEW YEAR”后，选择【修改】|【打散】命令将文本打散，以便于使用【墨水瓶工具】为文字添加点刻线笔触。将打散的文本转换为元件后，即可对元件利用滤镜来制作覆盖有雪的冰冻文字效果。通过本例的制作，读者将掌握各种滤镜的使用方法，熟悉利用滤镜创建文字特效的方法。同时掌握将文字打散后利用工具对文字外形进行再编辑的技巧。

2. 制作过程

（1）启动 Animate CC 创建一个新文档。选择【文档】|【导入】|【导入到舞台】命

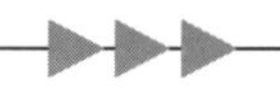

令打开【导入】对话框，在其中选择需要导入的背景图片（日历背景 .jpf）。单击【打开】按钮将选择图片导入到舞台，用【任意变形工具】调整图片的大小使其占据整个舞台。

（2）选择【文本工具】，在舞台上单击创建文本框。在文本框中输入文字“HAPPY NEW YEAR”，使用【选择工具】选择整个文本框，在【属性】面板中对文字的字体和大小进行设置，并将文字的颜色设置为黑色（颜色值为“#0033FF”），如图 5.51 所示。选择【任意变形工具】，将鼠标放置到文本框边框上对其进行倾斜操作，如图 5.52 所示。

图 5.51 设置文字的属性

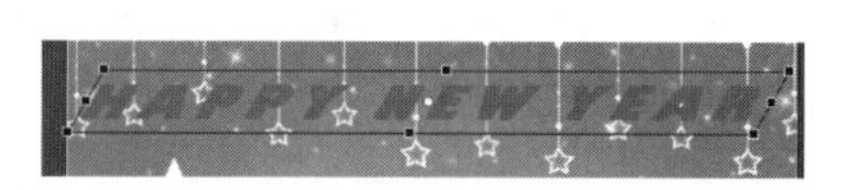

图 5.52 对文字进行倾斜操作

（3）使用【选择工具】框选被添加了笔触的文字图形，选择【修改】|【转换为元件】命令打开【转换为元件】对话框，在对话框的【名称】文本框中输入元件名称，将【类型】设置为【影片剪辑】，如图 5.53 所示。单击【确定】按钮将图形转换为元件。

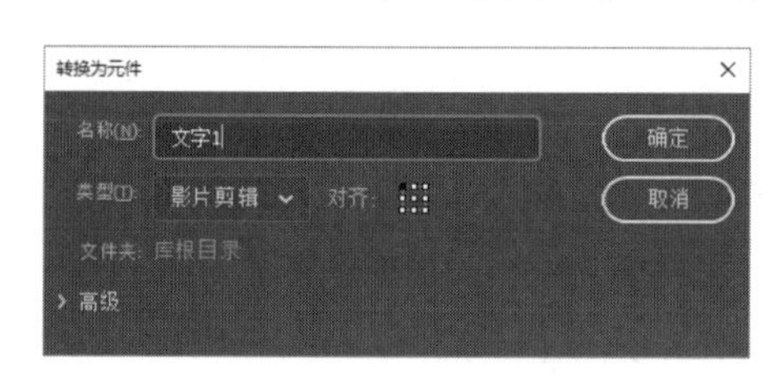

图 5.53 【转换为元件】对话框

（4）进入元件编辑场景中，选择文字，按 Ctrl+B 组合键两次将文字打散。选择【墨水瓶工具】，在【属性】面板中将【笔触颜色】设置为白色（颜色值为“#FFFFFF”），将【笔触宽度】设置为 7.2，在【样式】下拉列表中选择【点刻线】选项将笔触样式设置为点刻线，如图 5.54 所示。在打散的文字的边界处单击，为文字添加笔触边框。这里要注意，要在文字内沿处单击鼠标才能为内沿添加笔触，如图 5.55 所示。

专家点拨： 使用【文本工具】输入文本时，文本框中的文字是一个整体，在选择【修改】|【打散】命令（或按 Ctrl+B 组合键）第一次打散文本时，文本框中的文字成为单独的文字。此时再进行一次打散操作，单个文本即可被打散为矢量图形，此时即可像图形那样对其进行渐变或位图填充、添加笔触和进行【封套】或【扭曲】变换等操作。但要注意的是，一旦文本被分离成图形后，就不再具有文本的属性，而只拥有图形的属性，用户将无法对文字再进行编辑和字符或段落样式的设置。

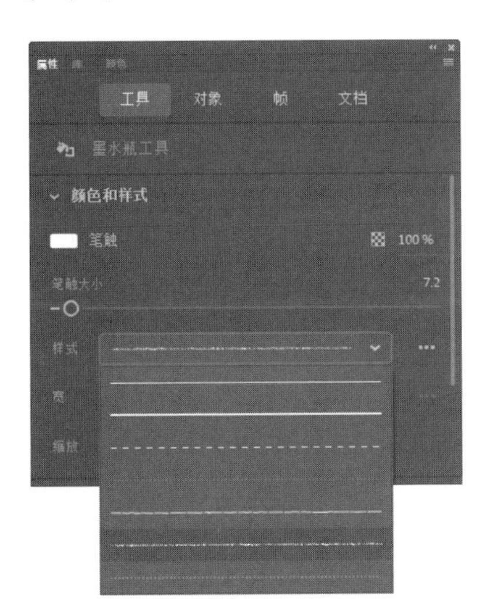

图 5.54　设置工具属性

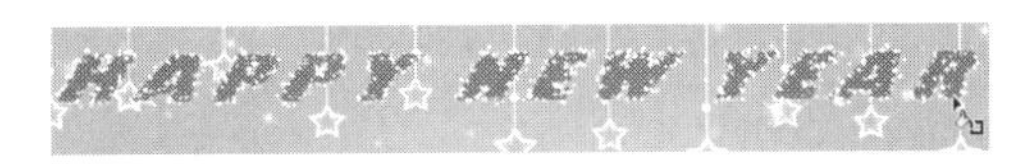

图 5.55　使用【墨水瓶工具】为文字添加笔触

（5）回到“场景 1”，在舞台上选择影片剪辑。在【属性】面板的【滤镜】栏中为对象添加【投影】效果，这里将【模糊 X】和【模糊 Y】的值均设置为“0”，将【距离】设置为“5”，将【阴影】颜色设置为白色（颜色值为“#FFFFFF”），如图 5.56 所示。

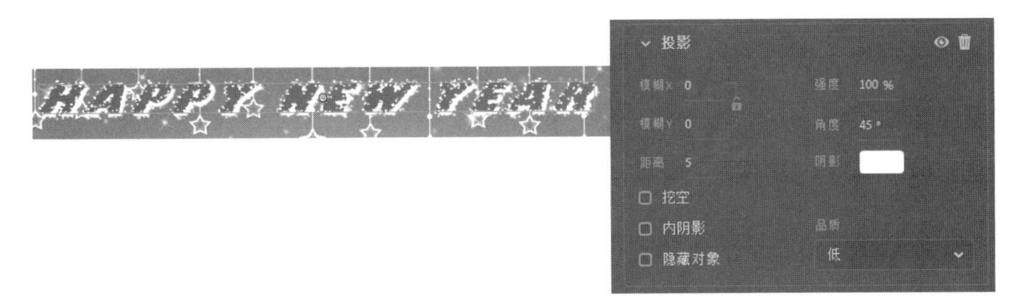

图 5.56　设置【投影】滤镜

（6）为影片剪辑添加【斜角】滤镜，这里将【模糊 X】和【模糊 Y】均设置为“11”，将【阴影】和【加亮显示】的颜色都设置为白色（颜色值为“#FFFFFF”），将【距离】设置为“-8”，如图 5.57 所示。

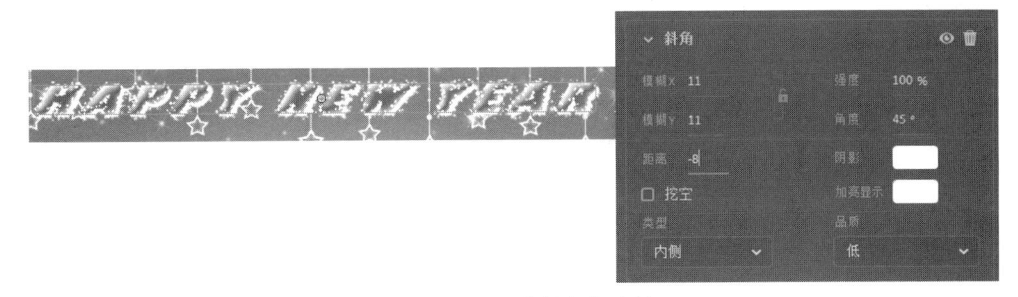

图 5.57　设置【斜角】滤镜

（7）为影片剪辑添加【发光】滤镜，这里将【模糊 X】和【模糊 Y】设置为“44 像素”，将【品质】设置为“中”，勾选【内发光】复选框。设置【颜色】，这里的颜色值为“#D0E0F9”，如图 5.58 所示。

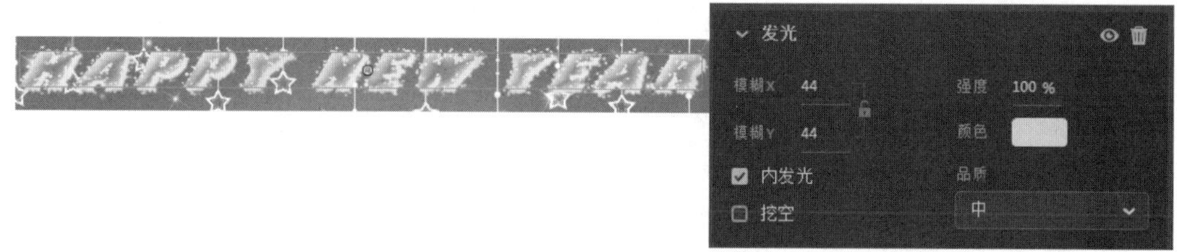

图 5.58　设置【发光】滤镜

（8）为影片剪辑添加【调整颜色】滤镜，在【滤镜】列表中将其拖到列表的最底层。对滤镜参数进行设置，这里将【亮度】设置为“-61”，【对比度】设置为“42”，【饱和度】设置为“82”，【色相】设置为“4”，如图 5.59 所示。在【滤镜】栏中将该滤镜拖放到滤镜列表的第一位。

图 5.59　设置【调整颜色】滤镜

（9）在工具箱中选择【文本工具】，创建文字“2021”。在【属性】面板中将字体设置为“Eras Bold ITC”，【大小】设置为“53 点”，【填充】颜色设置为黑色（颜色值为“#000000”），如图 5.60 所示。

（10）选择文字“HAPPY NEW YEAR”所在的影片剪辑，在【属性】面板中单击【滤镜】栏【选项】按钮，在打开的菜单中选择【复制所有滤镜】命令。选择文字“2021”，在【属性】面板中单击【滤镜】栏中的【选项】按钮，在打开的菜单中选择【粘贴滤镜】命令粘贴滤镜，此时滤镜效果应用到选择的文字，如图 5.61 所示。

图 5.60　设置文字的属性

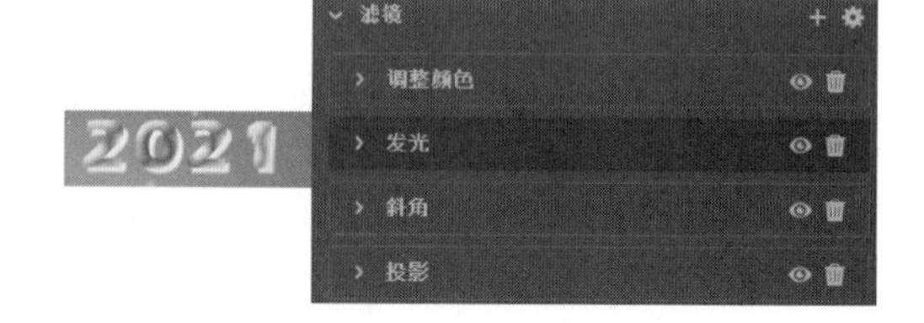

图 5.61　复制滤镜

（11）使用【文本工具】在舞台上输入文字“1 月”，选择文字，在【属性】面板的【字符】栏中将文字的字体设置为“方正综艺简体”，【大小】设置为“23”。设置文字的颜色，颜色值为“#990000”，如图 5.62 所示。接着使用【文本工具】输入文字“JANUARY”，在【属性】面板中将文字的字体设置为“Times New Roman”，将其颜色设置为白色（颜色值为“#FFFFFF”），【大小】设置为“9”，如图 5.63 所示。

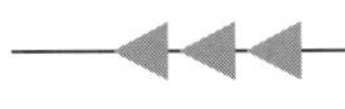

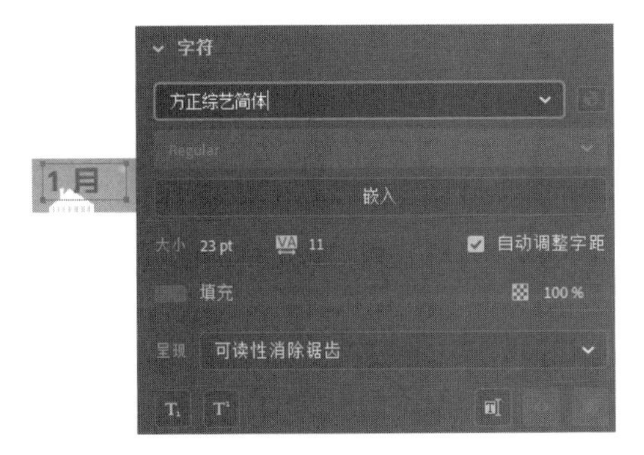

图 5.62　设置文字属性

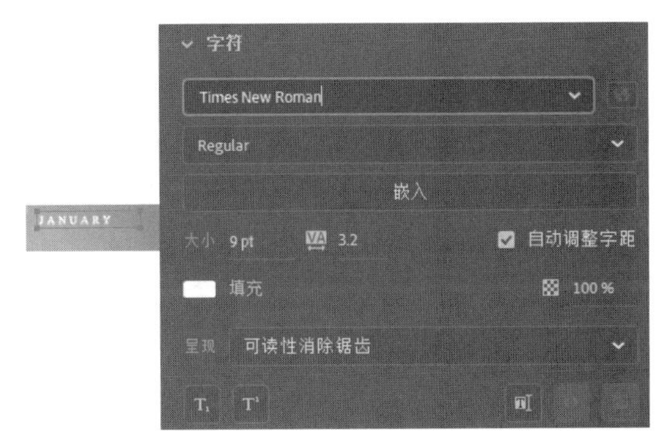

图 5.63　创建文字并设置属性

（12）使用【文本工具】在舞台上输入星期文字，在【属性】面板中将【大小】设置为“16”，文字的颜色设置为白色（颜色值为“#FFFFFF”），如图 5.64 所示。在舞台上输入日历的日期，在【属性】面板中设置日期文字的属性，如图 5.65 所示。

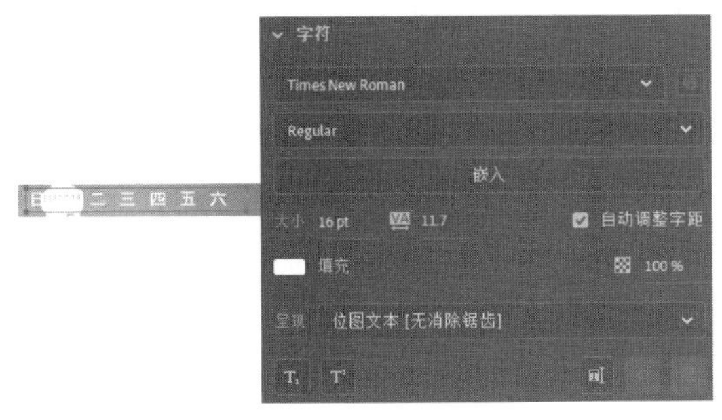

图 5.64　输入星期并设置其属性

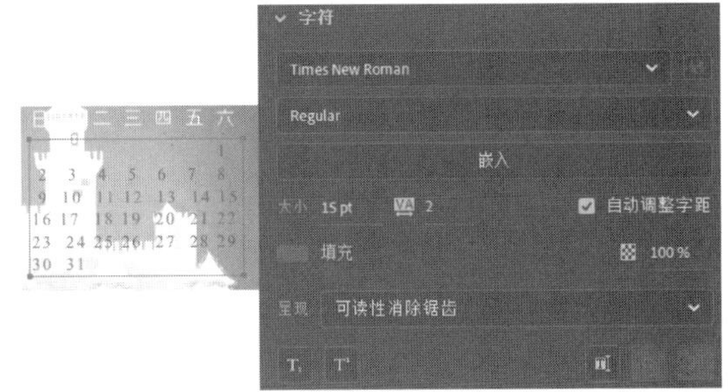

图 5.65　输入日期并设置其属性

（13）为日期文字添加【投影】滤镜，在【属性】面板的【投影】栏中将【模糊 X】和【模糊 Y】设置为“5”，【距离】设置为“5”，阴影颜色设置为黑色（颜色值为“#000000”）。完成设置后，将【投影】滤镜复制给其他的文字，为它们添加相同的滤镜效果，如图 5.66 所示。

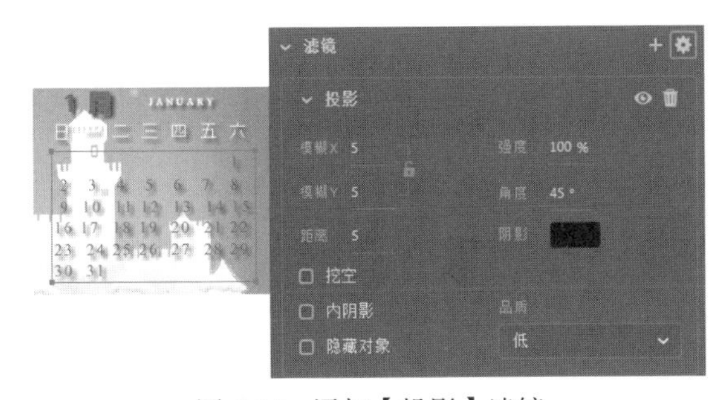

图 5.66　添加【投影】滤镜

（14）在工具箱中选择【基本矩形工具】，使用该工具绘制一个矩形。在【属性】面板中将【笔触颜色】设置为白色（颜色值为“#FFFFFF”），【笔触大小】设置为“7.2”，【样式】设置为“点刻线”。设置图形的【填充】颜色，其颜色值为“#C3C3E2”，如图 5.67 所示。将图形放置到日历的位置，右击图形，在快捷菜单中选择【排列】|【下移一层】命令。将此命令使用两次将矩形下移两层，此时获得的效果如图 5.68 所示。

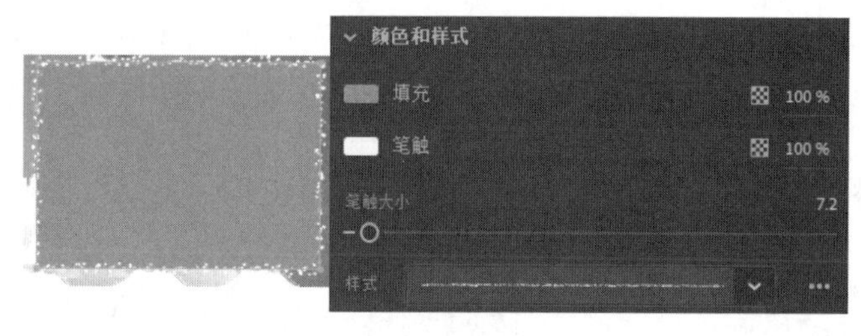

图 5.67 绘制图形并设置其属性

图 5.68 放置矩形

（15）对舞台上各个对象的位置进行适当调整，效果满意后保存文档。本例制作完成后的效果如图 5.69 所示。

图 5.69 本例制作完成后的效果

5.3 本章小结

本章学习了 Animate CC 中文本的创建、字符样式的设置和段落样式的设置方法。同时，介绍了对文本应用滤镜来创作特效的方法。通过本章的学习，读者能够在舞台上创建文字，并且能够根据需要对文字或段落的样式进行设置。同时，借助于 Animate CC 的滤镜，读者将能够创建各种文字特效。

5.4 本章练习

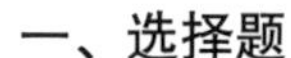

一、选择题

1. 在【属性】面板的【字符】栏中，下面哪个按钮可以用来创建下标？（　　）

   A.　　B.　　C.　　D.

2. 在【属性】面板的【段落】栏中，下面哪个按钮可以使选择段落两端对齐？（　　）

   A.　　B.　　C.　　D.

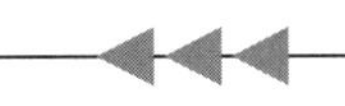

3．在【属性】面板的【段落】栏中，图 5.70 中的哪个选项用于设置段落的缩进量？（　　）

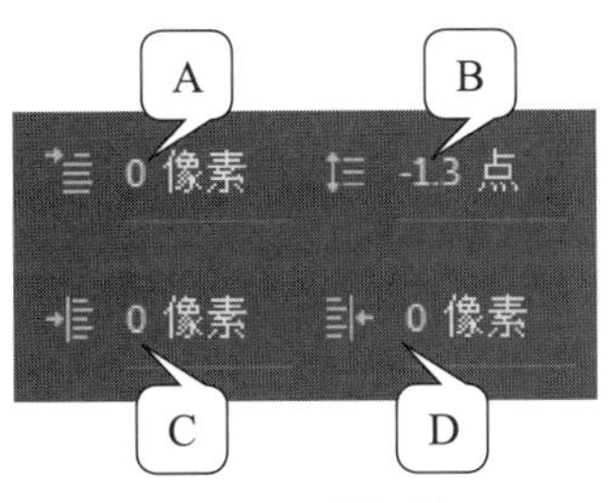

图 5.70　选择题 3

4．在【斜角】的各个设置项中，哪个设置项决定斜角应用到对象的内侧还是外侧？（　　）

A.【强度】　　B.【品质】

C.【角度】　　D.【类型】

二、填空题

1．在 Animate CC 中，可以创建 3 种文本，分别是________、________和________。

2．在 Animate CC 文档中，文本有两种排列方向，分别是________和________。

3．在作品中嵌入字体时，【字体嵌入】对话框中的【名称】文本框用于________，【系列】下拉列表可以________，【字符范围】列表可以选择________。

4．在【属性】面板的【滤镜】栏中选择一个滤镜，单击按钮＋可以________，单击某个滤镜设置栏的按钮🗑可以________。

5.5　上机练习和指导

5.5.1　辉光文字效果

创建辉光文字效果，如图 5.71 所示。

图 5.71　辉光文字效果

主要操作步骤如下。

（1）使用【文本工具】创建文字，字体选择笔画较粗的文字，文字颜色任意设置，文字的大小和字间距可以根据需要设置。

（2）在【属性】面板的【滤镜】栏中添加【投影】滤镜，【模糊 X】和【模糊 Y】均设置为“5”，【角度】设置为“280°”，【阴影】颜色设置为纯白色（颜色值为“#FFFFFF”）。

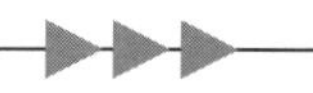

（3）在【属性】面板的【滤镜】栏中添加【渐变发光】滤镜，【模糊 X】和【模糊 Y】设置为“16”，【角度】设置为“10° ”，【距离】设置为“2”。

（4）创建渐变色，如图 5.72 所示。从左向右各色标的颜色值分别为“#BFBFBF”“#FFFFFF”“#FF9900”“#003366”“#FFFFFF”和“#FF33FF”。至此，将获得需要的文字效果。

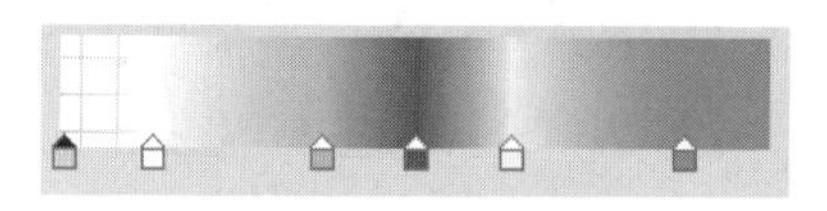

图 5.72 创建渐变

5.5.2 制作文字特效

分别制作 3 个文字特效，制作完成的效果如图 5.73 所示。

主要步骤如下。

（1）特效 1 的制作：使用【文本工具】创建文字后，将文字打散为图形。使用【墨水瓶工具】为 5 个图形添加笔触，使用【颜料桶工具】分别对图形进行位图填充（位图为“练习 2 素材 .jpg”）。最后使用【渐变变形工具】对填充的位图进行调整。

图 5.73 制作三个文字特效

（2）特效 2 的制作：使用【文本工具】创建文字，使用【任意变形工具】对文本进行倾斜变形。将文本打散为图形，使用【墨水瓶工具】为图形添加渐变笔触（这里的渐变使用系统自带的彩虹渐变），使用【渐变变形工具】对渐变进行调整。依次选择每个图形的填充部分，将其删除。选择所有的图形后将它们转换为影片剪辑。对影片剪辑添加【投影】滤镜，其中【模糊 X】和【模糊 Y】均设置为“14”，【阴影】颜色设置为纯白色（颜色值为“#FFFFFF”）。再添加【发光】滤镜，其中【模糊 X】和【模糊 Y】均设置为“7”，【颜色】设置为白色。

（3）特效 3 的制作：使用【文本工具】创建文本，将文本打散，在工具箱中选择【任意变形工具】，再选择【修改】|【变形】|【封套】命令为打散的文本套上封套。使用鼠标调整封套形状获得需要的变形效果。

第6章

Animate CC 基础动画

Animate CC 是一个功能强大的矢量动画制作软件，使用 Animate CC 能够方便地制作各种复杂的动画效果。在 Animate CC 中，补间动画是一个十分实用的动画制作方式，它充分地发挥了计算机的优势，使设计师在创作动画作品时，不再需要进行大量的重复绘制工作，从而大大地简化了动画的制作过程，降低了动画制作的难度。本章将介绍 Animate CC 基础动画制作的知识。

本章主要内容：

- 逐帧动画；
- 形状补间动画；
- 传统补间动画；
- 沿路径运动的传统补间动画；
- 自定义缓动效果。

6.1　逐帧动画

在 Animate CC 中，合成动画的场所称为时间轴，时间轴上的每一个影格称为帧，帧是最小的时间单位。逐帧动画是一种与传统动画创作技法相类似的动画形式，是 Animate CC 中一种重要的动画制作模式。逐帧动画是在时间轴上逐帧地绘制内容，这些内容是一张张不动的画面，但画面之间又逐渐发生变化。当动画在播放时，这一帧一帧的画面连续播放就会获得动画效果。逐帧动画在绘制时具有很大的灵活性，几乎可以表现任何需要表现的内容。在 Animate CC 中，一段逐帧动画表现为时间轴上连续放置关键帧。逐帧动画的制作实际上就是帧的操作，本节将对【时间轴】面板中帧和图层的操作进行介绍，同时将通过一个范例让读者熟悉逐帧动画的制作要点。

帧的基本概念

6.1.1　时间轴上的帧

在 Animate CC 中，时间轴用于组织和控制在一定时间内在图层和帧中的内容。动画效果的好坏取决于时间轴上帧的效果。本节将对【时间轴】面板和帧的操作进行介绍。

帧的基本操作

1.【时间轴】面板

选择【窗口】|【时间轴】命令将打开【时间轴】面板，如图 6.1 所示。在【时间轴】面板的左侧列出了文档中的图层，图层就像堆叠在一起的多张幻灯片胶片，每个图层都有自己的时间轴，位于图层名的右侧，包含该图层动画的所有帧。在面板的时间轴顶部显示帧的编号，播放头指示出当前舞台中显示的帧。在舞台上测试动画时，播放头从左向右扫

过时间轴，动画也将随之播放。

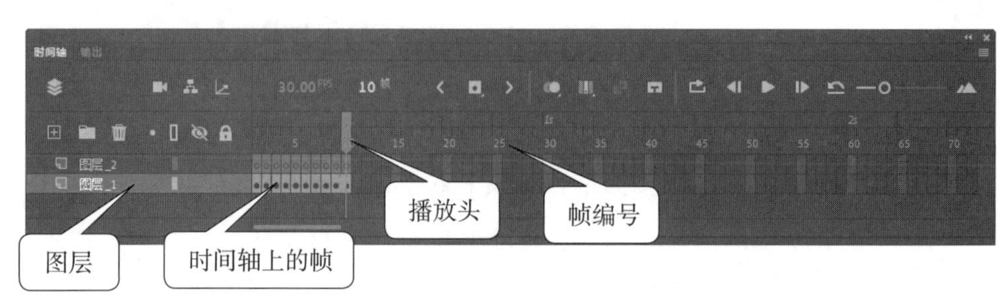

图 6.1 【时间轴】面板

2. 绘图纸功能

在制作动画时，当前帧中图像的绘制往往需要参考前后帧中的图像，这样才能获得逼真且流畅的动画效果。使用绘图纸功能，在编辑当前帧的图像时，可以同时显示其他帧中的内容。在【时间轴】面板中单击下方的【绘图纸外观】按钮，在时间轴上将可以设置一个连续的显示帧区域，区域内的帧所包含的内容将同时显示在舞台上。此时，当前帧的内容将正常显示，并能够进行编辑处理。其他帧的内容在显示时就像蒙着一层透明纸那样，且不可进行编辑处理，如图 6.2 所示。

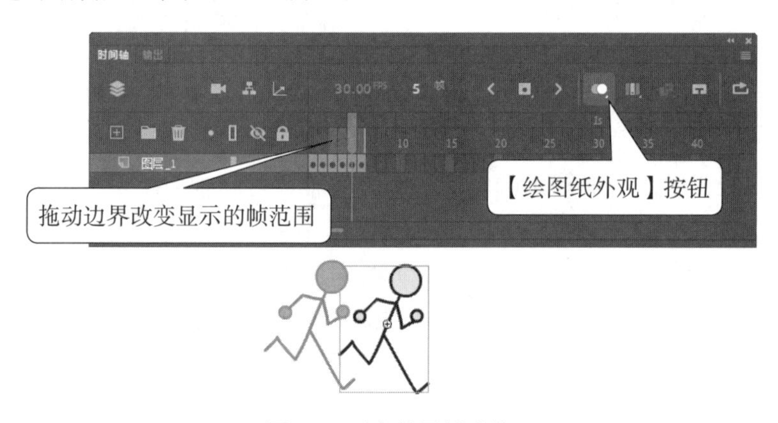

图 6.2 开启绘图纸功能

长按【绘图纸外观】按钮将打开一个选项列表，如图 6.3 所示。选择其中的【高级设置】选项将打开【绘图纸外观设置】对话框，使用该对话框可以对绘图纸进行设置，如图 6.4 所示。

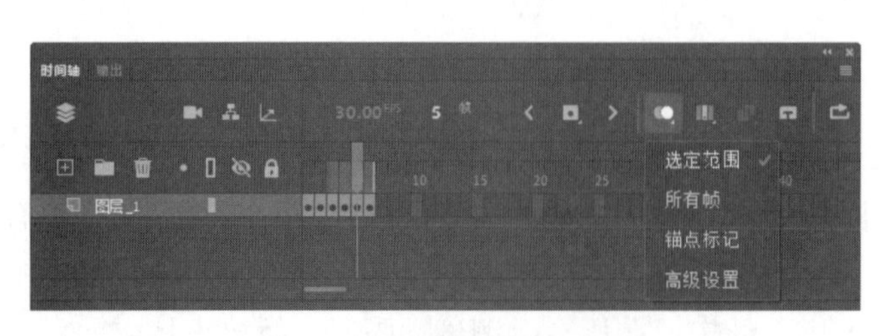

图 6.3 长按按钮获得选项列表

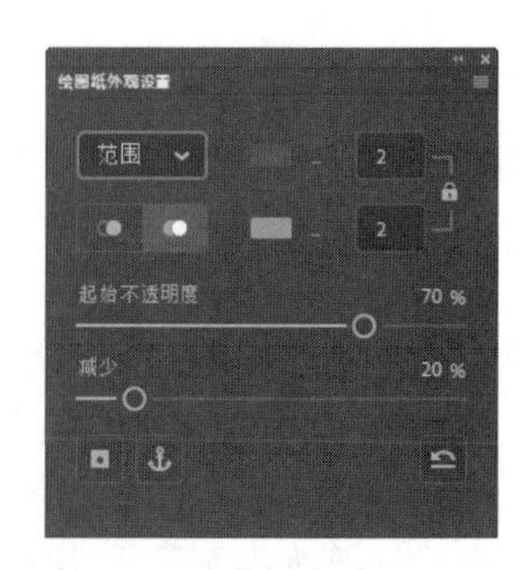

图 6.4 【绘图纸外观设置】对话框

在【绘图纸外观设置】对话框中按下【绘图纸外观轮廓】按钮，除了当前帧外，其他帧中内容将显示无轮廓，如图 6.5 所示。如果按下【绘图纸外观填充】按钮，则其他帧中内容将显示有填充色，如图 6.6 所示。

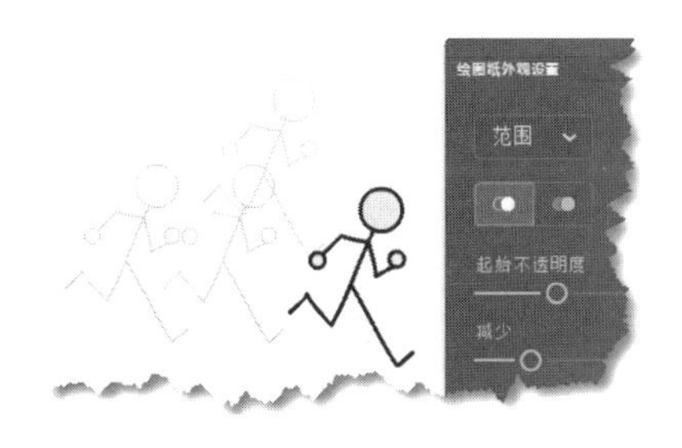

图 6.5　只显示外观轮廓

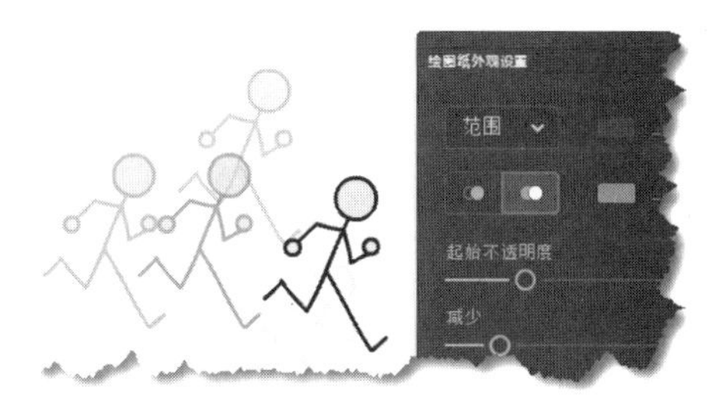

图 6.6　显示外观填充

在【绘图纸外观设置】对话框中可以对当前帧之前和之后帧中对象的显示颜色进行设置，同时可以对帧中对象显示的不透明度进行设置，如图 6.7 所示。

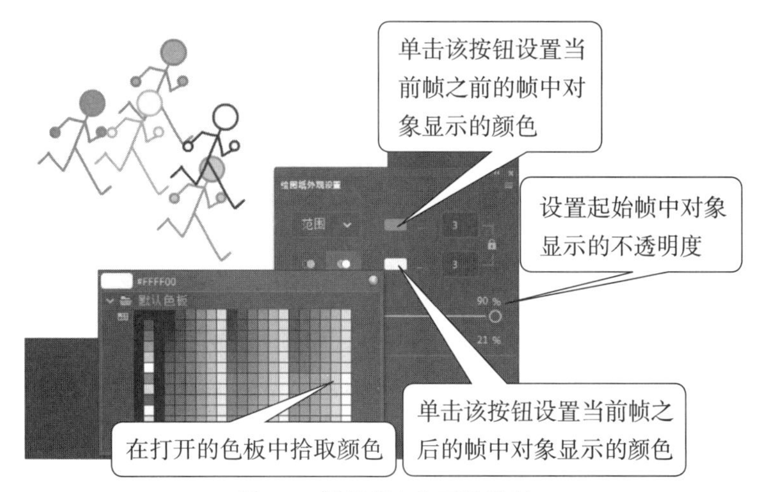

图 6.7　设置颜色和不透明度

在【绘图纸外观设置】对话框中可指定绘图纸应用于当前帧之前和之后的帧数，如图 6.8 所示。此时，绘图纸将应用于一个连续的帧区域，区域内的帧中的内容将同时显示。

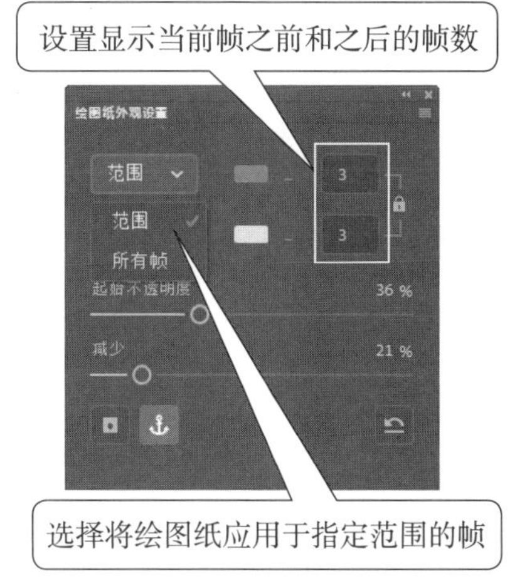

图 6.8　指定绘图纸应用于当前帧之前和之后的帧数

3. 选择帧

在【时间轴】面板中，用户可以根据需要选择帧。帧被选择后，在时间轴上播放头将移到该帧所在的位置，同时该帧中所有的对象将被选择。在时间轴上单击需要选择的帧，则该帧将被选中，如图 6.9 所示。

在时间轴上右击，选择快捷菜单中的【选择所有帧】命令（或选择【编辑】|【时间轴】|【选择所有帧】命令），将能够选择时间轴上所有的帧，如图 6.10 所示。

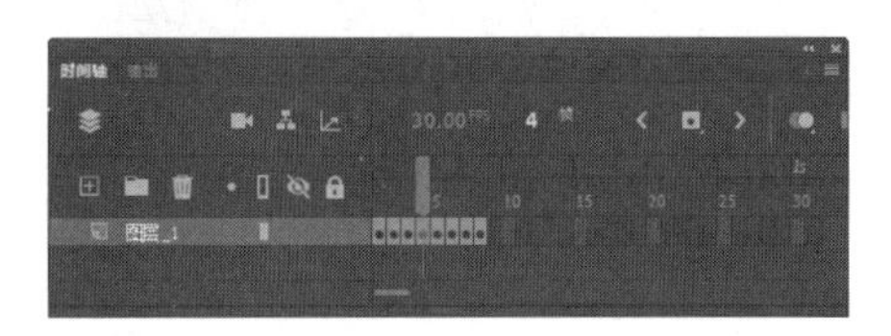

图 6.9　选择帧

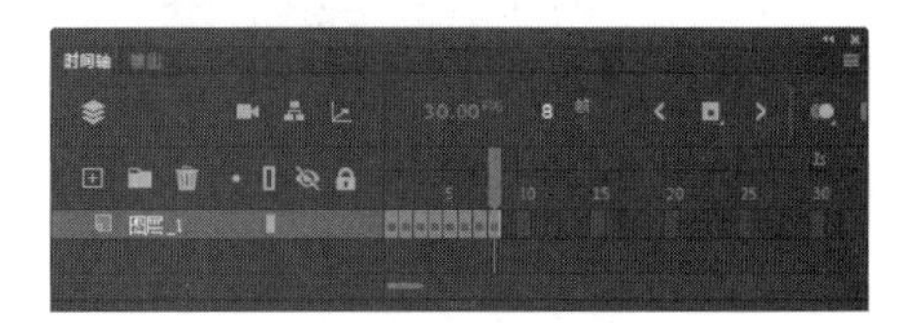

图 6.10　选择所有帧

专家点拨：如果需要选择时间轴上的多个帧，可以使用下面的方法进行操作。

- 选择连续的多个帧：在时间轴上单击选择一个帧，在时间轴上另一个帧上按住 Shift 键单击，则这两帧之间的所有帧被选择。
- 选择非连续的多个帧：在时间轴上按住 Ctrl 键依次单击需要选择的帧，则这些帧将被同时选择。

4. 插入帧

制作动画时，某一时刻需要定义对象的某个状态，这个时刻所对应的帧就是关键帧。实际上，关键帧就是用于定义动画变化或包含脚本动作的帧。Animate CC 可以通过在两个关键帧之间补间或填充帧来产生动画，关键帧包括普通关键帧、空白关键帧和属性关键帧这 3 种类型。

如果要插入关键帧，可以在时间轴上右击，选择快捷菜单中的【插入关键帧】命令，即可在当前位置插入一个关键帧。在时间轴上的某个时间点单击，按 F6 键也可以插入关键帧，如图 6.11 所示。

如果要插入空白关键帧，可以在时间轴上需要插入帧的位置右击，选择快捷菜单中的【插入空白关键帧】命令，即可在当前位置插入空白关键帧。在时间轴上选择某个时间点后按 F7 键也可以直接插入空白关键帧，如图 6.12 所示。

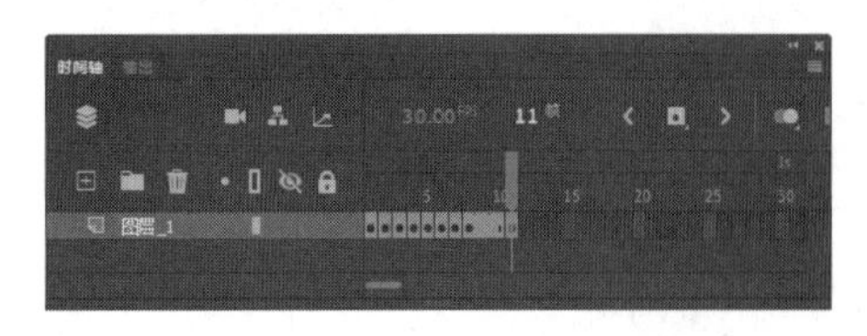

图 6.11　插入关键帧

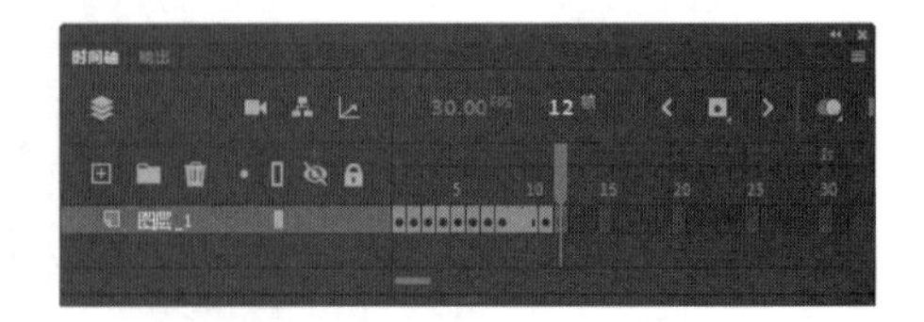

图 6.12　插入空白关键帧

专家点拨：在【时间轴】面板中提供了插入关键帧、空白关键帧或帧的快捷按钮，使用该按钮能够快速插入需要的帧，如图 6.13 所示。

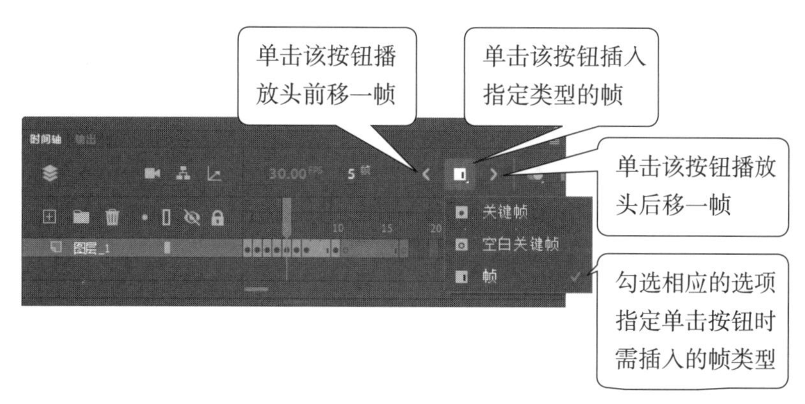

图 6.13　单击按钮插入指定类型的帧

如果要延长帧，可以在时间轴上选择帧，然后右击选择快捷菜单中的【插入关键帧】命令，则可以将帧延长到选择的位置。在选择帧后按 F5 键也可以实现延长帧的操作，如图 6.14 所示。

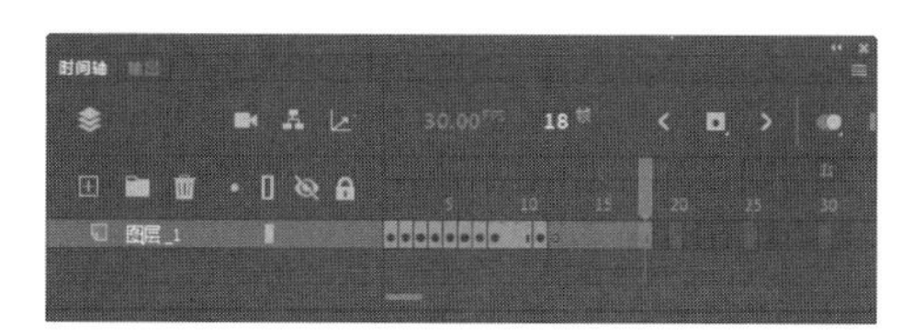

图 6.14　延长帧

专家点拨：在进行延长帧的操作时，时间轴上插入的是普通帧。所谓的普通帧也就是静态帧，不作为补间动画的一部分，只能将关键帧的状态进行延续。在关键帧后插入普通帧，所有的普通帧将继承关键帧的内容，不能再进行编辑操作。在制作动画时，添加普通帧可以将元素保持在舞台上。如果要将普通帧转换为关键帧，可以在时间轴上右击帧，选择快捷菜单中的【转换为关键帧】或【转换为空白关键帧】。

5. 删除和清除帧

右击时间轴上的一个关键帧，选择快捷菜单中的【清除关键帧】命令，此时该关键帧中的内容将被清除，关键帧变为空白关键帧，如图 6.15 所示。

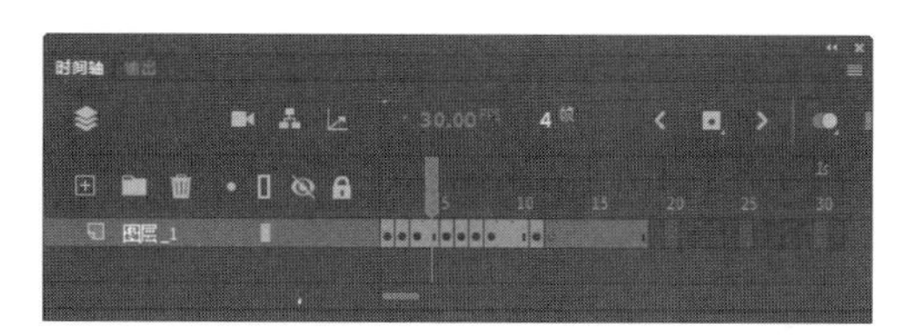

图 6.15　清除帧

右击时间轴上的一个关键帧，选择快捷菜单中的【删除帧】命令，则该关键帧将被删除。如对上一步清除内容后的空白关键帧应用【删除帧】命令，则该帧被删除，如图 6.16 所示。

在时间轴上右击一个关键帧，选择快捷菜单中的【清除关键帧】命令，则关键帧将被清除，如图 6.17 所示。

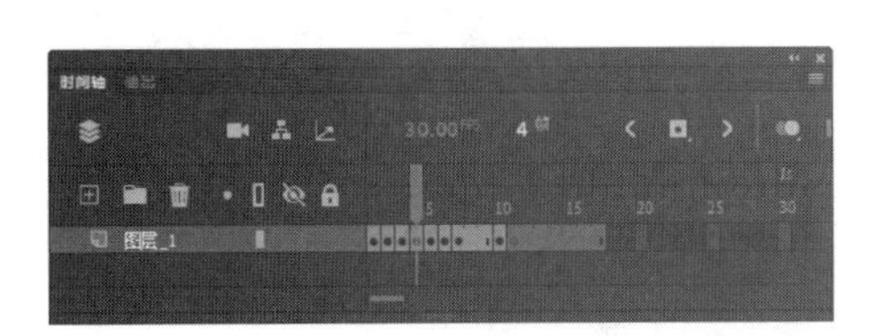

图 6.16 删除帧

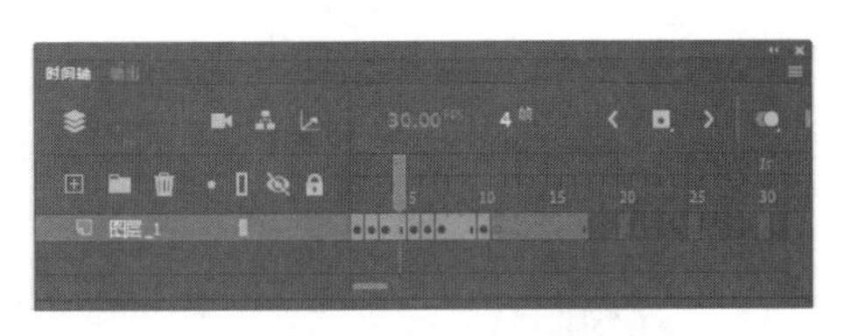

图 6.17 清除关键帧

专家点拨：时间轴上的帧也可以进行复制、剪切和粘贴操作。在时间轴上选择需要复制的关键帧后右击，选择快捷菜单中的【复制帧】命令复制该关键帧。在时间轴上右击目标帧，选择快捷菜单中的【粘贴帧】命令，则复制的关键帧即可被粘贴到该位置。如果选择【剪切帧】命令，则该帧被剪切，即帧的内容被清除，帧变为空白关键帧。在时间轴上用鼠标拖动关键帧可以将其移动到需要的位置。选择多个帧后右击，选择快捷菜单中的【翻转帧】命令，可以将选择的帧翻转，播放顺序将完全倒过来。

6. 设置帧频

帧频是动画播放的速度，以每秒播放的帧数（即 fps）为单位。在动画播放时，帧频将影响动画播放的效果。如果帧频太小则动画播放将会不连贯，而帧频太大则会使动画画面的细节模糊。在默认情况下，Animate CC 动画播放的帧频是 30 fps，这个帧频能为 Web 播放提供最佳效果。在制作动画时，可以对整个文档的帧频进行设置，这个设置应该在动画制作前根据需要完成。

要设置动画的帧频，可以选择【修改】|【文档】命令打开【文档设置】对话框，在对话框中对帧频进行设置，如图 6.18 所示。

图 6.18 设置帧频

图层的概念和基本操作

6.1.2 图层的管理

图层就像一层透明的白纸，当一层一层叠加后，透过上一层的空白部分可以看见下一层的内容，而上一层的内容将能够遮盖下一层的内容。通过更改图层的叠放顺序，可以改变在舞台上最终看见的内容。同时，对图层上对象的修改，不会影响到其他图层中的对象。因此，在制作动画时，图层用于组织文档中的不同元素。本节将对图层的基本操作进行介绍，对于引导层和遮罩层的创建，将在后面的章节中进行专门介绍。

1. 图层操作

在制作动画时，往往需要多个图层，Animate CC 无论创建多少个图层都不会增加发布成 SWF 文件的大小，但文件中较多的图层将占用较多的内存空间。在【时间轴】面板中，用户可以方便地对图层进行增加、删除和移动等操作。

在【时间轴】面板中选择一个图层，单击【新建图层】按钮将能够在当前图层上方创建一个新图层。在选择图层后，单击【删除】按钮或将该图层拖放到该按钮上能够将

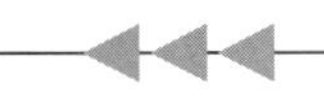

该图层删除，如图 6.19 所示。

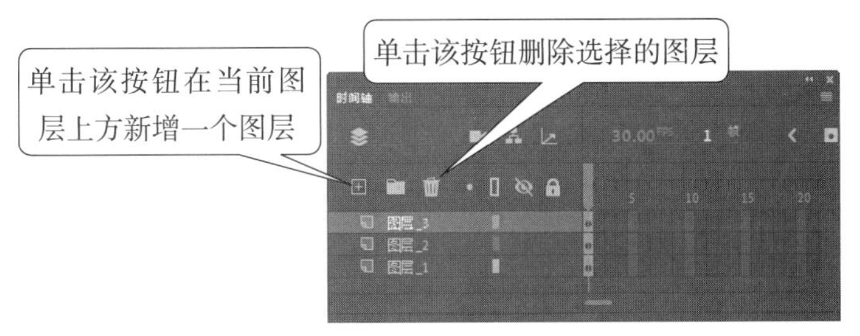

图 6.19 新建和删除图层

在【时间轴】面板中单击【新建文件夹】按钮将能够创建一个图层文件夹，双击文件夹右侧的文字进入文字编辑状态可以对文件夹命名，如图 6.20 所示。

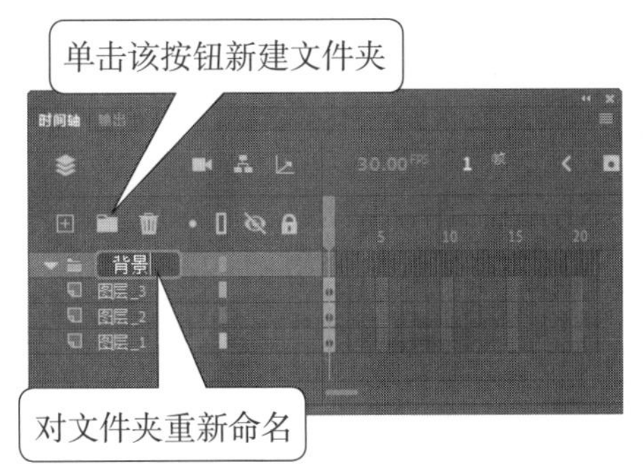

图 6.20 新建文件夹并命名

单击文件夹左侧的箭头按钮将能够打开文件夹查看文件夹中的图层。在选择某个图层或文件夹后，拖动图层或文件夹到需要的位置释放鼠标将能够移动该图层或文件夹，如图 6.21 所示。

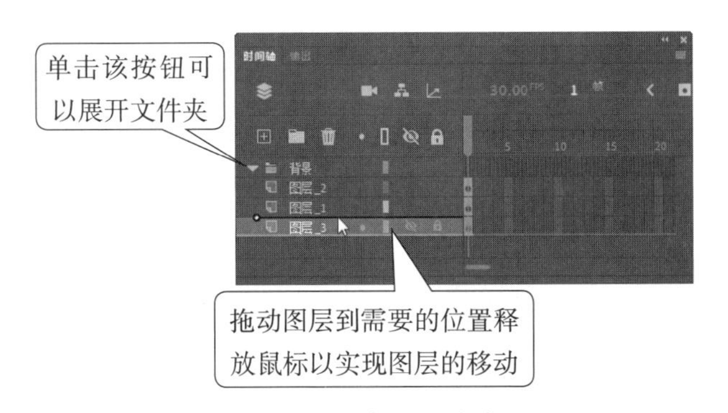

图 6.21 展开文件夹和移动图层

专家点拨：要选择文件夹或图层，可以单击图层或文件夹。在【时间轴】面板中单击该图层时间轴上的一个帧或在舞台上选择该图层中的对象都可以实现对图层的选择。按住 Shift 键或 Ctrl 键单击图层，可以实现多个图层的选择，此时选择的效果与时间轴上多帧的选择是一样的。

在默认情况下，图层或文件夹将按照创建的先后顺序来进行命名，用户可以根据需要对图层重新命名，以方便了解图层的作用和包含的内容。在图层名称上双击，名称处于可编辑状态，此时可以直接对图层或文件夹进行重新命名，如图 6.22 所示。

当图层较多时，为了方便对当前图层进行操作避免对其他图层的误操作，可以将其他未操作的图层隐藏起来，如图 6.23 所示。

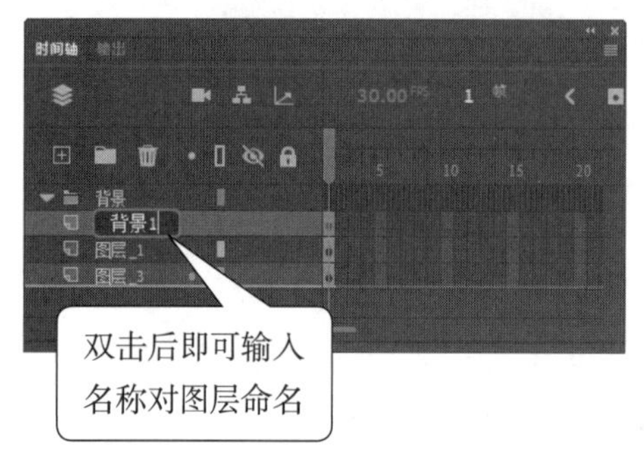

图 6.22　重命名图层

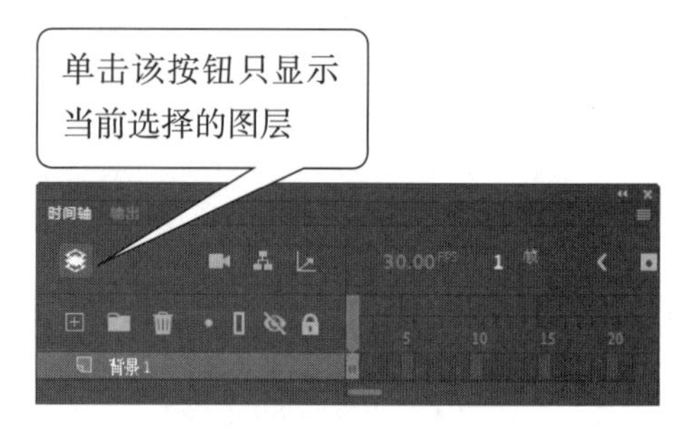

图 6.23　只显示当前图层

专家点拨：在 Animate CC 中，复制图层将能够复制图层中所有的帧。图层不仅能够在当前文档中进行复制，还可以复制到其他的文档中。与帧复制一样，右击图层，选择快捷菜单中的【拷贝图层】或【剪切图层】命令，在【时间轴】面板中右击目标图层，选择快捷菜单中的【粘贴图层】命令，图层即被粘贴到该图层的上方。如果直接选择【复制图层】命令，Animate CC 将会在当前图层上方复制该图层。

2. 修改图层状态

在【时间轴】面板中单击图层的【突出显示图层】按钮，当前图层将显示一条颜色下画线，图层也将显示特殊颜色，如图 6.24 所示。

单击【时间轴】面板中图层名右侧的按钮▮，该图层中的所有对象将显示为轮廓，如图 6.25 所示。再次在该位置单击，对象将恢复正常显示。

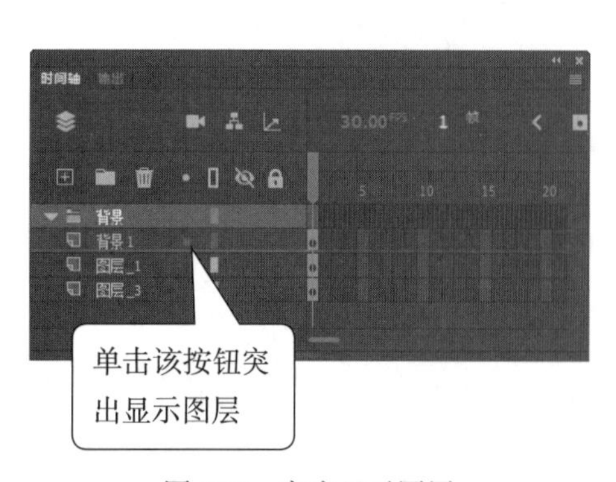

图 6.24　突出显示图层

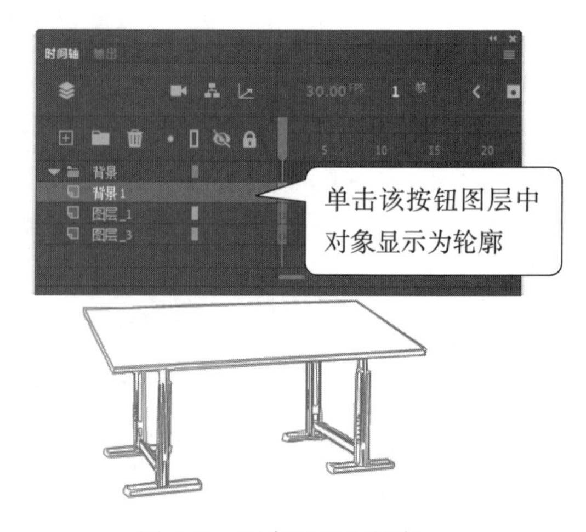

图 6.25　对象显示为轮廓

单击【时间轴】面板中图层名右侧的按钮使该按钮显示，则该图层被隐藏，如图 6.26 所示。图层隐藏后，图层中的内容在舞台上将不可见。图层隐藏后再次在该位置单击，图层将可见。

单击【时间轴】面板中图层名右侧的按钮，则该图层被锁定，如图 6.27 所示。图层被锁定后，该图层将无法再进行任何操作。再次在该位置单击，图层将解除锁定。

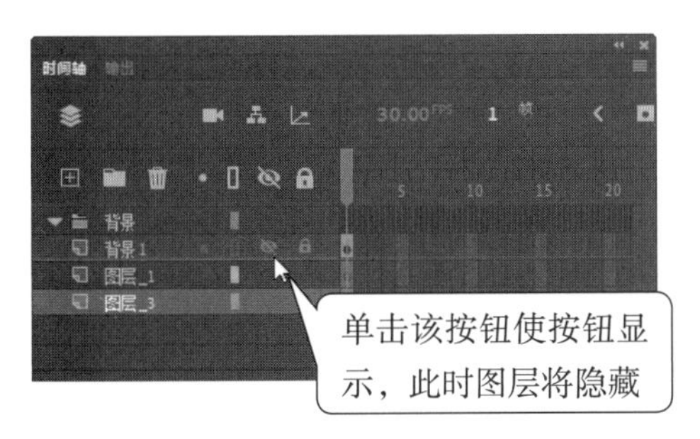

图 6.26　隐藏图层

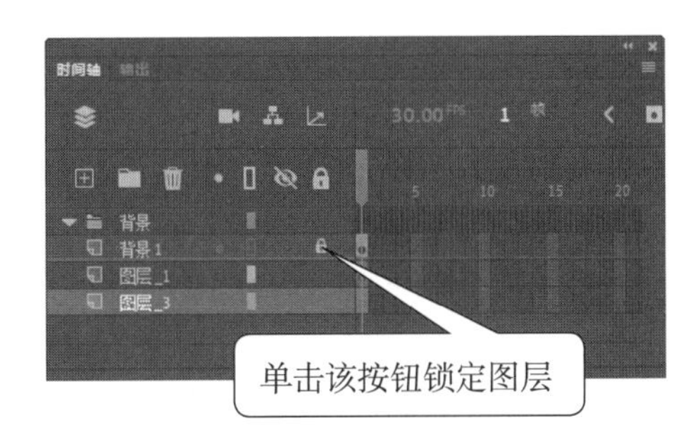

图 6.27　锁定图层

专家点拨：在【时间轴】面板中单击图层列表上方的【显示或隐藏所有图层】按钮，所有的图层将隐藏。同理，单击【突出显示图层】按钮、【将所有图层显示为轮廓】按钮或【锁定或解除锁定所有图层】按钮，操作将应用到所有的图层。

3. 合并图层

当绘制的图形较复杂时，【时间轴】面板中常常会出现很多的图层。此时，为使【时间轴】面板变得简洁以方便图层的操作，可以将多个图层合并为一个图层。在【时间轴】面板中同时选择多个需要合并的图层后右击，选择快捷菜单中的【合并图层】命令，选择的图层将被合并为一个图层，如图 6.28 所示。

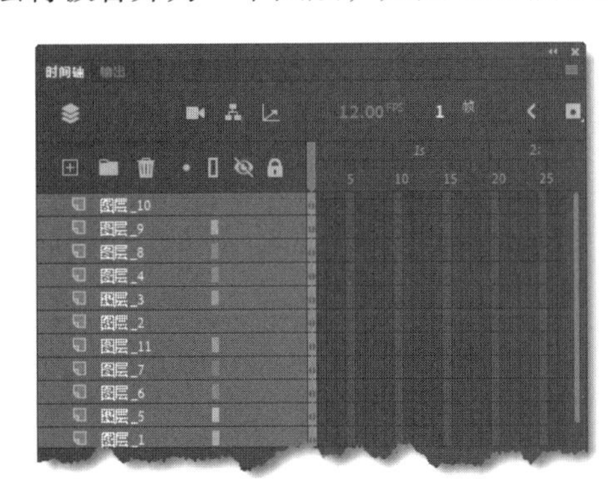

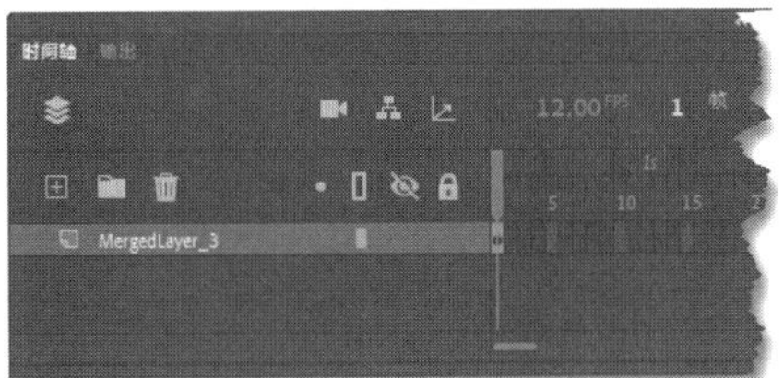

图 6.28　选择多个图层后合并为一个图层

专家点拨：Animate CC 在合并图层后，每个图层中的对象按照其在原图层中的位置放置到合并图层中，在合并图层中双击这个对象可以进入对象编辑状态对其进行编辑。

4. 图层中帧的混合模式

Animate CC 中上下图层对应的帧中图像是一种叠加显示的关系，通过设置帧的混合模式可以改变当前帧与其下层对应帧间重叠部分的颜色，从而获得独特的视觉效果。

在【时间轴】面板中选择图层中的某一帧，在【属性】面板中单击【帧】按钮，在【混合】设置栏的【混合】列表中选择相应的选项即可将该混合模式应用于帧中所有图像，如图 6.29 所示。

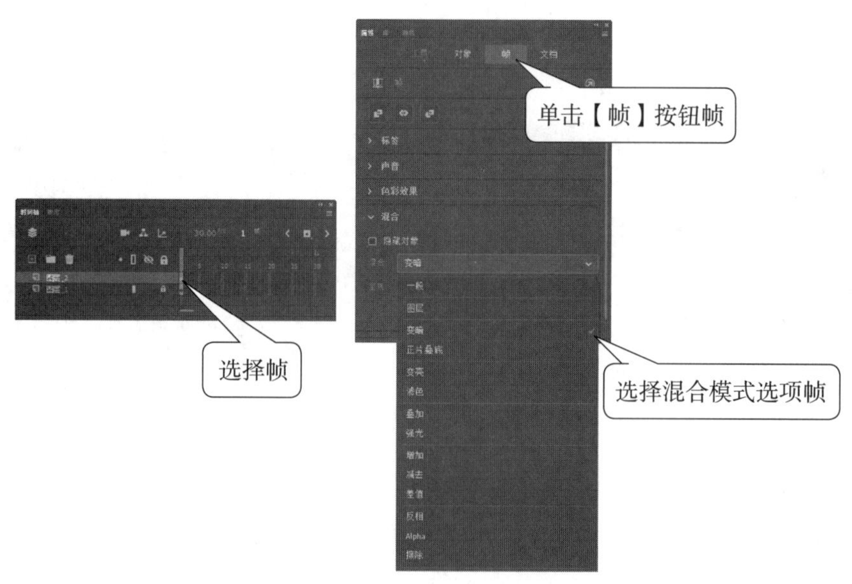

图 6.29　应用混合模式

在【时间轴】面板的“图层 1”的第 1 帧中放置一张有皱纹的纸素材图片，在“图层 2”的第 1 帧中放置一张插画图片，将“图层 2”第 1 帧的混合模式设置为“正片叠底”。使用混合模式前和混合模式后的显示效果如图 6.30 所示。

图 6.30　使用“正片叠底”混合模式前后的显示效果对比

专家点拨： 使用混合模式可以改变两个或两个以上重叠对象颜色的相互关系，其最终获得的效果取决于这多个叠加图层中图像的色彩。用户在使用混合模式时，可以多尝试各种不同混合模式，以获得需要的显示结果。

盛开的雪莲花

6.1.3　实战范例——盛开的雪莲花

1. 范例简介

逐帧动画是最传统的动画方式，它是通过细微差别的连续帧画面完成动画作品。例如，一个雪莲花盛开的动画就使用了 4 张细微差别的雪莲花图形，如图 6.31 所示。在 Animate CC 中，要完成雪莲花盛开的动画制作，必须将各个雪莲花分解图形，放在不同的关键帧。这里由于每个画面都和其他帧不一样，所以每一帧都必须设定成关键帧。

图 6.31　4 张细微差别的雪莲花图形

2. 制作步骤

（1）打开“雪莲花 .fla”。在这个文件中，已预先制作好 4 个雪莲花图形元件，它们存储在【库】面板中，如图 6.32 所示。

（2）在【时间轴】面板中将“图层 1”重新命名为“背景”。将【库】面板中的“背景”元件拖放到舞台上，在【属性】面板中，设置它的坐标为（0，0）。选择这个图层的第 4 帧，按 F5 键插入一个帧，以延伸背景图像。这样就得到一个渐变颜色的背景，可以烘托出雪莲花的美丽。为了不影响其他图层的操作，先将“背景”图层锁定。

（3）新建一个图层，并将其重新命名为“花朵”。将【库】面板中的“花朵 1”元件拖放到舞台上，如图 6.33 所示。

图 6.32 【库】面板

图 6.33　拖放“花朵 1”元件

（4）选择“花朵”图层的第 2 帧，按 F7 键插入一个空白关键帧，如图 6.34 所示。

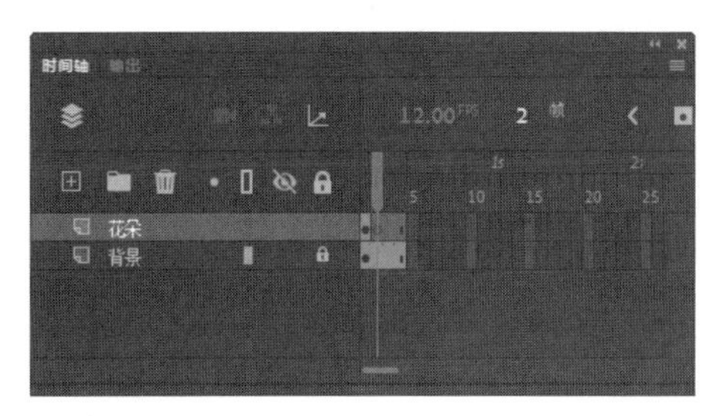

图 6.34　插入一个空白关键帧

（5）打开绘图纸功能，把“花朵 2”元件从【库】面板中拖放到舞台上，使花朵 2 的位置尽量和花朵 1 的位置重合。现在，前后移动播放头，看看这两帧构成的动画效果，如图 6.35 所示。

（6）分别在“花朵”图层的第 3 帧和第 4 帧插入空白关键帧。把“花朵 3”元件和“花朵 4”元件分别从【库】面板中拖放到第 3 帧和第 4 帧的舞台上，如图 6.36 所示。

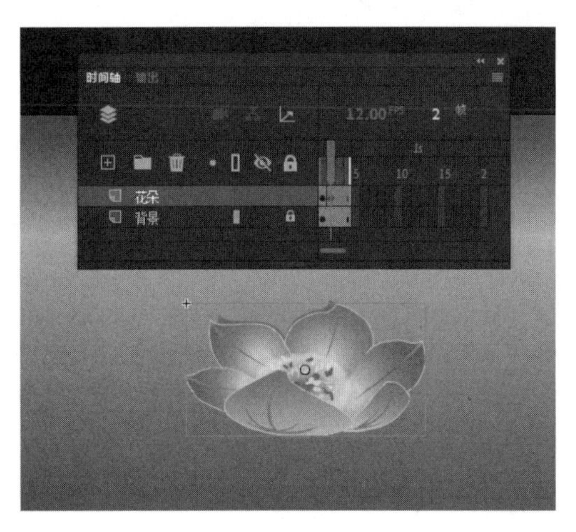

图 6.35 “花朵 2”元件

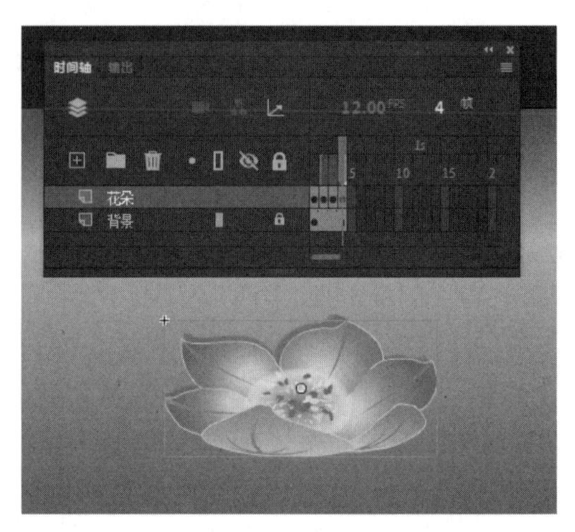

图 6.36 放置另外两个花朵元件

专家点拨：按下 Enter 键，可看到舞台上雪莲花开放的动画效果。这时，虽然看到动画效果，但是动画并不是很自然，主要是 4 个花朵的位置并没有完全重合，有跳动的感觉。此时可以一帧帧来调整图片，先调整一幅图片的位置，将其坐标值记下，再把其他图片设置成符合要求的坐标值。但是这种方法非常浪费时间，其实 Animate CC 提供了【编辑多个帧】功能，利用该功能可以进行多帧编辑，十分方便。

（7）长按【绘图纸外观】按钮，在打开的列表中选择【所有帧】选项，此时时间轴上的绘图纸标记会覆盖全部前 4 帧，如图 6.37 所示。

（8）用鼠标选中每一帧上的图形，利用键盘上的左右方向键移动图形实例，使 4 张雪莲花图形重叠在一起。

（9）一帧一个动作对于花朵开放来说速度有些过快，所以在“花朵”图层的各关键帧上分别按 F5 键插入一帧。在“背景”图层第 8 帧上按 F5 键插入帧，如图 6.38 所示。

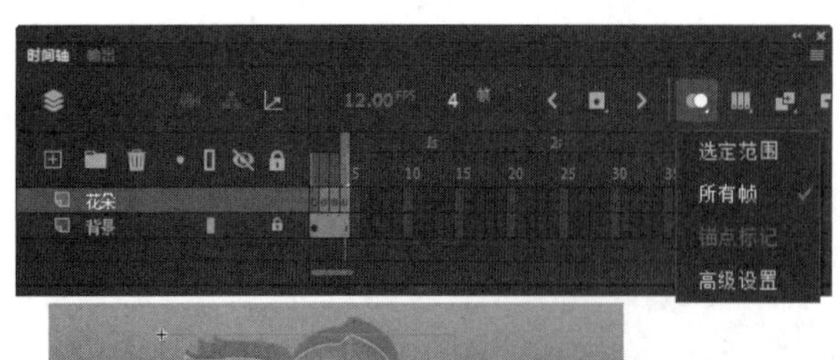

图 6.37 勾选【所有帧】选项

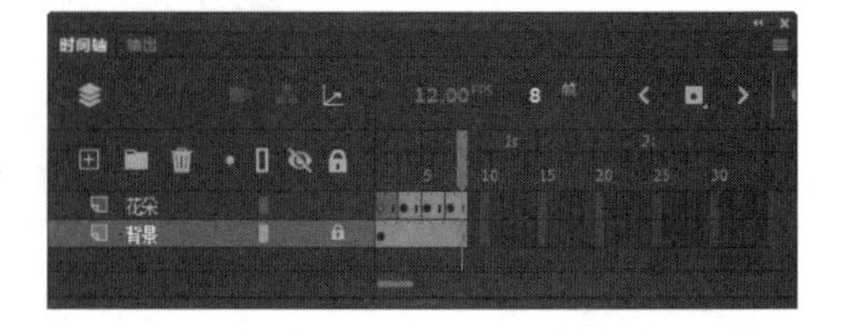

图 6.38 将“花朵”层各帧延长一帧

（10）按快捷键 Ctrl+Enter 测试影片，观察动画效果，如果满意，执行“文件”|“保存”命令，将文件保存。

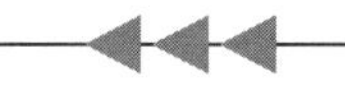

6.2 形状补间动画

通过形状补间可以创建类似于形变的动画效果，使一个形状逐渐变成另一个形状。利用形状补间动画可以制作人物头发飘动、人物衣服摆动、窗帘飘动等动画效果。

形状补间动画

6.2.1 制作形状补间动画的方法

形状补间动画的基本制作方法是，在一个关键帧上绘制一个形状，然后在另一个关键帧更改该形状或绘制另一个形状。定义好形状补间动画后，Animate CC 自动补上中间的形状渐变过程。下面制作一个圆形变成矩形的动画效果。

（1）新建一个 Animate CC 影片文档，保持文档属性默认设置。

（2）选择【椭圆工具】，在舞台上绘制一个无边框黑色填充的圆，如图 6.39 所示。

（3）在“图层 1”的第 20 帧，按 F7 键插入一个空白关键帧。用【矩形工具】绘制一个无边框黑色填充的矩形，如图 6.40 所示。

图 6.39 绘制一个圆

图 6.40 绘制一个矩形

专家点拨：绘制圆和矩形时，一定要保证【工具】面板中的【对象绘制】按钮不被按下，这样才能绘制出需要的形状。

（4）在【时间轴】面板中选择第 1 帧，右击，在弹出的快捷菜单中选择【创建补间形状】命令。这时，“图层 1”第 1 帧到第 20 帧之间出现了一条带箭头的实线，并且第 1 帧到第 20 帧之间的帧格颜色变为橙色，如图 6.41 所示。

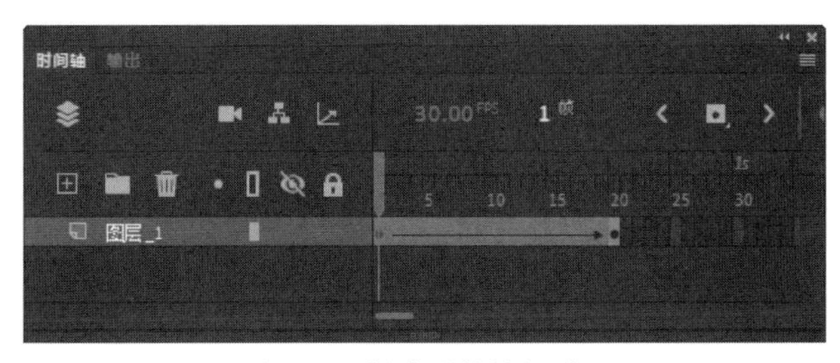

图 6.41 创建形状补间动画

（5）这样就制作完成一个形状补间动画。按下 Enter 键，可以看到一个圆形逐渐变化为矩形。

（6）形状补间动画除了可以制作形状的变形动画，还可以制作形状的位置、大小、颜色变化的动画效果。选择第 20 帧上的矩形，将它的填充颜色更改为红色。

（7）再按下 Enter 键，可以看到一个圆形逐渐变化为矩形，同时图形颜色由黑色逐渐过渡为红色。

6.2.2 形状补间动画的参数设置

定义了形状补间动画后，在【属性】面板的【补间】栏可以进一步设置相应的参数，以使得动画效果更丰富，如图 6.42 所示。

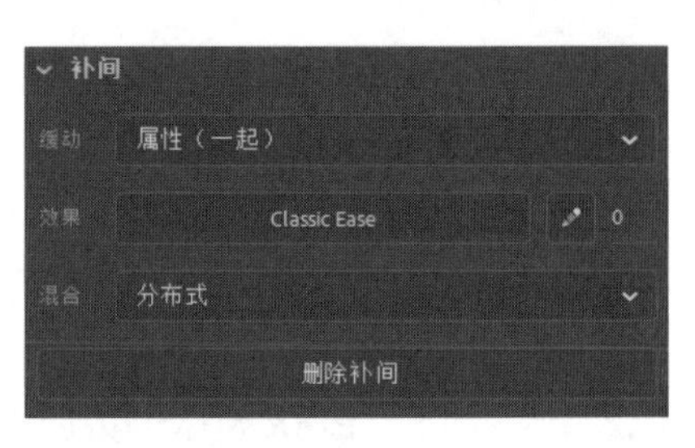

图 6.42 【属性】面板

这里,【混合】选项的下拉列表中有以下两个选项。

- 分布式：创建的动画的中间形状更为平滑和不规则。
- 角形：创建的动画的中间形状会保留有明显的角和直线。

专家点拨：“角形”只适合于具有锐化转角和直线的混合形状。如果选择的形状没有角，Animate CC 会还原到分布式形状补间动画。

6.2.3 添加形状提示

添加形状提示

要控制更加复杂或特殊的形状变化，可以使用形状提示。形状提示会标识起始形状和结束形状中的相对应的点。例如，在通过补间形状制作一个改变人物脸部表情的动画时，可以使用形状提示来标记每只眼睛。这样在形状发生变化时，脸部就不会乱成一团，每只眼睛还都可以辨认。

下面用一个简单的数字转换效果来说明形状提示的妙用。

（1）新建一个 Animate CC 影片文档，保持文档属性默认设置。

（2）选择【文本工具】。在【属性】面板中，设置字体为 Arial Black，字体大小为 150 点，文本颜色为黑色。

（3）在舞台上单击，输入数字 1。执行【修改】|【分离】命令，将数字分离成形状，如图 6.43 所示。

（4）选择“图层 1”第 20 帧，按 F7 键插入一个空白关键帧。选择“文本工具”，输入数字 2。

（5）同样把这个数字 2 分离成形状，如图 6.44 所示。

图 6.43 将数字分离成形状

图 6.44 第 20 帧上的数字形状

（6）选择第 1 帧，右击，在弹出的快捷菜单中选择“创建补间形状”命令定义形状补间动画。

（7）按下 Enter 键，可以观察到数字 1 变形为数字 2 的动画效果。但是这个变形过程很乱，不太符合需要的效果。下面添加变形提示以改进动画效果。

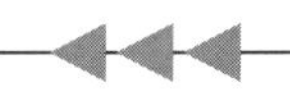

（8）选择“图层 1”的第 1 帧，执行【修改】|【形状】|【添加形状提示】命令两次。这时舞台上会连续出现两个红色的变形提示点（重叠在一起），如图 6.45 所示。

图 6.45　添加两个变形提示点

专家点拨：右击提示点，在快捷菜单中选择【删除提示】命令将删除当前的提示点，选择【删除所有提示】命令将删除所有提示点。选择菜单中【显示提示】选项使其处于选中状态，则提示将不显示。

（9）在【工具】面板中选择【选择工具】，在【属性】面板中单击【文档】按钮，在打开的面板中按下【贴紧至对象】按钮。使用【选择工具】拖动第 1 帧和第 20 帧中的形状提示，将它们放置到需要的位置。调整好后在旁边空白处单击鼠标，提示点的颜色会发生变化。第 1 帧上的变为黄色，第 20 帧上的变为绿色，如图 6.46 所示。

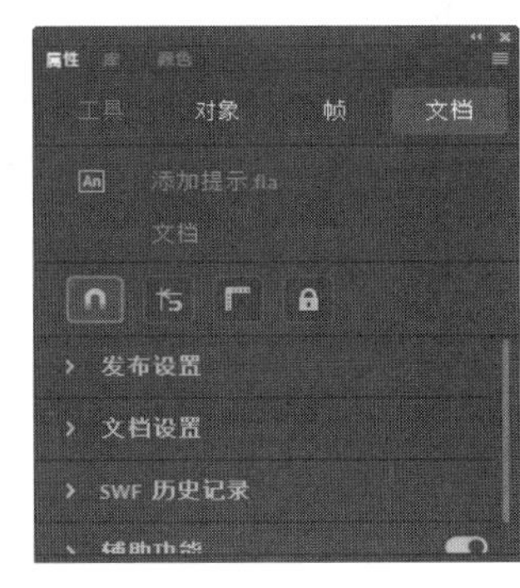

图 6.46　调整提示点

（10）再次按下 Enter 键，可以观察到数字 1 变形为数字 2 的动画效果已经比较美观了。数字转换的过程是按照添加的提示点进行。

专家点拨：在 Animate CC 中形状提示点的编号为 a～z，共有 26 个。在使用形状提示时，并不是提示点越多效果越好。有时候过多的提示点反而会使补间形状动画异常。在添加提示点时，应首先预览动画效果，只在动画不太自然的位置添加提示点。

6.2.4　实战范例——窗帘飘动

窗帘飘动

微风吹拂，窗帘摆动，多美的画面。本实例将利用补间形状制作这个动画效果，如图 6.47 所示。下面将介绍动画的制作步骤。

图 6.47　窗帘飘动

1. 创建影片文档和制作动画背景

（1）新建一个 Animate CC 影片文档。设置舞台背景颜色为淡蓝色，其他保持默认设置。

（2）将“图层 1”重新命名为“风景”。执行【文件】|【导入】|【导入到舞台】命令，将外部图像文件“风景 .jpg”导入到场景中。将风景图

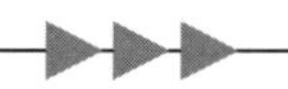

片缩小到合适尺寸。选择第 80 帧，按 F5 键，增加一个普通帧，以延伸风景图片，如图 6.48 所示。

（3）新添加一个图层，并将这个图层重新命名为“窗户”。在这个图层上，选择工具箱中的【矩形工具】，将【笔触颜色】设置为无，【填充颜色】设置为淡黄色，在场景中绘制出一个长方形的窗帘盒，如图 6.49 所示。

（4）选择【矩形工具】，将【笔触颜色】设置为淡蓝色，【填充颜色】设置为无，【笔触大小】设置为 2.5，在舞台上绘制出窗框的形状。再用【线条工具】绘制窗框上的一些线条，画窗框时，注意要保持对称，如图 6.50 所示。

图 6.48　插入风景图片

图 6.49　画窗帘盒的形状

图 6.50　画窗框的形状

（5）选择“窗户”图层的第 80 帧，按 F5 键插入帧。

2. 创建“窗帘”图形元件

（1）执行【插入】|【新建元件】命令，新建一个名为“窗帘”的图形元件，如图 6.51 所示。

（2）单击【确定】按钮以后进入新元件的编辑场景。选择【矩形工具】，将【笔触颜色】设置为黑色，【填充颜色】设置为无，在场景中绘制出一个矩形，再用【线条工具】在矩形上绘制黑色的线段，如图 6.52 所示。

图 6.51　创建图形元件

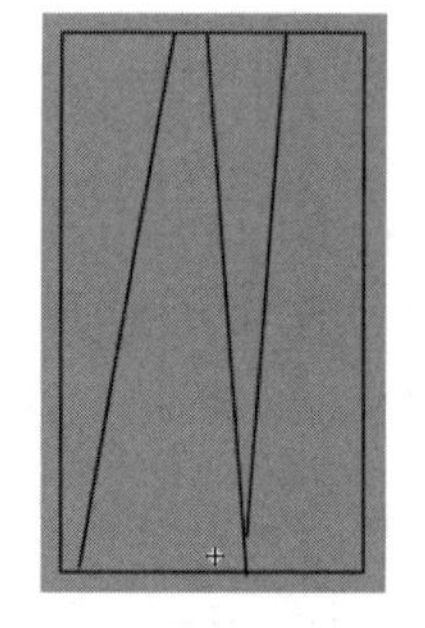

图 6.52　绘制窗帘的轮廓

（3）打开【颜色】面板，在其中选择填充颜色类型为线性渐变，在颜色条上设置 4 个色块，从左到右依次设置为灰色（#C8C8C8）、白色（#F8F8F8）、白色（#FAFAFA）、灰色（#C4C4C4），如图 6.53 所示。

（4）选择【颜料桶工具】，在【属性】面板中单击【间隙大小】按钮，在打开的列表中选择【封闭大空隙】选项。这样填充以后，窗帘就形成几个颜色块，给人感觉是柔软的纱帘在垂下时形成的褶皱，如图 6.54 所示。

（5）把轮廓线条删除，并用【选择工具】调整窗帘的形状。然后，选择整个窗帘形状，执行【修改】|【形状】|【优化】命令，使它变得有弧度、圆滑，如图 6.55 所示。

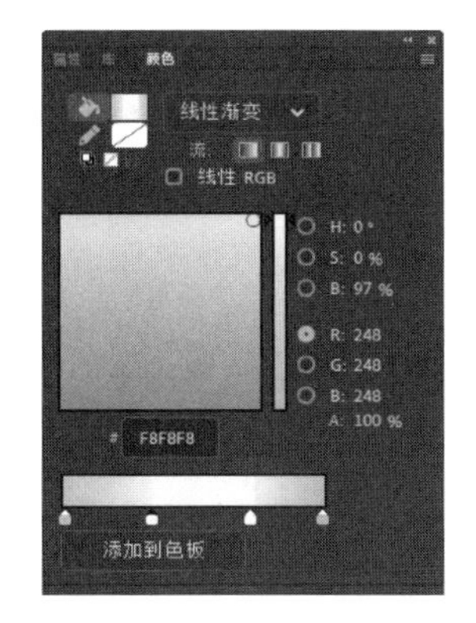

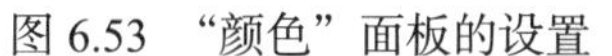
图 6.53　“颜色”面板的设置

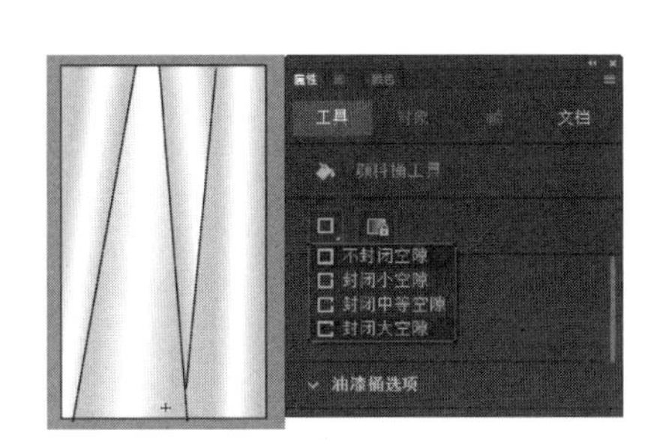

图 6.54　对图形进行填充

图 6.55　绘制好的窗帘形状

（6）分别在第 35 帧、第 80 帧插入关键帧。然后在第 1 帧和第 35 帧之间任何一帧处右击，在弹出的快捷菜单中选择【创建补间形状】命令，建立形状补间动画。同样在第 35 帧和第 80 帧之间建立形状补间动画，如图 6.56 所示。

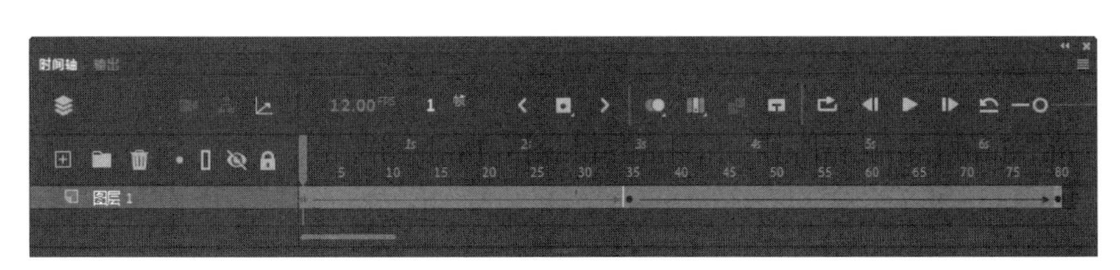

图 6.56　创建形状补间动画

（7）在第 35 帧处，对场景中的窗帘图形进行变形。选择【修改】|【变形】|【旋转与倾斜工具】命令，拖动窗帘上的控制柄对窗帘进行倾斜变形。同时，拖动窗帘的边缘对边缘进行适当调整，反复测试，如果发现窗帘形状破损，那就撤销前一步的调整。对窗帘形状进行反复调整，直到满意为止，如图 6.57 所示。至此，“窗帘”图形元件制作完毕，它的动画效果主要是用形状补间动画来完成的。

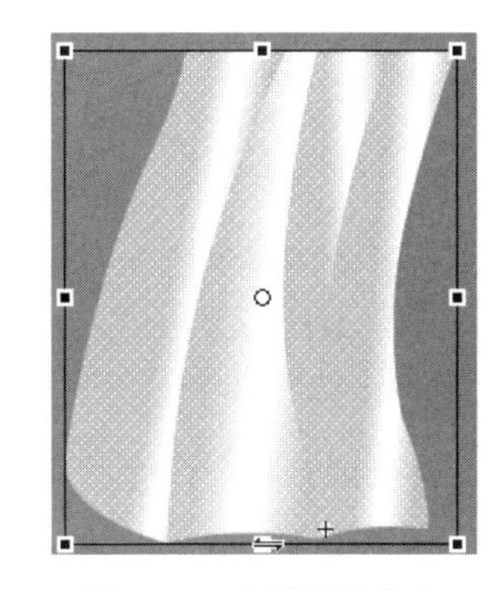

图 6.57　变形后的窗帘

3. 组装动画

（1）返回到“场景 1”，在【时间轴】面板中新建一个图层，并将其命名为“左窗帘”。把这个图层拖到“窗户”图层下面。从【库】面板中拖出“窗帘”元件，把它放到窗帘盒左下方。调整窗帘的大小以配合窗户的整体效果。

（2）再新建一个图层，将其命名为“右窗帘”，在【时间轴】面板中将这个图层拖放到“窗户”图层下面，从【库】面板中再次拖出一个“窗帘”元件放置于该图层中。选择

【修改】|【变形】|【水平翻转】命令，将“窗帘”摆在窗帘盒右下方，使其与上一步放置的窗帘对称，如图 6.58 所示。

（3）选择左边的窗帘实例，在【属性】面板中，设置 Alpha 值为 40%，让窗帘透明。同样把右边的窗帘实例也变得同样透明，如图 6.59 所示。

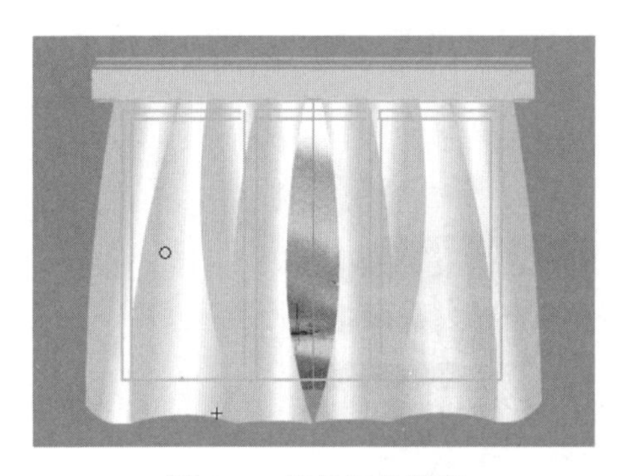

图 6.58　摆放好的窗帘

图 6.59　透明的窗帘

（4）分别选择“左窗帘”图层和“右窗帘”图层的第 80 帧，按 F5 键插入帧。至此，本范例制作完毕，按 Ctrl+Enter 组合键播放动画即可看到动画效果。

专家点拨：这里将“左窗帘”图层和“右窗帘”图层分别延伸到第 80 帧，是因为“窗帘”元件中的动画定义了 80 帧。在主场景中引用“窗帘”元件时，只有设置成同样的帧数，才能保证元件的动画完整播放。

6.3 传统补间动画

传统补间动画是 Animate 历史最悠久的一种补间动画方式。在制作动画时，在一个关键帧设置对象的位置、尺寸和旋转等属性，在另一个关键帧改变对象的这些属性，在这两个关键帧之间定义传统补间，Animate CC 就会自动补上中间的动画过程。

传统补间动画

6.3.1 传统补间动画的创建方法

在 Animate CC 中制作传统补间动画时，对象必须是元件。这里的元件，指的是影片剪辑、图形元件和按钮元件。同时，创建传统补间动画需要在时间轴上设置对象的起始帧和结束帧。

下面以制作一个飞机飞行的动画效果为例，介绍传统补间动画的创建方法。

（1）新建一个 Animate CC 影片文档，设置舞台背景色为蓝色，其他保持默认值。

（2）在【工具】面板中选择【文本工具】。在【属性】面板中，将字体设置为 Webdings，文字大小设置为 100 点，文字的颜色设置为白色，如图 6.60 所示。

（3）在舞台上单击添加文本框，然后按 J 键输入字符“j”，舞台上就出现一个飞机符号。将这个飞机符号拖放到舞台的右上角，如图 6.61 所示。

（4）选择“图层 1”的第 35 帧，按 F6 键插入一个关键帧。将第 35 帧的飞机移动到舞台的左下角，如图 6.62 所示。

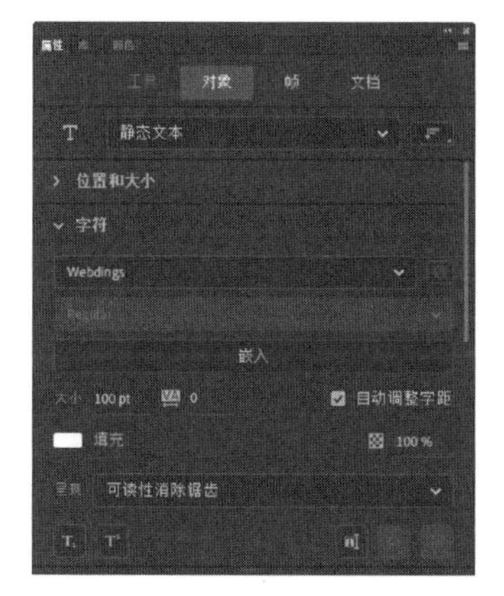

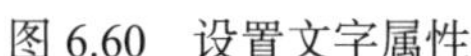

图 6.60　设置文字属性　　图 6.61　输入飞机符号　　图 6.62　第 35 帧上的飞机位置

（5）选择第 1 帧和第 35 帧之间的任意一帧右击，在弹出的快捷菜单中选择【创建传统补间】命令，如图 6.63 所示。此时，Animate 给出提示对话框要求将对象转换为元件，如图 6.64 所示。单击【确定】按钮关闭对话框，对象将自动转为元件。

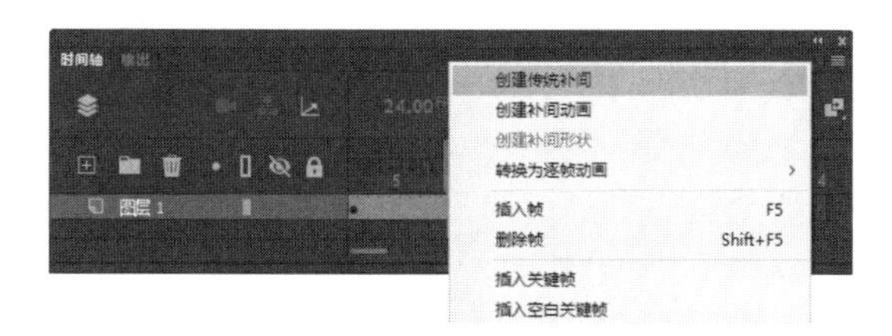

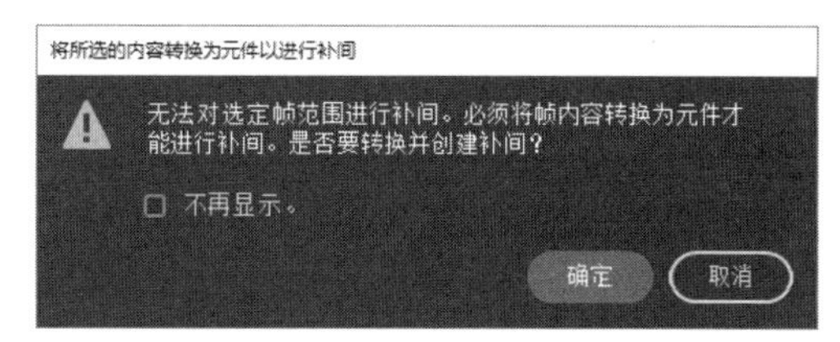

图 6.63　选择【创建传统补间】命令　　图 6.64　Animate CC 提示对话框

专家点拨：在制作传统补间动画时，如果帧中对象不是元件，Animate 会给出提示对话框要求将对象转换为元件。单击【确定】按钮关闭对话框后，Animate 会自动将对象转换为名为“补间 X”的图形元件，这里的 X 为 Animate 自动给予的数字编号。

（6）这时，“图层 1”第 1 帧到第 35 帧之间出现了一条带箭头的实线，并且第 1 帧到第 35 帧之间的帧格变成淡紫色，如图 6.65 所示。

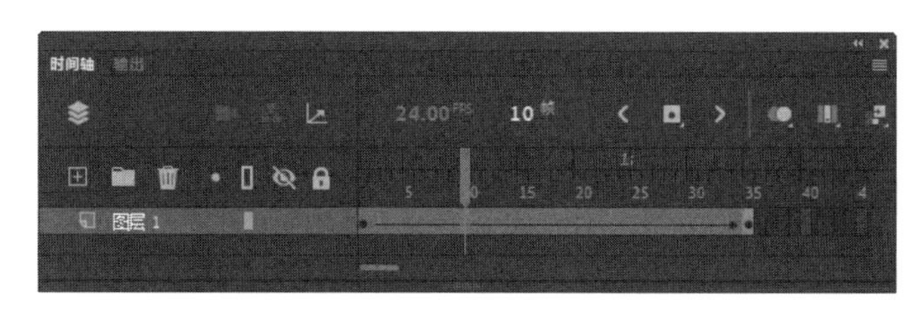

图 6.65　传统补间动画的时间轴面板

（7）这样就完成一个传统补间动画的制作。按下 Enter 键，可以看到飞机从舞台右上角飞行到舞台左下角的动画效果。

专家点拨：创建传统补间动画，还可以在起始关键帧和终止关键帧之间的任意一帧上单击，然后执行【插入】|【创建传统补间】菜单命令。当需要取消创建的传统补间动画时，可以任选一帧右击，在弹出的快捷菜单中选择【删除经典补间动画】命令。

传统补间动画的参数设置

6.3.2 传统补间的参数设置

定义了传统补间后，在时间轴上选择补间帧中的任意一帧，在【属性】面板的【补间】设置栏中即可对补间动画进行进一步的设置，以使得动画效果更丰富，如图 6.66 所示。

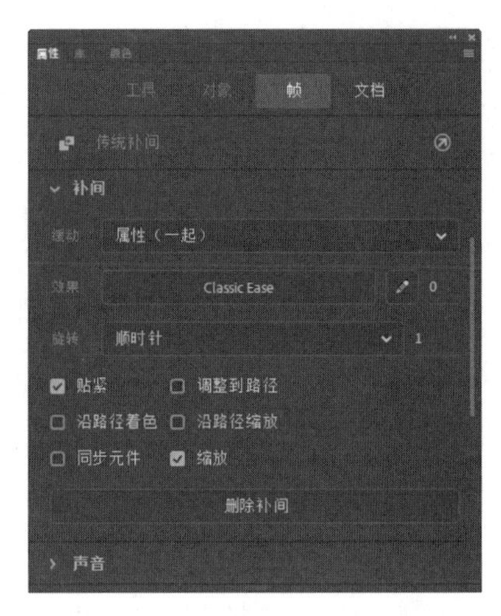

图 6.66 【属性】面板中的【补间】设置栏

1. 设置缓动效果

在 Animate CC 中，制作对象运动动画时，传统的补间动画只能按照元件在两个关键帧之间位置的平均值来补间对象在每个关键帧的位置，因此获得的是匀速运动效果。如果要使元件的运动是变速运动，则需要创建缓动效果。

单击【效果】右侧的按钮将打开一个设置面板，该面板提供了预设缓动效果供用户直接使用。在左侧列表中选择预设缓动类型，中间列表将列出该类型下所有可用的缓动效果。选择需要使用的缓动选项，右侧将显示该缓动效果曲线，如图 6.67 所示。双击中间列表中的效果选项即可将该预设缓动效果应用于补间动画。

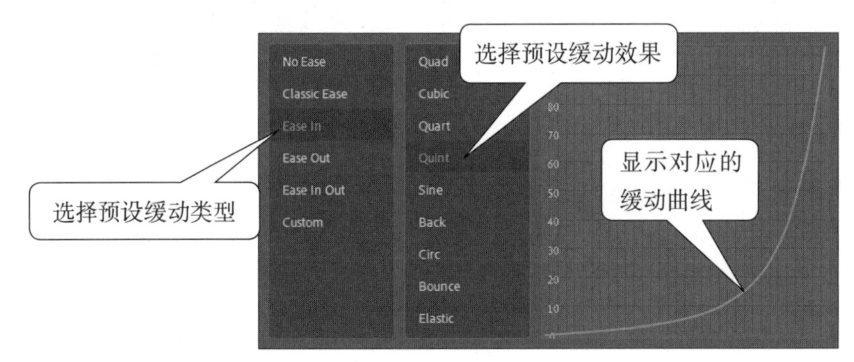

图 6.67 应用内置缓动效果

将鼠标放置到【编辑缓动】按钮右侧的【缓动强度】文本框上，拖动鼠标或者在该文本框中输入数值可以设置缓动强度值。设置完后，传统补间会以下面的设置作出相应的变化。

- 在 -1 ～ -100 的负值之间，动画运动的速度从慢到快，朝运动结束的方向加速补间。
- 在 1 ～ 100 的正值之间，动画运动的速度从快到慢，朝运动结束的方向减慢补间。
- 默认情况下，补间帧之间的变化速率是不变的，也就是没有缓动效果。

专家点拨： 在【补间】设置栏中打开【效果】设置面板，在左侧列表中选择 Classic Ease 选项，在中间列表中将出现【强度】文本框，使用该文本框同样可以设置缓动强度，如图 6.68 所示。在左侧列表中选择 Custom 选项，双击中间列表中出现的 New 选项将打开【自定义缓动】对话框。双击左侧列表中的 No Ease 选项可以将补间动画的缓动效果清除。

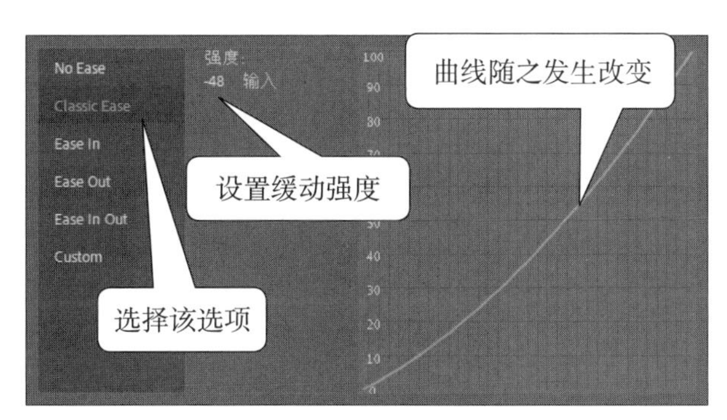

图 6.68　设置缓动强度

2. 添加旋转效果

创建传统补间动画后，在时间轴上选择任意一个补间帧，在【属性】面板的【补间】设置栏的【旋转选项】下拉列表中包括 4 个选项可供选择。选择【无】选项将禁止元件旋转；选择【自动】选项可使元件在需要最小动作的方向上旋转一次。

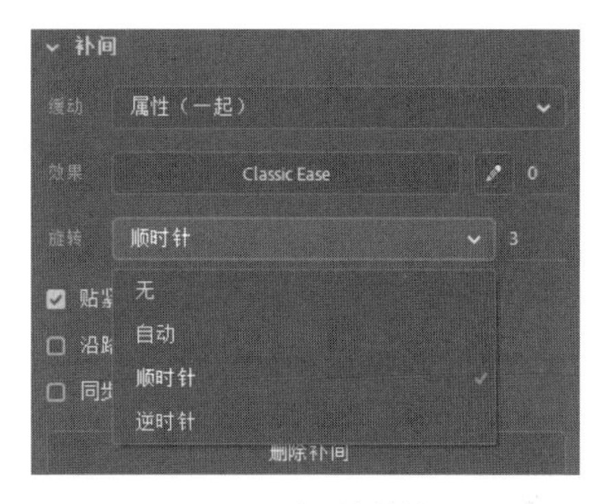

图 6.69　设置旋转效果

如果选择【顺时针】或【逆时针】选项，可获得元件顺时针或逆时针的旋转动画。此时，下拉列表右侧的输入文本框可用，可以在该文本框中输入数字，设置在运动时顺时针或逆时针旋转的圈数，如图 6.69 所示。

3.【补间】设置栏的 6 个复选框

在【补间】设置栏的下方提供了 6 个复选框，用户可以根据补间动画效果的需要决定是否勾选相应的复选框。

- 【贴紧】复选框：勾选此复选框，可以根据注册点将补间对象附加到运动路径，此项功能主要用于引导路径动画。
- 【调整到路径】复选框：将补间对象的基线调整到运动路径，此项功能主要用于引导路径动画。在定义引导路径动画时，勾选此复选框，可以使动画对象根据路径调整身姿，使动画更逼真。
- 【沿路径着色】复选框：勾选此复选框，将能够获得根据路径的颜色更改色彩的动画效果。
- 【沿路径缩放】复选框：勾选此复选框，将能够根据路径的宽度获得元件缩放的效果。
- 【同步元件】复选框：勾选此复选框，可以使图形元件的动画和主时间轴同步。
- 【缩放】复选框：在制作传统补间动画时，如果在终点关键帧上更改了动画对象的大小，那么这个【缩放】复选框勾选与否就影响动画的效果。如果勾选了这个复选框，那么就可以将大小变化的动画效果补出来。也就是说，可以看到动画对象从大逐渐变小（或者从小逐渐变大）的效果。如果没有勾选这个复选框，那么大小变化的动画效果就补不出来。默认情况下，【缩放】选项自动被勾选。

6.3.3 传统补间动画的应用分析

传统补间动画可以将动画对象的各种属性的变化效果补出来，这些属性包括位置、大小、颜色、透明度、旋转、倾斜、滤镜参数等。但是，这并不是说针对任何一种对象类型都能把这些属性的变化呈现出来。例如，对于透明度这个属性来说，只有动画对象是图形元件或者影片剪辑元件时，才能在传统补间动画中定义透明度的变化效果。

1. 缩放动画效果

（1）新建一个 Animate CC 影片文档，文档属性保持默认值。

（2）选择【多角星工具】，在【属性】面板中按下【对象绘制模式】按钮。将笔触设置为无，填充颜色设置为红色。在【工具选项】设置栏中【样式】列表中选择【星形】选项，同时将【边数】设置为 5。拖动鼠标在舞台上绘制一个五角星对象，如图 6.70 所示。

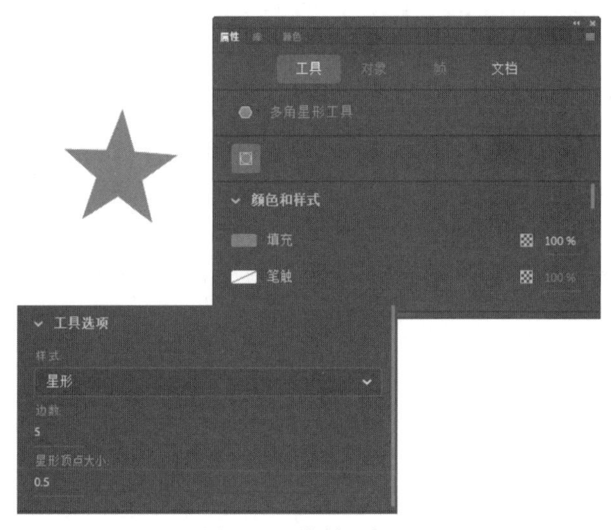

图 6.70　绘制五角星

（3）选择“图层 1”的第 30 帧，按 F6 键插入一个关键帧。选中第 30 帧上的五角星，打开【变形】面板，约束宽和高的比例，在【缩放宽度】文本框中输入 200%，【缩放高度】文本框中也自动变为 200%，如图 6.71 所示。

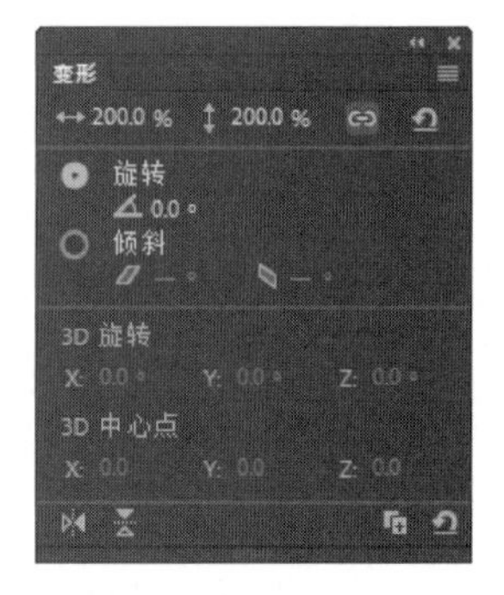

图 6.71 【变形】面板

（4）在时间轴上选择第 1 帧和第 30 帧之间的任意一帧右击，在弹出的快捷菜单中选择【创建传统补间】命令，Animate CC 给出提示对话框提示将图形转换为元件。单击【确定】按钮关闭对话框并创建元件，这样就获得一个图形缩放动画的制作，按 Enter 键即可在舞台上观看动画效果。

2. 旋转动画效果

下面制作五角星旋转的动画效果。接着上面的步骤继续操作。

（1）在【时间轴】面板中选择第 1 帧，展开【属性】面板中的【补间】栏，在【旋转选项】列表中勾选【顺时针】选项。在其后文本框中输入 2，如图 6.72 所示。

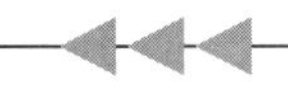

（2）按 Enter 键观看动画效果，可以看到五角星顺时针旋转两圈的动画效果。

图 6.72　设置旋转参数

3. 颜色变化效果

下面制作五角星从红色逐渐变为黄色的动画效果。接着上面的步骤继续操作。

（1）新建一个 Animate CC 影片文档。在【工具】面板中选择【多角星形工具】，在舞台上绘制一个没有边框的红色五角星。选中这个五角星，选择【修改】|【转换为元件】命令，在打开的【转换为元件】对话框的【名称】文本框中输入元件名称，将【类型】设置为【图形】，如图 6.73 所示。单击【确定】按钮，这样舞台上的五角星就变成了一个图形元件实例。

图 6.73　【转换为元件】对话框

（2）在【时间轴】面板中选择“图层 1”的第 30 帧，按 F6 键插入一个关键帧。选中第 30 帧上的五角星，打开【变形】面板，将五角星的尺寸放大到 200%。在第 1 帧和第 30 帧之间的任意一帧右击，在弹出的快捷菜单中选择【创建传统补间】命令。

（3）选中第 30 帧上的五角星实例，展开【属性】面板中的【色彩效果】栏，选择【颜色样式】列表中的【色调】选项。单击该列表右侧的【着色】按钮，在打开的调色板中选择黄色，如图 6.74 所示。拖动面板中的【色调】【红色】【绿色】和【蓝色】滑块，可以对帧色调进行具体的调整，如图 6.75 所示。

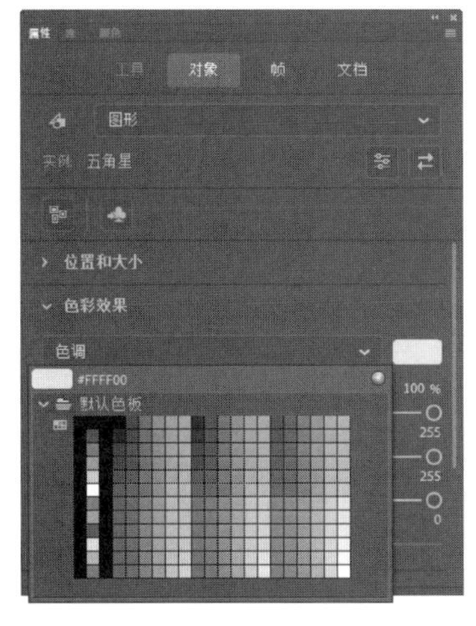

图 6.74　设置颜色色调

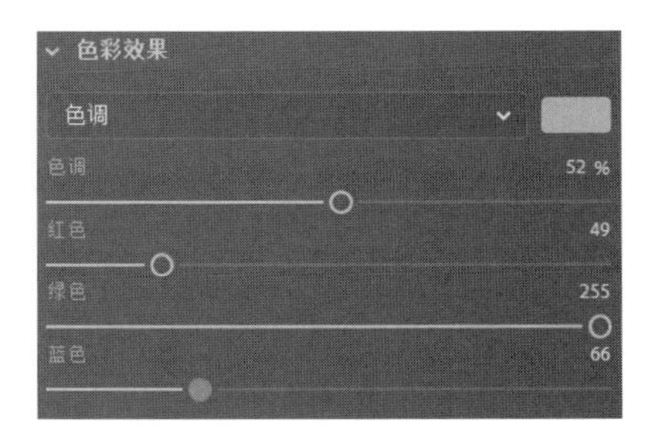

图 6.75　对色调进行调整

（4）按 Enter 键观看动画效果，可以看到五角星从小逐渐变化到大，并且颜色从红色逐渐过渡为黄色。

专家点拨：在【颜色样式】列表中选择【高级】选项，列表的下方将出现 Alpha、【红色】【绿色】和【蓝色】设置项。这些设置项除了可以设置颜色的占比之外，还可以设置相对偏移量，如图 6.76 所示。

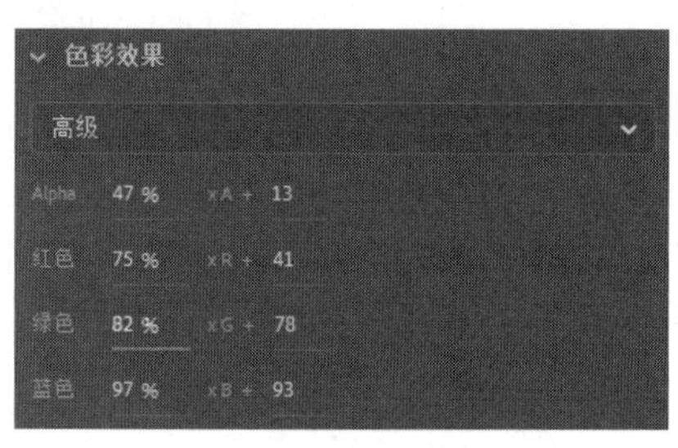

图 6.76 色彩的【高级】设置

4. 淡入淡出效果

（1）新建一个 Animate CC 影片文档，文档属性保持默认。

（2）在【工具】面板中选择【文本工具】，在【属性】面板中将文字字体设置为“黑体”，文字大小设置为 38 点，文字的颜色设置为黑色。

（3）在舞台上单击，输入文字“淡入淡出效果”。选中该文本，选择【修改】|【转换为元件】命令将文本对象转换为图形元件。

（4）在【时间轴】面板中选择“图层 1”的第 20 帧，按 F6 键插入一个关键帧。选择第 1 帧上的图形元件，在【属性】面板的【色彩效果】设置栏中，选择【颜色样式】下拉列表中的 Alpha 选项，将 Alpha 值设置为 2%，如图 6.77 所示。

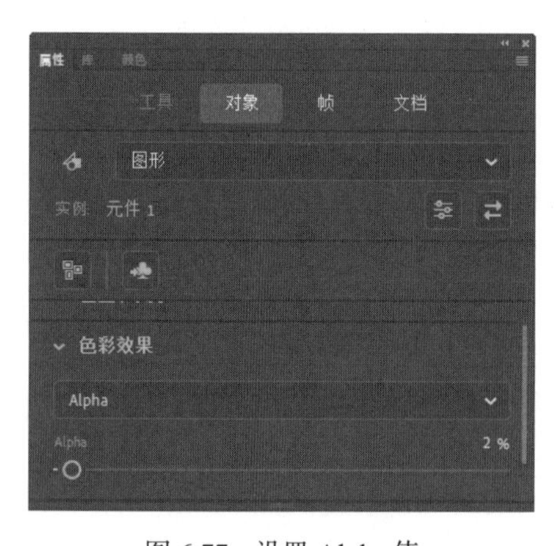

图 6.77 设置 Alpha 值

（5）选择第 1 帧和第 20 帧之间的任意一帧右击，在弹出的快捷菜单中选择【创建传统补间】命令。这样就完成一个文字淡入的动画效果，按 Enter 键观看动画效果。

（6）右击时间轴上的第 1 帧，在弹出的快捷菜单中选择【复制帧】命令。右击第 40 帧，在弹出的快捷菜单中选择【粘贴帧】命令。

（7）选择时间轴上的第 20 帧和第 40 帧之间的任意一帧右击，在弹出的快捷菜单中选择【创建传统补间动画】命令创建传统补间动画。按 Enter 键观看动画效果，可以看到文字淡入淡出的动画效果。

5. 逐渐模糊的动画效果

（1）新建一个 Animate CC 影片文档，文档属性保持默认。

（2）选择【文本工具】，在【属性】面板中将文字字体设置为黑体，文字大小设置为

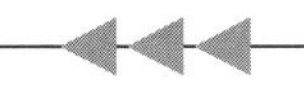

30 点，文字的颜色设置为黑色。在舞台上单击，输入文字“模糊效果演示”，将文字转换为元件。

（3）在【时间轴】面板中选择“图层 1”的第 30 帧，按 F6 键插入一个关键帧。选择第 1 帧上的文字，打开【属性】面板，在【滤镜】设置栏中为对象添加一个“模糊”滤镜，并将【模糊 X】和【模糊 Y】设置为 2，如图 6.78 所示。

（4）选择第 30 帧上的文字，在【滤镜】设置栏中添加一个“模糊”滤镜，并设置【模糊 X】和【模糊 Y】为 10，如图 6.79 所示。

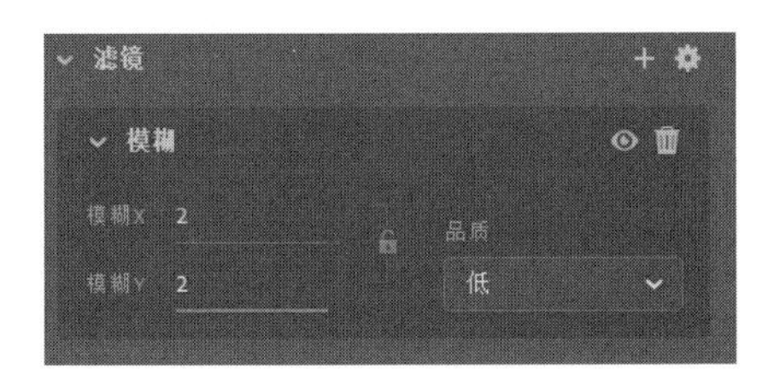

图 6.78　第 1 帧上的文字模糊滤镜设置

图 6.79　第 30 帧上的文字模糊滤镜设置

（5）选择第 1 帧和第 30 帧之间的任意一帧右击，在弹出的快捷菜单中选择【创建传统补间】命令创建传统补间动画。

（6）按 Enter 键观看动画效果，可以看到文字逐渐模糊的动画效果。

6.3.4　实战范例——弹簧振子模拟动画

弹簧振子

本小节利用传统补间动画制作一个弹簧振子模拟动画。从运行动画可以看到，弹簧的一端固定在支架上，另一端上固定一个小球，作简谐振动，动画效果如图 6.80 所示。下面详细讲解动画的制作步骤。

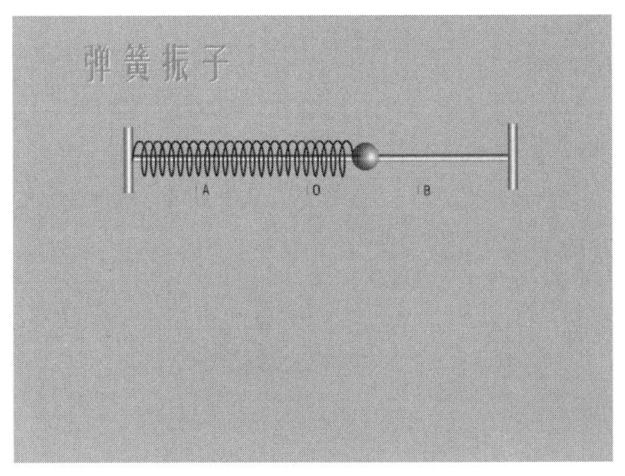

图 6.80　弹簧振子模拟动画

1. 创建动画界面

（1）新建一个 Animate CC 文档。将舞台背景设置为蓝色，其他参数使用默认值即可。

（2）将“图层 1”重新命名为“课件标题”，在这个图层用【文本工具】创建动画标题文字。

（3）创建一个新图层，将其命名为“支架”。在舞台上绘制一个支架，并将其转换为

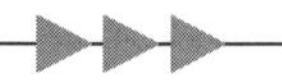

图形元件。以上操作完成后的效果如图 6.81 所示。

2. 创建图形元件并布局场景

（1）新建一个名字为“弹簧”的图形元件。在这个元件的编辑场景中，用【椭圆工具】绘制一个椭圆，按住 Ctrl 键拖动鼠标复制出若干椭圆，删除多余线条。将它们横向排列获得弹簧效果，如图 6.82 所示。

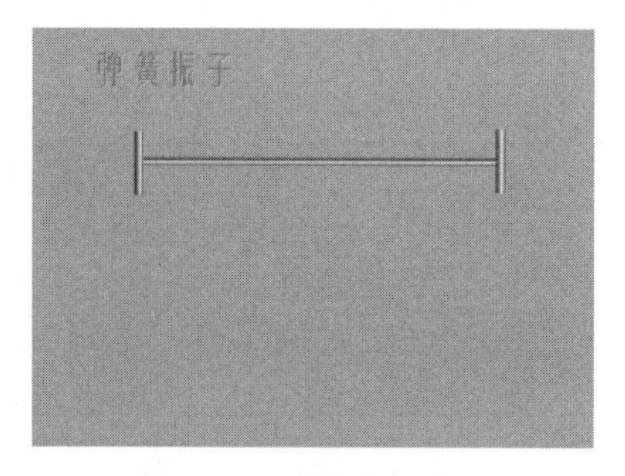

图 6.81 创建动画界面

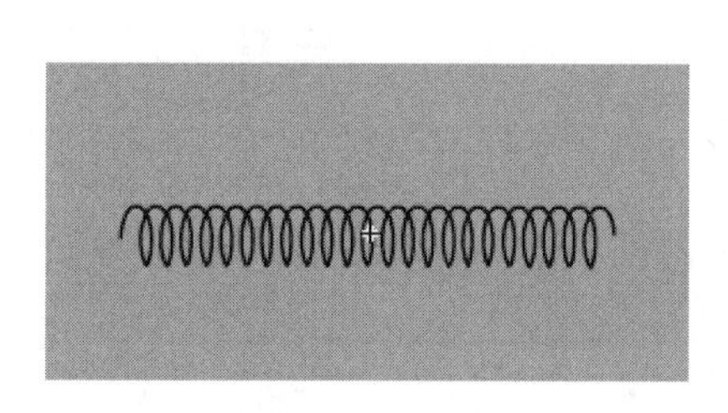

图 6.82 制作“弹簧”图形元件

（2）新建一个名字为“小球”的图形元件。在这个元件的编辑场景中，用【椭圆工具】绘制一个大小合适的圆，对图形应用径向渐变填充。

（3）返回到“场景 1”。插入两个新图层，分别命名为“弹簧”和“小球”，从【库】面板中将“弹簧”图形元件和“小球”图形元件分别拖放到相应的图层，调整好大小和位置，如图 6.83 所示。

（4）由于弹簧运动时一端是固定的，在布局“弹簧”实例时，需要用【任意变形工具】将它的中心点移动到左边，弹簧将以左端为中心点进行运动，如图 6.84 所示。

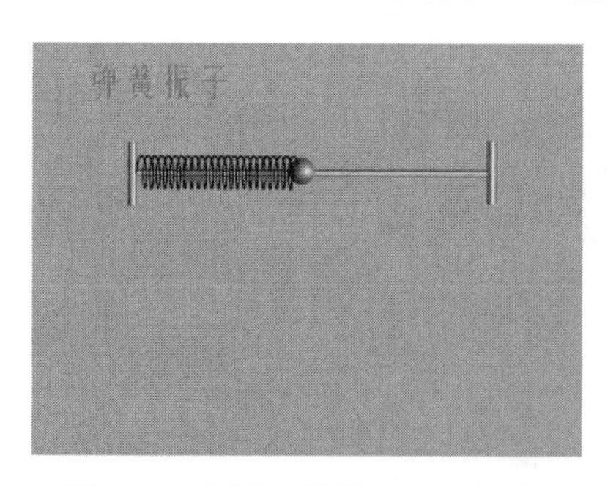

图 6.83 布局“弹簧”和“小球”

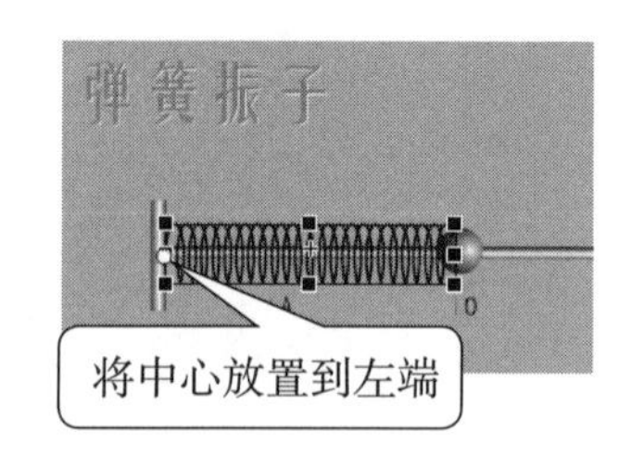

图 6.84 放置弹簧的中心

3. 定义小球运动动画

（1）为了便于模拟动画的制作，更精确地设计动画的位置，在“支架”图层中使用【线条工具】和【文本工具】制作 3 个标记点 A、O、B。

（2）分别在“小球”图层的第 20 帧、第 60 帧和第 80 帧按 F6 键插入关键帧，更改第 20 帧和第 60 帧上小球的位置。在第 20 帧，小球与 B 点对齐；在第 60 帧，小球与 A 点对齐。第 60 帧小球的位置如图 6.85 所示。分别在“课件标题”图层和“支架”图层的第 80 帧按 F5 键插入普通帧。

（3）选择“小球”图层的第 1 帧和第 20 帧之间的任意一帧右击，在弹出的快捷菜单

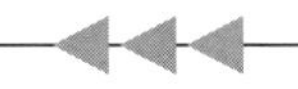

中选择【创建传统补间】命令建立第 1 帧到第 20 帧的传统补间动画。利用同样的方法，分别定义“小球”图层第 20 帧到第 60 帧、第 60 帧到第 80 帧的传统补间动画。

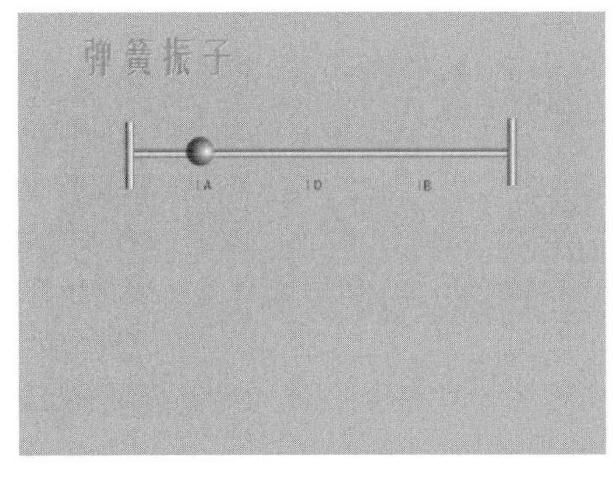

图 6.85　第 60 帧小球的位置

4. 定义弹簧伸缩动画

（1）分别在“弹簧”图层的第 20 帧、第 60 帧和第 80 帧按 F6 键插入关键帧。用【任意变形工具】分别缩放第 20 帧和第 60 帧上弹簧的形状。在第 20 帧上，弹簧的右端点与 B 点对齐；在第 60 帧上，弹簧的右端点与 A 点对齐。弹簧第 20 帧的显示效果如图 6.86 所示。

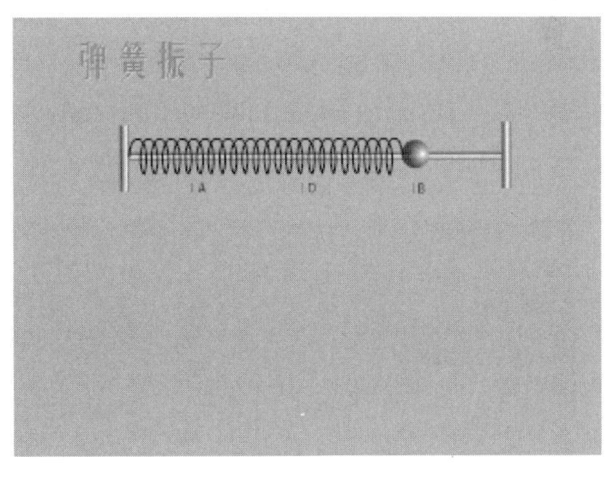

图 6.86　第 20 帧弹簧的显示效果

（2）选择“弹簧”图层的第 1 帧和第 20 帧之间的任意一帧右击，在弹出的快捷菜单中选择【传统补间动画】命令创建第 1 帧到第 20 帧的传统补间动画。利用同样的方法，再分别定义“弹簧”图层第 20 帧到第 60 帧、第 60 帧到第 80 帧的传统补间动画。至此，一个完整的弹簧振子往复运动动画效果制作完成。

6.4　沿路径运动的传统补间动画

利用传统补间动画制作的位置移动动画是沿着直线进行的，可是在生活中，有很多运动路径是弧线或不规则的，如月亮围绕地球旋转、鱼儿在大海里遨游等。在 Animate CC 中，利用“沿路径运动的传统补间”就可以制作出这样的动画效果。将一个或多个图层链接到一个引导图层，使一个或多个对象沿同一条路径运动的动画形式被称为“路径动画”。这种动画可以使一个或多个对象完成曲线或不规则运动。

6.4.1　制作路径动画的方法

基于传统补间的路径动画

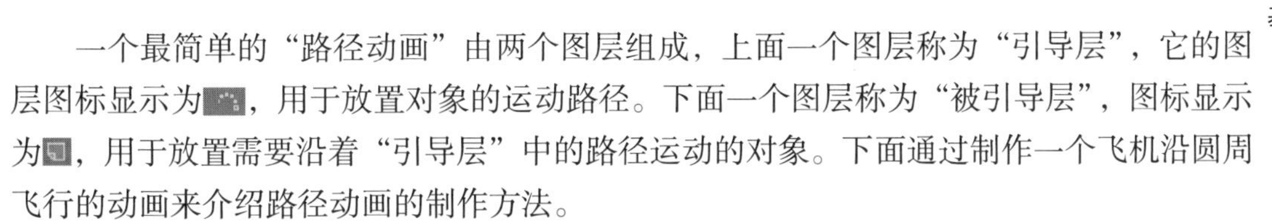

一个最简单的“路径动画”由两个图层组成，上面一个图层称为“引导层”，它的图层图标显示为，用于放置对象的运动路径。下面一个图层称为“被引导层”，图标显示为，用于放置需要沿着“引导层”中的路径运动的对象。下面通过制作一个飞机沿圆周飞行的动画来介绍路径动画的制作方法。

（1）新建一个 Animate CC 影片文档，设置舞台背景色为蓝色，其他保持默认值。

（2）在【工具】面板中选择【文本工具】，在【属性】面板中将文字的字体设置为 Webdings，文字大小设置为 100 点，文字的颜色设置为白色。

图 6.87　输入飞机符号

（3）在舞台上单击，按 j 键输入小写字母“j”，这样舞台上就出现一个飞机符号，如图 6.87 所示。

（4）将文字转换为图形元件，在“图层 1”的第 50 帧按 F6 键插入一个关键帧，将飞机移动到其他位置。选择第 1 帧和第 50 帧之间的任意一帧右击，在弹出的快捷菜单中选择【创建传统补间】命令定义从第 1 帧到第 50 帧的传统补间动画。

（5）选择“图层 1”右击，在弹出的快捷菜单中选择【添加传统运动引导层】命令。“图层 1”上面就出现一个引导层，“图层 1”将自动缩进显示，如图 6.88 所示。

（6）在【工具】面板中选择【椭圆工具】，在【属性】面板中将笔触颜色设置为黑色，填充颜色设置为无。拖动鼠标在舞台上绘制一个大圆。在【工具】面板中选择【橡皮擦工具】，在【属性】面板中将【大小】设置为 1。将舞台上的圆擦一个小缺口，如图 6.89 所示。

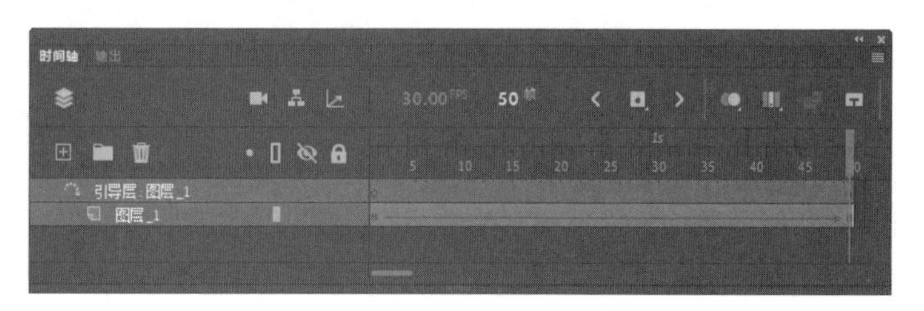

图 6.88　添加运动引导层

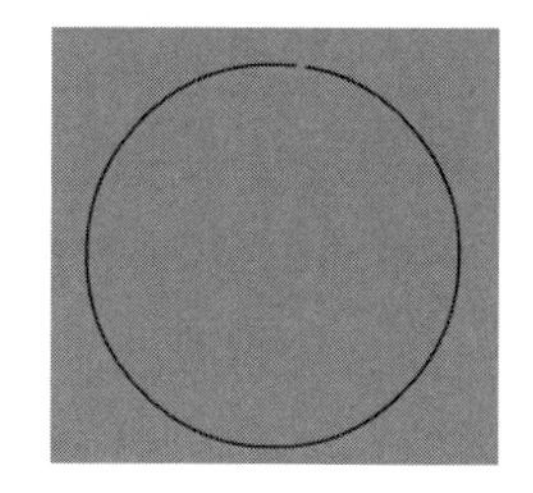
图 6.89　擦一个小缺口的圆

专家点拨：这里要注意，引导层上绘制的路径不能是封闭的曲线，路径曲线必须有两个端点，这样才能进行后续的操作。

（7）在【工具箱】面板中选择【选择工具】，在【属性】面板中按下【贴紧至对象】按钮。选择第 1 帧上的飞机，拖动它到圆缺口右端点，如图 6.90 所示。在拖动过程中，当飞机快接近端点时，会自动吸附到上面。

（8）使用相同的方法，选择第 50 帧上的飞机，拖动它到圆缺口左端点，如图 6.91 所示。

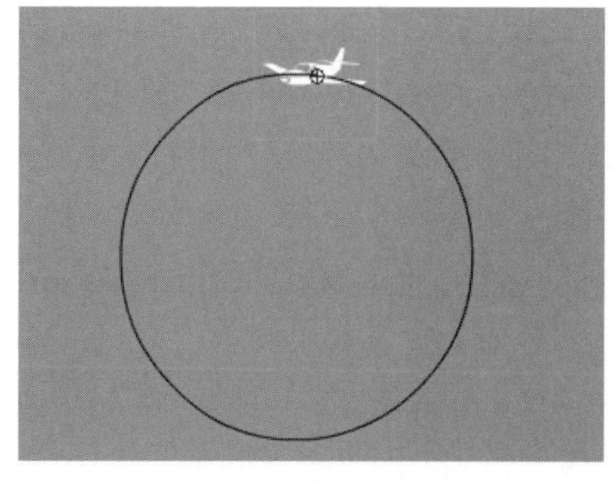
图 6.90　飞机吸附到右端点

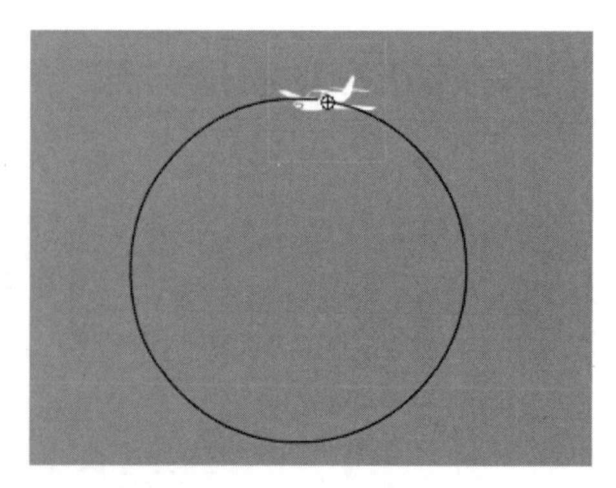
图 6.91　飞机吸附到左端点

专家点拨： 这里要注意，将对象分别放置到路径起点和终点时都要在【属性】面板中按下【贴紧至对象】按钮。另外，在将元件吸附至路径起点和终点时，只有元件中心标识由十字形变为空心圆圈时才是真正吸附到了路径端点，不能只凭感觉将元件放置到端点位置。

（9）选择“图层 1”第 1 帧，在【属性】面板的【补间】设置栏中勾选【调整到路径】复选框，如图 6.92 所示。测试影片，飞机姿态优美地沿着圆周飞行。

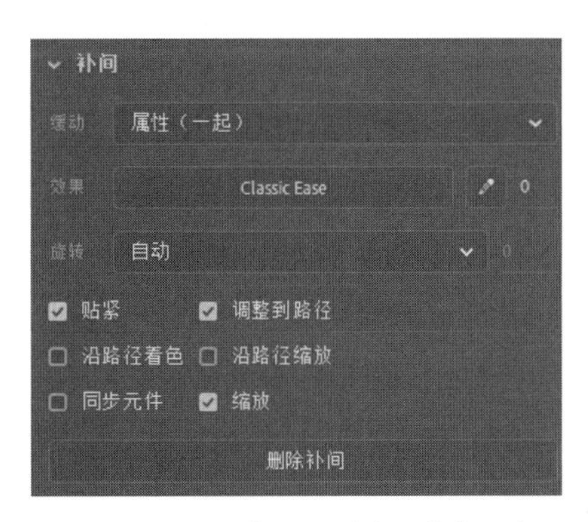

图 6.92　勾选【调整到路径】复选框

6.4.2　基于笔触的路径动画

在 Animate CC 中，路径不仅仅是对动画起引导作用的线条，作为引导线的路径还可以改变被引导对象的颜色和大小属性，这得益于 Animate CC 提供的一个可以改变路径笔触形状的工具【宽度工具】。下面将介绍【宽度工具】在制作路径动画中所起的作用。

1. 认识【宽度工具】

打开【工具】面板，单击【编辑工具栏】按钮，在打开的面板中将【宽度工具】拖放到【工具】面板的空白区域添加该工具，如图 6.93 所示。

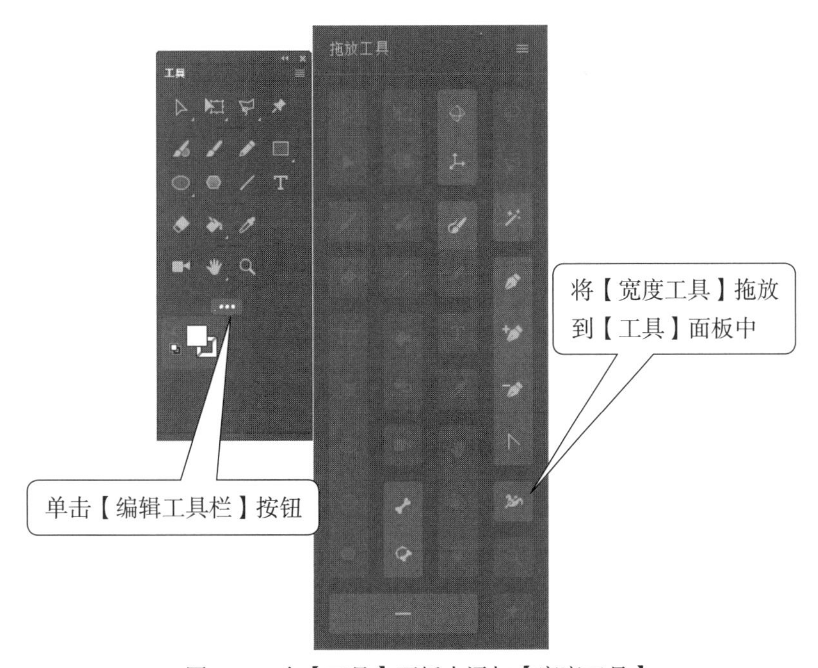

图 6.93　在【工具】面板中添加【宽度工具】

【宽度工具】可以对笔触的粗细程度进行调整，以改变笔触的外观。下面介绍【宽度工具】的具体使用方法。

（1）在【工具】面板中选择【矩形工具】，在【属性】面板中将【填充】设置为无，

【笔触】的颜色设置为绿色。将【笔触大小】设置为30，如图 6.94 所示。使用工具在舞台上绘制一个绿色的矩形框。

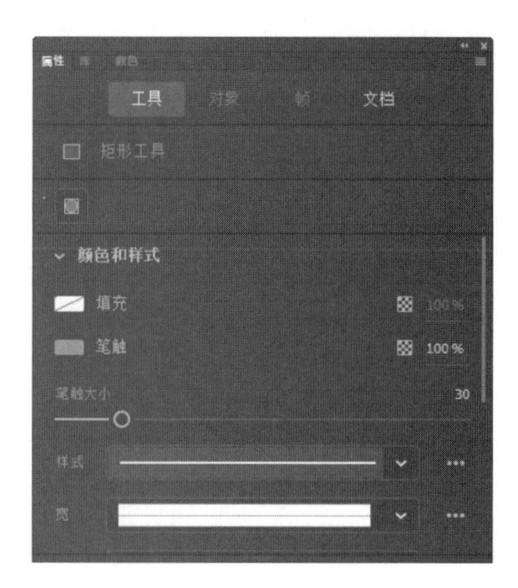

图 6.94　设置工具属性

（2）在【工具】面板中选择【宽度工具】，将鼠标指针放置于笔触上，指针外观变为，笔触中心出现标准线，标准线在鼠标指针处会自动出现一个控制点，如图 6.95 所示。此时拖动鼠标就可以拉出与标准线垂直的宽度控制柄，改变控制柄的长度即可改变笔触的宽度，如图 6.96 所示。继续在标准线上添加控制点并改变两侧控制柄的长度可以对笔触形状进行编辑修改，如图 6.97 所示。按住 Alt 键拖动单侧控制柄上的控制柄可以只改变该侧控制柄的长度，实现对笔触一侧的宽度进行修改，如图 6.98 所示。

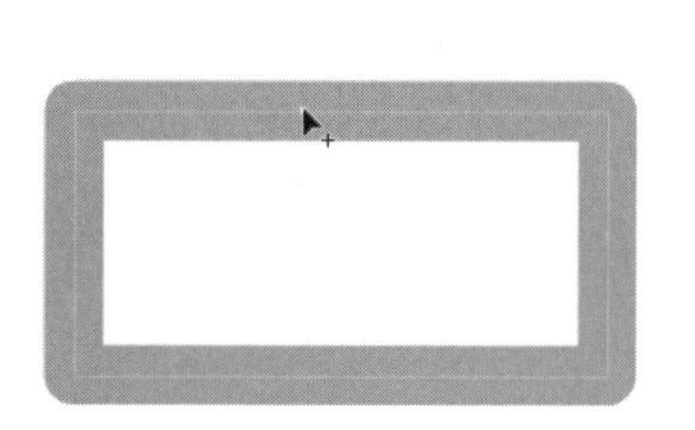
图 6.95　笔触中心出现标准线

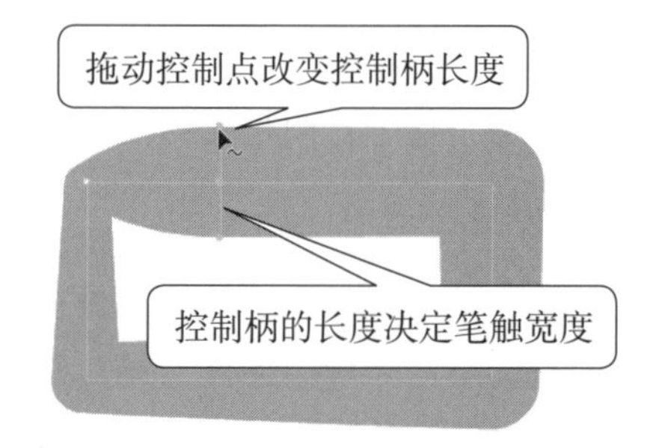

图 6.96　改变笔触形状

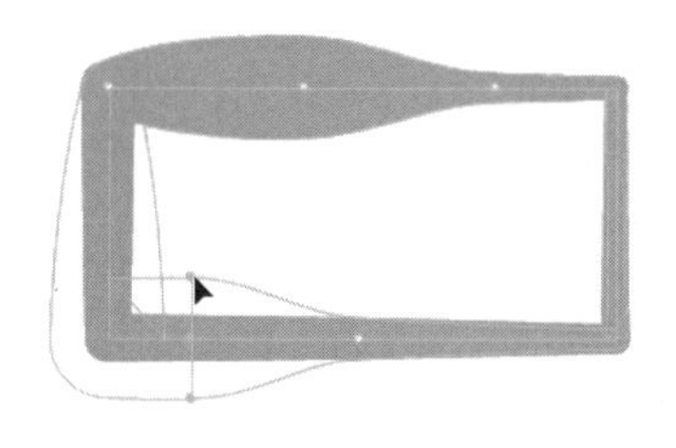
图 6.97　修改笔触形状

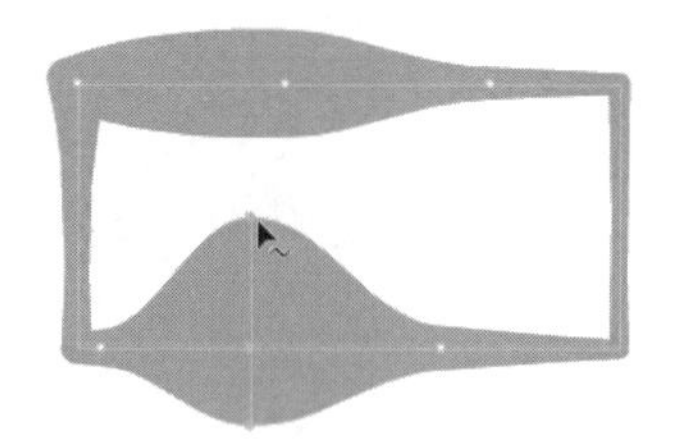
图 6.98　只修改笔触单侧形状

专家点拨： 拖动标准线上的控制点可以改变控制点在线上的位置，设置的宽度值也会随着该控制点位置改变应用于当前位置。将鼠标指针放置到标准线上的某个控制点上，按 Delete 键或退格键可将该控制点删除，该点处宽度的改变也将取消。按住 Alt 键移动标准线上的控制柄能够实现对该控制点的复制。另外，使用【宽度工具】改变笔触宽度时，每个方向上宽度改变不能超过 100 像素。

（3）在【工具】面板中选择【选择工具】框选修改宽度后的笔触图形，单击【属性】面板中的【宽度配置文件选项】按钮，在打开的列表中选择【添加到配置文件】选项。此时将打开【可变宽度配置文件】对话框，在对话框中设置该配置文件的名称，如图 6.99 所示。单击【确定】按钮关闭对话框即可将当前笔触设置保存下来，当需要再次使用该笔触时，只需要在【宽】列表中选择保存的配置选项即可，如图 6.100 所示。

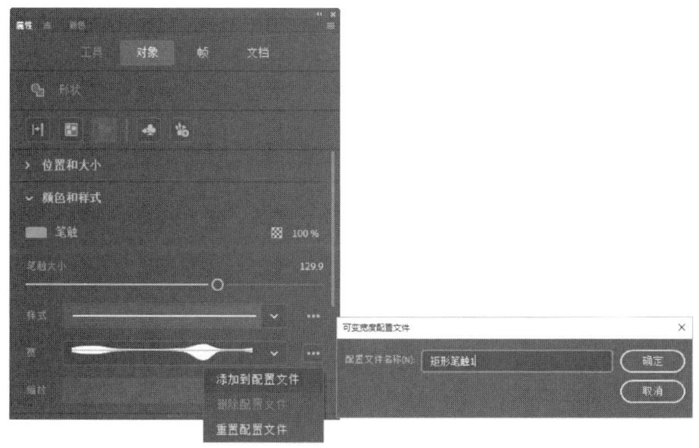

图 6.99　保存笔触设置

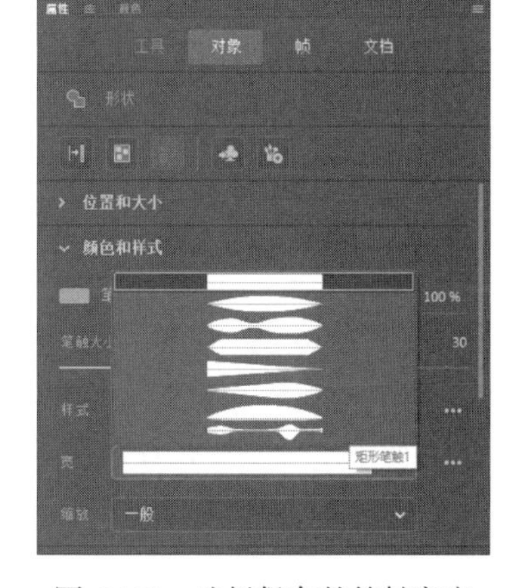

图 6.100　选择保存的笔触宽度

2. 基于笔触宽度的路径动画

沿路径的动画离不开路径的绘制，在 Animate CC 中绘制出的路径本质上就是笔触。使用【宽度工具】可以对用作路径的宽度进行设置，Animate CC 允许沿路径运动的对象根据路径宽度不同实现缩放和颜色的变化。

（1）创建一个新文档，在【时间轴】面板的“图层 1”中放置一个心形元件，在第 40 帧“图层 1”处按 F6 键创建关键帧。右击选择快捷菜单中的【创建传统补间动画】命令创建传统补间动画。

（2）选择“图层 1”右击，在弹出的快捷菜单中选择【添加传统运动引导层】命令，“图层 1”上面就出现一个引导层，在【工具】面板中选择【线条工具】，在【属性】面板中将【笔触大小】设置为 15，拖动鼠标在当前图层中绘制一条水平线，如图 6.101 所示。

（3）在【工具】面板中选择【宽度工具】，在标准线上创建控制点，拖动控制点改变笔触的宽度，如图 6.102 所示。

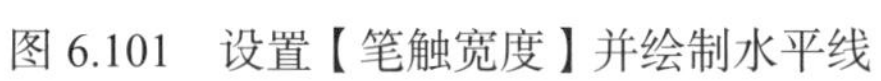

图 6.101　设置【笔触宽度】并绘制水平线

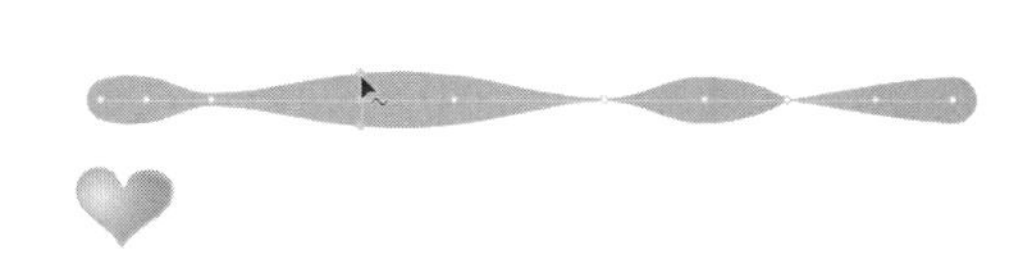

图 6.102　更改笔触宽度

（4）在“图层 1”中将第 1 帧中心形元件放置于路径笔触的起点，将第 40 帧的心形放置于路径笔触的终点。选择“图层 1”的第 1 帧中的心形元件，在【属性】面板的【补间】设置栏中勾选【沿路径缩放】复选框，如图 6.103 所示。按 Ctrl+Enter 组合键测试动画，心形元件沿着路径运动的同时将随着路径宽度的变化而变化。

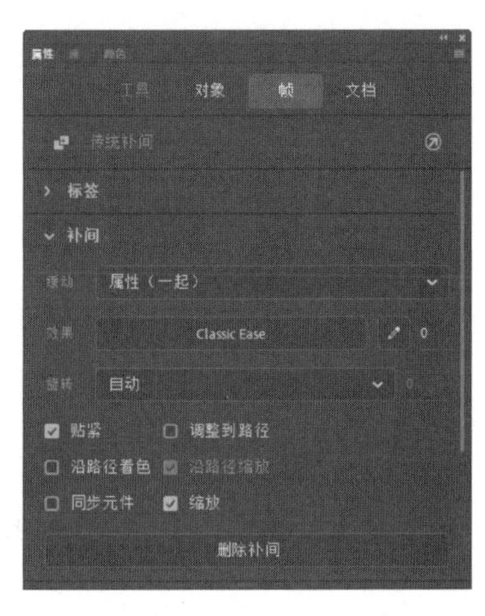

图 6.103　勾选【沿路径缩放】

台风

6.4.3　实战范例——台风模拟演示动画

本范例是有关台风知识的一个模拟演示动画。范例运行时，3 股台风按照不同的路径从海面向大陆移动。这里，使用沿路径的传统补间动画来获得台风曲线移动的动画效果，动画制作完成后的图层结构如图 6.104 所示。制作完成的动画效果如图 6.105 所示。下面详细介绍动画的制作步骤。

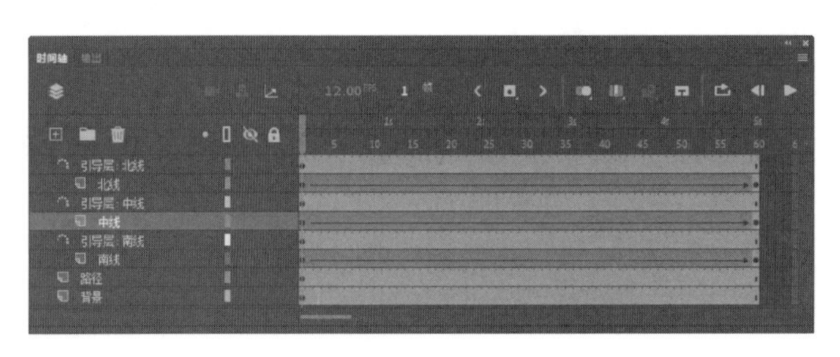

图 6.104　制作完成后的图层结构

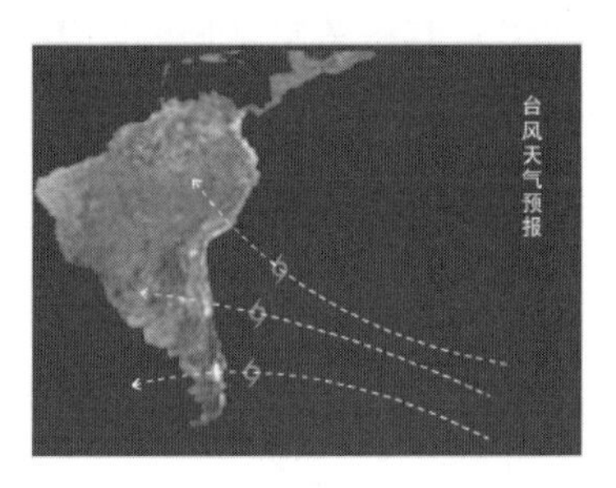

图 6.105　台风模拟动画效果

1. 创建动画背景

（1）新建一个 Animate CC 影片文档，设置舞台背景颜色为深蓝色，其他参数保持默认设置。

（2）在【时间轴】面板中将“图层 1”重新命名为“背景”。将外部图像文件“背景 .png”导入到舞台上。选择【修改】|【分离】命令，将位图打散为形状。

（3）在【工具】面板中选择【套索工具】和【橡皮擦工具】将图像的背景去掉。然后将其转换为名字为“背景”的图形元件。适当放大图像的尺寸，并将其放置在舞台的左侧。

（4）用【文本工具】在舞台右侧输入动画的标题，如图 6.106 所示。

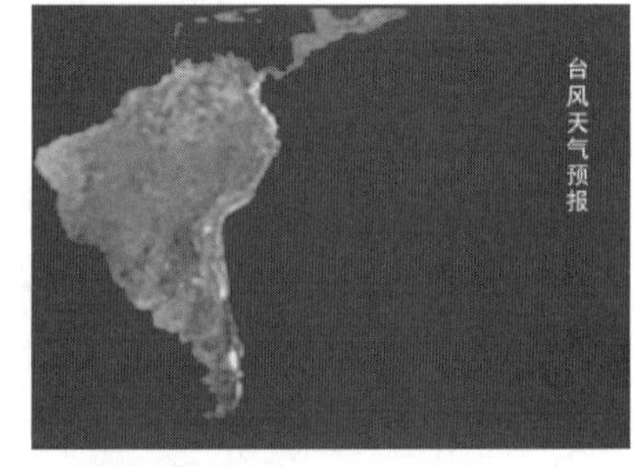

图 6.106　创建动画背景

2. 创建“台风”图形元件

（1）新建一个名字为“台风”的图形元件，下面在这个元件的编辑场景中进行操作。

（2）在【颜色】面板中将笔触设置为无，将填充颜色设置为红色到浅红色的径向渐变色。选择【基本椭圆工具】，在场景中绘制一个圆。使用【渐变变形工具】对圆的渐变填充效果进行适当调整。

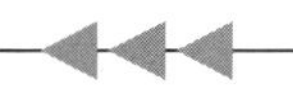

图 6.107　“台风”图形元件

（3）在【属性】面板中，将圆的“内径”设置为 50 得到一个圆环，选择【修改】|【分离】命令将圆环转变为形状。

（4）将显示比例放大到 400%，按住 Alt 键，用鼠标在圆环的合适位置向外拉出两个尖角，并进行适当调整。这样就得到一个台风的图形。整个制作过程如图 6.107 所示。

3．创建台风沿路径移动的动画

（1）返回到“场景 1”。在“背景”图层上插入一个新图层，并改名为“南线”。将【库】面板中“台风”图形元件拖放到舞台的右下方。

（2）选择“南线”图层右击，在弹出的快捷菜单中选择【添加传统运动引导层】命令，在“南线”图层上方添加一个引导层，“南线”图层自动缩进。

（3）选中“引导层：南线”图层，用【线条工具】绘制一条白色的虚线。用【选择工具】将这条虚线调整成弧状，如图 6.108 所示。

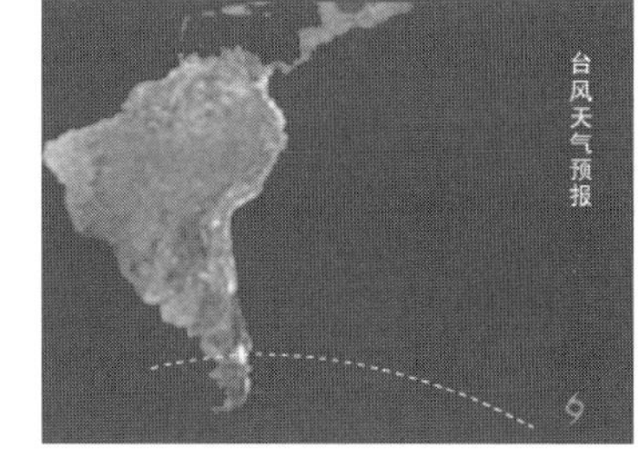

图 6.108　绘制路径

（4）在“背景”图层和“引导层：南线”图层的第 60 帧插入普通帧，在“南线”图层的第 60 帧插入关键帧。

（5）选择“南线”图层的第 1 帧右击，在弹出的快捷菜单中选择【创建传统补间】命令，创建从第 1 帧到第 60 帧的传统补间动画。

（6）确认【属性】面板的【贴紧至对象】按钮处于被按下状态，选择第 1 帧上的台风，拖动它使其吸附到弧线的右端点。选择第 60 帧上的台风，拖动它使其吸附到弧线的左端点。

（7）至此，南线台风沿路径的动画制作完成。按 Enter 键预览动画效果，可以看到台风沿弧线路径移动的效果。按照以上同样的步骤，再制作中线和北线台风沿路径的动画。中线和北线的路径效果如图 6.109 所示。

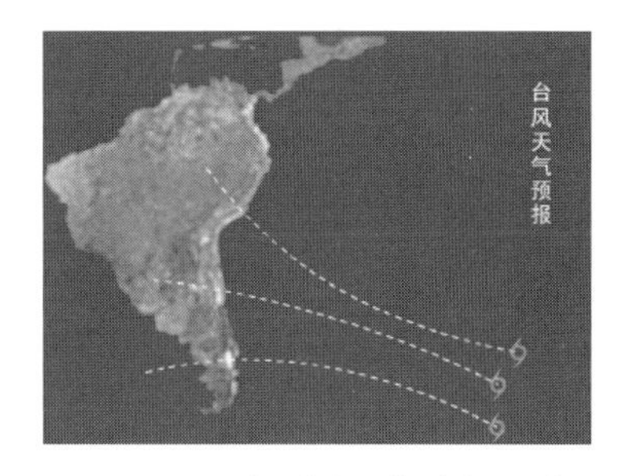

图 6.109　台风沿 3 条路径运动

4．将路径在动画中显示出来

（1）按 Ctrl+Enter 组合键测试影片，可以看到 3 条线路的台风移动效果，但是路径本身并不显示出来。这是因为路径在引导层，而引导层上的对象都不在最终发布的播放影片中显示。如果想让路径显示出来，必须将它们复制到普通图层上。

（2）在“背景”图层上新插入一个图层，并改名为“路径”。选择“引导层：南线”图层上的弧线，执行【编辑】|【复制】命令，然后选择“路径”图层，执行【编辑】|【粘贴到当前位置】命令将路径粘贴到当前图层的对应位置。

（3）按照同样的方法，将“引导层：中线”图层上的弧线和“引导层：北线”图层上的弧线都复制到“路径”图层上。在“路径”图层上用【线条工具】在三条弧线左端分别绘制一个箭头。至此，本范例基本制作完成。

5. 增强动画效果

（1）选择【插入】|【新建元件】命令打开【创建新元件】对话框，在【名称】文本框中输入“旋转台风”，在【类型】下拉列表中选择【影片剪辑】选项，如图 6.110 所示。单击【确定】按钮进入元件的编辑场景。

图 6.110 【创建新元件】对话框

（2）将【库】面板中的“台风”图形元件拖放到场景中心，在第 10 帧插入一个关键帧。

（3）选择第 1 帧右击，在弹出的快捷菜单中选择【创建传统补间】命令。在【属性】面板的【旋转】列表中选择【顺时针】选项，将其旋转圈数设定为 1。

（4）返回“场景 1”，选择“南线”图层第 1 帧上的“台风”图形实例，在【属性】面板中单击【交换】按钮打开【交换元件】对话框，在其中的列表框中选择“旋转台风”影片剪辑元件，如图 6.111 所示。单击【确定】按钮关闭对话框。

（5）在【属性】面板的【实例行为】列表中选择“影片剪辑”，舞台上的“台风”图形实例就变成了“旋转台风”影片剪辑实例。

（6）按照以上同样的步骤，将“南线”图层第 60 帧、“中线”图层第 1 帧和第 60 帧、“北线”图层第 1 帧和第 60 帧上的“台风”图形实例交换成“旋转台风”影片剪辑实例。

（7）按 Ctrl+Enter 组合键测试影片，可以看到一个旋转的台风图形在沿着 3 条路径移动。

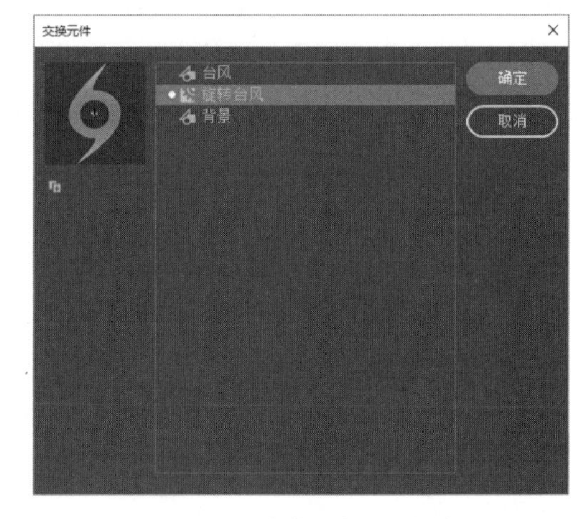

图 6.111 “交换元件”对话框

专家点拨： 这里创建了一个影片剪辑元件，将它作为引导路径动画的“演员”，从而使这个范例更加逼真。

6.5 自定义缓动效果

6.3 节学习了传统补间动画的制作方法，同时也介绍了在【属性】面板的【补间】设置栏中设置缓动效果的知识。本节将详细介绍传统补间动画中缓动效果制作的方法和技巧。

6.5.1 制作自定义缓动动画的方法

下面先通过简单的文字动画实例来介绍自定义缓入 / 缓出动画的方法。

（1）新建一个 Animate CC 影片文档，文档属性使用默认值。

（2）新建一个图形元件，在这个元件的编辑场景中，用【椭圆工具】绘制一个无边框的圆形，在【颜色】面板中将其填充方式设置为白色到黑色的径向填充。使用【渐变变形工具】对渐变进行调整获得一个球体，如图 6.112 所示。

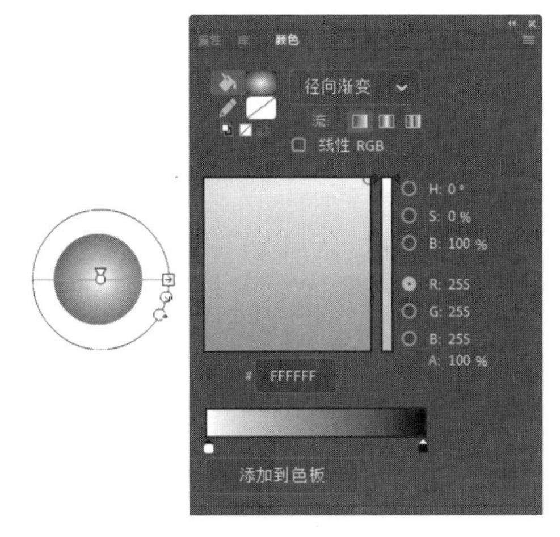

图 6.112　绘制一个球体

（3）返回“场景 1”，从【库】面板中将元件拖放到舞台的左侧。在“图层 1”的第 50 帧插入一个关键帧，将该帧中的元件拖放到舞台的右侧。

（4）选择第 1 帧后右击，在弹出的快捷菜单中选择【创建传统补间】命令定义一个传统补间动画。测试影片，可以观察到小球从舞台上方移动到舞台下方的动画效果。

（5）选择第 1 帧，在【属性】面板中单击【帧】按钮，在【补间】设置栏中单击【效果】右侧的【编辑缓动】按钮打开【自定义缓动】对话框，如图 6.113 所示。

（6）在斜线上单击可以添加锚点，这里添加两个锚点。拖动锚点改变曲线形状，如图 6.114 所示。单击【自定义缓动】对话框左下角的【播放】按钮，可以预览对象移动的动画效果，单击【停止】按钮停止动画的播放。

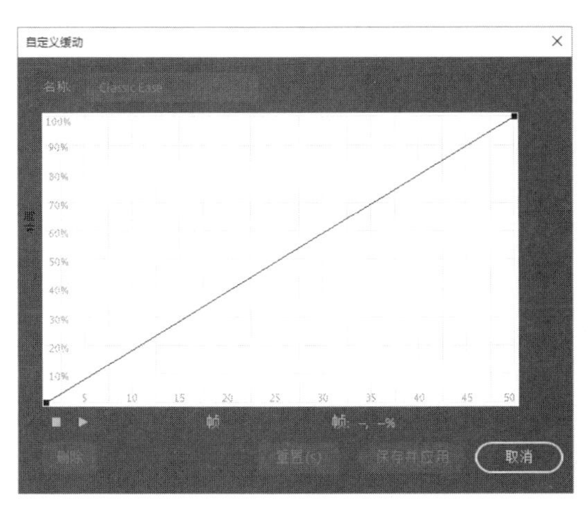

图 6.113　【自定义缓动】对话框

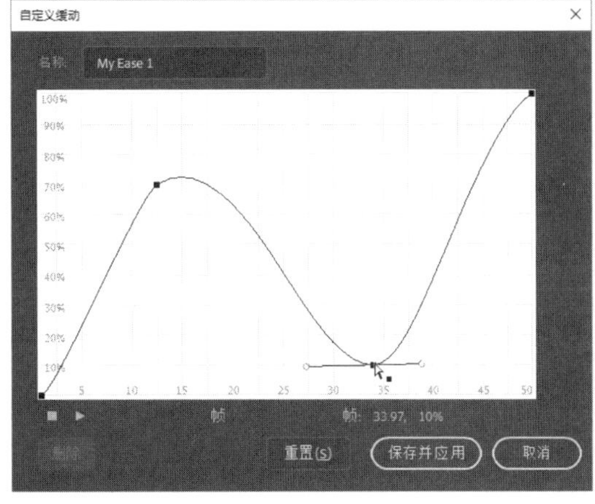

图 6.114　调整曲线

（7）根据需要增加锚点，拖动锚点调整曲线形状。选择锚点后，拖动锚点上出现的控制柄对曲线形状进行修整，如图 6.115 所示。单击【保存并应用】按钮关闭对话框，该设置将被保存并应用于当前动画。按 Ctrl+Enter 组合键测试影片，可以看到小球左右变速运动的动画效果。

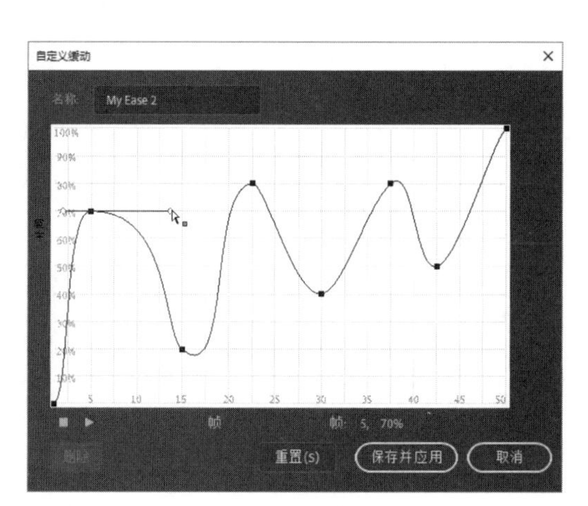

图 6.115 调整曲线形状

专家点拨：这里，曲线表示动画随时间变化的规律。水平轴表示所在的帧，垂直轴表示动画变化的速率（百分比）。第一个关键帧表示为 0，最后一个关键帧表示为 100%。曲线水平时（无斜率），动画变化速率为 0；曲线垂直时，变化速率最大，一瞬间完成变化。锚点两侧控制柄的长度是可调整的，通过调整控制柄的长度和方向，可以改变曲线的形状。

6.5.2 对缓动效果进行设置

Animate CC 对缓动动画的自定义是通过【自定义缓动】对话框来实现的，使用该对话框不仅能够设置对象的位置改变的动画缓动效果，还能设置对象的多种属性变化的缓动效果。

在【时间轴】面板中选择传统补间动画的某个帧，在【属性】面板的【补间】设置栏中的【缓动】列表中选择【属性（单独）】选项。此时面板中将出现【位置】【旋转】【缩放】【颜色】和【滤镜】设置项，用户可以分别对这些项目的补间动画进行缓动设置，如图 6.116 所示。

图 6.116 缓动设置

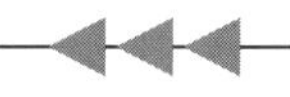

专家点拨：这里，可以对对象的常见属性分别进行设置，以获得相应的动画效果。

- 位置：为舞台上动画对象的位置指定自定义缓入缓出动画效果。
- 旋转：为动画对象的旋转指定自定义缓入缓出动画效果。
- 缩放：为动画对象的缩放指定自定义缓入缓出动画效果。例如，可以更轻松地制作渐进渐远的动画效果。
- 颜色：为应用于动画对象的颜色转变指定自定义缓入缓出动画效果。
- 滤镜：为应用于动画对象的滤镜指定自定义缓入缓出动画效果。

打开【自定义缓动】对话框，默认状态下是一条倾斜的曲线，在对话框中曲线的形状可以进行调整，以获得需要的缓动效果，如图 6.117 所示。

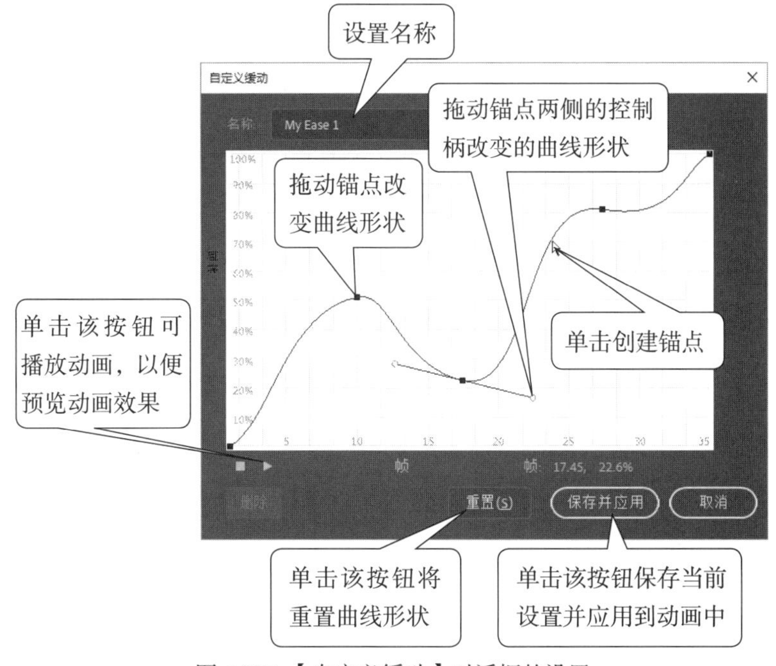

图 6.117　【自定义缓动】对话框的设置

专家点拨：【自定义缓动】对话框中的曲线是可以复制和粘贴的。具体方法：按 Ctrl+C 组合键复制当前曲线，在另一个【自定义缓动】对话框中按 Ctrl+V 组合键即可将已复制的曲线进行粘贴。在退出 Animate CC 前，复制的曲线一直可用于粘贴。

6.5.3　实战范例——逼真弹跳的球

逼真弹跳的球

本小节利用自定义缓入 / 缓出动画制作一个模拟小球上下弹跳的动画效果，范例效果如图 6.118 所示。下面介绍详细的制作步骤。

（1）为了方便本范例的制作，事先制作好一些图形元件。直接打开原始文件（弹跳球_原始素材 .fla），在这个文件的基础上进行操作

图 6.118　逼真弹跳的球

即可，如图 6.119 所示。

（2）在【时间轴】面板中将“图层 1”命名为“背景”，从【库】面板中将“背景”图形元件拖放到该图层中，同时调整元件在舞台上的大小和位置使其正好覆盖整个舞台。

（3）新建一个图层，将其命名为“球”。从【库】面板中将“球”图形元件拖放到该图层中，调整其在舞台上的位置使其位于舞台正上方，如图 6.120 所示。

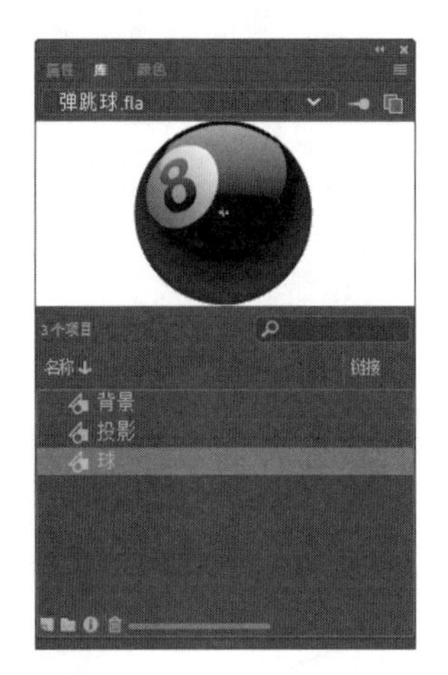

图 6.119 【库】面板中的图形元件

图 6.120 “球”图层第 1 帧

（4）在“球”图层的第 60 帧插入一个关键帧，并将第 60 帧上的球移动到舞台中央。在“背景”图层的第 60 帧插入一个帧，按 F5 键使背景延伸到该帧。此时舞台效果如图 6.121 所示。

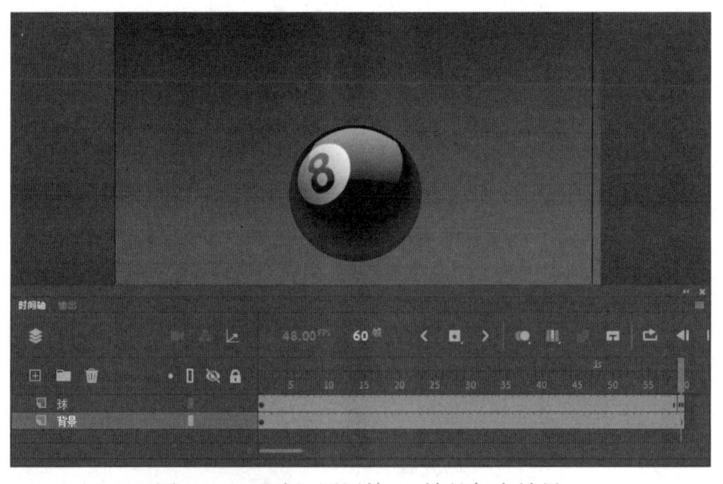

图 6.121 “球”图层第 60 帧的舞台效果

（5）选择“球”图层第 1 帧右击，在弹出的快捷菜单中选择【创建传统补间】命令创建从第 1 帧到第 60 帧的传统补间动画。

（6）在【时间轴】面板中选择“球”图层的任意一帧，在【属性】面板中单击【补间】栏中【编辑缓动】按钮，打开【自定义缓动】对话框。在斜线第 20 帧的位置添加一个锚点，将其向上拖动到 100% 的位置，如图 6.122 所示。分别拖动锚点左右两侧的控制柄，使控制柄与锚点重合，如图 6.123 所示。

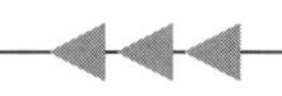

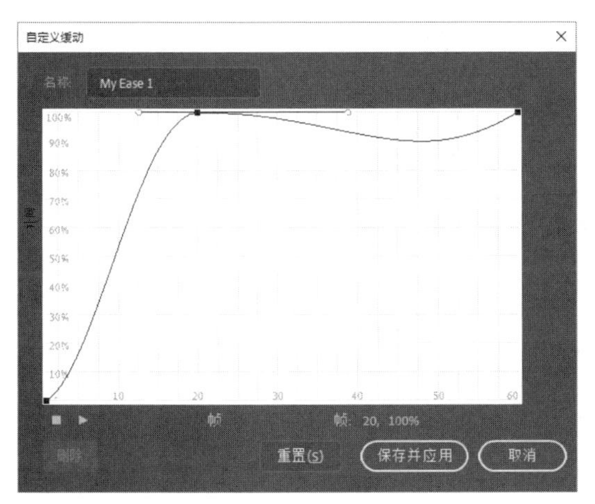

图 6.122　增加一个锚点并调整其位置

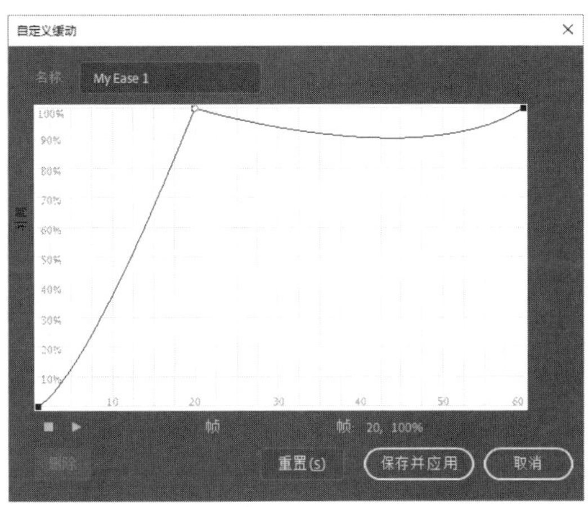

图 6.123　使两侧控制柄与锚点重合

（7）在第 30 帧位置添加一个锚点，将其向下拖放到 80% 的垂直位置，如图 6.124 所示。添加第 3 个锚点将其放置于顶端并使两侧控制柄与锚点重合，如图 6.125 所示。添加第 4 个锚点将其放置到 90% 的垂直位置，如图 6.126 所示。

（8）至此，缓动曲线就设置完成，单击【保存并应用】按钮曲线被保存同时设置的缓动效果被应用。按 Ctrl + Enter 组合键测试影片，可以看到球来回弹跳的动画效果。为了使球弹跳得更逼真，下面添加球的投影效果。

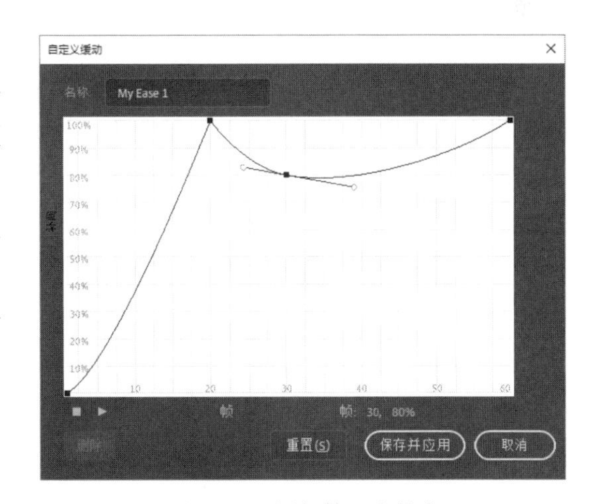

图 6.124　添加第 2 个锚点

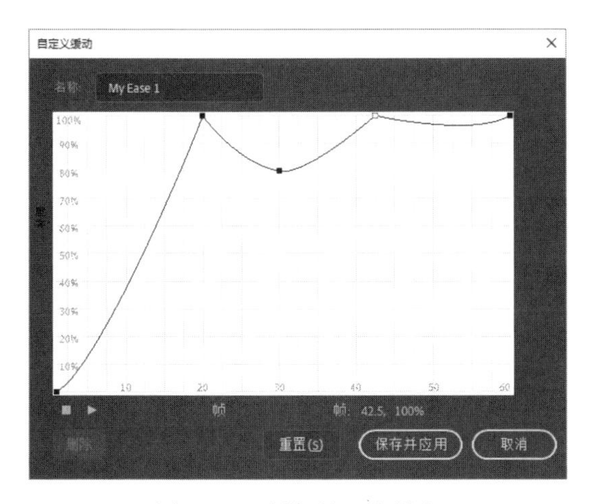

图 6.125　添加第 3 个锚点

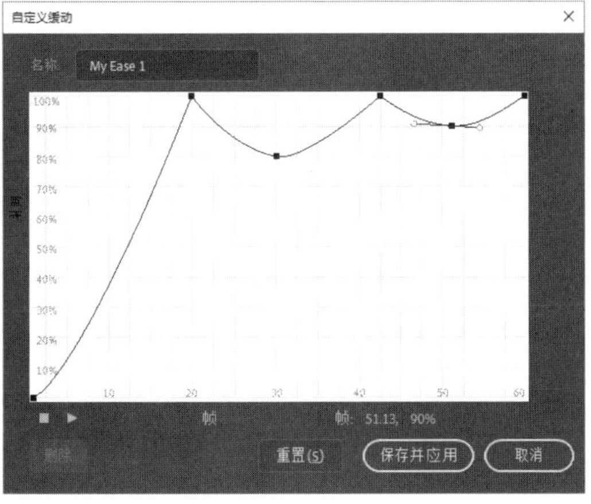

图 6.126　添加第 4 个锚点

（9）新建一个图层，将其重新命名为“投影”。在这个图层上将【库】面板中的“投影”图形元件拖放到该图层中，调整该图形元件在舞台上的位置，使之与球的位置相符，如图 6.127 所示。

图 6.127　为球添加投影

（10）在“投影”图层的第 60 帧插入一个关键帧。选择“投影”图层第 1 帧上的投影，在【属性】面板中设置其 Alpha 值为 15%。选择“投影”图层第 1 帧右击，在弹出的快捷菜单中选择【创建传统补间】命令。

（11）选择“投影”图层的任意一帧，在【属性】面板中单击 Classic Ease 按钮。在打开的面板左侧列表中选择 Custom 选项，在右侧列表中选择 My Ease1 选项。此时在面板右侧将能够看到该缓动效果对应的曲线，这就是前面保存的“球”对象的缓动曲线，如图 6.128 所示。双击 My Ease1 选项即可将该缓动效果应用于“投影”对象的补间动画。

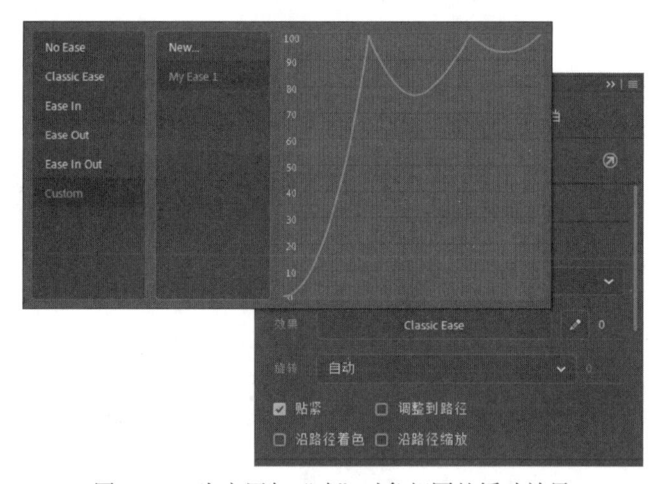

图 6.128　为应用与“球”对象相同的缓动效果

（12）至此，本范例制作完毕。由测试影片观看动画效果可以看到，通过自定义缓动效果，小球弹跳效果十分逼真。

6.6　本章小结

动画是 Animate CC 作品的核心和灵魂。本章从 Animate CC 动画制作的基础——帧的概念及操作开始，结合典型范例介绍了 Animate CC 的常用动画类型（包括逐帧动画、传统补间动画、形状补间动画、沿路径运动的传统补间动画和自定义缓动效果动画）的特点和制作技巧。通过本章的学习，步入精彩的 Animate CC 动画殿堂的大门已经开启，读者将会领略到 Animate CC 动画制作的美妙。

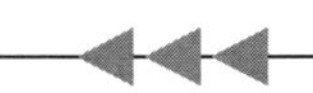

6.7　本章练习

一、选择题

1. 按下哪个按钮后，在时间轴的上方，出现绘图纸外观标记▇▇。拉动外观标记的两端，可以扩大或缩小显示范围？（　　）

A. ▪　　B. ▪　　C. ▪　　D. ▪

2. 下面哪个按钮将能够隐藏【时间轴】面板中的图层？（　　）

A. ▪　　B. ▪　　C. ▪　　D. ▪

3. 下面关于传统补间动画的叙述，错误的是哪一个？（　　）

A. 直接参与形状补间动画的“演员”只能是形状，而不能是其他类型的对象

B. 形状补间动画这种动画类型只能实现形状变形效果，不能实现动画对象的颜色和位置的变化效果

C. 在 Animate CC 中形状提示点的编号范围为 a ～ z，共有 26 个

D. 如果想制作一个红色的圆逐渐变成绿色的圆的动画效果，既可以用传统补间动画来实现，也可以用形状补间动画来实现

4. 在“自定义缓动”对话框中，坐标系的横轴和纵轴分别表示什么？（　　）

A. 横轴表示时间，纵轴表示动画变化的百分比

B. 横轴表示帧数，纵轴表示动画变化的百分比

C. 横轴表示对象间的距离，纵轴表示动画变化的百分比

D. 横轴表示帧数，纵轴表示时间变化的百分比

二、填空题

1. 不同的帧颜色代表不同类型的动画，如传统补间动画的帧显示为______，补间形状的帧显示为______。而没有定义补间动画的关键帧后的普通帧显示为______，它继承和延伸该关键帧的内容。

2. 创建关键帧和普通帧是在动画制作过程中频繁进行的操作，因此一般使用快捷键进行操作。插入普通帧的快捷键是______，插入关键帧的快捷键是______，插入空白关键帧的快捷键是______。

3. 逐帧动画的制作方法包括两个要点，一是添加若干个连续的______；二是在其中创建不同的、但有一定______的画面。

4. 在制作沿引导路径动画时，一定要保证______按钮处于按下状态，这样才能保证动画对象正确吸附到引导路径的两个端点。

5.【自定义缓动】对话框中的曲线可以复制和粘贴。具体方法是，按______组合键，复制当前【自定义缓动】对话框中的曲线，在另一个【自定义缓动】对话框中按______组合键将已复制的曲线进行粘贴。

6.8 上机练习和指导

6.8.1 倒计时动画

用逐帧动画制作片头倒计时动画，制作完成后的效果如图 6.129 所示。动画运行时，屏幕上出现 10、9、8、7、…、0 的数字显示。

图 6.129　简单的倒计时

主要制作步骤如下。

（1）新建一个 Animate CC 影片文档，设置舞台背景色为蓝色，其他属性保持默认值。

（2）将“图层 1”更名为“标题”，用【文本工具】输入动画标题。

（3）新建一个“数字”图层。在这个图层上从第 2 帧到第 11 帧分别添加空白关键帧。

（4）在“数字”图层，用【文本工具】分别在第 1 帧～第 11 帧输入数字 10、9、8、…、0。

（5）在制作过程中注意每个帧上的数字尽量对齐，这样可以保证动画效果。

6.8.2 网络横幅广告

网络横幅广告是在互联网上随处可见的 Animate CC 动画作品。本练习利用传统补间动画制作一个网络横幅广告范例，动画效果如图 6.130 所示。制作完成后的图层结构如图 6.131 所示。

图 6.130　网络横幅广告

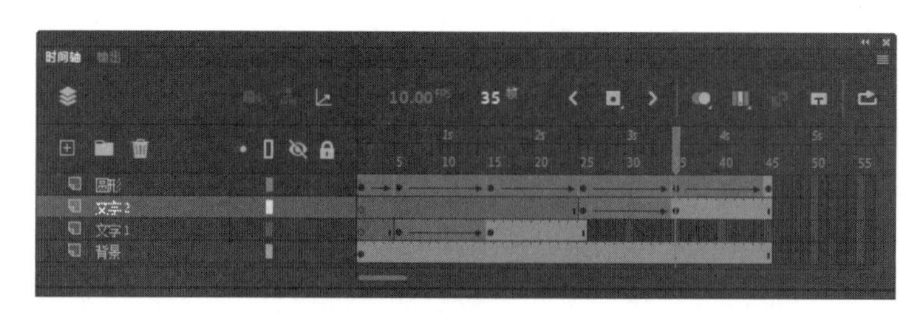

图 6.131　制作完成的图层结构

主要制作步骤如下。

（1）新建一个 Animate CC 影片文档。设置影片尺寸为 468 像素 ×60 像素，舞台的背景颜色设置为绿色，其他参数使用默认值。

（2）将“图层 1”改名为“背景”。在这个图层上创建如图 6.132 所示的效果。

图 6.132　“背景”图层效果

（3）新添加一个“文字 1”图层。在这个图层的第 5 帧添加一个空白关键帧，然后用【文本工具】输入文字“无比精美的课件”。在第 15 帧添加关键帧，创建从第 5 帧到第 15 帧的传统补间动画。这里补间动画包括两个动画效果，一个是文字从舞台右侧飞入，另一个是文字从模糊变得清晰。飞入动画通过关键帧中改变文字位置来实现，模糊变清晰动画通过为文字添加模糊滤镜并在关键帧中设置滤镜的参数来实现。

（4）新添加一个“文字 2”图层。在这个图层上使用同样的方法定义另一个文字从右侧飞入舞台，并且从模糊逐渐变清晰的动画效果。

（5）新建一个名字为“圆形”的图形元件。在这个元件的编辑场景中绘制一个如图 6.133 所示的图形。

图 6.133 “圆形”图形元件

（6）返回到“场景 1”。新添加一个“圆形”图层。将【库】面板中的“圆形”图形元件拖放到场景中。在这个图层上定义 5 段传统补间动画，具体情况如下所述。

第 1 帧～第 5 帧：圆形从上移动到舞台右侧。

第 5 帧～第 15 帧：圆形从右侧移动到左侧。这段动画是配合第一个文字移动的动画效果。

第 15 帧～第 25 帧：这段动画是第二段动画的翻转效果。

第 25 帧～第 35 帧：圆形从右侧移动到左侧。这段动画是配合第二个文字移动的动画效果。

第 35 帧～第 45 帧：圆形从左侧移动到右侧，并且逐渐消失。

6.8.3 摇曳的烛光

本练习利用形状补间动画制作一个动画范例——摇曳的烛光。夜晚，烛光在欢快地燃烧和跳动，泛着美丽的光晕，十分漂亮。范例效果如图 6.134 所示。

图 6.134 摇曳的烛光

主要制作步骤如下。

（1）新建一个 Animate CC 影片文档，设置舞台背景为黑色，其他参数保持默认设置。

（2）将“图层 1”改名为“蜡烛杆”。在这个图层用【椭圆工具】绘制一个笔触颜色为白色、无填充色的椭圆。按下 Ctrl 键向下拖动椭圆，得到一个椭圆副本。用【线条工具】绘制两条直线连接两个椭圆，删除下面椭圆内侧的一个圆弧。选择【颜料桶工具】，在【颜色】面板中将填充类型设置为径向渐变，4 个渐变色块从左到右的颜色值依次为 #FDA682、#FC6525、#DA4303、#8E2C02。用【颜料桶工具】单击填充圆柱体的侧面进行渐变填充，使用【渐变变形工具】将变形中心点调整到圆柱体侧面的顶部，如图 6.135 所示。

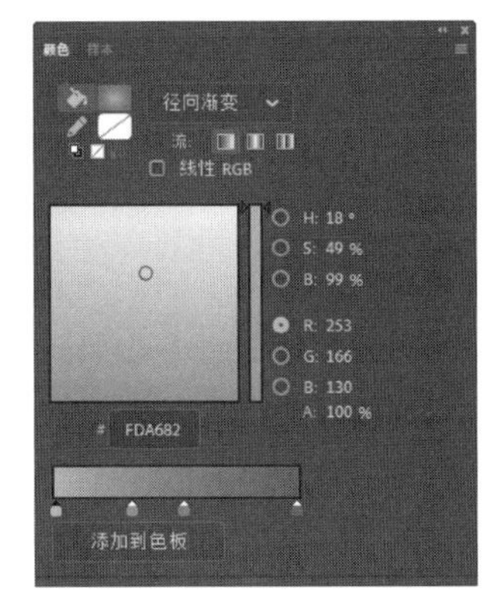

图 6.135 填充圆柱体侧面

（3）下面设置圆柱体顶面的填充色。在【颜色】面板中将填充类型设置为径向渐变，6 个渐变色块从左到右的颜色值依次为 #FCA783、#FCB347、#FC8958、#FDC48A、#DA4303、#8E2C02。用【颜料桶工具】单击填充圆柱体的顶面，使用【渐变变形工具】对渐变效果进行调整，如图 6.136 所示。将蜡烛图形原来的白色笔触删除。至此，一个蜡烛杆就制作完成了。

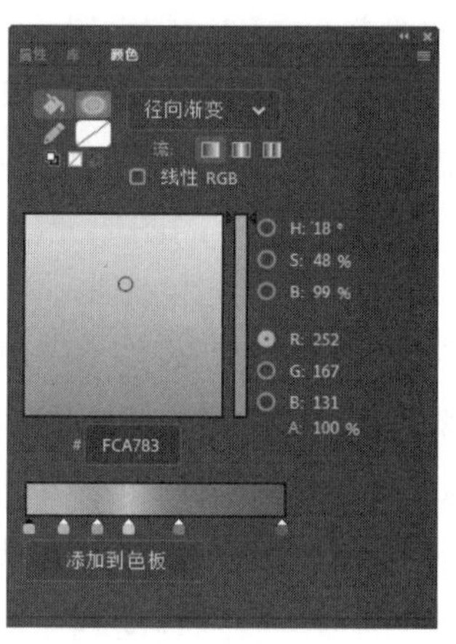

图 6.136　填充圆柱体顶面

（4）新建一个图层，将该图层命名为“蜡烛芯”。在这个图层上，用【传统画笔工具】绘制一个蜡烛芯，笔触颜色值为 #541101。

（5）新建一个图层，将该图层命名为“蜡烛火焰”。选择【椭圆工具】，在【颜色】面板中将笔触颜色设置为无，填充类型设置为线性渐变。两个渐变色块的颜色值从左到右依次是 #FFFF99、#9E8E03，两个渐变色块的 Alpha 值从左到右依次是 100%、30%。设置完成后，在舞台上绘制一个椭圆，使用【渐变变形工具】对渐变效果进行调整，如图 6.137 所示。

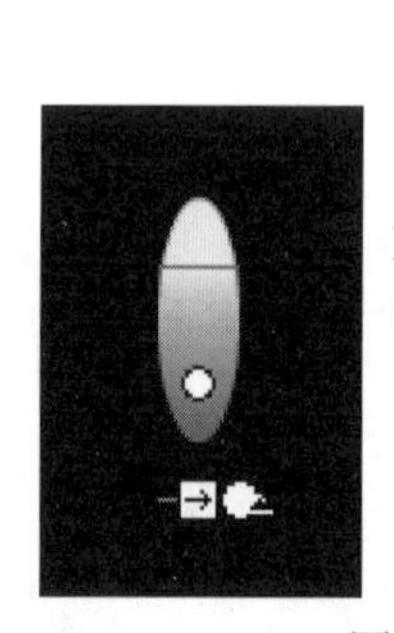
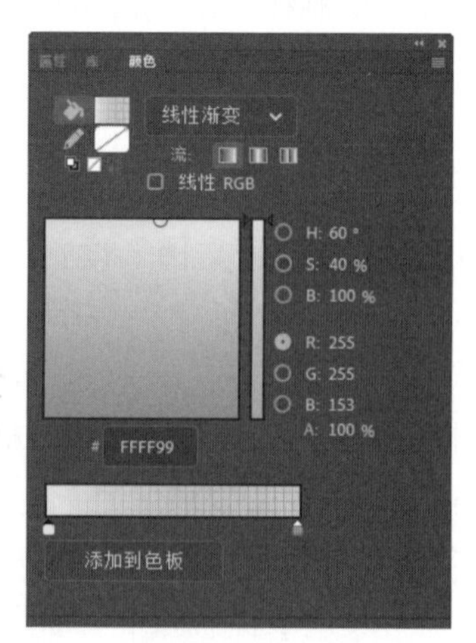

图 6.137　绘制火焰

（6）在“蜡烛火焰”图层的第 5 帧、第 9 帧、第 13 帧、第 17 帧、第 21 帧、第 25 帧、第 29 帧分别插入关键帧。使用【选择工具】调整各个关键帧上的椭圆形状，将它们调整成火焰燃烧的形状，如图 6.138 所示。在调整时，注意不要将形状调整的幅度太大，否则可能会出现变形混乱的现象。

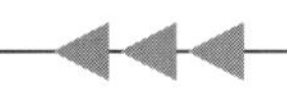

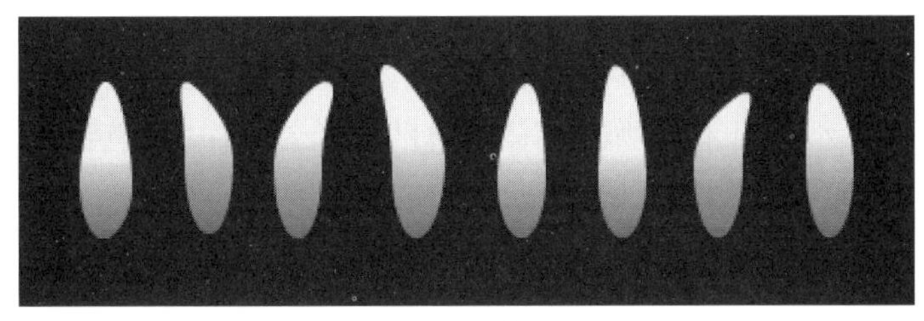

图 6.138　各个关键帧上的火焰形状

（7）定义第 1 帧到第 5 帧之间的形状补间动画。按照同样的方法依次定义每两个关键帧之间的形状补间动画。按 Enter 键观看动画效果。如果发现有变形混乱的现象出现，说明某个关键帧上的火焰形状调整的幅度太大，可以重新对这个火焰形状进行调整，直到符合要求为止。

（8）创建一个新图层，命名为“光晕”。选择【椭圆工具】，打开【颜色】面板，将笔触颜色设置为无，填充类型设置为径向渐变。3 个渐变色块的颜色值从左到右依次为 #F4F402、#FCE725、#FCF08B，3 个渐变色块的 Alpha 值从左到右依次为 100%、70%、0。在舞台上绘制一个圆，让它代表蜡烛燃烧的光晕，如图 6.139 所示。

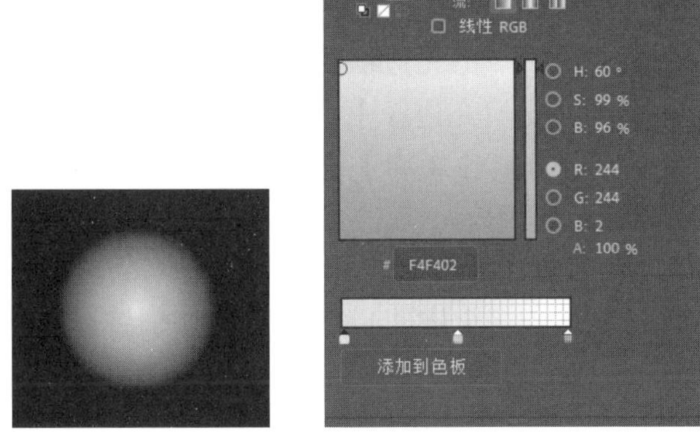

图 6.139　绘制光晕

（9）在“光晕”图层的第 15 帧和第 29 帧分别插入关键帧，选择第 15 帧上的圆，在【变形】面板中将圆的尺寸放大到 150%。分别定义第 1 帧到第 15 帧之间和第 15 帧到第 29 帧之间的形状补间动画。至此，本范例制作完成。本范例制作完成后的图层结构如图 6.140 所示。

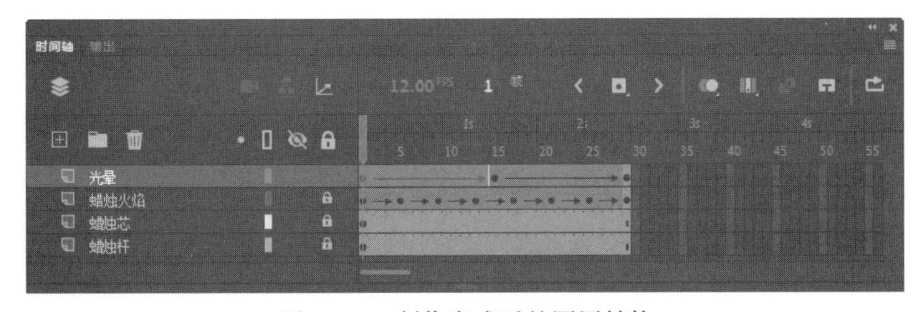

图 6.140　制作完成后的图层结构

6.8.4 沿路径弹跳的小球

本练习制作一个小球沿准抛物线路径弹跳的动画，制作完成后的效果如图 6.141 所示。制作完成后的图层结构如图 6.142 所示。

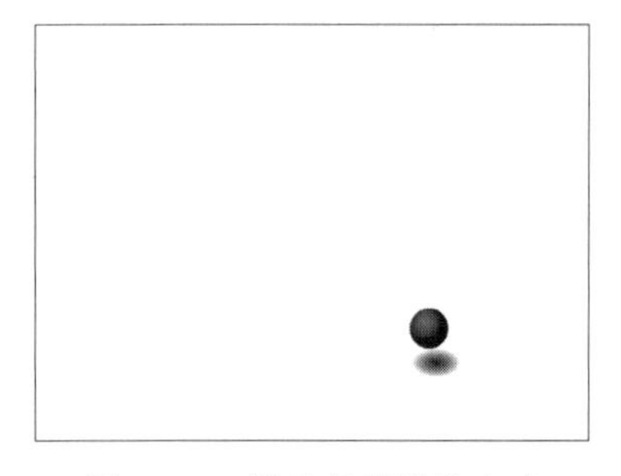

图 6.141 沿路径弹跳的小球

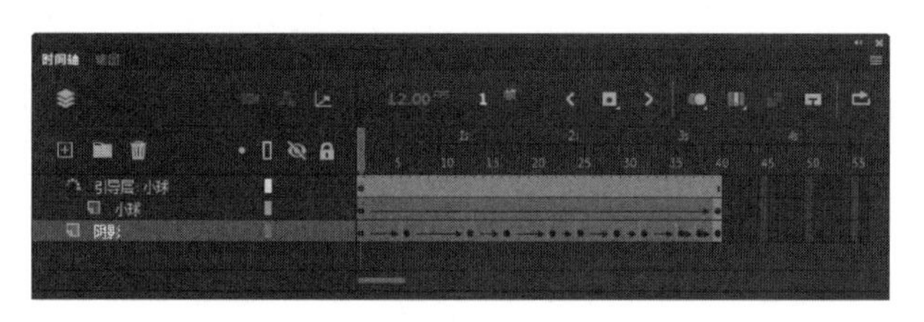

图 6.142 制作完成的图层结构

主要制作步骤如下。

（1）新建一个 Animate CC 影片文档，参数保持默认值。

（2）新建一个名字为“小球”的图形元件，在这个元件的编辑场景中，用【椭圆工具】绘制一个圆形。

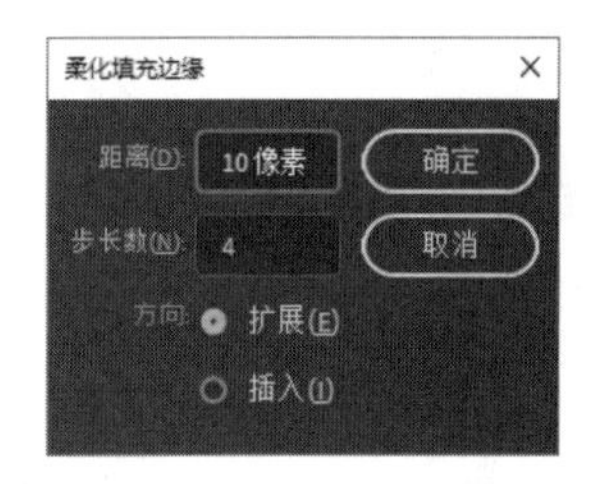

图 6.143 【柔化填充边缘】对话框

（3）新建一个名字为“阴影”的图形元件。在这个元件的编辑场景中，用【椭圆工具】绘制一个比小球稍微大一点的无边框的黑色圆形。执行【修改】|【形状】|【柔化填充边缘】命令，在打开的【柔化填充边缘】对话框中将【距离】设置为 10，【步长数】设置为 4，如图 6.143 所示。

（4）将“图层 1”重命名为“小球”，在这个图层上制作一个从第 1 帧到第 40 帧的传统补间动画。

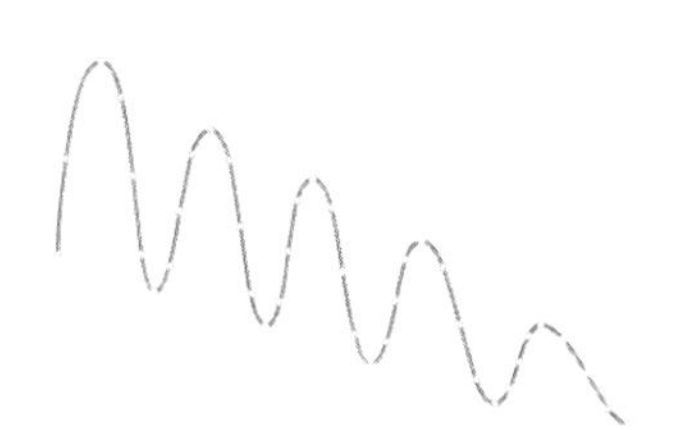

图 6.144 绘制路径

（5）在“小球”图层上新添加一个引导图层。在这个图层上用【铅笔工具】绘制小球弹跳的路径。使用【部分选取工具】对路径进行编辑，如图 6.144 所示。

（6）将第 1 帧上的小球和第 40 帧的小球分别拖放吸附在路径的两端。单击动画层第 1 帧，打开【属性】面板，在【补间】设置栏中将【缓动强度】设置为 -20，让小球沿路径运动时先慢后快，以使小球的运动更符合弹跳运动规律。

（7）再新添加一个“阴影”图层。在这个图层上通过定义若干传统补间动画实现小球弹跳时对应的阴影效果。

第7章

元件和实例

在 Animate CC 中，最主要的动画元素是【元件】。元件包括3种类型：图形元件、按钮元件和影片剪辑元件。不同的元件类型具备不同的特点，合理地使用元件是制作专业 Animate CC 动画的关键。实例是元件在舞台上的具体表现，元件从【库】中进入舞台被称为该元件的实例。

本章主要内容：

- 元件和实例的概念；
- 元件的类型；
- 创建元件的方法；
- 影片剪辑元件；
- 按钮元件；
- 管理、使用【库】。

7.1 初识元件和实例

元件是指可以重复利用的图形、动画片段或者按钮，它们被保存在【库】面板中。在制作动画的过程中，将需要的元件从【库】面板中拖放到场景中，场景中的对象称为该元件的一个实例。如果库中的元件发生改变（如对元件重新编辑），则元件的实例也会随之变化。同时，实例可以具备自己的个性，它的更改不会影响库中的元件本身。

7.1.1 元件

先做个试验，用【椭圆工具】在舞台上随便画个椭圆。那么，这个图形在舞台上算是一种什么元素？精确地说，它仅仅是一个【矢量图形】，它还不是 Animate CC 管理中的最基本单元——元件。

现在，选择这个椭圆，看看它的【属性】面板，可以发现它被 Animate CC 定为【形状】，它的属性也只有【宽】【高】和坐标值。如图 7.1 所示。

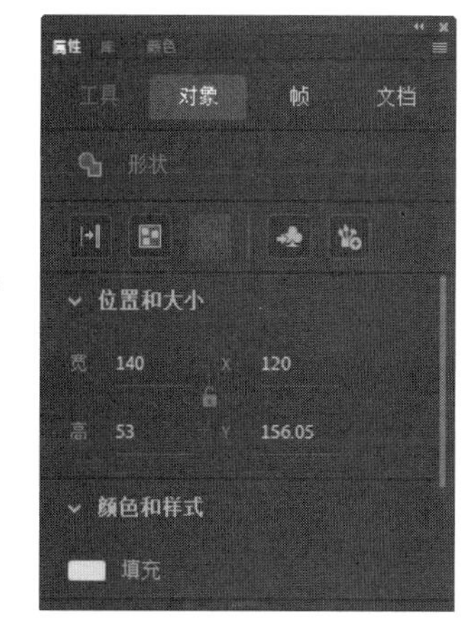

图 7.1　图形的属性

要使这个椭圆得到有效管理并发挥更大作用，就必须把它转换为【元件】。选择这个椭圆形状，执行【修改】|【转换为元件】命令（或者按键盘上的 F8 键），弹出【转换为元件】对话框，如图 7.2 所示。

其中，【名称】默认为【元件 1】，这里选择【类型】为【图形】，单击【确定】按钮，当前绘制的形状转换为图形元件。选择【窗口】|【库】命令（按 Ctrl+L 组合键）打开【库】面板，发现【库】中有了第一个项目【元件 1】，如图 7.3 所示。

图 7.2 【转换为元件】对话框

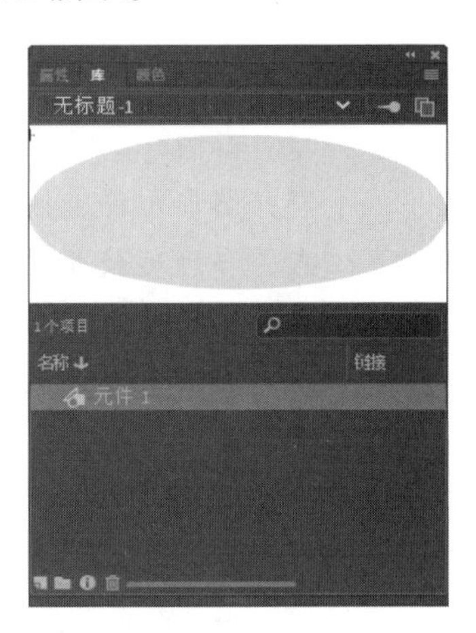

图 7.3 【库】面板

专家点拨：每一个 Animate CC 文档均有自己的【库】。在创建 Animate CC 文档时，最好将所有的对象都制作为元件的形式，这样不仅能够使对象重复使用，而且不占用空间，减少资源的消耗。

选择舞台上的椭圆对象，发现这个对象已经不像先前的离散状，而是变成一个整体，被选中后，周围会出现一个蓝色矩形框。【属性】面板显示其为【实例】，设置项也丰富了很多，该对象除了具备【宽】【高】和坐标值属性外，还包括颜色设置等更多的属性，如图 7.4 所示。

图 7.4 【属性】面板

专家点拨：说到元件，就离不开【库】，因为元件仅存在于【库】中，可以把【库】比喻为后台的演员【休息室】。【休息室】中的演员随时可进入【舞台】演出，无论该演员出场多少次甚至在【舞台】中扮演不同角色，动画发布时，其播放文件仅占有【一名演员】的空间，节省了大量资源。

7.1.2　实例

上面讲到元件仅存于【库】中，那么什么是实例呢？在话剧演出时，演员从【休息室】走上【舞台】就是演出。同理，元件从【库】中进入【舞台】被称为该元件的实例。不过，这个比喻与现实中的情况略有不同。元件从【库】中走上【舞台】时，【库】中的元件还会存在。下面通过具体操作进行讲解。

（1）从【库】中把【元件 1】向场景拖放 3 次，这样，舞台中就有了【元件 1】的 4 个实例（包括原来舞台上的一个实例），如图 7.5 所示。

（2）分别把各个实例的色调、方向、大小设置成不同样式，如图 7.6 所示。

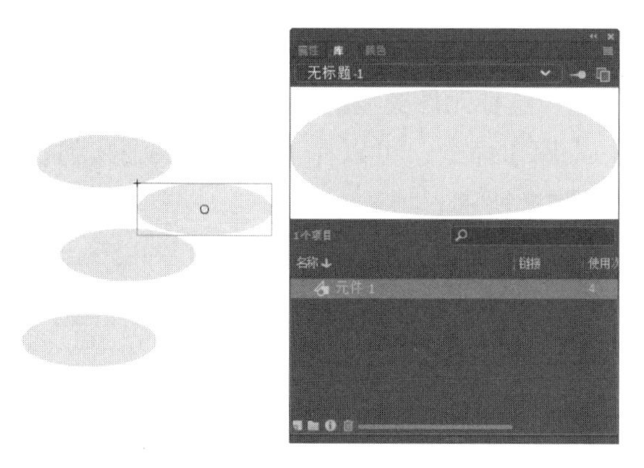

图 7.5　元件和 4 个实例

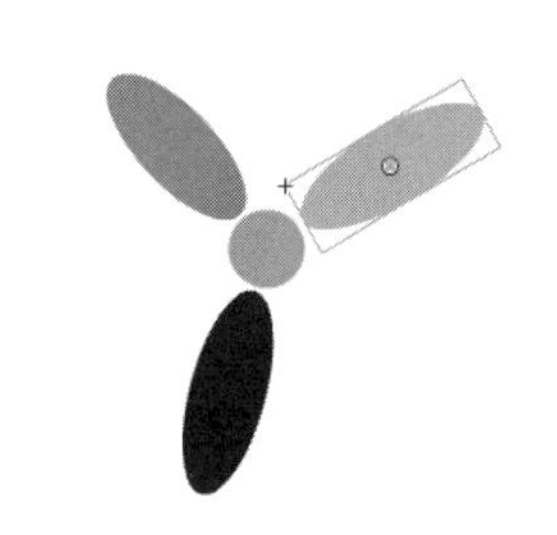

图 7.6　更改 4 个实例的样式

专家点拨：放置于舞台上的实例的位置、外形、旋转、倾斜等属性均可直接进行编辑。在【任意变形工具】直接用鼠标进行操作或在【属性】面板和【变形】面板中通过参数设置进行精确设置。对于各个实例的颜色，可在【属性】面板中选择【样式】下拉列表中的【色调】选项，然后在调色板中进行颜色的设置。

（3）分别选择 4 个实例，观看它们的【属性】面板将会发现，它们的身份始终没变，都是“元件 1”的实例。也就是说，一个演员（元件），它们的【副本演员】（实例）在舞台上可以穿上不同服装，扮演不同角色。这是 Animate CC 的一个极其优秀的特性，Animate CC 动画制作者一定要掌握并运用好这个特性。

7.2　元件的类型和创建元件的方法

元件的类型和创建方法

元件是 Animate CC 动画中的基本构成要素之一，除了可以重复利用、便于大量制作之外，它还有助于减少影片文件的体积。在应用脚本制作交互式影片时，某些元件（如按钮和影片剪辑元件）更是不可缺少的一部分。本节介绍元件的类型和创建元件的方法。

7.2.1　元件的类型

元件存放在 Animate CC 影片文件的【库】面板中，【库】面板具备强大的元件管理功能，在制作动画时，可以随时调用【库】面板中的元件。

依照功能和类型的不同，元件可分成以下 3 种。

- 影片剪辑元件：一个独立的动画片段，它可以包含交互控制、音效，甚至能包含其他的影片剪辑实例。它能创建出丰富的动画效果，能使制作者想得到的任何灵感变为现实。
- 按钮元件：对鼠标事件（如单击和滑过）做出响应的交互按钮。它无可替代的优点在于使观众与动画更贴近，也就是利用它可以实现交互动画。
- 图形元件：通常用于存放静态的图像，也能用来创建动画，在动画中可以包含其他元件实例，但不能添加交互控制和声音效果。

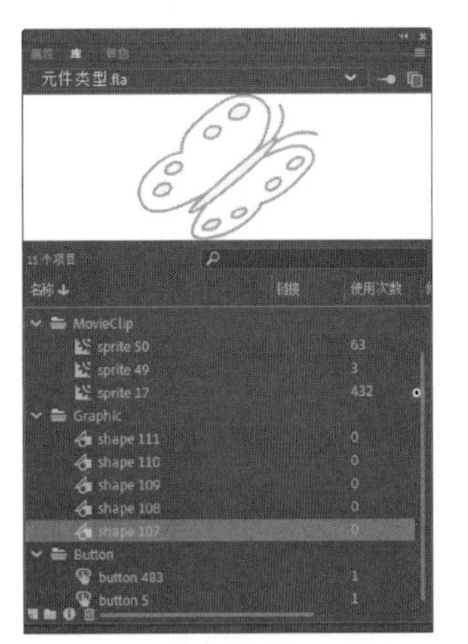

图 7.7 【库】面板中的元件

在一个包含各种元件类型的 Animate CC 影片文件中，执行【窗口】|【库】命令，可以在【库】面板中找到各种类型的元件，如图 7.7 所示。

在【库】面板中除了可以存储元件对象以外，还可以存放从影片文件外部导入的位图、声音、视频等类型的对象。

7.2.2 元件的创建方法

元件的创建方法一般有两种，一种方法是新建元件，另一种方法是将舞台上的对象转换为元件。下面具体进行讲解。

1. 新建元件

选择【插入】|【新建元件】命令打开【创建新元件】对话框。在【名称】文本框中输入元件的名称，默认名称是“元件 1”。在【类型】下拉列表中选择新建元件的类型，如图 7.8 所示。

单击【确定】按钮创建新元件，Animate CC 会将该元件添加到库中，并切换到元件编辑模式。在元件编辑模式下，元件的名称将出现在舞台左上角的上面，并在编辑场景中由一个十字光标表明该元件的注册点。

2. 转换为元件

除了新建元件以外，还可以直接将场景中已有的对象转换为元件。选择场景中的对象，选【修改】|【转换为元件】命令（或者按 F8 键），此时将打开【转换为元件】对话框。与新建元件一样，设置元件名称和类型后单击【确定】按钮即可将当前对象转换为元件，如图 7.9 所示。

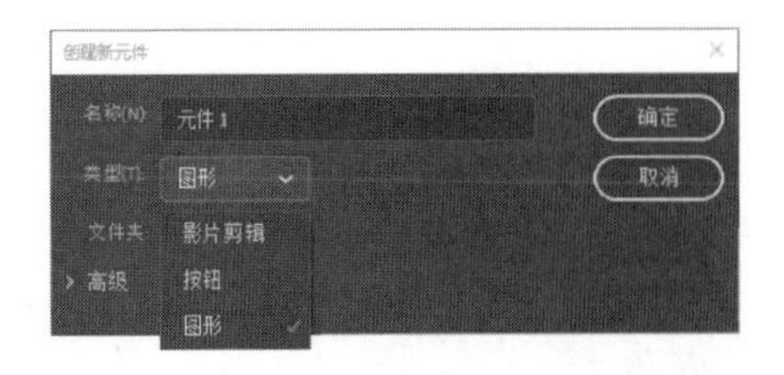

图 7.8 【创建新元件】对话框

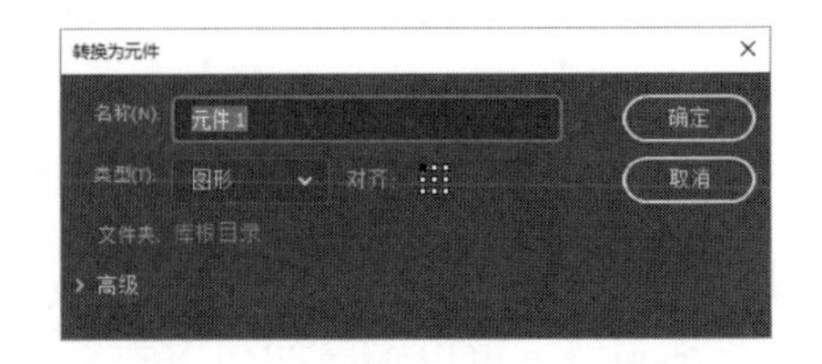

图 7.9 【转换为元件】对话框

专家点拨：在使用【转换为元件】对话框将对象转换为元件时，可指定对象在元件中放置，这个位置以元件中心点为基准。如果选择【注册网格】左上角的方块，在转换为元件后，对象将被放置在左上角与元件的中心点对齐的位置。

7.2.3　编辑元件的三种方式

创建元件后，经常需要对元件进行编辑，Animate CC 提供了 3 种方式对元件进行编辑。下面分别对这 3 种方式进行介绍。

1. 在当前位置编辑元件

使用“在当前位置编辑”方式对元件进行编辑时，被编辑元件和其他对象同时出现在舞台上。在对舞台上的元件进行编辑时，其他对象显示为灰色不可编辑。正在编辑的元件名称显示在舞台上方的编辑栏内，位于当前场景名称的右侧，如图 7.10 所示。

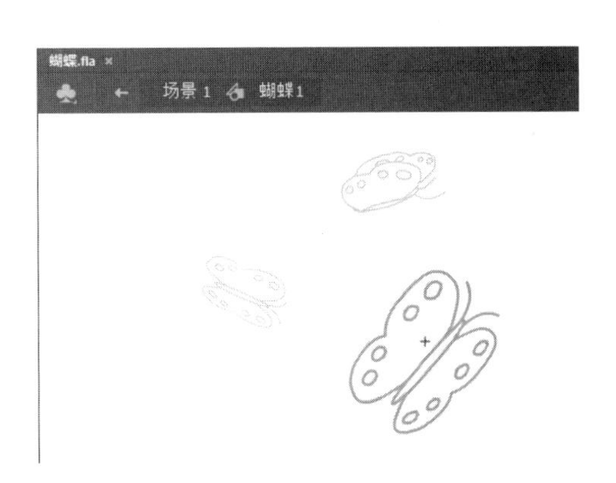

图 7.10　在当前位置编辑

进入“在当前位置编辑元件”模式可以使用下面 3 种方式。

- 在舞台上双击该元件的一个实例。
- 在舞台上选择该元件的一个实例后右击，从弹出的快捷菜单中选择【在当前位置编辑】命令。

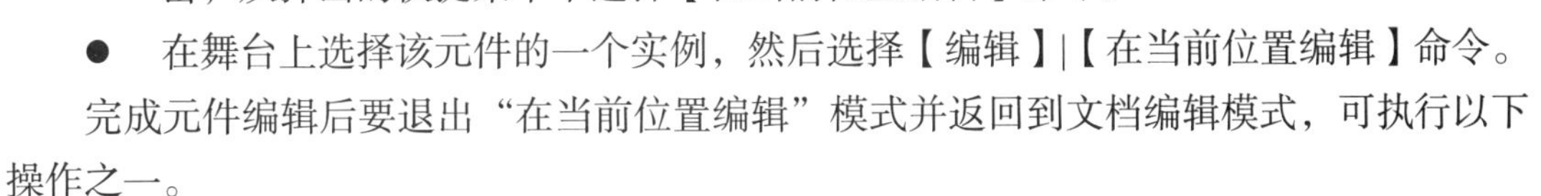

- 在舞台上选择该元件的一个实例，然后选择【编辑】|【在当前位置编辑】命令。

完成元件编辑后要退出“在当前位置编辑”模式并返回到文档编辑模式，可执行以下操作之一。

- 单击舞台上方编辑栏左侧的【返回】按钮。
- 单击舞台上方编辑栏上的场景名称。
- 在舞台上方编辑栏的【场景】弹出菜单中选择当前场景的名称。
- 选择【编辑】|【编辑文档】命令。

2. 在新窗口编辑元件

对元件进行编辑也可使用“在新窗口编辑元件”方式，这种方式将能够在一个单独的窗口中对元件进行编辑，在这个单独的窗口中编辑元件时可以同时看到该元件和主时间轴。正在编辑的元件名称会显示在舞台上方的编辑栏内，如图 7.11 所示。

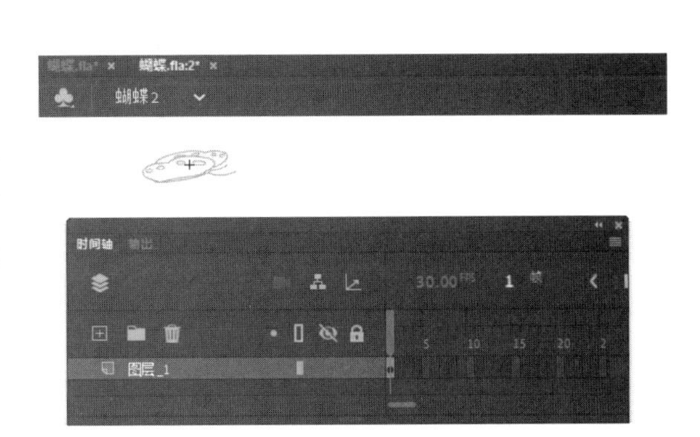

图 7.11　在新窗口中编辑

要进入“在新窗口中编辑”模式，可以在舞台中右击需要编辑的元件，选

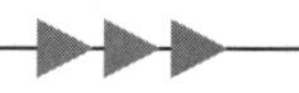

择快捷菜单中的【在新窗口中编辑】命令。在完成编辑后，单击窗口名称标签上的【关闭】按钮■关闭当前窗口即可回到编辑主文档状态下。

3. 在元件编辑模式下编辑元件

使用元件编辑模式，可将窗口从舞台视图更改为只显示该元件的单独视图来编辑。正在编辑的元件名称会显示在舞台上方的编辑栏内，位于当前场景名称的右侧，如图 7.12 所示。

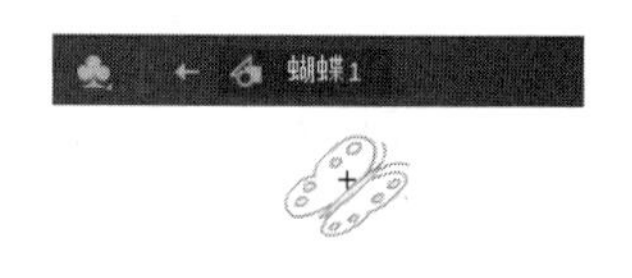

图 7.12　在元件编辑模式下编辑

进入“元件编辑模式”可以使用下面的 4 种方式操作。

- 双击【库】面板中的元件图标。
- 在舞台上选择该元件的一个实例，右击，然后从弹出的快捷菜单中选择【编辑】命令。
- 在舞台上选择该元件的一个实例，然后选择【编辑】|【编辑元件】命令。
- 在【库】面板中选择该元件，从库选项菜单中选择【编辑】命令，或者右击，然后从弹出的快捷菜单中选择【编辑】命令。

完成对元件的编辑后，可以使用下面 3 种方式退出“元件编辑模式”。

- 单击舞台顶部编辑栏左侧的【返回】按钮。
- 选择【编辑】|【编辑文档】命令。
- 单击舞台上方编辑栏上的场景名称。

7.2.4　元件的基本操作

将元件放置到舞台上，根据需要可以对元件进行操作。下面介绍元件的常规操作。

1. 更改元件类型

选择舞台上的元件，在【属性】面板的【实例行为】列表中勾选相应的选项，可以更改元件的类型，如图 7.13 所示。

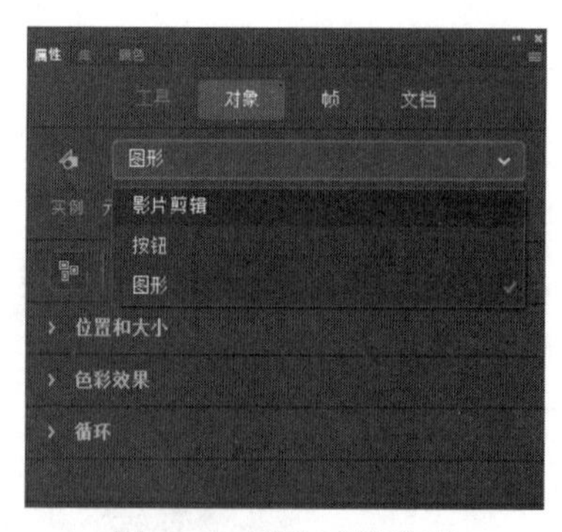

图 7.13　更改元件类型

在【属性】面板中单击【编辑元件属性】按钮将打开【元件属性】对话框，使用该对话框可以重新设置元件名称，也可以在【类型】列表中勾选相应的选项更改元件类型，如图 7.14 所示。

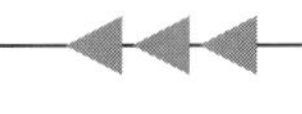

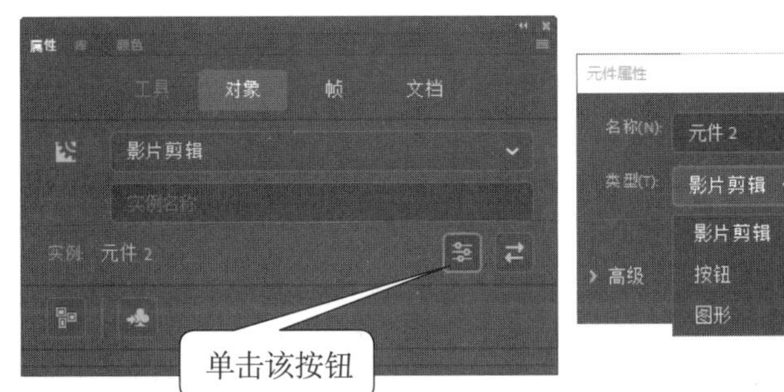

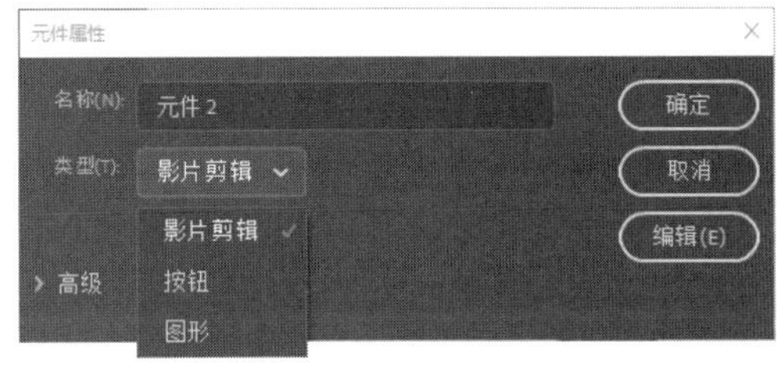

图 7.14　打开【元件属性】对话框更改元件类型

专家点拨：在【属性】面板中单击【转换为元件】按钮将打开【转换为元件】对话框，在该对话框中同样可以通过设置【类型】来更改元件的类型。

2. 分离和交换元件

在舞台上选择元件后，在【属性】面板中单击【分离】按钮将能够返回上一种状态。例如，下面图中的影片剪辑元件由两个图形元件构成，在【属性】面板中单击【分离】按钮后，元件被分离成图形元件，以组的形式呈现。当再次单击【分离】按钮后，图形元件分离为最初的形状，如图 7.15 所示。

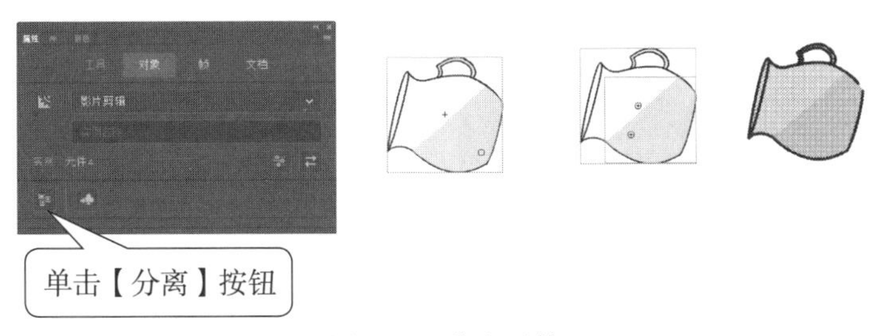

图 7.15　分离元件

在舞台上选择元件，在【属性】面板中单击【交换元件】按钮将打开【交换元件】对话框，在对话框的列表中选择元件，如图 7.16 所示。单击【确定】按钮关闭对话框后，舞台上的元件将该对话框中选择的元件替换。

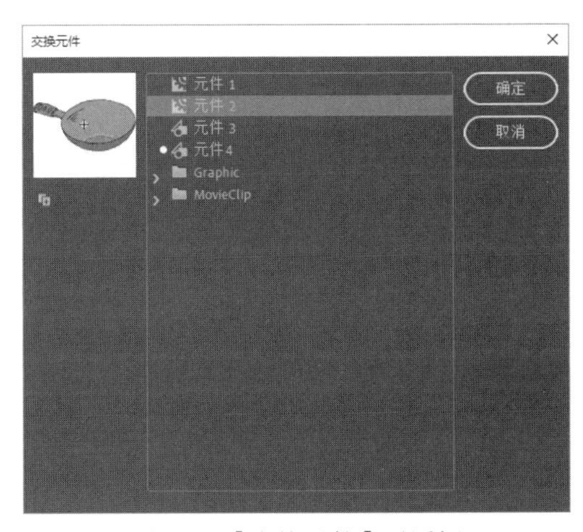

图 7.16　【交换元件】对话框

专家点拨： 在对某个元件添加了很多效果后，如果需要对另一个元件应用这些特效，可以进行交换元件的操作将已添加效果的元件替换掉，添加的效果将交换给这个新元件。

3. 设置元件位置

使用鼠标拖动舞台上的元件可以改变元件在舞台上的位置，使用【任意变形工具】和【变形】面板可以改变元件的形状。选择元件后，在【属性】面板的【位置和大小】设置栏中，通过输入数值可以精确设置元件的位置和大小，如图 7.17 所示。

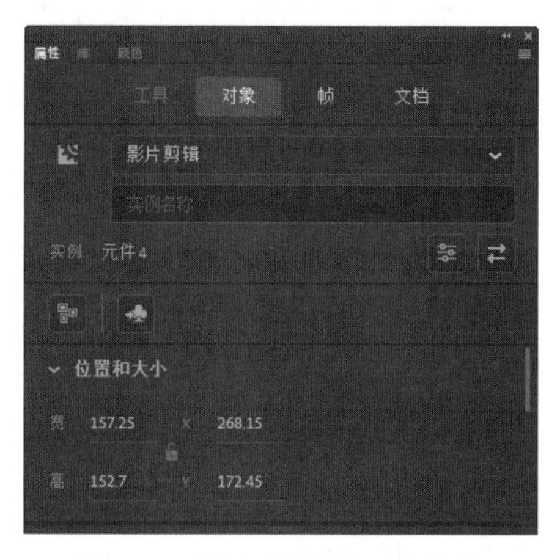

图 7.17 设置元件的位置和大小

Animate CC 提供了辅助线功能，利用辅助线可以帮助用户在舞台上精确拖放元件。下面介绍具体的操作方法。

（1）选择【视图】|【标尺】命令在程序窗口中显示标尺，按住鼠标左键分别从水平标尺和垂直标尺向舞台上拖动获得辅助线，如图 7.18 所示。

（2）选择【视图】|【贴紧】|【贴紧至辅助线】命令，使用鼠标拖动元件靠近辅助线，元件中心将会贴紧至辅助线，如图 7.19 所示。

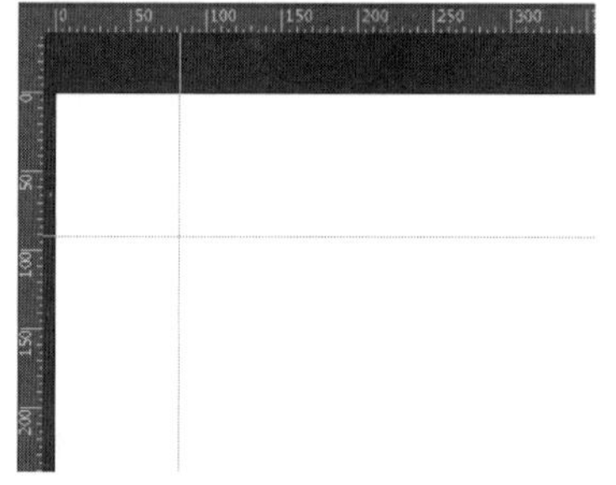

图 7.18 创建水平辅助线和垂直辅助线

图 7.19 贴紧至辅助线

专家点拨： 在舞台上添加辅助线后，可以使用鼠标拖动辅助线改变其位置。选择【视图】|【辅助线】|【锁定辅助线】命令可以锁定辅助线，防止误操作改变辅助线的位置。选择【视图】|【辅助线】|【清除辅助线】命令可以清除所有的辅助线，将辅助线拖放到标尺处可以清除当前的辅助线。选择【视图】|【辅助线】|【编辑辅助线】命令可以打开【辅助线】对话框，使用该对话框可以对是否显示辅助线、辅助线颜色和对齐精度等进行设置，如图 7.20 所示。

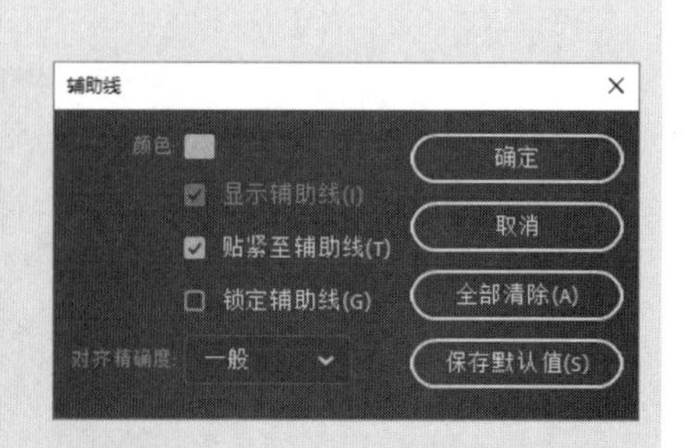

图 7.20 【辅助线】对话框

4. 对齐元件

选择【窗口】|【对齐】命令打开【对齐】面板，在舞台上按住 Shift 键单击需要对齐

的元件，在【对齐】面板中单击相应的按钮即可实现左对齐、右对齐和顶对齐等对齐效果。例如，这里选择 2 个元件后单击【水平中齐】按钮，可以使元件水平居中对齐，如图 7.21 所示。

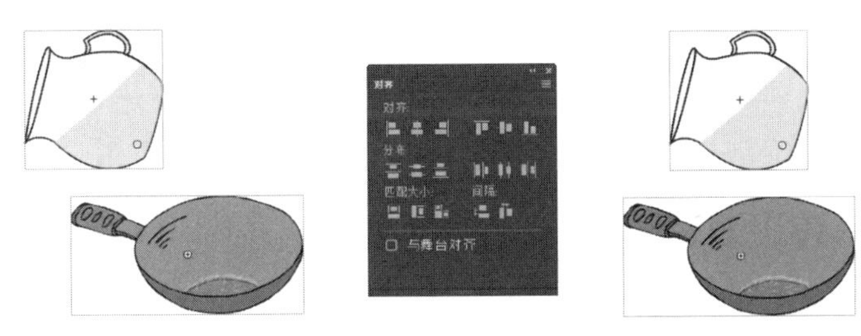

图 7.21　使元件水平居中对齐

选择【视图】|【贴紧】|【贴紧对齐】命令，拖动一个元件靠近另一个元件时，Animate CC 会在两个元件左右对齐或上下对齐时显示垂直或水平对齐提示线给出提示，如图 7.22 所示。此时释放鼠标停止拖动可以方便地实现两个元件的对齐放置。

图 7.22　显示垂直或水平对齐提示线

5. 更改色彩

选择元件，在【属性】面板中展开【色彩效果】设置栏，在【颜色样式】列表中选择需要应用的选项。列表框下方即可出现该选项的设置项，通过调整各个设置项的值即可对元件显示的色彩效果进行调整，如图 7.23 所示。

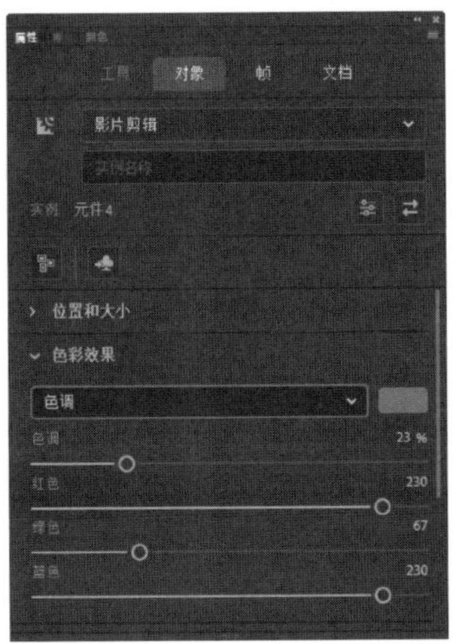

图 7.23　设置元件的色彩效果

6. 应用混合模式和滤镜

Animate CC 中，一些整体编辑的设置项只能用于影片剪辑元件和按钮元件，【混合】和【滤镜】就属于此类。

元件的混合模式的作用与第 6 章介绍的图层混合模式的作用是一样的。当一个影片剪辑位于另一个影片剪辑上方时，通过更改混合模式可以改变叠放时的显示效果。例如，两个影片剪辑叠放在一起，选择位于上方的影片剪辑，在【属性】面板的【混合】设置栏中，将【混合】设置为“强光”。此时两个影片剪辑显示的效果如图 7.24 所示。

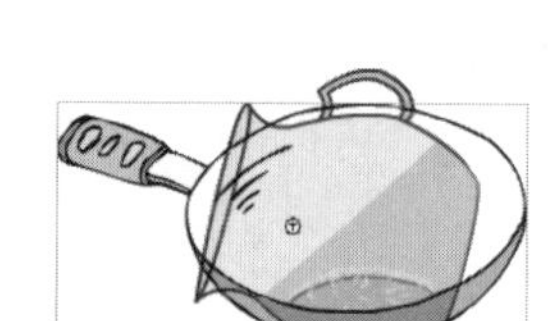

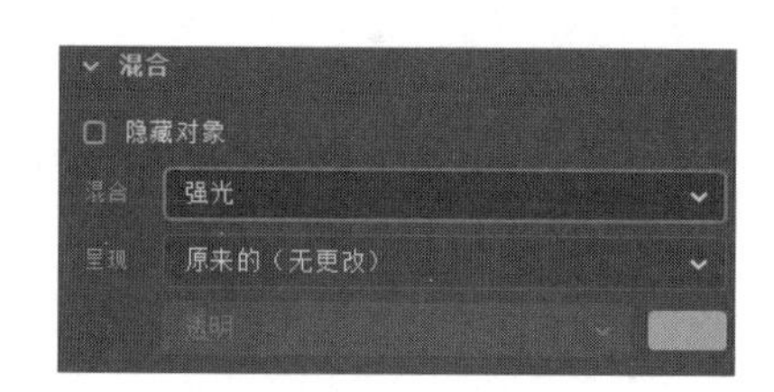

图 7.24 【混合】设置为“强光”

专家点拨：位于同一图层相同帧中的元件存在着上下层级关系，先放置于舞台的元件位于下层，后放置的元件位于上层。右击元件，选择快捷菜单中的【排列】|【移至顶层】命令可以将该元件移至最上层，选择【排列】|【移至底层】命令将元件移至最底层。选择【排列】|【上移一层】或【排列】|【下移一层】命令可以将元件上移或下移一层。

第 6 章介绍了对图层中某一帧添加滤镜的方法，此时滤镜效果将作用于帧中所有的对象。在舞台上选择一个元件，在【属性】面板的【滤镜】设置栏中添加滤镜并设置滤镜效果。此时的滤镜效果将只作用于选择的元件，如图 7.25 所示。

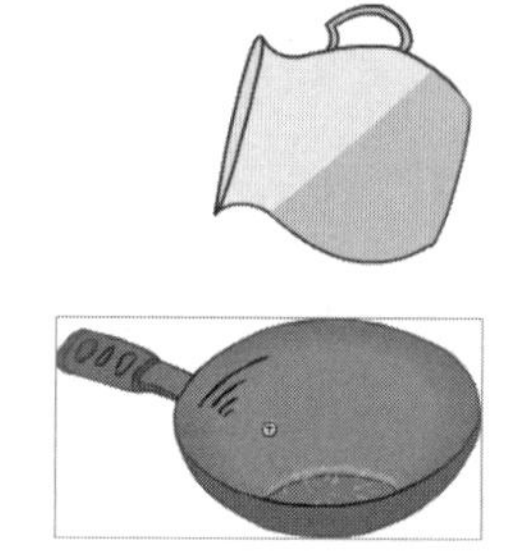

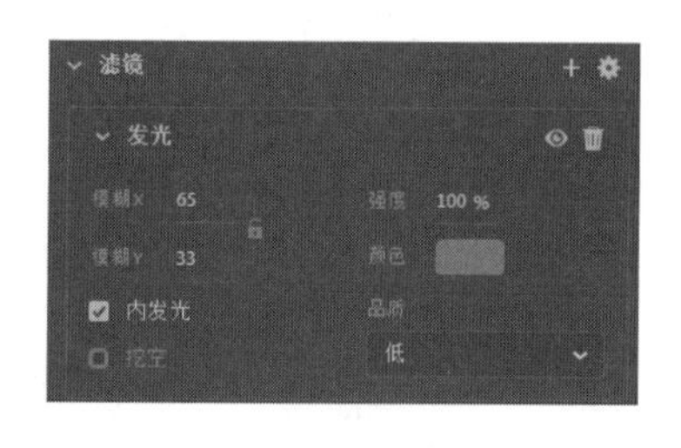

图 7.25 滤镜效果应用于选择的元件

7.3 影片剪辑元件

影片剪辑拥有它们自己的独立于主时间轴的多帧时间轴，可以将影片剪辑看作是主时间轴内的嵌套时间轴。它们可以包含交互式控件、声音甚至其他影片剪辑实例，也可以将影片剪辑实例放在按钮元件的时间轴内，以创建动画按钮。因此，使用影片剪辑元件可以创建可重用的动画片段。

影片剪辑元件

7.3.1 认识影片剪辑元件

一个对象的动画往往不是简单的一种动画效果，而是多种动画的组合。例如，一匹骏马的奔跑动画，至少需要骏马位置移动和四蹄运动这两个动画效果才会与实际动作相符。在使用 Animate CC 制作这个动画效果时，以一个影片剪辑元件的实例作为传统补间动画对象，而在这个影片剪辑内制作骏马原地奔跑的动画片段，影片剪辑实例通过传统补间动画实现位置移动的效果，这样合在一起就形成骏马飞奔的动画效果。本小节通过制作一个骏马飞奔的动画范例初步认识和理解影片剪辑元件。

（1）新建一个 Animate CC 影片文档，保持文档属性默认设置。选择【文件】|【导入】|

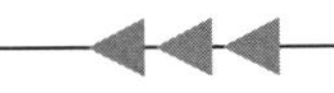

【导入到舞台】命令，将外部的一张骏马素材图像（7-1.gif）导入到舞台。

（2）选择舞台上的骏马图像，选择【修改】|【转换为元件】命令，将其转换为名字为“骏马”的图形元件，如图 7.26 所示。

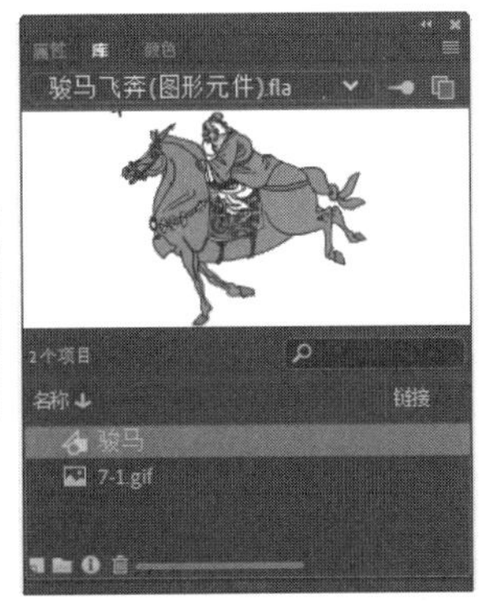

图 7.26　转换为图形元件

（3）将舞台上的实例放置在舞台的右边。在“图层 1”第 20 帧插入一个关键帧，将这个帧上的实例水平移动到舞台的左边，创建从第 1 帧到第 20 帧的传统补间动画。测试影片，此时将只能看到骏马图片位置移动的动画效果，没有四蹄运动的动画。

专家点拨： 由于传统补间动画的动画主角是一个静态的图形实例，所以目前制作出来的动画也仅仅是一张骏马图片的位置移动。要想制作出比较逼真的骏马飞奔的动画效果，需要将传统补间动画的动画主角换成一个动画片段。这可以利用影片剪辑元件来完成。

（4）选择【插入】|【新建元件】命令打开【创建新元件】对话框，将【名称】设置为“骏马奔跑”，将【类型】设置为“影片剪辑”，如图 7.27 所示。单击【确定】按钮后进入元件的编辑场景中。

图 7.27 【创建新元件】对话框

（5）选择【文件】|【导入】|【导入到舞台】命令打开【导入】对话框，选择需要导入的图像文件“7-1.gif”，如图 7.28 所示。单击【打开】按钮导入文件，由于图像文件“7-1.gif”所在的文件夹中包含多个与该文件文件名结构相同的图像文件，Animate CC 提示是否需要导入这个序列的所有文件，如图 7.29 所示。单击对话框中的【是】按钮关闭对话框。

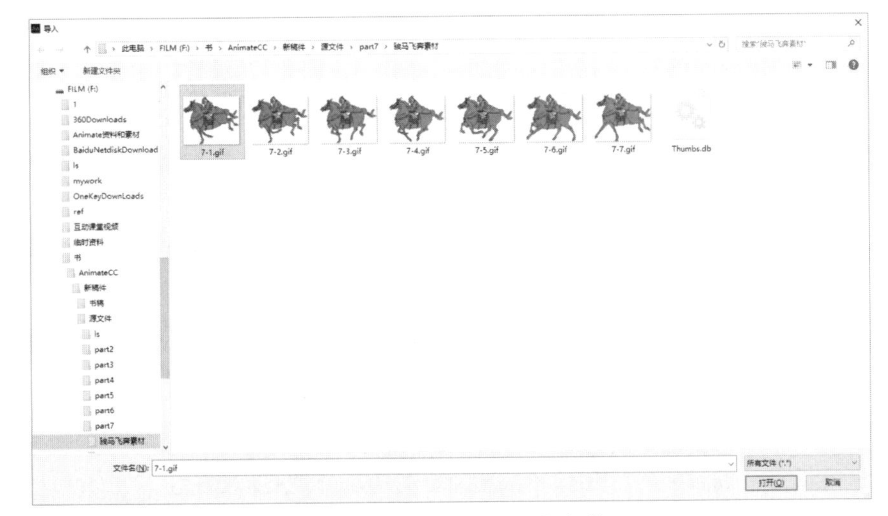

图 7.28　选择需要导入的文件

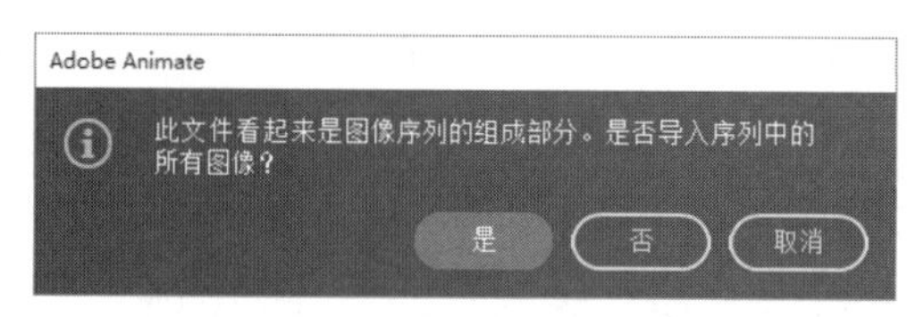

图 7.29　提示是否导入图像序列

（6）由于【库】中已经存在一张图像文件“7-1.gif”，Animate CC 给出【解决库冲突】对话框提示文档中已经存在该文件，如图 7.30 所示。这里单击【确定】按钮关闭对话框即可将文件夹中所有序列文件导入到舞台上，Animate CC 会将这个序列文件中的每个文件按照序号顺序自动放置到一个帧中，如图 7.31 所示。按 Enter 键可以查看当前的动画效果，这里实际上在影片剪辑中创建了骏马原地奔跑的逐帧动画效果。

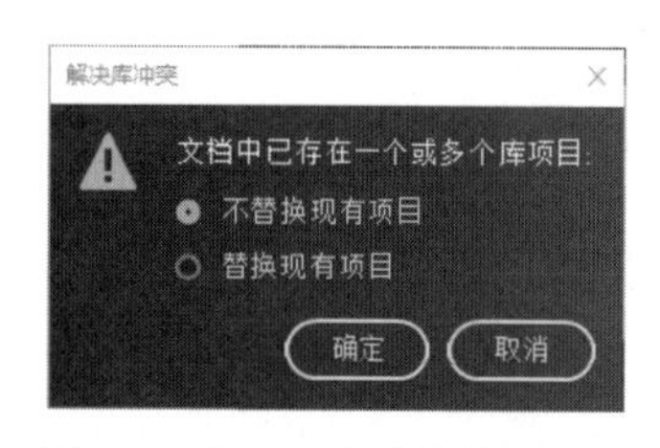

图 7.30 【解决库冲突】对话框

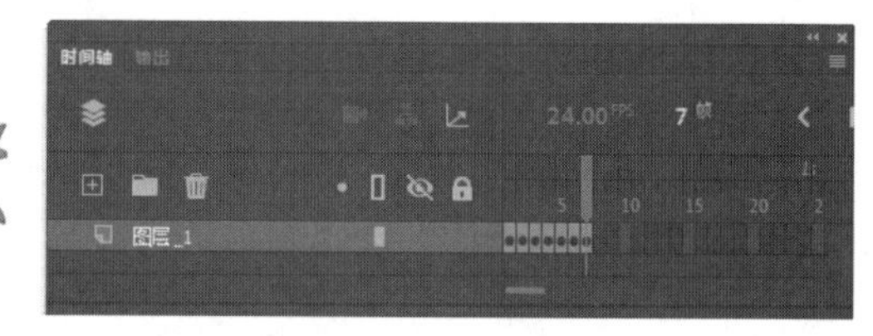

图 7.31　图像序列分别放置到各个帧中

专家点拨：当需导入文档中的对象与【库】中存在的某个对象具有完全相同的名称时，Animate CC 会打开【解决库冲突】对话框。此时，如果选择【替换现有项目】命令，Animate CC 会使用同名的新对象替换【库】中已有的对象。如果选择【不替换现有项目】命令，则 Animate CC 会将新对象的名称后自动增加【副本】字样后添加到【库】中。这里要注意，一旦进行替换，替换将无法撤销。

（7）返回到“场景 1”，右击舞台上的实例，选择快捷菜单中的【交换元件】命令。在打开的【交换元件】对话框中选择“骏马奔跑”影片剪辑元件，如图 7.32 所示。单击【确定】按钮替换掉原有的元件。测试动画即可看到骏马从左向右飞奔的动画效果。

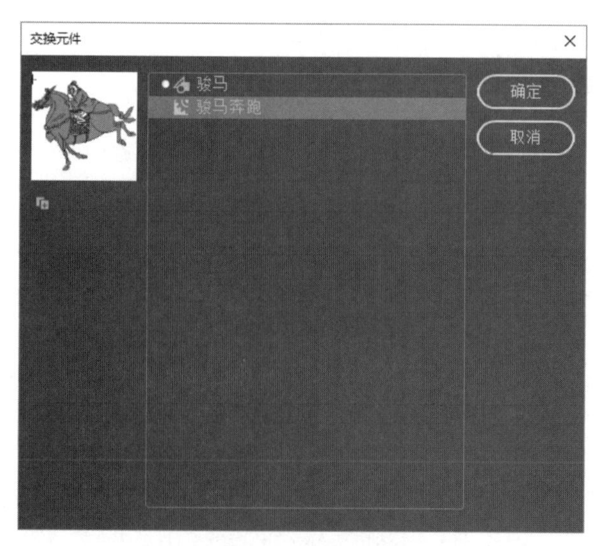

图 7.32　交换元件

7.3.2　影片剪辑的“9 切片缩放”

当对图形对象做任何缩放操作时，都将正常缩放整个显示对象。通常，缩放显示对象时，引起的扭曲在整个对象上是均匀分布的，因此各部分的伸展量是相同的。例如，用【矩形工具】绘制一个圆角矩形，然后对其进行缩放变形，矩形的角半径会随着整个图形大小的调整而改变，如图 7.33 所示。

如果想实现缩放某个对象时，使其某些部分伸展，某些部分不变，那么可以利用“9 切片缩放”功能来实现。这里要注意，9 切片缩放功能只能针对影片剪辑元件，其他元件不能使用。例如，新建一个影片剪辑元件，在这个元件的编辑场景中用【矩形工具】绘制一个圆角矩形。在【库】面板中右击这个元件，在弹出的快捷菜单中选择【属性】命令打开【元件属性】对话框，展开【高级】设置栏，勾选【启用 9 切片缩放比例辅助线】复选框，如图 7.34 所示。

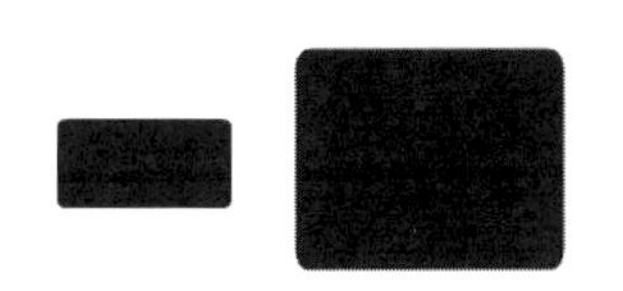

图 7.33　图形的伸展量相同

图 7.34　【元件属性】对话框

这样，影片剪辑元件应用 9 切片缩放后，在【库】面板预览中显示为带辅助线。并且，在编辑影片剪辑时就会出现辅助线，如图 7.35 所示。

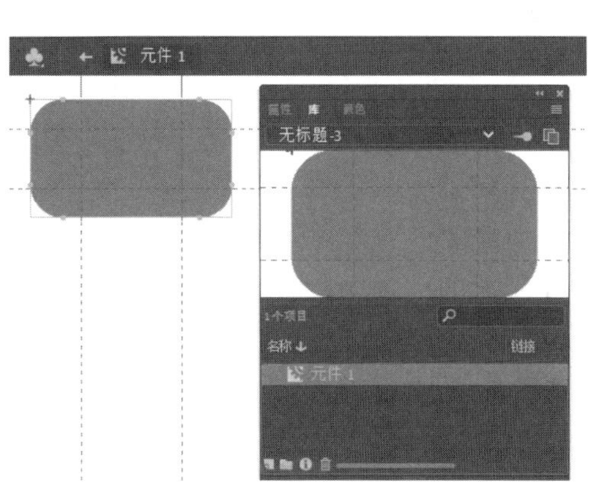

图 7.35　9 切片缩放比例辅助线

“9 切片缩放”辅助线是 4 条虚线，在输出影片文档时不会呈现，仅在创作环境中呈现。通过这 4 条虚线，显示对象被分割到以“9 切片缩放”矩形为基础的具有 9 个区域的网格中，就像中文的“井”字。“9 切片缩放”矩形定义网格的中心区域，网格的其他 8 个区域如下：

- 矩形外的左上角；
- 矩形上方的区域；
- 矩形外的右上角；
- 矩形左侧的区域；
- 矩形右侧的区域；
- 矩形外的左下角；
- 矩形下方的区域；
- 矩形外的右下角。

用户可以移动辅助线来编辑“9 切片缩放”的每个区域，默认情况下，切片辅助线位于距元件的宽度和高度边缘的 25%（或四分之一）处。

专家点拨：元件实例被放在舞台上时，辅助线不会显示。只有在编辑影片剪辑元件时才显示辅助线。另外，不能在舞台当前位置对启用“9 切片缩放”的影片剪辑元件进行编辑，必须在元件编辑模式中对其进行编辑。

影片剪辑元件设置了“9 切片缩放”功能，在对其实例进行缩放操作时，将应用以下规则。

- 中心矩形中的内容既进行水平缩放，又进行垂直缩放。
- 4 个转角矩形中的任何内容（如圆角矩形的圆角）不进行任何缩放。
- 上中矩形和下中矩形将进行水平缩放，但不进行垂直缩放；而左中矩形和右中矩形将进行垂直缩放，但不进行水平缩放。
- 拉伸所有填充（包括位图、视频和渐变）以适应其形状的改变。
- 如果旋转了显示对象，则所有后续缩放都是正常的，不再受“9 切片缩放”功能的限制。

争奇斗艳的鲜花

7.3.3 实战范例——争奇斗艳的鲜花

本小节利用影片剪辑元件的嵌套功能制作一个动画范例。动画运行时，模拟出鲜花开放的效果，鲜花变化多端、美轮美奂，如图 7.36 所示。下面介绍本范例的制作过程。

图 7.36　争奇斗艳的鲜花

1. 创建影片文档和动画背景

（1）新建一个 Animate CC 文档，在【属性】面板中设置舞台背景为黑灰色，其他保持影片文档的默认设置。

（2）选择【文件】|【导入】|【导入到库】命令，打开【导入到库】对话框，在其中选择礼花图像文件和背景图像文件，单击【打开】按钮将其导入【库】面板中。

2. 制作元件

（1）新建一个名字为“花”的图形元件，从【库】面板中将导入的位图拖放到这个图形元件的场景中。图像放置在场景中心点的左侧，如图 7.37 所示。

（2）新建一个名叫“礼花 1”的影片剪辑元件。在这个元件的编辑场景中，将【库】面板中的“花”图形元件拖放到场景的中心位置，然后分别在第 50 帧和第 100 帧添加一个关键帧。将第 50 帧上的元件放大，并且在【属性】面板中更改元件颜色，如图 7.38 所示。

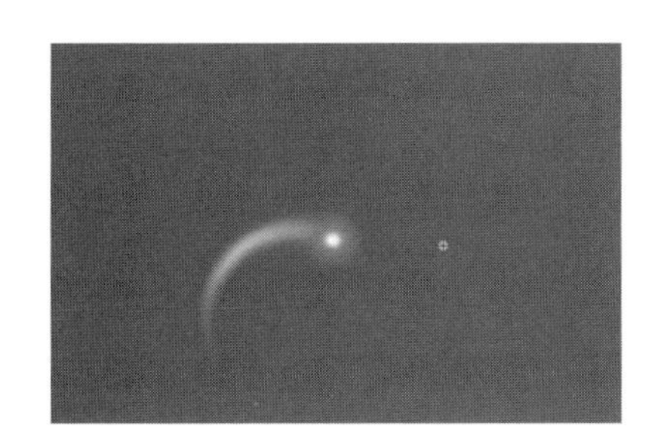

图 7.37　“花”图形元件

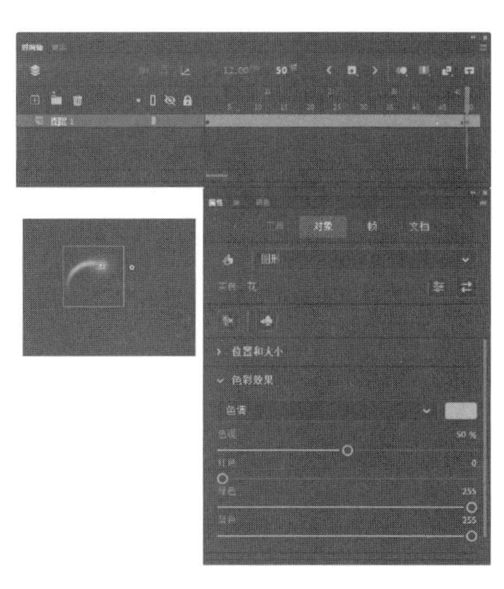

图 7.38　更改第 50 帧上元件的颜色

（3）分别定义从第 1 帧到第 50 帧，从第 50 帧到第 100 帧的传统补间动画，如图 7.39 所示。选择第 1 帧，在【属性】面板中将【缓动】设置为 -60，将【旋转】设置为【顺时针】，旋转次数设置为 4 次。选择第 50 帧，在【属性】面板中将【缓动】设置为 60。选择第 100 帧，在【属性】面板中将【缓动】设置为 60。3 个帧【属性】面板的设置如图 7.40 所示。

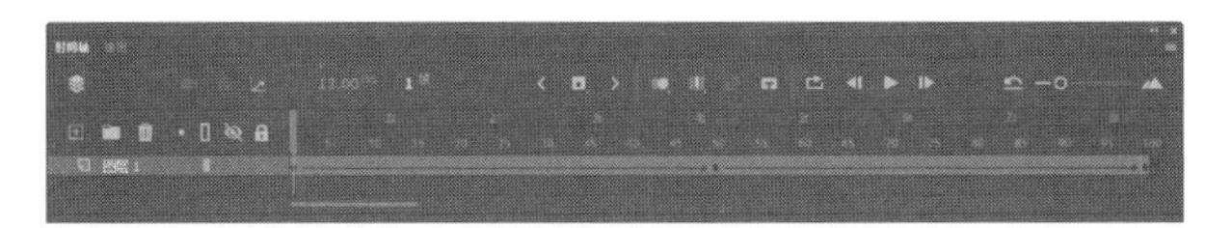

图 7.39　添加传统补间动画

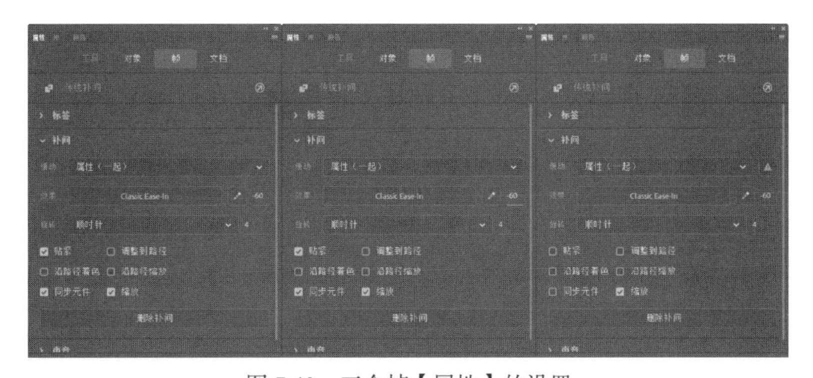

图 7.40　三个帧【属性】的设置

（4）新建一个名叫“礼花 2”影片剪辑元件。在这个元件的编辑场景中，将【库】面板中的“礼花 1”元件拖放到场景的中心位置，然后分别在第 50 帧和第 100 帧添加一个关键帧。将第 50 帧上的实例适当放大，并且在【属性】面板中更改它的颜色，颜色可以

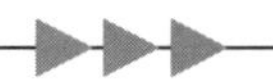

任意设置，尽量和前一个关键帧上的实例颜色反差大一些。同样更改第 100 帧上的实例颜色，分别定义从第 1 帧到第 50 帧，从第 50 帧到第 100 帧的传统补间动画。

（5）新建一个名叫“礼花 3”的影片剪辑元件。在这个元件的编辑场景中，将【库】面板中的“礼花 2”元件拖放到场景的中心位置。利用【任意变形工具】移动实例的中心点，中心点的位置如图 7.41 所示。

（6）保持实例处在选中状态，打开【变形】面板，在【旋转】文本框中输入“30”，然后连续单击【变形】面板右下角的【重制选区和变形】按钮 11 次，旋转复制选择的实例，如图 7.42 所示。

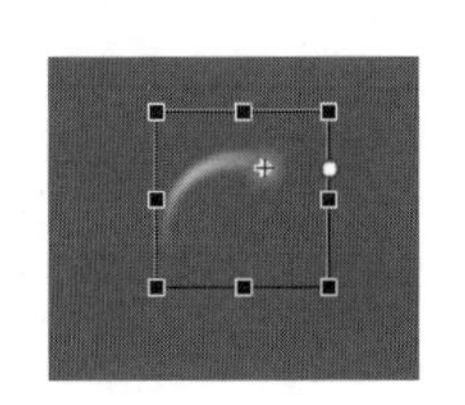

图 7.41　移动中心点

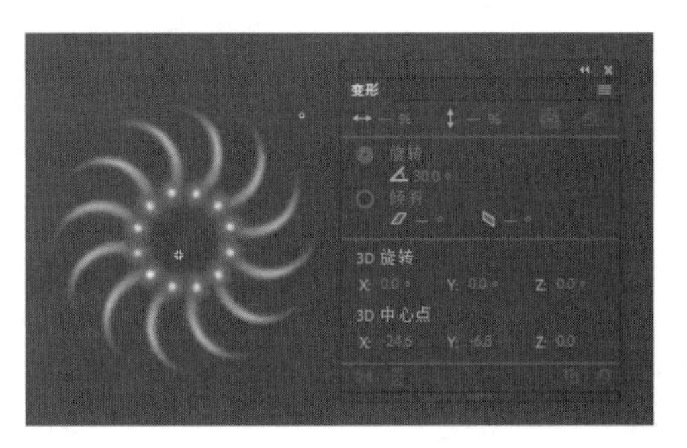

图 7.42　旋转复制“礼花 3”影片剪辑元件

3. 创建主动画

（1）返回到“场景 1”，在【时间轴】面板中新建一个图层“图层 2”。打开【库】面板，将其中的背景位图拖放到舞台上，按 F8 键将其转换为影片剪辑元件，在【属性】面板中设置实例的大小为舞台的尺寸，位置坐标为（0，0），Alpha 值为 50%。

（2）将【库】中的“礼花 3”影片剪辑元件拖放到“图层 2”的舞台中间。按 Ctrl+Enter 组合键测试影片，可以看到变化多样的动画效果。

7.4　按钮元件

按钮元件是实现 Animate CC 动画和用户进行交互的灵魂，它能够响应鼠标事件，单击或者滑过等，执行指定的动作。按钮元件可以拥有灵活多样的外观，可以是位图，也可以是绘制的形状；可以是一根线条，也可以是一个线框；可以是文字，甚至还可以是看不见的“透明按钮”。下面通过 3 个范例的制作来介绍按钮元件的使用方法。

变色按钮

7.4.1　实战范例——变色按钮

本例制作一个变色按钮。当鼠标指向按钮时，按钮的整体色调变为黄色调。当鼠标单击按钮时，按钮的整体色调变为蓝色调，如图 7.43 所示。

图 7.43　变色按钮效果

下面详细讲解制作步骤。

（1）新建一个影片文档，保存该文件并将文件命名为“7.4.1 变色按钮 .fla”。打开素材文件“7.4.1 变色按钮素材 .fla”，在【库】面板中单击选择元件列表中的第一个元件，按住 Shift 键单击元件列表中最后一个元件选择所有素材元件。右击，选择快捷菜单中的【复制】命令复制这些素材元件。切换回文件“7.4.1 变色按钮”，在【库】面板中右击，选择快捷菜单中的【粘贴】命令将素材元件粘贴到【库】面板中，如图 7.44 所示。

（2）选择【插入】|【新建元件】命令，弹出【创建新元件】对话框，在【名称】文本框中输入按钮元件名称，在【类型】列表中选择【按钮】选项，如图 7.45 所示。单击【确定】按钮创建按钮元件，此时将进入到按钮元件的编辑场景中，如图 7.46 所示。

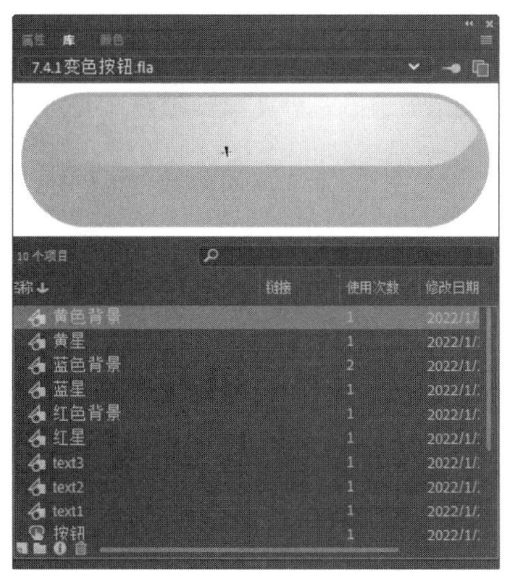

图 7.44　将素材元件粘贴到【库】面板中

图 7.45　新建按钮元件

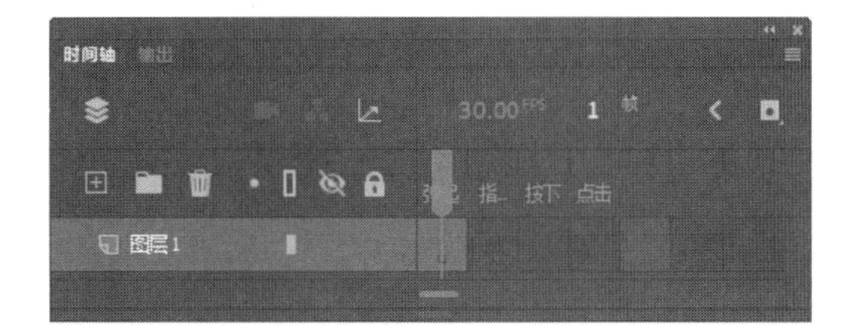

图 7.46　按钮元件的时间轴

专家点拨：按钮元件拥有与影片剪辑元件、图形元件不同的编辑场景，其时间轴上只有 4 帧，通过这 4 帧可以指定不同的按钮状态。

- 【弹起】帧：表示鼠标指针不在按钮上时的状态。
- 【指针经过】帧：表示鼠标指针在按钮上时的状态。
- 【按下】帧：表示鼠标单击按钮时的状态。
- 【点击】帧：定义对鼠标做出反应的区域，这个反应区域在影片播放时是看不到的。这个帧上的图形必须是一个实心图形，该图形区域必须足够大，以包含前面 3 帧中的所有图形元素。运行时，只有在这个范围内操作鼠标才能被播放器认定为事件发生。如果该帧为空，则默认以【弹起】帧内的图形作为响应范围。

（3）从【库】面板中将“红色背景”图形元件拖放到“图层 1”的“弹起”帧中，在该图层上方添加两个图层，分别放置“红星”图形元件和“text1”图形元件。在舞台上调整这些图形元件的位置构成一个完整的按钮。此时获得的是弹起状态下的按钮，如图 7.47 所示。

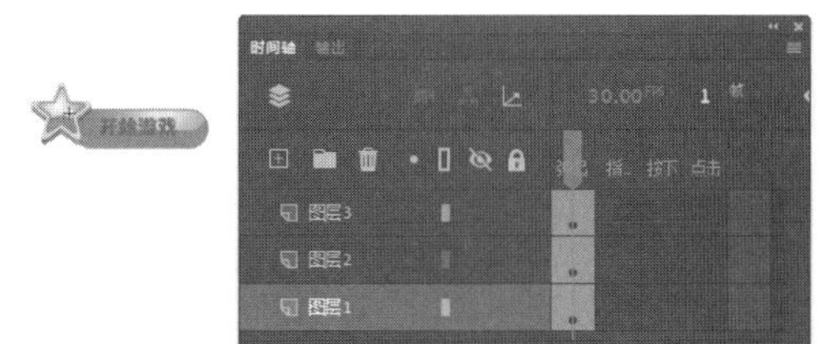

图 7.47　制作按钮弹起状态

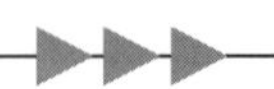

（4）单击【时间轴】面板“图层 3”中的【指针经过】帧，按住 Shift 键选择“图层 1”中的【指针经过】帧，3 个图层中的这 3 个帧同时被选择，按 F7 键创建空白帧。在 3 个图层中分别放置“黄色背景”图形元件、“黄星”图形元件和“text2”图形元件，在【时间轴】面板中按下【绘图纸外观】按钮进入绘图纸模式，在绘图纸模式下调整这些元件的位置，使它们与“弹起”帧中对应图形元件对齐。这里制作的是当鼠标经过按钮时的显示状态，如图 7.48 所示。

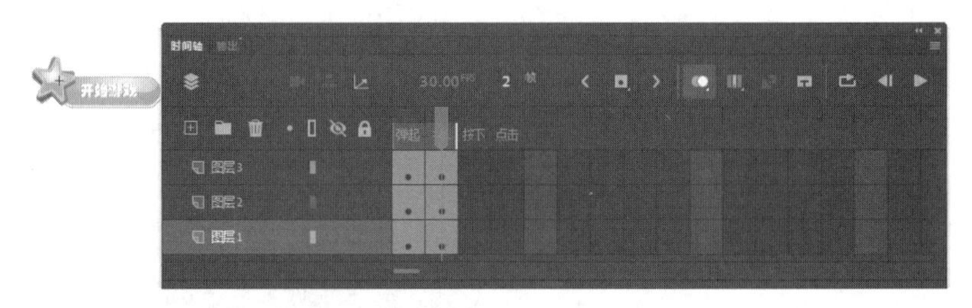

图 7.48　制作鼠标经过按钮时的显示状态

（5）在 3 个图层的“按下”帧创建空白帧，在这 3 个帧中分别放置“蓝色背景”图形元件、“蓝星”图形元件和“text3”图形元件。在绘图纸模式下调整这些元件的位置使它们与前面添加的对应元件位置重合。这里制作的是鼠标左键按下时按钮的显示状态，如图 7.49 所示。

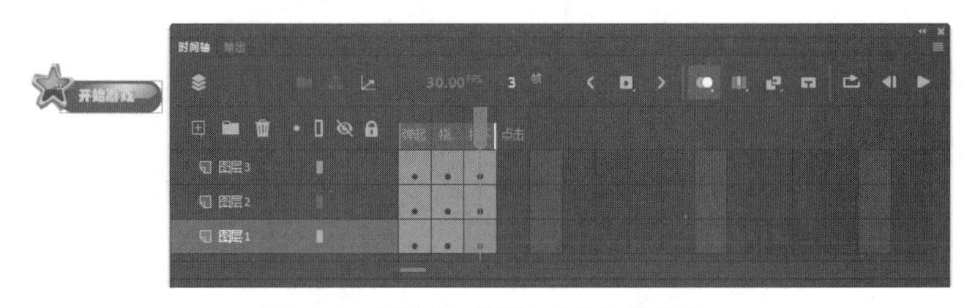

图 7.49　制作按下鼠标时按钮的状态

（6）选择“图层 1”的“点击”帧，按 F6 键插入一个关键帧。至此，按钮制作完成，该按钮的图层结构如图 7.50 所示。

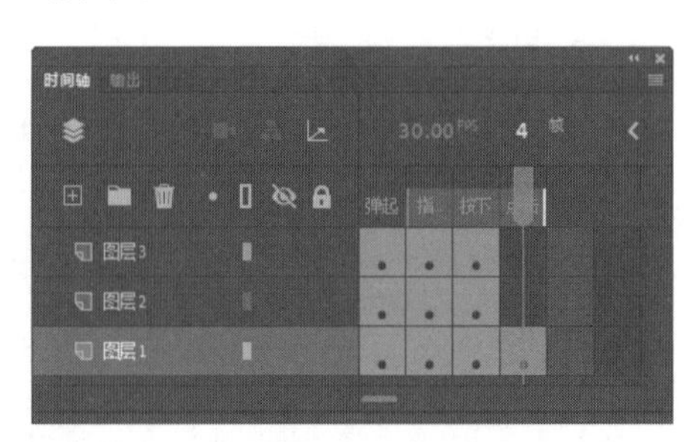

图 7.50　制作完成的按钮图层结构

专家点拨：在 Animate CC 影片文档编辑状态下，舞台上的按钮实例默认是禁用状态，无法直接测试按钮的效果。为了能在影片编辑状态下直接测试按钮，可以选择【控制】|【启用简单按钮】命令，此时鼠标滑过按钮可看到“指针经过”帧的效果，单击按钮显示“按下”帧的效果。

7.4.2　实战范例——文字按钮

文字按钮

文字按钮是导航菜单中经常使用的元素，单击界面中的文字将触发相应的动作。本例是文字按钮最常见的应用场景——网页导航菜单，如图 7.51 所示。鼠标指针放置于文字上时，文字颜色变为黄色。单击文字时，文字颜色变为红色。下面介绍具体的制作步骤。

图 7.51　导航菜单

（1）新建一个 Animate CC 影片文档，设置舞台尺寸为 480 像素 ×80 像素，背景颜色为灰色。

（2）选择【插入】|【新建元件】命令，弹出【创建新元件】对话框，在【名称】文本框中输入“首页”，选择【类型】为【按钮】，如图 7.52 所示。单击【确定】按钮，进入按钮元件的编辑场景中。

（3）在【工具】面板中选择【文本工具】，在【属性】面板中将【文本类型】设置为静态文本，【字体】设置为黑体，【大小】设置为 26，文字的颜色设置为白色。在“弹起”帧中输入文字“首页”，如图 7.53 所示。

图 7.52　创建按钮元件

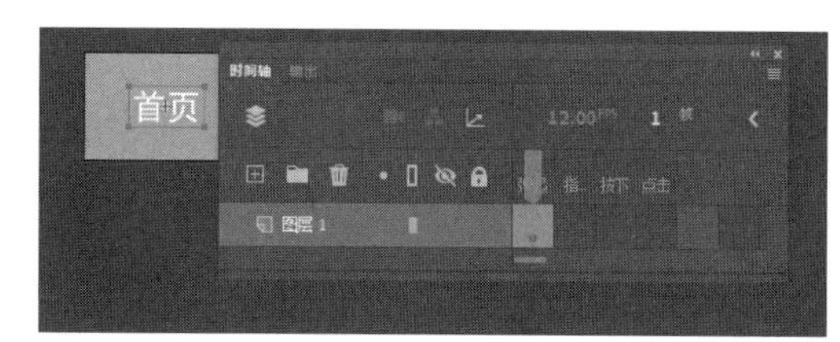

图 7.53　制作“弹起”帧上的文字

（4）选择“指针经过”帧，按 F6 键插入一个关键帧。把该帧上的文字颜色重新设置为黄色。选择“按下”帧，按 F6 键插入一个关键帧。把该帧上的文字颜色设置为红色，如图 7.54 所示。

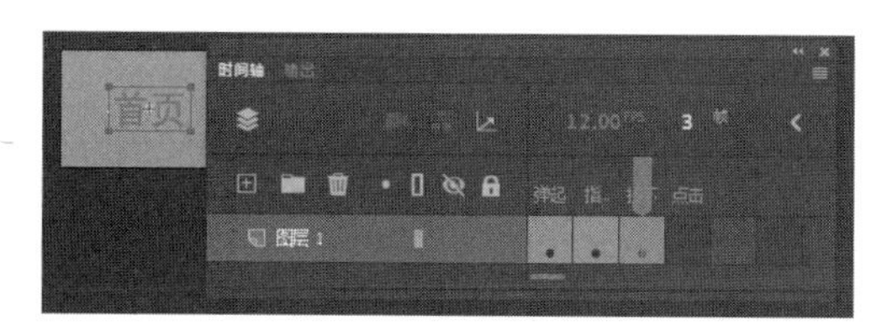

图 7.54　添加关键帧并更改文字颜色

（5）在【时间轴】面板中选择“点击”帧，按 F7 键插入一个空白关键帧，单击【绘图纸外观】按钮进入绘图纸模式。选择【矩形工具】，绘制一个刚好覆盖着文字的矩形，如图 7.55 所示。

专家点拨： 这里绘制的矩形是文字按钮的鼠标感应区域。如果不创建这个矩形，默认情况下感应区域是文字线条，这样就会出现按钮感应不灵敏的现象，只有鼠标刚好指向文字线条上才能感应。

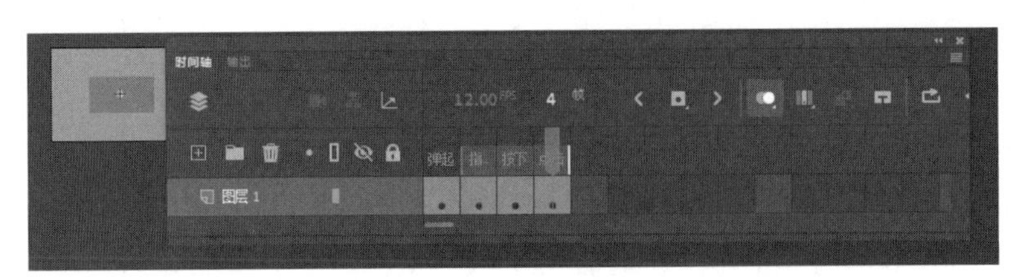

图 7.55　绘制矩形

（6）返回“场景 1”，从【库】面板中将“首页”按钮元件拖放到舞台上。使用相同的方法制作其他 4 个文字按钮，在舞台上对齐排列。制作完成后，按 Ctrl+Enter 组合键测试按钮效果。

透明按钮

7.4.3　实战范例——透明按钮

在按钮的时间轴上，“点击”帧中的对象在动画播放时是不会显示的，该帧中的对象勾勒出按钮对鼠标动作的响应区域。下面通过一个不可见按钮的制作来展示“点击”帧中对象的作用。在范例中，背景图的湖面空无一物，当鼠标移动到湖面上时房子将升起，如图 7.56 所示。

（1）打开“7.4.3 透明按钮（素材）.fla”文件。选择【插入】|【创建新元件】命令，新建一个名为“房子动画”的影片剪辑，从【库】面板中将名为“房子”的图像元件放置到该影片剪辑的场景中。在【时间轴】面板的第 1 帧至第 13 帧创建 4 段传统补间动画，这 4 段传统补间动画实现房子上下方向上的放大和缩小至原状的动画效果，4 段动画实现两个缩放循环。将帧从第 13 帧延伸至第 15 帧，这 3 帧中房子保持原始大小不变，如图 7.57 所示。

图 7.56　范例运行效果

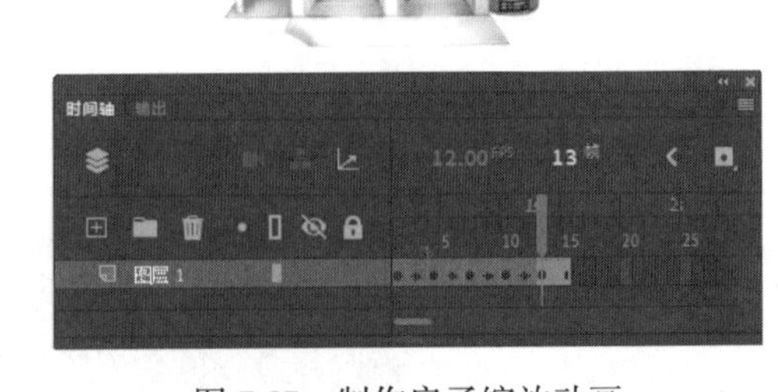

图 7.57　制作房子缩放动画

（2）选择【插入】|【新建元件】命令打开【创建新元件】对话框，新建一个名为“透明按钮”的按钮元件，如图 7.58 所示。单击【确定】按钮关闭【创建新元件】对话框，进入按钮元件编辑状态。

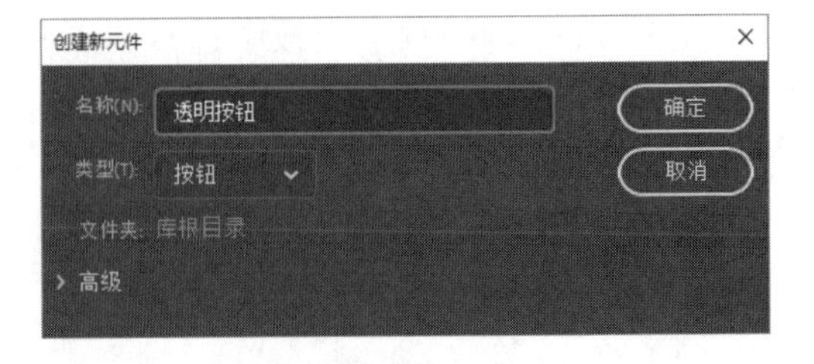

图 7.58　创建按钮元件

（3）在时间轴的“指针经过”帧按 F7 键

创建一个空白关键帧，将“房子动画”影片剪辑放置到舞台的中心，如图 7.59 所示。选择“点击”帧后按 F7 键创建一个空白关键帧，在【工具】面板中选择【矩形工具】。使用【矩形工具】在舞台上绘制一个黑色的无边框矩形，矩形绘制在舞台中心并且要能够覆盖“指针经过”帧中的房子，如图 7.60 所示。

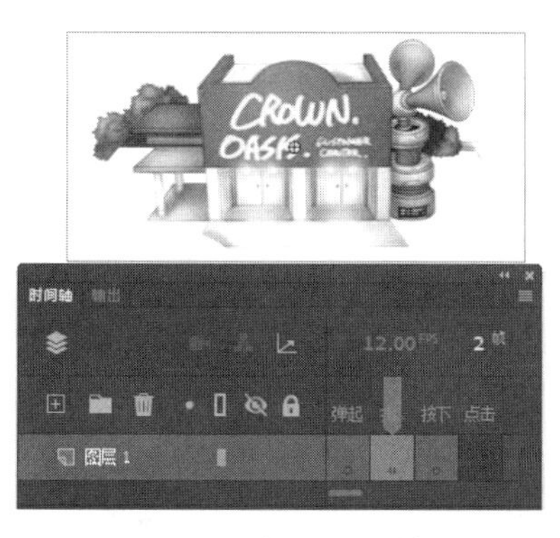

图 7.59　放置影片剪辑

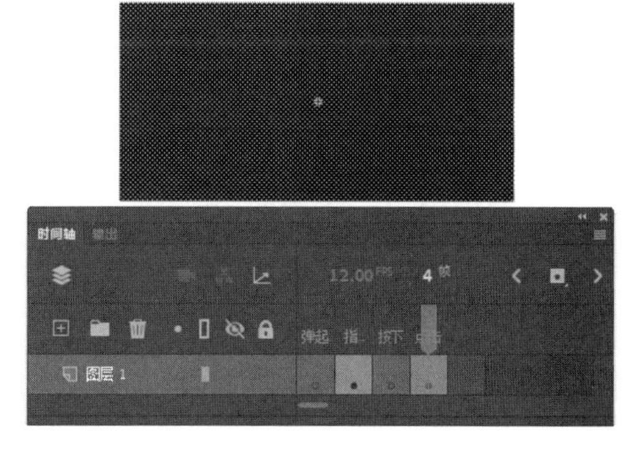

图 7.60　绘制矩形

（4）回到主场景，从【库】面板中将“背景.jpg”图像放置到舞台上。在时间轴上新建一个图层，从【库】面板中将按钮元件拖放到湖水中央。按钮显示为一个半透明矩形，该区域就是按钮“点击”帧中绘制的矩形区域，“指针经过”帧中放置的影片剪辑不可见，如图 7.61 所示。至此，本范例制作完成，按 Ctrl+Enter 组合键可以测试按钮效果。

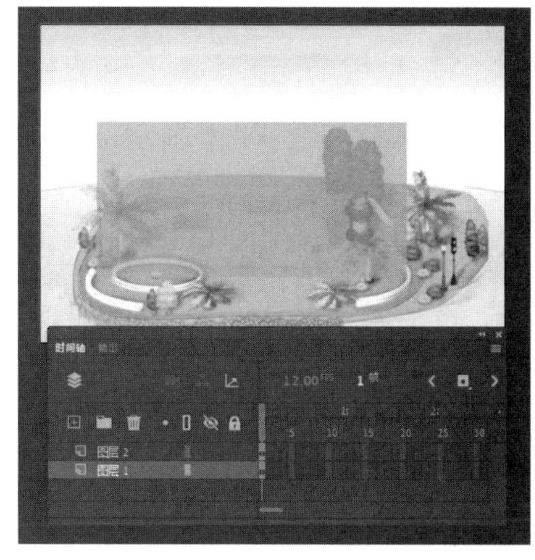

图 7.61　放置元件

7.4.4　实战范例——放电按钮

放电按钮

在按钮元件中可以使用影片剪辑和图形元件，但不能嵌套其他的按钮元件。如果需要制作动态按钮，即在按钮中获得动画效果，可以在按钮元件中使用影片剪辑来实现。本节范例将制作一个放电按钮，当鼠标放到按钮上时，发出夺目的光芒，耀眼无比。本例制作完成后的效果如图 7.62 所示。

图 7.62　放电按钮

1. 创建“放电”影片剪辑元件

（1）新建一个 Animate CC 影片文档，设置舞台尺寸为 200 像素 × 50 像素，背景颜色设置为蓝色，其他保持默认设置。新建一个名为“放电”的影片剪辑元件，在这个元件的编辑场景中，选择【线条工具】画一段约 20 像素的白色折线，如图 7.63 所示。

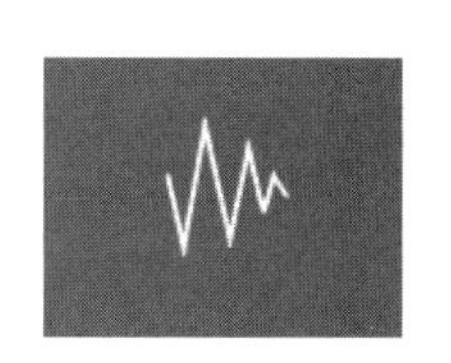

图 7.63　绘制白色折线

（2）在第 3 帧插入关键帧，用【任意变形工具】将场景中的折

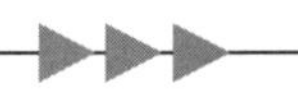

线向左拉约至 60 像素，定义从第 1 帧到第 3 帧的传统补间动画后在第 5 帧插入帧。

（3）在【时间轴】面板中新建“图层 2”，在第 3 帧插入空白关键帧。选择【椭圆工具】，打开【颜色】面板，将【笔触颜色】设置为“无”，将【填充颜色】设置为“径向渐变”。在色谱条将左侧色标颜色设置为白色，Alpha 值设置为 100%。将右侧色标颜色设置为白色，Alpha 值设置为 0，如图 7.64 所示。

（4）在场景中画一个圆，打开【属性】面板，将其大小设定为 120 像素 ×120 像素。将圆拖放到折线的左端，如图 7.65 所示。

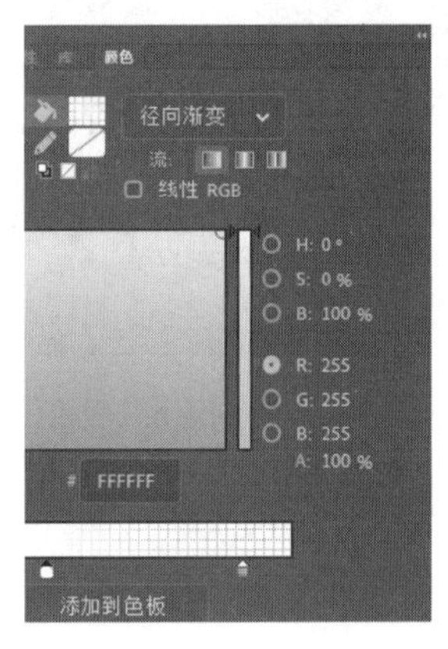

图 7.64 【颜色】面板中的设置

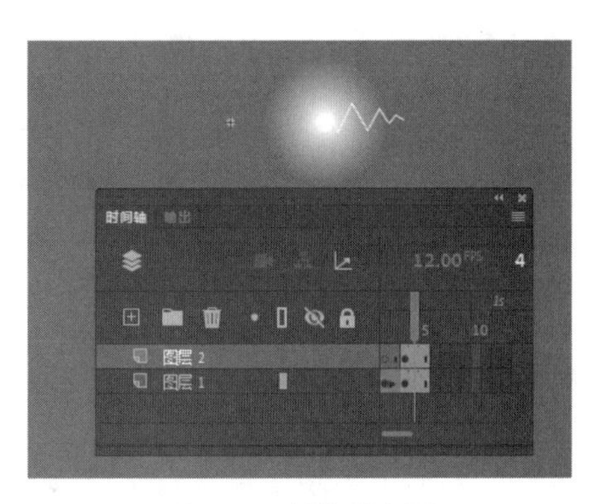

图 7.65 制作放电图

2. 制作“放电按钮”元件

（1）新建一个名为“放电按钮”的按钮元件，在这个元件编辑场景中，将“图层 1”更名为“按钮”。选择【矩形工具】，在【属性】面板中设置【矩形边角半径】为 20，设置【笔触颜色】为无，设置【填充颜色】为任意色，在场景中画一个矩形，将这个矩形的大小设置为 250 像素 ×45 像素，位置设定为（0，0）。

（2）选中矩形，打开【颜色】面板，将【笔触颜色】设置为“无”，将【填充颜色】设置为“线性渐变”。在色谱条上增加一个色标，并将自左向右的 3 个色标颜色值分别设置为 #000000、#AFB5FA、#333333，如图 7.66 所示。将设置的渐变效果应用于矩形。

（3）选中矩形，在【工具】面板中选择【渐变变形工具】，将渐变旋转 90° 并向下拉动【缩放】手柄对填充效果进行调整，如图 7.67 所示。选择“按下”帧后按 F5 键将帧延伸到该帧，选择“点击”后按 F6 键插入关键帧。

图 7.66 按钮填充颜色设置

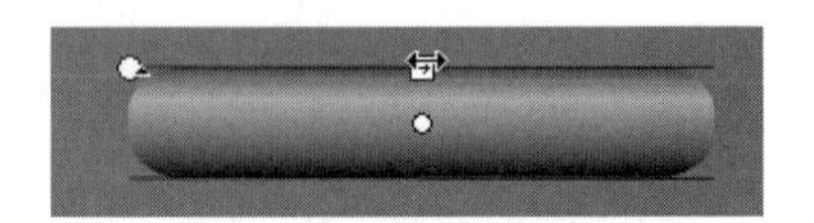

图 7.67 调整渐变效果

（4）新建一个名为“发光”的图层，右击“按钮”图层的“弹起”帧，在弹出的快捷菜单中选择【复制帧】命令复制该帧。右击“发光”图层的“弹起”帧，在弹出的快捷菜单中选择【粘贴帧】命令粘贴刚才复制的帧。选择“发光”层的矩形，打开【颜色】面板，将【填充颜色】更改为【径向填充】。径向填充色谱条上自左向右色标颜色值分别设置为 #FFFFFF、#B7C7FF、#858ABF，Alpha 值分别设置为 64%、100%、0，如图 7.68 所示。

（5）选择“发光”图层的“指针经过”帧后按 F6 键插入关键帧，选中舞台上的矩形。在【工具】面板中选择【渐变变形工具】，向右稍稍拖动【缩放】手柄对渐变填充效果进行调整。选择“按下”帧按 F5 键延伸帧，在“点击”帧按 F7 键插入空白关键帧，如图 7.69 所示。

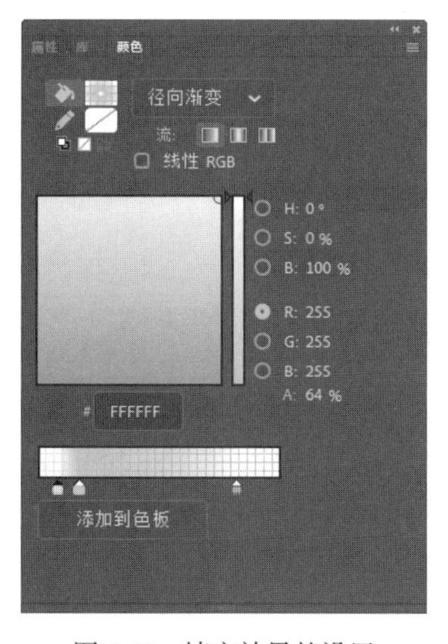

图 7.68　填充效果的设置

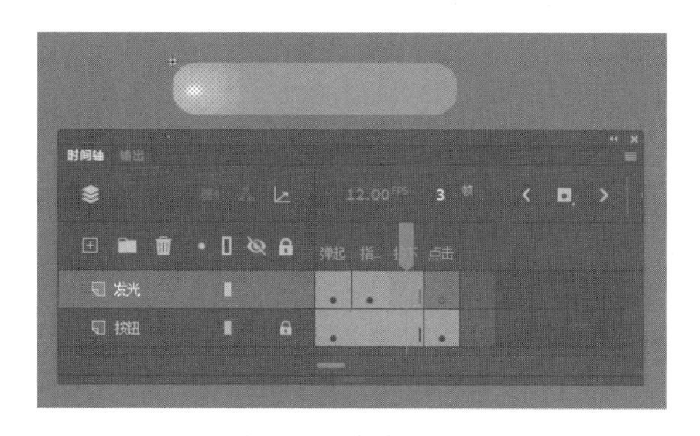

图 7.69　“发光”图层

（6）新建一个名为“白光”的图层，选择该图层的“弹出”帧，使用【椭圆工具】绘制一个无笔触颜色的圆。选中圆，打开【颜色】面板，将【填充颜色】设置为“径向填充”。径向填充自左向右的色标颜色值分别设置为 #BFC3EE、#858ABF，Alpha 值设置为 100%、0，如图 7.70 所示。打开【属性】面板，将圆的大小设置为 60 像素 ×60 像素，位置设置为（−87，−7）。在“按下”帧按 F5 键将图像延伸到该帧，在“点击”帧按 F7 键插入空白关键帧。

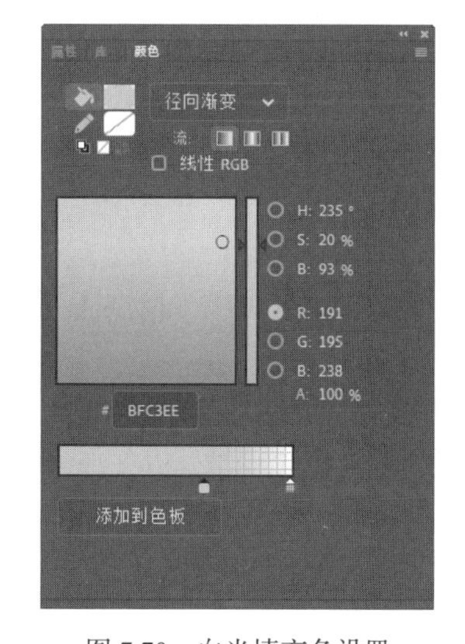

图 7.70　白光填充色设置

（7）新建一个名为“圆球”的图层，该图层的“弹起”帧中使用【椭圆工具】绘制一个无笔触颜色的圆。选中该圆，打开【颜色】面板，将【颜色填充】设置为【径向填充】，自左向右的色标颜色值设为 #DDDFFC、#ABB2FA、#424366，如图 7.71 所示。打开【属性】面板，设置圆的大小为 50 像素 ×50 像素，位置设置为（−81，−2）。将图像延伸到“按下”帧，同时在“点击”帧插入空白关键帧。

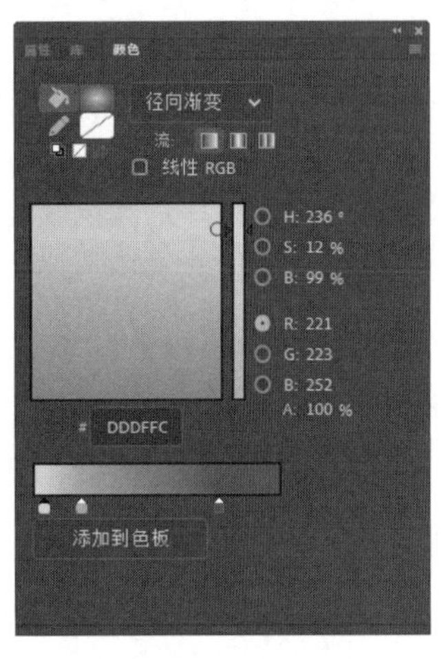

图 7.71　圆球填充色设置

（8）新建一个名为“动画”的图层，在“指针经过”和“点击”帧按 F7 键插入空白关键帧。选择“指针经过”帧，将【库】面板中的【放电】元件拖入场景中。打开【属性】面板，设置其位置坐标为（-19，11）。

（9）新建一个名为“文字”的图层，在“弹起”帧输入文字“Button”。打开【属性】面板，对字符进行设置，如图 7.72 所示。在“指针经过”帧插入关键帧，改变文本颜色，颜色值为 #444444。在“按下”帧插入关键帧，将文本颜色设置为 #808080。在“点击”帧插入空白关键帧，至此按钮制作完成。按钮元件制作完成后的图层结构如图 7.73 所示。

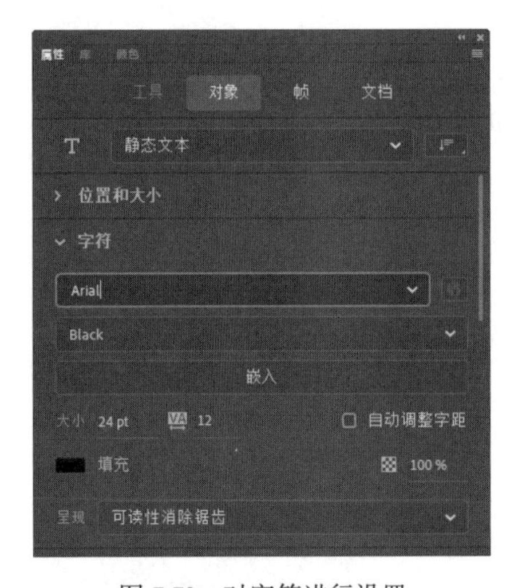

图 7.72　对字符进行设置

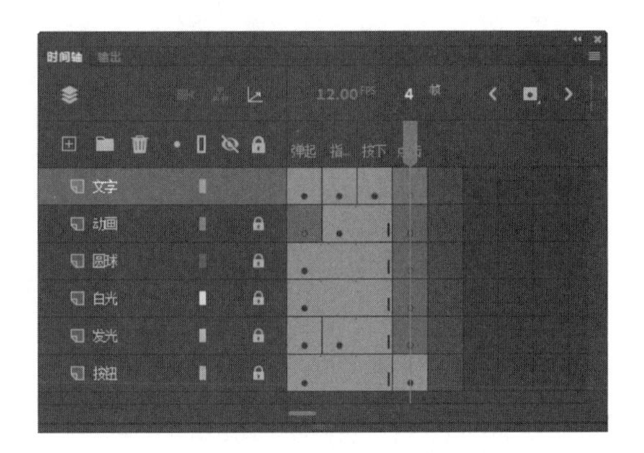

图 7.73　按钮元件的图层结构

（10）返回主场景，将“放电按钮”元件从【库】面板中拖放到主场景中央，本范例制作完成。

7.5　管理、使用【库】

在 Animate CC 中，【库】面板就是一个存储元件的仓库，所创建的图形元件、按钮元件、影片剪辑元件以及导入的位图、声音、视频等对象都在这里休息待命，等待在场景中被调用。本节将介绍库的使用和管理方法。

7.5.1 【库】面板简介

在制作 Animate CC 动画时，【库】面板是使用较多的一个面板，选择【窗口】|【库】命令（或按 Ctrl+L 组合键）可以打开【库】面板。打开的【库】面板的结构如图 7.74 所示。

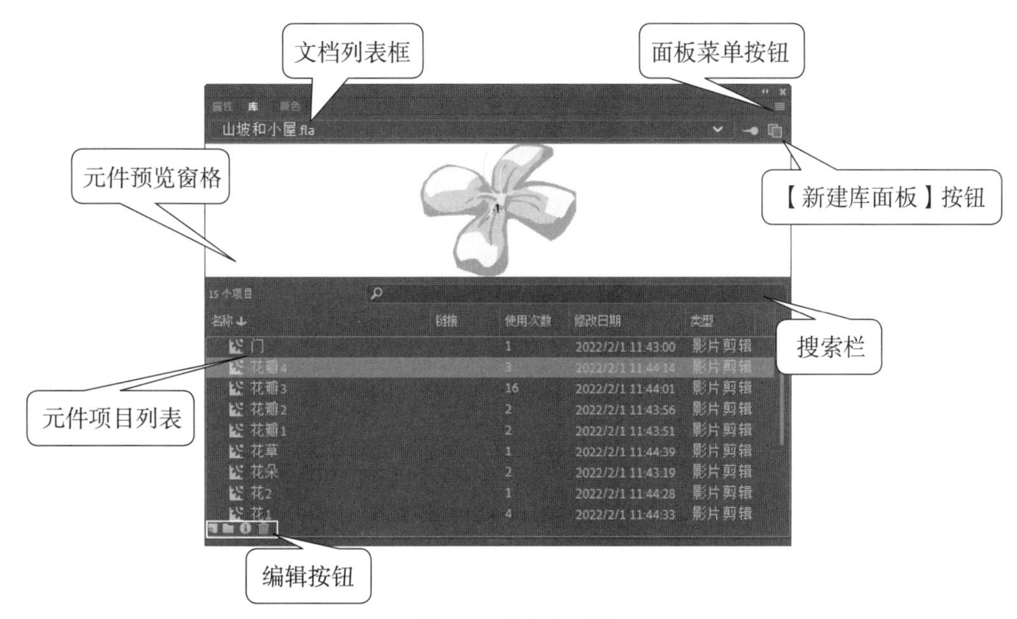

图 7.74 【库】面板

下面对【库】面板中的各个部件进行简单介绍。

- 文档列表框：当用户打开多个 Animate CC 文档时，在该列表框的列表中将显示这些文档名，选择后即可切换到该文档的库。单击该列表右侧的【固定当前库】按钮将锁定当前的库。单击【新建库面板】按钮将能够新建一个库面板。
- 面板菜单按钮：单击【库】面板左上角的面板菜单按钮即可打开面板菜单，使用菜单中的命令可以对面板中的各个项目进行删除、复制和播放等操作。
- 元件预览窗格：在元件项目列表中选择一个项目后，可以在预览窗格中查看项目的内容。如果选择的项目中包含多帧动画，则会在窗格右上角出现【播放】和【停止】按钮。单击【播放】按钮将能够在预览窗格中播放动画，动画播放时单击【停止】按钮将停止动画的播放。
- 搜索栏：当【库】面板中有很多的元件时，为了快速找到需要的项目，可以在搜索栏中输入要搜索的项目名称后按 Enter 键，元件项目列表中将只显示找到的内容。
- 元件项目列表栏：该栏列出库中包含的所有项目，项目名称旁的图标表示该项目的类型。使用列表栏，用户可以方便地查看和组织动画中的各种元素。
- 编辑按钮：在【库】面板的左下角共有 4 个按钮，分别是【新建元件】、【新建文件夹】、【属性】和【删除】按钮。

7.5.2 管理元件

本节介绍如何在【库】面板中对元件进行常规的管理，包括分类保存元件、清理元件、重新命名元件、直接复制元件、排序元件等。

1. 在【库】面板中分类保存元件

当【库】面板中的元件较多时，将元件按照一定的方式分成类别管理无疑是一个好习

惯。它可以让【库】面板清爽悦目，提高创作速度和工作效率。

将【库】面板中的元件分类存放的具体操作步骤如下所述。

（1）单击【库】面板上的【新建文件夹】按钮，创建一个新文件夹。

（2）默认情况下，新文件名称为“未命名文件夹1”，用户可以根据元件分类的需要重新命名文件夹。

（3）将要保存在这个文件夹下的元件拖放到这个文件夹图标上松手即可，双击文件夹图标或单击图标左侧的箭头按钮可打开文件夹查看文件夹中的元件，如图 7.75 所示。

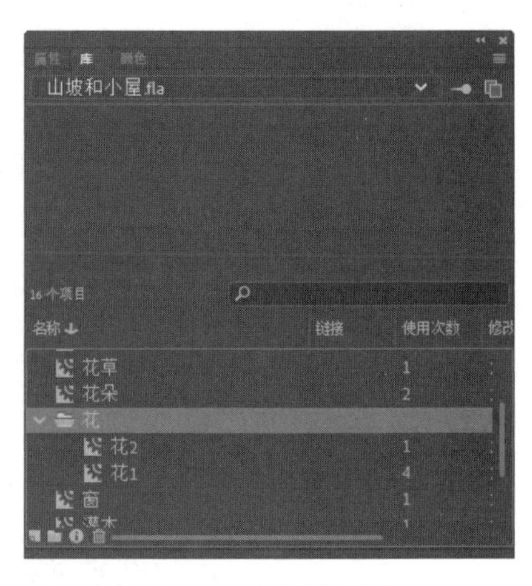

图 7.75　打开文件夹

2. 清理【库】面板中的元件

在创作 Animate CC 动画时，常有创建了元件又不用的情况。这些废弃的元件会增大动画文件的体积。在动画制作完毕时，应该及时清理【库】面板中不需要的元件。具体操作步骤如下所述。

（1）单击【库】面板上的面板菜单按钮，在打开的菜单中选择“选择未用选项”命令，Animate CC 会自动检查【库】面板中没有应用的元件，并对查到的元件加蓝高亮显示。

（2）如果确认这些元件是无用的，可在选择元件后按键盘上的 Delete 键删除或单击【库】面板上的删除按钮将元件删除。

3. 元件重新命名

一个含义清楚的元件名称，可以使用户更容易搜寻到它，并能读懂元件中的内容。在【库】面板中，可以对元件进行重新命名。最简单的方法是双击元件名称，然后输入一个新的名称，按下 Enter 键确认即可。或者在要重新命名的元件上右击，从弹出的快捷菜单中选择【重命名】命令，也可以给元件重新命名。

4. 直接复制元件

直接复制元件是一个很重要的功能。如果新创建的元件和【库】面板中的某一元件类似，那么就没有必要再重新制作这个元件，用直接复制元件的方法可以极大地提高工作效率。

在【库】面板中，右击要直接复制的元件，在弹出的快捷菜单中选择【直接复制】命令，弹出【直接复制元件】对话框，如图 7.76 所示。在其中的【名称】文本框中可以重新输入元件的名称，根据需要也可以重新选择元件的类型，单击【确定】按钮即可得到一个元件副本。

图 7.76　直接复制元件

5. 对【库】面板中的元件进行排序

【库】面板的“元件项目”列表框中列出了元件的名称、AS 链接（如果该项目与共享库相关联或者被导出用于 ActionScript 时，会显示链接标识符）、使用次数、修改日期和类型。通过鼠标拖动【库】面板下边的滚动条可以查看这些内容。如果要对【库】面板中的所有元件进行排序，可以分别按照名称、AS 链、使用次数、修改日期和类型进行排序。例如，按照修改日期对所有元件进行排序，可以单击【元件项目列表】最上边的【修改日期】。这时【修改日期】的右侧会出现一个箭头按钮，代表目前是按照【修改日期】进行排序，箭头向上，代表是升序；箭头向下，代表是降序，如图 7.77 所示。

图 7.77　对所有元件排序

7.5.3　外部库

在制作动画时，用户能使用已经制作完成的影片文档中的元件，这样可以简化动画制作的工作量、节省制作时间并提高制作效率。要使用外部库，可以采用下面的方法进行操作。

选择【文件】|【导入】|【打开外部库】命令打开【作为库打开】对话框，在其中选择需要打开的源文件，如图 7.78 所示。单击【打开】按钮，即可打开该文档的【库】面板，如图 7.79 所示。此时，只需在【库】面板中将需要使用的元件拖放到舞台，该元件即成为当前文件的实例，同时该元件将出现在当前文档的【库】面板中。

图 7.78 【作为库打开】对话框

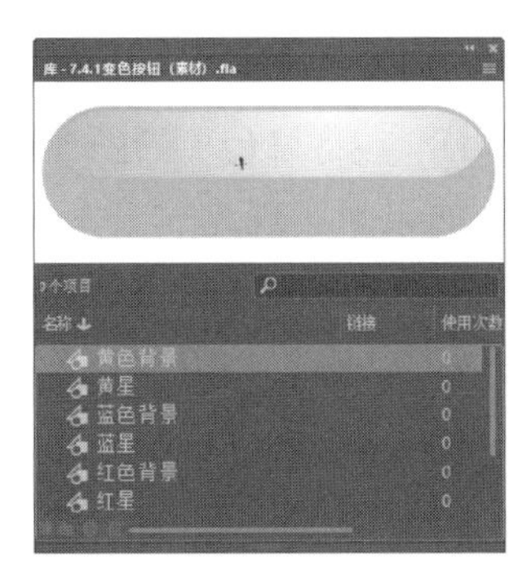

图 7.79　打开文档的【库】面板

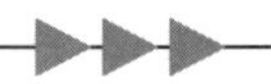

专家点拨：在使用外部库时，也可以将元件直接拖放到需要使用的文档的【库】面板中。这里要注意，外部库的【库】面板下方的【新建元件】【新建文件夹】【属性】和【删除】按钮不可用。

7.6 本章小结

Animate CC 动画的制作离不开元件和实例，本章介绍了 Animate CC 中元件和实例的基本概念，元件的类型和创建方法。通过具体的实战范例，使读者能够了解在 Animate CC 作品中使用影片剪辑元件和按钮元件的方法和技巧。最后，通过对元件的载体——【库】的介绍，使读者能够使用【库】进行元件的管理。由于元件实际上是 Animate CC 文档中的基本元素，任何一个 Animate CC 文档的制作都离不开各类元件的使用和创建，因此本章的学习将在帮助读者了解 Animate CC 动画创作的基本理念的同时，为进一步的深入学习打下基础。

7.7 本章习题

一、选择题

1．关于元件和实例，下列说法中错误的是哪一个？（　　）

A．元件是可以重复利用的图形、动画片段或者按钮

B．如果库中的元件发生改变（比如对元件重新编辑），则元件的实例也会随之变化

C．将需要的元件从【库】面板拖放到舞台上，舞台上的对象称为该元件的一个实例

D．实例可以具备自己的个性，如果对实例进行更改，则会影响库中的元件本身

2．按钮元件中，下面哪个帧定义了按钮的响应范围？（　　）

A．“弹起”帧　　B．“指针经过”帧

C．“点击”帧　　D．“按下”帧

3．在进行下面哪个操作时，可能会出现如图 7.80 所示的【解决库冲突】对话框？（　　）

A．在复制帧时

B．在导入外部图像文件时

C．在给【库】中元件重命名时

D．在将舞台上的图形转换为元件时

图 7.80 【解决库冲突】对话框

4．如果想实现缩放某个对象，使其某些部分伸展，某些部分不变，那么可以利用“9 切片缩放”功能来实现。可以应用“9 切片缩放”功能的对象类型可以是下面哪个？（　　）

A．图形元件　　B．按钮元件

C．影片剪辑元件　　D．位图

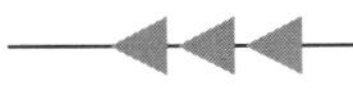

二、填空题

1．依照功能和类型不同，Animate CC 元件分为 3 种类型：______、______和______。

2．元件的创建方法一般有两种，一种方法是______，另一种方法是___________。

3．在 Animate CC 影片文档的编辑状态下，舞台上的按钮实际默认是______状态，无法直接测试按钮的效果。为了能在影片编辑状态下直接测试按钮，可以选择控制菜单下的___________命令，此时鼠标滑过按钮可看到【指针经过】帧的效果，单击按钮显示【按下】帧的效果。

4．“9 切片缩放”辅助线是 4 条___________，在输出影片文档时不会呈现，仅在创作环境中呈现。

7.8　上机练习和指导

7.8.1　小鸟飞入

本练习制作两只扇动翅膀的小鸟飞舞的动画效果，如图 7.81 所示。动画的图层结构如图 7.82 所示。

图 7.81　完成后的动画效果

图 7.82　动画的图层结构

主要制作步骤如下。

（1）新建一个 Animate CC 影片文档，设置舞台尺寸为 800 像素 ×500 像素，其他文档属性保持默认设置。

（2）创建一个名为“小鸟动画”的影片剪辑元件，在时间轴上选择第 3 帧按 F5 键将帧延伸到该处，将【库】面板中的“小鸟 1.png”图像放置到这些帧中。在第 4 帧按 F6

键创建关键帧，在第 6 帧按 F5 键将帧延伸到该处，将【库】面板中的小鸟图像“小鸟2.png”放置到这些帧中。

（3）回到主场景，在“图层 1”的第 80 帧按 F5 键将帧延伸到此处，舞台上放置背景图片并调整图片的大小。

（4）在时间轴面板中创建两个传统运动引导图层，在这两个图层中绘制运动路径。分别在引导图层下的图层中放置“小鸟动画”影片剪辑，创建这两个影片剪辑的传统补间动画，将影片剪辑吸附于路径的端点制作沿路径的补间运动效果。至此，本练习的动画效果制作完成。

7.8.2 动态按钮

本练习制作一个动态按钮元件。当鼠标指针移动到按钮上时，出现箭头向外扩散移动的动画效果；当鼠标指针移出按钮时，动画效果消失，如图 7.83 所示。

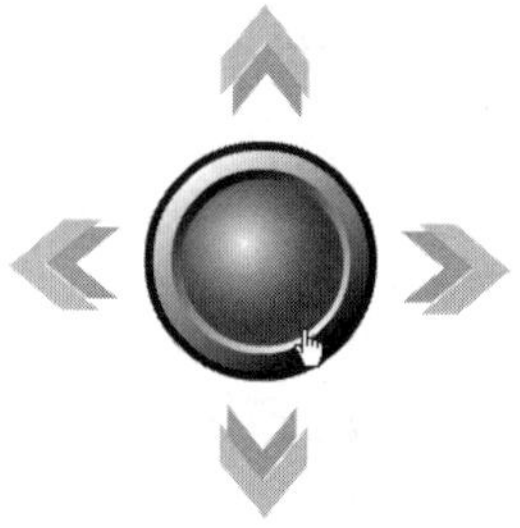

图 7.83 动态按钮

主要制作步骤如下。

（1）新建一个 Animate CC 影片文档，保持默认参数设置。

（2）新建一个名为“立体框”的图形元件。在这个元件的编辑场景中，新建一个图层。将“图层 1”命名为“大圆”，将“图层 2”命名为“小圆”。

（3）在“大圆”图层上用【椭圆工具】绘制一个圆形，设置其笔触颜色为黑色，填充颜色为黑色到白色的线性渐变色，用【渐变变形工具】调整渐变角度。

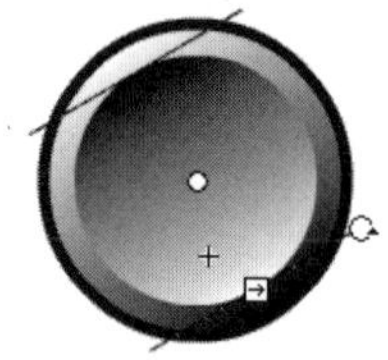

（4）复制“大圆”图层上的圆形到“小圆”图层上，并将其适当缩小。用【渐变变形工具】选择这个缩小的圆形，拖动【旋转手柄】向反方向改变渐变角度。通过以上的操作步骤，就制作了一个立体效果的圆形，如图 7.84 所示。

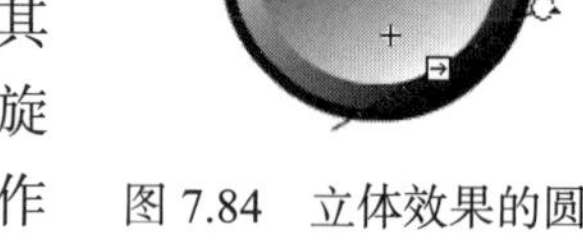

图 7.84 立体效果的圆形

（5）新建一个名为“箭头”的图形元件，在这个元件的编辑场景中绘制一个蓝色填充、没有边框的箭头形状，如图 7.85 所示。

图 7.85 箭头图形的制作过程

（6）新建一个名为“动态箭头”的影片剪辑元件，在这个元件的编辑场景中创建一个箭头向右水平移动并且逐渐消失的动画效果。

（7）新建一个名为“动态按钮”的按钮元件，在这个元件的编辑场景中创建一个动态按钮。制作完成后的按钮元件的图层结构如图 7.86 所示。

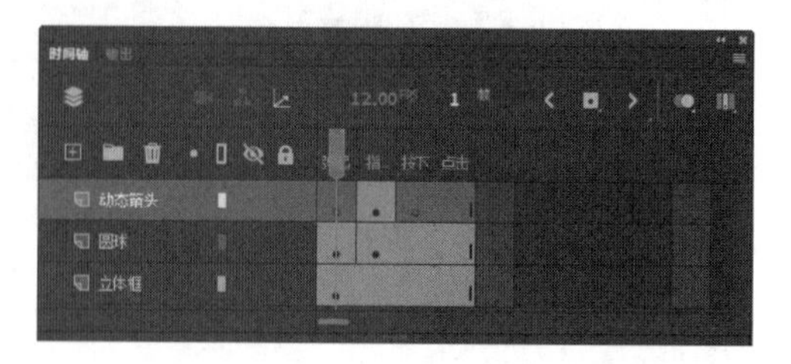

图 7.86 按钮元件的图层结构

（8）返回到“场景 1”，将【库】面板中【动态按钮】按钮元件拖放到场景中。按 Ctrl+Enter 组合键测试影片，测试按钮的效果。

第8章 基于对象的补间动画

前面学习了传统补间动画，这是 Animate CC 最基础的一种补间动画类型，是将补间应用于关键帧。使用 Animate CC 还可以创建一种基于对象的补间动画类型，这种动画可以对舞台上对象的某些动画属性实现全面控制。由于它将补间直接应用于对象而不是关键帧，所以也被称为对象补间。在 Animate CC 中，所谓的“补间动画”实际上就是对象补间动画，本章将学习这种异于“传统补间动画”的补间动画的制作方法和技巧。

本章主要内容：

- 对象补间动画；
- 动画编辑器；
- 动画预设。

8.1 创建对象补间动画

Animate CC 中有两种冠以补间动画名称的动画方式，一种是前面介绍的传统补间动画，另一种方式则是本章介绍的对象补间动画，对象补间动画具有与传统补间动画不同的全新的动画生成方式。对象补间动画的生成方式更接近于 Adobe 公司的影视特效软件 After Effect，其可调节的参数更加多样且直观，在动画制作过程中甚至可以看到对象在每帧的运动情况。

8.1.1 创建对象补间动画的方法

补间动画

对象补间动画具有功能强大且操作简单的特点，用户可以对动画中的补间进行最大程度的控制。能够应用对象补间的元素包括影片剪辑元件实例、图形元件实例、按钮元件实例以及文本。另外，对象补间总是有一个运动路径，这个路径就是一条曲线，使用贝塞尔手柄可以轻松更改运动路径。

下面通过具体的操作来介绍对象补间动画创建的有关技巧。

1. 创建补间动画

（1）新建一个 Animate CC 文档，在“图层 1”中绘制一个无边框的矩形，使用蓝色到白色的渐变填充获得天空效果。选择【文本工具】，在【属性】面板中，将文字的字体设置为 Webdings，文字大小设置为 100 点，文字颜色设置为白色。在时间轴上新建一个图层，选择该图层的第 1 帧后在舞台上单击，按 j 键获得一个飞机符号，将飞机放置于舞台右上角，如图 8.1 所示。

（2）在【时间轴】面板中分别选择“图层 1”和“图层 2”的第 40 帧，按 F5 键在这两个图层插入帧。选择飞机所在的“图层 2”的第 1 帧到第 40 帧之间的任意一帧右击，在弹出的快捷菜单中选择【创建补间动画】命令创建补间动画，如图 8.2 所示。

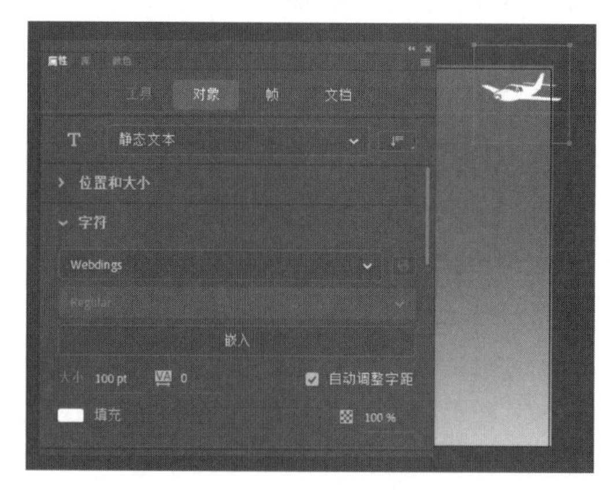

图 8.1 在舞台上输入飞机符号

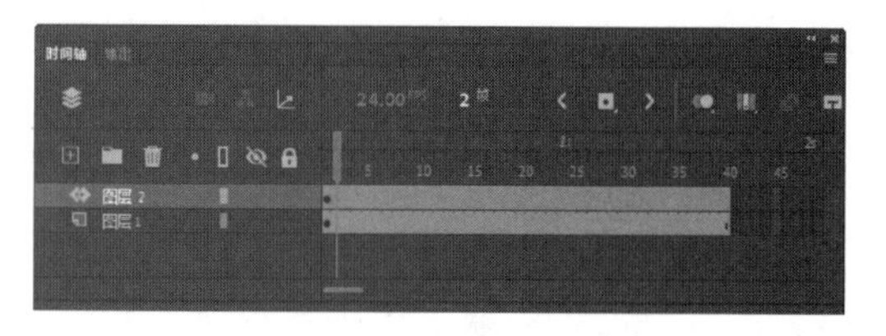

图 8.2 创建补间动画

专家点拨： 在创建补间动画时，也可以右击文本对象，在弹出的快捷菜单中选择【创建补间动画】命令。

（3）将播放头移动到第 40 帧，在【工具】面板中选择【选择工具】，使用该工具移动飞机的位置。这样就在第 40 帧创建了一个属性关键帧，同时可以发现舞台上出现一个路径线条，线条上有很多节点，每个节点对应一帧，如图 8.3 所示。此时播放动画可以看到飞机移动位置的动画效果。

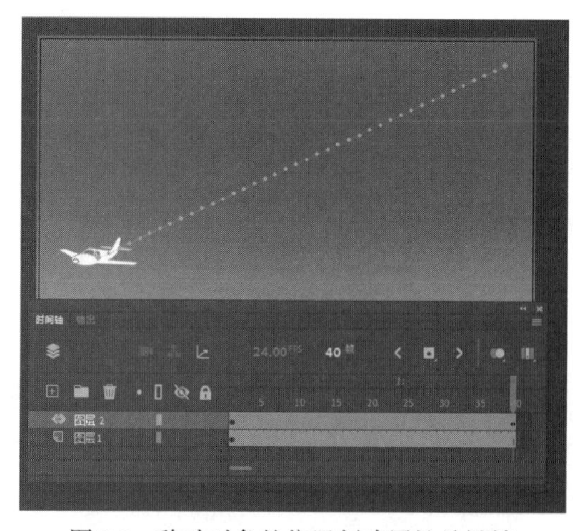

图 8.3 移动对象的位置创建属性关键帧

专家点拨： 第 40 帧这个关键帧，不是普通的关键帧，而是被称为属性关键帧。注意属性关键帧和普通关键帧的不同。属性关键帧在补间范围中显示为小菱形，但对象补间的第 1 帧始终是属性关键帧，它仍显示为圆点。

（4）默认情况下，时间轴显示所有属性类型的属性关键帧。右击第 1 帧到第 40 帧之间的任意一帧，在弹出的快捷菜单中选择【查看关键帧】命令，在下级菜单中可以看到所有 6 个属性类型都被勾选，如图 8.4 所示。

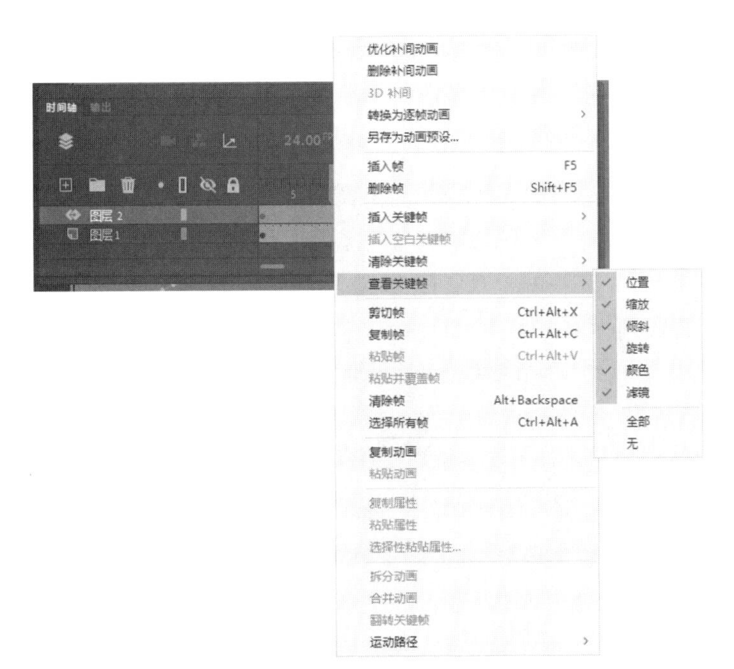

图 8.4 【查看关键帧】下级菜单

（5）如果不想在时间轴上显示某一属性类型的属性关键帧，只需在【查看关键帧】级联菜单中取消对某种属性类型的勾选即可。例如，这里取消对“位置”属性的勾选，就可以看到第40帧不再显示菱形，如图8.5所示。虽然这里取消了第40帧上的菱形显示，但是并不影响对象补间动画的效果。

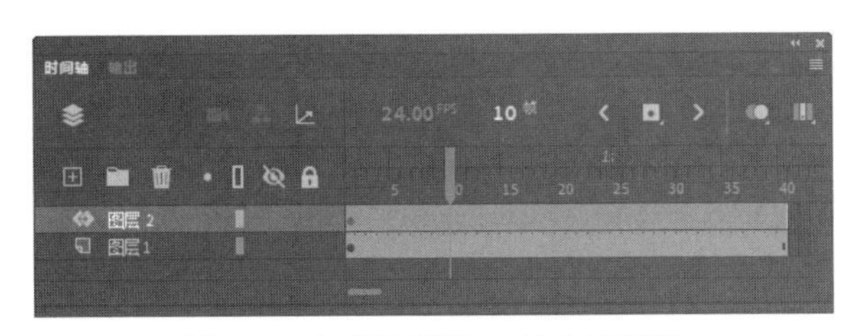

图 8.5　取消显示第40帧上的菱形

专家点拨： 属性关键帧上的菱形只是一个符号，它表示在该关键帧上“对象的属性”有了变化。在创建补间动画时，改变了飞机在第40帧上的X和Y这两个位置属性，因此在该帧中为X和Y添加了属性关键帧。

2. 编辑运动路径

（1）现在观察动画效果。飞机是沿着直线飞行的，这是因为舞台上的路径线条目前还是一条默认的直线。在【工具】面板中选择【选择工具】，将鼠标指针放置到路径上，指针变为↖时，拖动路径可以改变路径的弯曲程度，如图8.6所示。将鼠标指针放置到路径端点处，指针变为↖，此时可以拖动路径端点改变端点的位置。

图 8.6　调整路径线条

（2）在【时间轴】面板中将播放头放置到某个帧的位置，使用【选择工具】改变舞台上对象的位置可以在时间轴上添加属性关键帧，如图 8.7 所示。在【工具】面板中选择【部分选取工具】或【选取工具】均可拖动锚点改变其位置。例如，这里使用【部分选取工具】拖动锚点，如图 8.8 所示。

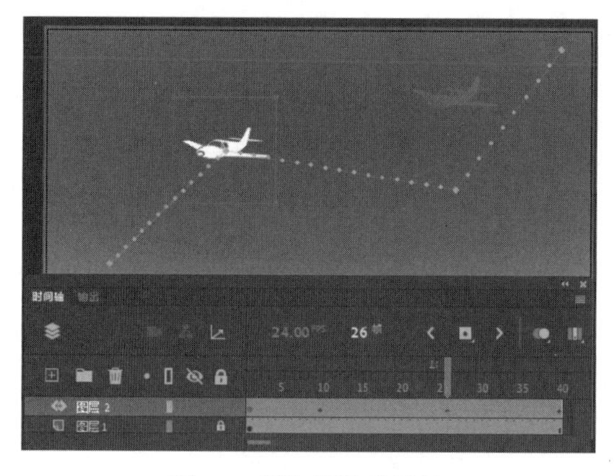

图 8.7　添加属性关键帧

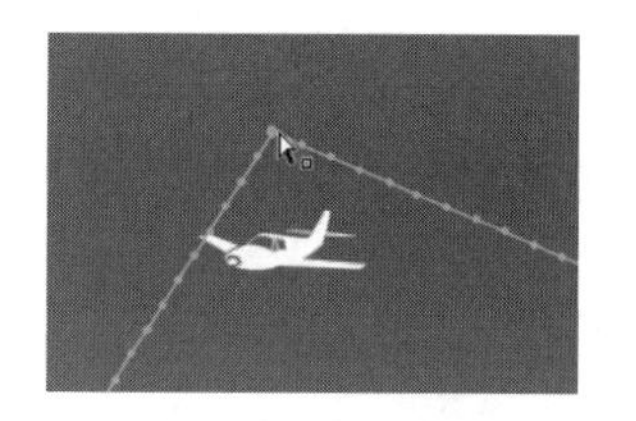

图 8.8　拖动锚点

（3）选择【部分选取工具】，按住 Alt 键拖动锚点可以在锚点的两侧拉出控制柄，路径变为曲线。拖动控制柄上的控制点，可以改变控制柄的长短，以改变曲线的曲度，如图 8.9 所示。将鼠标指针放置到路径上，指针变为 时，可以拖动整个路径改变其在舞台上的位置。

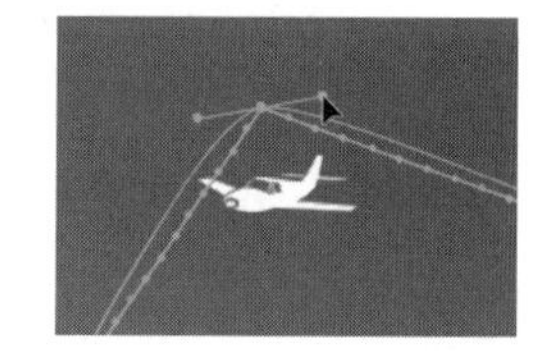

图 8.9　调整曲线的曲度

专家点拨： Animate CC 中的锚点分为两类：角度锚点和平滑锚点。图 8.8 中的锚点，其两侧为直线，这种锚点是角度锚点。图 8.9 中的锚点两侧为曲线，这种锚点是平滑锚点，像步骤（3）那样使用【部分选取工具】操作可以获得平滑锚点。Animate CC 提供了【转换锚点工具】，使用该工具在锚点上单击可以将角度锚点转换为平滑锚点，反之亦可。

（4）在【工具】面板中选择【任意变形工具】后在路径上单击，路径被变形框框住。拖动变形框上的控制柄可以对路径进行缩放、倾斜和旋转操作，如图 8.10 所示。

3. 替换运动路径

（1）在【工具】面板中选择【矩形工具】，在【属性】面板中将填充色设置为无。在【时间轴】面板中创建一个新图层，在该图层中使用【矩形工具】绘制一个矩形，使用【橡皮擦工具】擦除笔触的一部分获得一个有缺口的矩形，如图 8.11 所示。

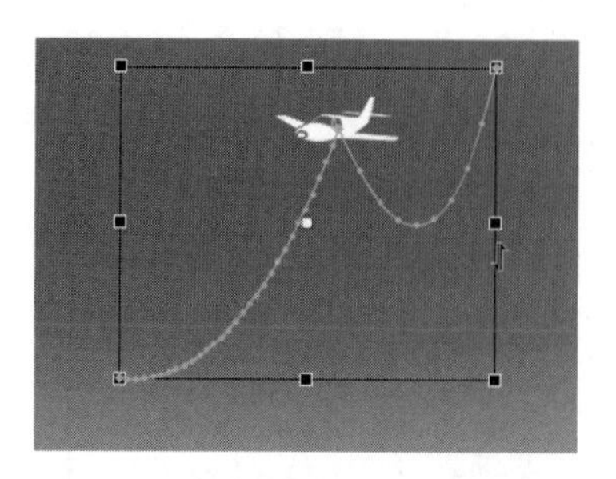

图 8.10　对路径进行变形操作

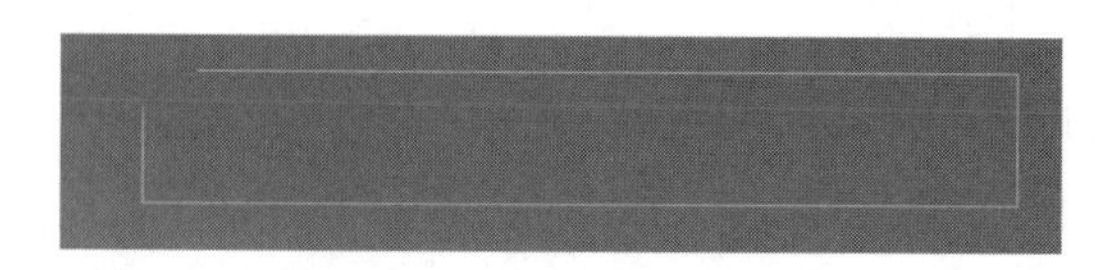

图 8.11　绘制有缺口的矩形

（2）选择有缺口的矩形后右击，选择快捷菜单中的【复制】命令。锁定有缺口矩形所在的图层，选择补间动画所在图层的任意一帧，在舞台上右击，选择快捷菜单中的【粘贴到当前位置】命令或【粘贴到中心位置】命令。图形被粘贴到舞台上对应的位置，同时图形将替换原有的运动补间的路径，如图 8.12 所示。

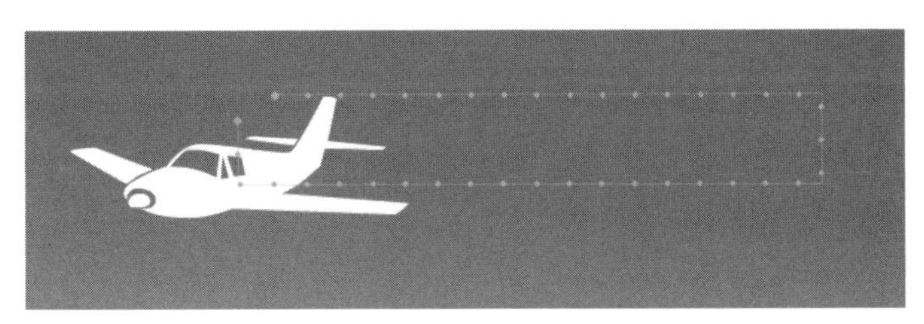

图 8.12　替换原有的补间路径

4. 创建新的属性帧

（1）在【时间轴】面板中将播放头放置到第 20 帧，选择对应舞台上的飞机，将其移动位置。这样在第 20 帧就创建了一个新的属性关键帧，如图 8.13 所示。

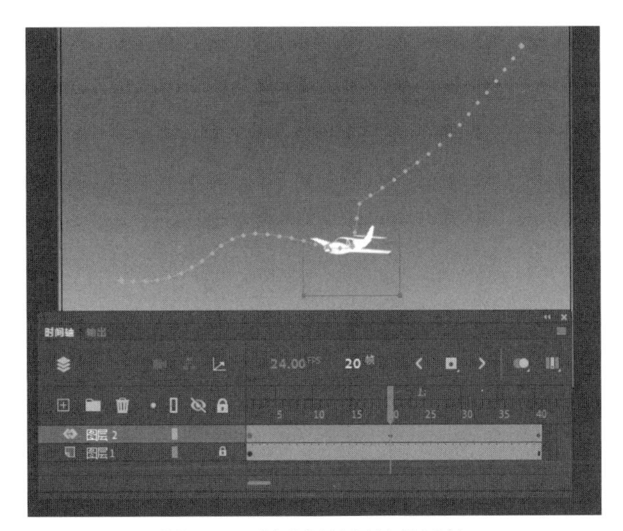

图 8.13　创建新的属性关键帧

（2）将播放头放置到第 40 帧，选中舞台上对应的飞机，在【属性】面板中更改其【宽】值，如图 8.14 所示。这里实际上是在第 40 帧更改了飞机补间动画的“缩放”属性，飞机在该帧变大。

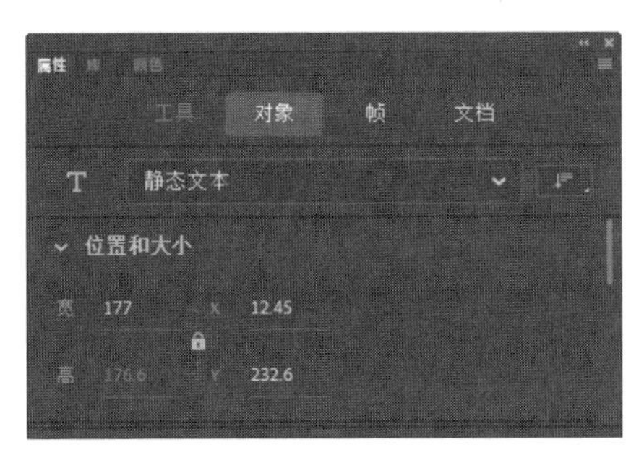

图 8.14　更改【宽】值

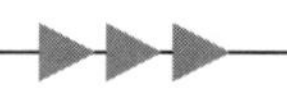

（3）如果想调整飞机沿路径飞行的姿势，可以单击第 1 帧到第 40 帧之间的任意一帧，在【属性】面板中的【补间】设置栏中勾选【调整到路径】复选框，如图 8.15 所示。此时，第 1 帧到第 40 帧之间的所有帧都变成了属性关键帧，如图 8.16 所示。

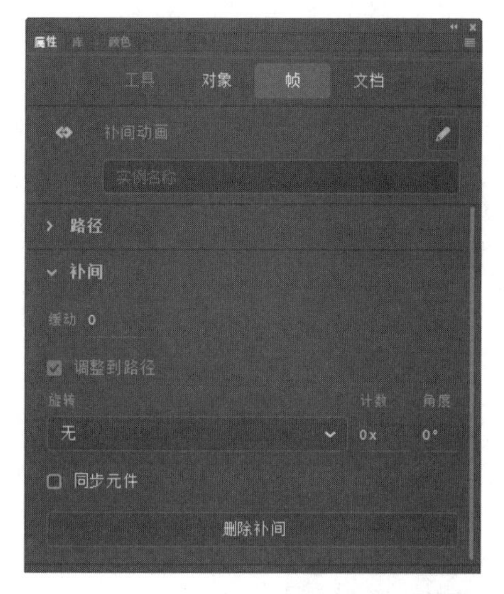

图 8.15 勾选【调整到路径】复选框

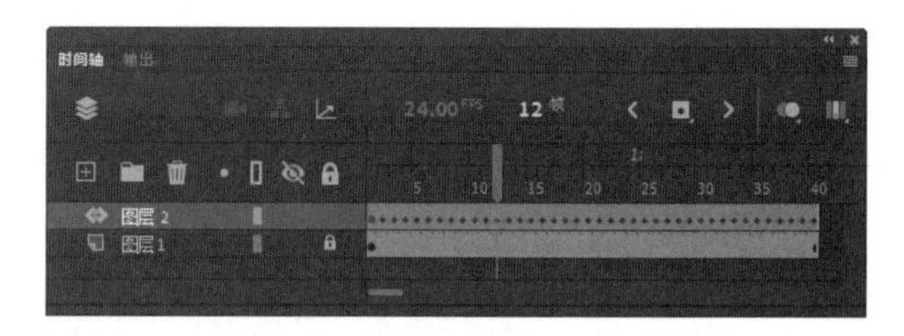

图 8.16 所有帧都变成属性关键帧

8.1.2 对补间范围进行操作

补间范围是时间轴中的一组帧，其中的某个对象具有一个或多个随时间变化的属性。补间范围在时间轴中显示为具有蓝色背景的单个图层中的一组帧，可将这些补间范围作为单个对象进行选择，并从时间轴中的一个位置拖到另一个位置，包括拖到另一个图层。在每个补间范围内，只能对舞台上的一个对象进行动画处理，此对象称为补间范围的目标对象。

下面介绍对补间范围进行操作的技巧。

（1）在【时间轴】面板中直接拖动补间动画最后一帧右侧的边框可以改变补间动画的时长，如图 8.17 所示。

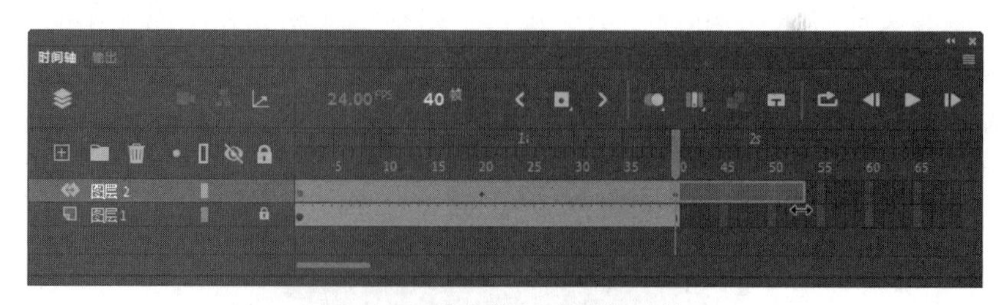

图 8.17 改变补间动画的时长

（2）在时间轴上按 Ctrl+Alt 组合键在时间轴上拖动鼠标，可以将鼠标拖动范围内的连续补间帧选中，如图 8.18 所示。同时选择多个帧后，在这些帧的右侧会出现一条白色的分隔线，拖动该分隔线可以调整补间范围的长度，如图 8.19 所示。

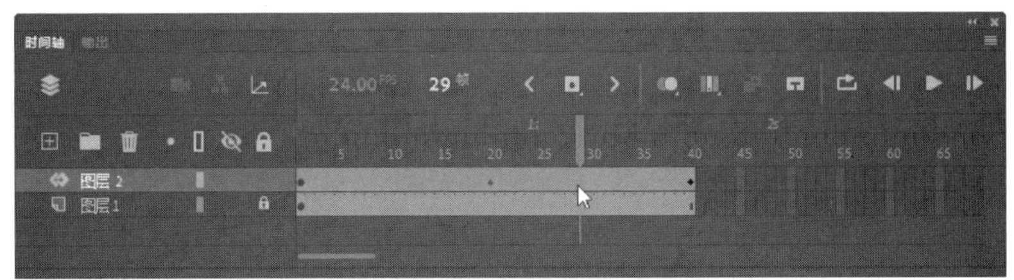

图 8.18　同时选择多个帧

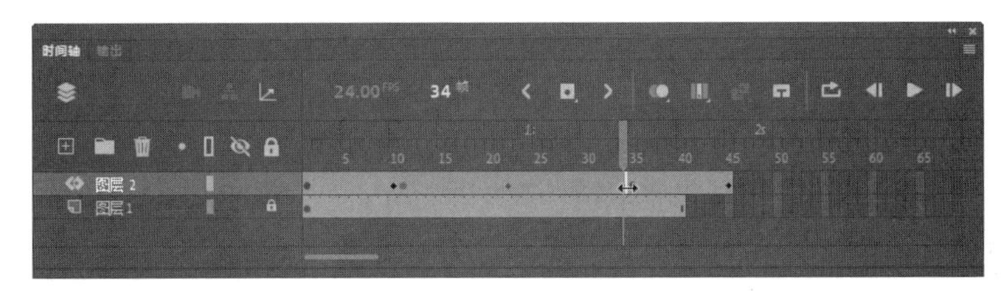

图 8.19　调整补间范围的长度

专家点拨：要更改动画的长度，拖动补间范围的右边缘或左边缘即可。若将一个范围的边缘拖到另一个范围的帧中，将会替换第二个范围的帧。

（3）选择一个补间范围，可以使用鼠标将其拖放到时间轴上的任意位置，如图 8.20 所示。改变帧所在的位置，动画播放的先后次序也就会发生改变。

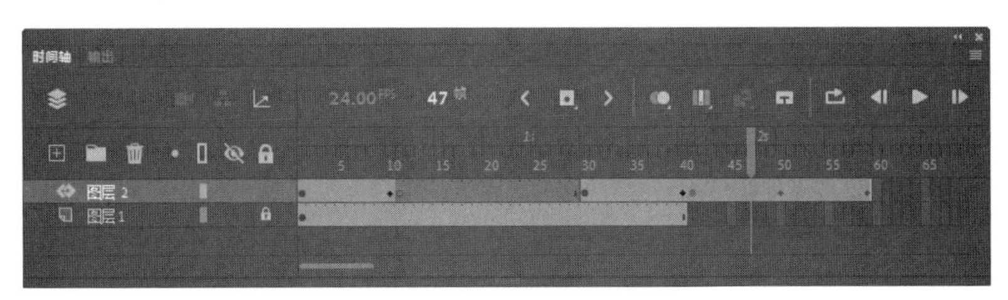

图 8.20　移动补间范围

专家点拨：对补间图层进行了锁定并不影响移动补间范围。另外，将某个补间范围移到另一个补间范围之上会占用第二个补间范围的重叠帧。

（4）新建一个图层，将补间图层上的一个补间范围拖放到该图层上，该图层将由普通图层变为补间图层，如图 8.21 所示。

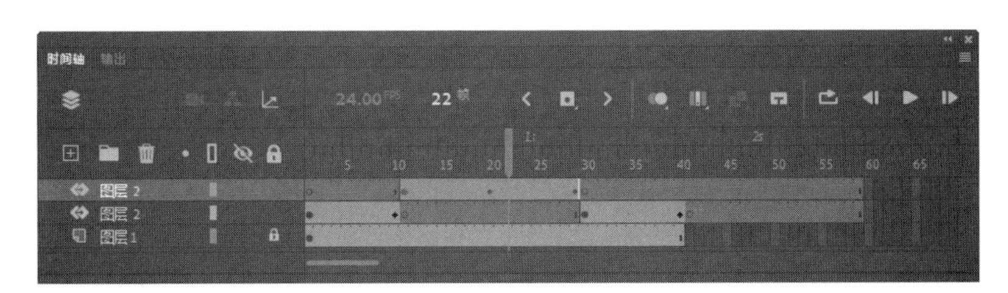

图 8.21　将补间范围移动到新图层

（5）在补间动画的任意一帧右击，在弹出的快捷菜单中选择【转换为逐帧动画】命令。该命令的下级菜单给出了多个选项，这些选项提供了将补间动画转换为逐帧动画的方式，如图 8.22 所示。如果选择【自定义】选项，将打开【自定义逐帧动画】对话框，在

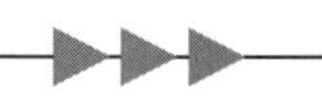

对话框的文本框中输入数字，这里输入 5。单击【确定】按钮关闭对话框后，补间动画将每 5 帧为一个关键帧，如图 8.23 所示。注意这里转换得到的关键帧非属性关键帧，其中的每个关键帧都包含单独的元件实例。

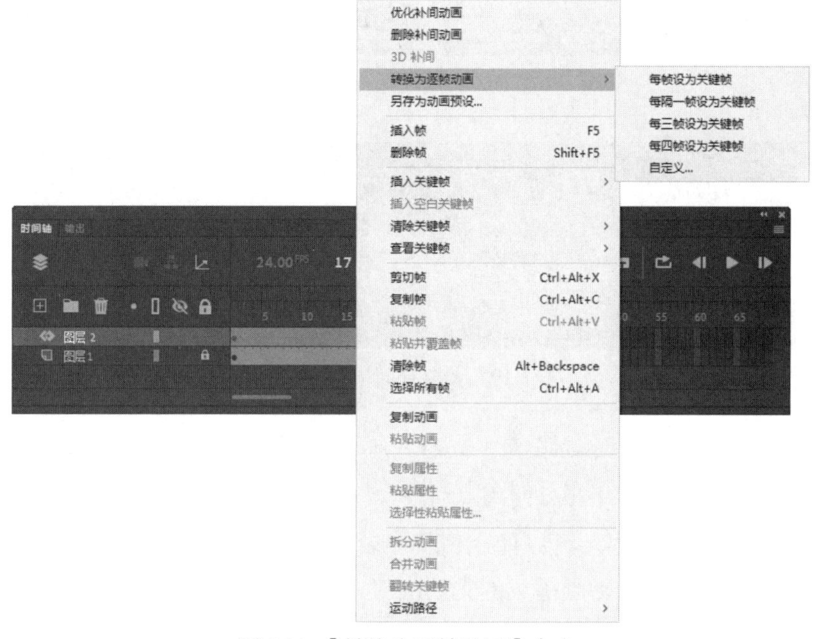

图 8.22 【转换为逐帧动画】命令

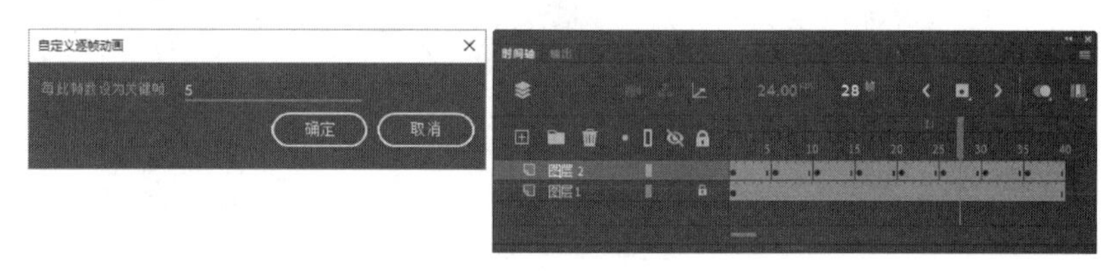

图 8.23 自定义逐帧动画

专家点拨： 如果要复制补间范围，可以按住 Alt 键的同时将该补间范围拖动到时间轴中的新位置。也可以通过执行【复制帧】命令先复制帧，然后使用【粘贴帧】命令将补间范围粘贴到指定的位置。如果要删除补间范围，可以选中补间范围后右击，在弹出的快捷菜单中选择【删除帧】或【清除帧】命令。

8.1.3 创建对象补间的基本规则

补间图层中的每个补间范围只能包含一个目标对象，目标对象的类型可以是影片剪辑实例、图形元件实例、按钮元件实例或文本。Animate CC 可补间的目标对象的属性包括以下几种。

- 2D：X 和 Y 位置。
- 3D：Z 位置（仅限影片剪辑）。
- 2D：旋转（围绕 Z 轴）。

- 3D：X、Y 和 Z 旋转（仅限影片剪辑）。
- 倾斜 X 和 Y。
- 缩放 X 和 Y。
- 色彩效果。
- 滤镜属性（不能将滤镜应用于图形元件）。

专家点拨： 这里的色彩效果包括：Alpha（透明）、亮度、色调和高级颜色设置。色彩效果只能在元件和文本上进行补间。通过补间这些属性，可以赋予对象淡入某种颜色或从一种颜色逐渐淡化为另一种颜色的效果。若要在传统文本上补间颜色效果，请将文本转换为元件。

在创建补间动画时，如果创建补间动画的对象不属于能创建补间动画的对象，Animate CC 会给出提示，如图 8.24 所示。单击【确定】按钮可将对象转换为影片剪辑元件。

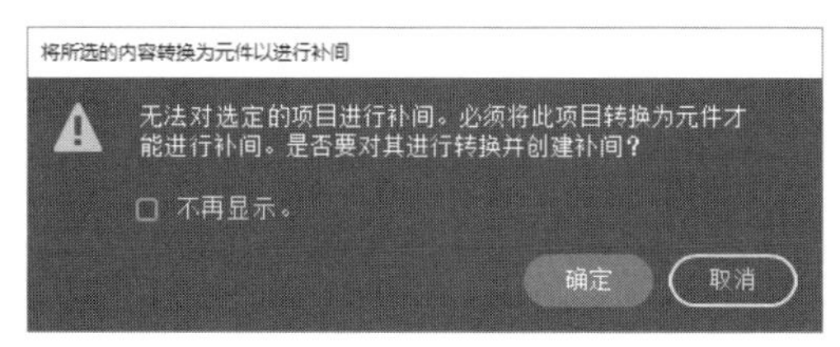

图 8.24 【将所选的内容转换为元件以进行补间】对话框

在舞台上存在着多个对象时，如果同时选择了多个对象来创建补间动画，Animate CC 会给出提示对话框，如图 8.25 所示。单击【确定】按钮关闭对话框后，Animate CC 会将多个对象转换为一个影片剪辑元件后对该元件创建补间。

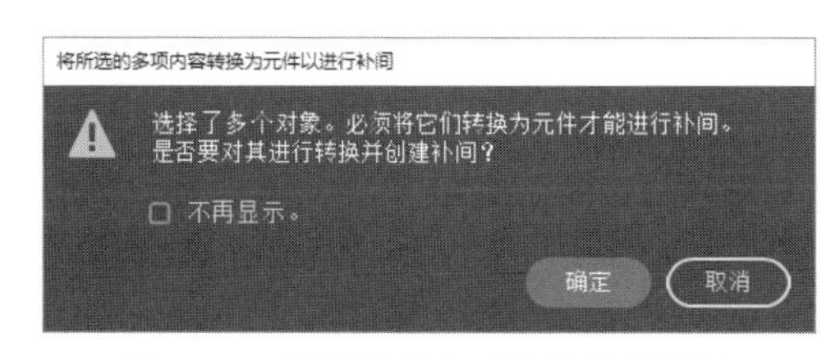

图 8.25　提示将多个对象转换为元件

在时间轴上已经创建了一个对象的补间动画，从【库】面板中将另一个对象拖放到该图层中，Animate CC 会给出【替换当前补间目标】对话框，如图 8.26 所示。单击【确定】按钮关闭该对话框，新对象将替换掉原有的对象。替换后，原对象的补间效果得以继承。

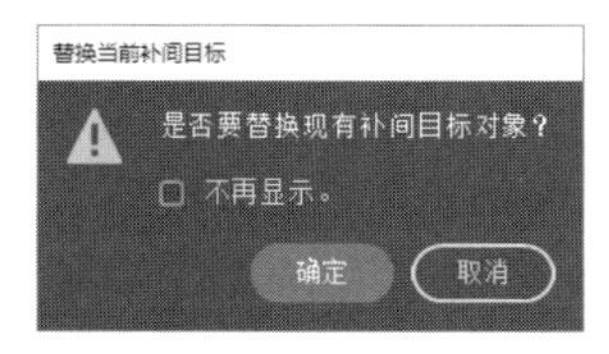

图 8.26 【替换当前补间目标】对话框

当向图层上的对象添加补间时，Animate CC 执行下列操作之一：

- 将该图层转换为补间图层。

- 创建一个新图层，以保留该图层上对象的原始堆叠顺序。

图层是按照下列规则添加的：

- 如果该图层上除选定对象之外没有其他任何对象，则该图层更改为补间图层。
- 如果选定对象位于该图层堆叠顺序的底部（在所有其他对象之下），则 Animate CC 会在原始图层之上创建一个图层。该新图层将保存未选择的项目。原始图层成为补间图层。
- 如果选定对象位于该图层堆叠顺序的顶部（在所有其他对象之上），则 Animate CC 会创建一个新图层。选定对象将移至新图层，而该图层将成为补间图层。
- 如果选定对象位于该图层堆叠顺序的中间（在选定对象之上和之下都有对象），则 Animate CC 会创建两个图层。一个图层保存新补间，而它上面的另一个图层保存位于堆叠顺序顶部的未选择项目。位于堆叠顺序底部的非选定项仍位于新插入图层下方的原图层上。

专家点拨： 补间图层可包含补间范围以及静态帧和 ActionScript，但包含补间范围的补间图层的帧不能包含补间对象以外的对象。若要将其他对象添加到同一帧中，应将其放置在单独的图层中。

跳跃的足球

8.1.4 实战范例——跳跃的足球

本实例应用补间动画方式制作足球跳跃远去的动画效果，如图 8.27 所示。动画制作时需要设置足球运动路径，在时间轴上创建多个属性帧并分别设置足球位置、大小和旋转角度属性。下面介绍具体的制作方法。

（1）启动 Animate CC，打开文件“8.1.4 跳跃的足球（素材）.fla”。创建一个名为“足球实例”的影片剪辑，从【库】面板中将“足球”图片拖放到该影片剪辑的中心位置，如图 8.28 所示。

图 8.27　范例制作完成的效果

图 8.28　放置素材图片

（2）回到主场景，将“背景”影片剪辑从【库】面板中拖放到舞台上，使用【任意变形工具】调整其大小。在【时间轴】面板中选择第 50 帧后按 F5 键将帧延伸到该帧，同时将该图层重命名为“背景”，如图 8.29 所示。

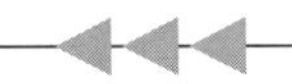

（3）在“背景”图层上创建一个新图层，将该图层命名为“足球运动”。从【库】面板中将“足球实例”影片剪辑放置到场景左下角，右击【时间轴】面板中的“足球运动”图层的任意一帧，选择快捷菜单中的【创建补间动画】命令创建补间动画。将播放头放置到第50帧位置，在舞台上移动足球的位置，如图8.30所示。

图8.29　放置背景

图8.30　放置足球并创建补间动画

（4）将播放头放置到第15帧的位置，适当移动足球的位置在该帧创建一个属性帧，如图8.31所示。在【工具】面板中选择【选择工具】，向上拖动路径获得一条曲线，如图8.32所示。

图8.31　创建一个属性帧

图8.32　将路径变为曲线

（5）选择舞台上的足球，在【属性】面板的【位置和大小】设置栏中设置对象的【宽】和【高】的值将足球适当缩小，如图8.33所示。在【工具】面板中选择【任意变形】工具，使用该工具对足球适当旋转，如图8.34所示。

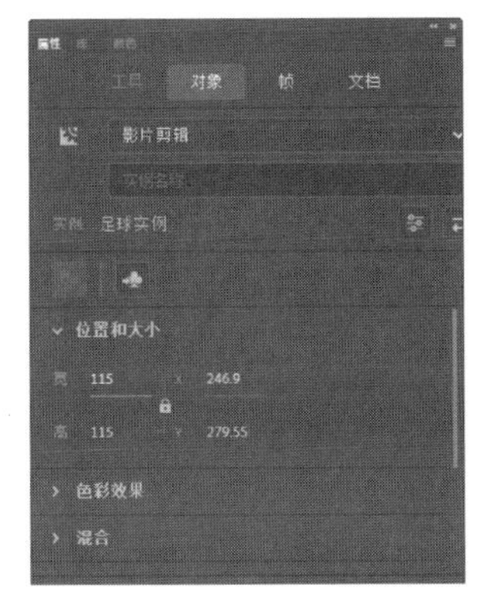

图8.33　更改足球的【宽】和【高】值

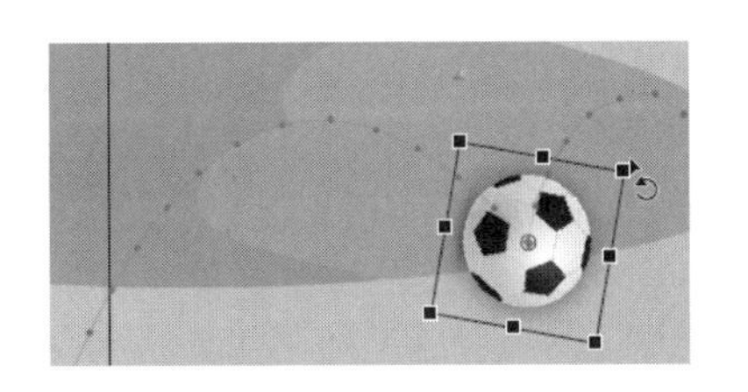

图8.34　适当旋转足球

（6）使用相同的方法，在时间轴的第 25 帧、第 32 帧、第 38 帧、第 42 帧创建属性帧，分别调整足球的属性。这里，首先调整路径形状，使路径成为上下起伏的波形。分别在各个属性帧中调整足球的大小，这里依次将足球缩小。同时适当调整各帧中足球在舞台上的位置和旋转角度，如图 8.35 所示。

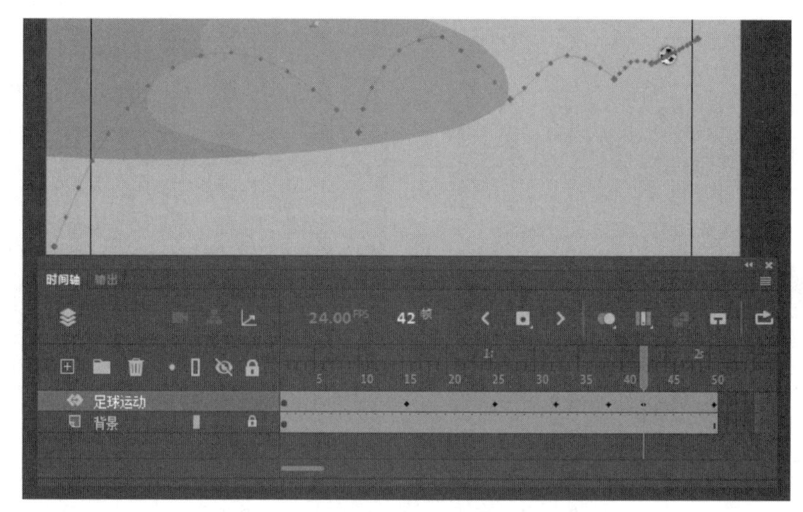

图 8.35　添加属性帧并调整足球属性

（7）播放动画测试动画效果，对各个关键帧中足球的位置、大小和旋转角度进行调整。效果满意后保存文件，完成本例的制作。

8.2 使用“动画编辑器”

动画编辑器是 Animate CC 中对补间动画进行设置的利器，通过动画编辑器，用户可以查看所有补间属性和属性关键帧，还可以通过设置相应的设置项来实现对动画的精确控制，使复杂补间动画的制作变得简单。

动画编辑器

8.2.1 “动画编辑器”面板简介

在时间轴上创建了补间后，双击补间动画中的任意一帧即可在补间动画图层下方打开动画编辑器。在 Animate CC 中，【动画编辑器】面板不再是一个单独的面板，而是位于时间轴的下方，面板左侧列出了应用于对象补间的属性，在这个带有网格的面板中横轴是时间轴，纵轴是属性的对应值。面板显示出直线或曲线，直观表现出不同时刻的属性值。

在【动画编辑器】左侧列表中单击属性名称左侧的箭头按钮可以展开显示属性的各个设置项，选择某个设置项后将显示该设置项对应的曲线。单击【为选定属性删除补间】按钮将删除选定的属性补间，按下【适应视图大小】按钮将使【动画编辑器】面板扩展充满整个【时间轴】面板，如图 8.36 所示。

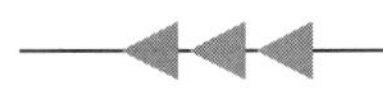

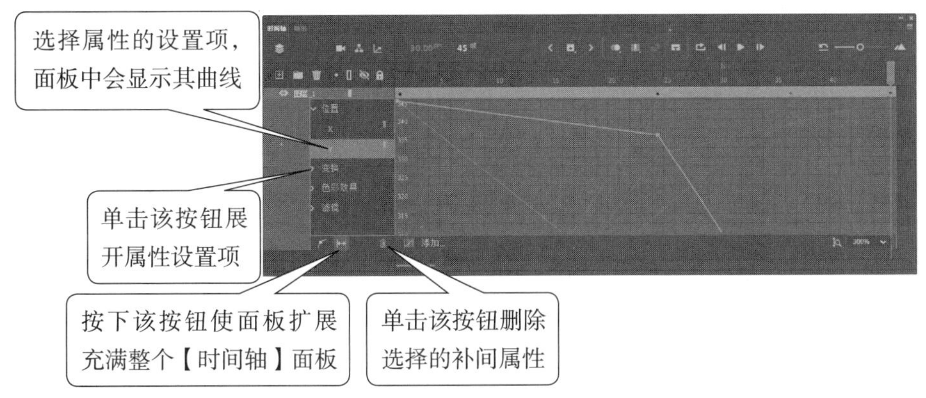

图 8.36 【动画编辑器】面板

在【动画编辑器】面板右下角的文本框中输入数值可改变面板显示比例使曲线放大显示，使用鼠标拖动可以移动面板的显示范围。单击【缩放 100%】按钮可以将面板恢复到 100% 大小显示，如图 8.37 所示。

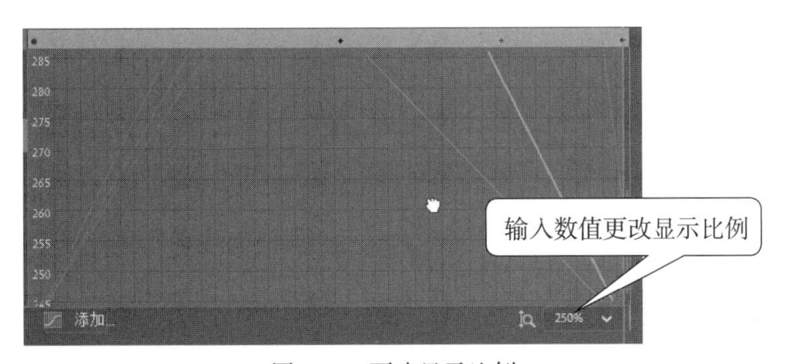

图 8.37　更改显示比例

8.2.2　应用“动画编辑器”面板编辑动画

使用“动画编辑器”面板能够对动画进行各种操作，这些操作包括对属性关键帧进行添加、删除或移动，更改元件实例的属性以及为补间添加缓动效果。下面介绍具体的操作方法。

1. 添加或删除属性

在【时间轴】面板上拖动播放头到需要添加属性帧的位置，在舞台上选择补间对象更改其属性，如移动其位置或在对象的【属性】面板中更改其属性值。时间轴上会添加一个属性关键帧，该属性对应的曲线也会随之发生改变，曲线上该帧的位置也将会出现一个锚点。

将播放头放置到需要添加属性帧的位置后右击，选择快捷菜单中的【插入关键帧】命令。在打开的列表中选择相应的选项，在播放头所在的位置即可添加一个属性帧，如图 8.38 所示。

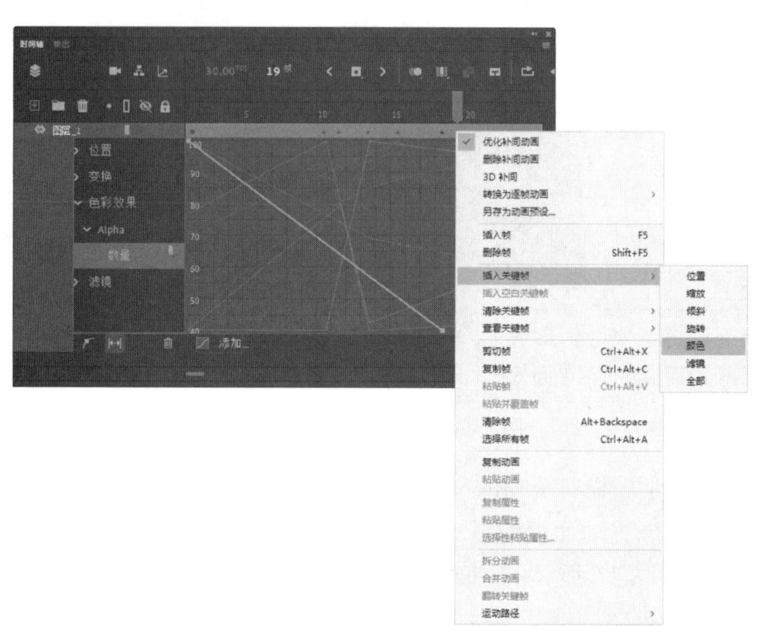

图 8.38　添加属性

单击选择时间轴上的属性关键帧，右击，选择快捷菜单中的【清除关键帧】命令，在打开的列表中选择相应的选项。如这里选择【位置】选项，【动画编辑器】面板中位置曲线上该点处的锚点被删除，如图 8.39 所示。

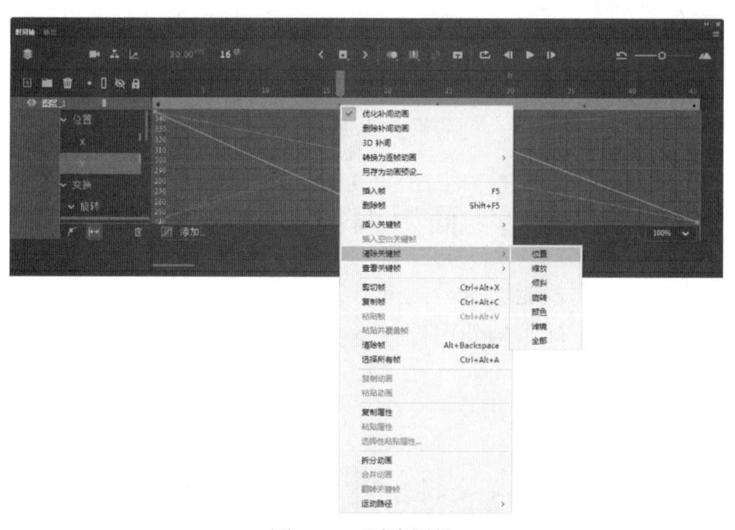

图 8.39　删除属性

专家点拨： 直接右击补间动画的某一帧，选择快捷菜单中的【清除关键帧】命令，在打开的列表中选择相应的选项，可以将选择的补间属性从整个补间动画中清除。

2. 改变实例的属性值

在【动画编辑器】面板中，每一帧对应一列。在面板左侧选择“位置”属性的 X 或 Y 选项，在垂直方向上拖动曲线上的锚点，即可更改关键帧中实例在舞台上的位置，如图 8.40 所示。

拖动锚点更改其位置，不仅可以改变对应属性值的大小，还可以在时间轴上移动该属性关键帧，如图 8.41 所示。

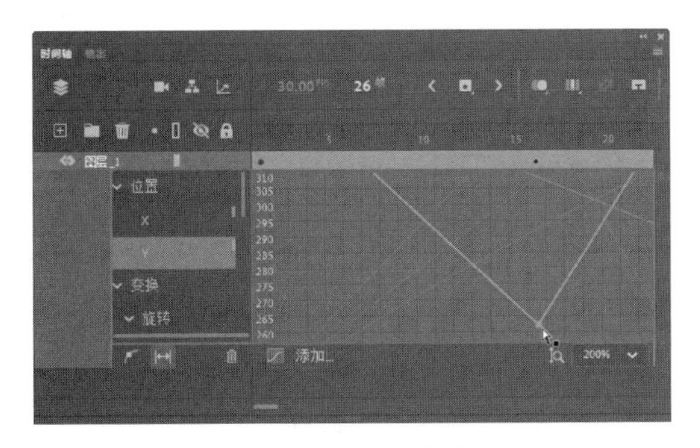

图 8.40　垂直移动锚点

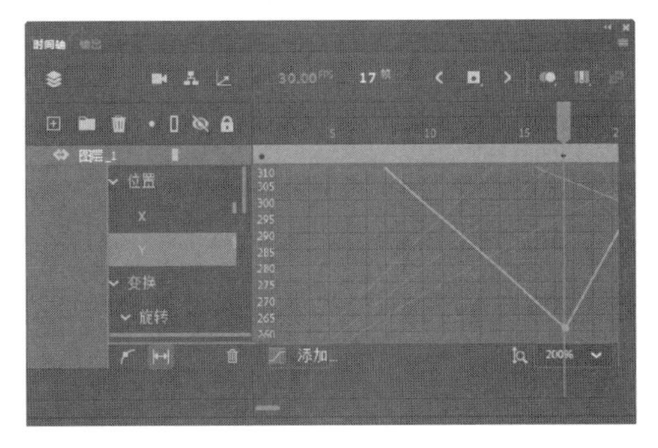

图 8.41　水平移动锚点

如在面板左侧列表中展开【变换】设置栏，选择设置项，拖动对应曲线上的锚点改变其位置可以对舞台上的实例进行需要的变换，如图 8.42 所示。

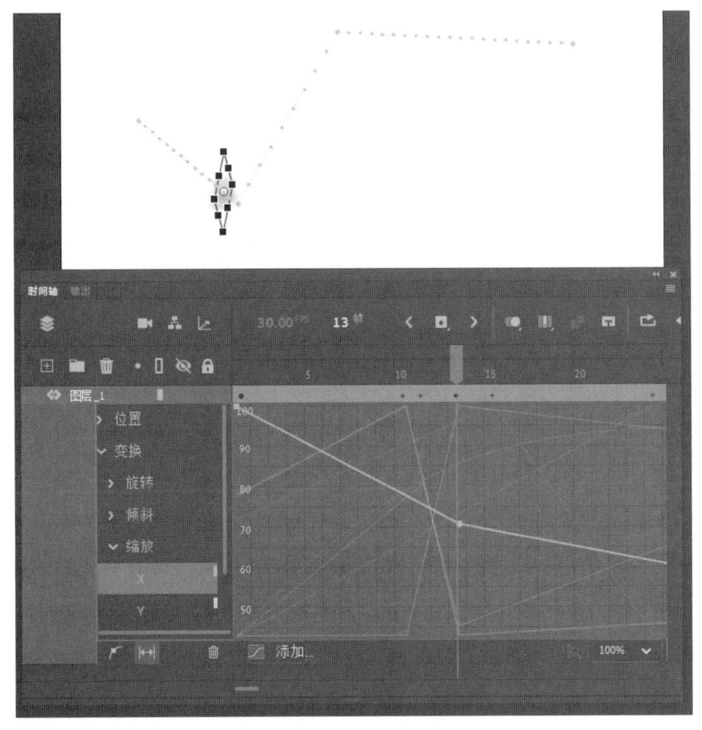

图 8.42　对实例进行变换

3. 设置缓动

为补间动画添加缓动，可以改变补间中实例变化的速度，使其变化效果更加逼真。在【动画编辑器】面板左侧列表中选择需要设置缓动效果的属性项，单击【添加缓动】按钮打开设置面板。面板左侧列出了 Animate CC 预设的缓动效果类别，单击类别选项将其展开，选择其中需要使用的缓动效果，缓动效果就会应用于补间动画中，如图 8.43 所示。

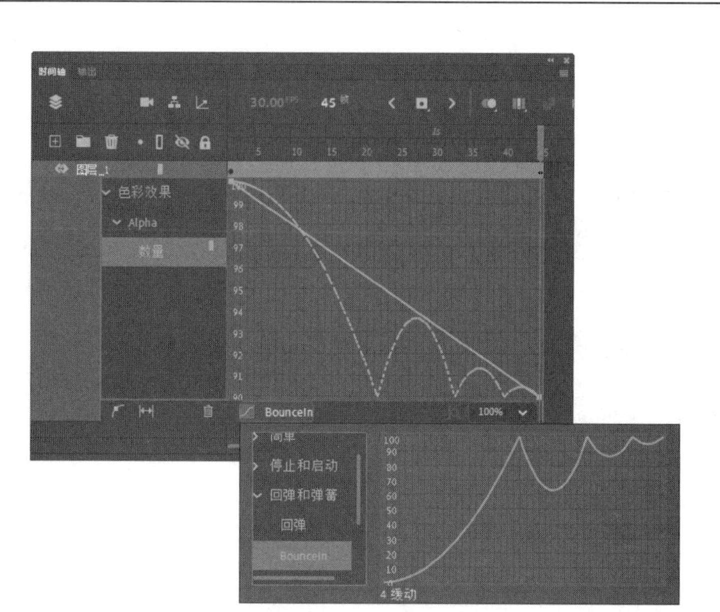

图 8.43　应用预设缓动效果

在【添加缓动】面板左侧的列表中单击【自定义】选项，使用鼠标可以在右侧的坐标系中创建自己的缓动曲线。这里在曲线上单击可以创建一个锚点，使用鼠标可以拖动锚点。拖动锚点两侧控制柄上的控制点可以改变控制柄的长度和方向，从而改变曲线的弯曲程度，如图 8.44 所示。

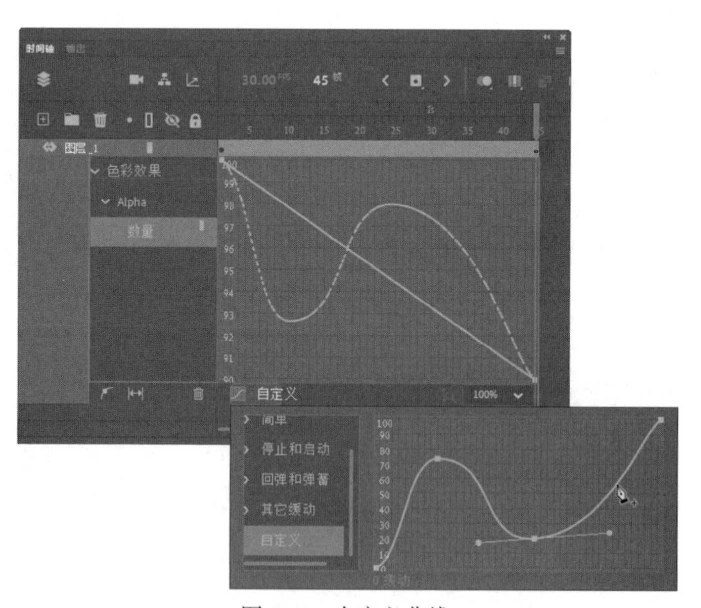

图 8.44　自定义曲线

专家点拨： 缓动曲线表示动画随时间变化的幅度，横轴表示帧，纵轴表示补间变化的比例。曲线中的第一个值位于 0 的位置，最后一个关键帧可以设置为 0 至 100% 之间的任意一个值。补间实例属性的变化速度由曲线的斜率来体现，如果曲线是一条水平的直线，则补间变化速率为 0。如果曲线是一条垂直的直线，则补间的属性变化则是一个瞬间变化。

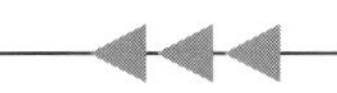

在【添加缓动】面板下方的【缓动】文本框中输入数值可以改变缓动值，如图 8.45 所示。在【添加缓动】面板左侧的列表中选择【无缓动】选项将取消添加的缓动效果。

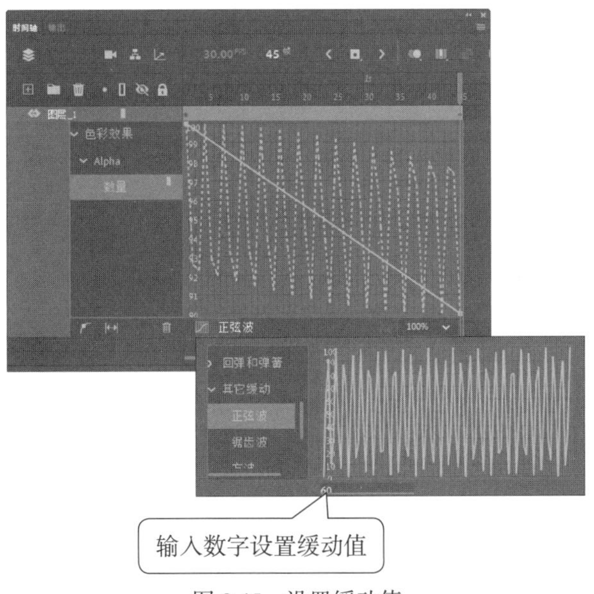

图 8.45　设置缓动值

在【添加缓动】面板左侧列表中选择某个属性类别选项，此时添加缓动效果，缓动将应用于该类所有属性项目。此时在面板中将只显示添加了缓动曲线后的最终效果曲线，如图 8.46 所示。如果选择属性类下的某个子属性，面板中会将缓动曲线叠加在该属性的曲线上，呈现为与原属性曲线相同颜色的虚线，如图 8.47 所示。

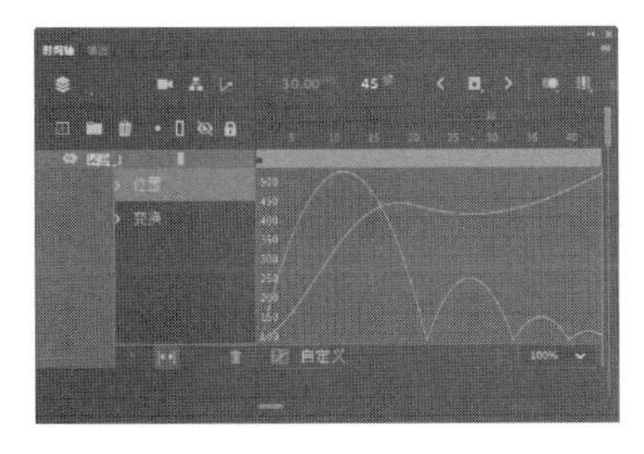

图 8.46　显示最终效果曲线

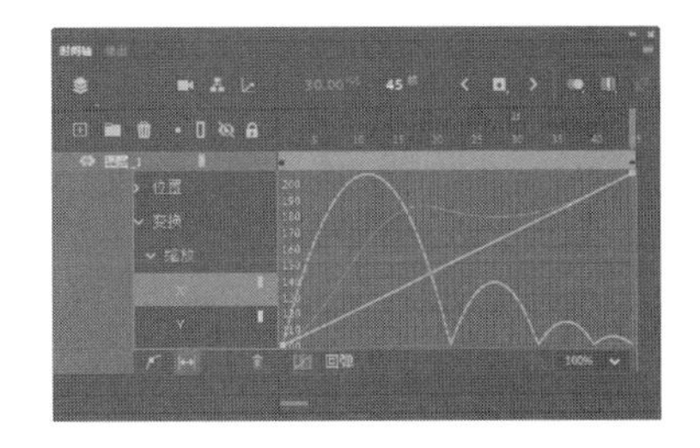

图 8.47　显示缓动曲线和原始曲线

应用缓动可以创建特定类型的复杂动画效果，而无须创建复杂的运动路径。缓动曲线是显示在一段时间内如何内插补间属性值的曲线，因此，通过对属性曲线应用缓动曲线，可以轻松地创建复杂的动画效果。

8.2.3　编辑属性曲线的形状

【动画编辑器】中显示的是二维曲线，也就是属性曲线，通过对这个属性曲线进行编辑可以实现补间动画的精确控制。下面介绍对属性曲线进行编辑修改的方法。

1. 添加锚点

在【动画编辑器】面板中单击按下【在图形上添加锚点】按钮，在需要添加锚点的

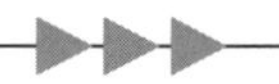

位置单击即可在属性曲线上添加一个锚点，如图 8.48 所示。使用鼠标在属性曲线上双击，也可以创建锚点。按住 Ctrl 键单击属性曲线上的某个锚点，可以将该锚点删除。

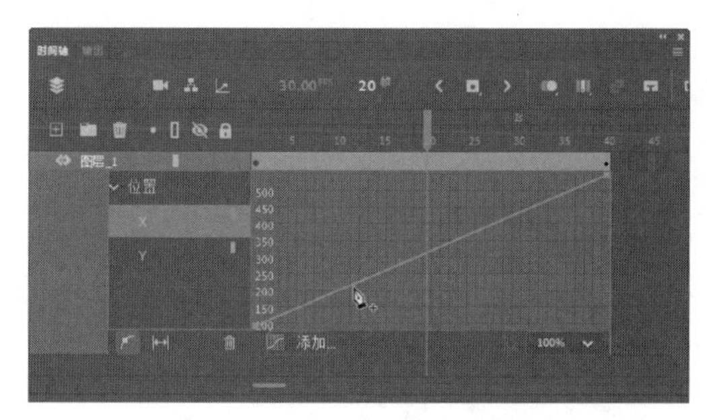

图 8.48 添加锚点

2. 编辑曲线形状

在【动画编辑器】面板中，拖动锚点可以改变属性曲线的形状，上下移动锚点改变对象在该帧中的属性值，左右移动锚点改变该属性在时间轴上的位置。

在属性曲线上添加一个锚点，锚点两侧会出现控制柄。分别拖动控制柄上的圆形控制点，可以改变控制柄的长短和方向，还可以对锚点两侧曲线的曲度进行调整从而改变曲线形状，如图 8.49 所示。

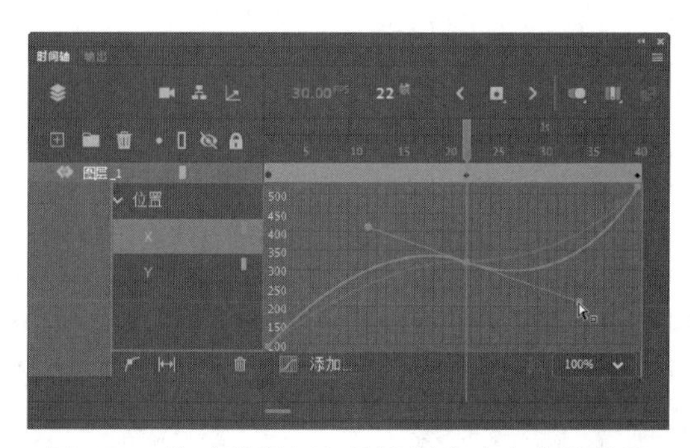

图 8.49 拖动控制柄上的控制点改变曲线形状

这里，在拖动锚点单侧控制点时，可以改变该侧控制柄的长度，但是锚点两侧控制柄保持一条直线。选择曲线上的锚点，按住 Alt 键拖动锚点一侧的控制点，此时两侧的控制柄不再是一条直线。这样可以更改两个控制柄之间的角度，只对单侧的曲线形状进行修改，如图 8.50 所示。

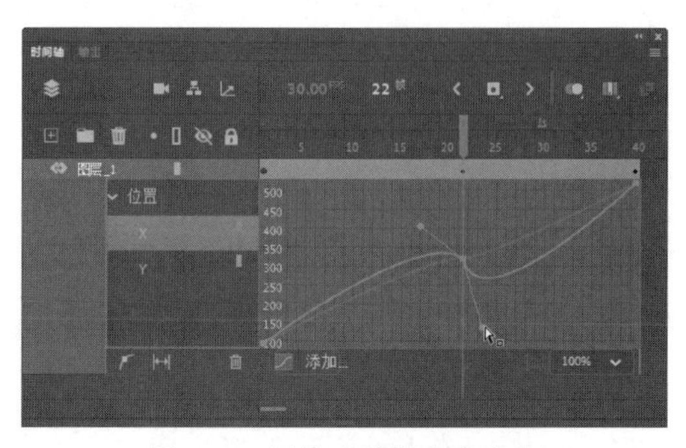

图 8.50 只修改单侧曲线形状

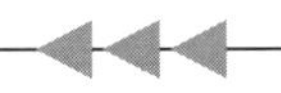

按住 Alt 键单击锚点，将取消锚点上出现的控制柄，此时选择锚点后将不会出现控制柄，只能调整锚点的位置。再次按住 Alt 键拖动锚点，将能重新拉出控制柄，但此时只能获得单侧的控制柄，如图 8.51 所示。

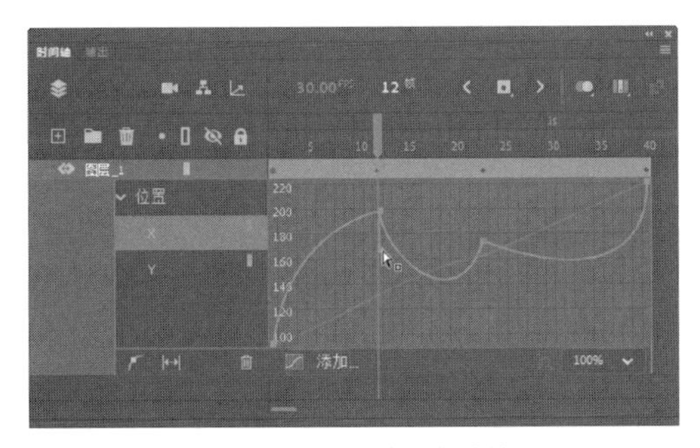

图 8.51　获得单侧控制柄

3. **曲线的整体操作**

右击【动画编辑器】中的曲线，在快捷菜单中选择【反转】命令，将能够使曲线左右对称变换。选择快捷菜单中的【翻转】命令，将能使曲线上下对称变换。应用这两个命令后的曲线效果如图 8.52 所示。

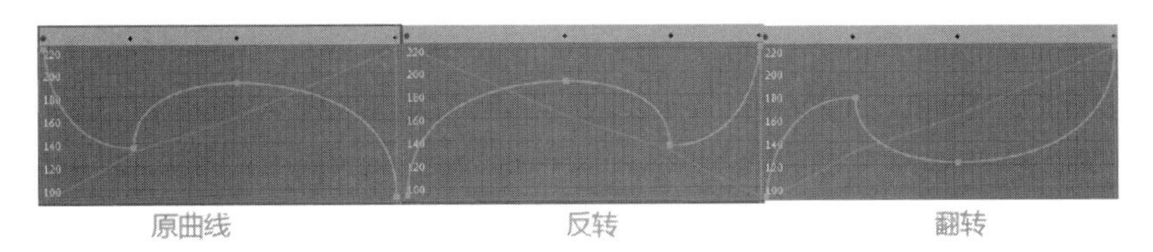

图 8.52　曲线反转和翻转后的效果

右击【动画编辑器】中的曲线，在快捷菜单中选择【复制】命令复制当前曲线。在【动画编辑器】中右击另一条属性曲线，选择快捷菜单中的【粘贴】或【以适合当前范围方式粘贴】命令可以实现属性曲线的复制。

8.2.4　实战范例——汽车广告

汽车广告

本范例制作一个汽车广告的动画效果。首先从天而降一辆汽车，汽车落地后抖动几下后向右飞驰出舞台，然后从左侧飞入一段文字广告，文字飞入的过程中由模糊变清晰。范例制作完成后的效果如图 8.53 所示。范例制作完成后的图层结构如图 8.54 所示。通过本范例的制作，帮助读者熟悉使用【动画编辑器】来制作具有多个补间动画的复杂动画的技巧。

图 8.53　范例制作完成后的效果

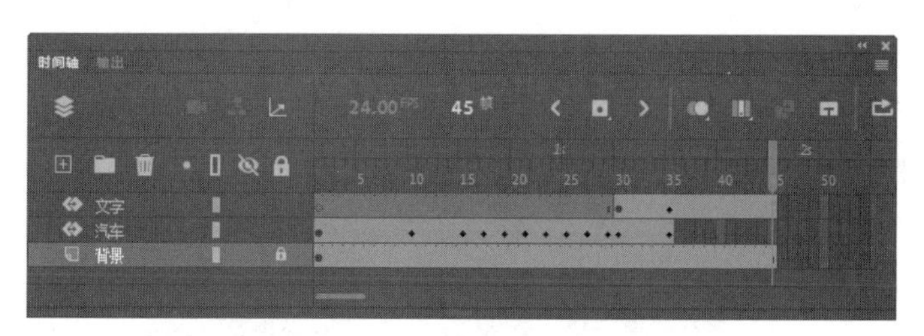

图 8.54　范例制作完成后图层结构

1．制作汽车从天而降的动画效果

（1）打开名为“8.2.4 汽车光谷（素材）.fla”文档，将“图层_1”命名为“背景”。从【库】面板中将名为“背景”的图像文件拖放到该图层中，调整其大小使其占满整个舞台。在【时间轴】面板中选择第 45 帧，按 F5 键将帧延伸到该处，如图 8.55 所示。

（2）新建一个名为“汽车”的影片剪辑元件，从【库】面板中将名为“car”的图像放置到影片剪辑中，使其左上角与舞台中心对齐，使用【橡皮擦工具】擦除图像背景，如图 8.56 所示。

图 8.55　放置背景图片

图 8.56　放置名为“car”的图像

（3）回到主场景，在【时间轴】面板中创建一个新图层，将图层名称更改为“汽车”。从【库】面板中将“汽车”影片剪辑放置到舞台顶端外部，在【属性】面板中设置其大小，如图 8.57 所示。

图 8.57　放置影片剪辑并设置其大小

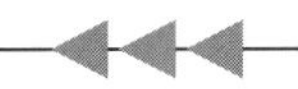

（4）在【时间轴】面板中选择第 36 帧，按 F6 键插入关键帧，为汽车创建补间动画。将播放头放置到第 35 帧位置，将汽车拖放到舞台右侧外部。此时时间轴上创建一个属性关键帧，如图 8.58 所示。将第 35 帧之后的帧全部删除。

图 8.58　创建补间动画并移动汽车位置

（5）双击任意一个补间动画帧打开【动画编辑器】面板，在面板左侧列表中选择 Y 选项。单击【在图形上添加锚点】按钮，在属性曲线第 10 帧的位置单击添加一个锚点创建关键帧，按住 Alt 键单击该锚点取消锚点两侧出现的控制柄，将锚点两侧曲线转换为直线。将该锚点上移得到一条折线，如图 8.59 所示。

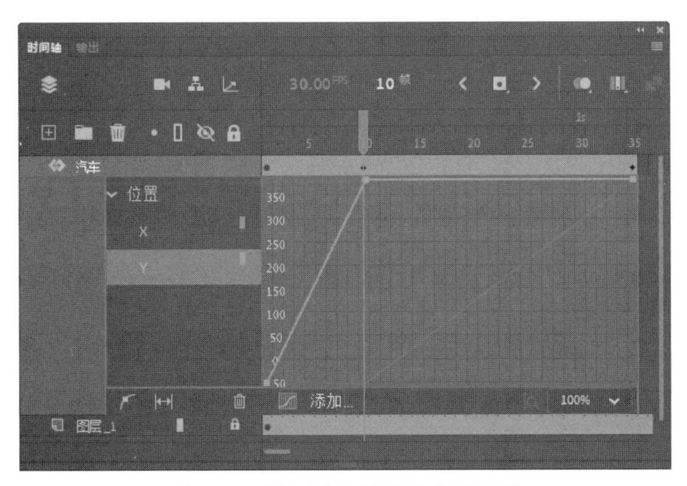

图 8.59　添加锚点并更改曲线形状

专家点拨： 这里在拖动锚点时，舞台上对象的位置也会随着发生改变，可以根据对象在舞台上位置的变化来确定锚点的位置。

（6）在时间轴上选择第 15 帧，选择【窗口】|【变形】命令打开【变形】面板，在【3D 旋转】设置栏中将 Z 设置为 2°，如图 8.60 所示。此时时间轴上将添加属性帧，在【动画编辑】面板中将能够看到该【变形】|【旋转】|Z 属性项的属性曲线，如图 8.60 所示。

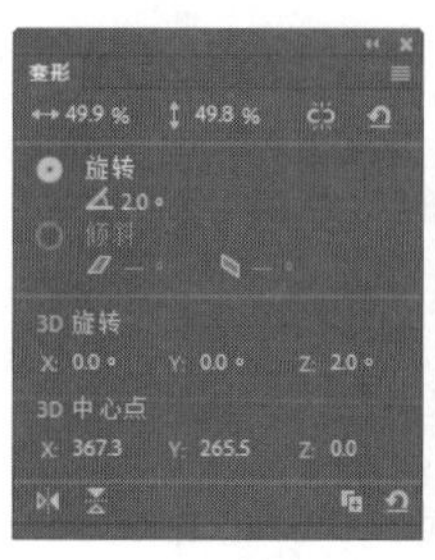
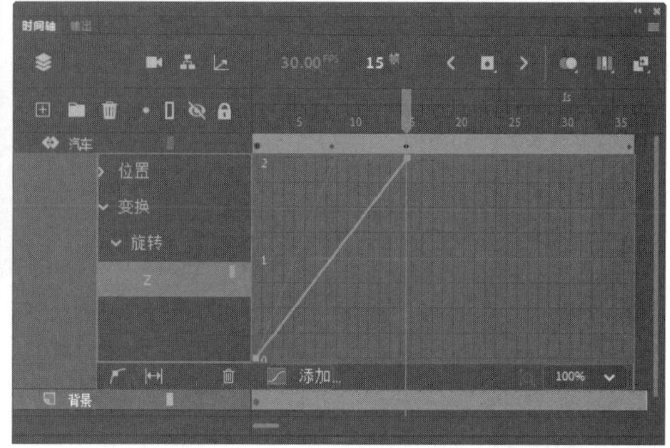

图 8.60 添加【旋转】|Z 旋转属性曲线

（7）选择第 17 帧，在【变形】面板中将 Z 值设置为 0°。选择第 19 帧中的对象，在【变形】面板中将 Z 值设置为 -2°。选择第 21 帧中的对象，在【变形】面板中将 Z 值设置为 0°，将第 23 帧的 Z 值设置为 2°。按照这样的规律，以两帧为间隔，依次设置后面帧中对象的 Z 属性值。完成设置后的 Z 属性曲线如图 8.61 所示。

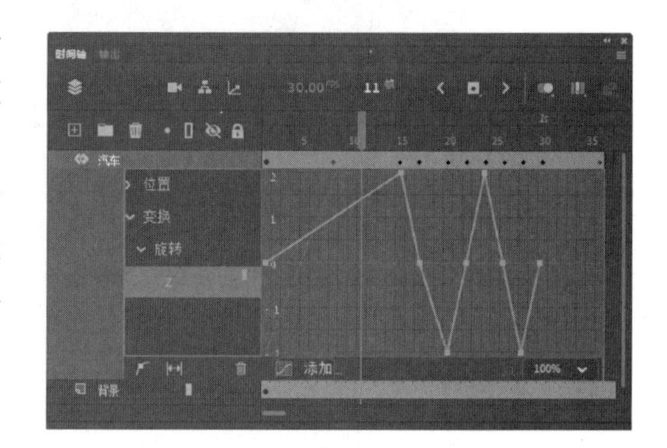

图 8.61 完成设置后的 Z 属性曲线

（8）将播放头移动到第 1 帧，在舞台上选择汽车对象。在【属性】面板中为对象添加“模糊”滤镜，将【模糊 X】和【模糊 Y】值均设置为 0 像素，如图 8.62 所示。将播放头移动到第 17 帧，将对象的【模糊 X】和【模糊 Y】值均设置为 10 像素，如图 8.63 所示。使用相同的方法，将第 19 帧中对象的【模糊 X】和【模糊 Y】值均设置为 0 像素。按照这样的规律，以两帧为间隔，依次设置后面帧中对象“模糊”滤镜的【模糊 X】和【模糊 Y】值。最后，将第 10 帧的“模糊”滤镜的【模糊 X】和【模糊 Y】值设置为 0 像素。这样获得汽车震动的动画效果，此时的属性曲线如图 8.64 所示。

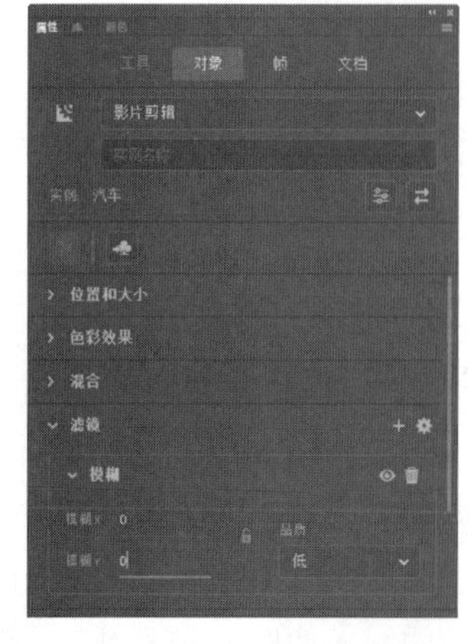

图 8.62 设置第 1 帧的模糊滤镜值

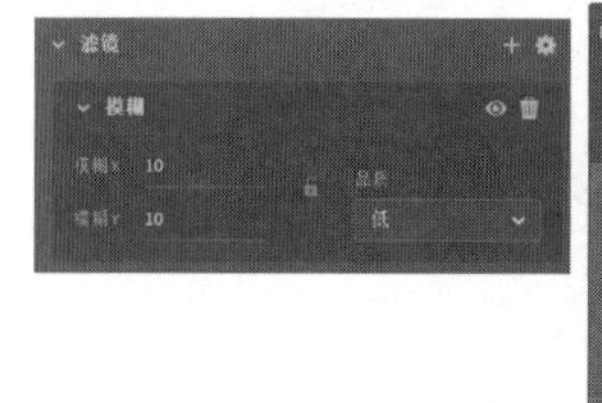
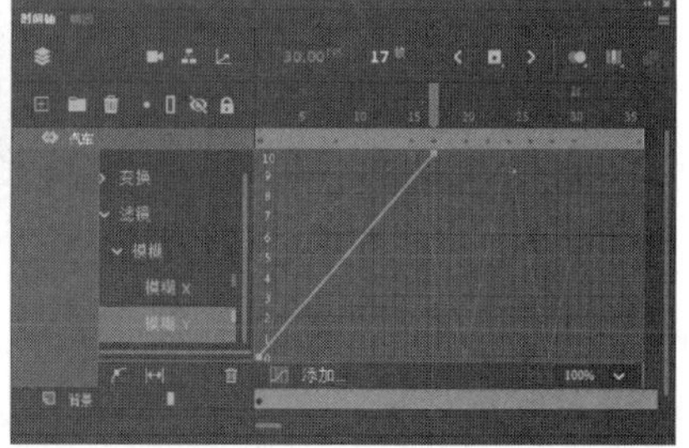

图 8.63 设置第 17 帧的模糊滤镜值

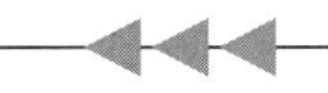

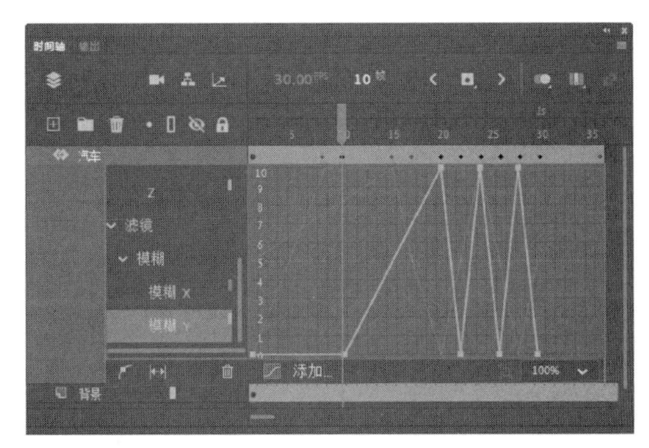

图 8.64　设置模糊滤镜值后的属性曲线

2. 制作汽车消失的动画效果

（1）将播放头移动到任意一帧的位置，在舞台上选择汽车对象，在【属性】面板中的【色彩效果】设置栏的【颜色样式】列表中选择 Alpha 选项，将 Alpha 值设置为任意一个值以创建属性关键帧。在【动画编辑器】面板中将最右侧的锚点向右拖放到第 35 帧，并向下拖放到 Alpha 值为 0 的位置，如图 8.65 所示。

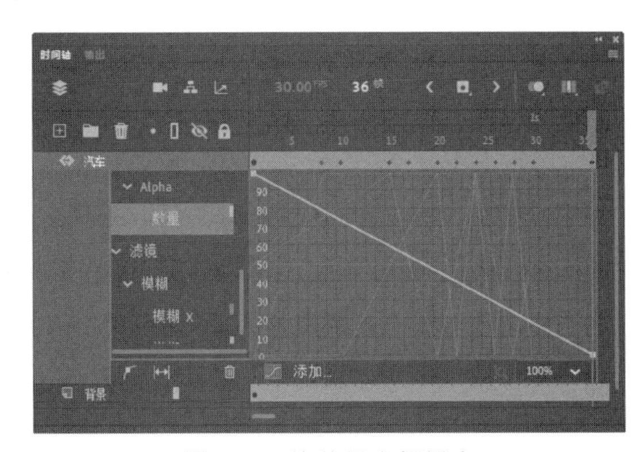

图 8.65　拖放最右侧锚点

（2）在【动画编辑器】面板中按下【在图形上添加锚点】按钮，在属性曲线上单击创建一个锚点，按 Alt 键单击该锚点取消两侧控制柄，锚点两侧曲线变为直线。在水平方向拖动该锚点将其放置到第 30 帧处，在垂直方向拖动锚点将其放置到 Alpha 值为 100 的位置，如图 8.66 所示。

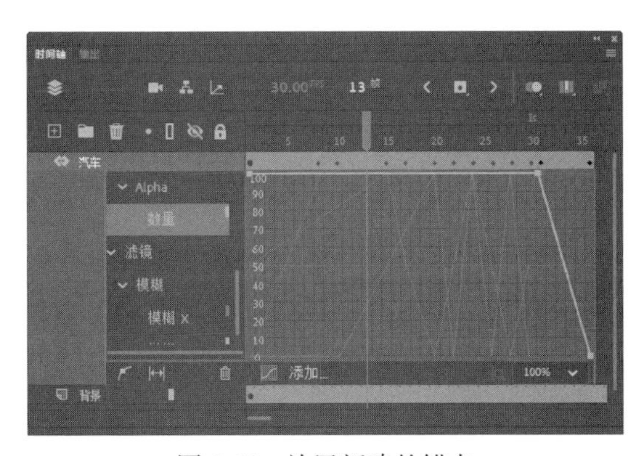

图 8.66　放置新建的锚点

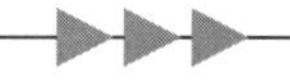

3. 制作文字动画效果

（1）在【时间轴】面板中添加一个图层，将其重命名为“文字”。在第 30 帧按 F6 键创建空白关键帧，选择该帧，选择【文本工具】，在【属性】面板中将文字的颜色设置为白色。使用【文本工具】在舞台上输入文字，同时将文字放置在舞台的左侧外部，如图 8.67 所示。

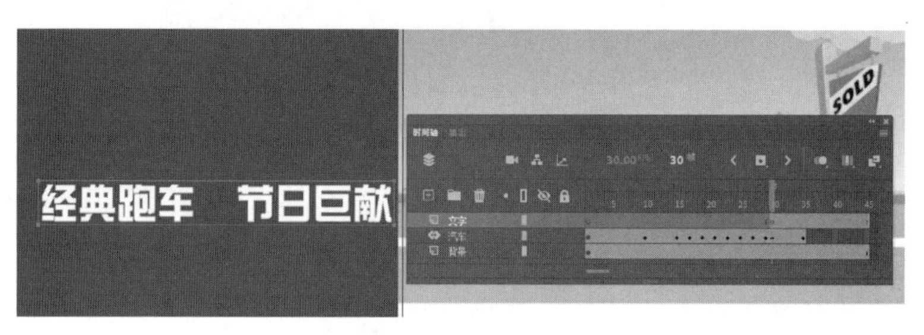

图 8.67　创建文本

（2）在第 30 帧至第 45 帧间的任一帧处右击，选择快捷菜单中的【创建补间动画】命令创建补间动画。将播放头放置到第 45 帧处，移动舞台上的文字创建属性关键帧。此时【动画编辑器】中的属性曲线如图 8.68 所示。

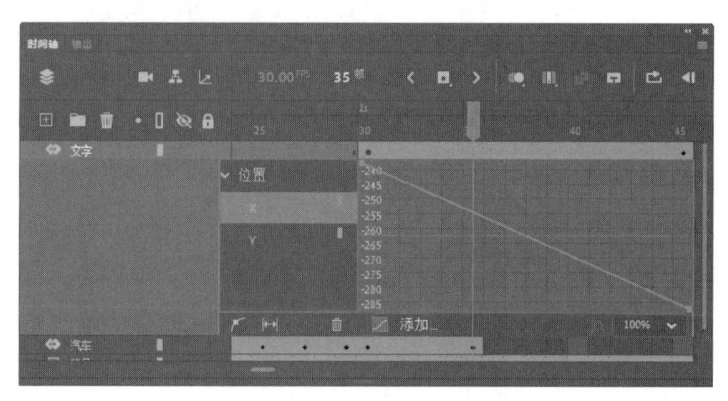

图 8.68　创建补间动画

（3）在【动画编辑器】中选择 X 属性选项，将最右侧的锚点水平向左拖放到第 35 帧的位置。在第 35 帧位置向上拖动锚点改变文字在舞台上的水平位置，锚点具体放置的位置可以通过预览文字在舞台上的位置来定，如图 8.69 所示。

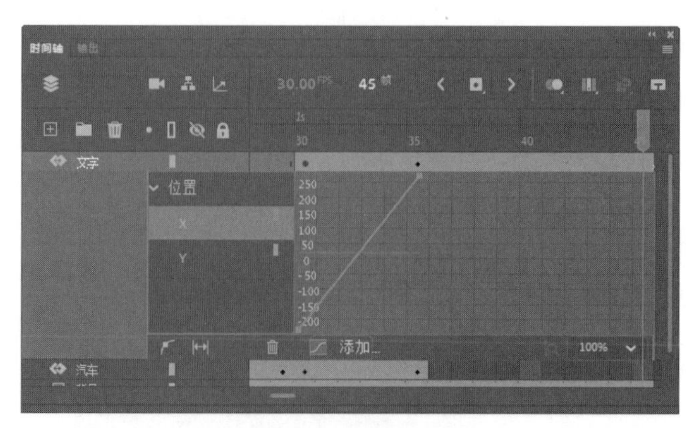

图 8.69　移动锚点

（4）单击【动画编辑器】面板下的【为选定属性适用缓动】按钮，在打开的面板左侧列表中展开【其他缓动】选项组，单击该组中的【阻尼波】选项，在【缓动】文本框中输入数值 8 设置缓动值。该缓动效果应用于当前属性曲线，如图 8.70 所示。

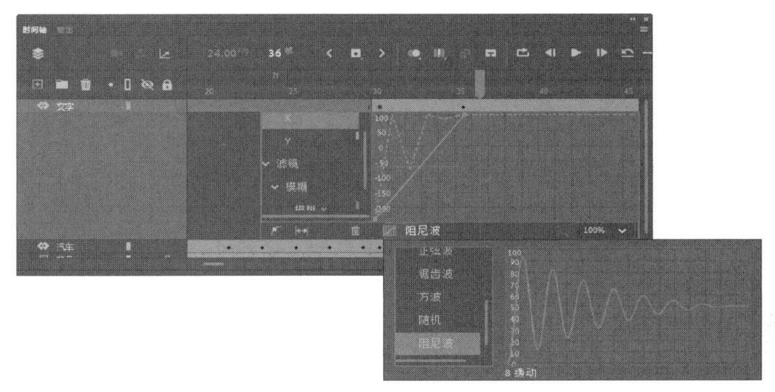

图 8.70　应用阻尼波缓动

（5）选择舞台上的文字，在【属性】面板中为文字添加【模糊】滤镜，将滤镜的【模糊 X】和【模糊 Y】设置为任意的像素值。在【动画编辑器】面板左侧列表中选择 X 选项，将该属性曲线右侧的锚点水平拖放到第 35 帧的位置，将该锚点向下拖放到值为 0 的位置。选择 Y 选项后对锚点进行相同的设置，如图 8.71 所示。

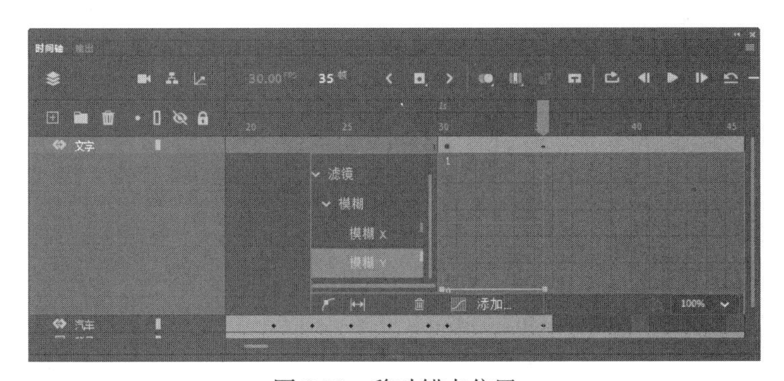

图 8.71　移动锚点位置

（6）在【动画编辑器】面板左侧列表中选择 X 选项，将属性曲线左侧第 30 帧处的锚点向上移动到 15 像素的位置。选择 Y 选项，同样将属性曲线第 30 帧处的锚点移动到 15 像素的位置，如图 8.72 所示。至此，本案例制作完成。

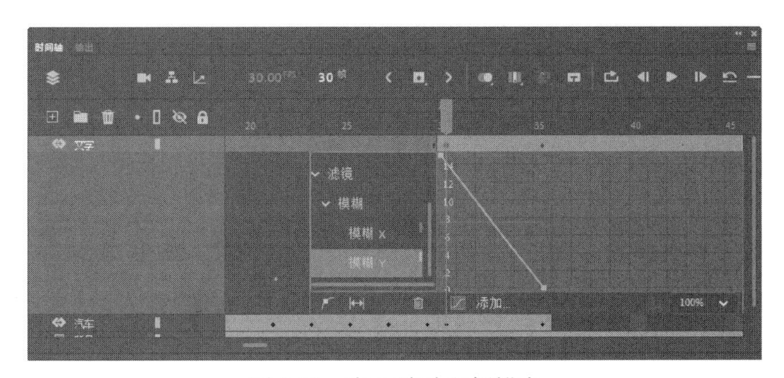

图 8.72　向上移动左侧锚点

8.3 动画预设

动画预设是 Animate CC 内置的补间动画，其可以被直接应用于舞台上的实例对象。使用动画预设，可以节约动画设计和制作的时间，极大地提高工作效率。

动画预设

8.3.1 使用动画预设

Animate CC 内置的动画预设，可以在【动画预设】面板中选择并预览其效果。选择【窗口】|【动画预设】命令打开【动画预设】面板，在面板的【默认预设】文件夹中选择一个动画预设选项，在面板中即可查看其动画效果，如图 8.73 所示。下面介绍使用动画预设的方法。

1. 应用动画预设

在舞台上选择需要创建补间动画的对象，在【动画预设】面板中选择需要使用的动画预设，单击【应用】按钮，选择对象即被添加动画预设效果，如图 8.74 所示。

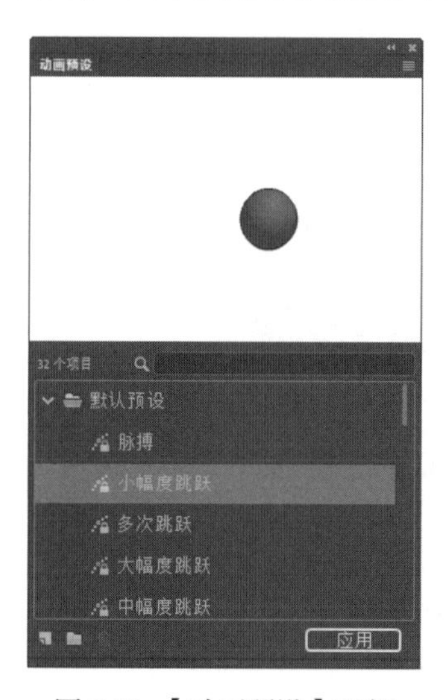

图 8.73 【动画预设】面板

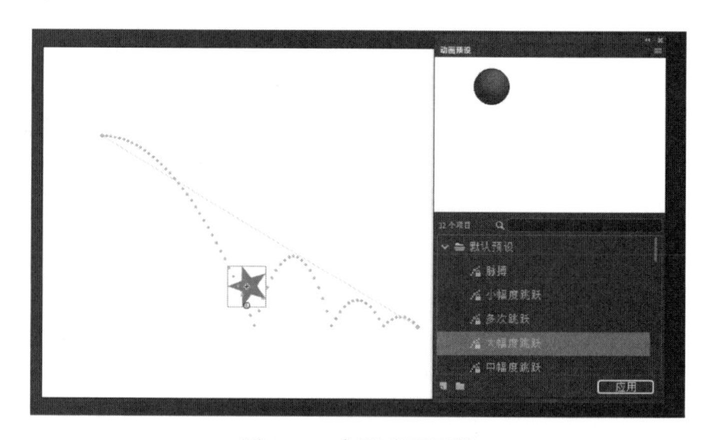

图 8.74 应用动画预设

专家点拨： 在应用动画预设时，每个对象只能使用一个动画预设，如果对对象应用第二个动画预设，第二个动画预设将替代第一个。另外，每个动画预设包含特定数量的帧，如果对象已经应用了不同长度的补间，补间范围将进行调整以符合动画预设的长度。

2. 保存动画预设

用户在创建补间动画后，为了能够在其他的作品中使用这个补间动画效果，可以将其保存为动画预设。

在【时间轴】面板中选择补间范围，在【动画预设】面板中单击【将选区另存为预设】按钮，如图 8.75 所示。此时将打开【将预设另存为】对话框，在其中的【预设名称】文本框中输入动画预设名称，如图 8.76 所示。单击【确定】按钮，新预设将保存在【自定义预设】文件夹中，如图 8.77 所示。

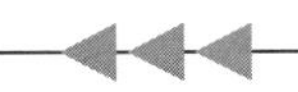

图 8.76 【将预设另存为】对话框

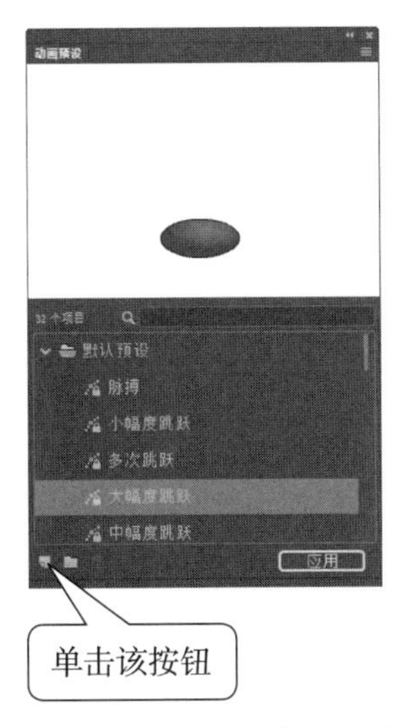

图 8.75　单击【将选区另存为预设】按钮

图 8.77　新预设保存在【自定义预设】文件夹中

3. 导入动画预设

Animate CC 中的动画预设可以以 XML 文件的形式保存在计算机中，同时这种 XML 文件形式的动画预设也可以直接导入到【动画预设】面板中。

在【动画预设】面板中单击右上角的按钮▤，在打开的菜单中选择【导入】命令打开【导入动画预设】对话框。在对话框中选择动画预设文件，如图 8.78 所示。单击【打开】按钮即可将动画预设导入到【自定义预设】文件夹中。

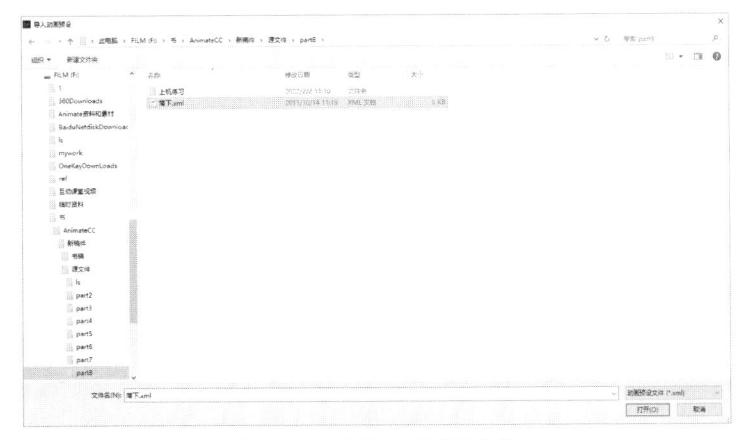

图 8.78　选择动画预设文件

8.3.2　实战范例——文字动画特效

文字动画特效

本小节利用动画预设功能制作一个文字动画特效，首先是 4 个字从上而下模糊飞入，然后文字整体显示一个脉搏波动效果。动画制作完成后的效果如图 8.79 所示。范例制作完成的图层结构如图 8.80 所示。

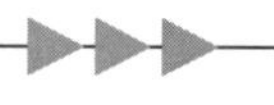

图 8.79 范例制作完成后的效果

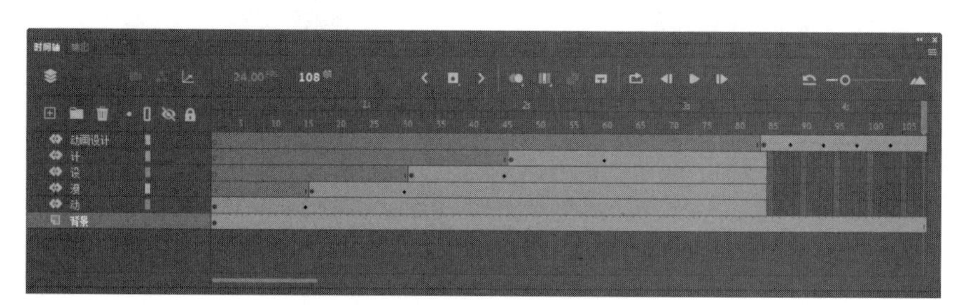

图 8.80 范例制作完成后的图层结构

1. 制作单个字从上而下模糊飞入

（1）打开名为“8.3.2 文字动画（素材）.fla”文档，在【时间轴】面板中将“图层 _1”更名为“背景”。在第 84 帧按 F5 键创建帧，从【库】面板中将“背景”影片剪辑元件放置到舞台上，调整影片剪辑的大小和位置使其充满整个舞台。

（2）在【时间轴】面板上创建一个新图层，在【工具】面板中选择【文本工具】，在【属性】面板中将字体设置为“黑体”，文字颜色设置为白色。在舞台上输入文字“动漫设计”。选择舞台上的文字，选择【修改】|【分离】命令将文字分离成单个文字。选择全部这 4 个文字后，选择【修改】|【时间轴】|【分散到图层】命令将这些文字分散到 4 个单独的图层中，如图 8.81 所示。

图 8.81 创建文字并分散到图层中

（3）选中舞台上的“动”字，打开【动画预设】面板，选中其中的“从顶部模糊飞入”预设，如图 8.82 所示。单击【应用】按钮，将选择的预设补间动画应用到选择的文字，此时的补间范围是 15 帧，图层中多余的帧自动删除。

（4）将播放头放置到第 1 帧，使用【选择工具】拖动运动路径上的端点将其移到舞台外部。将播放头放置到第 15 帧，使用【选择工具】移动运动路径下端点的位置，将文字与其他三个文字对齐放置，如图 8.83 所示。这样即可获得文字从舞台外落入舞台中的动画效果。

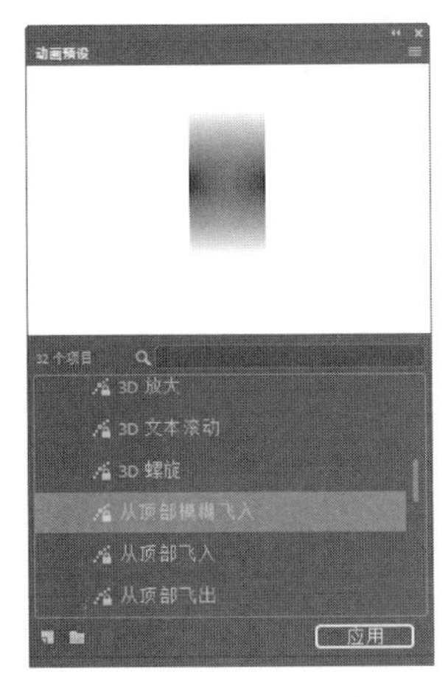

图 8.82　选择预设动画

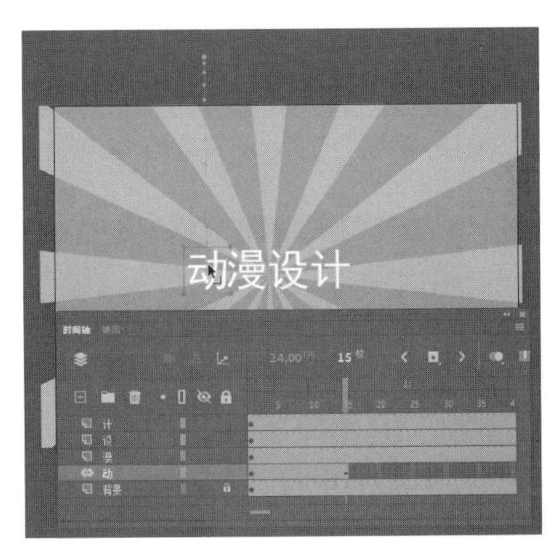

图 8.83　移动路径端点

（5）在【时间轴】面板中选择“动”图层的第 84 帧，按 F5 键将帧延伸到此处。单击“动”图层的名称选择图层中的所有帧，在【动画预设】面板中单击【将选区另存为预设】按钮打开【将预设另存为】对话框。在对话框的【预设名称】文本框中输入预设动画名称，如图 8.84 所示。单击【确定】按钮关闭对话框将当前动画效果保存为预设动画。

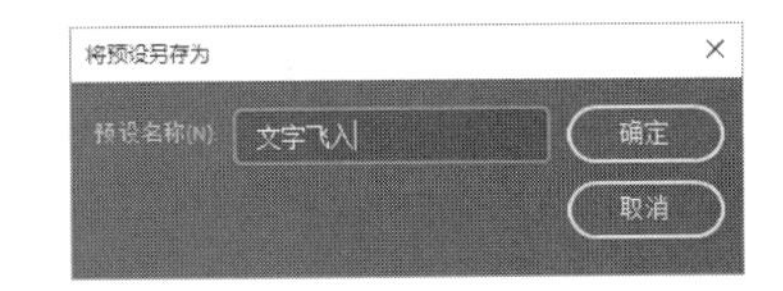

图 8.84　【将预设另存为】对话框

（6）选择“漫”图层的第 1 帧，将舞台上的文字“漫”上移出舞台，使其与“动”图层中的文字具有相同的高度，如图 8.85 所示。在【动画预览】对话框中选择上一步保存的自定义动画，单击【应用】按钮将动画应用于选定的对象，如图 8.86 所示。

图 8.85　将文字上移

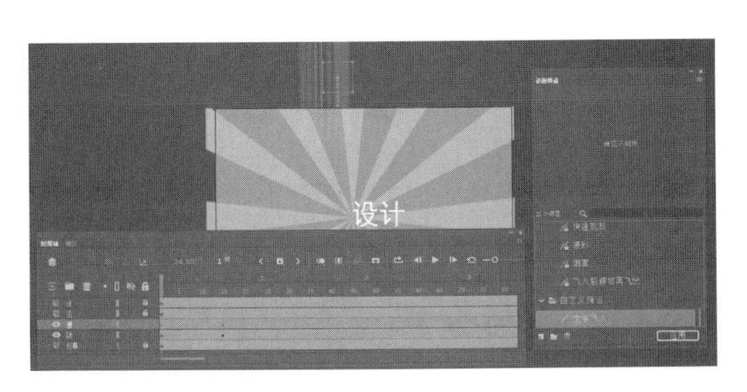

图 8.86　应用自定义动画

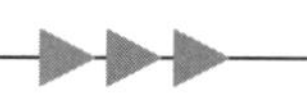

（7）选择“漫”图层中的补间动画帧，将选择的帧拖放到时间轴的第 16 帧处，此时 Animate CC 会自动在第 16 帧前添加空白帧。补间动画帧将整体平移，长度延伸到第 99 帧处，如图 8.87 所示。选择第 85 帧，按 F6 键创建一个关键帧。选择该图层中的最后一帧按 F6 键创建关键帧，拖动鼠标框选第 85 帧至第 99 帧间的所有帧。右击后选择快捷菜单中的【删除帧】命令将这些多余的帧删除，如图 8.88 所示。

图 8.87　平移补间动画

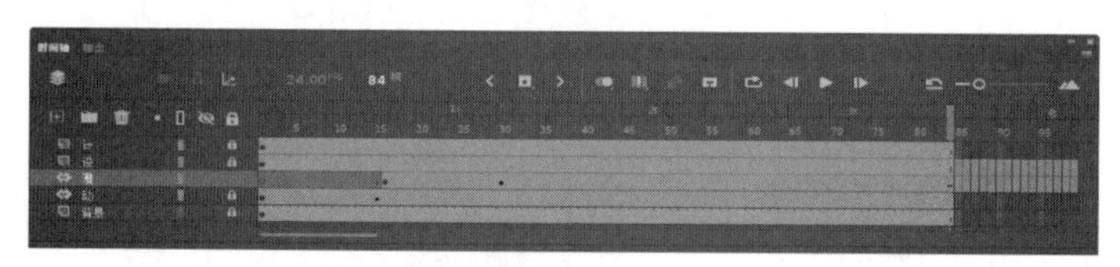

图 8.88　删除多余的帧

（8）分别将“设”图层和“计”图层中文字的初始位置调整得与前两个文字的初始位置相同，分别应用预设动画效果，移动动画帧并将它们的起始位置分别放置在第 31 帧和第 46 帧处。删除多余的帧，如图 8.89 所示。

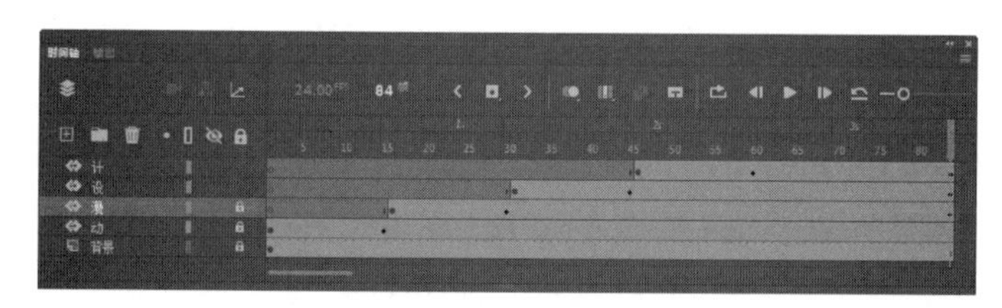

图 8.89　为另外两字添加动画效果

2. 制作文字整体的脉搏波动效果

（1）在【时间轴】面板的最上层创建一个名为“动漫设计”的新图层，选择该图层的第 85 帧按 F6 键创建一个关键帧。将播放头放置到第 84 帧，按住 Shift 键依次单击舞台上的文字将它们全部选中。按 Ctrl+C 组合键复制选择的文字，选择“动漫设计”图层的第 85 帧，选择【编辑】|【粘贴到当前位置】命令粘贴复制的文字。

（2）将第 85 帧上的文字全部选中后转换为名为“文字”的影片剪辑元件。保持文字实例处于选中状态，在【动画预设】中选择“脉搏”选项，单击【应用】按钮应用该预设动画，如图 8.90 所示。

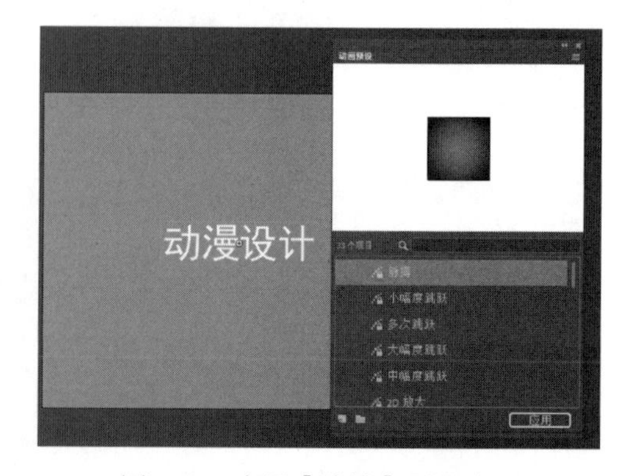

图 8.90　应用【脉搏】预设动画

（3）在【时间轴】面板中选择最上层的

“动漫设计”图层，按 Shift 键单击“动”图层，所有的文字图层被选中。在【属性】面板中单击【对象】按钮，展开【滤镜】设置栏，为图层中的对象添加【投影】滤镜效果，如图 8.91 所示。在时间轴面板中将“背景”图层延伸到第 107 帧。至此，本范例制作完成。

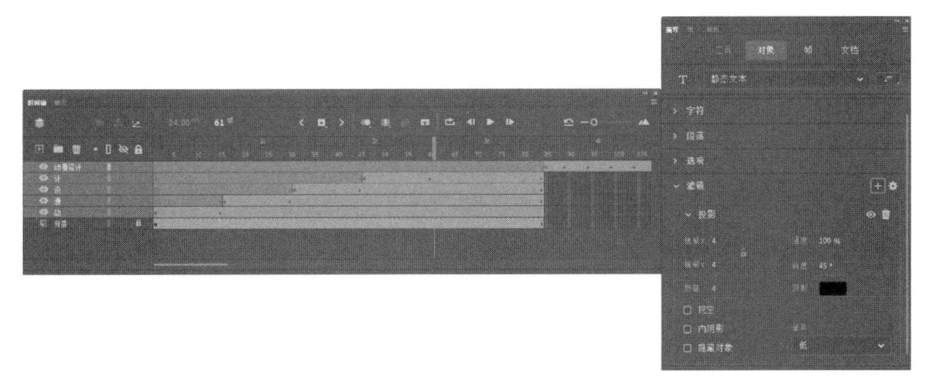

图 8.91　为文字添加投影滤镜效果

8.4　本章小结

本章学习了基于对象的补间动画的创建方法，同时学习了动画编辑器和预设动画的使用方法。通过本章的学习，读者能够使用补间动画创建各种动画效果，并能够使用【动画编辑器】对补间动画进行编辑修改，利用预设动画可以高效地制作补间动画。

8.5　本章习题

一、选择题

1. 关于基于对象的补间动画中的路径曲线，下列说法中错误的是哪一个？（　　）
   A. 可以用【选择工具】对路径线条进行调整
   B. 可以使用【部分选取工具】像使用贝塞尔手柄那样调整路径线条
   C. 可以将路径线条复制到普通图层上，使路径曲线在动画中显示处理
   D. 不可以将普通图层上的曲线复制到补间图层以替换原来的路径线条
2. 下面哪种补间变换只能用于影片剪辑元件？（　　）
   A. 2D 位置　　B. 3D 位置　　C. 倾斜　　D. 缩放
3. 在【动画编辑器】面板中，下面哪个按钮可以用于在属性曲线上添加锚点？（　　）
   A.　　B.　　C.　　D.
4. 在【动画预设】面板中，下面哪个按钮用于保存选择的预设动画？（　　）
   A.　　B.　　C.　　D.

二、填空题

1. 对象补间动画具有功能强大且操作简单的特点，用户可以对动画中的补间进行最大程度的控制。能够应用对象补间的元素包括影片剪辑元件实例、图形元件实例、按钮元

件实例以及________。

2．在创建基于对象的补间动画时，补间范围中的关键帧不同于普通的关键帧，一般称之为________。除了第 1 帧外，补间范围内的关键帧的外形显示为________。

3.【动画编辑器】是一个面板，该面板提供了针对补间动画所有________的信息和设置项，选择窗口菜单下的________________命令可以打开该面板。

4．Animate CC 内置的动画预设，可以在【动画预设】面板中选择并预览其效果。如果需要打开【动画预设】面板，可以选择______菜单下的【动画预设】命令。在面板中选择预设动画，同时在舞台上选择可以创建补间动画的对象后，在面板中单击________按钮即可将选择的预设动画应用到对象。

8.6 上机练习与指导

8.6.1 补间动画应用——网络广告

利用补间动画制作一个网络广告效果，动画运行时，舞台上显示三个不同颜色的气球，一支箭射过来射中中间的紫色气球，紫色气球消失，另外两个气球移动出舞台；接着舞台上显示两个广告词并各自旋转三圈，然后它们慢慢渐隐；最后舞台上显示一个横幅广告。动画制作完成后的效果如图 8.92 所示。动画的图层结构如图 8.93 所示。这个动画主要使用的就是基于对象的补间动画技术，它由若干个补间动画效果连接和叠加而成。

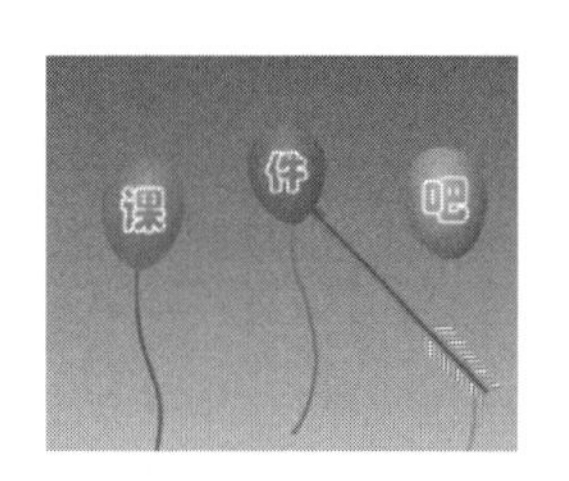

图 8.92　制作完成后的效果

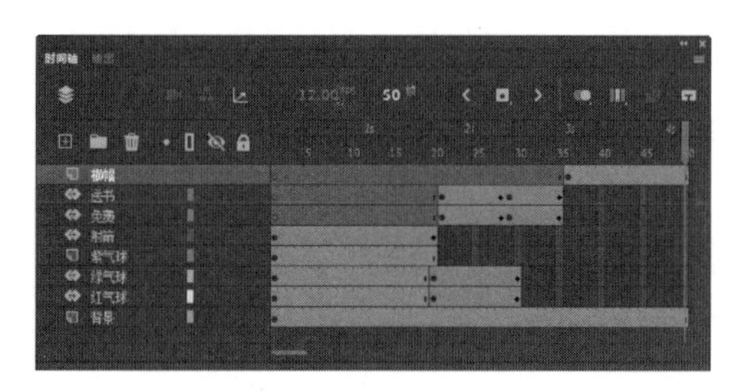

图 8.93　动画的图层结构

主要制作步骤如下。

（1）新建一个 Animate CC 影片文档。设置舞台尺寸为 250×200 像素，其他参数保持默认设置。

（2）将“图层 1”改名为“背景”。在这个图层上用【矩形工具】绘制一个没有边框、填充色为深蓝色到浅蓝色的线性渐变色、尺寸为 250×200 像素的矩形。在“属性”面板中设置这个矩形的坐标为（0，0），使之和背景完全重合。

（3）制作本例中所需要的各种元件如图 8.94 所示。

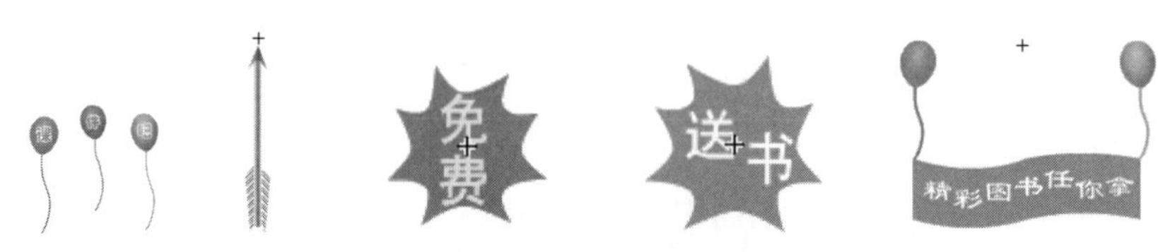

图 8.94　制作图形元件

（4）返回到“场景 1”。在“背景”图层上新建三个图层，分别改名为“红气球”“绿气球”和“紫气球”。

（5）打开【库】面板，分别将“红气球”图形元件、“绿气球”图形元件和“紫气球”图形元件拖放到这三个图层对应的舞台上。

（6）新建一个图层，改名为“射箭”。将“库”面板中“箭”图形元件拖放到舞台右下角外边，如图 8.95 所示。

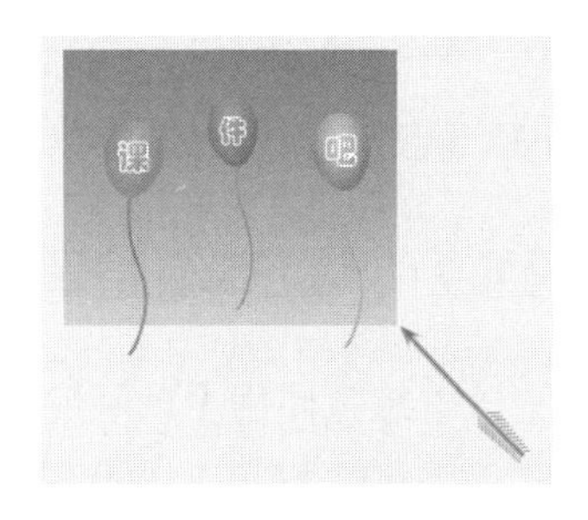

图 8.95　“射箭”图层第 1 帧

（7）因为整个动画要延续 50 帧，所以这里先选择“背景”图层的第 50 帧，按 F5 键插入帧。

（8）分别选择“紫气球”图层和“射箭”图层的第 20 帧，按 F5 键插入帧。

（9）右击“射箭”图层第 1 帧和第 20 帧之间的任意一帧，在弹出的快捷菜单中选择【创建补间动画】命令，这样就创建一个补间图层。

（10）选择“射箭”图层的第 20 帧，将舞台上的“箭”图形元件实例拖放到刚好射中紫气球的位置，如图 8.96 所示。

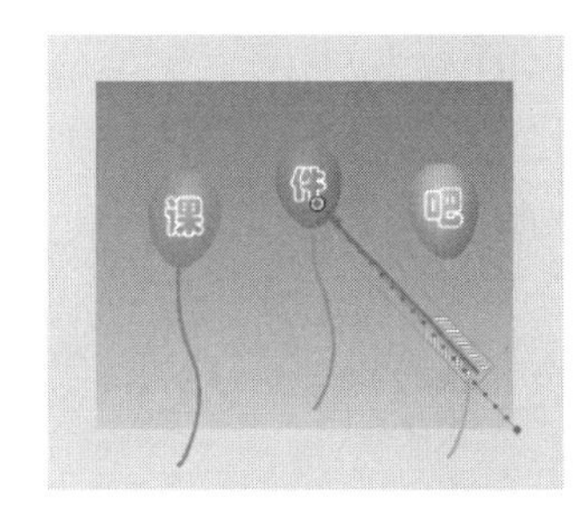

图 8.96　在第 20 帧移动“箭”图形元件实例

（11）按 Enter 键，可以看到箭移动并射中紫气球的动画效果。箭射中紫气球后，接下来要制作的动画效果是，紫气球消失，另外两个气球分别向左下角和右下角移动。

（12）选择“绿气球”图层的第 20 帧，按 F6 键插入一个关键帧。选择“绿气球”图层的第 30 帧，按 F6 键插入一个帧。右击“绿气球”图层第 20 帧和第 30 帧之间的任意一帧，在弹出的快捷菜单中选中【创建补间动画】命令，这样就创建一个补间图层。选择“绿气球”图层的第 30 帧，将舞台上的绿气球移动到舞台右下角的外部。

（13）按照同样的方法，对“红气球”图层进行处理，针对红气球，创建第 20 帧到第 30 帧之间的补间动画。

（14）按 Enter 键观看动画效果。接下来制作广告词出现、旋转三圈后逐渐消失的动画效果。

（15）新建两个图层，并分别改名为“免费”和“送书”。在这两个图层的第 21 帧分别插入空白关键帧，将“库”面板中的“免费”图形元件和“送书”图形元件分别拖放到对应的舞台上。在这两个图层的第 29 帧分别添加关键帧，然后在这两个图层的第 35 帧添加帧。

（16）右击“免费”图层第 21 帧和第 28 帧之间的任意一帧，在弹出的快捷菜单中选择【创建补间动画】命令创建一个补间范围。单击“免费”图层的第 28 帧，选中补间范围，在“属性”面板中设置旋转三圈。右击“免费”图层第 29 帧和第 35 帧之间的任意一帧，在弹出的快捷菜单中选择【创建补间动画】再次创建补间动画。单击“免费”图层的第 35 帧，选中舞台上的图形实例，在“属性”面板中设置其 Alpha 值为 0。

（17）按照同样的方法，对“送书”图层进行处理，创建两个补间范围，分别实现广告词旋转三圈，然后逐渐消失的动画效果。

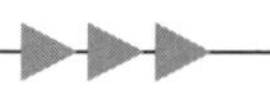

（18）再添加一个图层，在这个图层的第 36 帧添加一个空白关键帧，将【库】面板中的“横幅”图形元件拖放到舞台中间，将帧延续到第 50 帧即可。

8.6.2 “动画编辑器”的应用——电话来了

本练习使用【动画编辑器】面板来制作一个模拟“电话来了”的动画效果。动画播放时，手机从舞台上方落入舞台，然后震动。动画制作完成后的效果如图 8.97 所示。动画的图层结构如图 8.98 所示。

图 8.97　动画制作完成后的效果

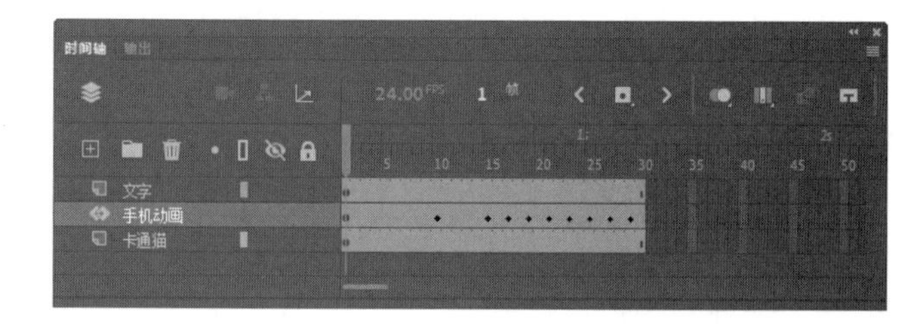

图 8.98　动画的图层结构

本例在制作时，首先创建实例的补间动画，然后在【动画编辑器】面板中通过修改特定帧的对象的属性参数来创建对象移动、轻微旋转和模糊动画效果。

主要制作步骤如下。

（1）新建一个 Animate CC 影片文档，设置舞台背景颜色为蓝色，其他参数保持默认设置。

（2）打开素材文件“练习 2——电话来了（素材）.fla”，在这个文件原有内容的基础上进行下面的练习。

（3）将“图层 1”更名为“卡通猫”，再新添加一个图层，将其更名为“手机动画”。将【库】面板中的“手机”影片剪辑拖放到舞台右上侧的外部。将两个图层的帧延伸到第 30 帧。为手机创建补间动画。

（4）双击补间动画的任意一帧，打开【动画编辑器】，将播放头移动到第 10 帧。在【属性】面板的【位置和大小】设置栏中将 Y 设置为 310 像素。此时测试动画可以获得手机从舞台上方落下的动画效果。

（5）将播放头移动到第 15 帧，在【变形】面板中【3D 旋转】设置栏中将 Z 值设置为 2° 。将播放头移动到第 17 帧，将 Z 值设置为 0° 。将播放头移动到第 19 帧，将 Z 值设置为 -2° 。同样地，将第 21 帧的 Z 值设置为 0° ，将第 23 帧的 Z 值设置为 2° 。以两帧为间隔，依次设置后面帧的 Z 值，如图 8.99 所示。

（6）将播放头移动到第 1 帧，旋转舞台上的手机对象，在【属性】面板的【滤镜】设置栏中为对象添加【模糊】滤镜，将【模糊 X】和【模糊 Y】值均设置为 0 像素。将播放头移动到第 17 帧，将【模糊 X】和【模糊 Y】的值均设置为 20 像素。按照相同的规律，向后每隔两帧将滤镜的【模糊 X】和【模糊 Y】值分别设置为 20 像素和 0 像素。最后，将第 10 帧的【模糊】滤镜的【模糊 X】和【模糊 Y】值设置为 0 像素。这样获得手机震动的动画效果。

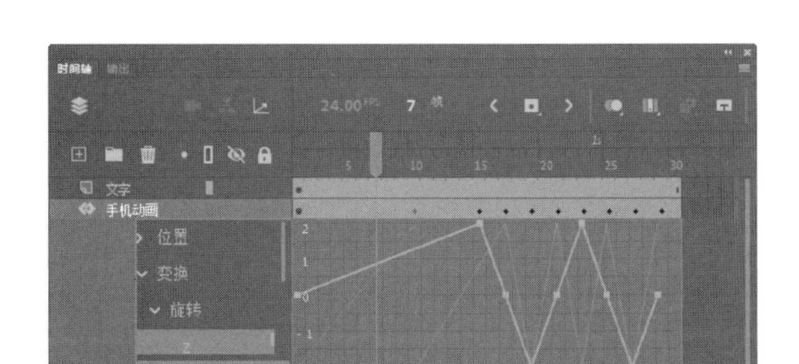

图 8.99 以相同的间隔设置帧的 Z 值

（7）添加一个新图层。在该图层中使用【文本工具】添加文字“电话来了……”，在【属性】面板中设置字体、文字的大小和颜色。

8.6.3 预设动画的应用——文字广告

本练习使用 Animate CC 的预设动画来制作一个文字广告，这是一个文字进入和退出的动画效果。动画制作完成后的效果如图 8.100 所示。动画的图层结构如图 8.101 所示。

图 8.100 动画制作完成的效果

图 8.101 动画制作完成后的图层结构

本例在制作时，使用【从右边模糊飞入】预设动画来创建说明文字的进入效果，使用【从左边模糊飞入】预设动画来创建文字的飞出效果，使用【从顶部模糊飞入】和【脉搏】预设动画来创建标题文字的进入效果。最后对动画效果进行修改以达到需要的效果。

主要制作步骤如下。

（1）新建一个 Animate CC 文档。将背景图片导入到舞台。将帧延伸到第 200 帧。

（2）创建一个新图层，用【文本工具】在该图层中输入文本“可靠品质”。在【属性】面板设置文本字体、大小和颜色等属性。选择【动画预设】面板列表中的【从右边模糊飞入】选项，单击【应用】按钮将动画效果应用到选择的文本。使用【选择工具】拖动运动路径，将对象及路径拖放到舞台的右侧，如图 8.102 所示。

图 8.102 拖放路径

（3）选择第 15 帧，选择舞台上的文字，按 Ctrl+C 组合键复制文字对象。在第 16 帧按 F8 键插入一个空白帧，选择该帧后在舞台上右击，选择快捷菜单中的【粘贴到当前位置】命令将文字粘贴到舞台上。在第 30 帧按 F6 键创建关键帧，如图 8.103 所示。

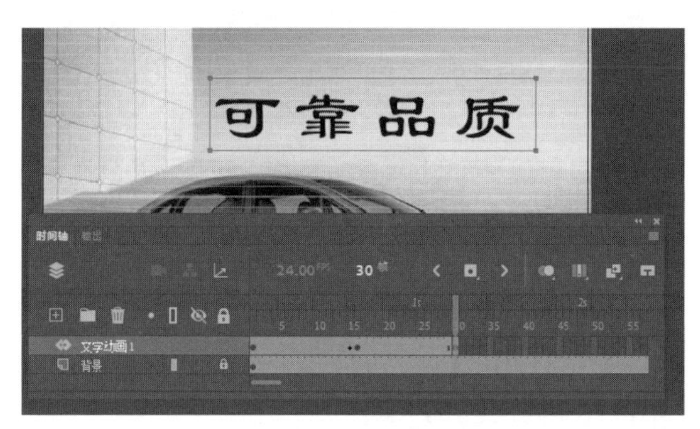

图 8.103　创建关键帧

（4）在【动画预设】面板的列表中选择【从左边模糊飞出】选项，单击【应用】按钮将该动画预设应用到文字。使用【选择工具】将移动路径终点拖放到舞台的左侧。至此，第一段文字的动画制作完成，按 Enter 键测试动画，文字将从右侧模糊飞入，停顿片刻后，从左侧模糊飞出。

（5）在【时间轴】面板中右击“图层 2”，选择快捷菜单中的【复制图层】命令创建该图层的副本，将该副本图层中的所有帧全部选中，拖放它们移动位置，使第 45 帧作为其初始帧。选择第 59 帧，使用【文本工具】修改舞台上的文本内容。分别选择第 60 帧和第 84 帧，对舞台上的文字进行修改，完成修改后即完成第 2 段文字的进入和退出的动画效果。使用相同的方法创建第 3 段文本的进入和退出的动画效果。

（6）创建一个新图层“图层 3”，按 F8 键在第 133 帧添加一个空白帧，使用【文本工具】在该帧中输入文字。在【动画预设】面板中选择【从顶部模糊飞入】选项，单击【应用】按钮将预设动画效果应用到文字。使用【选择工具】对动画路径进行调整，使文字由上往下落入。

（7）在“图层 3”的第 148 帧创建一个空白帧，将前面帧的文字复制到与前面帧中文字相同的位置。在【动画预设】面板中将【脉搏】预设动画应用到文字。选择第 162 帧，使用【任意变形工具】对文本的大小进行调整，使其不至于放大到舞台外。在第 182 帧按 F8 键创建一个空白关键帧，将前一帧的文本复制到该帧，在第 200 帧按 F5 键将帧延伸到该处。

第9章 Animate CC 高级动画制作

遮罩是 Animate CC 动画制作中不可缺少的技术，使用遮罩配合补间动画，用户可以创作出更多丰富多彩的动画效果。Animate CC 从 Flash CS4 开始提供了 3D 工具，能够使设计师在三维空间内对普通的二维对象进行处理，再和补间动画相结合就能制作出 3D 动画效果。骨骼动画是一种应用于计算机动画制作的技术，其依据的是反向运动学原理。这种技术应用于计算机动画制作是为了能够模拟动物或机械的复杂运动，使动画中的角色动作更加形象逼真，使设计师能够方便地模拟各种与现实一致的动作。场景动画是一种场景的动画类型，Animate CC 为高效创建这种动画提供了工具。本章将介绍 Animate CC 中遮罩动画、3D 动画、骨骼动画和场景动画的制作方法和技巧。

本章主要内容：

- 遮罩动画；
- 3D 动画；
- 骨骼动画；
- 场景动画。

9.1 遮罩动画

在 Animate CC 作品中，常常可以看到很多眩目神奇的效果，而其中不少就是用遮罩动画完成的，如水波、万花筒、百叶窗、放大镜等动画效果。本节将通过三个范例的制作来介绍遮罩动画的制作方法和技巧。

9.1.1 实战范例——图片切换

图片切换

遮罩是 Animate CC 中选择性隐藏和显示图层中内容的工具，使用遮罩可以让动画中展示的内容可控。遮罩实际上是舞台上的一个对象，这个对象可以是任意形状或文字，遮罩可以遮盖其下层的图像，使下层位于对象区域以内的内容显示，对象区域外的内容不会显示。下面通过一个图片切换动画的制作来介绍遮罩动画的制作方法。

（1）新建一个 Animate CC 影片文档，将文档的背景颜色设置为黑色。将名为“夜幕 .png”的图片导入到舞台上，调整该图片的大小。在【时间轴】面板中选择第 60 帧，按 F5 键将图层中的帧延伸到该帧，如图 9.1 所示。

（2）在【时间轴】面板中新建一个图层，在这个图层中使用【椭圆工具】绘制一个无边框的圆形，这个圆形的填充颜色可以选择任意颜色，如图 9.2 所示。

图 9.1　创建文档并添加背景图片

图 9.2　绘制一个圆形

（3）右击“图层 2”，在弹出的快捷菜单中选择【遮罩层】命令。“图层 2”被定义为遮罩层，该图层与下面的图层形成层级关系，其下的图层成为被遮罩图层，两个图层的图标均发生改变。遮罩层中的圆形成为遮罩，被遮罩图层中只有遮罩内的图像才能显示出来，遮罩范围外的区域显示的是背景色，如图 9.3 所示。

图 9.3　遮罩图层结构

专家点拨：创建遮罩图层后，遮罩图层和被遮罩图层自动处于锁定状态。只有在锁定状态下，才能够在编辑工作区中显示出遮罩效果。解除锁定后的图层在编辑工作区中是看不到遮罩效果的，只有在按 Ctrl+Enter 组合键测试影片时才能看到遮罩效果。

（4）在【时间轴】面板中创建“图层 3”，选择【文件】|【导入】|【导入到舞台】命令打开【导入】对话框，将名为“星空 .png”的图像文件导入到该图层中。在【时间轴】面板中将该图层拖放到最底层。此时可以看到，遮罩区域外将显示位于被遮罩图层“图层 1”之下“图层 3”中图像的内容，如图 9.4 所示。

（5）解除对“图层 2”和“图层 1”的锁定，右击舞台上的圆形，选择快捷菜单中的【转换为元件】命令打开【转换为元件】对话框，设置元件的名称，如图 9.5 所示。单击【确定】按钮关闭对话框将图形转换为影片剪辑。

图 9.4 遮罩区域外显示“图层 3”中图像的内容

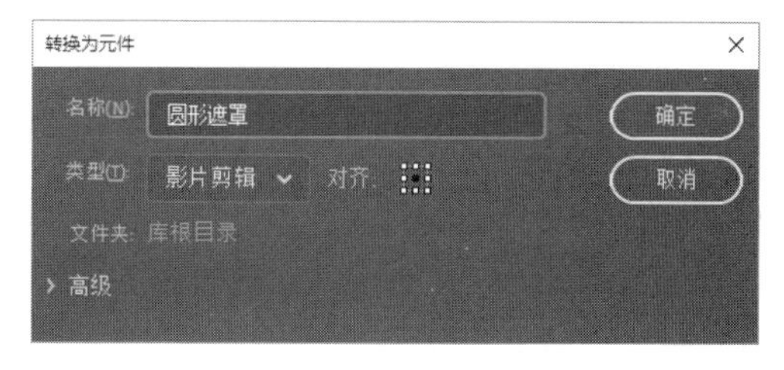

图 9.5 【转换为元件】对话框

（6）将“圆形遮罩”影片剪辑拖放到舞台中心位置，在【属性】面板中将其大小设置为【宽】和【高】均为 2 像素使其在舞台上不可见，如图 9.6 所示。右击“图层 2”的任意一个帧，在快捷菜单中选择【创建补间动画】命令创建补间动画。选择该图层第 60 帧，在【属性】面板中将【宽】和【高】的值均设置为 700 像素，如图 9.7 所示。这样就创建了圆形从小逐渐变大直至覆盖整个舞台的动画效果。

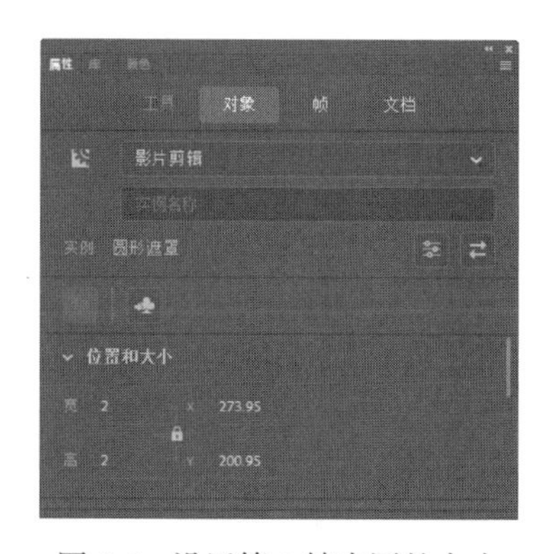

图 9.6 设置第 1 帧中圆的大小

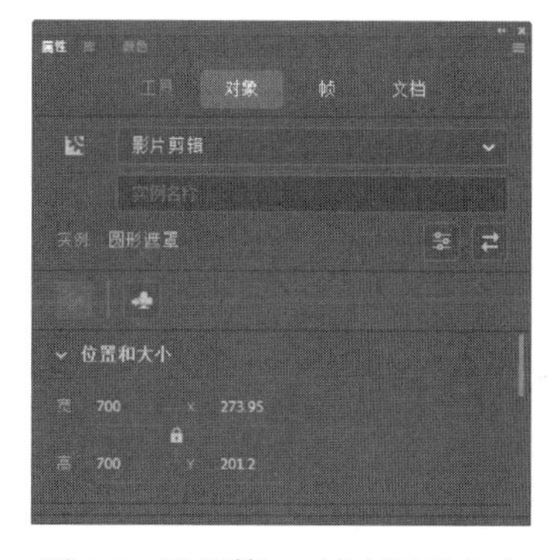

图 9.7 设置第 60 帧中圆的大小

（7）使用【任意变形工具】修改“图层 1”中的图像大小，使其覆盖整个舞台。按 Ctrl+Enter 组合键测试影片，此时可以看到一个两张图片的切换动画效果。动画播放时，一个圆形由小变大，圆形逐渐抹去前景的星空图像，楼宇夜景图像逐渐显示，如图 9.8 所示。

图 9.8 动画制作完成后的效果

专家点拨： 在遮罩动画中，可以定义遮罩层中电影镜头对象的变化（尺寸变化动画、位置变化动画、形状变化动画等），最终显示的遮罩动画效果也会随着电影镜头的变化而变化。我们除了可以设计遮罩层中的电影镜头对象变化，还可以让被遮罩层中的对象进行变化，甚至可以是遮罩层和被遮罩层同时变化。这样可以设计出更加丰富多彩的遮罩动画效果。

电池掉电

9.1.2 实战范例——电池掉电

本范例介绍一个电池掉电动画的制作过程，范例使用遮罩动画的方式来获得电量条逐渐缩短的动画效果。下面着重介绍动画的创建及遮罩效果的实现方法。

（1）打开名为“9.1.2 电池掉电（素材）.fla”的文件，从【库】面板中将“背景”的影片剪辑放置到舞台上，调整其大小作为动画背景。在【时间轴】面板中将该图层重命名为“背景”并将帧延伸到第 100 帧。

（2）在【时间轴】面板中新建一个图层，将该图层命名为“电池”。从【库】面板中将名为“电池”的影片剪辑放置到该图层中。

（3）在【时间轴】面板中创建一个新图层，将其命名为“电量”。从【库】面板中将名为“绿色电量”的影片剪辑元件放置到该图层中，使用【任意变形工具】调整其形状和位置，使其充满电池的内部，如图 9.9 所示。

（4）右击“电量”图层，选择快捷菜单中的【创建补间动画】命令创建补间动画。将播放头放置到动画最后一帧的位置，在舞台上移动“绿色电量”影片剪辑，将其移动到电池底部。这样就创建了影片剪辑右移的补间动画效果，如图 9.10 所示。

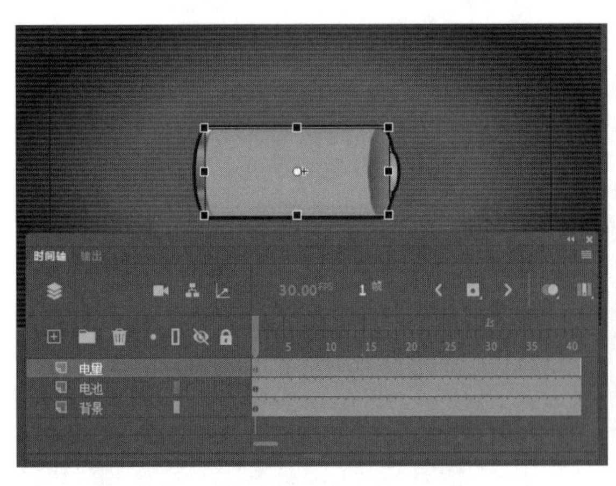

图 9.9 调整添加元件的大小和位置

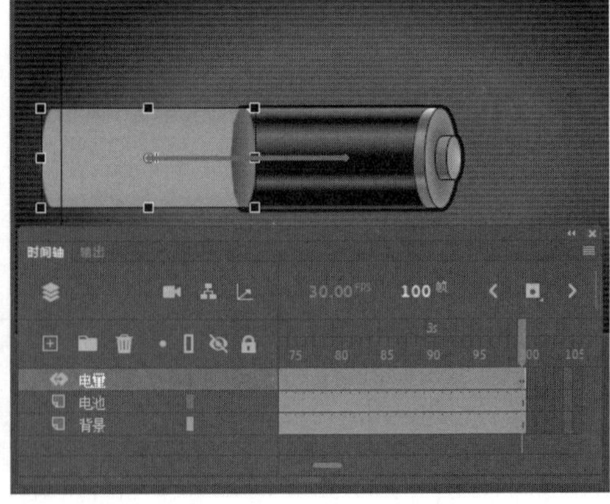

图 9.10 创建影片剪辑右移的补间动画效果

（5）将播放头放置到第 80 帧的位置，选择舞台上的“绿色电量”影片剪辑元件。在【属性】面板中的【色彩效果】设置栏的【颜色样式】列表中选择【色调】选项，这里将【色调】值设置为一个较小值以便在该帧创建一个属性关键帧，如图 9.11 所示。将播放头放置到第 90 帧，在【属性】面板中设置“绿色电量”影片剪辑元件的【色调】值为 60%，如图 9.12 所示。这样将获得电量从第 80 帧开始变红的动画效果。

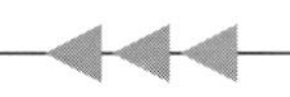

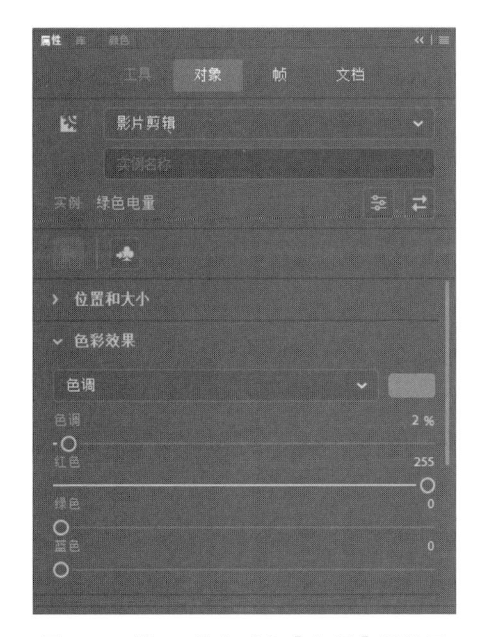

图 9.11　第 80 帧中对象【色调】的设置

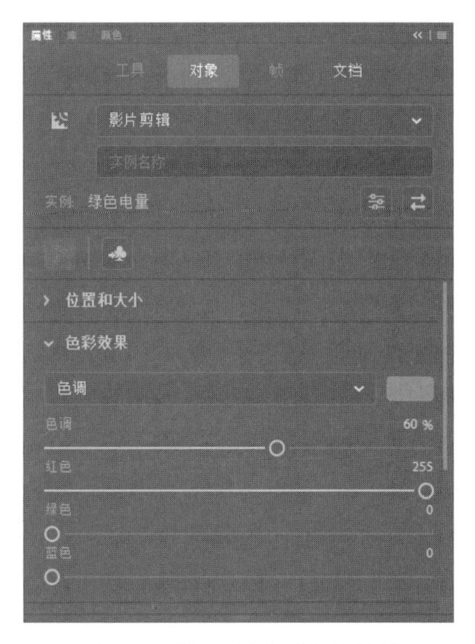

图 9.12　第 90 帧中对象的设置

（6）在【时间轴】面板中创建一个新图层，将其命名为“遮罩”。在【工具】面板中选择【矩形工具】，在该图层中绘制一个无边框的矩形。在【工具】面板中选择【部分选择工具】选择绘制的图形，使用【添加锚点工具】在矩形两侧边框上添加锚点，如图 9.13 所示。使用【部分选择工具】通过对锚点进行调整绘制遮罩图形的形状，如图 9.14 所示。

图 9.13　绘制矩形后添加锚点

图 9.14　调整矩形形状

（7）在【时间轴】面板中右击“遮罩”图层的图层名称，选择快捷菜单中的【遮罩层】命令将该图层转换为遮罩图层，如图 9.15 所示。此时遮罩效果显露出来，但电量条遮盖住了电池的头部。

（8）在“遮罩”图层上创建一个新图层，将其命名为“电池身体”。从【库】面板中将名为“电池身体”的影片剪辑放置到该图层中，调整影片剪辑的大小和位置使其与电池相重合。该影片剪辑的头部和尾部将盖住电量条，这样使电池更加逼真，如图 9.16 所示。

（9）至此，本范例制作完成。按 Ctrl+Enter 组合键测试影片。动画播放时，电量条向右缩小，在接近底部时电量条颜色变为红色，如图 9.17 所示。

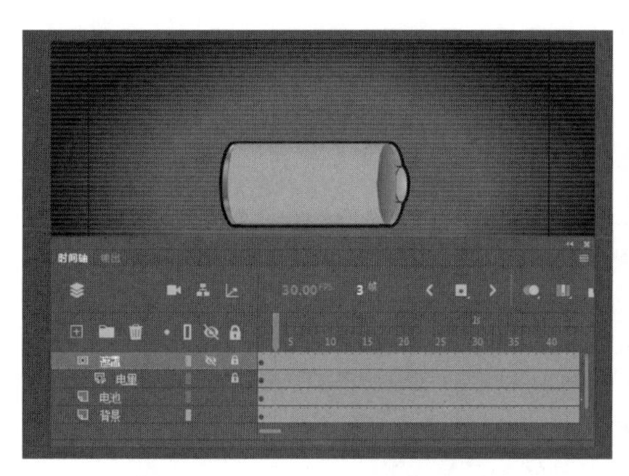
图 9.15　将图层转换为遮罩图层

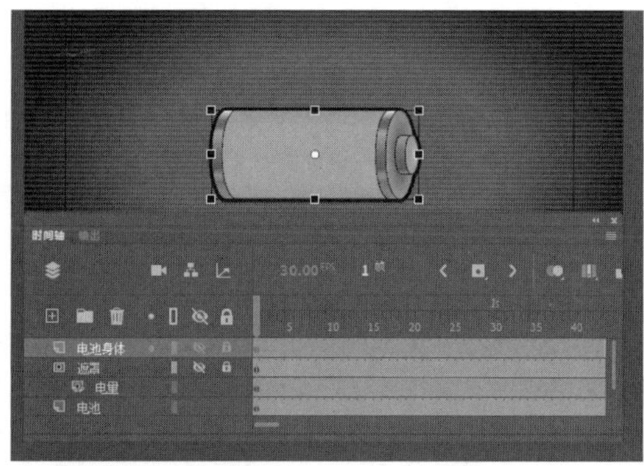
图 9.16　获得逼真的电池

图 9.17　范例动画播放效果

流动的光线

9.1.3　实战范例——流动的光线

本范例是一个物理课件，课件模拟两条平行光线经过凸透镜后汇聚于一点。本范例中的光线是两条虚线，在动画播放时这两条虚线具有从左向右流动的动画效果，从而展示光线射入凸透镜后的折射轨迹。范例的动画效果利用遮罩来实现，下面介绍具体的制作方法。

（1）新建一个 Animate CC 影片文档，设置舞台尺寸为 400 像素 ×300 像素。选择【文件】|【导入】|【导入到舞台】命令打开【导入】对话框，选择名为“课件背景 .png”的背景图片将其导入到舞台中。在【时间轴】面板中将“图层 1”命名为“背景”，将该图层的帧延伸到第 30 帧。使用【文字工具】输入白色说明文字，如图 9.18 所示。

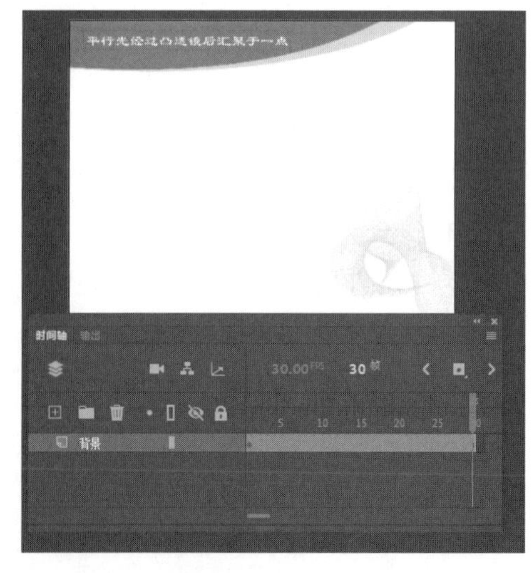

图 9.18　放置背景图片并输入文字

（2）在【时间轴】面板中创建一个新图层，将其命名为“凸透镜”。使用【椭圆工具】在该图层中绘制一个无边框的竖放的椭圆作为凸透镜，使用【线条工具】绘制一条直线作为凸透镜的轴。使用【椭圆工具】在直线上绘制两个小圆形，这两个小圆形位于凸透镜两侧对称放置作为焦点。在这两个点下方用【文字工具】输入字母“f”，如图 9.19 所示。

（3）在【时间轴】面板中再创建一个新图层，将其命名为“光线”。在【工具】面板中选择【线条工具】，在【属性】面板中将笔触颜色设置为黑色，笔触的大小设置为 2 像素，笔触样式为实线，如图 9.20 所示。使用【线条工具】在凸透镜左侧绘制两条平行线，在凸透镜右侧绘制两条相较于焦点的直线，如图 9.21 所示。

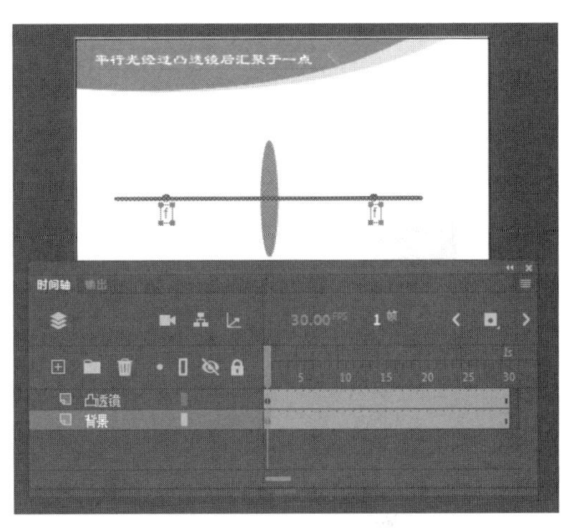

图 9.19　绘制图形

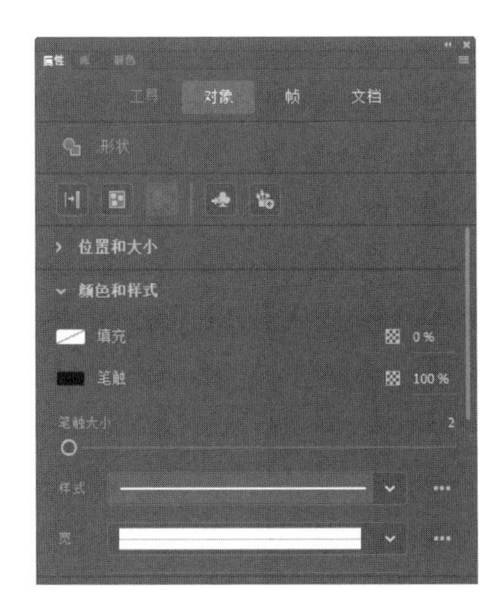

图 9.20　设置线条笔触

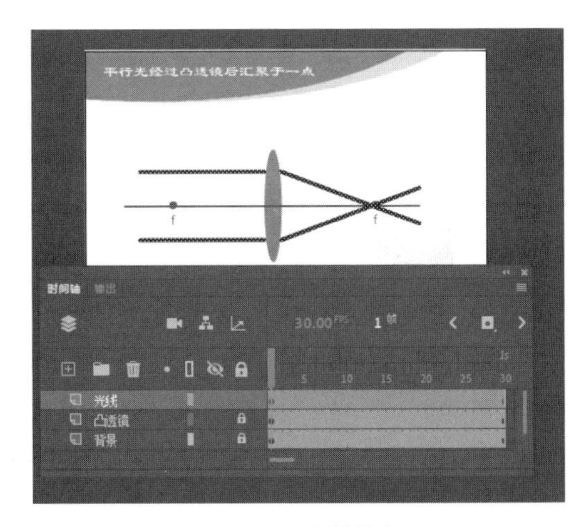

图 9.21　绘制线条

（4）在【时间轴】面板中创建一个新图层，将其命名为“遮罩”，将其他图层锁定。在舞台上使用【矩形工具】绘制一个竖放的矩形，按 Ctrl+C 组合键复制该矩形，按 Ctrl+V 组合键粘贴复制的矩形。将这两个矩形间隔一小段距离顶端对齐放置，如图 9.22 所示。同时选择这两个矩形后再次进行复制粘贴，将这 4 个矩形与前面创建的矩形等间距顶端对齐放置。选择这 4 个矩形后，复制粘贴并与前面创建的矩形等间距顶端对齐放置。使用相同的方法进行操作，获得一系列等间距顶端对齐排列的矩形。这些矩形即为遮罩图形，如图 9.23 所示。

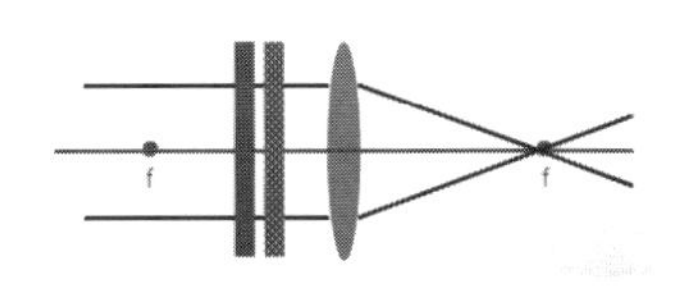

图 9.22　绘制矩形并复制

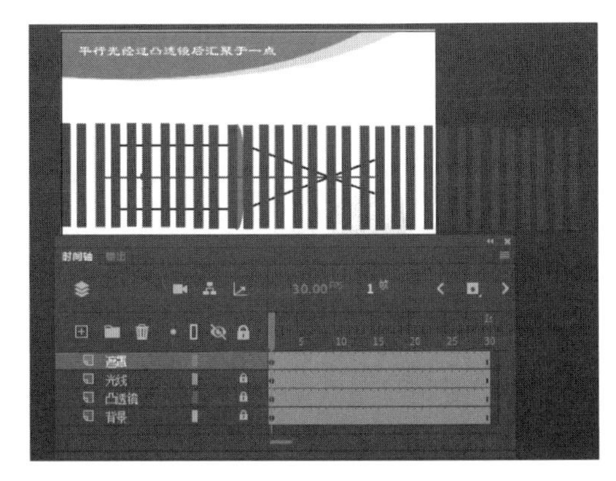

图 9.23　获得遮罩图形

（5）选择舞台上的矩形后右击，选择快捷菜单中的【转换为元件】命令将其转换为名为“遮罩图形”的影片剪辑元件。将该元件在舞台上左移，使其右端与光线的右端对齐，如图 9.24 所示。

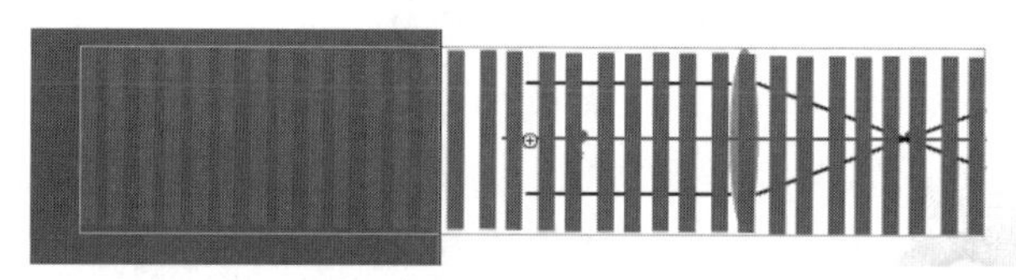

图 9.24 使元件与光线右端对齐

（6）在【时间轴】面板中右击“遮罩”图层中的任意一帧，选择快捷菜单中的【创建补间动画】命令创建补间动画。将播放头放置到第 30 帧的位置，向右移动舞台上的“遮罩图形”元件，如图 9.25 所示。

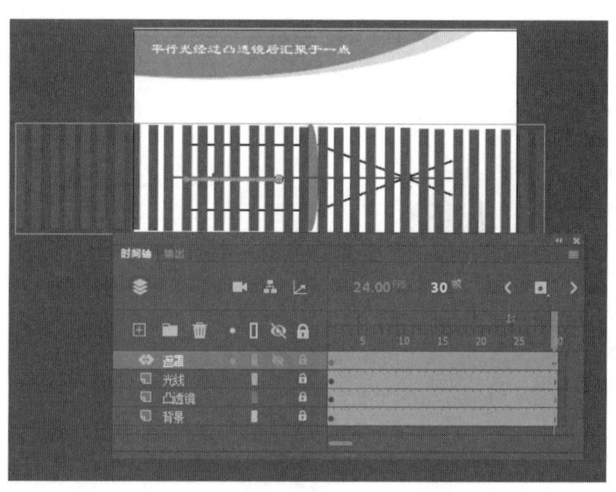

图 9.25 创建补间动画

（7）在【时间轴】面板中右击“遮罩”图层，选择快捷菜单中的【遮罩层】命令将该图层转换为遮罩图层，如图 9.26 所示。至此，本范例制作完成。按 Ctrl+Enter 组合键测试影片，虚线光线向右流动，如图 9.27 所示。

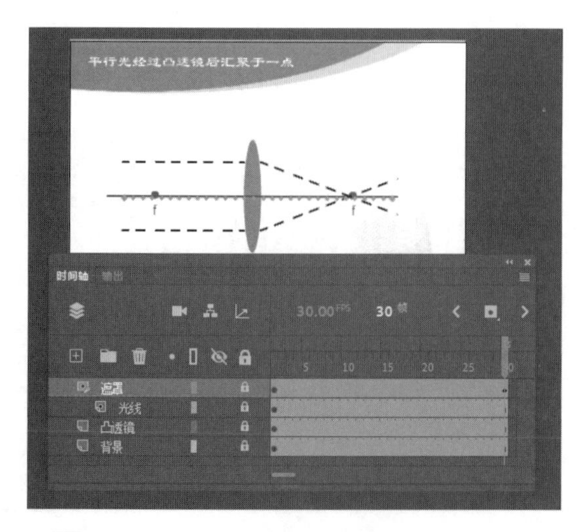

图 9.26 图层转换为遮罩层

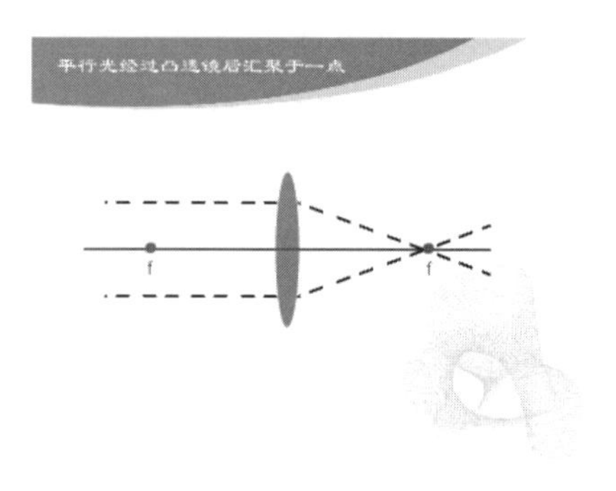

图 9.27 范例制作完成后的效果

9.2　3D 动画

Animate CC 允许用户通过在舞台的 3D 空间中移动和旋转影片剪辑来创建 3D 效果，为了方便影片剪辑在 3D 空间内的移动和旋转，Animate CC 提供了专门的工具，它们是【3D 平移工具】和【3D 旋转工具】，使用这两种工具可以获得逼真的 3D 透视效果。本节将介绍在 Animate CC 中创建 3D 动画效果的方法。

9.2.1　影片剪辑的 3D 变换

在 Animate CC 中，影片剪辑实例的 3D 变换包括对实例在 3D 空间内的平移和旋转。本节将介绍 Animate CC 中平移实例和旋转实例的操作方法。

1. 平移实例

在 Animate CC 的 3D 动画制作过程中，平移指的是在 3D 空间中移动一个对象，使用【3D 平移工具】能够在 3D 空间中移动影片剪辑的位置，使得影片剪辑获得与观察者的距离感。

在【工具】面板中选择【3D 平移工具】，在舞台上选择影片剪辑实例。此时在实例的中间将显示出 X 轴、Y 轴和 Z 轴，其中 X 轴为红色，Y 轴为绿色，Z 轴为黑色的圆点，如图 9.28 所示。使用鼠标拖动 X 轴或 Y 轴的箭头，即可将实例在水平或垂直方向上移动。拖动 X 轴箭头移动实例的操作如图 9.29 所示。

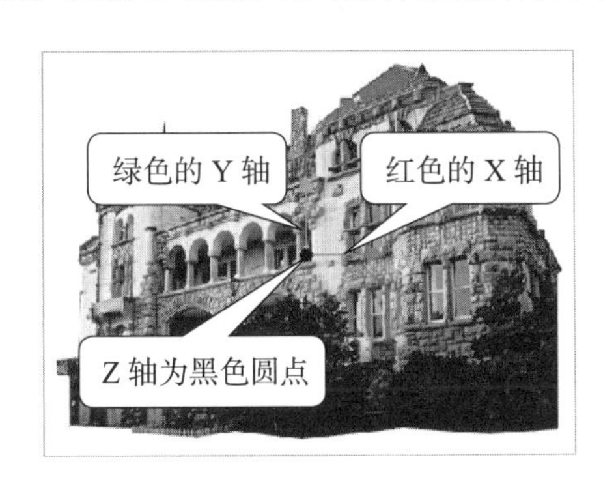

图 9.28　显示 X 轴、Y 轴和 Z 轴

图 9.29　沿 X 轴方向移动实例

专家点拨： 将鼠标放置在各个轴上，鼠标指针的尾部将显示出该坐标轴的名称，这样有助于识别选择的坐标轴。

Z 轴显示为实例上的一个黑点，上下拖动该黑点可以实现在 Z 轴上平移实例，此时向上拖动黑点将缩小实例，向下拖动黑点将放大实例。这样，可以获得离观察者更远或更近的视觉效果，如图 9.30 所示。

如果需要对实例进行精确平移，可以在选择实例后，在【属性】面板的【3D 定位和视图】栏中修改 X、Y 和 Z 的值，如图 9.31 所示。

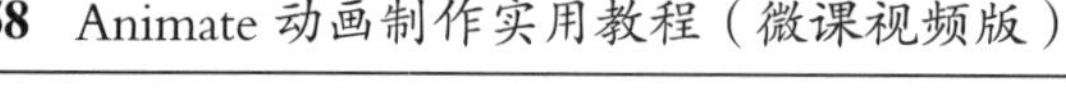

图 9.30　在 Z 轴反向平移实例

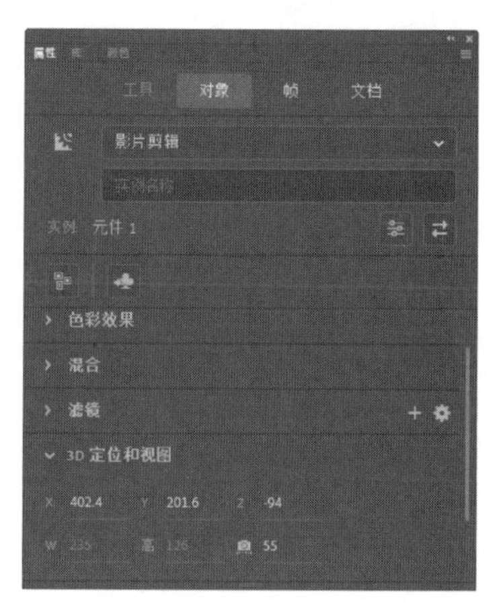

图 9.31　修改 X、Y 和 Z 的值

专家点拨：在 3D 空间中，如果需要同时移动多个影片剪辑实例，可以在同时选择这些实例的情况下使用【3D 平移工具】移动一个实例，此时其他实例也会以相同的方式移动。

2. 旋转实例

使用 Animate CC 的【3D 旋转工具】可以在 3D 空间中对影片剪辑实例进行旋转，旋转实例可以获得其与观察者之间形成一定角度的效果。

在工具箱中选择【3D 旋转工具】，单击选择舞台上的影片剪辑实例，在实例的 X 轴上左右拖动鼠标将能够使实例沿着 Y 轴旋转，在 Y 轴上上下拖动鼠标将能够使实例沿着 X 轴旋转，如图 9.33 所示。

图 9.32　拖动坐标轴旋转实例

使用【3D 旋转工具】拖动内侧的蓝色色圈，可以使实例沿 Z 轴旋转，拖动外侧的橙色色圈可以使实例沿 X 轴、Y 轴或 Z 轴旋转，如图 9.33 所示。使用【3D 旋转工具】拖动中心点可以将中心点拖动到舞台的任意位置，如图 9.34 所示。

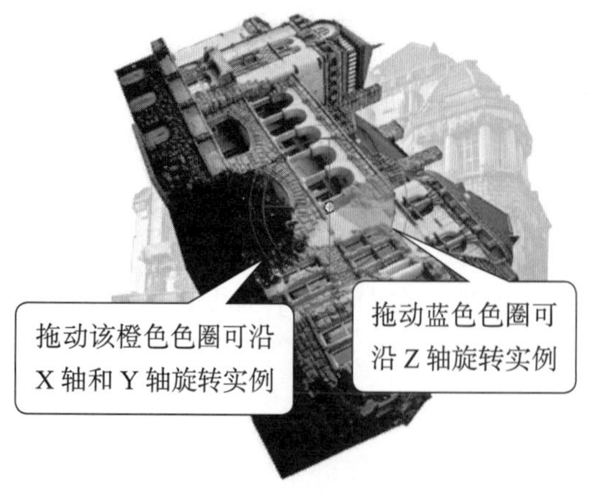

图 9.33　拖动色圈旋转实例

图 9.34　移动中心点

如果需要精确控制实例的 3D 旋转，可以选择【窗口】|【变形】命令打开【变形】面板，在【3D 旋转】栏中输入 X、Y 和 Z 的角度，对实例进行旋转。在【3D 中心点】栏中输入 X、Y 和 Z 的值可以设置中心的位置，如图 9.35 所示。

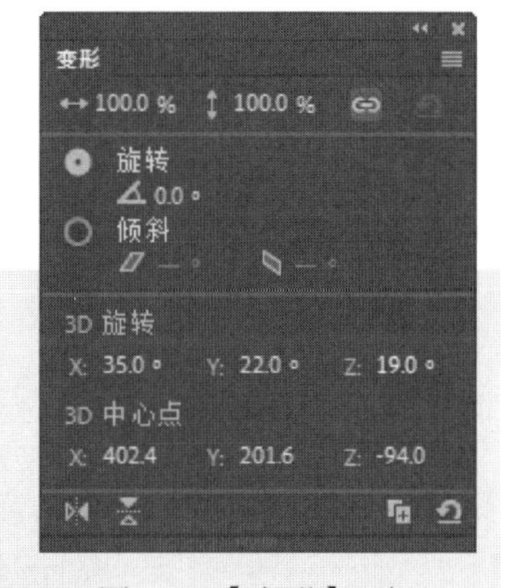

图 9.35 【变形】面板

专家点拨：在 Animate CC 中，【3D 平移工具】和【3D 旋转工具】允许用户在全局 3D 空间或局部 3D 空间中操作对象。所谓的全局 3D 空间指的是舞台空间，局部 3D 空间即为影片剪辑空间。在全局 3D 空间中移动或旋转对象与在舞台上移动或旋转对象是等效的。在局部 3D 空间中移动或旋转对象与相对于父影片剪辑移动对象是等效的。在默认情况下，这两个工具的默认模式是全局的。在选择工具后，单击工具箱下选项栏的【全局转换】按钮取消其按下状态即可转换为局部 3D 空间，该按钮处于按下状态为全局 3D 空间。

9.2.2　透视角度和消失点

在观看物体时，视觉上常常有这样的经验，那就是相同大小的物体，较近的比较远的要大，两条互相平行的直线会最终消失在无穷远处的某个点，这个点就是消失点。人在观察物体时，视线的出发点称为视点，视点与观察物体之间会形成一个透视角度，透视角度不同会产生不同的视觉效果。在 Animate CC 中，用户可以通过调整实例的透视角度和消失点位置来获得更为真实的视觉效果。

1. 调整透视角度

在舞台上选择一个 3D 实例，在【属性】面板的【3D 定位和视图】栏中可以设置该实例的透视角度，如图 9.36 所示。

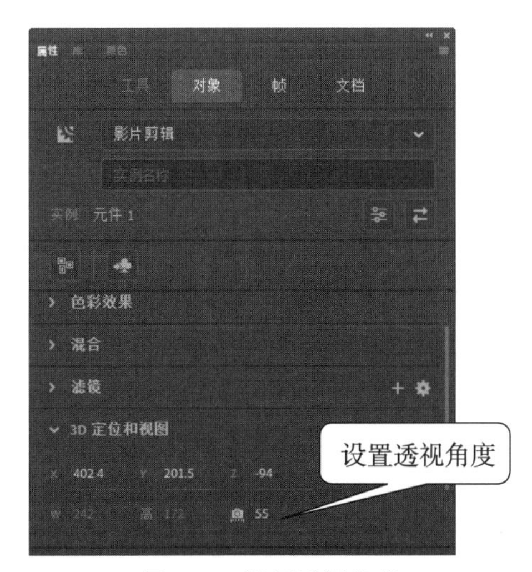

图 9.36　设置透视角度

【透视角度】的取值范围为 1° ～ 179°，其值可以控制 3D 影片剪辑在舞台上的外观角度，增大或减小该值将影响 3D 实例的外观尺寸和实例相对于舞台边缘的位置。设置该值获得的效果类似于通过镜头更改照相机失焦所获得的拍摄效果，增大该值将使实例看上去更接近观察者，减小该值将使实例看起来更远。这里，将 3D 实例的【透视角度】设置为 1° 和 90° 时的效果对比如图 9.37 所示。

图 9.37 【透视角度】为 1° 和 90° 时的效果对比

专家点拨：在调整文档的大小时，舞台上的 3D 对象的透视角度会随着舞台的大小而自动变更。选择【修改】|【文档】命令打开【文档属性】对话框，取消对【调整 3D 透视角度以保留当前舞台投影】的勾选，则 3D 对象的透视角度将不会再随着舞台大小的变化而改变。

2. 调整消失点

3D 实例的【消失点】属性可以控制其在 Z 轴上的方向，调整该值将使实例的 Z 轴朝着消失点的方向后退。通过重新设置消失点的方向，能够更改沿着 Z 轴平移的实例的移动方向，同时也可以实现精确控制舞台上的 3D 实例的外观和动画效果。

3D 实例的消失点默认位置是舞台中心，如果需要调整其位置，可以在【属性】面板的【消失点】设置栏中进行设置，如图 9.38 所示。

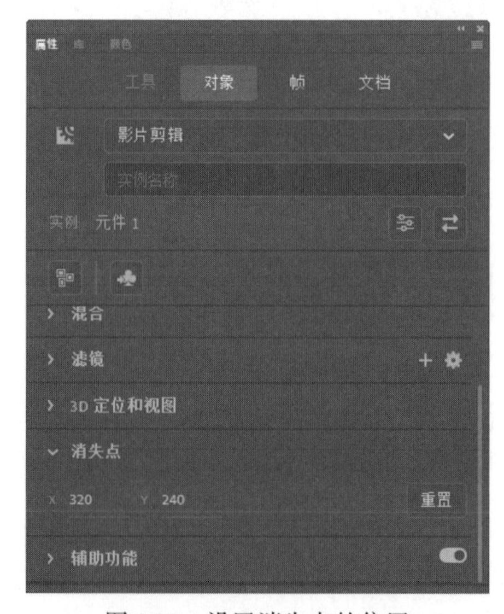

图 9.38 设置消失点的位置

专家点拨：3D 补间实际上就是在补间动画中运用 3D 变换来创建关键帧，Animate CC 会自动补间两个关键帧之间的 3D 效果。在创建 3D 补间动画时，首先创建补间动画，然后将播放头放置到需要创建关键帧的位置，使用【3D 平移工具】或【3D 旋转工具】对舞台上的实例进行 3D 变换。在创建关键帧后，Animate CC 将自动创建两个关键帧间的 3D 补间动画。

9.2.3　实战范例——旋转立方体

旋转立方体

本例介绍一个 3D 动画效果的制作过程。动画运行时，一个立方体从舞台上方落下，然后分别绕 X 轴、Y 轴和 Z 轴旋转一周。本例在制作时，首先制作立方体的各个面，然后通过 3D 变换将它们拼为一个立方体。将立方体影片剪辑拖放到舞台上，制作 3D 动画效果。通过本例的制作，读者将掌握创建 3D 立方体的方法，熟悉使用【属性】面板和【变换】面板来对实例进行 3D 变换的操作技巧，同时掌握 3D 动画的制作方法。

（1）新建一个 Animate CC 文档，设置舞台尺寸为 550 像素 ×770 像素，其他保持默认设置。选择【文件】|【导入】|【导入到库】命令打开【导入到库】对话框，在【导入到库】对话框中选择需要导入的所有图片，如图 9.39 所示。单击【打开】按钮将选择的图片导入到【库】面板中。将作为背景的图片拖放到舞台上，在【属性】面板中输入【高】值改变图片的大小，同时使用【选择工具】调整图片的位置使其占满整个舞台，如图 9.40 所示。

图 9.39　【导入到库】对话框

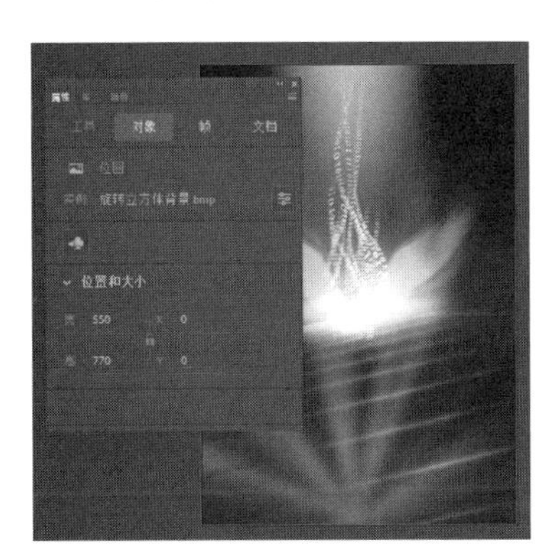
图 9.40　设置图片大小

（2）新建一个名为“立方体”的影片剪辑元件，暂时不对元件创建任何内容。返回到“场景 1”，在【时间轴】面板中创建一个新图层，锁定背景所在的图层后，将创建的“立方体”影片剪辑拖放到舞台上，如图 9.41 所示。

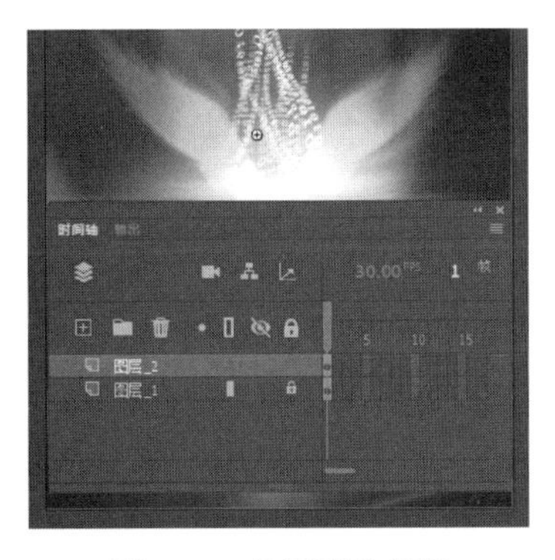
图 9.41　放置影片剪辑

（3）双击该影片剪辑进入编辑状态，使用【矩形工具】绘制一个正方形，在【属性】面板中将【宽】和【高】均设置为 100。将 X 和 Y 的值设置为 0，使正方形在影片剪辑中居中放置。取消图形的笔触，并设置图形的填充效果。这里使用 Animate CC 自带的双色径向填充，其起始颜色为绿色（颜色值为“#00FF00”），终止颜色为黑色（颜色值为“#000000”），如图 9.42 所示。右击该图形，选择快捷菜单中的【转换为元件】命令打开【转换为元件】

对话框，将图形转换为名为“平面”的影片剪辑。

（4）创建一个名为“面 1”的影片剪辑，从【库】面板中将名为“平面”的影片剪辑放置到该影片剪辑中，将其 X 和 Y 值均设置为 0。从【库】面板中将名为“图片 1.png”的图片拖放到舞台上，在【属性】面板中首先将【宽】和【高】的值设置为 60，然后将 X 和 Y 的值设置为 20，如图 9.43 所示。

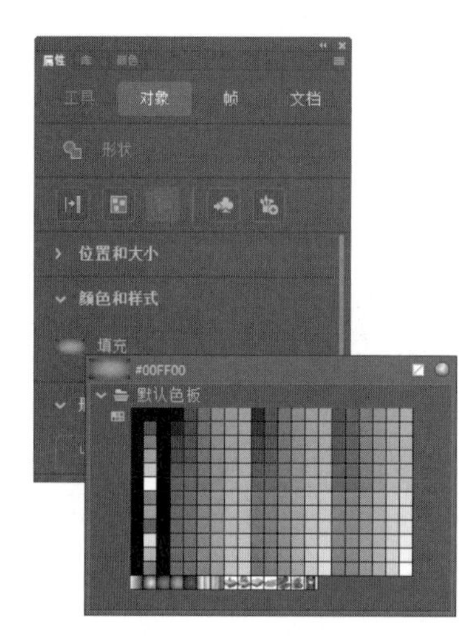

图 9.42　设置图形属性

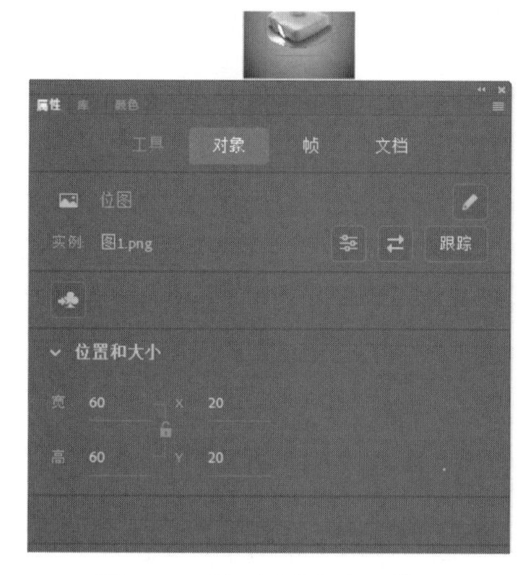

图 9.43　设置图片大小和位置

（5）回到主场景，双击舞台上的“立方体”影片剪辑进入该影片剪辑的编辑状态。在【时间轴】面板中将当前图层更名为“面 1”，从【库】面板中将“面 1”影片剪辑拖放到舞台上。新建一个名为“面 2”的新图层，将“平面”影片剪辑和“图片 2.png”放置到该图层中，将图片的大小设置得与上一步图片大小相同。同时选择这两个对象后，选择【窗口】|【对齐】命令打开【对齐】面板，单击【水平中齐】按钮和【垂直中齐】按钮使它们居中对齐。同时选择这两个对象后，将它们转换为影片剪辑，将影片剪辑放置到上一步创建的“面 1”影片剪辑的下方，该对象将是立方体的第 2 个面，如图 9.44 所示。使用类似的方法创建立方体其他面的影片剪辑，将它们放置到舞台的左侧以备使用，如图 9.45 所示。

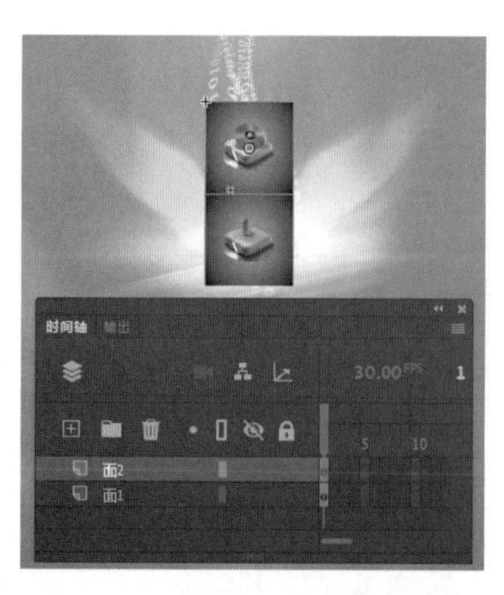

图 9.44　创建立方体的第 2 个面

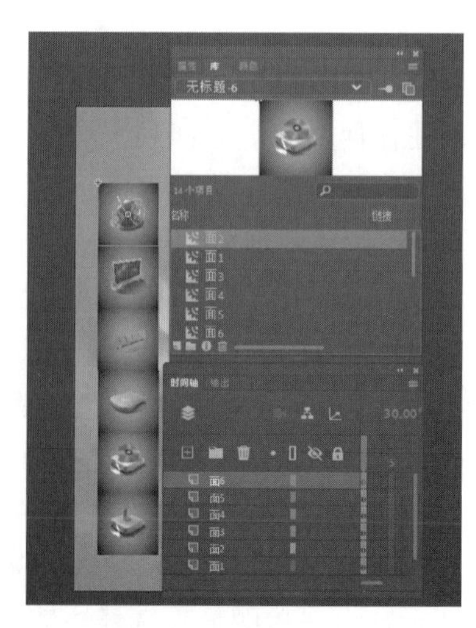

图 9.45　创建其他的面

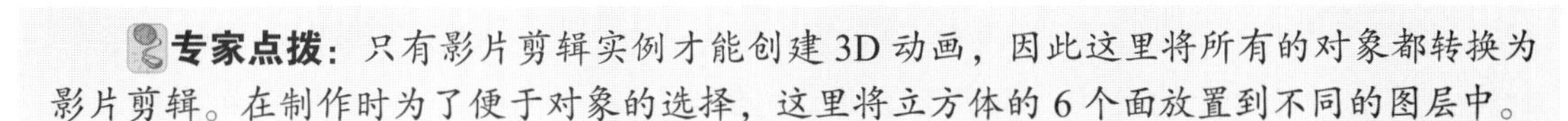

专家点拨： 只有影片剪辑实例才能创建 3D 动画，因此这里将所有的对象都转换为影片剪辑。在制作时为了便于对象的选择，这里将立方体的 6 个面放置到不同的图层中。

（6）选择“面 1”实例，在【属性】面板的【3D 定位和视图】栏中将 X、Y 和 Z 分别设置为 0、0 和 -50，在【色彩效果】栏中设置实例的 Alpha 值为 80%，如图 9.46 所示。选择“面 2”实例，在【3D 定位和视图】栏中将 X、Y 和 Z 分别设置为 0、0 和 50，在【色彩效果】栏中设置实例的 Alpha 值为 80%。此时两个实例舞台上的效果如图 9.47 所示。回到“场景 1”，使用【3D 旋转工具】对舞台上的影片剪辑进行旋转，可以看到这两个面的 3D 关系如图 9.48 所示。

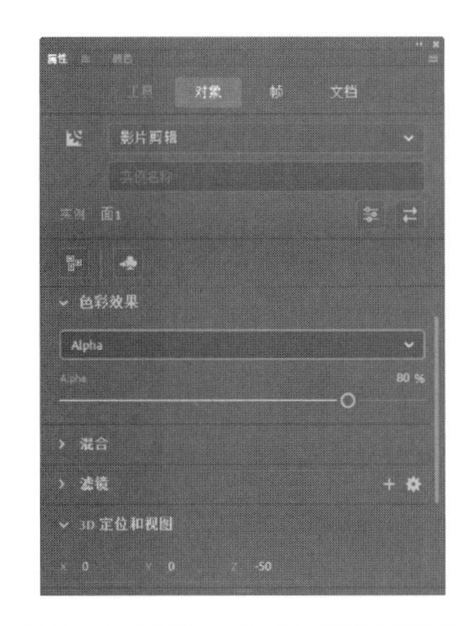

图 9.46　设置“面 1”实例的属性

图 9.47　设置属性后的效果

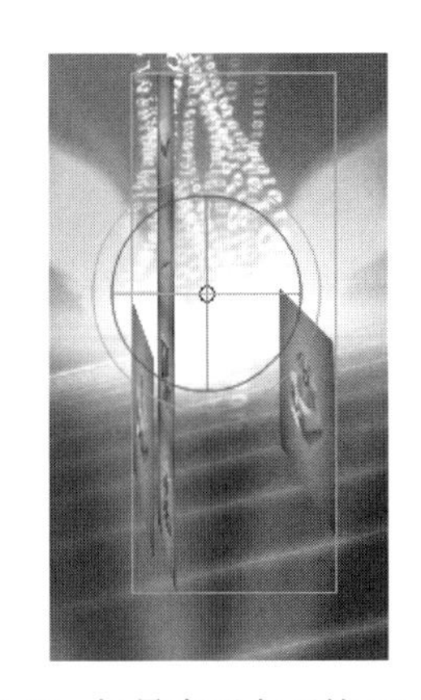

图 9.48　场景中两个面的 3D 关系

（7）选择“面 3”影片剪辑，在【3D 定位和视图】栏中将 X、Y 和 Z 分别设置为 0、0 和 50，在【色彩效果】栏中设置实例的 Alpha 值为 80%。按 Ctrl+T 组合键打开【变形】面板，在面板中设置实例绕 Y 轴旋转 90°，如图 9.49 所示。此时实例在舞台上的效果如图 9.50 所示。回到“场景 1”，使用【3D 旋转工具】对舞台上的影片剪辑进行旋转，可以看到各个面间的 3D 位置关系如图 9.51 所示。

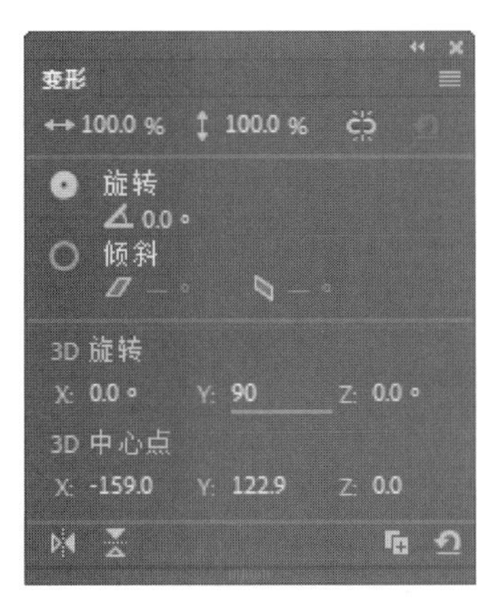

图 9.49　设置绕 Y 轴旋转 90°

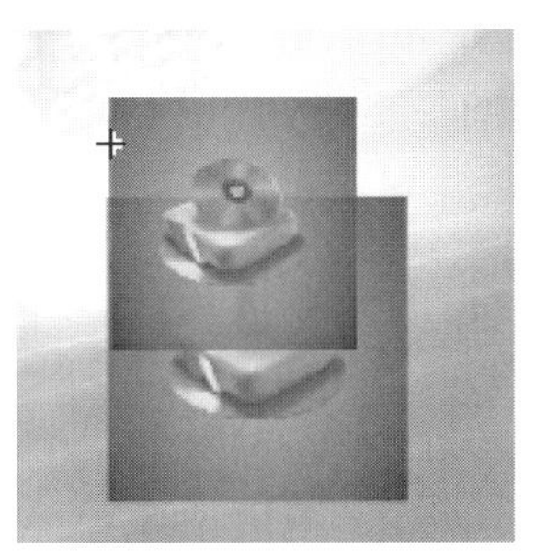

图 9.50　设置属性后的效果

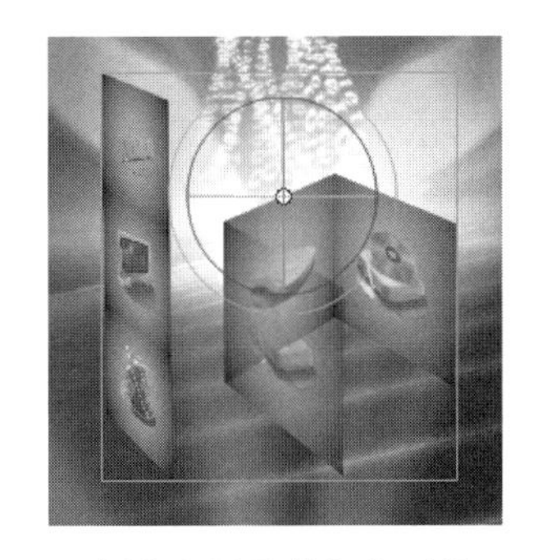

图 9.51　舞台上显示的各个面的 3D 关系

（8）选择“面 4”影片剪辑，在【3D 定位和视图】栏中将 X、Y 和 Z 分别设置为 50、0 和 0，在【色彩效果】栏中设置实例的 Alpha 值为 80%。在【变形】面板中设置实例绕 Y 轴旋转 -90°。此时实例在舞台上的效果如图 9.52 所示。回到“场景 1”，使用【3D 旋转工具】对舞台上的影片剪辑进行旋转，可以看到各个面间的 3D 位置关系如图 9.53 所示。

图 9.52 设置属性后的效果

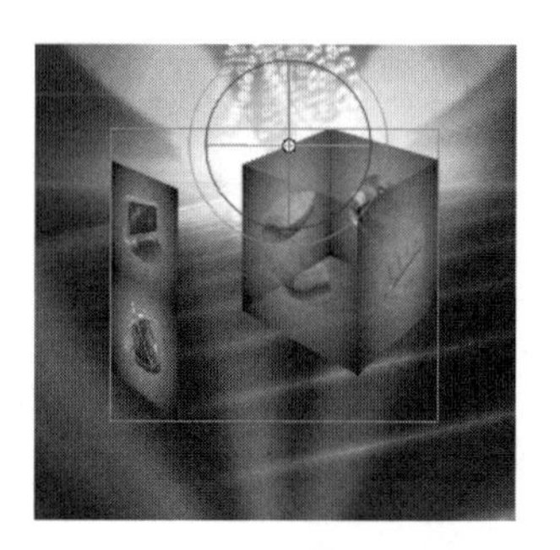

图 9.53 舞台上显示的各个面的 3D 关系

（9）选择“面 5”影片剪辑，在【3D 定位和视图】栏中将 X、Y 和 Z 分别设置为 0、-50 和 0，在【色彩效果】栏中设置实例的 Alpha 值为 80%。在【变形】面板中设置实例绕 X 轴旋转 90°。此时实例在舞台上的效果如图 9.54 所示。回到“场景 1”，使用【3D 旋转工具】对舞台上的影片剪辑进行旋转，可以看到各个面间的 3D 位置关系如图 9.55 所示。

图 9.54 设置属性后的效果

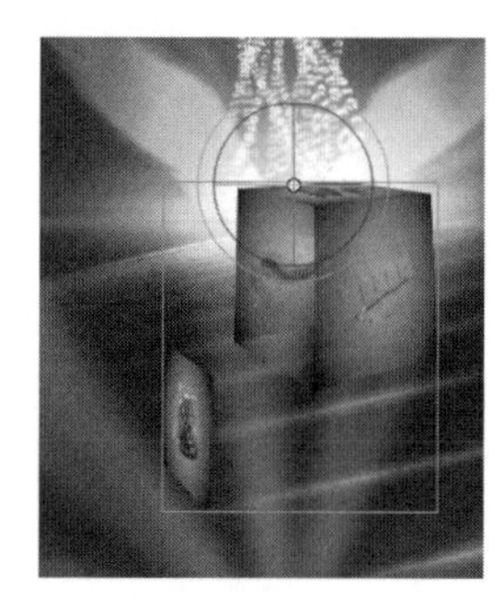

图 9.55 舞台上显示的各个面的 3D 关系

（10）选择“面 6”影片剪辑，在【3D 定位和视图】栏中将 X、Y 和 Z 分别设置为 0、50 和 0，在【色彩效果】栏中设置实例的 Alpha 值为 80%。在【变形】面板中设置实例绕 X 轴旋转 90°。此时实例在舞台上的效果如图 9.56 所示。回到“场景 1”，使用【3D 旋转工具】对舞台上的影片剪辑进行旋转，可以看到各个面间的 3D 位置关系如图 9.57 所示。至此，一个立方体制作完成。

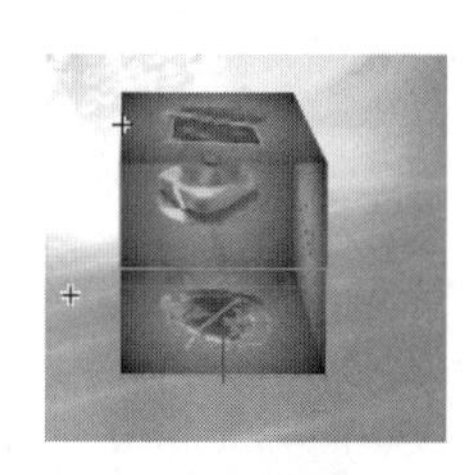

图 9.56 设置属性后的效果

图 9.57 舞台上显示的各个面的 3D 关系

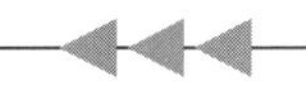

（11）回到“场景 1”，选择“立方体”影片剪辑，在【属性】面板的【滤镜】栏中为实例添加【发光】滤镜，将发光颜色设置为白色，将【模糊 X】和【模糊 Y】的值设置为 100 像素，如图 9.58 所示。

（12）在【时间轴】面板中将两个图层中的关键帧延伸到第 290 帧，右击立方体所在图层中的任意一关键帧，选择快捷菜单中的【创建补间动画】命令创建补间动画。选择第 1 帧，将立方体拖到舞台的外部，选择第 60 帧，将立方体拖放到舞台中。这样即可获得立方体落下的动画效果，如图 9.59 所示。

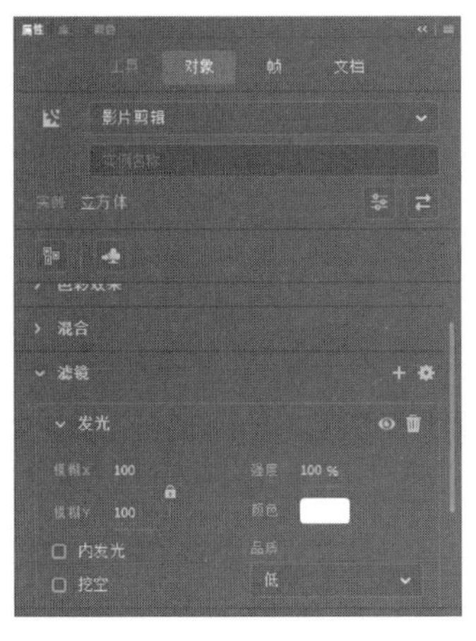

图 9.58　设置【发光】滤镜

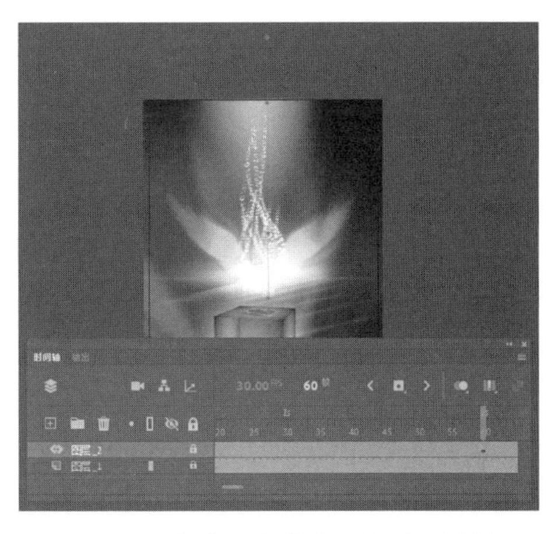

图 9.59　创建立方体落下的动画效果

（13）分别按 F6 键，在第 61 帧、第 111 帧、第 170 帧、第 171 帧创建关键帧。选择第 110 帧，选择该帧中的立方体。打开【变形】面板，将【3D 旋转】设置栏中的 Y 值设置为 360°，如图 9.60 所示。

（14）选择第 170 帧，选择该帧中的立方体，在【变形】面板中将【3D 旋转】设置栏中的 X 值设置为 360°。选择第 171 帧，选择该帧中的立方体，在【变形】面板中将【3D 旋转】设置栏中的 X 设置为 0°。选择第 230 帧，选择该帧中的立方体，在【变形】面板中将【3D 旋转】设置栏中的 X 值设置为 360°。

（15）至此，本例制作完成。保存文档，按 Ctrl+Enter 组合键测试动画，动画运行效果如图 9.61 所示。

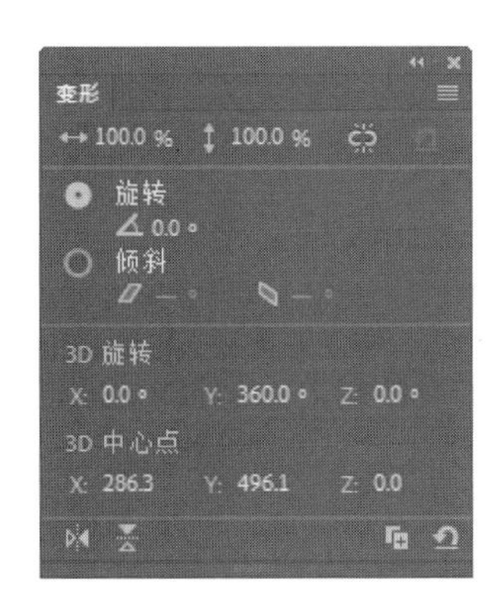

图 9.60　设置【3D 旋转】的 Y 值

图 9.61　旋转立方体

9.3 骨骼动画

在 Flash CS4 之前，要对元件创建规律性的运动动画，一般使用补间动画来完成，但是补间动画有其局限性，如只能控制一个元件。从 Flash CS5 开始，Flash 引入了骨骼动画功能。作为 Flash 的继承者，Animate CC 同样能够允许用户方便地实现各种骨骼动画的制作。在 Animate CC 中，用户可以用骨骼工具将多个元件绑定以实现复杂的多元件的反向运动，这无疑大大提高了复杂动画的制作效率。本节将介绍 Animate CC 中骨骼动画的创建和编辑的知识。

9.3.1 关于骨骼动画

在动画设计软件中，运动学系统分为正向运动学和反向运动学两种。正向运动学指的是对于有层级关系的对象来说，父对象的动作将影响到子对象，而子对象的动作将不会对父对象造成任何影响。如当对父对象进行移动时，子对象也会同时随着移动。而子对象移动时，父对象不会产生移动。由此可见，正向运动中的动作是向下传递的。

与正向运动学不同，反向运动学动作传递是双向的，当父对象进行位移、旋转或缩放等动作时，其子对象会受到这些动作的影响，反之，子对象的动作也将影响到父对象。反向运动是通过一种连接各种物体的辅助工具来实现的运动，这种工具就是 IK 骨骼，也称为反向运动骨骼。使用 IK 骨骼制作的反向运动学动画，就是所谓的骨骼动画。

制作骨骼动画，就不得不提骨架。上面已经提到，在骨骼动画中，相连的两个对象存在着一种父子层次结构，其中占主导地位的是父级，属于从属地位的是子级，骨架的作用就是连接父子两级对象。

用于连接的骨架有两种分布方式，一种是线性分布，也就是一级连接一级。另一种是分支分布，一个父级连接几个子级，在这些子级中，它们都源于同一个父级骨骼，因此这些子级的骨架分支是同级骨架。在骨骼动画中，两个骨架之间的连接点称为关节。如制作一个人物动作动画，人物躯干、上臂、下臂和手通过骨骼连接在一起。躯干骨骼作为父级，其下创建分支骨架，包括两只手臂，手臂包括各自的上臂、下臂和手，它们之间的层级关系如图 9.62 所示。

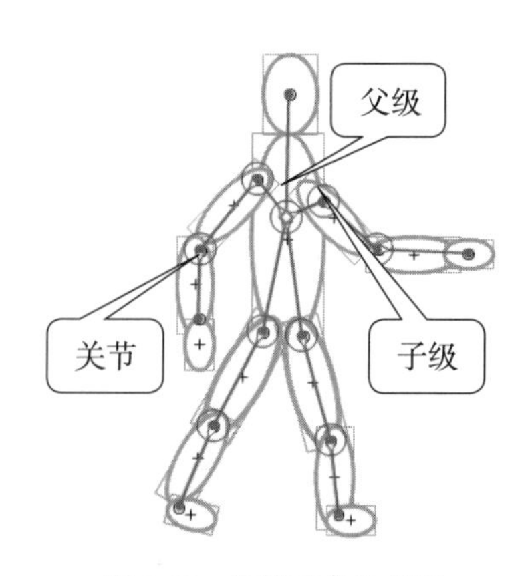

图 9.62　连接对象的骨架

在 Animate CC 中，创建骨骼动画一般有两种方式。一种方式是为实例添加与其他实例相连接的骨骼，使用关节连接这些骨骼。骨骼允许实例链一起运动。另一种方式是在形状对象（即各种矢量图形对象）的内部添加骨骼，通过骨骼来移动形状的各个部分以实现动画效果。这样操作的优势在于无须绘制运动中该形状的不同状态，也无须使用补间形状来创建动画。

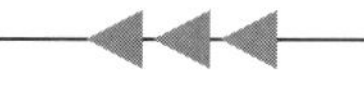

9.3.2　创建骨骼动画

在 Animate CC 中，如果需要制作具有多个关节的对象的复杂动画效果（如制作人物走动动画），使用骨骼动画将能够十分快速地完成。本节将介绍骨骼的定义、骨骼的基本操作以及骨骼动画的创建方法。

1. 定义骨骼

创建骨骼动画首先需要定义骨骼，Animate CC 提供了一个【骨骼工具】，使用该工具可以向影片剪辑元件实例、图形元件实例或按钮元件实例添加 IK 骨骼。在舞台上放置元件对象，在【工具】面板中选择【骨骼工具】，在一个对象中单击，向另一个对象拖动鼠标，释放鼠标后就可以创建这两个对象间的连接。此时，两个元件实例间将显示出创建的骨骼。在创建骨骼时，第一个骨骼是父级骨骼，骨骼的头部为圆形端点，有一个圆圈围绕着头部，如图 9.63 所示。

选择【骨骼工具】，单击骨骼的头部，向第二个对象拖曳鼠标，释放鼠标后即可创建一个分支骨骼，如图 9.64 所示。根据需要创建的骨骼的父子关系，依次将各个对象连接起来，这样骨架就创建完成了。

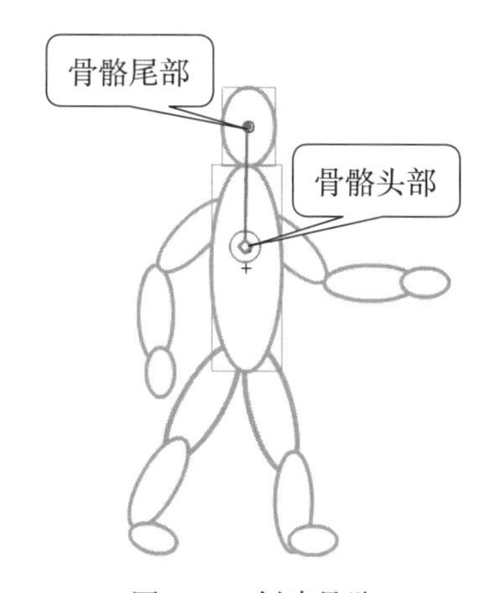

图 9.63　创建骨骼

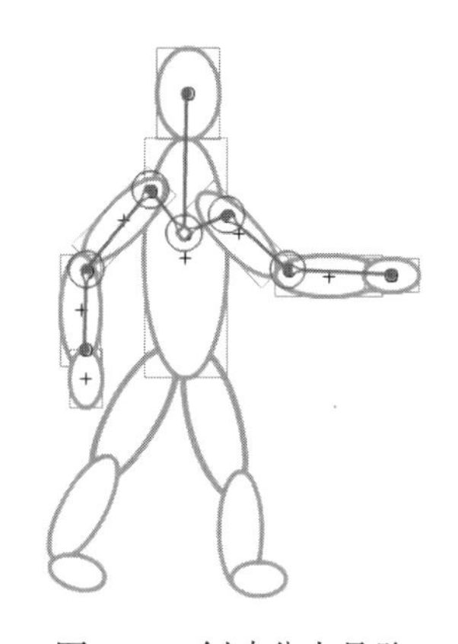

图 9.64　创建分支骨骼

专家点拨：在创建分支骨骼时，第一个分支骨骼是整个分支的父级。在创建骨骼时为了方便骨骼尾部的定位，可以选择【视图】|【贴紧】|【贴紧至对象】命令启用 Animate CC 的【贴紧至对象】功能。

在创建骨架时，Animate CC 会自动将实例或形状以及与之相关联的骨架移动到时间轴的一个新图层中，这个图层即为姿势图层，每个姿势图层将只能包括一个骨架及其与之相关联的实例或形状，如图 9.65 所示。

专家点拨：在创建骨骼后，舞台上元件实例原来的叠放顺序将会打乱。此时，使用【选择工具】选择舞台上的实例按 Ctrl+ ↑组合键或 Ctrl+ ↓组合键来调整实例的叠放顺序。当然，也可以在选择实例后使用【修改】|【排列】菜单下的命令或使用右键快捷菜单中的【排列】命令来进行调整。

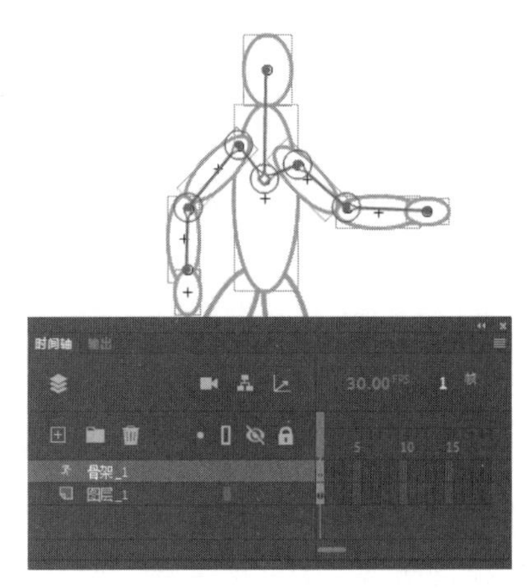

图 9.65　创建姿势图层

2. 选择骨骼

在创建骨骼后，可以使用多种方法来对骨骼进行编辑。要对骨骼进行编辑，首先需要选择骨骼。在【工具】面板中选择【选择工具】，单击骨骼即可选择该骨骼，在默认情况下，骨骼显示的颜色与姿势图层的轮廓颜色相同，骨骼被选择后，将显示该颜色的相反色。

专家点拨：如果要更改骨骼显示的颜色，只需要更改图层的轮廓颜色即可。方法是双击姿势图层的图标打开【图层属性】对话框，单击对话框的【轮廓颜色】按钮打开调色板重新设置轮廓颜色即可，如图 9.66 所示。在任意一个骨骼上双击，将能够同时选择骨架上所有的骨骼。

如果需要快速选择相邻的骨骼，可以首先选择骨骼，在【属性】面板中单击相应的按钮来进行选择。如单击【父级】按钮将选择当前骨骼的父级骨骼，单击【子级】按钮将选择当前骨骼的子级骨骼，单击【下一个同级】按钮或【上一个同级】按钮可以选择同级的骨骼，如图 9.67 所示。

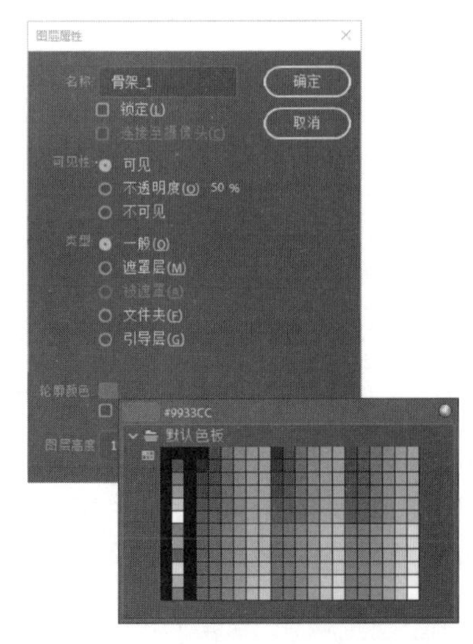

图 9.66　更改骨骼轮廓颜色

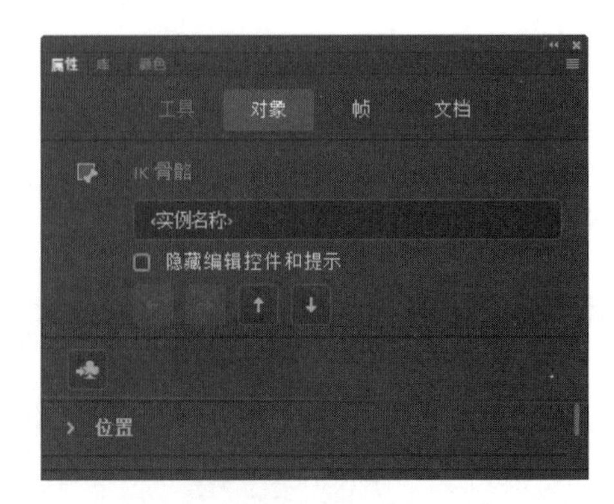

图 9.67　使用【属性】面板中的按钮选择骨骼

专家点拨：如果要选择整个骨架，可以在【时间轴】面板中单击姿势图层，则该图层中的所有骨骼都将被选择。按住 Shift 键依次单击骨骼可以同时选择多个骨骼。

3. 删除骨骼

在创建骨骼后，如果需要删除单个的骨骼及其下属的子骨骼，只需要选择该骨骼后按 Delete 键即可。如果需要删除所有的骨骼，可以右击姿势图层，选择快捷菜单中的【删除骨骼】命令。此时实例将恢复到添加骨骼之前的状态。

专家点拨：如果需要调整实例的位置，可以通过拖动骨骼或实例来实现。在拖动骨骼时，与之相关联的实例也将随之移动和旋转，但实例不会相对于骨骼发生移动或旋转。在移动和旋转子级骨骼时，父级骨骼也将随之变化。如果不希望父级骨骼随着改变，可以按住 Shift 键移动子级骨骼。

4. 创建骨骼动画

在为对象添加了骨架后，即可以创建骨骼动画了。在制作骨骼动画时，可以在开始关键帧中制作对象的初始姿势，在后面的关键帧中制作对象不同的姿势，Animate CC 会根据反向运动学的原理计算出连接点间的位置和角度，创建从初始姿势到下一个姿势转变的动画效果。

在完成对象的初始姿势的制作后，在【时间轴】面板中右击动画需要延伸到的帧，选择快捷菜单中的【插入姿势】命令。在该帧中选择骨骼，调整骨骼的位置或旋转角度，如图 9.68 所示。此时 Animate CC 将在该帧创建关键帧，按 Enter 键测试动画即可看到创建的骨骼动画效果了。

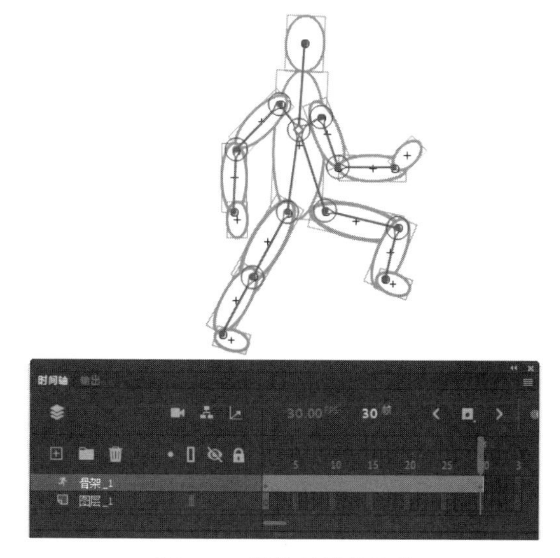

图 9.68　调整骨骼的姿势

专家点拨：在【时间轴】面板中将姿势图层最后一帧向左或向右拖动将能够改变动画的长度。此时 Animate CC 将按照动画的持续时间重新定位姿势帧，并添加或删除帧。如果需要清除已有的姿势，可以右击姿势帧，选择【清除姿势】命令即可。

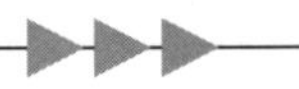

9.3.3 设置骨骼动画属性

在为对象添加了骨骼后，往往需要对骨骼属性进行设置，使创建的动画效果更加形象逼真，符合现实的运动情况。本小节将介绍对骨骼进行设置的方法。

1. 单独移动元件

在创建骨骼时，元件对象的放置有时候是不符合要求的，这就需要在完成骨骼创建后移动元件对象。在【工具】面板中选择【选择工具】，按住 Alt 键拖动添加了骨骼的元件，则可以在舞台上单独移动该元件的位置，相关联的其他元件的位置将不会改变。此时，骨骼的长度将会改变，如图 9.69 所示。

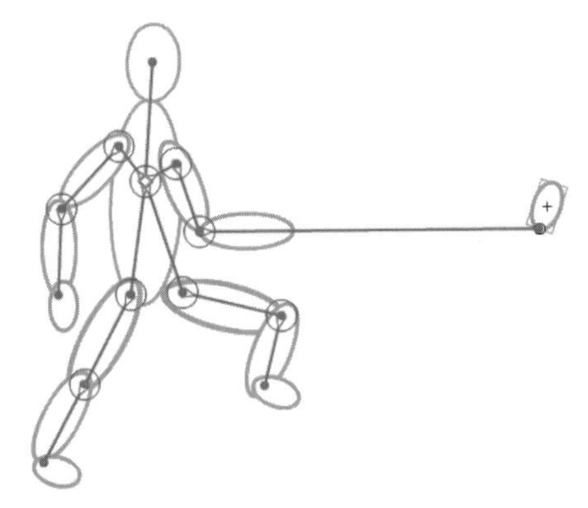

图 9.69 移动元件

专家点拨： 在【工具】面板中选择【选择工具】，按住 Shift 键拖动元件，则将只能使该元件旋转，相关联的其他元件不会跟随其旋转而联动。

2. 修改关节的位置

在创建骨骼动画后，有时候关节的位置并不合适，此时需要对关节位置进行修改。在【工具】面板中选择【任意变形工具】，使用该工具选择需要修改关节位置的元件。拖动变形框中的圆形控制点改变其位置，则骨骼关节的位置也将随之改变，如图 9.70 所示。

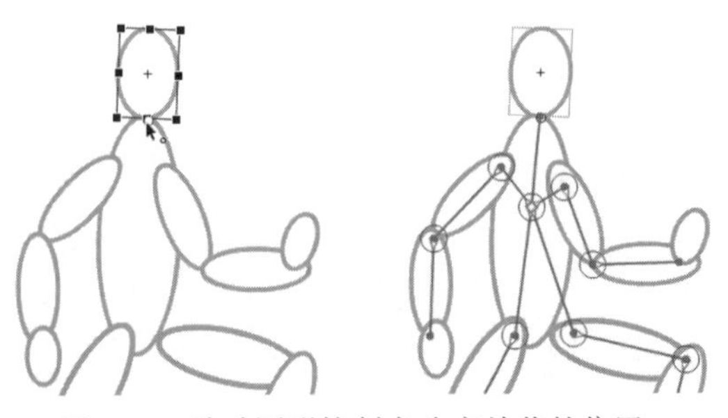

图 9.70 移动圆形控制点改变关节的位置

3. 约束骨骼的旋转

在 Animate CC 中，可以通过设置对骨骼的旋转和平移进行约束。约束骨骼的旋转和平移，可以控制骨骼运动的自由度，创建更为逼真和真实的运动效果。

在默认情况下，Animate CC 不会对骨骼的旋转进行约束，骨骼可以绕着关节在 360° 范围内旋转。如果需要进行约束，可以采用下面的方法操作。

如需要对连接点的旋转进行约束，假设只允许连接点旋转 60° ，则可以在舞台上选择骨骼后，在【属性】面板的【关节：旋转】栏中勾选【约束】复选框，同时在【左偏移】和【右偏移】文本框中输入旋转的最小和最大角度值，如这里分别输入 -30° 和 30° 。此时骨骼节点上旋转显示器将显示出可以旋转的范围，如图 9.71 所示。

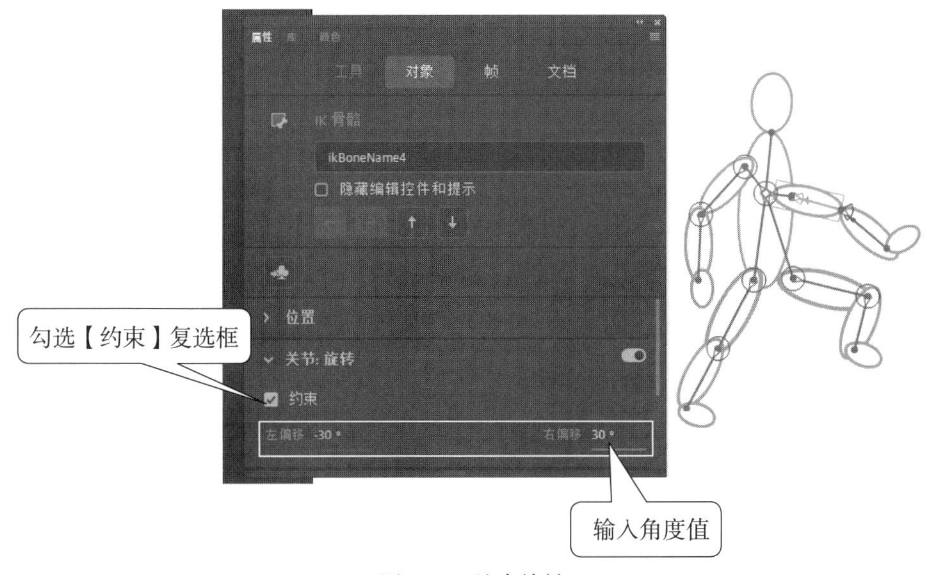

图 9.71　约束旋转

为了方便对骨骼旋转范围进行限制，Animate CC 还提供了舞台控件，以便用户使用鼠标即可实现约束旋转的操作。在【工具】面板中选择【选择工具】，单击骨骼的头部，此时关节上将出现旋转和移动控件，如图 9.72 所示。单击该控件选择它，将鼠标移动到控件外围的圆圈上，圆圈的颜色变为红色，如图 9.73 所示。单击该圆圈，在圆周上移动鼠标，在圆周上单击确定起始位置，如图 9.74 所示。再次在圆周上移动鼠标，在圆周上单击确定终止位置，如图 9.75 所示。此时即指定了骨骼能够旋转的范围，如图 9.76 所示。

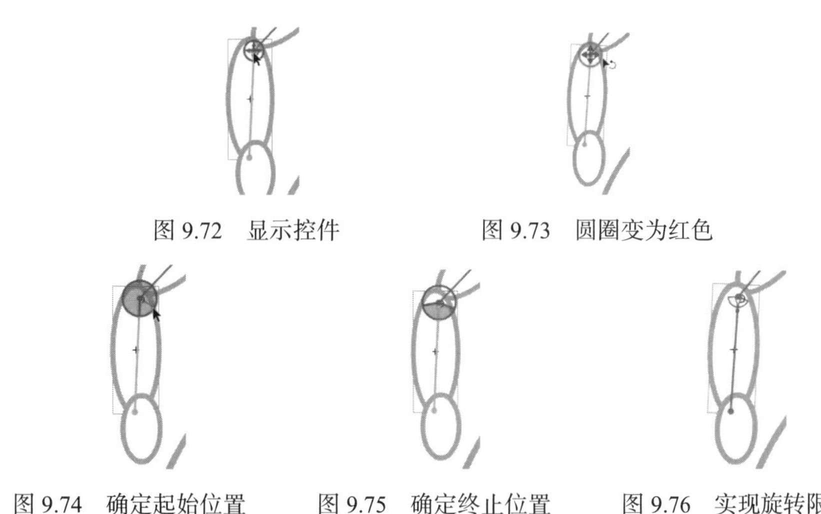

图 9.72　显示控件　　图 9.73　圆圈变为红色

图 9.74　确定起始位置　　图 9.75　确定终止位置　　图 9.76　实现旋转限制

4. 约束骨骼的平移

如果需要骨骼在 X 和 Y 方向上进行平移，可以通过【属性】面板来进行设置，这里在设置时同样可以对平移的范围进行约束。选择骨骼后，在【属性】面板中展开【关节：X 平移】和【关节：Y 平移】设置栏，首先开启平移连接方式，勾选其中的【约束】复选框，在【左偏移】和【右偏移】文本框中输入数值约束平移的范围。此时，骨骼上的平移显示器将显示出在 X 方向和 Y 方向上平移的范围，如图 9.77 所示。

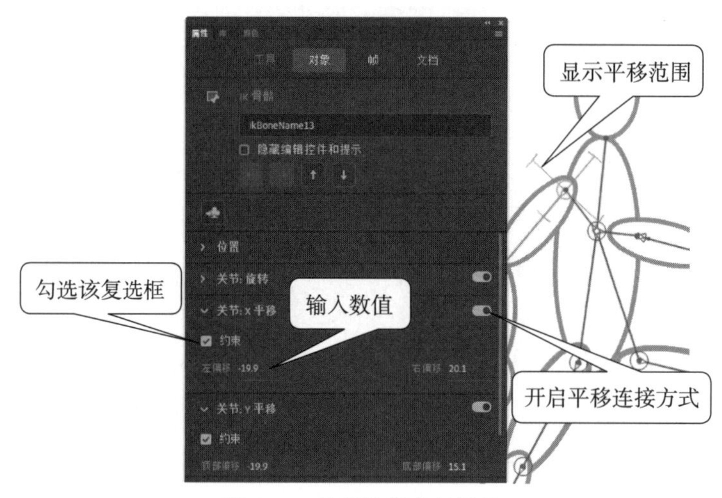

图 9.77 约束连接点的平移

使用【选择工具】单击骨骼头部获得旋转和移动控件，单击该控件后选择控件。此时将鼠标放置到控件中间的垂直方向或水平方向的双向箭头上时，箭头变为红色，如图 9.78 所示。如果想在垂直方向上设置约束距离，可以单击垂直方向上的双向箭头，此时控件消失，关节处将显示锁形图标，如图 9.79 所示。单击锁形图标，锁形图标变为圆形图标，图标上下方出现平移控件，平移控件是带有方向箭头的线段，如图 9.80 所示。朝着箭头方向拖动箭头改变线段的长短即可设定移动范围，如图 9.81 所示。

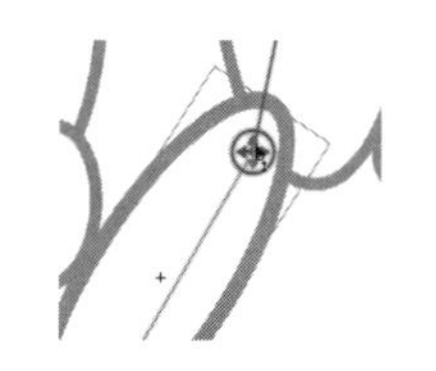
图 9.78 单击箭头

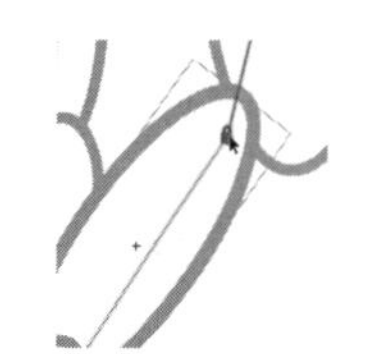
图 9.79 显示锁形图标

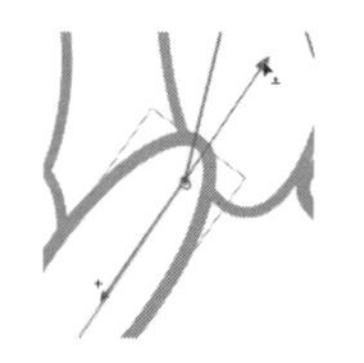
图 9.80 显示平移控件

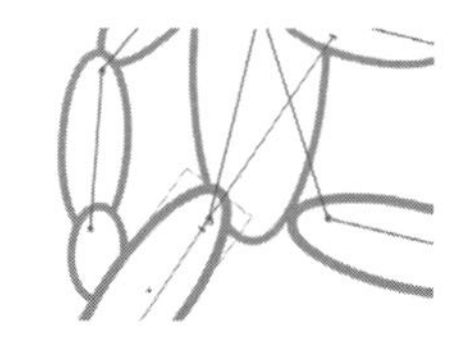
图 9.81 设定移动范围

5. 固定骨骼

为了避免某个骨骼的移动，可以将该骨骼固定在舞台上。将鼠标放置到骨骼连接点处，鼠标指针变为图钉状。单击该连接点，此时将显示固定光标，如图 9.82 所示。

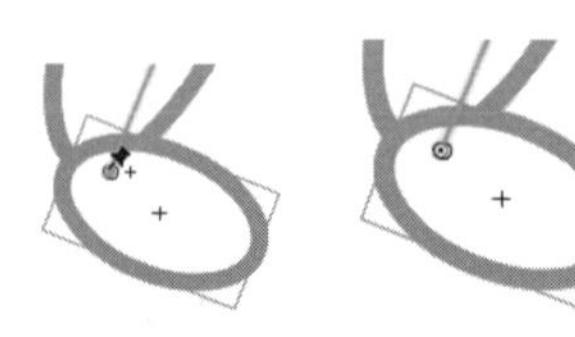
图 9.82 单击固定骨骼

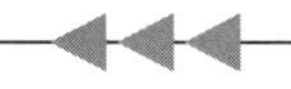

在骨骼的【属性】面板中勾选【位置】设置栏中的【固定】复选框也可固定骨骼，如图 9.83 所示。再次单击该骨骼的连接点或取消对【固定】复选框的选择将取消骨骼的固定，使其能够移动。

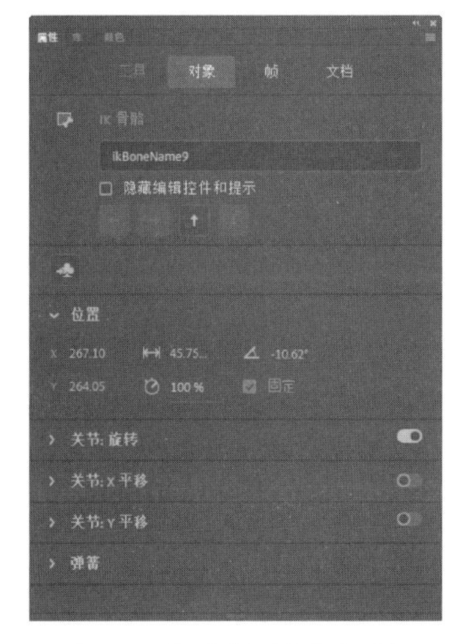

图 9.83　勾选【固定】复选框

6. 设置缓动

在创建骨骼动画后，可以在【属性】面板中设置缓动效果。Animate CC 为骨骼动画提供了几种标准的缓动，缓动应用于骨骼，可以对骨骼的运动进行加速或减速，从而使对象的移动获得重力效果。

在【时间轴】面板中选择骨骼动画的任意一帧，在【属性】面板的【缓动】栏中对缓动进行设置。拖动【强度】滑块或直接在文本框中输入数值可以设置缓动强度，在【缓动类型】下拉列表中选择需要的缓动方式，如图 9.84 所示。

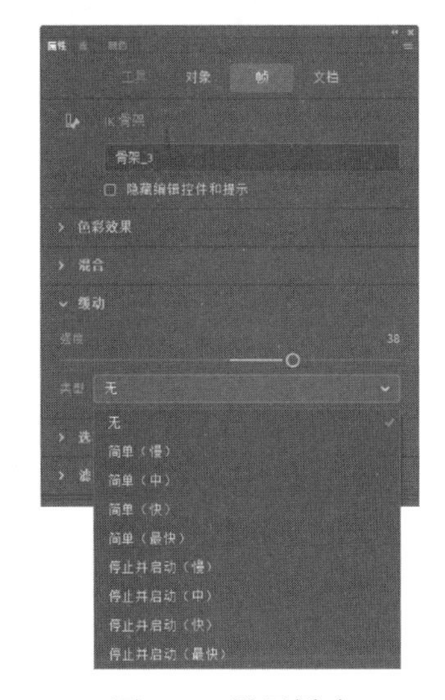

图 9.84　设置缓动

专家点拨：在【缓动】栏中，【强度】值还可以决定缓动方向，其值为正表示缓出，其值为负表示缓入。【强度】的默认值为 0，表示没有缓动，【强度】的最大值为 100，表示对姿势帧之前的帧应用最明显的缓动。其最小值为 -100，表示对姿势帧之后的帧应用最明显的缓动效果。【缓动类型】下拉列表中的【简单】类选项，决定了缓动的程度。

7. 设置连接点速度

连接点速度决定了连接点的粘贴性和刚性，当连接点速度较低时，该连接点将反应缓慢，当连接点速度较高时，该连接点将具有更快的反应。在选取骨骼后，在【属性】面板的【位置】栏的【速度】文本框中输入数值，可以改变连接点的速度，如图 9.85 所示。

8. 设置弹簧属性

在舞台上选择骨骼后，在【属性】面板中展开【弹簧】设置栏。该栏中有两个设置项，如图 9.86 所示。其中，【强度】用于设置弹簧的强度，输入值越大，弹簧效果越明显。【阻尼】用于设置弹簧效果的衰减速率，输入值越大，动画中弹簧属性减小得越快，动画结束得就越快。其值设置为 0 时，弹簧属性在姿势图层的所有帧中都将保持最大强度。

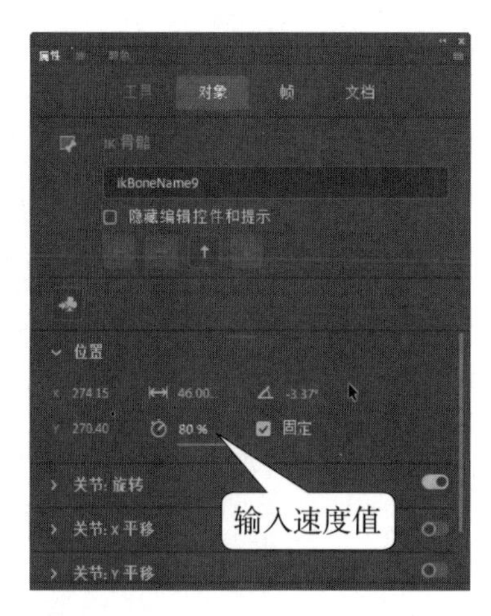

图 9.85　设置连接点速度

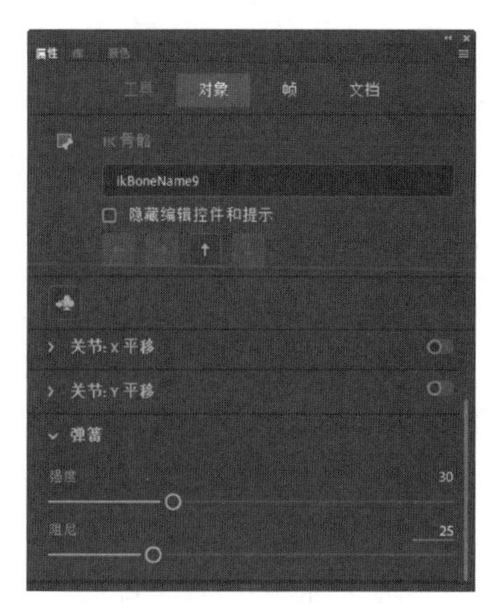

图 9.86　设置【弹簧】属性

9.3.4　制作形状骨骼动画

9.3.3 节介绍的骨骼动画，骨架是建立在多个元件实例之上，用于建立多个元件实例之间的连接。实际上，在制作骨骼动画时，骨骼还可以添加到图层中的单个形状或一组形状中。

1. 创建形状骨骼

制作形状骨骼动画的方法与前面介绍的骨骼动画的制作方法基本相同。在工具箱中选择【骨骼工具】，在图形中单击鼠标后在形状中拖动鼠标即可创建第一个骨骼，在骨骼端点处单击后拖动鼠标可以继续创建该骨骼的子级骨骼。在创建骨骼后，Animate CC 同样将会把骨骼和图形自动移到一个新的姿势图层中，如图 9.87 所示。

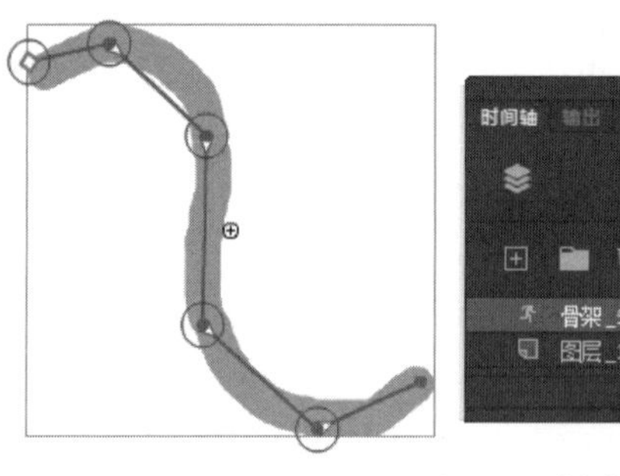

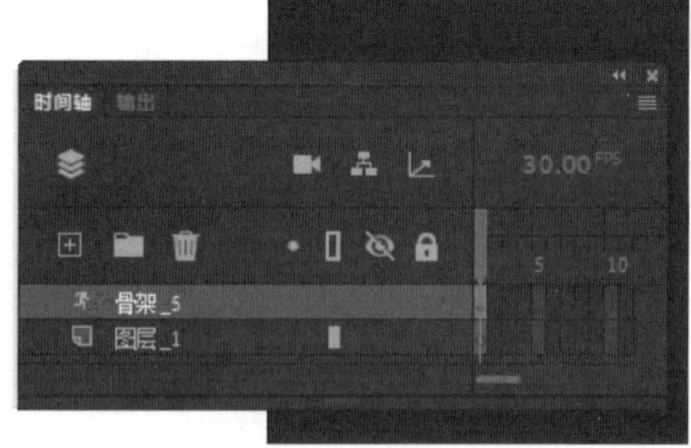

图 9.87　创建骨骼

专家点拨：在 Animate CC 中，骨骼只能用于形状和元件实例，组对象是无法添加骨骼的，此时可以使用【分离】命令将其打散后再添加骨骼。文字在添加骨骼时也需要打散。

完成骨骼的添加后，即可以像前面介绍的骨骼动画那样来创建形状骨骼动画，并对骨骼的属性进行设置。这里要注意，对形状添加了骨骼后，形状将无法再进行常规的编辑操作，如对形状进行变形操作、为形状添加笔触或更改填充颜色等。

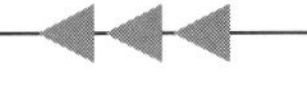

2. 绑定形状

在默认情况下，形状的控制点连接到离它们最近的骨骼。Animate CC 允许用户使用【绑定工具】来编辑单个骨骼和形状控制点之间的连接。这样，就可以控制在骨骼移动时笔触或形状扭曲的方式，以获得更满意的结果。

在 Animate CC 中使用【绑定工具】可以将多个控制点绑定到一个骨骼，也可将多个骨骼绑定到一个控制点。在工具箱中选择【绑定工具】，使用该工具单击形状中的骨骼，此时该骨骼中将显示一条红线，而与该骨骼相关联的图形上的控制点显示为黄色，如图 9.88 所示。单击选择形状上的一个控制点，将其向骨骼的连接点处拖动，该控制点即与骨骼绑定，该控制点变成红色正方形，如图 9.89 所示。在完成绑定后，拖动骨骼，该控制点附近的图形的填充和笔触都将保持与骨骼的相对距离不变，如图 9.90 所示。

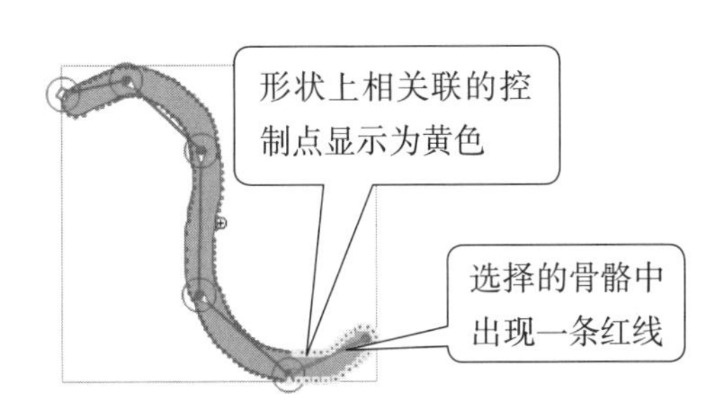

图 9.88　选择骨骼

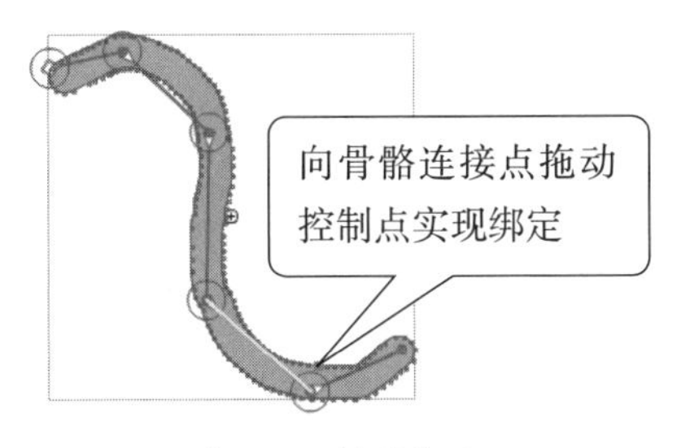

图 9.89　骨骼绑定

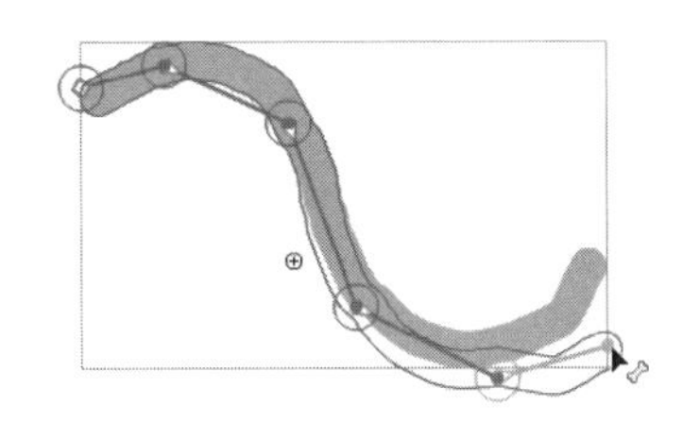

图 9.90　拖动骨骼的效果

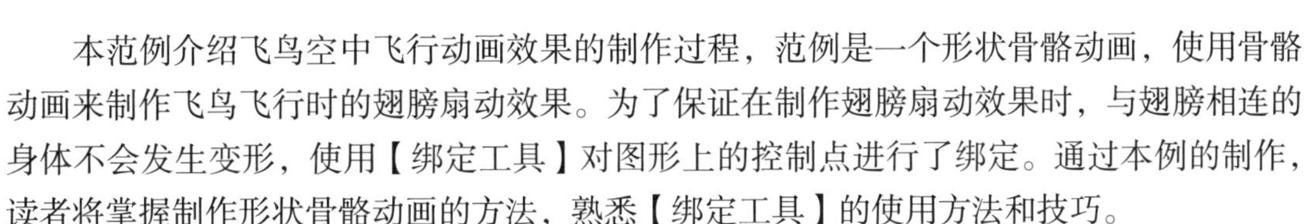

专家点拨： 在绑定骨骼时，被选择的控制点显示为红色的矩形。按住 Shift 键单击多个控制点，可以将这些控制点同时选择。在同时选择多个控制点后，按 Ctrl 键单击选择的控制点，可以取消对其选择。使用这里介绍的方法同样能够同时选择多个骨骼或取消对多个骨骼的选择。

9.3.5　实战范例——飞翔

飞翔

本范例介绍飞鸟空中飞行动画效果的制作过程，范例是一个形状骨骼动画，使用骨骼动画来制作飞鸟飞行时的翅膀扇动效果。为了保证在制作翅膀扇动效果时，与翅膀相连的身体不会发生变形，使用【绑定工具】对图形上的控制点进行了绑定。通过本例的制作，读者将掌握制作形状骨骼动画的方法，熟悉【绑定工具】的使用方法和技巧。

（1）启动 Animate CC 创建一个新文档。选择【文件】|【导入】|【导入到舞台】命令打开【导入】对话框选择需要导入的背景图片，如图 9.91 所示。单击【打开】按钮将背景图片导入到舞台，同时使用【移动工具】调整图片在舞台上的位置，这里使图片的右下角与舞台的右下角对齐。

图 9.91　打开【导入】对话框

（2）在【时间轴】面板中将背景图片所在图层的帧延伸到第 300 帧，并创建补间动画。将播放头放置到第 50 帧，将图片下移。同样地，以 50 帧的间隔依次创建关键帧，并在每个关键帧中使图片下移相同的距离，如图 9.92 所示。

图 9.92　创建补间动画

（3）新建一个名为“飞鸟”的影片剪辑元件，暂时不对元件添加任何内容。返回到“场景 1”，新建一个图层，从【库】面板中将该影片剪辑拖放到舞台上，双击该影片剪辑进入编辑状态。

（4）使用绘图工具绘制一只白色的飞鸟，如图 9.93 所示。使用【骨骼工具】为形状添加骨架，如图 9.94 所示。

图 9.93　绘制飞鸟形状

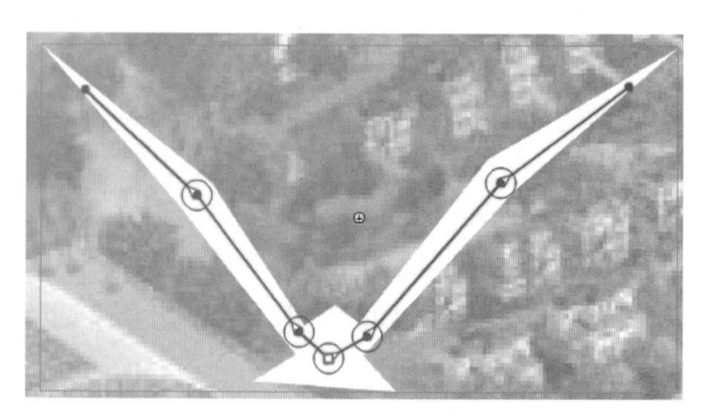

图 9.94　添加骨架

（5）在工具箱中选择【缩放工具】在舞台上单击使图形放大显示，在工具箱中选择【绑定工具】后在图形上单击，使图形上出现控制点。依次选择飞鸟身体和头部的控制点，向骨骼关节处拖动鼠标将这些控制点和骨骼绑定起来，如图 9.95 所示。

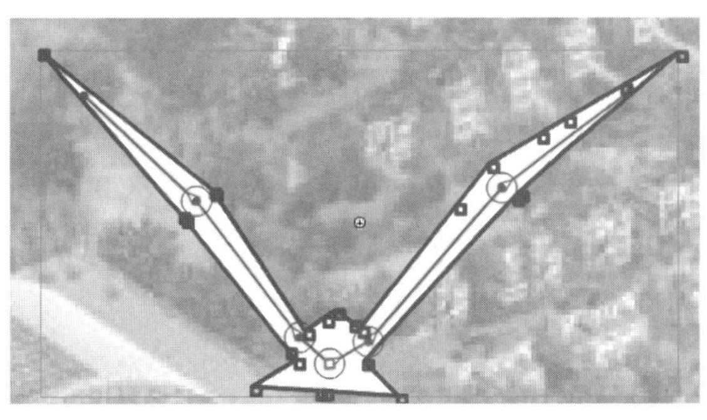

图 9.95　绑定控制点

专家点拨：这里的绑定操作是很重要的，必须将鸟身体上的所有控制点都与鸟身体上的关节绑定起来，否则在制作翅膀扇动动画时会引起身体的变形。可以使用【选择工具】移动翅膀，看看身体的哪些部位发生了变形，以确定哪些控制点需要绑定。

（6）在工具箱中选择【选择工具】，在【时间轴】面板中将骨架图层的帧延伸到第 40 帧。选择第 10 帧，拖动关节改变两个翅膀的形态，如图 9.96 示。选择第 20 帧，同样拖动关节改变翅膀的形态，如图 9.97 示。选择第 30 帧，改变翅膀的形态，如图 9.98 所示。选择第 40 帧，改变翅膀的形态，将翅膀恢复到初始状态，如图 9. 99 所示。

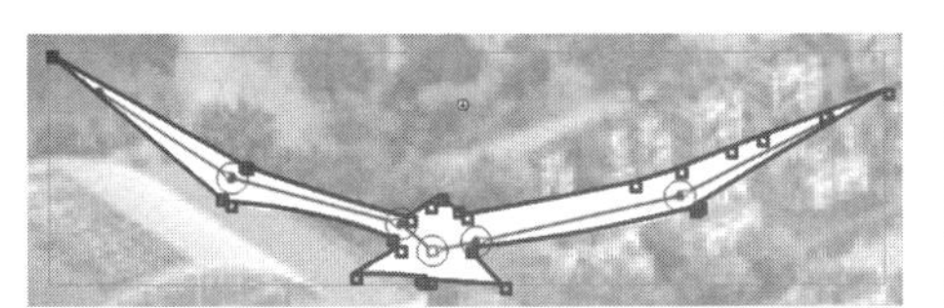

图 9.96　改变第 10 帧翅膀的形态

图 9.97　改变第 20 帧翅膀的形态

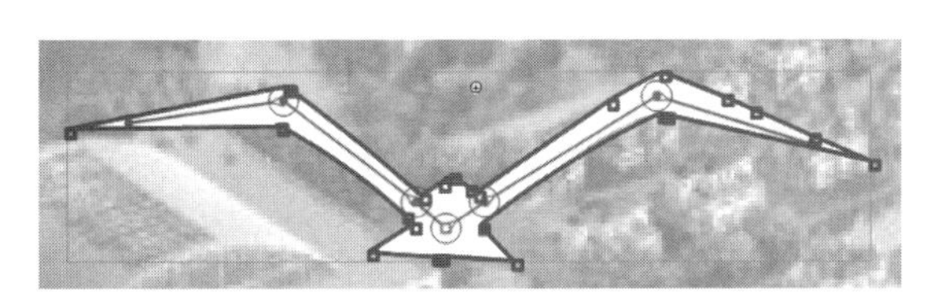

图 9.98　改变第 30 帧翅膀的形态

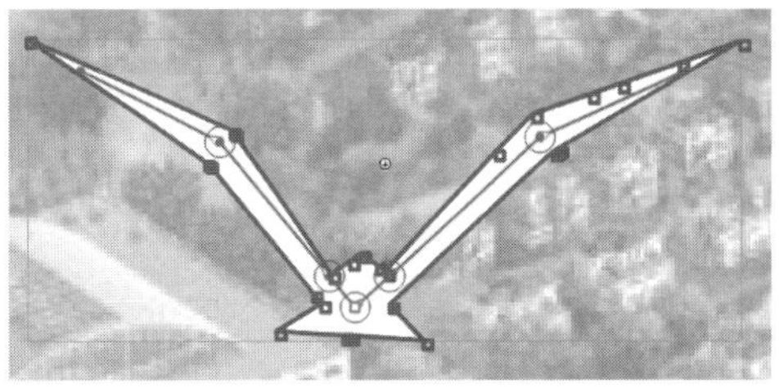

图 9.99　改变第 40 帧翅膀的状态

（7）回到“场景 1”，调整舞台上“飞鸟”影片剪辑的位置，同时将其复制一个。使用【任意变形工具】将其放置到舞台的适当位置，将其适当缩小，如图 9.100 所示。

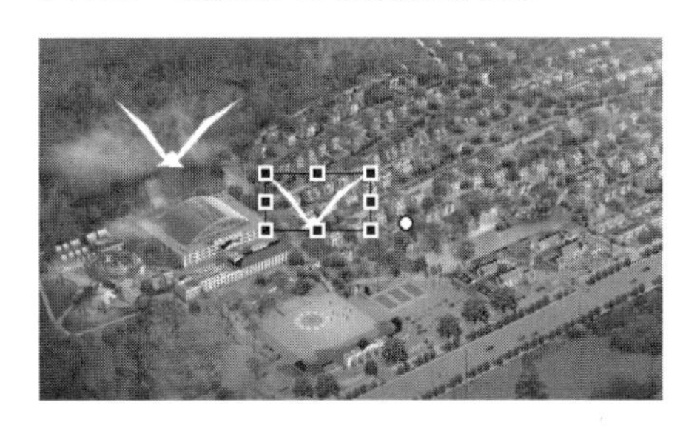

图 9.100　复制影片剪辑

（8）至此，本范例制作完成。保存文档，按 Ctrl+Enter 组合键测试动画，动画播放的效果如图 9.101 所示。

图 9.101　飞鸟动画效果

9.4　场景动画

在制作动画时，经常需要制作场景动画。与其他动画效果相比，场景动画的制作稍许简单一些。场景动画实际上是一种镜头动画效果，就像电影中的镜头效果那样，包括了镜头画面的推拉、移动和旋转等。Animate CC 为了方便场景动画的制作，提供了专门的工具。本节将介绍 Animate CC 中场景动画的制作技巧。

9.4.1　制作场景动画

Animate CC 提供了【摄像头】工具，使用该工具能够在制作动画时模拟真实摄像机的拍摄效果，实现镜头的推拉和摇移。【摄像头】工具是 Animate CC 中实现镜头动画效果的一个实用工具，用户可以使用该工具实现场景的移动、放大场景中特殊的对象和缩小场景以实现镜头拉远的动画效果，同时也可以方便地实现视觉焦点的转移，让画面从一个焦点转向另外一个焦点。

1. 添加摄像头

在【工具】面板中选择【摄像头】，此时即可在文档中开启摄像头，【时间轴】面板中将会添加一个名为 Camera 的图层。此时，表示舞台边界点边框颜色变得与 Camera 图层的颜色相同，这个边框就是摄像头的可视区域，就像现实摄像机的取景框，如图 9.102 所示。

图 9.102　开启摄像头

专家点拨：在【时间轴】面板中单击【添加摄像头】按钮可以添加 Camera 图层开启摄像头。添加 Camera 图层后再次单击该按钮就可以删除摄像头图层关闭摄像头，直接删除 Camera 图层也可以关闭摄像头。

Camera 图层与普通图层有所不同，首先一个文档中只能有一个 Camera 图层，该图层会位于所有图层的顶部。Camera 图层不能像其他图层那样重命名，同时该图层中也不能添加对象和绘制图形。

2. 镜头推拉效果

在拍摄视频时，摄像机镜头逐渐靠近某个对象，对象在镜头中逐渐变大，当摄像机逐渐远离某个对象时，对象在镜头中逐渐缩小。在制作 Animate CC 动画时，可以通过制作缩放对象的补间动画来获得这样的效果，使用【摄像头】工具将能够更加方便地实现这种镜头推拉动画效果，下面介绍具体的操作方法。

（1）在【时间轴】面板中添加 Camera 图层，将 Camera 图层和包含背景图片的图层均延伸到第 100 帧。右击 Camera 图层的任意一帧，选择快捷菜单中的【创建补间动画】命令在 Camera 图层创建补间动画，如图 9.103 所示。

（2）在文档中开启摄像头后，舞台下方会出现调整摄像头的滚动条。单击滚动条上的【缩放】按钮对场景进行缩放，拖动滑块即可实现场景的缩放。在【时间轴】面板中将播放头放置到第 40 帧，向右拖放滑块场景将放大。释放鼠标后滑块将自动回到中间位置，再次向右拖动滑块将继续放大场景，如图 9.104 所示。

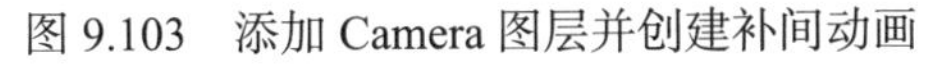

图 9.103　添加 Camera 图层并创建补间动画

图 9.104　放大场景

（3）在【时间轴】面板中将播放头放置到第 100 帧，向左拖动滚动条将缩小场景。这里为 Camera 图层添加了两个关键帧，播放动画就能获得摄像头推近和拉远的变焦效果，如图 9.105 所示。

（4）添加摄像头后，打开【属性】面板，在面板中展开【摄像头设置】栏。在【缩放】文本框中输入数值即可实现场景的缩放。这里，输入数值超过 100% 将背景放大，小于 100% 缩小背景。单击【重置摄像头缩放】按钮能重置缩放比，将背景恢复为原始大小，如图 9.106 所示。

图 9.105 实现推拉动画效果

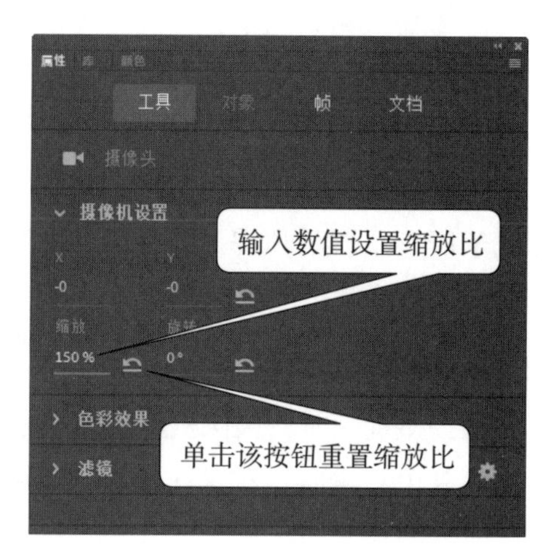

图 9.106 设置【缩放】值

3. 镜头的旋转

在 Animate CC 中，添加摄像头后，摄像头可以像普通对象那样进行旋转。通过为摄像头添加补间动画，修改摄像头的旋转属性，可以获得镜头旋转的动画效果。下面介绍具体的操作方法。

（1）在【时间轴】面板中添加 Camera 图层，将帧延伸适当的长度，为该图层添加补间动画。将播放头放置到需要添加属性关键帧的位置。单击舞台下方摄像头控制滚动条上的旋转按钮，拖动滑块即可旋转摄像头实现场景的旋转，如图 9.107 所示。

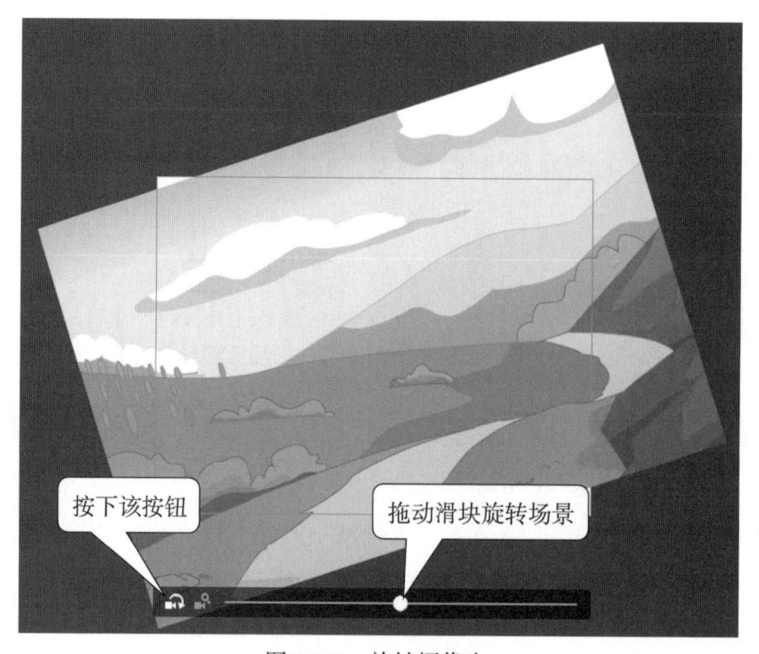

图 9.107 旋转摄像头

（2）打开【属性】面板，在【摄像头设置】栏中的【旋转】文本框中输入数值，也可以旋转摄像头，如图 9.108 所示。这里，输入正值能顺时针旋转场景，输入负值能逆时针旋转场景。

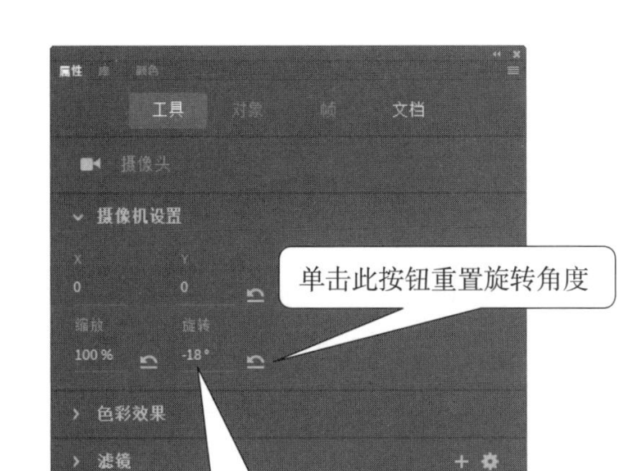

图 9.108　设置旋转角度

4. 镜头的平移

镜头的平移是一个常见的动画效果，一般情况下可以通过为场景对象添加在舞台上移动的动画效果来实现。在添加了摄像头后，可以通过直接移动摄像头而场景对象不动这种方式来实现。下面介绍具体的操作方法。

（1）在【时间轴】面板中为 Camera 图层添加补间动画，将播放头放置到需要添加属性帧的位置。在【工具】面板中选择【摄像头】工具，按住鼠标左键左右或上下移动鼠标即可移动摄像头的位置，如图 9.109 所示。这里要注意，操作时移动的是摄像头，场景对象将会向鼠标移动的相反方向移动。

（2）选择【摄像头】工具后，在【属性】面板的【摄像头设置】栏的 X 和 Y 文本框中输入数值可以精确设置摄像头的位置，如图 9.110 所示。

图 9.109　移动摄像头

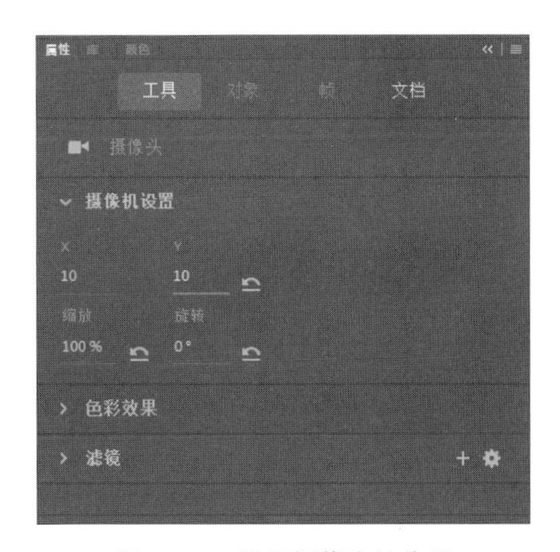

图 9.110　设置摄像头的位置

5. 改变摄像头的色调

在摄像头的【属性】面板中是可以设置摄像头的色彩效果的，设置摄像头的色彩效果，实际上是对摄像头作用的场景对象的色彩进行调整。利用摄像头改变场景的色彩效果，一般可以采用下面两种方法来操作。

（1）在【时间轴】面板中为 Camera 图层添加补间动画，将播放头放置到需要添加属性帧的位置。打开【属性】面板，在【色彩效果】设置栏中设置色彩效果。如这里在【颜色样式】列表中选择【色调】选项，设置相关参数的值使物体画面显示为黑色，如图 9.111 所示。这样就可以获得场景画面逐渐变黑的动画效果。

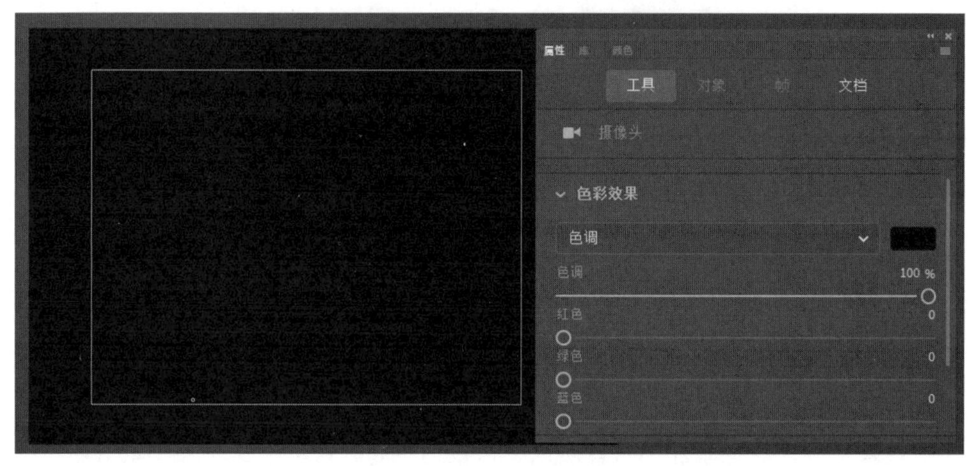

图 9.111　设置色彩效果

（2）在【属性】面板中展开【滤镜】设置栏，添加【调整颜色】滤镜，对滤镜参数进行设置同样可以更改场景的色彩效果。如这里将【饱和度】设置为 -100，场景显示为黑白色，如图 9.112 所示。动画播放时即可获得画面由彩色变为黑白的动画效果。

图 9.112　添加【调整颜色】滤镜

6. 锁定对象

在制作动画时，有时需要动画中的对象一直出现在摄像头中，此时可以将对象所在的图层附加到摄像头。下面介绍具体的操作方法。

（1）在【时间轴】面板中为 Camera 图层添加摄像头从左向右移动的补间动画，动画播放时，“图层 2”中的云朵将会随着摄像头一起运动，如图 9.113 所示。

（2）在【时间轴】面板中选择云朵所在的图层“图层 _2”，单击【将图层附加到摄像头】按钮将该图层附加到摄像头，如图 9.114 所示。此时动画播放时，“图层 _2”中的云朵将不会随着摄像头的移动而移动，其将固定在画面中。再次单击“图层 _2”上的【将图层附加到摄像头】按钮将使该图层不再附加于摄像头。

图 9.113　云朵随摄像头运动

图 9.114　将图层附加于摄像头

专家点拨：在【时间轴】面板中单击图层列表上方的【将所有图层附加于摄像头】按钮，Camera 图层下方所有的图层都将附加于摄像头。

7. 调整图层深度

在真实的拍摄过程中，移动摄像机拍摄的景物会有一种深度感，这是因为前景元素的移动速度快于背景元素的移动速度，Animate CC 也具有创建这种深度感的能力。Animate CC 提供了一个【图层深度】面板，使用该面板可以调整图层在 Z 轴方向上的深度。如果在文档中添加了摄像头，那么这个深度就是图层到摄像头的距离。

选择【窗口】|【图层深度】命令打开【图层深度】面板，面板的右侧显示出【时间轴】面板中的所有图层。在每个图层名称右侧的文本框中输入数值可以调整图层的深度，其值越大表示距离摄像头就越远，图层中对象显示就越小。该数值越小表示离摄像头就越近，图层中对象显示就越大，如图 9.115 所示。

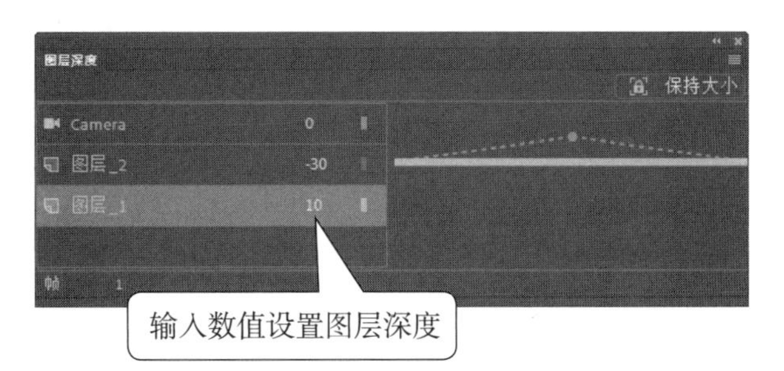

图 9.115　调整图层深度

面板右侧的图示显示图层之间的距离，每一条实线对应一个图层，其颜色与面板左侧图层的颜色一致。面板中圆点表示摄像头位置，虚线代表摄像头的视野范围。拖动实线即可改变图层之间的距离关系，实现对图层深度的调整。如这里背景图片位于“图层 _1”中，在面板中拖动该图层对应的实线使其远离摄像头，背景图像缩小，在视觉上获得远去的效果，如图 9.116 所示。将云朵所在的“图层 _2”所对应的直线拖放到“图层 _1”所对应直线的下方，在 Z 方向上“图层 _1”中的图片将遮盖云朵，云朵也就不可见了，如图 9.117 所示。

图 9.116 拖动实线调整图层深度

图 9.117 云朵不可见

在【图层深度】面板左侧选择图层，单击面板上的【保持大小】按钮。拖动图层对应的实线调整图层深度时，图层中对象的大小将保持不变，如图 9.118 所示。

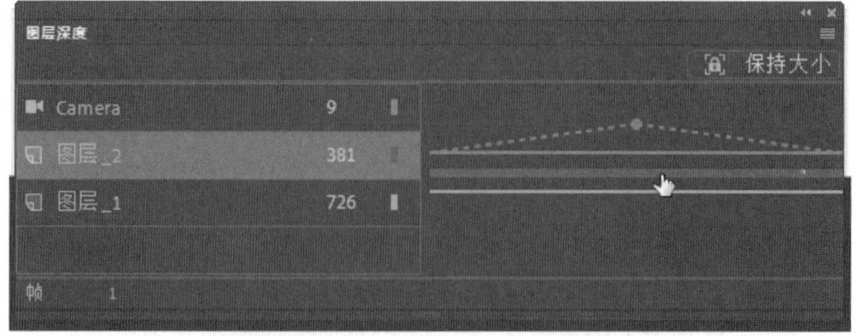

图 9.118 保持图层中对象大小

专家点拨:【图层深度】面板可以独立于摄像头使用，在不激活摄像头的情况下，用户可以对图层使用不同的深度级别。

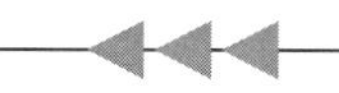

9.4.2 实战范例——远眺

远眺

本范例动画播放时，镜头在房间内靠近大门，镜头穿过大门后显示门外的山水风景。此时，镜头左右移动一次后放大聚焦远景。本范例动画将使用【摄像头】工具来实现，下面介绍具体的制作过程。

（1）启动 Animate CC，打开“9.4.2 远眺（素材）.fla”文件。在【库】面板中将名为“湖边屋”的图形元件放置到舞台上，在【时间轴】面板中将帧扩展到第 210 帧的位置，如图 9.119 所示。

图 9.119 放置“湖边屋”图形元件

（2）在【时间轴】面板中创建一个新图层，从【库】面板中将名为“门客厅”的图形元件拖放到该图层中，在舞台上调整图形的位置，在【时间轴】面板中将帧延伸到第 210 帧。这里，门部位的填充元素已经被删除，所以可以透出下面图层的图像，如图 9.120 所示。

图 9.120 放置“门客厅”图形元件

（3）在【时间轴】面板中单击【添加摄像头】按钮添加一个 Camera 图层，单击“图层 _1”的【将图层附加到摄像头】按钮将该图层附加到摄像头。右击 Camera 图层中的任意一帧，选择快捷菜单中的【创建补间动画】命令创建补间动画。将播放头放置到第 210 帧，在舞台下方出现的调整摄像头的滚动条上单击【缩放】按钮对场景进行缩放。这里，多次拖动滑块使门厅场景放大，直到大门边框看不见，摄像头范围内完全显示出“图层 _1”中的图像为止，如图 9.121 所示。此时按 Ctrl+Enter 组合键测试动画，可以获得镜头向门口推移直到推移出大门看到门外风景的动画过程。

图 9.121　放大场景

（4）在【时间轴】面板中选择“图层 _2”的第 211 帧，按 F6 键创建一个关键帧。在舞台上选择“湖边屋”图形元素后按 Ctrl+C 组合键复制该图形元件，再次选择“图层 _2”的第 211 帧，在舞台上右击，选择快捷菜单中的【粘贴到当前位置】命令将图形元件粘贴到舞台上。在第 270 帧按 F5 键将帧延伸到此处，如图 9.122 所示。

图 9.122　粘贴图形元件

（5）选择 Camera 图层的第 271 帧，按 F6 键创建关键帧，在第 270 帧按 F5 键将帧延伸到此处，如图 9.123 所示。将播放头放置到第 271 帧，在【工具】面板中选择【摄像头】工具，在【属性】面板中对工具的属性进行设置。这里将【缩放】设置为 100% 使放置于“图层 _2”中的场景缩小为正常大小，如图 9.124 所示。此时测试动画，镜头推出门后，将停留 2 秒。

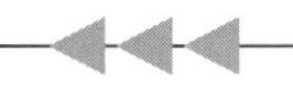

图 9.123　延伸帧

图 9.124　将场景缩小

（6）将 Camera 和“图层 _2”延伸到第 600 帧，将播放头放置到第 270 帧。打开【属性】面板，在【属性】面板中将 X 设置为 110，如图 9.125 所示。将播放头放置到第 330 帧，在【属性】面板中将 X 设置为 110，如图 9.126 所示。这样可以实现摄像头左移，然后停留 2 秒的动画效果。

图 9.125　设置 X 属性使摄像头左移

图 9.126　设置 X 属性使摄像头停留

（7）将播放头放置到第 390 帧，在【属性】面板中将 X 设置为 -50 使摄像头右移，如图 9.127 所示。将播放头放置到第 450 帧，按 F6 键添加一个关键帧，如图 9.128 所示。

图 9.127　设置 X 属性使摄像头右移

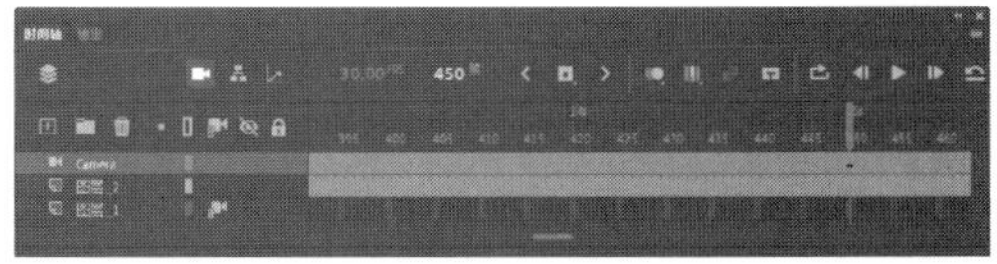

图 9.128　添加一个关键帧

（8）将播放头放置到第 510 帧，在【属性】面板中将【缩放】设置为 500%，使用【摄像头】工具移动背景图片时其中的房子位于表示摄像头镜头范围的方框内，如图 9.129

所示。至此，本范例制作完成。按 Ctrl+Enter 组合键测试动画，动画播放效果如图 9.130 所示。

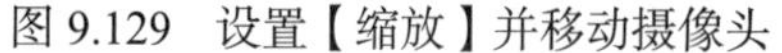

图 9.129 设置【缩放】并移动摄像头

图 9.130 动画播放的效果

9.5 本章小结

本章学习 Animate CC 中的遮罩动画、3D 动画和骨骼动画的制作方法，同时介绍了利用【摄像头】工具制作场景动画的方法。通过本章的学习，读者能够掌握使用遮罩技术制作更加丰富多彩的动画效果，能够在动画中添加各种 3D 动画效果，能够使用 Animate CC 的骨骼系统来创建各种复杂动作的操作方法，能够利用【摄像头】工具制作平移、缩放和旋转等场景变化效果。

9.6 本章习题

一、选择题

1. 遮罩动画是 Animate CC 中一个很重要的动画类型，很多效果丰富的动画都是通过遮罩动画来完成的。关于遮罩动画下面说法错误的是哪一项？（　　）。

A. 在一个遮罩动画中，“遮罩层”只有一个，“被遮罩层”可以有多个

B. 遮罩层中的图形可以是任何形状，但是播放影片时遮罩层中的图形不会显示

C. 在遮罩层中不能用文字作为遮罩对象

D. 在定义遮罩图层后，遮罩层和被遮罩层将自动加锁

2. 下面哪个工具可以实现 3D 实例的平移？（　　）

A.　　　B.　　　C.　　　D.

3. 要对 3D 实例的旋转进行精确控制，可以在下面哪个面板中输入旋转角度？（　　）

A.【属性】面板　　　B.【行为】面板

C.【信息】面板　　　D.【变形】面板

4. 在创建骨骼后，单击【属性】面板中的哪个按钮将选择当前骨骼的父级骨骼？（　　）

A.　　　B.　　　C.　　　D.

5. 在添加 Camera 图层后，下面哪个按钮可以起到固定图层的作用？（　　）

A.　　　B.　　　C.　　　D.

二、填空题

1. 遮罩动画是 Animate CC 的一种基本动画方式，制作遮罩动画至少需要两个图层，即遮罩层和________。在创建遮罩动画时，位于上层的图层中的对象就像一个窗口一样，透过它的______可以看到位于其下图层中的区域，而任何的非填充区域都是______的，此区域中的图像将不可见。

2. 在设置 3D 实例属性时，【透视角度】的取值范围为 1° ～______，其值可以控制 3D 影片剪辑在舞台上的__________，增大或减小该值将影响 3D 实例的外观尺寸和实例相对于舞台边缘的__________。

3. 用于连接的骨架有两种分布方式，一种是线性分布，也就是__________。另一种是分支分布，一个父级连接几个__________。

4. 选择__________命令打开【图层深度】面板，面板的右侧列表中将显示图层名称，在名称右侧的文本框中输入数值可以__________，该数值越大表示__________，该数值越小表示__________。

9.7 上机练习和指导

9.7.1 遮罩动画应用——卷轴画

本练习利用遮罩动画制作一个画轴缓缓展开，逐渐呈现出古画的效果。范例效果如图 9.131 所示。图层结构如图 9.132 所示。这个动画效果可以分解为两个动画效果的叠加，一个是古画缓缓呈现的动画，这可以用遮罩动画进行制作；另一个是两个画轴慢慢向左右移动的动画，这可以用补间动画进行制作。

图 9.131　卷轴画

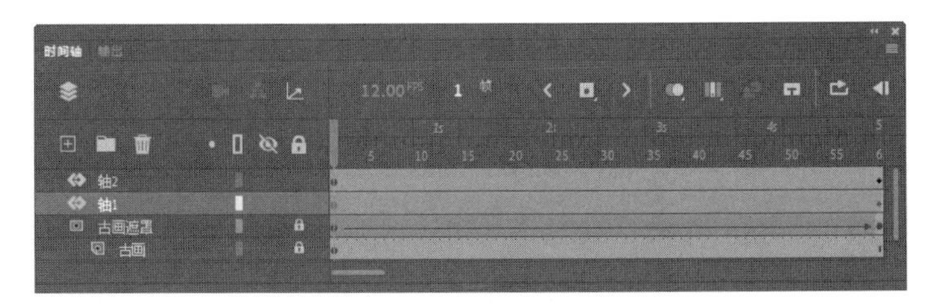

图 9.132　图层结构

主要制作步骤如下。

（1）新建一个 Animate CC 影片文档，设置舞台背景颜色为 #9A8F9E，其他参数保持默认设置。

（2）将外部的图像素材（古画、画轴、画布）导入 Animate CC 库中。

（3）将“图层 1”重命名为“古画”。将【库】面板中的“古画”及“画布”图像拖放到舞台上，调整好位置和大小。

（4）在“古画”图层上新建一个图层，并重新命名为“古画遮罩”。右击这个图层，在弹出的快捷菜单中选择【遮罩层】命令，使其和下面的“古画”图层形成一个遮罩图层结构。

（5）在“古画遮罩”图层上定义一个从第 1 帧到第 60 帧的形状补间动画。第 1 帧上的图形是一个比较窄的长方形，高度和古画的高度相同，位置在古画的中间；第 60 帧上的图形是一个和古画宽度和高度都相同的长方形，刚好完全覆盖着古画。通过这个遮罩动画的定义，就可以实现古画缓缓呈现出来的动画效果。

（6）在“古画遮罩”图层上新建两个图层，并重新命名为“轴 1”和“轴 2”。在“轴 1”图层上定义一个从第 1 帧到第 60 帧的补间动画，动画对象是画轴图形元件的一个实例，动画效果是画轴从古画中间位置向左边移动。类似地，在“轴 2”图层上定义一个从第 1 帧到第 60 帧的补间动画，动画对象是画轴图形元件的另一个实例，动画效果是画轴从古画中间位置向右边移动。

9.7.2 3D 动画应用——3D 文字特效

使用提供的素材背景图片，制作电影《星球大战》中的文字飞入效果。动画效果如图 9.133 所示，图层结构如图 9.134 所示。

图 9.133 3D 文字特效

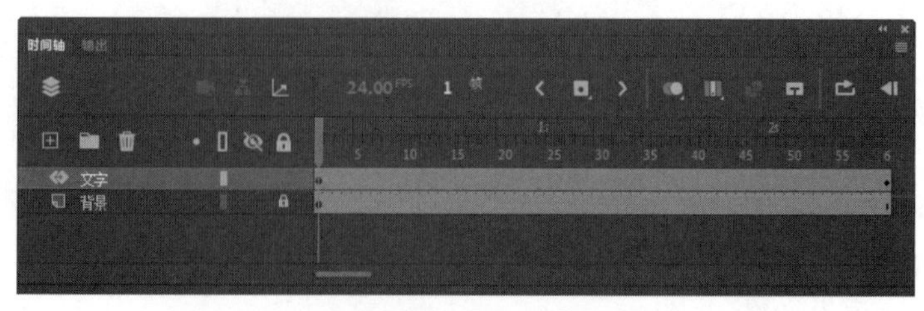

图 9.134 图层结构

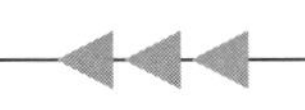

主要制作步骤如下。

（1）将背景素材图片导入舞台，调整图片的大小。新建一个图层，在这个图层上创建一段文字，将文字转换为影片剪辑元件，在【属性】面板中为文字添加【发光】滤镜效果。将【时间轴】面板中两个图层的帧延伸到第 60 帧。

（2）选择文字影片剪辑实例，在【变形】面板的【3D 旋转】栏中将 X 设置为“-90°”，使影片剪辑沿 X 轴旋转，其他的参数设置为 0°。在【属性】面板的【3D 定位和视图】栏中设置【透视角度】，调整【消失点】的 X 和 Y 值设置消失点的位置。调整 X、Y 和 Z 的值将文字放置到舞台外部。

（3）为文字创建补间动画，选择最后一帧，选择文字影片剪辑实例后在【属性】面板中调整 Z 的值即可。

9.7.3　3D 动画应用——翻书效果

利用 SD 变换制作一个翻书效果的动画。动画效果如图 9.135 所示，图层结构如图 9.136 所示。

图 9.135　翻书效果

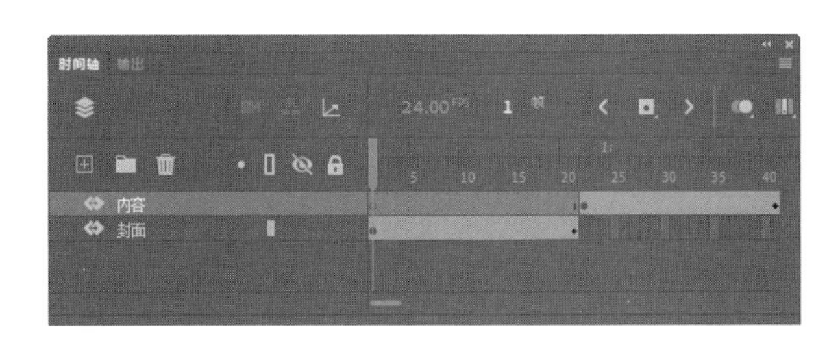

图 9.136　图层结构

主要制作步骤如下。

（1）新建一个 Animate CC 文档，保存文档属性默认设置。新建一个名为“封面”的影片剪辑元件，用“矩形工具”绘制一个矩形，并且输入文字，效果如图 9.137 所示。再新建一个名为“内页”的影片剪辑元件，将外部的素材图片导入元件中，效果如图 9.138 所示。注意，要将这两个图形的尺寸设置相同。

（2）返回到“场景 1”，将“封面”影片剪辑拖放到舞台中，选择“3D 旋转工具”，将“封面”影片剪辑实例的“3D 中心点”移动到图形的左边框中心，如图 9.139 所示。

图 9.137　“封面”影片剪辑元件

图 9.138　“内页”影片剪辑元件

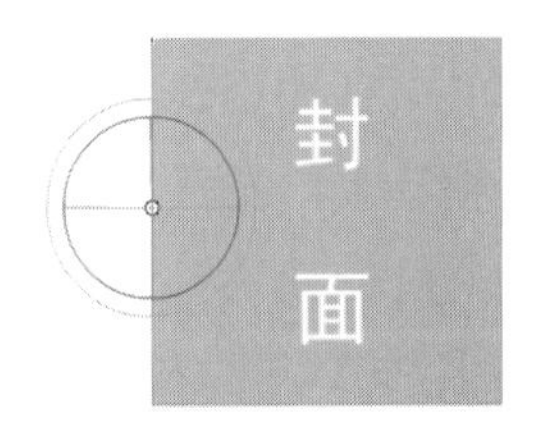

图 9.139　移动“3D 中心点”

（3）在第 20 帧插入帧，定义第 1 帧到第 20 帧之间的补间动画。用“3D 旋转工具”选择第 20 帧上的实例，将其沿着 Y 轴旋转 87°，效果如图 9.140 所示。

（4）选择第 20 帧上的实例，执行【编辑】|【复制】命令。新建一个图层，在这个图层的第 21 帧插入一个空白关键帧，然后执行【编辑】|【粘贴到当前位置】命令，这样在第 21 帧得到一个和第 20 帧一模一样的实例。

（5）选择第 21 帧上的实例，单击【属性】面板中的【交换】按钮，在弹出的【交换元件】对话框中选择“内页”影片剪辑元件。在第 41 帧插入帧，定义从第 21 帧到第 41 帧之间的补间动画，用“3D 旋转工具”选择第 41 帧上的实例，将其沿着 Y 轴旋转 180°。

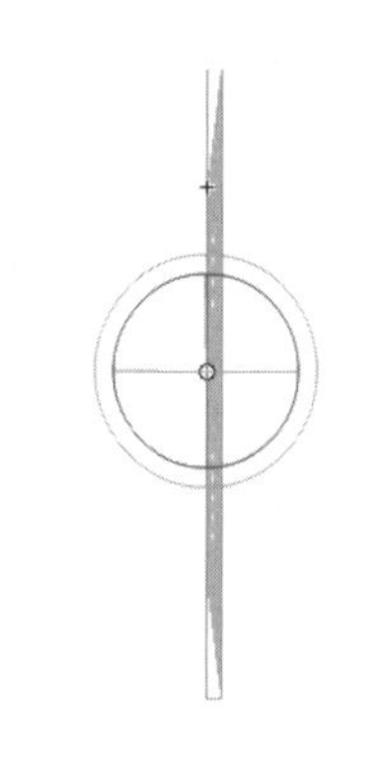

图 9.140　沿着 Y 轴旋转 87°

9.7.4　骨骼动画应用——摇曳

使用提供的素材制作悬挂的圣诞老人和雪人随风摇曳的效果，如图 9.141 所示。制作完成后的图层结构如图 9.142 所示。

图 9.141　动画播放效果

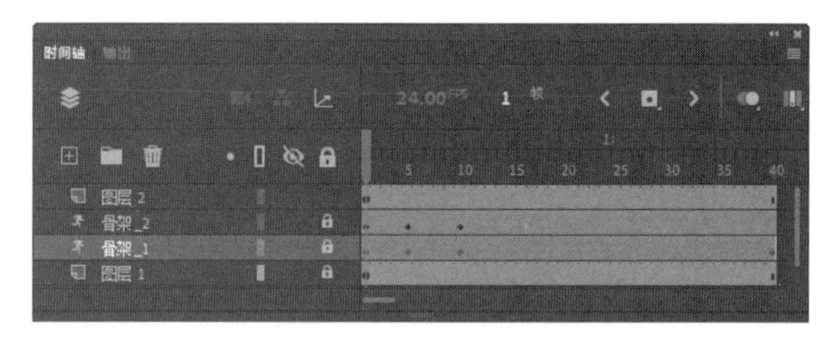

图 9.142　图层结构

主要制作步骤如下。

（1）导入素材，将两个挂件放置到不同的图层中。创建一个影片剪辑，在影片剪辑中绘制一个矩形。将矩形放置到与两个挂件相同的图层中。

（2）使用骨骼工具分别在两个图层中创建矩形与挂件之间的骨骼连接，同时创建摇摆的骨骼动画。选择骨骼后在【属性】面板中设置这两个骨骼的【强度】和【阻尼】值即可获得需要的效果。

9.7.5　骨骼动画应用——人物行走

利用骨骼动画制作一个人物行走的动画。动画效果如图 9.143 所示，图层结构如图 9.144 所示。

图 9.143　人物行走

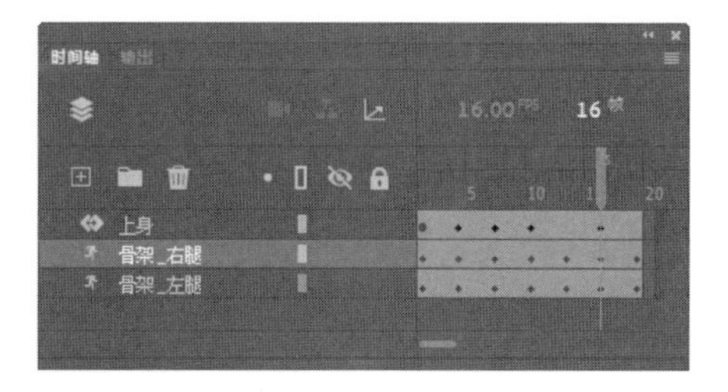

图 9.144　图层结构

主要制作步骤如下。

（1）导入素材图片“走路 .jpg”，将其打散成形状，然后用绘制线条将人物图形分割，并且将它们分别转换为影片剪辑元件，如图 9.145 所示。

（2）将这些元件分别拖放到舞台上拼成一个完整的人物，并且放在三个图层上。人物上身放在一个独立图层上，右腿的三个元件放在一个图层上，左腿的三个元件放在另一个图层上。

（3）用“骨骼工具”分别绑定右腿的三个实例和左腿的三个实例，如图 9.146 所示。

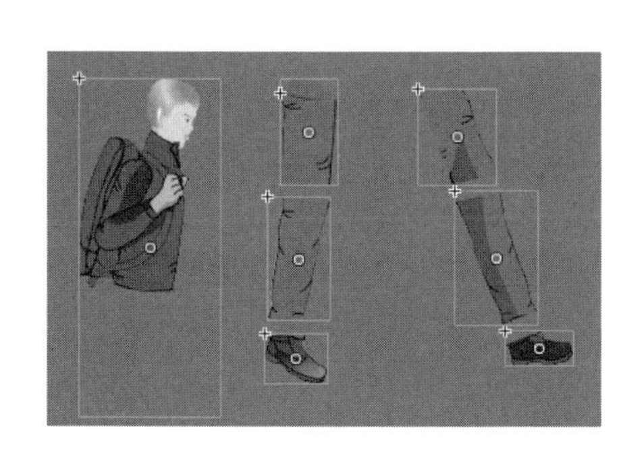

图 9.145　分割人物图形并转换为元件

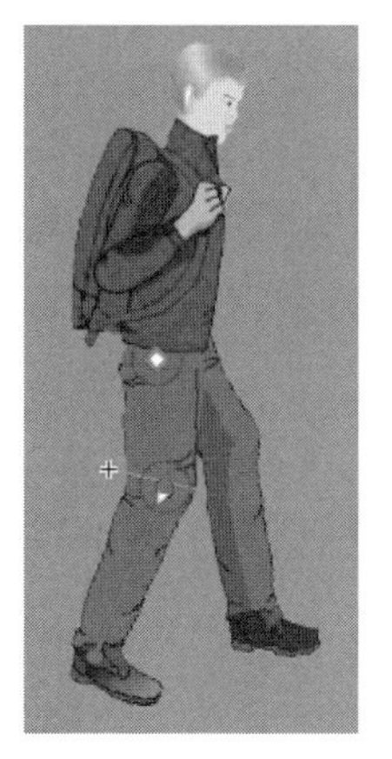

图 9.146　绑定骨骼

（4）依次每隔 4 帧调整人物的姿态。包括调整右腿和左腿的骨骼，以及通过补间动画调整上身的起伏姿态。这样就可以制作一个人物原地行走的动画效果。

（5）读者还可以将以上操作制作成一个影片剪辑元件，然后在主场景中制作这个影片剪辑的补间动画，让其位置移动，这样就会形成一个人物行走的动画效果。

9.7.6　场景动画应用——骑自行车

利用所给的素材，制作小孩在街道上骑车前行的动画效果，如图 9.147 所示。动画的图层结构如图 9.148 所示。

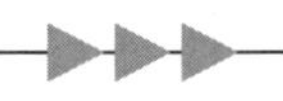

图 9.147　骑车前行

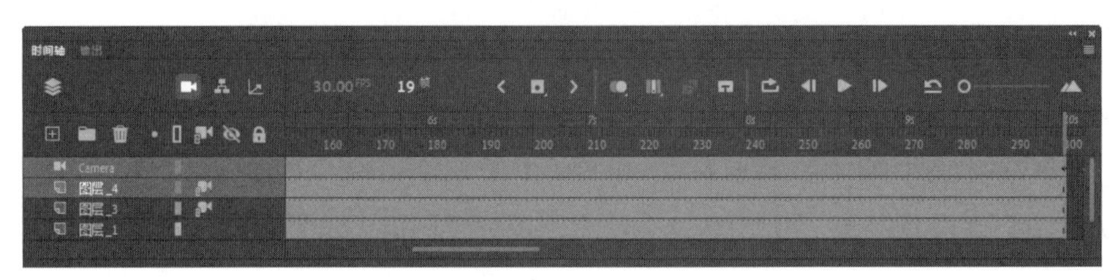

图 9.148　图层结构

主要制作步骤如下。

（1）打开素材文件，从【库】面板中将名为“背景”的图片放置到舞台上。调整图片位置，使图片右端位于舞台右侧。

（2）在【时间轴】面板中新建一个图层，绘制两个等宽的黑色无边框矩形，将它们分别放置到舞台的上方和下方获得边框效果。

（3）在【时间轴】面板中新建一个图层，从【库】面板中将名为“自行车”的影片剪辑拖放到该图层中，调整该影片剪辑在舞台中的位置。该影片剪辑为小孩骑车动画，影片剪辑中包含了车轮滚动和小孩骑车动作等动画效果。这里为了简化练习难度，这些动画效果已经制作完成。

（4）在【时间轴】面板上添加 Camera 图层，将所有图层延伸到第 300 帧。将播放头放置到第 300 帧的位置，按下“图层 _2”和“图层 _3”的【将图层附加到摄像头】按钮使这两个图层中的对象不随摄像头移动。

（5）为 Camera 图层添加补间动画，将播放头放置到第 300 帧的位置，使用【摄像头】工具使“图层 _1”中的背景图片右移到左端与舞台左侧对齐的位置。此时播放动画，背景图片从左向右移动，就获得了骑车向左运动的动画效果。

第10章 Animate CC 的多媒体功能

由于 Animate CC 设计的初衷是提供网络应用的多媒体集成元素，所以其对声音的支持特别值得称道，尤其是它可以将声音做大幅度的压缩。随着网络视频的流行，Animate CC 对视频技术的支持功能越来越强大。Animate CC 不断改进视频导入工具，不但可以将视频嵌入到 Animate CC 影片当中，而且能够创建、编辑和部署渐进式下载的 Animate CC Video。

本章主要内容：

- 声音在动画中的应用；
- 视频在动画中的应用。

10.1 声音在动画中的应用

Animate CC 提供了许多使用声音的方式。可以使声音独立于时间轴连续播放，或使动画与一个声音同步播放。还可以向按钮添加声音，使按钮具有更强的感染力。另外，通过设置淡入淡出效果还可以使声音更加优美。由此可见，Animate CC 对声音的支持已经由先前的实用，转到了现在的既实用又求美的阶段。

10.1.1 将声音导入动画

向动画场景中添加声音，一般情况下可以分为两步进行。首先，将声音文件导入到【库】中，然后从【库】中将声音放置到时间轴需要的位置即可。

（1）新建一个 Animate CC 影片文档或者打开一个已有的 Animate CC 影片文档，选择【文件】|【导入】|【导入到库】命令，此时将打开【导入到库】对话框，在该对话框中，选择要导入的声音文件，如图 10.1 所示。单击【打开】按钮，声音导入【库】面板中。【库】面板中将显示声音文件的波形，同时可以预览声音效果，如图 10.2 所示。

图 10.1 【导入到库】对话框

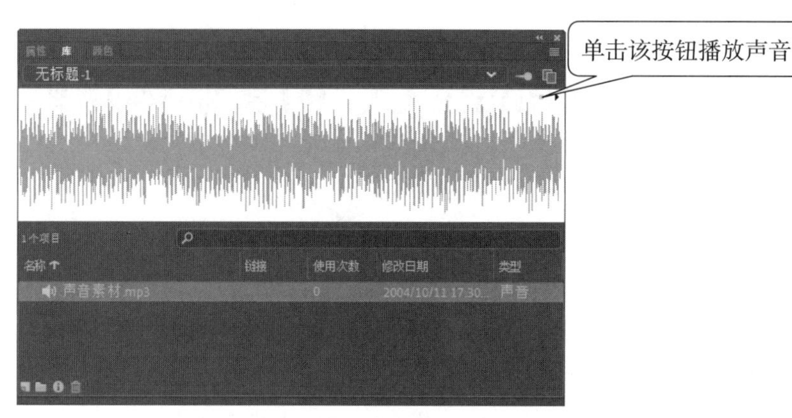

图 10.2 【库】面板中的声音文件

专家点拨： 选择【文件】|【导入】|【导入到舞台】命令将打开【导入】对话框，在对话框中选择需要导入的声音文件，单击【打开】按钮，声音文件被导入。此时，声音文件被放置在当前图层被选择的帧中。

（2）从【库】面板中将声音文件拖放到图层的某个帧中，这时会发现该帧中出现一条短线，这是声音对象的波形起始。选择该帧后面的某一帧，如这里的第 30 帧，按下 F5 键，就可以看到声音对象的波形，如图 10.3 所示。按下键盘上的 Enter 键，可以在当前状态下播放声音。这里由于只有 30 帧，动画时长为 1 秒钟，因此动画播放时只能听到 1 秒钟的声音。要播放完整的声音，应该将帧延伸到声音可以播放完的位置。

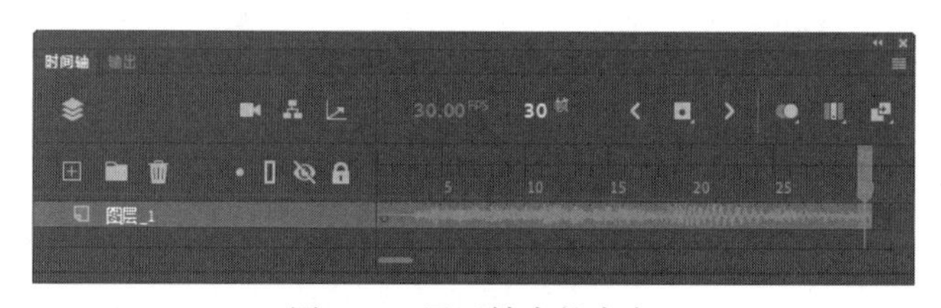

图 10.3 置于帧中的声音

专家点拨： 要彻底删除导入到 Animate CC 动画中的声音素材，应该在【库】面板中选择该声音文件，单击面板下方的🗑按钮将其从【库】中删除，而不是仅仅从时间轴上将放置该声音素材的帧删除。注意使用这种方式删除的文件是无法使用 Ctrl+Z 组合键恢复的。

10.1.2 声音属性的设置和编辑

Animate CC 是一个二维动画制作软件，其对插入到作品的声音提供了很好的支持。Animate CC 不仅仅支持导入各种常见格式的声音文件，用户还可以根据需要对声音进行编辑和设置，以适应动画创作的需要。

1. 设置声音效果

在时间轴上，选择包含声音文件的图层中的任意一帧，在【属性】面板中展开【声音】设置栏。再打开【效果】列表，选择相应的选项可以设置声音的效果，如图 10.4 所示。

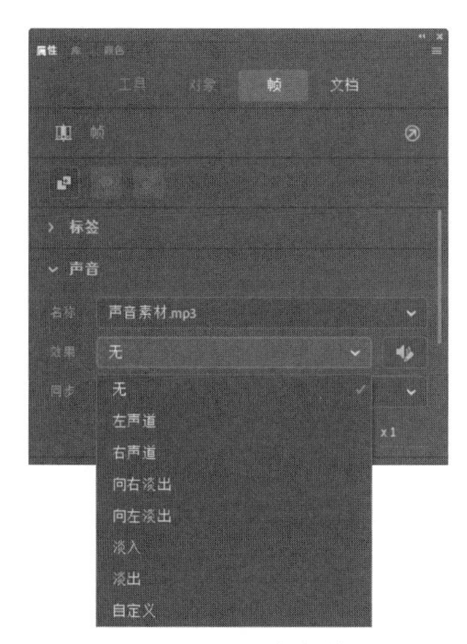

图 10.4　设置声音效果

以下是对各种声音效果的解释。

- 【无】：不对声音文件应用效果，选择此选项将删除以前应用过的效果。
- 【左声道】和【右声道】：只在左或右声道中播放声音。
- 【向右淡出】和【向左淡出】：会将声音从一个声道切换到另一个声道。
- 【淡入】：会在声音的持续时间内逐渐增加其幅度。
- 【淡出】：会在声音的持续时间内逐渐减小其幅度。
- 【自定义】：可以使用【编辑封套】对话框来创建声音的淡入和淡出点。

2. 声音的同步

Animate CC 提供了 4 种同步方式，在【声音】设置栏中打开【同步】下拉列表，列表中列出【事件】【开始】【停止】和【数据流】这 4 种同步方式。选择列表中的选项即可实现设置，如图 10.5 所示。

图 10.5　同步属性

【同步】列表中 4 个选项的意义如下所示。

- 【事件】：如果选择了这个选项，那么 Animate CC 会将声音和一个事件的发生过程同步起来。从声音的起始关键帧开始播放，并独立于时间轴播放完整的声音，即使 SWF 文件停止执行，声音也会继续播放。
- 【开始】：与【事件】选项的功能相近，但如果声音正在播放，使用【开始】选项则不会播放新的声音实例。
- 【停止】：将使指定的声音静音。
- 【数据流】：将强制动画和音频流同步。与事件声音不同，音频流随着 SWF 文件的停止而停止。而且，音频流的播放时间绝对不会比帧的播放时间长。

在【同步】下拉列表下面的下拉列表中还可以设置声音循环选项，包括【重复】和

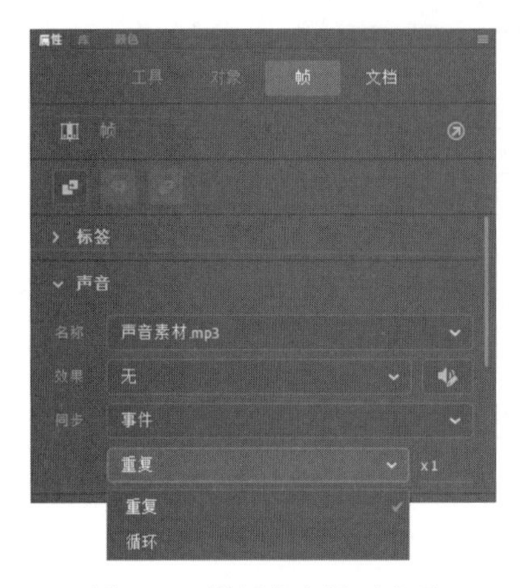

图 10.6　设置声音循环选项

【循环】两个选项，如图 10.6 所示。如果选择【重复】选项，可以在后面的文本框中输入一个数值，以指定声音应循环的次数；选择【循环】选项可以连续重复播放声音。

在动画中添加声音后，很多时候需要动画与声音同步，也就是动画开始播放时声音开始播放，当动画播放完后声音播放也自动停止。要实现这种同步，可以按照下面的方式操作。

（1）在用于放置时间的图层中，声音播放的起始点插入关键帧，将帧延伸到声音需要停止的位置。将声音文件从【库】中拖放到帧中，如图 10.7 所示。

图 10.7　在帧中放置声音

（2）将播放头放置到声音需要终止的帧所在的位置，按 F6 键插入关键帧。打开【属性】面板，在【声音】设置栏的【名称】列表中选择当前使用的声音文件，如图 10.8 所示。

（3）在【同步】列表中选择【停止】选项，如图 10.9 所示。这样，当播放到该帧时，声音的播放将自动停止。

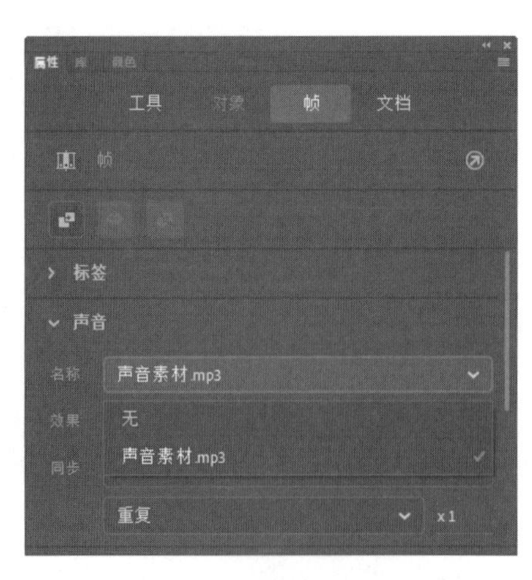

图 10.8　选择声音文件

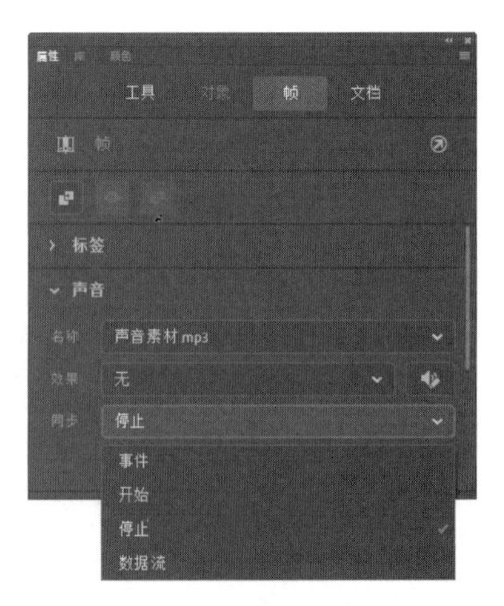

图 10.9　选择【停止】选项

3. 声音的编辑

在【属性】面板【声音】设置栏中单击【效果】列表右侧的【编辑声音封套】按钮将打开【编辑封套】对话框，使用该对话框可以对声音进行简单的编辑处理。虽然 Animate CC 处理声音的能力有限，无法与专业的声音处理软件相比，但在这里提供的编辑功能完全能够满足动画制作过程中对声音编辑的需求，实现常见的编辑操作，比如控制声音的播放音量、改变声音开始播放和停止播放的位置等。在【编辑封套】对话框中对声音进行编辑的具体操作方法如下所示。

（1）选择已添加了声音的帧，打开【属性】面板，单击【声音】设置栏中的【编辑声音封套】按钮。此时将打开【编辑封套】对话框，如图 10.10 所示。

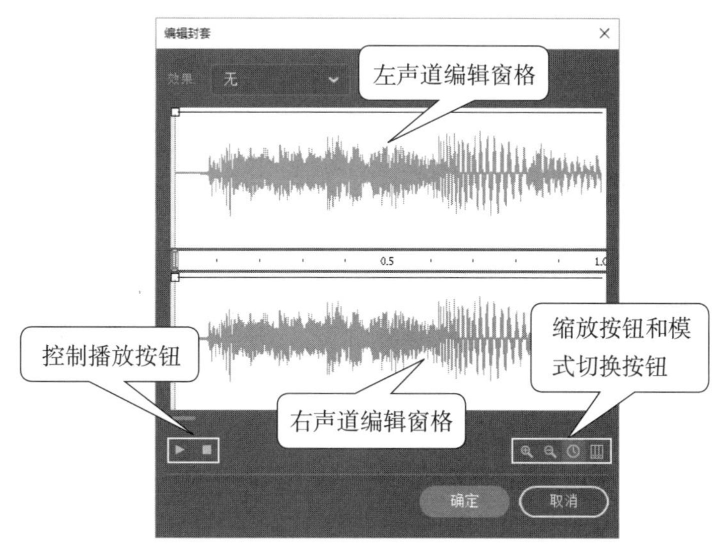

图 10.10 【编辑封套】对话框

（2）对话框中上下窗格中间有个时间轴，声音开始处的时间轴上的滑块用于标识声音起点，声音终止处的时间轴上的滑块用于标识声音的终止位置。分别拖动这两个滑块改变其在时间轴上的位置，可以调整声音播放的起始位置，如图 10.11 所示。

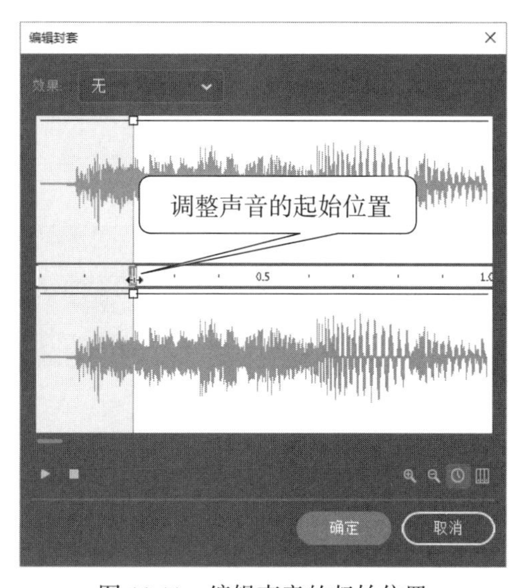

图 10.11　编辑声音的起始位置

（3）在【编辑封套】对话框中，白色的小方框为音量调整节点，用鼠标上下拖动它们，改变音量指示线的垂直位置，这样，可以调整音量的大小。如图 10.12 所示。音量指示线位置越高，声音越大。用鼠标单击编辑区，在单击处会增加一个节点，用鼠标拖动节点到编辑区的外边，可以删除这个节点。

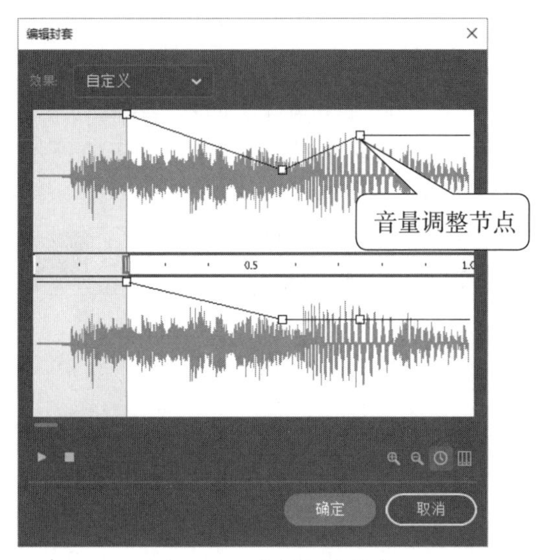

图 10.12 音量调整节点

（4）在【效果】列表中列出了预设的声音效果，选择相应的选项可以将音效应用于声音，如图 10.13 所示。

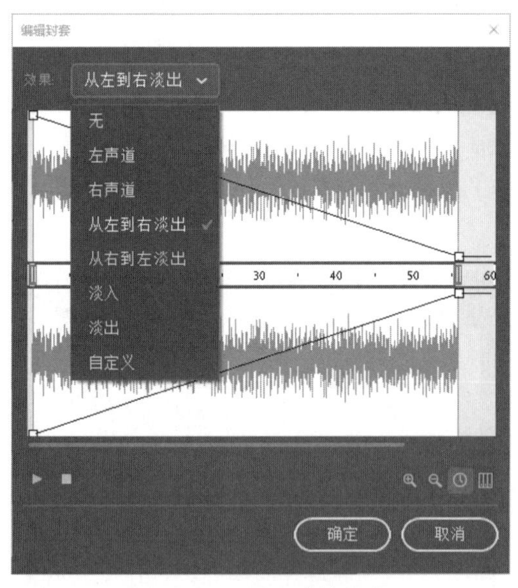

图 10.13 设置【效果】

专家点拨：在【编辑封套】对话框中单击【放大】按钮或【缩小】按钮，可以改变窗口中显示声音的范围。要在秒和帧之间切换时间单位，请单击【秒】按钮和【帧】按钮。单击【播放】按钮，可以试听编辑后的声音。

4. 拆分声音

将声音从【库】中放置到时间轴上，声音作为一个整体置于该图层的帧中。此时，可以根据需要对这个声音进行拆分。拆分声音一般需要按下面的步骤来进行操作。

（1）在【时间轴】面板中选择包含声音图层的任意一帧，在【属性】面板的【声音】设置栏中将【同步】设置为“数据流”，如图 10.14 所示。

（2）在【时间轴】面板中选择帧，右击，选择快捷菜单中的【拆分声音】命令。声音将会从当前选择帧处被分割开，如图 10.15 所示。

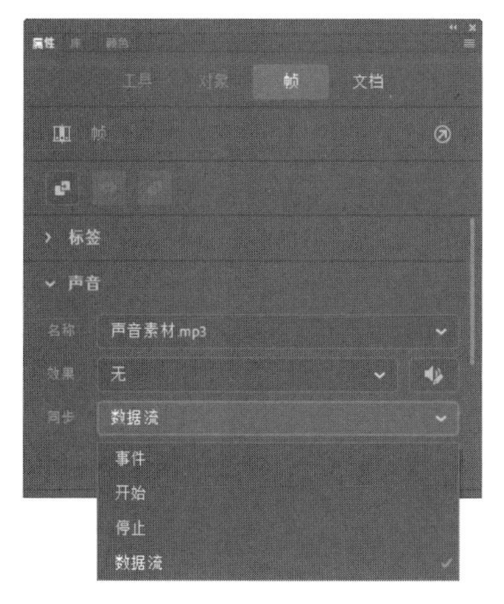

图 10.14　设置【同步】

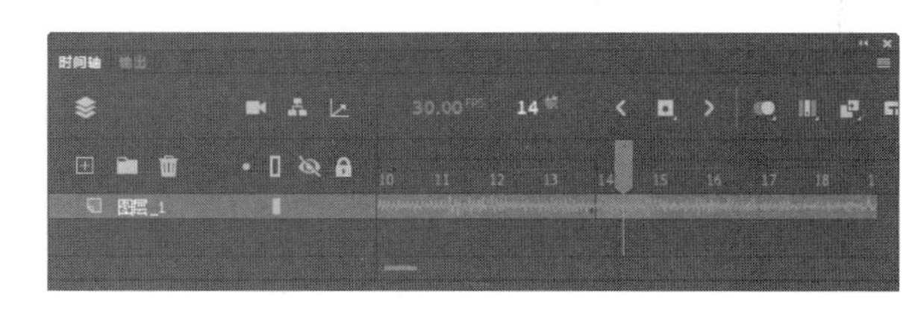

图 10.15　拆分声音

10.1.3　压缩声音

Animate CC 动画一个重要优势就在于其文件体积小，这是因为输出动画时，Animate CC 会采用很好的方法对输出文件进行压缩，包括对文件中的声音的压缩。但是，如果对压缩比例要求得很高，那么就应该直接在【库】面板中对导入的声音进行压缩了。下面介绍具体的操作方法。

（1）双击【库】面板中的声音图标，打开【声音属性】对话框。对话框中显示了声音的一些信息，如图 10.16 所示。使用该对话框，可以对声音进行压缩。在对话框的【压缩】列表中选择相应的选项即指定对声音进行压缩的方式，如图 10.17 所示。

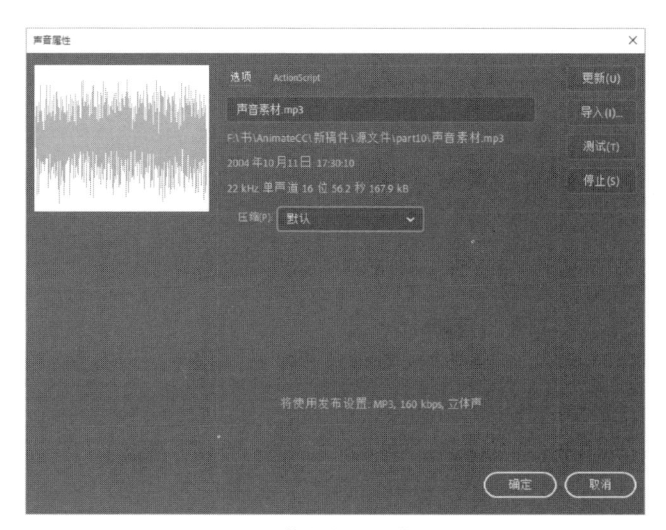

图 10.16 【声音属性】对话框

专家点拨：打开一个声音对象的【声音属性】对话框，还可以在【库】面板中选择该声音对象，然后在面板右上角的选项菜单中选择【属性】命令。在【库】面板中选择该声音对象后，单击【库】面板底部的【属性】按钮也可以打开【声音属性】对话框。

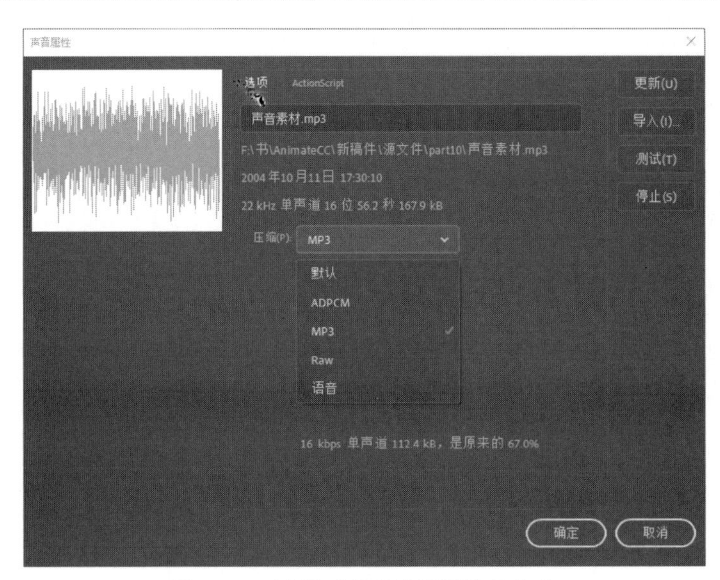

图 10.17　选择对声音进行压缩的方式

（2）如果要导出一个以 MP3 格式导入的文件，可以使用与导入时相同的设置来导出文件。此时，可以在【声音属性】对话框中，从【压缩】菜单中选择【MP3】选项，勾选【使用导入的 MP3 品质】复选框，如图 10.18 所示。

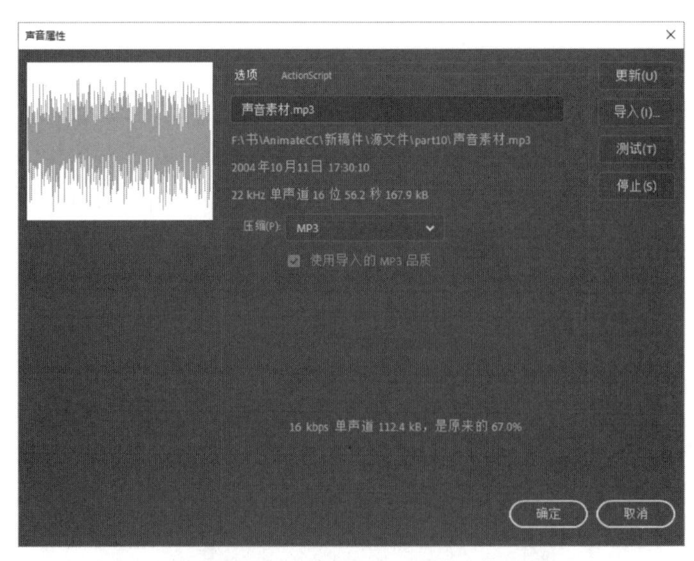

图 10.18　使用 MP3 压缩功能

（3）如果不在【库】面板里对声音进行处理的话，声音将以这个设置导出。如果不想使用与导入时相同的设置来导出文件，那么可以在【压缩】列表中选择【MP3】选项后，取消对【使用导入的 MP3 品质】复选框的勾选，可以对声音的比特率和品质进行设置，如图 10.19 所示。

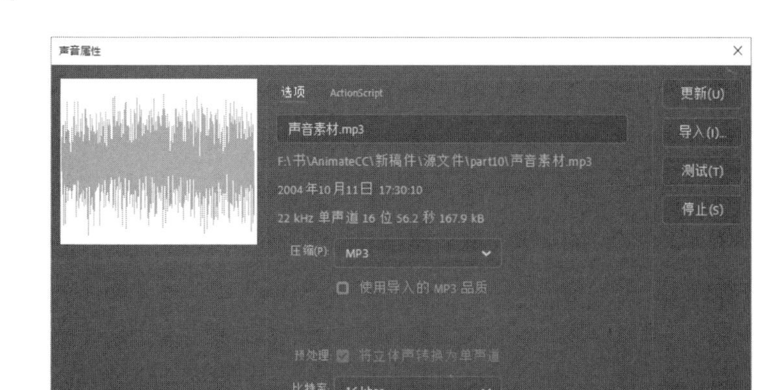

图 10.19　设置声音的比特率和品质

（4）这里，【比特率】用于确定导出的声音文件中每秒播放的位数。Animate CC 支持 8 Kbps 到 160 Kbps（恒定比特率）的比特率，在【比特率】列表中选择相应的选项可以对声音文件的比特率进行设置，如图 10.20 所示。

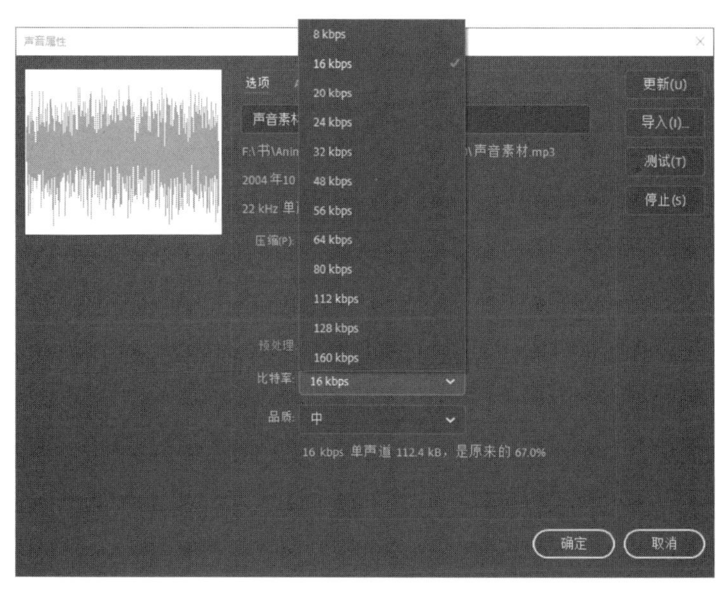

图 10.20　设置比特率

专家点拨：在【声音属性】对话框中设置的比特率越低，声音压缩的比例就越大，但比特率的设置值不应该低于 16 Kbps。如果这里将声音的比特率设置得过低，将会严重影响声音文件的播放效果。因此应该注意根据需要选择一个合适值，在保证良好播放效果的同时尽量减小文件的大小。

（5）在【品质】下拉列表中选择一个选项，以确定压缩速度和声音品质，如图 10.21 所示。

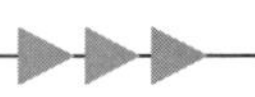

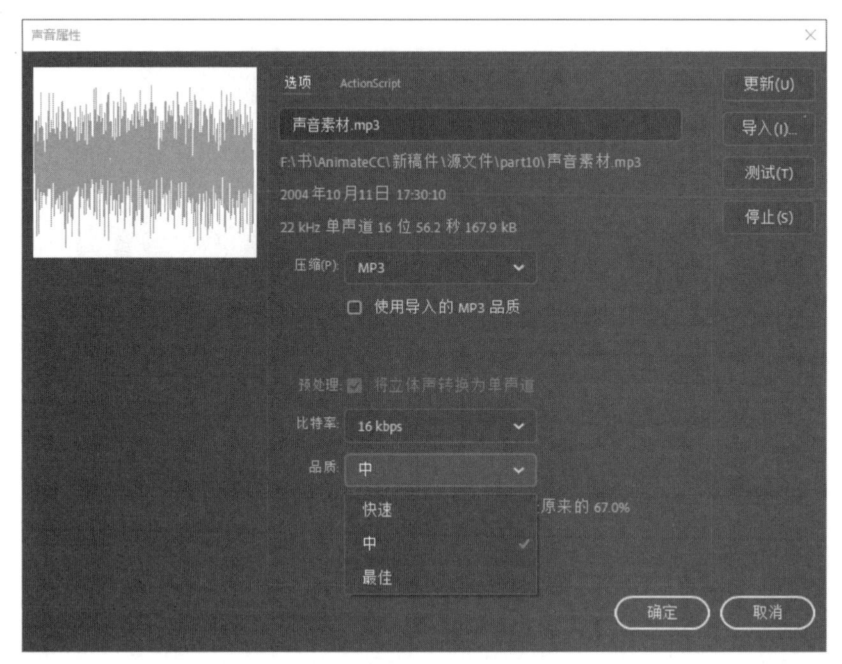

图 10.21　设置品质

专家点拨:【品质】列表中三个选项的含义如下所示。

- 【快速】：压缩速度较快，但声音品质较低。
- 【中】：压缩速度较慢，但声音品质较高。
- 【最佳】：压缩速度最慢，但声音品质最高。

（6）在【声音属性】对话框中，勾选【预处理】复选框，表示将混合立体声转换为单声（非立体声）。这里需要注意的是，【预处理】选项只有在选择的比特率为 20 Kbps 或更高时才可用。

（7）在【声音属性】对话框中，单击【测试】按钮，声音将被播放一次。如果要在结束播放之前停止测试，可单击【停止】按钮。如果感觉已经获得了理想的声音品质，单击【更新】按钮将设置应用于声音。

音乐按钮

10.1.4　实战范例——音乐按钮

Animate CC 动画最大的一个特点是交互性，交互按钮是 Animate CC 中重要的元素，如果给按钮加上合适的声效，可以在用户使用按钮时给出提示，提醒用户当前所进行的操作。本范例介绍为按钮添加音乐，利用鼠标指针实现对音乐播放的简单控制。舞台上放置三个按钮，动画播放时，鼠标指针放置于某个按钮上将播放对应的音乐。鼠标指针离开按钮，音乐播放将停止。下面介绍具体的制作步骤。

（1）启动 Animate CC，创建一个新文档，文档的大小设置为 550 × 200 像素。选择【文件】|【导入】|【导入到库】命令打开【导入到库】对话框。在对话框中选择本范例需要使用的背景图片文件和声音文件，如图 10.22 所示。单击【打开】按钮将这些素材文件导入【库】中。

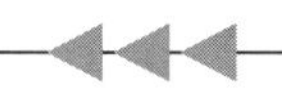

图 10.22　导入素材文件

（2）从【库】面板中将图片“音乐按钮背景 .png”拖放到舞台上，在【时间轴】面板中创建一个新图层，如图 10.23 所示。

（3）按 Ctrl+F8 组合键打开【创建新元件】对话框，在对话框中将元件名称设置为“按钮 -1”，元件类型设置为“按钮”，如图 10.24 所示。单击【确定】按钮创建一个按钮元件，使用相同的方法再创建两个按钮元件，它们的名称分别为“按钮 -2”和“按钮 -3”。

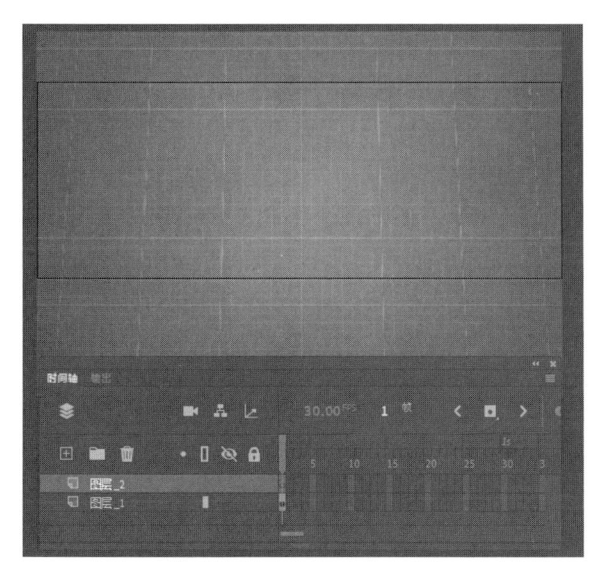

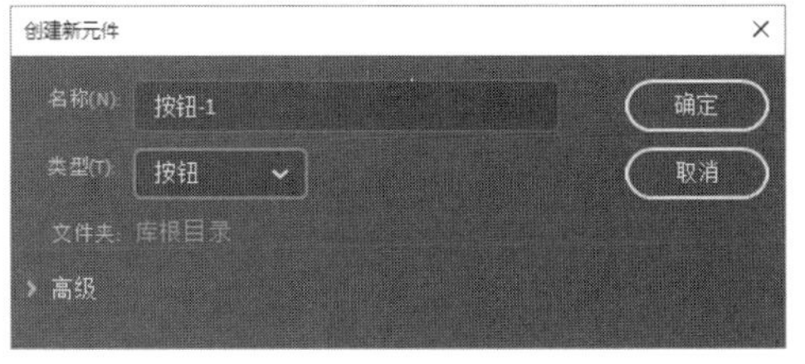

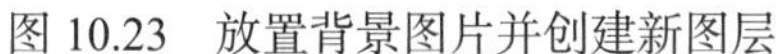

图 10.23　放置背景图片并创建新图层　　图 10.24　创建按钮元件

（4）按 Ctrl+F8 组合键打开【创建新元件】对话框，使用对话框创建一个名为“按钮 1”的影片剪辑元件。在该影片剪辑中首先绘制一个无边框的圆形，在【属性】面板中设置图形的大小、位置和填充色，如图 10.25 所示。使用【文字工具】，在圆形上创建文字“MUSIC 1”，在【属性】面板中将文字的颜色设置为白色，设置文字的大小和位置，如图 10.26 所示。

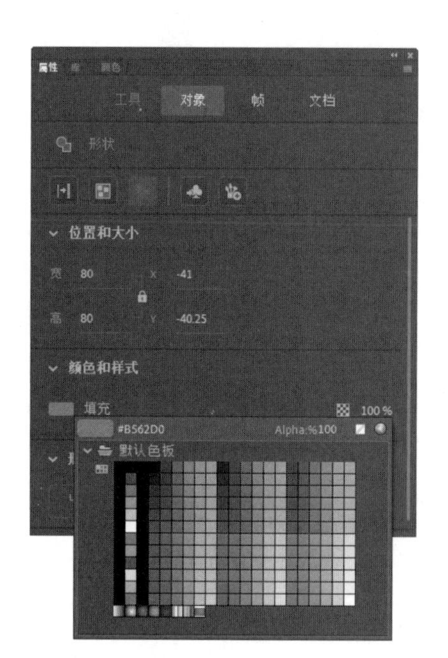

图 10.25　设置圆形的属性

图 10.26　创建文字并设置其属性

（5）创建一个名为“按钮 2”的影片剪辑元件，在影片剪辑中绘制一个无边框的圆形，圆形的填充颜色值为 #6699CC，输入文字“MUSIC 2”，文字属性与步骤（4）中设置的相同。创建名为“按钮 3”的影片剪辑元件，在影片剪辑中同样绘制一个无边框的圆形，其填充颜色值为 #339966，输入文字“MUSIC 3”，文字具有与前面文字相同的属性。

（6）在【库】面板中双击“按钮 -1”按钮元件进入按钮的编辑状态，将播放头放置于【时间轴】面板的“弹起”帧，从【库】面板中将“按钮 1”影片剪辑元件拖放到舞台的中心。分别选择“指针经过”帧、“按下”帧和“点击”帧，按 F6 键在这些帧创建关键帧，如图 10.27 所示。

（7）在【时间轴】面板选择“指针经过”帧，在【属性】面板中设置【宽】和【高】的值将元件缩小，如图 10.28 所示。这样，在动画播放时，鼠标放置于按钮上，按钮会缩小。

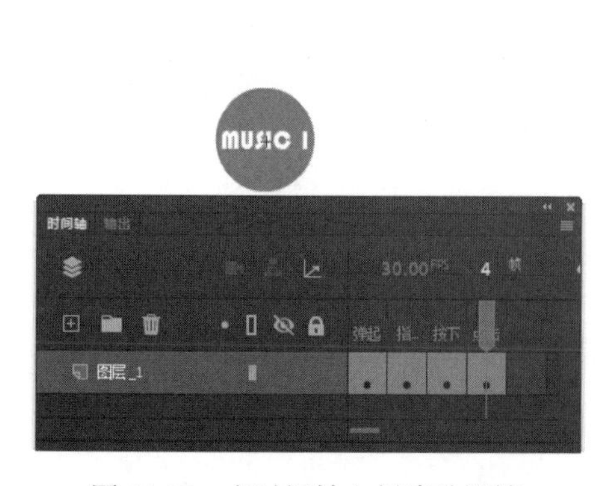

图 10.27　在时间轴上创建关键帧

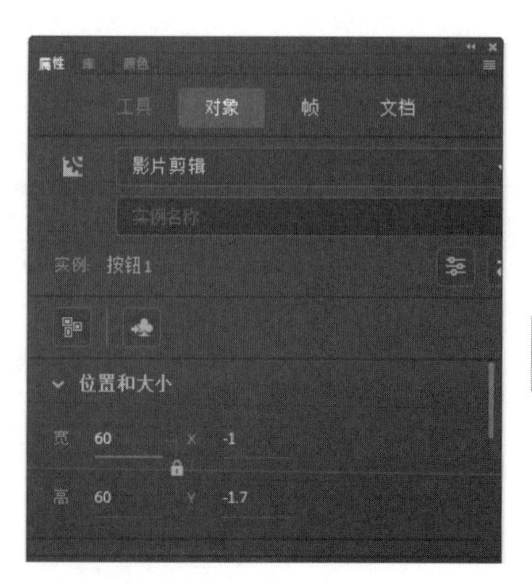

图 10.28　缩小元件

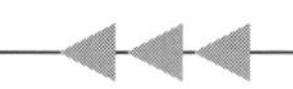

（8）在【时间轴】面板中选择“弹起”帧，从【库】面板中将“Music1.mp3”音乐元件拖放到舞台上。在【属性】面板中展开【声音】设置栏，在【同步】列表中选择【停止】选项，如图 10.29 所示。这样，在动画播放时，音乐不会自动播放。在【声音循环】列表中选择【重复】选项，如图 10.30 所示。

图 10.29　选择【停止】选项

图 10.30　选择【重复】选项

（9）在【时间轴】面板中选择“指针经过”帧，在【属性】面板的【名称】列表中选择“Music1.mp3”选项，如图 10.31 所示。这样，选择的声音被添加到当前选择的帧中。在【同步】列表中选择【事件】选项，如图 10.32 所示。这样，动画播放时，鼠标指针置于按钮上时，音乐开始播放。

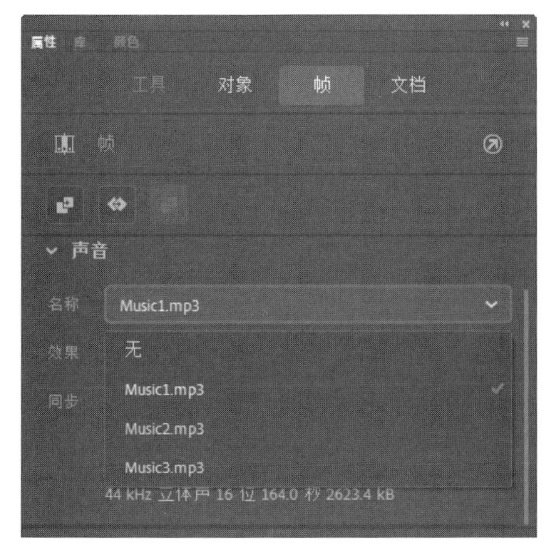

图 10.31　选择声音选项

图 10.32　设置【名称】和【同步】

专家点拨：这里必须将【同步】设置为【事件】，如果是【数据流】同步类型，那么声效将听不到。给按钮加声效时一定要使用【事件】同步类型。

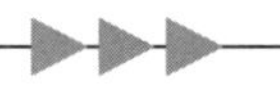

（10）制作“按钮 -2”按钮元件和“按钮 -3”按钮元件，这两个按钮各帧分别放置对应的“按钮 2”和“按钮 3”影片剪辑元件。在按钮的帧中分别放置“Music2.mp3”和“Music3.mp3”音乐元件，各个元件的设置与“按钮 -1”按钮元件相同。

（11）回到主场景中，在【时间轴】面板中创建一个新图层。从【库】面板中将三个按钮放置到该图层中，调整三个按钮在舞台上的位置，适当增大“MUSIC 2”按钮和“MUSIC 3”按钮的大小使舞台上三个按钮的大小各不相同。至此，本范例制作完成。按 Ctrl+Enter 组合键测试动画效果。范例播放效果如图 10.33 所示。

图 10.33　本范例播放效果

10.2　视频在动画中的应用

Animate CC 功能强大，能够全面支持各种各样常见视频文件的导入和处理。Animate CC 视频具备创造性的技术优势，允许把视频、数据、图形、声音和交互式控制融为一体，从而创造出引人入胜的丰富体验。

10.2.1　Animate CC 视频格式简介

在 Animate CC 中，所有的视频都是一种经过特殊处理的压缩文件格式，当它们呈现在屏幕上时是经过解压软件解压缩处理后得到的，播放 SWF 动画的 Flash Player 就是一种视频解压缩软件。在实际应用中，并非所有视频编码格式 Flash Player 都可以识别和播放，实际上 Flash Player 仅可以使用 On2 VP6、Sorenson Spark 和 H.264 编码格式，而且不同的 Flash Player 版本支持的程度也不相同。

对于那些 Flash Player 不能使用的编码视频，可以使用 Adobe Media Encoder 将这些视频编码为 Flash Player 可以识别的编码格式，这些格式包括 On2 VP6、Sorenson Spark 或 H.264。

1. H.264

Flash Player 从版本 9.0.r115 开始引入了对 H.264 视频编解码器的支持。使用此编解码器的 F4V 视频格式提供的品质比特率之比远远高于以前的 Animate CC 视频编解码器，但所需的计算量要大于随 Flash Player 7/8 发布的 Sorenson Spark 和 On2 VP6 视频编解码器。

专家点拨： 如果需要使用带 Alpha 通道支持的视频进行复合，必须使用 On2 VP6 视频编解码器，F4V 不支持 Alpha 视频通道。

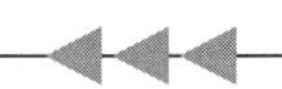

2. On2 VP6

On2 VP6 编解码器是创建在 Flash Player 8 和更高版本中使用的访问 FLV 文件时首选的视频编解码器。On2 VP6 编解码器提供：

- 与以相同数据速率进行编码的 Sorenson Spark 编解码器相比，视频品质更高。
- 支持使用 8 位 Alpha 通道来复合视频，为了在相同数据速率下实现更好的视频品质，On2 VP6 编解码器的编码速度会明显降低，而且要求客户端计算机上有更多的处理器资源参与解码和播放。因此，应仔细考虑访问 FLV 视频内容时所使用的计算机需要满足的最低配置要求。

3. Sorenson Spark

Sorenson Spark 视频编解码器是在 Flash Player 6 中引入的，如果打算发布要求与 Animate CC Player 6/7 保持向后兼容的 Animate CC 文档，则应使用它。如果预期会有大量用户使用较老的计算机，则应考虑使用 Sorenson Spark 编解码器对 FLV 文件进行编码，原因是在执行播放操作时，Sorenson Spark 编解码器所需的计算量比 On2 VP6 或 H.264 编解码器所需的计算量要小得多。

专家点拨： 如果动画文档动态地加载视频（使用渐进式下载或 Adobe Media Server），则可以使用 On2 VP6 视频，而无须重新发布原来创建的用于 Flash Player 6/7 的 SWF 文件，前提是用户使用 Flash Player 8 或更高版本查看内容。

4. 编码器和 Flash Player 版本

如表 10.1 所示列出了针对不同的编码器，发布的版本和播放外部视频所要求的播放器的列表。

表 10.1　发布的版本和播放外部视频所要求的播放器的列表

编码器	SWF 版本（发布版本）	Flash Player 版本（播放所需的版本）
Sorenson Spark	6	6, 7, 8
	7	7, 8, 9, 10
On2 VP6	6, 7, 8	8, 9, 10
H.264	9.2 版或更高版本	9.2 版或更高版本

10.2.2　实战范例——嵌入视频

嵌入视频

在 Animate CC 中，有三种方法来使用视频，它们分别是从 Web 服务器渐进式下载方式、使用 Adobe Media Server 流式加载方式和直接在 Animate CC 文档中嵌入视频方式。本范例利用遮罩层获得视频在电视屏幕内播放的效果，同时利用【属性】面板调整视频色调获得老电视的播放效果。通过本范例的制作，读者将了解嵌入的视频在动画作品中的运用技巧。

（1）新建一个 Animate CC 影片文档，设置文档的大小，其他参数使用默认值即可，如图 10.34 所示。

图 10.34　新建文档

（2）选择【文件】|【导入】|【导入到库】命令打开【导入到库】对话框，在对话框中选择需要导入的背景图片文件和视频文件，如图 10.35 所示。单击对话框中的【打开】按钮打开文件导入素材。

图 10.35　选择需要导入的文件

（3）由于选择的素材文件中有视频文件，Animate CC 会打开【导入视频】对话框。在对话框中单击【在 SWF 中嵌入 FLV 并在时间轴中播放】单选按钮选择该选项，如图 10.36 所示。单击【下一步】按钮进入下一步设置。

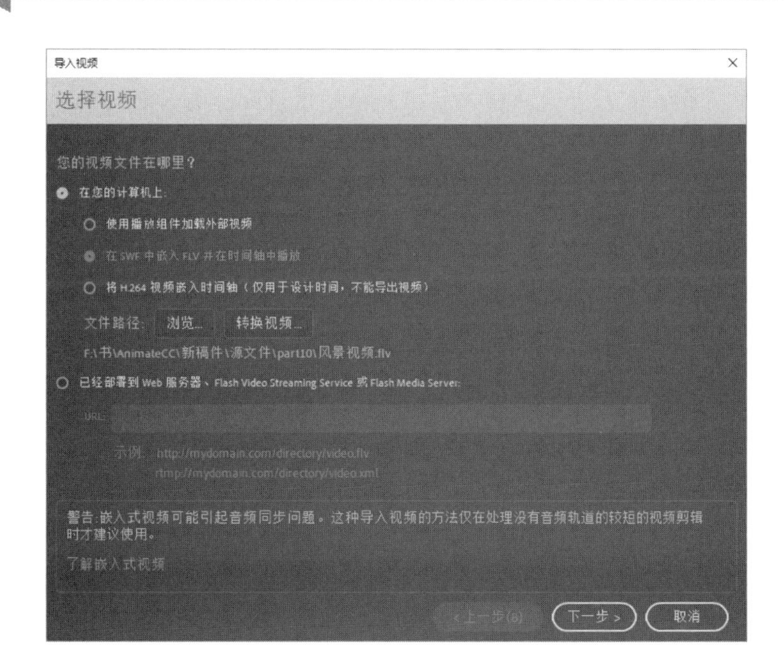

图 10.36　选择【在 SWF 中嵌入 FLV 并在时间轴中播放】单选按钮

（4）此时将进入【嵌入】向导窗口，这里可以设置视频嵌入方式，如图 10.37 所示。默认情况下，【将实例放置在舞台上】复选框被勾选，此时视频将直接导入到舞台。如果只是需要将视频导入到库中，可以取消对【将实例放置在舞台上】复选框的勾选。

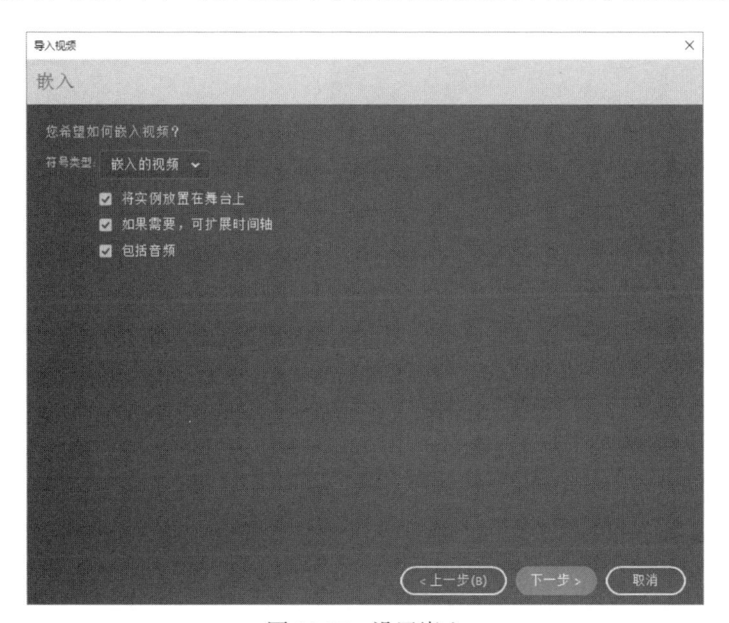

图 10.37　设置嵌入

专家点拨：【符号类型】下拉列表中有三个选项，用于设置将视频嵌入到 SWF 文件的元件类型。

- 【嵌入的视频】：如果要实现在时间轴上线性播放视频剪辑，可以选择该选项，将视频导入到时间轴。
- 【影片剪辑】：选择该选项，视频将放置到影片剪辑实例中。使用这种方式时，视

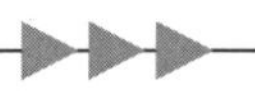

频的时间轴独立于主时间轴，用户可以方便地对视频进行控制。

- 【图形】：选择该选项，视频将嵌入到图形元件中，此时将无法使用 ActionScript 与视频进行交互。

【将实例放置在舞台上】复选框：默认情况下，此复选框处于勾选状态。如果不选择此复选框，那么导入的视频将存放在库中。

【如果需要，可扩展时间轴】复选框：选择此复选框，可以自动扩展时间轴以满足视频长度的要求。默认情况下，此复选框处于勾选状态。

（5）单击【下一步】按钮进入【完成视频导入】向导窗口，如图 10.38 所示。这里会显示一些提示信息。直接单击【完成】按钮将会显示导入进度，加载进度完成以后，视频就被导入到【库】中。

（6）在【时间轴】面板中选择“图层_1”的第 1 帧，从【库】面板中将“电视剧 .jpg”图片拖放到舞台上，调整其大小使其适合舞台的大小。在【时间轴】面板中新建一个图层“图层_2”，选择其第 1 帧后从【库】面板中将视频文件拖放到舞台上。此时 Animate CC 给出提示，如图 10.39 所示。单击【是】按钮关闭对话框，Animate CC 自动将帧延伸到第 968 帧，保证默认情况下视频能够完整播放，如图 10.40 所示。

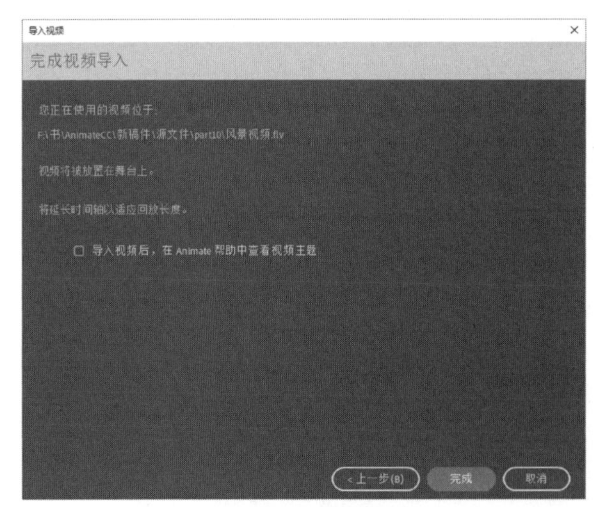

图 10.38　完成视频导入

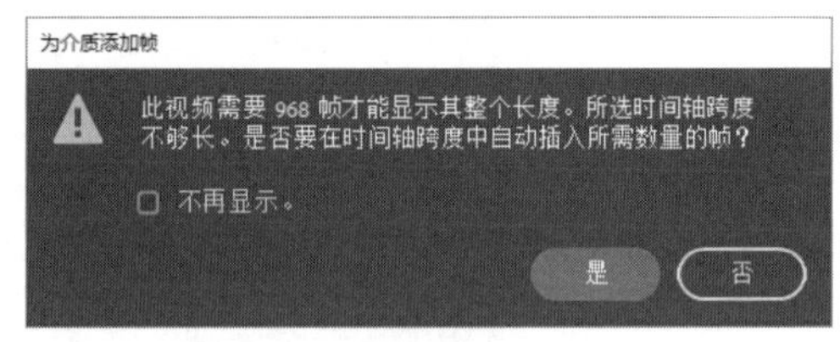

图 10.39　Animate CC 提示

图 10.40　将帧延伸到第 968 帧

（7）选择视频文件，在【属性】面板中调整视频的【宽】和【高】的值使其略大于电视屏幕。调整视频的位置，使其与电视屏幕对齐，如图 10.41 所示。

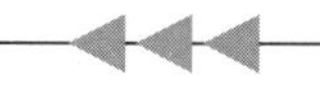

图 10.41　调整视频的大小和位置

（8）将“图层 _1”的帧延伸到第 968 帧，创建一个新图层“图层 _3”。在【工具】面板中选择【矩形工具】，设置工具的属性，这里取消矩形的笔触并设置其边角半径，如图 10.42 所示。拖动鼠标，在电视屏幕位置绘制一个圆角矩形，如图 10.43 所示。

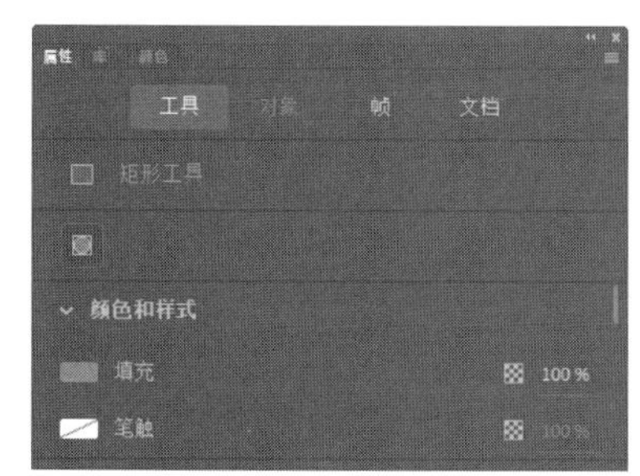

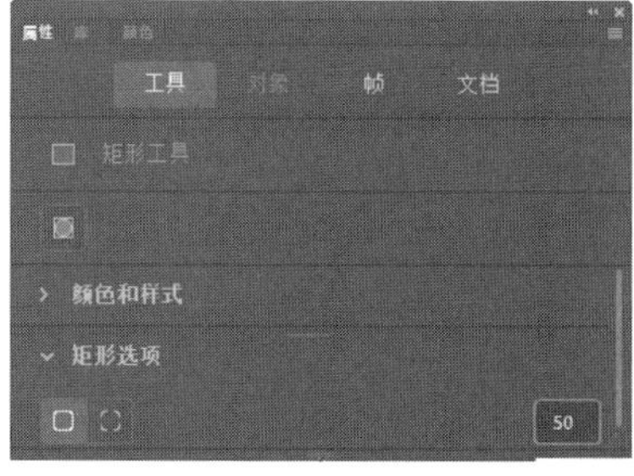

图 10.42　设置工具属性　　　　图 10.43　绘制一个圆角矩形

（9）在【时间轴】面板中隐藏视频所在的图层，在【工具】面板中选择【选择工具】，使用该工具调整矩形的形状，如图 10.44 所示。在【工具】面板中选择【部分选取工具】，使用该工具修改图形的形状，使图形与电视屏幕的形状相同，如图 10.45 所示。

图 10.44　使用【选择工具】调整矩形的形状　　　　图 10.45　修改图形形状

（10）完成修改后，在【时间轴】面板中解除“图层 _2”的隐藏使视频可见。右击“图层 _3”，选择快捷菜单中的【遮罩层】命令将“图层 _3”转变为遮罩层，如图 10.46 所示。

（11）选择视频所在图层的任意一帧，在【属性】面板中对帧属性进行设置。这里，在【色彩效果】设置栏的【颜色样式】列表中选择【色调】选项，调整各个设置项的值设置视频显示的色调，如图 10.47 所示。

图 10.46　将“图层 _3”转变为遮罩层

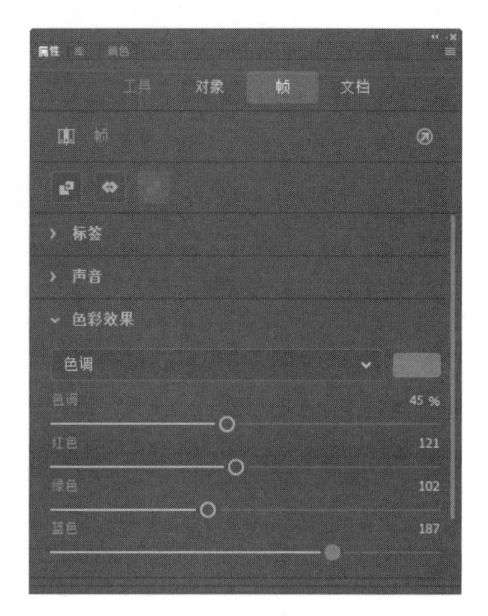

图 10.47　调整色调

（12）至此，范例制作完成。按 Ctrl+Enter 组合键测试动画。动画播放时，电视机屏幕上将显示播放的视频，如图 10.48 所示。

图 10.48　范例制作完成后的效果

渐进式下载播放外部视频

10.2.3　实战范例——渐进式下载播放外部视频

从 Web 服务器渐进式下载方式是将视频文件放置在 Animate CC 文档或生成的 SWF 文档的外部，用户可以使用 FLVPlayback 组件或 ActionScript 在运行时的 SWF 文件中加载并播放这些外部 FLV 或 F4V 视频文件。在 Animate CC 中，使用渐进式下载的视频实际上仅仅只是在文档中添加了对视频文件的引用，Animate CC 使用该引用在本地计算机和 Web 服务器上去查找视频文件。

使用渐进方式下载视频有很多优点，在作品创作过程中，仅发布 SWF 文件即可预览或测试 Animate CC 文档内容，这样可以实现对文档的快速预览，并缩短测试时间。在文档播放时，第一段视频下载并缓存在本地计算机后即可开始视频播放，然后将一边播放一边下载视频文件。在允许时，Flash Player 是从本地计算机加载视频到 SWF 文件中，不限制视频文件的大小或延续时间，这样不存在音频同步的问题，也没有内存限制。另外，这种方式视频文件的帧速率可以和 SWF 文件的速率不同，从而使 Animate CC 动画的制作具有更大的灵活性。

下面通过一个范例的制作来介绍具体的操作方法。

（1）新建一个 Animate CC 影片，设置文档的大小，文档属性保持默认设置，如图 10.49 所示。单击【创建】按钮创建一个新文档。

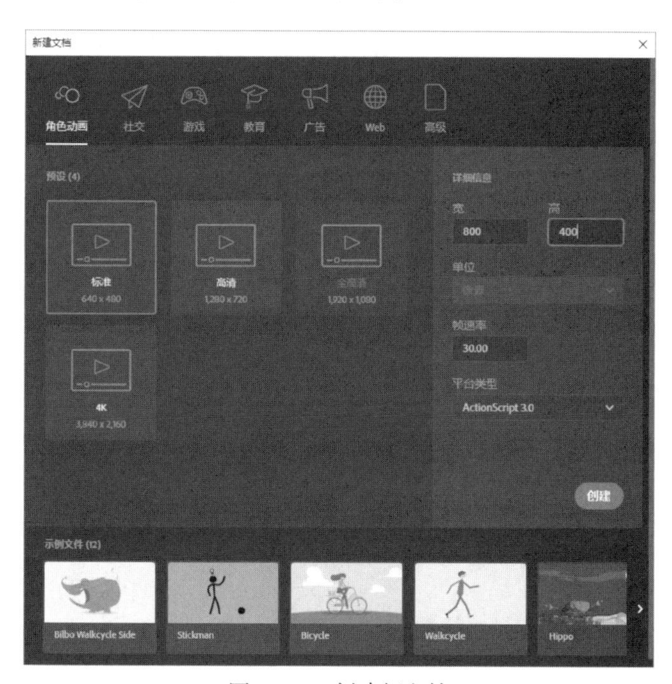

图 10.49 创建新文档

（2）选择【文件】|【导入】|【导入到库】命令打开【导入到库】对话框，选择需要导入的背景图片文件，如图 10.50 所示。单击【打开】按钮将图片导入到【库】中，从【库】面板中将其拖放到舞台上，如图 10.51 所示。

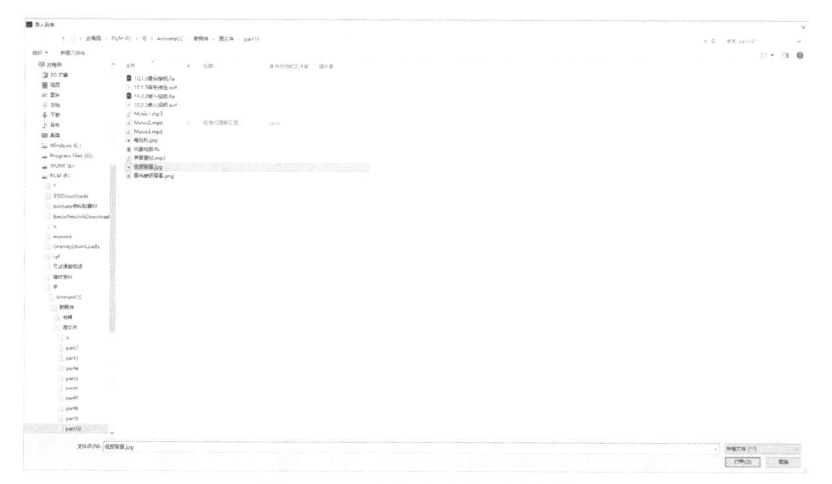

图 10.50 选择需要导入的文件

图 10.51　放置背景图片

（3）选择【文件】|【导入】|【导入视频】命令，Animate CC 会打开【导入视频】对话框。在对话框中单击【使用播放组件加载外部视频】单选按钮选择该选项，如图 10.52 所示。单击【浏览】按钮打开【打开】对话框，选择需要使用的视频文件，如图 10.53 所示。单击【打开】按钮回到【导入视频】对话框。

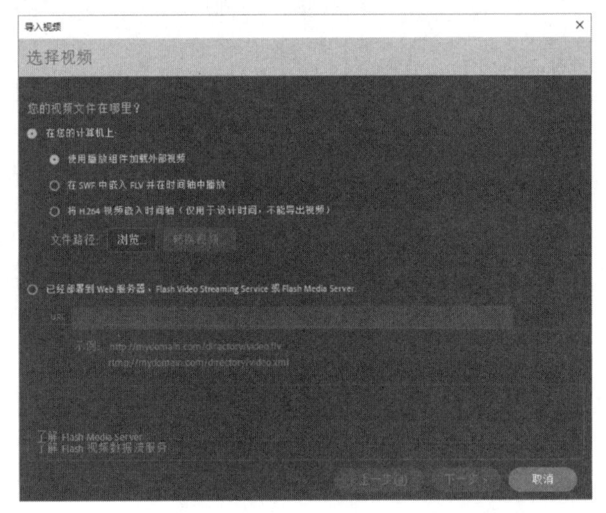

图 10.52　选择【使用播放组件加载外部视频】单选按钮

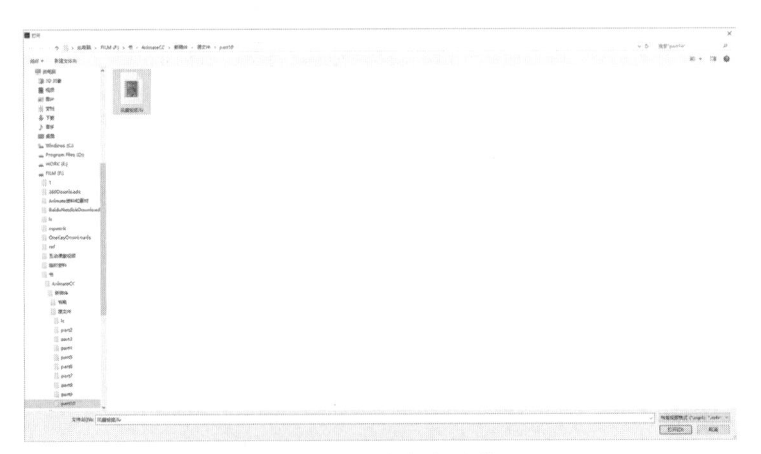

图 10.53　选择视频文件

专家点拨： 在【导入视频】对话框中，如果需要导入本地计算机上的视频文件，应选择【使用播放组件加载外部视频】单选按钮。如果要导入已经部署在 Web 服务器、Flash Video Streaming Service 或 Flash Media Server 上的视频，则可以选择【已经部署到 Web 服务器、Flash Video Streaming Service 或 Flash Media Server】单选按钮，然后在 URL 文本框中输入视频的 URL 地址。这里要注意，位于 Web 服务器上的视频使用的是 HTTP 通信协议，而位于 Flash Media Server 和 Flash Video Streaming Service 上的视频使用的是 RTMP 通信协议。

（4）单击【下一步】按钮进入【设定外观】设置窗口，这里可以设置 FLVPlayback 视频组件的外观。在【外观】下拉列表框中有许多默认的播放器外观可供选择，在其中选择相应的播放器外观选项。部分播放器可以设置其颜色，单击【颜色】按钮将打开调色板，可设置组件的颜色，如图 10.54 所示。

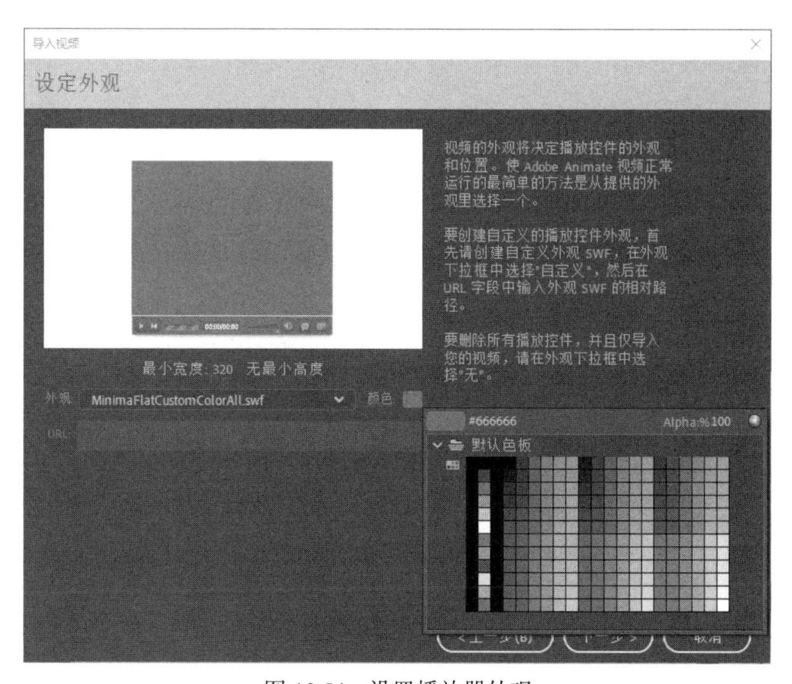

图 10.54　设置播放器外观

专家点拨： 在【外观】下拉列表中可以选择 Animate CC 提供的预定义 FLV Playback 视频组件外观，Animate CC 将会把选择的外观影片复制到 FLA 文档所在的文件夹。如果在该下拉列表中选择【无】选项，则将不使用 FLVPlayback 组件外观。另外，可以在 URL 文本框中输入 Web 服务器地址以选择自定义外观。

（5）单击【下一步】按钮将在对话框中给出当前导入视频的有关信息及提示，如图 10.55 所示。此时单击【完成】按钮，Animate CC 显示导入进度。视频导入后舞台上出现所选择的视频播放器，如图 10.56 所示。

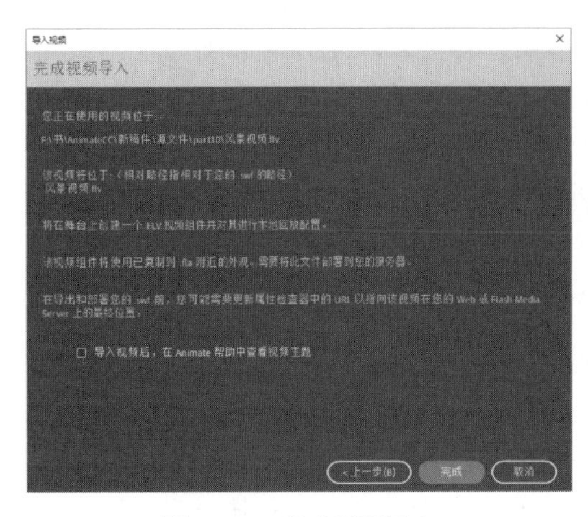

图 10.55　完成视频导入

图 10.56　视频导入到文档

（6）选择舞台上的视频对象，在【属性】面板中可以对视频对象的属性进行设置。如设置视频对象的大小和位置，如图 10.57 所示。为视频对象添加投影效果，如图 10.58 所示。

图 10.57　设置对象的大小和位置

图 10.58　添加投影效果

（7）按 Ctrl + Enter 组合键测试影片，可以在播放器的支持下对视频进行播放。播放效果如图 10.59 所示。

图 10.59　影片播放效果

专家点拨：在【属性】面板中单击【显示参数】按钮将打开【组件参数】面板对 FLV Playeback 视频播放组件的属性进行设置。如设置组件的对齐方式（align 下拉列表）、组件的外观样式（skin 设置项）和背景颜色（skinBackgroundColor 设置项）等，如图 10.60 所示。

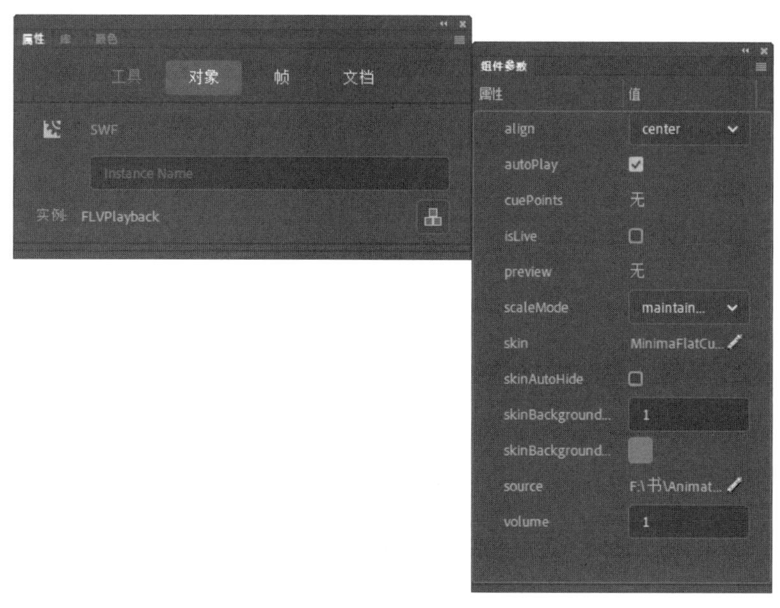

图 10.60　设置组件参数

10.3　本章小结

本章学习了在 Animate CC 影片中应用声音和视频的方法。对于 Animate CC 中声音的使用，介绍了使用和编辑处理声音的方法。对于 Animate CC 中视频的使用，在介绍了有关视频文件使用的基础知识的同时，重点介绍了将视频文件嵌入 Animate CC 文档的方法和实现渐进式下载外部视频文件的方法。通过本章的学习，读者能够在动画中使用包括声音和视频在内的多种媒体文件，创建内容更加丰富多彩的多媒体动画。

10.4　本章习题

一、选择题

1．在为按钮元件添加声效时，声音的【同步】选项应该设置为下面的哪种方式？（　　）

A．数据流　　B．事件　　C．开始　　D．停止

2．在对导入的声音文件进行编辑时，“编辑封套”对话框的哪个按钮处于按下状态时，时间单位被设置为帧？（　　）

A．　　B．　　C．　　D．

3．在 Animate CC 中应用视频时，在【导入视频】向导的【选择视频】对话框中，单击下面哪个单选按钮能够将视频文件设置为嵌入到 Animate CC 动画中？（　　）

A．使用播放组件加载外部视频

B．将 H.264 视频嵌入时间轴（仅用于设计时间，不能导出视频）

C．已经部署到 Web 服务器、Flash Video Streaming Service 或 Adobe Media Server

D．在 SWF 中嵌入 FLV 并在时间轴中播放

4．在使用播放组件加载外部视频后，在视频实例【属性】面板的【组件参数】栏中，下面哪个设置项可以用于更改播放的视频？（　　）

A．autoPlay　　B．cuePoints　　C．source　　D．skin

二、填空题

1．在制作动画与声音同步效果时，声音的【同步】选项应该设置为________。

2．在【声音属性】对话框中设置的比特率越低，声音压缩的比例就越________，但比特率的设置值不应该低于________Kbps。如果这里将声音的比特率设置过低，将会严重影响声音文件的播放效果。

3．并非所有视频编码格式 Flash Player 都可以识别和播放，Flash Player 仅可以使用 On2 VP6、Sorenson Spark 和________编码格式，而且不同的 Flash Player 版本支持的程度也不相同。

4．从 Web 服务器渐进式下载方式是将视频文件放置在 Animate CC 文档或生成的 SWF 文档的外部，用户可以使用________组件或 ActionScript 在运行时的 SWF 文件中加载并播放这些外部________或 F4V 视频文件。

10.5 上机练习和指导

10.5.1 声音和动画的同步效果

在制作 Animate CC 动画时，声音和动画的同步效果是一个很重要的技术。例如，在制作音乐 MV 作品时歌曲与歌词的同步效果，在制作 Animate CC 多媒体课件时旁白声音和字幕的同步效果等，都需要用到这项技术。下面利用所给的素材制作唐诗《鸟鸣涧》朗读课件，在朗读过程中，诗词字幕同步出现，字幕出现时要有从模糊变清晰的动画效果，效果如图 10.61 所示。

图 10.61　制作完成的效果

主要制作步骤如下。

（1）新建一个 Animate CC 影片文档，设置舞台尺寸为 320 像素 ×200 像素，背景色为蓝色。

（2）选择【文件】|【导入】|【导入到库】命令，将声音文件“古诗 .wav”“背景音乐 .wav”和背景图片文件“鸟鸣涧背景 .png”导入到这个影片的库中。

（3）将“图层_1”更名为“背景”，将背景图片放置到该图层中，调整其大小和位置。创建名为“遮盖”的图层，在该图层中绘制一个无边框的矩形，矩形填充色为黑色，不透明度设置为 30%。创建名为“标题”的图层，在这个图层上用【文字工具】输入古诗的标题文字，并为其添加“渐变发光”和“发光”滤镜效果，如图 10.62 所示。

图 10.62　添加背景、遮盖矩形和标题

（4）插入新图层并重命名为“背景音乐”。从【库】面板中拖出“背景音乐.wav”声音对象到舞台上。

（5）单击“背景音乐”图层的第 1 帧，在【属性】面板中选择【同步】列表中的【数据流】选项。在定义声音和动画同步效果时，一定要使用【数据流】选项。

（6）单击【属性】面板中的【编辑声音封套】按钮，弹出【编辑封套】对话框。单击右下角的【帧】按钮，使它处于按下状态，这时，对话框中显示出声音持续的帧数，拖动滚动条，可以查看声音的持续帧数。

（7）知道了声音的长度（所需占用帧数）后，在“背景音乐”图层上，选中最后已经知道的声音帧数，按 F5 键在最后一帧插入帧。这样，声音波形就完整地出现在“背景音乐”图层上。

（8）插入新图层，并命名为“朗读声音”，在这个图层的第 71 帧插入空白关键帧。从“库”面板中将“古诗.wav”声音对象应用到该图层的第 71 帧上。在【属性】面板中设置声音的【同步】选项为“数据流”。

（9）下面定义声音分段标记。新建一个图层，重新命名为“字幕”。按 Enter 键试听声音，当出现第一句朗读句子时，再按一下 Enter 键暂停声音的播放。这时，播放头的位置就是出现第一句朗读文字的帧的位置。在“字幕”图层上，选择此时的播放头所在的帧，按 F7 键，插入一个空白关键帧。

（10）选中刚添加的空白关键帧，在【属性】面板的【标签】栏下的【名称】文本框中输入“第一句”，如图 10.63 所示。

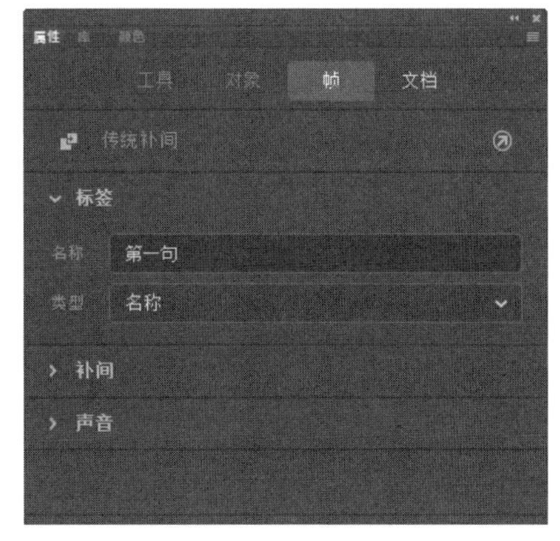

图 10.63　定义帧名称

（11）此时“字幕”图层的对应帧处，出现小红旗和帧名称。为关键帧添加名称在动画制作中是非常普遍的，它可以明确指示一个特定的关键帧位置，为后续的动画制作提供必要的参考。

（12）用同样的方法在所有的朗读句子分段处定义关键帧名称。

（13）在“字幕”图层上，选中“第一句”空白关键帧，用文本工具在舞台上输入第一句诗词“人闲桂花落”，并设置合适的文字格式。用同样的方法在其他三个空白关键帧上创建另外三句诗词。

（14）测试影片，可以预览到字幕和旁白声音同步播放的效果。

（15）为了使字幕呈现的效果更加精彩，这里利用传统补间动画制作了字幕模糊呈现的动画特效。如图 10.64 所示。具体的制作步骤是，选择“字幕”图层的第 96 帧，按 F6 键插入关键帧。选中第 71 帧上的文字，在【滤镜】面板中为文字添加“模糊”滤镜，然后定义从第 71 帧到第 96 帧之间的动作补间动画。使用同样的方法制作其他三句诗词字幕的模糊特效。

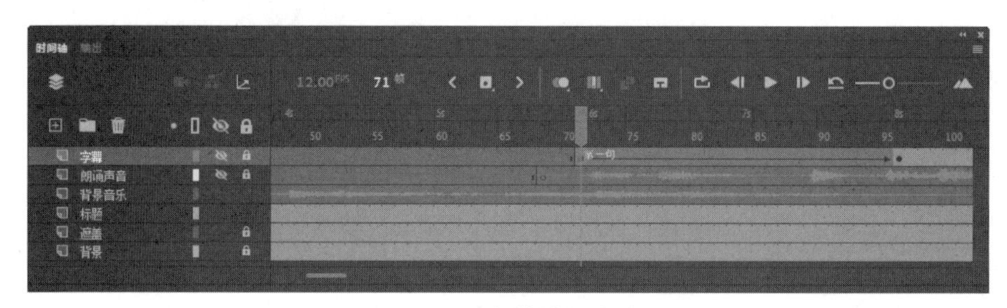

图 10.64 字幕模糊特效

10.5.2 3D 影视墙

使用提供的素材背景图片和视频文件，制作一个 3D 影视墙，效果如图 10.65 所示。

图 10.65 3D 影视墙

主要制作步骤如下。

（1）将素材图片导入到舞台，调整图片的大小。导入视频文件，在【导入视频】对话框中选择【使用播放组件加载外部视频】单选按钮，设置时取消播放组件的外观。

（2）从【库】面板中将视频拖放到舞台上，在【属性】面板中打开【组件参数】面板，将 scaleMode 设置为 exactFit。调整该视频的大小使其与背景图片中间的显示器大小相同。将该视频转换为影片剪辑。

（3）复制两个影片剪辑，在【属性】面板的【3D 定位和查看】栏中设置影片剪辑的 3D 位置，在【位置和大小】栏中调整它们的大小，在【变形】面板中对影片剪辑进行 3D 旋转，使影片剪辑与左右两侧的显示器屏幕重合。

第11章

Animate CC 的交互动画

Animate CC 动画的一个重要特点是它可以编写代码实现交互功能，并且使用程序代码可以创建更多丰富多彩的动画效果，如果这些动画效果利用逐帧动画或者补间动画则很难实现。对于动画设计人员来说，掌握一些基本的编程知识是很有必要的。Animate CC 内置的编程语言是ActionScript，它和 Java 一样基于 ECMAScript（ECMAScript 是所有编程语言的国际规范化语言）开发，实现了真正意义上的面向对象。

本章主要内容：

- ActionScript 3.0 开发环境；
- 了解 ActionScript 3.0；
- ActionScript 3.0 应用范例。

用代码控制飞鸟飞行

11.1 ActionScript 3.0 开发环境

早在 1997 年 6 月，当时的 Macromedia 公司就在其 Flash 2.0 中引入了通过脚本语言来控制动画的功能，随着时间的推移，这种脚本语言也逐渐发展壮大，成了当前仍被使用的 ActionScript 3.0。ActionScript 3.0 具备了面向对象编程的特征，所有代码都基于类—对象—实例模式，拥有更为可靠的编程模型。本节将首先对 ActionScript 3.0 的编程环境进行介绍。

11.1.1 ActionScript 的首选参数设置

使用 ActionScript 前，首先要进行相关开发参数的设置。运行 Animate CC 后，选择【编辑】|【首选参数】命令，打开【首选参数】对话框，在【类别】列表中选择【代码编辑器】选项。在这里，可对代码编辑器进行相关的设置，如对动作脚本的字体和颜色等进行设置，保证编写动作脚本时有一个适合自己的视觉感受，如图 11.1 所示。

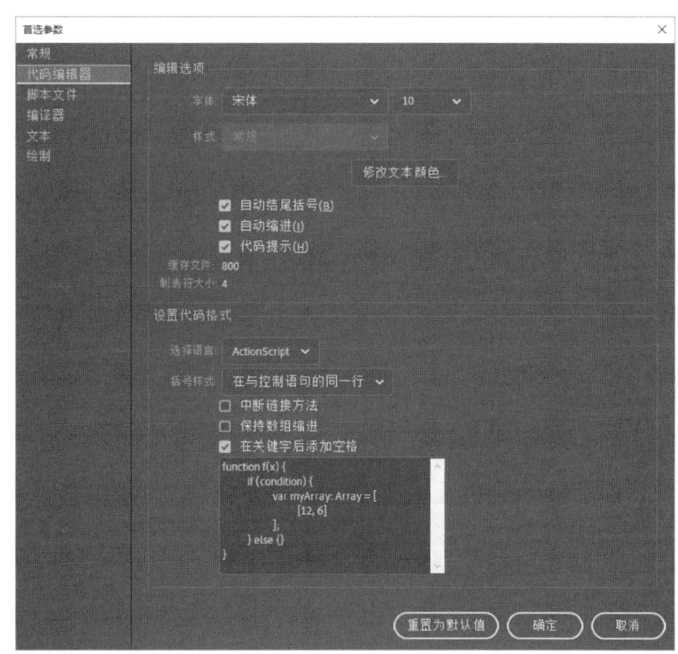

图 11.1 【首选参数】对话框

下面对【编辑选项】设置栏中的设置项进行介绍。

- 【字体】下拉列表：指定用于脚本的字体。其右侧下拉列表用于设置字符字号，其下方的【样式】列表用于设置字符样式。
- 【自动结尾大括号】复选框：如果勾选了该复选框，将自动创建右大括号。
- 【自动缩进】复选框：如果勾选了该复选框，在左小括号（或左大括号{之后键入的文本将按照【制表符大小】设置自动缩进。
- 【制表符大小】文本框：在该文本框中可以指定新行中将缩进的字符数。
- 【代码提示】复选框：如果勾选了该复选框，在【动作】面板或者【脚本】窗格中启用代码提示功能。

在【编辑选项】设置栏中单击【修改文本颜色】按钮可打开【代码编辑器文本颜色】对话框，使用对话框可以对各种类型文本的颜色进行设置，如图 11.2 所示。

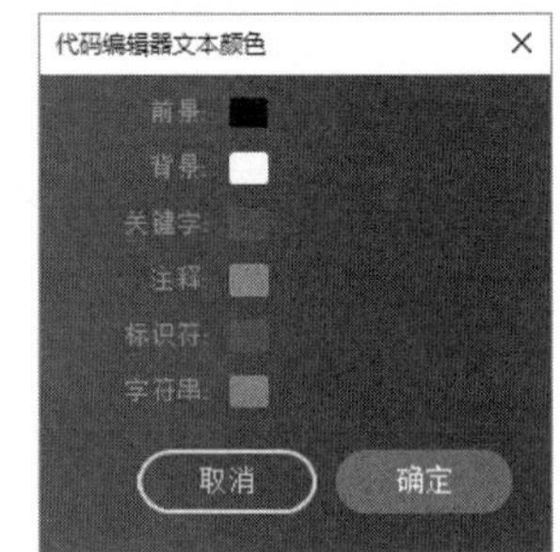

图 11.2 【代码编辑器文本颜色】对话框

Animate CC 可以使用 Java 语言来编写脚本，在【设置代码格式】设置栏的【选择语言】列表中可以选择使用的语言。【括号样式】列表用于设置编程时为代码添加括号的方式，在该设置栏下方可以预览设置代码格式。

在【首选参数】对话框左侧列表中选择【脚本文件】选项，可对脚本文件进行设置，如图 11.3 所示。在【打开】列表中可以对选择打开代码文件时的字符编码。【重新加载修改的文件】列表中有三个选项，可指定脚本文件被修改、移动或删除时将如何操作。这里选择【总是】选项时，将不显示警告，自动重新加载文件。选择【从不】选项时，将不显示警告，文件仍保持当前状态。【提示】选项是默认选项，选择该选项将显示警告提示，用户可以选择是否重新加载文件。

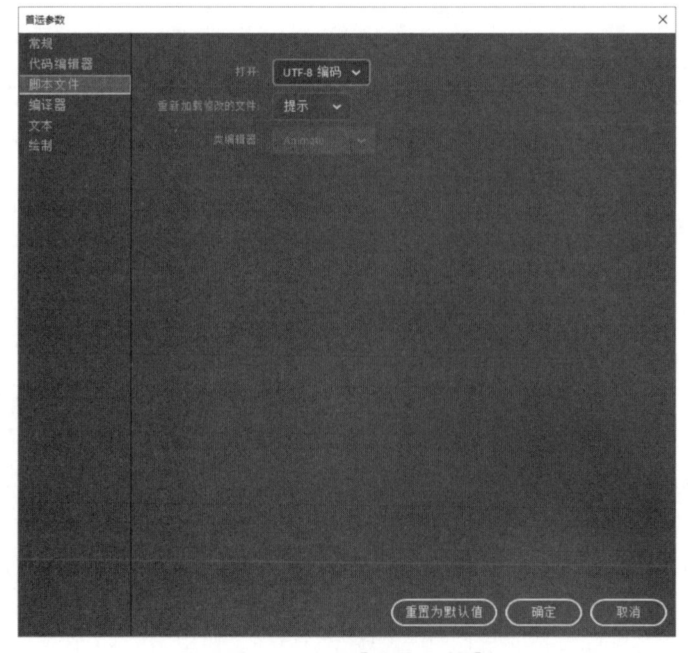

图 11.3 设置【脚本文件】

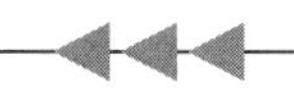

在【首选参数】对话框左侧列表中选择【编译器】现象，可以设置 FlexSDK 路径、ActionScript 3.0 的源路径、库路径和外部库路径，如图 11.4 所示。

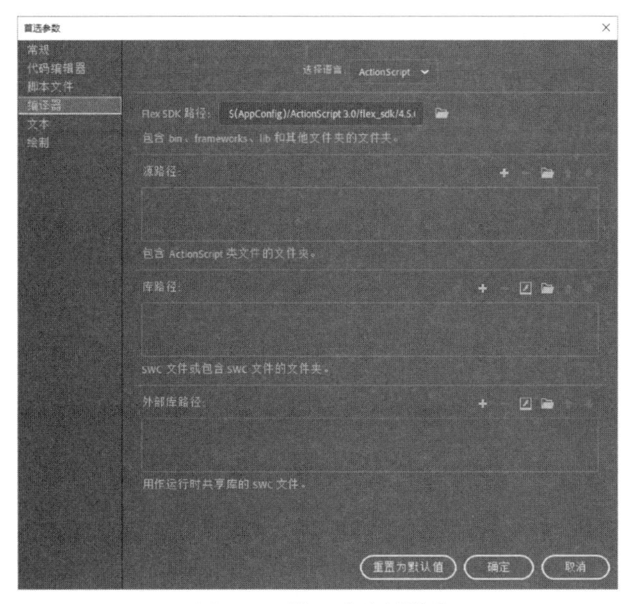

图 11.4　设置【编译器】

11.1.2 【动作】面板

Animate CC 提供了一个专门处理动作脚本的编辑环境——【动作】面板，该面板是动作脚本的编辑器，使用该面板能够进行动作脚本的创建和编辑。

新建一个文档，在打开的【新建文档】对话框中将【平台类型】设置为 ActionScript 3.0，如图 11.5 所示。选择【窗口】|【动作】命令打开【动作】面板，【动作】的结构如图 11.6 所示。

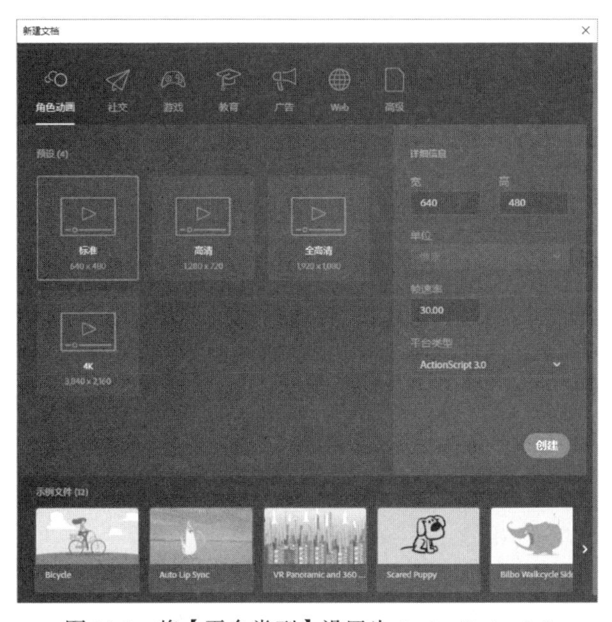

图 11.5　将【平台类型】设置为 ActionScript 3.0

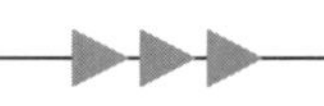

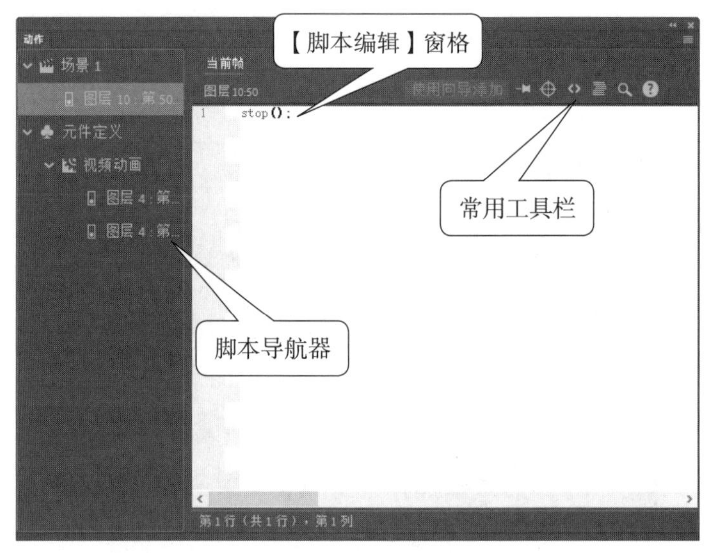

图 11.6 【动作】面板

【动作】是脚本编辑环境，其由两部分组成，面板右侧的【脚本编辑】窗格，用于输入代码和对代码进行编辑。面板左侧的【脚本导航器】窗格中将影片文档中相关联的帧动作以可视化列表的形式列出来，用户可以在这里浏览影片文档中的对象以查找动作脚本代码。如果单击【脚本导航器】中的某一项目，则与该项目关联的脚本代码将出现在【脚本编辑】窗格，并且播放头将移到时间轴上的相应位置。

【脚本编辑】窗格上方的【常用工具栏】包含若干功能按钮，利用它们可以快速对动作脚本实施操作。

- 【固定脚本】按钮：按下该按钮代码将能在单独的窗格中显示，代码被固定在当前窗格中便于选择编辑。
- 【插入实例路径和名称】按钮：帮助用户快速在脚本中为某个动作设置动作目标的绝对或相对目标路径。单击该按钮将打开【插入目标路径】对话框，对话框中将显示对象层级结构，用户可以直接选择目标选项以插入对该对象进行引用的路径代码，如图 11.7 所示。

图 11.7 【插入目标路径】对话框

- 【代码片段】按钮：单击该按钮将打开【代码片段】面板，该面板给出 Animate CC 自带的程序代码，这些代码可以直接应用于对象或放置到时间轴上以获得某种效果。
- 【设置代码格式】按钮：设置脚本的格式以实现正确的编码语法和更好的可读性，可以在【首选参数】对话框中设置自动套用格式首选参数。
- 【查找】按钮：单击该按钮将打开【查找】工具栏，使用该工具栏可以在当前窗格中的 ActionScript 代码中查找和替换文本。在【查找】工具栏中单击【高级】按钮将打开【查找和替换】对话框，使用该对话框能够实现代码或文本的查找和替换操作，如图 11.8 所示。

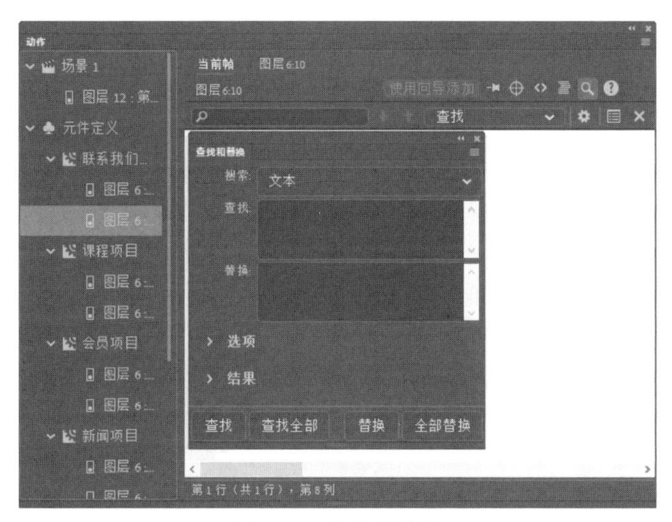

图 11.8　查找和替换

● 【帮助】按钮：单击该按钮可以获得在线帮助。

11.1.3　使用代码向导

Animate CC 提供了代码向导，使用代码向导可以帮助初学者快速地将一些 JavaScript 代码插入到 HTML5 Canvas 文档中，实现某些常用的功能。

（1）按 Ctrl+N 组合键打开【新建文档】对话框，在对话框中将【平台类型】设置为 HTML5 Canvas，如图 11.9 所示。单击【确定】按钮创建一个新文档。

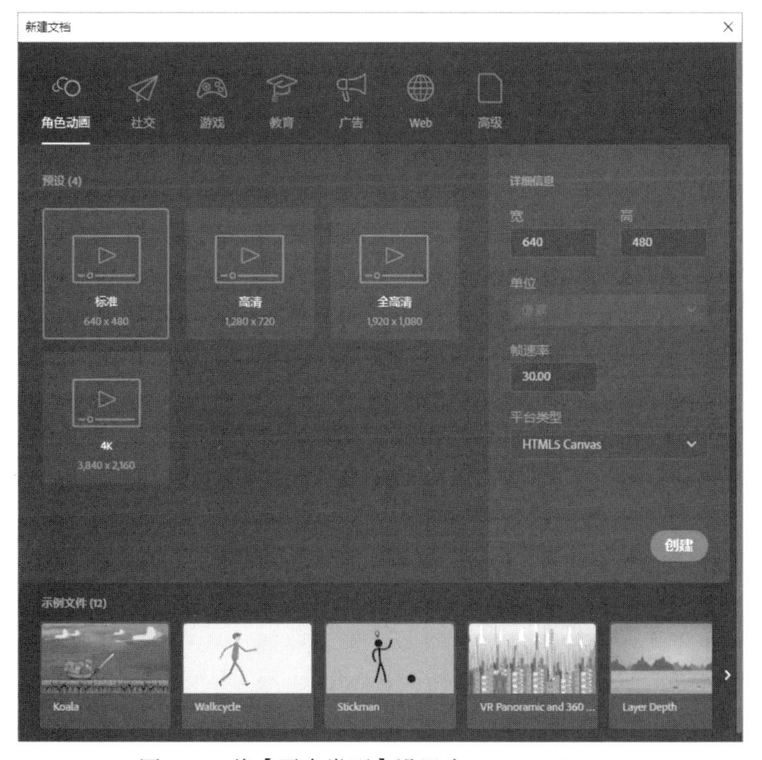

图 11.9　将【平台类型】设置为 HTML5 Canvas

（2）在【时间轴】面板中选择一个承载代码的关键帧，按 F9 键打开【动作】面板。在面板的工具栏中单击【使用向导添加】按钮，如图 11.10 所示。

图 11.10 单击【使用向导添加】按钮

（3）此时将打开代码向导，在【选择一项操作】列表中选择代码，如这里选择 Stop 选项。此时将出现【要应用的操作对象】列表，在列表中选择代码应用的对象。此时实现功能的代码即被添加到【您的操作】文本框中，如图 11.11 所示。

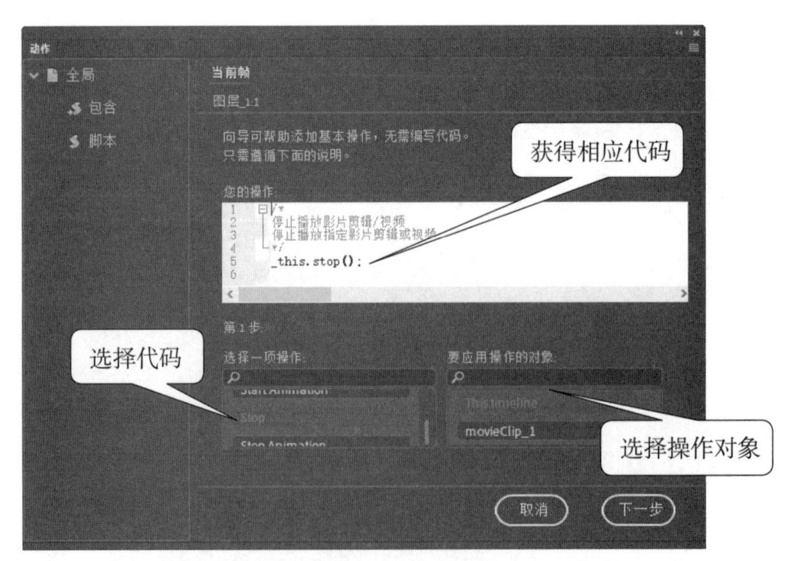

图 11.11 输入代码

（4）单击【下一步】按钮进入触发时间设置。这里，首先在【选择一个触发事件】列表中选择触发操作的事件，如这里选择 MouseClick 选项应用鼠标单击事件。在出现的【选择一个要触发事件的对象】列表中选择鼠标单击的对象。完成设置后，【您的操作】文本框中将获得完整的事件代码，如图 11.12 所示。

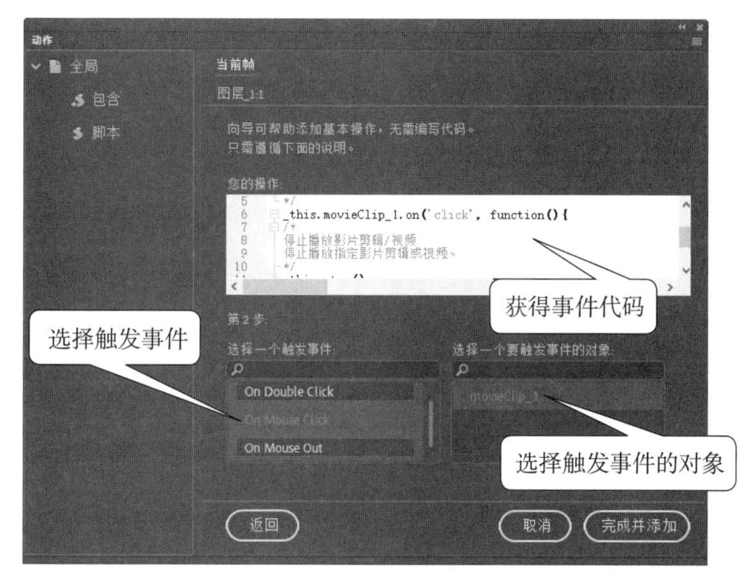

图 11.12 设置触发事件

（5）完成代码的添加后单击【完成并添加】按钮，代码即被添加到【动作】面板中，如图 11.13 所示。

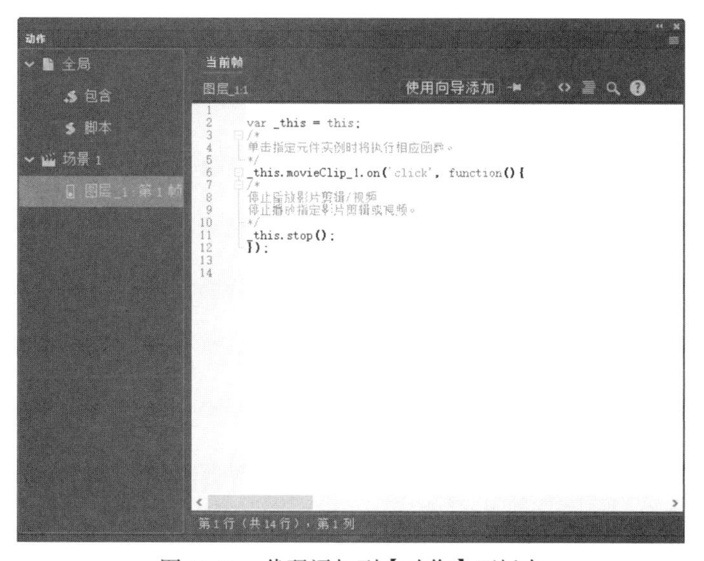

图 11.13 代码添加到【动作】面板中

11.1.4 使用【代码片段】面板

对于 ActionScript 初学者来说，要通过编写代码来实现某项功能并不是一件很简单的事情。Animate CC 为了方便不熟悉 ActionScript 3.0 脚本语言的设计者能够快速实现一些常见的脚本功能，提供了一个【代码片段】面板，用户可以使用该面板快速将特定功能的代码插入到文档中。

在【代码】面板的工具栏中单击【代码片段】按钮打开【代码片段】面板，在面板中双击文件夹将其打开，双击文件夹中的选项，【动作】面板中即添加了相应的代码片段。

如在舞台上选择影片剪辑，在【代码片段】列表中打开【动作】文件夹，双击【停止影片剪辑】选项。【动作】面板中将会添加对应代码及功能提示，如图 11.14 所示。

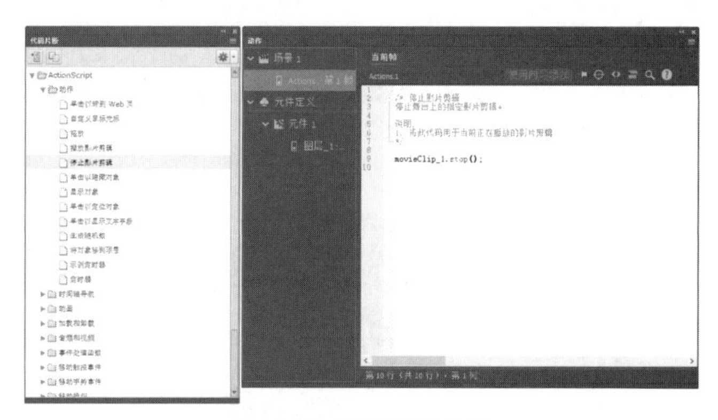

图 11.14　添加代码片段

专家点拨：使用【代码片段】面板添加代码，Animate CC 会自动在【时间轴】面板的最上层添加一个名为 Action 的图层，代码添加在该图层的帧中。这里要注意，如果选择的是舞台上的对象，Animate CC 会将代码片段添加到包含所选对象的帧中。如果选择的是时间轴上的帧，也会将代码添加到该帧。

11.1.5　实战范例——用代码控制飞鸟飞行

本案例运行时，单击舞台上的 PLAY 按钮，一只飞鸟从左向右飞过整个舞台。通过本案例的制作，将帮助读者熟悉在【动作】面板中输入代码的方法、代码片段的使用以及为对象设置实例名的方法。

（1）启动 Animate CC，打开素材文件“11.1.5 用代码控制飞鸟飞行（素材）.fla”。在时间轴面板中将“图层 _1”更名为背景，从【库】面板中将“背景 .jpg”图片放置到该图层中，选择第 2 帧后按 F6 键创建关键帧。选择“背景”图层的第 2 帧，从【库】面板中将名为 bird 的影片剪辑放置到舞台的外面，如图 11.15 所示。

图 11.15　创建关键帧并放置对象

（2）在时间轴上新建一个图层，将其命名为“按钮”。从【库】面板中将名为“按钮”的按钮元件放置到舞台的右下方，如图 11.16 所示。

图 11. 16　放置按钮

（3）选择舞台上的按钮元件，打开【属性】面板，将该对象的实例名设置为“S_Button”。选择舞台上的飞鸟影片剪辑，在【属性】面板中将其实例名设置为 bird，如图 11.17 所示。脚本程序将使用这里设置的实例名来实现对这两个对象的引用。

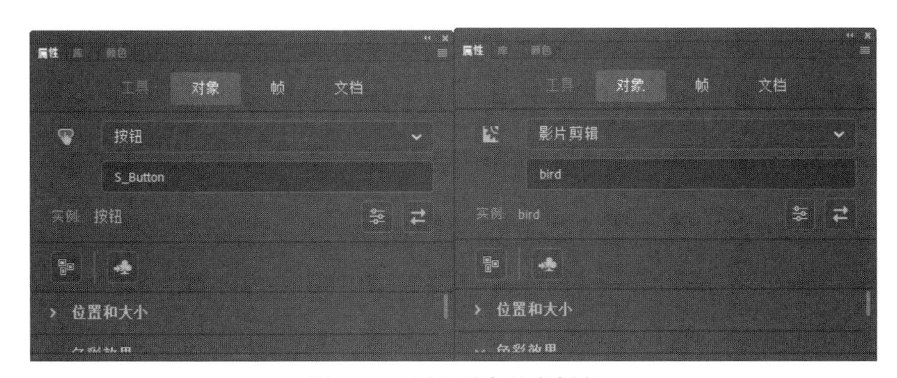

图 11.17　设置对象的实例名

（4）在时间轴上添加一个新图层，将其命名为 Actions。选择该图层的第 2 帧后按 F6 键创建关键帧，此时该图层有两个空白关键帧，这两个关键帧将用来放置程序代码。

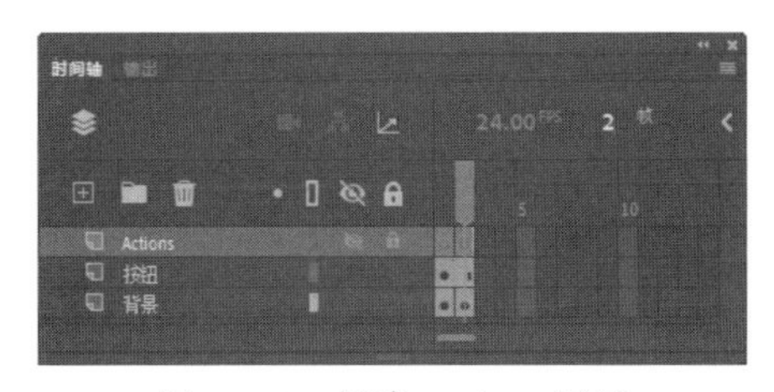

图 11.18　创建 Actions 图层

（5）在【时间轴】面板中选择 Actions 图层的第 1 帧，按 F9 键打开动作面板，在【脚本编辑】窗格中输入代码。在输入代码时，Animate CC 提供了代码提示功能。如这里输入“Event:”后将能够获得一个列表，列表中列出所有可以使用的事件，如图 11.19 所示。使用鼠标双击需要使用的选项或者在选择选项后按 Tab 键，代码即可输入。

图 11.19　代码提示功能

（6）在输入代码时，有时输入的格式并不规范，此时可以单击【设置代码格式】按钮使代码格式规范以便于阅读，如图 11.20 所示。

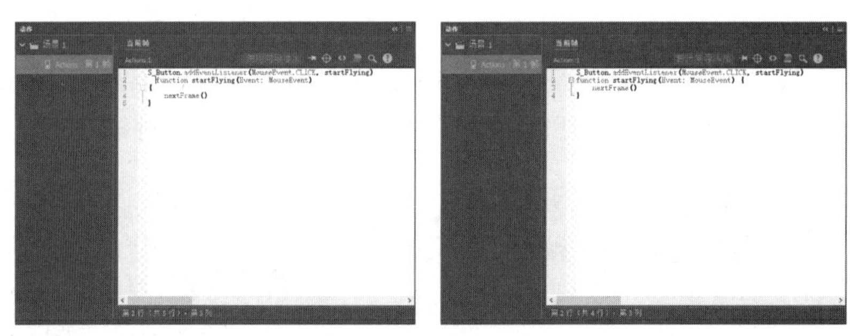

图 11.20　单击【设置代码格式】按钮前后的格式效果

（7）选择 Actions 图层的第 2 帧，打开【动作】面板，单击【代码片段】按钮打开【代码片段】面板。在列表中展开 ActionScript 文件夹，展开其中的【动画】文件夹。双击【水平动画移动】选项。由于没有预先指定动画对象，Animate CC 给出提示，如图 11.21 所示。

图 11.21　Animate CC 给出提示

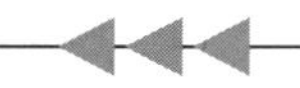

（8）单击【确定】按钮关闭提示对话框，在舞台上选择飞鸟影片剪辑。再次在【代码片段】面板列表中双击【水平动画移动】选项，实现水平移动动画的代码被添加到【动作】面板中，如图 11.22 所示。

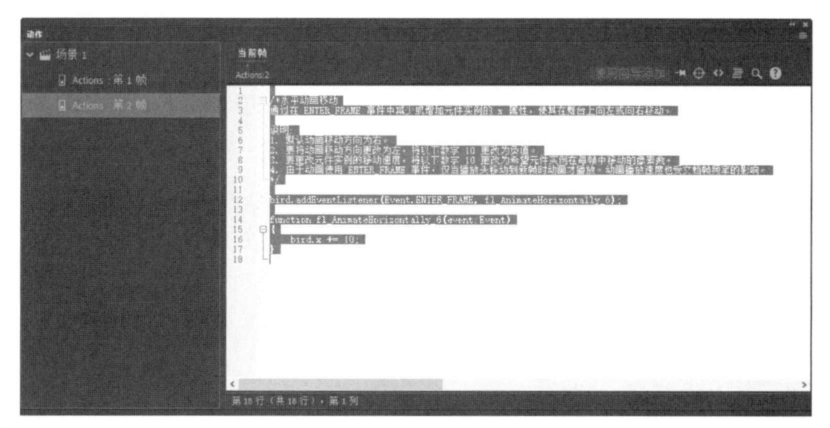

图 11.22　代码添加到【动作】面板中

（9）本案例至此制作完成，保存文档，选择【调试】|【调试】命令即可对程序进行调试。程序运行时，在 Flash Player 窗口中单击 PLAY 按钮，飞鸟将在窗口中从左向右飞过窗口，如图 11.23 所示。

图 11.23　程序运行效果

11.2　了解 ActionScript 3.0

ActionScript 3.0 是 Animate CC 内置的编程语言，其功能强大，与 Animate CC 动画能够实现紧密结合，实现了面向对象的编程思想。本节将介绍 ActionScript 3.0 的基本概念及知识。

11.2.1　认识类和对象

类和对象是面向对象技术两个非常重要的概念。

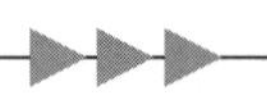

什么是对象呢？从现实世界来看，世界上所有的物体都是对象，大到宇宙，小到原子，都可以看作是对象。可以说，对象就是现实世界中某个实际存在的事物，它可以是有形的，比如一辆汽车，也可以是无形的，比如一项计划。对象是构成世界的一个独立单位，它具有自己的静态特征和动态特征。

举个例子来说，汽车是一个对象，那么汽车中的颜色、价格、型号等都是汽车对象的静态特征，而汽车可以发动、刹车等，这些都是汽车对象的动态特征。

从现实世界的对象抽象到计算机所处理的对象，汽车的静态特征就称为汽车这个对象的属性，而汽车的动态特征就称为汽车这个对象的服务或者方法。

什么是类呢？类是具有相同属性和相同服务的一组对象的集合。对象可以有很多，但是当忽略它们之间非本质的差别时，就可以得到一些具有相同属性和服务的对象集合，这个集合就可以称为类，它为属于该类的全部对象提供了统一的抽象描述，其内部包括属性和方法两个主要部分。

例如，对于同一种型号和功能的汽车都是通过同一张设计图纸设计出来的，那么这张设计图纸就是“类”，根据这个图纸设计出来的汽车就是这个类的“对象”，这些对象具有相同的属性和方法。如果对图纸进行修改，那么就会生产出来另一种型号和功能的汽车。

因此，可以得出结论：类是抽象的，是对属于该类的全部对象统一的抽象描述，而对象是具体的，是对客观世界中所有事物的具体描述。类和对象之间存在着紧密的联系，其中，类的作用是用来创建对象的，而对象就是类的一个实例。在研究问题、思考问题的时候，并不会去针对个别对象一个一个去认识、研究它，而是针对这一类对象，去研究它们所具有的共同（特征）属性和方法，把它描述出来，然后用它去创建具体的对象实例。

ActionScript 3.0 中内置了种类繁多的类，例如常用的 MovieClip 类，其中包含了作为一个影片剪辑必须有的属性如坐标 x 和 y、高度 heigth、宽度 width、透明度 alpha 等，还包含了影片剪辑可以有的行为如 play()、stop() 等。

但是 MovieClip 类只是一个定义了抽象的数据结构和行为的集合，它没有任何一个具体的属性值，如高度或宽度等。只有根据 MovieClip 类生成的对象才有实际的属性，才能在舞台上真正地显示出来。

ActionScript 3.0 为开发人员提供了许许多多的类，它们结构严谨、层次分明，可以应用在程序的各种不同领域。在 ActionScript 3.0 中将所有的内建类大致分成了三部分：顶级类（Top Level Casses）、fl 包和 flash 包。顶级类包含了诸如 Int、Number、String、Array、Object、Boolean、XML 等最基本的类和一些全局函数。更多的类被分别包含在 fl 包和 flash 包中，每个包都细分为多个不同类别的包。

从某种程度上讲，ActionScript 3.0 的强大功能也体现在它内置了丰富的类，只有开发者能熟练使用这些内置的类，才会在开发各个领域的程序时提高效果、得心应手。下面简单介绍 ActionScript 3.0 的三个常见类。

1. Shape 类和 Script 类

Shape、Sprite 是 flash.display 包中经常用到、用于显示可视化对象的两个类。它们都

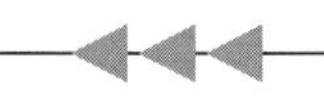

直接或间接地继承自 DisplayObject 类，如图 11.24 所示。

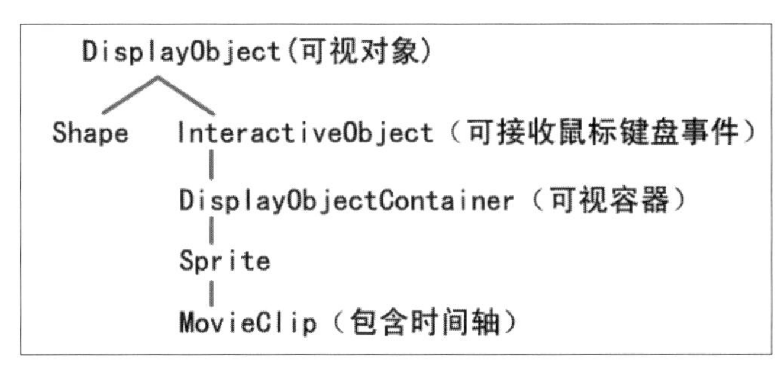

图 11.24　继承关系图

Shape 类的对象只用于在其中绘图，它不支持鼠标键盘事件，同时不能容纳其他可视对象。Sprite 类对象是构建显示列表的主要元素，它作为最常用的可视容器对象，既可以在其中绘图、添加其他可视对象，也可以容纳其他容器对象。如果自定义的可视类不需要时间轴，基类的首选就是 Sprite 类。

Shape 类和 Sprite 类都包含一个重要的 graphics 属性，该属性使编程者可以从 Graphics 类访问方法，用于在对象中绘制矢量图。另外 Sprite 类还包含 startDrag() 和 stopDrag() 方法，用于实现鼠标拖放效果。

2. MovieClip 类

MovieClip 类是动态类，这个类可以看作是包括时间轴的 Sprite 类，是所有影片剪辑元件（类）的基类。MovieClip 类是 ActionScript 3.0 类中唯一包含时间轴的类。在 ActionScript 3.0 中，所有和时间轴控制有关的编程，都需要使用 MovieClip 类来完成。

使用 MovieClip 类，首先需要声明影片剪辑实例。最简单的方法就是新建一个影片剪辑元件，然后从“库”面板中将这个影片剪辑元件拖动到舞台上，就声明了一个 MovieClip 类的实例。还可以在“属性”面板中为这个影片剪辑实例命名。

另外，可以使用 ActionScript 来声明 MovieClip 类的实例。MovieClip 类有一个构造函数 MovieClip()，可以创建一个新的影片剪辑实例。这个实例仅出现在舞台中，不会出现在“库”面板中。定义一个影片剪辑实例的一般形式如下：

var 新影片剪辑实例名 : MovieClip=new MovieClip();

例如，下面的 ActionScript 语句创建了一个名为 mymc 的实例。

var mymc:MovieClip=new MovieClip();

MovieClip 类从基类中继承了许多属性，其自身定义的属性如表 11.1 示。MovieClip 类的属性提供的大都是和时间轴中的帧相关的信息。

表 11.1　MovieClip 类自身定义的属性

属　性	含　义
currentFrame	指定播放头在 MovieClip 实例的时间轴中所处的帧的编号
currentLabel	在 MovieClip 实例的时间轴中播放头所在的当前标签
currentLabels	返回由当前场景的 FrameLabel 对象组成的数组
currentScene	在 MovieClip 实例的时间轴中播放头所在的当前场景

续表

属　性	含　义
enabled	一个布尔值，指示影片剪辑是否处于活动状态
framesLoaded	从流式 SWF 文件加载的帧数
scenes	MovieClip 实例中场景的名称、帧数和帧标签构成的数组
totalFrames	MovieClip 实例中帧的总数

把一个影片剪辑从“库”面板中拖动到舞台上的时候，已经为它设置了 x 属性和 y 属性。可以使用 ActionScript 语句得到舞台上某个实例的各种属性，如坐标、透明度、旋转的角度、缩放的大小等。MovieClip 类的大部分属性是可以使用 ActionScript 实时修改的。许多复杂的效果就是使用 ActionScript 来控制实例属性实现的。

可以用下面的动作脚本来得到影片剪辑实例“ball_mc”的 x 坐标：

var ballX=ball_mc.x;

可以使用下面的动作脚本来设置影片剪辑实例“ball_mc”的 x 坐标：

ball_mc.x=30;

MovieClip 类从基类中继承了许多属性，比较常用的如表 11.2 所示。

表 11.2　MovieClip 类从基类中继承的属性

属　性	说　明
alpha	影片剪辑实例的透明度值
currentFrame	指定播放头在 MovieClip 实例的时间轴中所处的帧的编号
currentLabel	在 MovieClip 实例所在的时间轴中播放头所在的帧标签
currentScene	在 MovieClip 实例所在的时间轴中播放头所在的当前场景
dropTarget	指定拖动 sprite 时经过的显示对象，或放置 sprite 的显示对象
enabled	一个布尔值，指示影片剪辑是否处于活动状态
doubleClickEnabled	指定此对象是否接收 doubleClick 事件
focusRect	指示此对象是否显示焦点矩形
framesLoaded	从 SWF 文件流中已经加载的帧数
height	影片剪辑实例的高度，以像素为单位
graphics	指定属于此 sprite 的 Graphics 对象，在此 sprite 中可执行矢量绘画命令
hitArea	指定一个 sprite 用作另一个 sprite 的点击区域
mouseEnabled	指定此对象是否接收鼠标消息
name	影片剪辑实例的实例名称
parent	对包含有该影片剪辑的引用
rotation	影片剪辑实例的旋转角度
tabChildren	影片剪辑的子级是否包含在 Tab 键的自动排序中
tabEnabled	指示某影片剪辑是否包含在 Tab 键排序中
tabIndex	指示对象的 Tab 键顺序
stage	显示对象的舞台
totalframes	影片剪辑实例中的总帧数
trackAsMenu	指示其他按钮是否可接收鼠标按钮释放事件
useHandCursor	确定当用户滑过按钮影片剪辑时是否显示手形光标

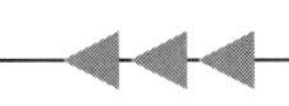

续表

属　　性	说　　明
visible	一个布尔值，确定影片剪辑实例是隐藏的还是可见的
width	影片剪辑实例的宽度，以像素为单位
x	影片剪辑实例的 x 坐标
xmouse	影片剪辑实例中鼠标指针的 x 坐标
scaleX	指定用于水平缩放影片剪辑的百分比的值
y	影片剪辑实例的 y 坐标
ymouse	影片剪辑实例中鼠标指针的 y 坐标
scaleY	指定用于垂直缩放影片剪辑的百分比的值

MovieClip 类从基类中继承了许多方法，其自身定义的属性如表 11.3 所示。它定义的方法主要是针对影片的播放控制行为。

表 11.3　MovieClip 类自身定义的方法

方　　法	含　　义
MovieClip()	创建新的 MovieClip 实例
gotoAndPlay()	指定帧开始播放 SWF 文件
gotoAndStop()	将播放头移到影片剪辑的指定帧并停在那里
prevFrame()/nextFrame()	将播放头转到上 / 下一帧并停止
prevScene()/nextScene()	将播放头移动到 MovieClip 实例的上 / 下一场景
play()/stop()	在影片剪辑的时间轴中移动 / 停止播放头

MovieClip 类中比较重要的方法有：stop()、play()、gotoAndStop() 和 gotoAndPlay()。这 4 个方法是使用频率最高的方法。它控制影片剪辑内部播放头的运动。

下面的代码将实例 my_mc 的内部播放头移动到第 3 帧。

my_mc.gotoAndStop(3);

MovieClip 类从基类中继承了许多方法，比较常用的如表 11.4 所示。

表 11.4　MovieClip 类从基类中继承的方法

方　　法	含　　义
addChild()	将一个 DisplayObject 子实例添加到该 DisplayObjectContainer 实例中
addChildAt ()	将一个 DisplayObject 子实例添加到该 DisplayObjectContainer 实例中
addEventListener ()	使用 EventDispatcher 对象注册事件侦听器对象，以使侦听器能够接收事件通知
globalToLocal ()	将 point 对象从舞台（全局）坐标转换为显示对象的（本地）坐标
hitTestObject ()	计算显示对象，以确定它是否与 obj 显示对象重叠或相交
hitTestPoint ()	计算显示对象，以确定它是否与 x 和 y 参数指定的点重叠或相交
localToGlobal()	将 point 对象从显示对象的（本地）坐标转换为舞台（全局）坐标
removeChild()	从 DisplayObjectContainer 实例的子列表中删除指定的 child DisplayObject 实例
removeChildAt	从 DisplayObjectContainer 的子列表中指定的 index 位置删除子 DisplayObject
removeEventListener()	从 EventDispatcher 对象中删除侦听器
startDrag()	允许用户拖动指定的 Sprite
stopDrag()	结束 startDrag() 方法
swapChildren()	交换两个指定子对象的 Z 轴顺序（从前到后的顺序）

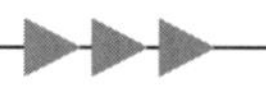

3. Sound 类

flash.media 包中包含用于处理声音和视频等多媒体资源的类，可以使用这些类控制数字声音、视频，也可以操作麦克风和摄像头等设备。这里着重介绍一下 Sound 类。

Sound 类允许在应用程序中使用声音，可以通过它创建新的 Sound 对象或加载外部 MP3 文件，可以播放声音文件、关闭声音流，以及访问有关声音中的数据，如有关流中的字节数和 ID3 元数据等信息。

Sound 类的属性如表 11.5 所示。

表 11.5　Sound 类的属性

属　　性	含　　义
bytesLoaded	返回此声音对象中当前可用的字节数。这通常只对从外部加载的文件有用
bytesTotal	返回此声音对象中总的字节数
id3	提供对作为 MP3 文件一部分的元数据的访问
isBuffering	返回外部 MP3 文件的缓冲状态。如果值为 True，则在对象等待获取更多数据时，当前将会暂停任何回放
length	当前声音的长度（以毫秒为单位）
url	从中加载此声音的 URL。此属性只适用于使用 Sound.load() 方法加载的 Sound 对象

Sound() 是 Sound 类的构造函数，功能是创建一个新的 Sound 对象，其一般形式为：

Sound(stream:URLRequest = null, context:SoundLoaderContext = null)

这个构造函数有两个参数：

stream:URLRequest (default = null)：指向外部 MP3 文件的 URL。

context:SoundLoaderContext (default = null)：MP3 数据保留在 Sound 对象的缓冲区中的最小毫秒数。在开始回放以及在网络中断后继续回放之前，Sound 对象将一直等待直到至少拥有这一数量的数据为止。默认值为 1000（1 秒）。

如果将有效的 URLRequest 对象传递到 Sound 构造函数，该构造函数将自动调用 Sound 对象的 load() 函数。 如果未将有效的 URLRequest 对象传递到 Sound 构造函数，则必须自己调用 Sound 对象的 load() 函数，否则将不加载。

一旦对某个 Sound 对象调用了 load()，就不能再将另一个声音文件加载到该 Sound 对象中。 若要加载另一个声音文件，必须创建新的 Sound 对象。

Sound 类自己定义的方法如表 11.6 所示。

表 11.6　Sound 类自己定义的方法

方　　法	含　　义
close()	关闭该流，从而停止所有数据的下载。调用 close() 方法之后，将无法从流中读取数据
load()	启动从指定 URL 加载外部 MP3 文件的过程。 如果为 Sound 构造函数提供有效的 URLRequest 对象，该构造函数将为用户调用 Sound.load()
play()	生成一个新的 SoundChannel 对象来回放该声音。此方法返回 SoundChannel 对象，访问该对象可停止声音并监控音量

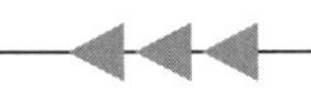

11.2.2　认识事件

传统的人机交互方式是键盘和鼠标，在编写代码时，如果需要利用键盘或鼠标来对动画进行控制，就不可避免地会涉及事件。ActionScript 3.0 采用了基于 DOM3（Document Object Model Level 3）的事件规范，每个事件（如鼠标单击）都是一个对象，在该对象中不仅保存了当前事件的特定信息，还包含了基本的操作方法。本节将对键盘和鼠标事件的应用进行介绍。

指定为响应特定事件而应执行某些动作的技术称为“事件处理”。在编写执行事件处理的 ActionScript 代码时，需要识别三个重要元素：事件源、事件和响应。

- 事件源。发生该事件的是哪个对象？例如，哪个按钮会被单击，或哪个 Loader 对象正在加载图像？事件源也称为“事件目标”，因为 Flash Player 将此对象作为事件的目标。
- 事件。将要发生什么事情？以及希望响应什么事情？识别事件是非常重要的，因为许多对象都会触发多个事件。
- 响应。当事件发生时，希望执行哪些动作？

无论何时编写处理事件的 ActionScript 代码，都会包括这三个元素，代码将遵循以下基本结构：

```
function eventResponse(eventObject:EventType):void
{
    // 此处是为响应事件而执行的动作
}
eventSource.addEventListener(EventType.EVENT_NAME, eventResponse); //注册事件
```

以上代码执行两个操作。首先，定义一个函数，这是指定为响应事件而要执行的动作的方法。接下来，调用源对象的 addEventListener() 方法，实际上就是为指定事件“订阅”该函数，以便当该事件发生时，执行该函数的动作。

1. 编写事件处理函数

在创建事件处理函数时，必须定义函数名称（本例中为 eventResponse），还必须指定一个参数（本例中的名称为 eventObject）。指定函数参数类似于声明变量，所以还必须指明参数的数据类型。函数参数指定的数据类型始终是与要响应的特定事件关联的类。最后，在左大括号与右大括号之间 ({ ...})，编写希望计算机在事件发生时执行的动作。

2. 调用源对象的 addEventListener() 方法

一旦编写了事件处理函数，就需要通知事件源对象（发生事件的对象，如按钮）希望在该事件发生时调用函数。可通过调用该对象的 addEventListener() 方法来实现此目的，该方法在程序中添加一个事件侦听器，用于侦听发生的事件。

addEventListener() 方法有两个参数，具体情况介绍如下。

第一个参数是希望响应的特定事件的名称。同样，每个事件都与一个特定类关联，而

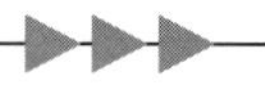

该类将为每个事件预定义一个特殊值。

第二个参数是事件响应函数的名称。这里要注意，如果将函数名称作为参数进行传递，则在写入函数名称时不使用括号。

3. 鼠标事件

代码中用于实现鼠标操作的是鼠标事件类（即 MouseEvent 类），其是 Event 类的一个子类，这个类中常用的属性如表 11.7 所示。

表 11.7 MouseEvent 类的部分属性

属　性	含　义	属　性	含　义
localX	鼠标本地横坐标	localY	鼠标本地纵坐标
stageX	鼠标舞台横坐标	stageY	鼠标舞台纵坐标
ctrlKey	是否按下 Ctrl 键	shiftKey	是否按下 Shift 键

在 MouseEvent 类中定义了 10 个常量，分别表示 10 种不同的鼠标事件，常用的鼠标事件有 MOUSE_DOWN、MOUSE_MOVE、MOUSE_UP 等，常用的几个类型定义方式如下：

```
public static const CLICK:String = "click" // 鼠标单击对象
public static const MOUSE_DOWN:String = "mouseDown" // 鼠标在对象上按下
public static const MOUSE_MOVE:String = "mouseMove" // 鼠标在对象上移动
public static const MOUSE_OUT:String = "mouseOut" // 鼠标移出对象
public static const MOUSE_OVER:String = "mouseOver" // 鼠标移入对象
public static const MOUSE_UP:String = "mouseUp" // 鼠标抬起
```

4. 键盘事件

在代码中使用键盘，就需要用到键盘事件类（即 KeyboardEvent 类），其也是 Event 类的一个子类，这个类中主要的属性如表 11.8 所示。

表 11.8 KeyboardEvent 类的属性

属　性	含　义	属　性	含　义
charCode	按键的字符码	keyLocation	区分重复键
keyCode	按键的键值码	shiftKey	是否按下 Shift 键
ctrlKey	是否按下 Ctrl 键		

在 KeyboardEvent 类中定义了两个键盘事件类型 KEY_DOWN 和 KEY_UP，分别表示某个键被按下和弹起，它们在代码中的定义方式如下：

```
public static const KEY_DOWN:String = "keyDown"
public static const KEY_UP:String = "keyUp"
```

11.3 ActionScript 3.0 应用范例

本节将展示 5 个 ActionScript 3.0 应用范例，通过这些应用范例的制作，帮助读者了解

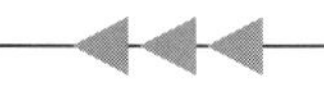

Animate CC 中交互动画的实现方法和技巧。

文字的鼠标跟随效果

11.3.1　应用范例 1——文字的鼠标跟随效果

本范例运行时，在鼠标运动时，文字跟随运动到鼠标指针位置。本范例功能代码置于类文件中，Animate CC 文件通过绑定类文件来实现动画效果。通过范例的制作，读者将掌握使用 Animate CC 创建并使用类文件的方法，同时熟悉使用代码创建并控制文字的技巧。

（1）启动 Animate CC ，按 Ctrl+N 组合键打开【新建文档】对话框，在对话框中将【宽】和【高】分别设置为 640 像素和 480 像素，将【平台类型】设置为 ActionScript 3.0，如图 11.25 所示。单击【创建】按钮创建新文档。

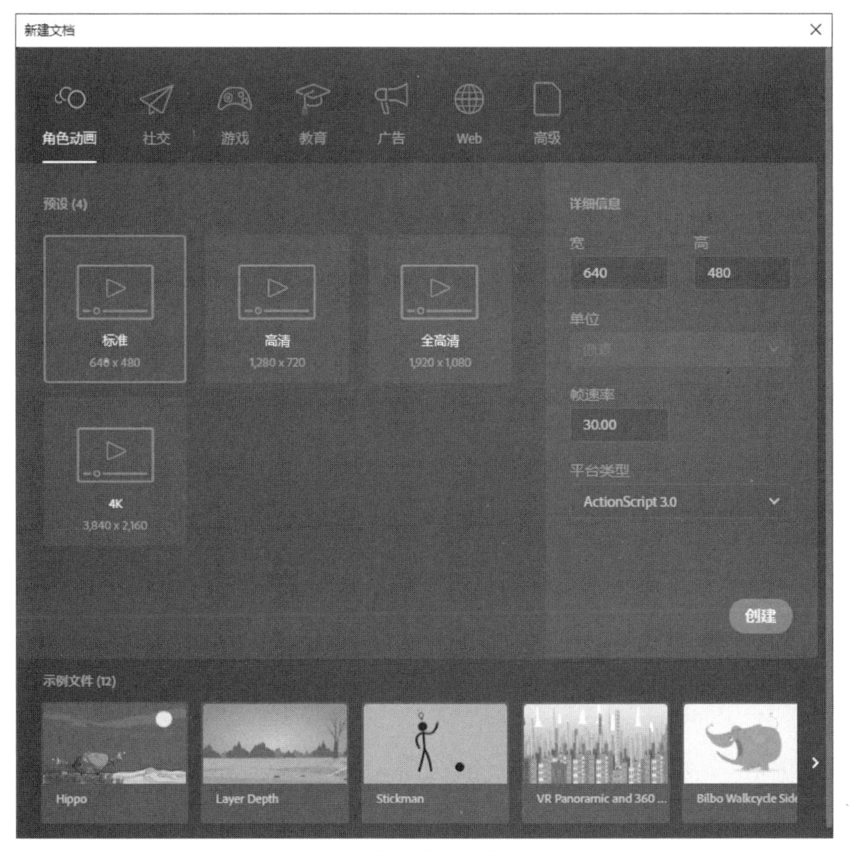

图 11.25 【新建文档】对话框

（2）打开【属性】面板，将文档的舞台颜色设置为黑色，如图 11.26 所示。选择【文件】|【另存为】命令打开【另存为】对话框，将文档保存在相应文件夹中。

（3）在【属性】面板中展开【发布设置】栏，单击【更多设置】按钮，如图 11.27 所示。此时将打开【发布设置】对话框，单击【脚本】列表框右侧的【ActionScript 设置】按钮，如图 11.28 所示。此时将打开【高级 ActionScript 3.0 设置】对话框，在对话框的【文档类】文本框中输入文档类的名称。单击右侧的【编辑类定义】按钮，如图 11.29 所示。

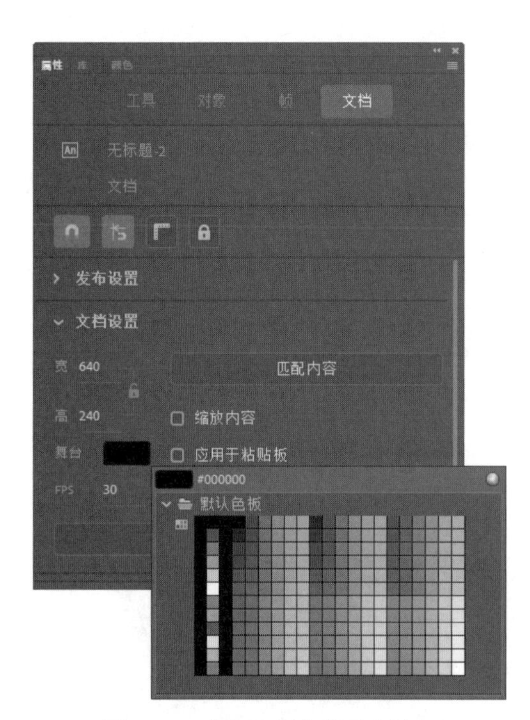

图 11.26 将舞台颜色设置为黑色

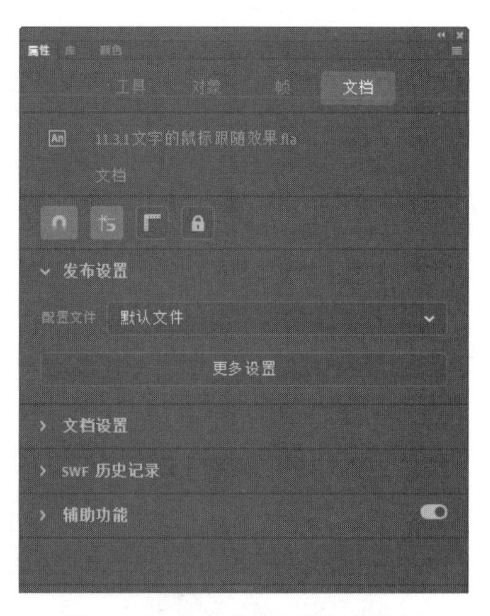

图 11.27 单击【更多设置】按钮

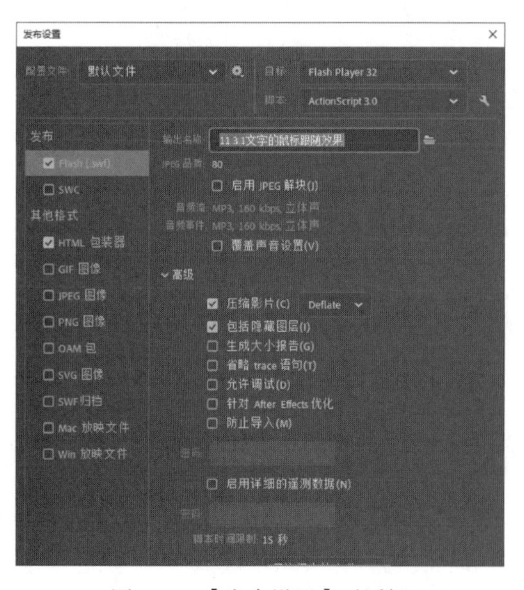

图 11.28 【发布设置】对话框

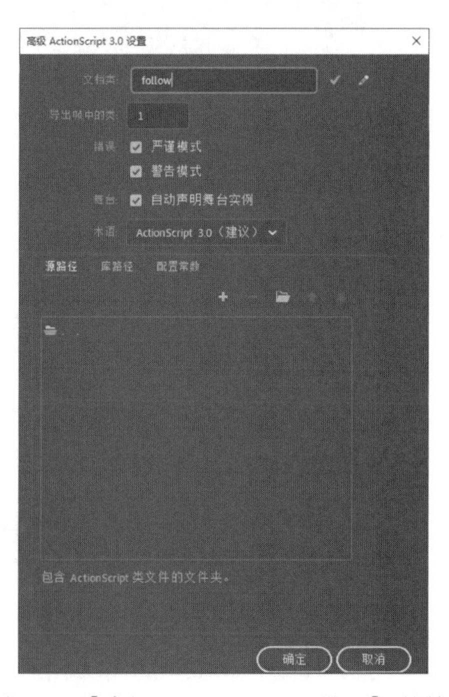

图 11.29 【高级 ActionScript 3.0 设置】对话框

（4）此时将打开代码编辑器，在编辑窗口中已经给出了创建类所需要的代码块和声明，用户只需在代码块中输入程序代码即可，如图 11.30 所示。单击【确定】按钮依次关闭【高级 ActionScript 3.0 设置】对话框和【发布设置】对话框，如果当前是新创建的类文件，Animate CC 给出【ActionScript 类警告】对话框，如图 11.31 所示。这里直接单击【确定】按钮关闭该对话框即可。

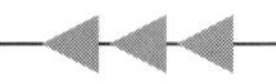

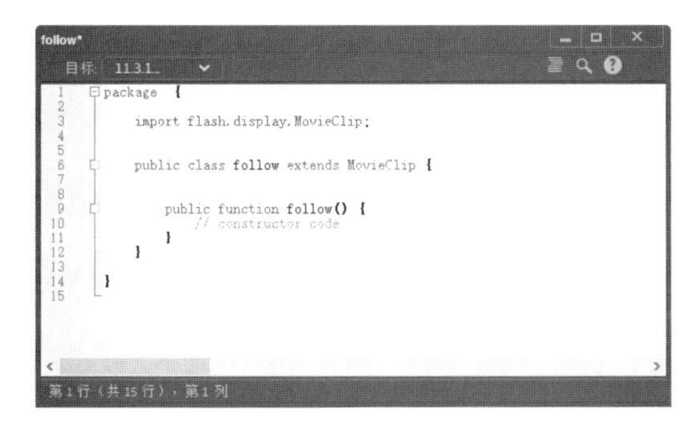

图 11.30 代码编辑器

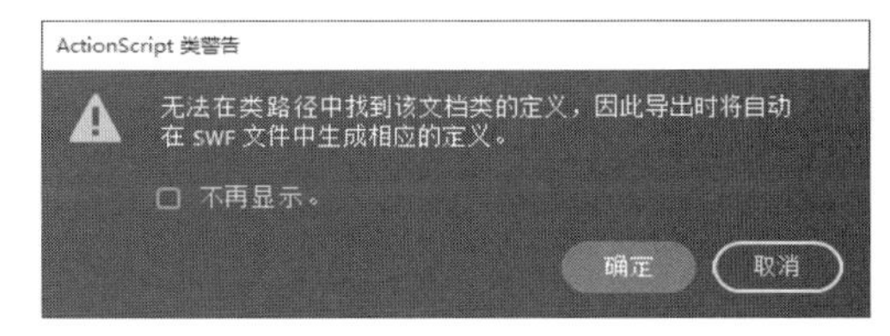

图 11.31 【ActionScript 类警告】对话框

（5）在代码编辑器处于被选择状态下，选择 Animate CC 的【文件】|【另存为】命令将打开【另存为】对话框，将类文件保存在与 Animate CC 文档相同的文件夹中，如图 11.32 所示。

图 11.32 【另存为】对话框

（6）在代码编辑窗口中输入程序代码，程序代码如下所示。完成代码的输入后按 Ctrl+S 组合键保存类文件。

```
package {
   import flash.events.Event
   import flash.display.MovieClip;
   import flash.text.TextFormat
   import flash.text.TextField
   public class follow extends MovieClip {
          var myMC: MovieClip = new MovieClip()
          //设定显示的文字
          public var textStr: String = “欢迎来到课件吧”;
          //设置文字的间距
          public var dis: uint = 40;
          //设置文字跟随速度
          public var speed: uint = 2;
          //获取当前字符数
          public var len: uint = textStr.length;
```

```
            public function follow() {
                //创建 TextFormat 类，用于设置文本的样式
                var tF: TextFormat = new TextFormat()
                //指定文字字号
                tF.size = 20
                //指定文字颜色
                tF.color = 0xffffff;
                //利用 for 循环添加文本
                for (var i: uint = 0; i < len; i++) {
                    //创建 textField 实例
                    myMC[ "text" + i] = new TextField();
                    //将字符取出赋给创建的 textField 实例
                    myMC[ "text" + i].text = textStr.charAt(i);
                    //设置文字默认位置
                    myMC[ "text" + i].x = 100 + dis * i;
                    myMC[ "text" + i].y = 200;
                    //设置文字字号和颜色
                    myMC[ "text" + i].setTextFormat(tF);
                    //让文字显示
                    addChild(myMC[ "text" + i]);
                }
                //添加事件侦听器
                addEventListener(Event.ENTER_FRAME, FArrow);
            }
            public function FArrow(e: Event) {
                //首先指定默认情况下首字符的位置为鼠标所在位置
                myMC.text0.x += (myMC.mouseX + dis - myMC.text0.x) /
speed;
                myMC.text0.y += (myMC.mouseY - myMC.text0.y) / speed;
                //根据前一个字符的位置逐个计算后面字符的位置并指定其位置
                for (var i: uint = len - 1; i > 0; i--) {
                    myMC[ "text" + i].x += (myMC[ "text" + (i - 1)].x
+ dis - myMC[ "text" + i].x) / speed;
                    myMC[ "text" + i].y += (myMC[ "text" + (i - 1)].y
- myMC[ "text" + i].y) / speed;
                }
            }
        }
    }
```

（7）按 Ctrl+Enter 组合键测试程序，程序运行效果如图 11.33 所示。

图 11.33　程序运行效果

11.3.2　应用范例 2——时钟

时钟

本范例介绍一个代码时钟的制作方法，程序运行时窗口显示一个常规指针时钟，时钟显示当前的时、分和秒。通过本范例的制作，读者将了解使用代码设置影片剪辑属性以旋转影片剪辑的方法以及 Time 类的使用方法。

（1）启动 Animate CC，打开“时钟素材 .fla”文件，将文件另存为“时钟 .fla”。在【时间轴】面板中将“图层 _1”更名为“表盘”，再创建 5 个图层，将它们分别命名为“时针”“分针”“秒针”“动作”和“表芯”，如图 11.34 所示。

（2）从【库】面板中将名为“表盘”的影片剪辑放置到“表盘”图层中，在【属性】面板中将 X 和 Y 值设置为 150，使其位于舞台的中心，如图 11.35 所示。

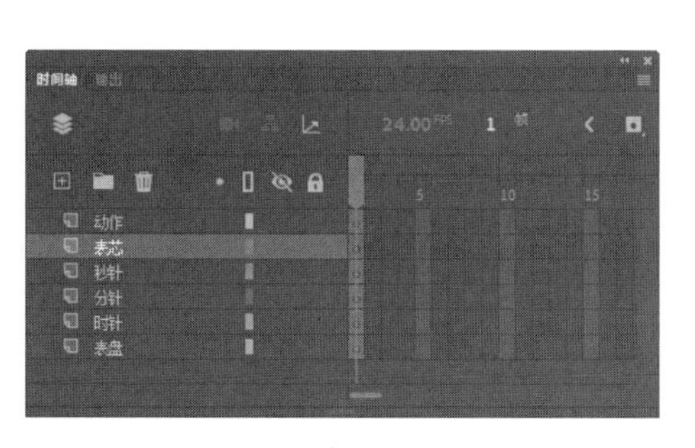

图 11.34　创建图层

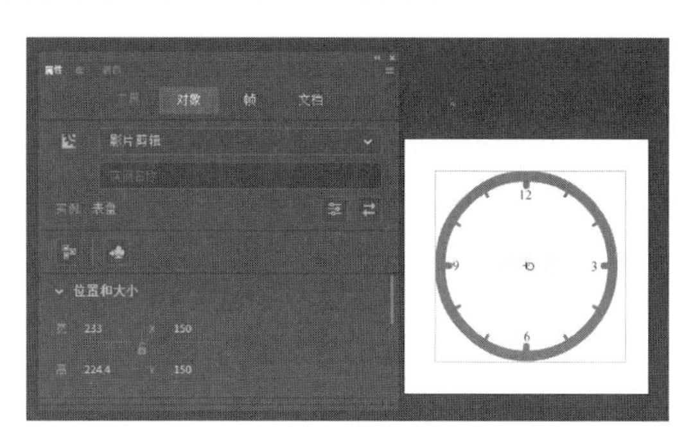

图 11.35　放置“表盘”并设置其位置

（3）从【库】面板中将名为“指针”的影片剪辑文件分别放到“时针”“分针”和“秒针”图层中。选择位于“秒针”图层中的影片剪辑，在【工具箱】中选择【任意变形工具】，将影片剪辑的中心调整到下方位置。在【属性】面板中设置其【宽】和【高】的值使其变得细长，设置 X 和 Y 的值将其放置到舞台的中心。在【实例名称】文本框中输入实例名称“mz_mc”，ActionScript 代码将使用该实例名称来调用这个秒针影片剪辑实例，如图 11.36 所示。

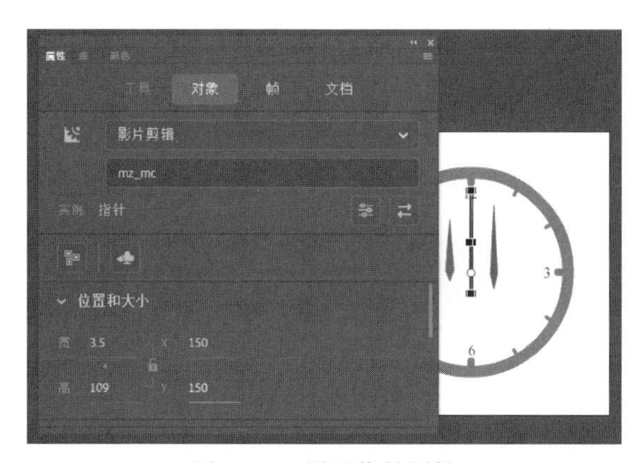

图 11.36　设置指针属性

（4）使用相同的方法调整作为分针和时针的影片剪辑的大小和中心，将它们放置到舞台的中心位置。在【属性】面板中设置这两个影片剪辑的实例名为“fz_mc”和“sz_mc”，如图 11.37 所示。

（5）在“表芯”图层中使用【椭圆工具】绘制一个黑色无边框的圆形，将其放置到舞台中心位置以标识时钟中心的位置，如图 11.38 所示。

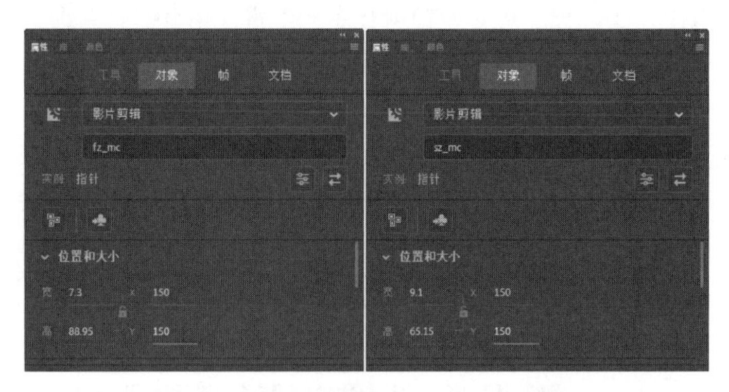

图 11.37　分针和时针影片剪辑的属性设置

图 11.38　绘制圆形标识时钟中心

（6）在【时间轴】面板中选择【动作】图层的第 1 帧，按 F9 键打开【动作】面板。在面板中输入代码，该代码附着于【动作】图层的第 1 帧。程序代码如下所示：

```
//生成一个 time 类
var mytime: Timer = new Timer(1000);
function mysz(event: TimerEvent): void {
   //获取当前时间
   var sj: Date = new Date();
   //当前小时数
   var h = sj.hours;
   //当前分钟数
   var m = sj.minutes;
   //当前秒数
   var s = sj.seconds;
   if (h > 12) {
          //以十二进制算出当前小时数
          h = h - 12;
   }
   //设置时针旋转角度
   sz_mc.rotation = h * 30 + m / 2;
   //设置分针旋转角度
   fz_mc.rotation = m * 6 + s / 10;
   //设置秒针旋转角度
   mz_mc.rotation = s * 6;
}
//创建事件侦听器
mytime.addEventListener(TimerEvent.TIMER, mysz);
//开始 timer 事件侦听
mytime.start();
```

（7）完成代码输入后保存文档，按 Ctrl+Enter 组合键测试程序。程序运行时，窗口中将显示一个时钟，时钟指针指示当前时间，如图 11.39 所示。

图 11.39　程序运行效果

11.3.3　实战范例 3——用鼠标拖动图片

用鼠标拖动图片

下面通过一个范例来练习 MovieClip 类的方法和属性的应用，以及鼠标事件的使用方法。该范例将实现使用鼠标来拖动舞台上的一张图片，将鼠标指针放置于图片上时，通过鼠标滚轴来对图片进行旋转。

（1）启动 Animate CC，打开素材文件“用鼠标控制图片 _ 素材 .fla”。从【库】面板中将 picture 影片剪辑拖放到舞台上，选择该影片剪辑后在【属性】面板中输入实例名 pic，如图 11.40 所示。

图 11.40　设置实例名称

（2）在时间轴面板中创建一个新图层，选择该图层的第 1 帧，打开【动作】面板。要实现对图片的拖放操作，首先需要为影片剪辑添加事件侦听器侦听鼠标的 MOUSE_DOWN 和 MOUSE_UP 事件，然后创建响应这两个事件的函数。在事件响应函数中，使用 startDrag() 方法来拖动影片剪辑，使用 stopDrag() 方法来停止对影片剪辑的拖动。具体的程序代码如下所示：

```
// 定义两个事件侦听器
pic.addEventListener(MouseEvent.MOUSE_DOWN,dMC);
pic.addEventListener(MouseEvent.MOUSE_UP,sMC);
// 定义事件响应函数 dMC
function dMC(event:MouseEvent):void{
// 对名字为 pic 的影片剪辑进行拖放
pic.startDrag();
}
//  定义事件响应函数 sMC
function sMC(event:MouseEvent):void{
// 停止拖放
pic.stopDrag();
}
```

（3）下面编写代码实现使用滚轮来旋转图片。这里为影片剪辑添加事件侦听器侦听鼠标的 MOUSE_WHEEL 事件，在滚轮滚动事件发生时执行函数 rMC。在 rMC 函数中，调用鼠标事件的 delta 属性来获取滚轮滚动值。这里，delta 属性为 3 时，滚轮是向上滚动，

值为 -3 时滚轮向下滚动。具体的程序代码如下所示：

```
pic.addEventListener(MouseEvent.MOUSE_WHEEL,rMC);
function rMC(event:MouseEvent):void{
   pic.rotation+=event.delta*0.3;
   }
```

专家点拨：这里要注意，在编辑环境中测试 MOUSE_WHEEL 事件时，由于编辑环境的快捷键会屏蔽播放器的快捷键，只有在单击对象将其激活后 MOUSE_WHEEL 事件才有效。但在独立播放器中播放动画时，可以直接响应 MOUSE_WHEEL 事件。

（4）下面实现鼠标放置在图片上图片透明度改变的效果。这里为影片剪辑添加事件侦听器侦听 MOUSE_OVER 和 MOUSE_OUT 事件，在事件响应函数中改变影片剪辑的 alpha 属性来实现透明度改变的效果。具体的程序代码如下所示：

```
pic.addEventListener(MouseEvent.MOUSE_OVER,oMC);
pic.addEventListener(MouseEvent.MOUSE_OUT,tMC);
function oMC(event:MouseEvent):void{
   pic.alpha=0.8;
}
function tMC(event:MouseEvent):void{
   pic.alpha=1;
}
```

（5）保存文档，按 Ctrl+Enter 组合键测试程序，程序运行效果如图 11.41 所示。

图 11.41　用鼠标控制图片

用键盘控制对象的移动

11.3.4　实战范例 4——用键盘控制对象的移动

在本范例运行时，使用键盘上的↑、↓、←和→这 4 个方向键来分别控制实例名为 mayi 的影片剪辑的移动。动画运行时窗口中的小蚂蚁会跳舞，按键盘上的方向键将能移动小蚂蚁的位置。通过本范例将熟悉影片剪辑的 x 和 y 属性在控制实例位置方面的应用以及键盘事件的使用方法。

（1）启动 Animate CC，打开“用键盘控制对象的移动 _ 素材 .fla”文件。从【库】面板中将名为“舞蹈”的影片剪辑拖放到舞台上，在【属性】面板中为影片剪辑添加实例名 mayi，如图 11.42 所示。在【时间轴】面板中创建一个新图层，并将该图层命名为 Action。

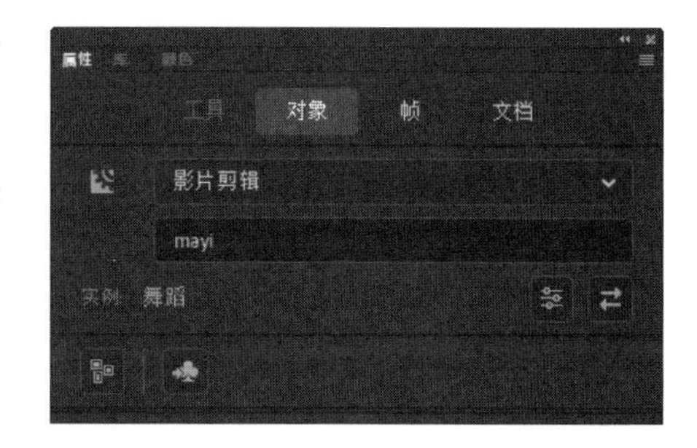

图 11.42　设置实例名称

（2）选择 Action 图层的第 1 帧，打开【动作】面板向该帧添加程序代码，该段代码实现用键盘上的方向键来移动舞台上的影片剪辑。具体的程序代码如下所示：

```
//定义键盘事件侦听器
stage.addEventListener (KeyboardEvent.KEY_DOWN,kDown);
//定义事件响应函数
function kDown(event:KeyboardEvent):void {
//获取按键代码
var kCode:uint =event.keyCode;
    switch(kCode){
          case 37:
          if(mayi.x>350){
          mayi.x-=20}
          break;
          case 39:
          if(mayi.x<390){
          mayi.x+=20}
          break;
          case 38:
          if(mayi.y>270){
          mayi.y-=20;
          }
          break;
          case 40:
          if(mayi.y<340){
          mayi.y+=20;
          }
          break;
    }
}
```

专家点拨：在这段代码中，首先添加事件侦听器侦听键盘事件。在事件响应函数中，使用 keyCode 属性获取键盘事件的键控代码，使用 switch 语句来对监控代码值进行判断，以确定是按的方向键中的哪个键，其中键盘上的←键、→键、↑键和↓键的键控代码分别为 37、38、39 和 40。为了限制影片剪辑的移动范围，使蚂蚁不会与背景图片中的熊重叠，使用了 if 语句来对影片剪辑的位置进行判断。

（3）保存文档，按 Ctrl+Enter 组合键测试文档。程序运行效果如图 11.43 所示。

图 11.43　程序运行效果

11.3.5　实战范例 5——简易音乐播放器

本范例制作一个简易音乐播放器，播放器运行时播放第一首音乐，单击界面中的【暂停】按钮将暂停当前音乐的播放，单击【播放】按钮将能够使音乐从暂停位置继续开始播放，单击界面中的【上一首】按钮和【下一首】按钮能够播放上一首和下一首音乐。通过本范例的制作能够使读者熟悉利用 ActionScript 代码对声音播放进行控制的方法和技巧。

（1）启动 Animate CC，打开“简易音乐播放器 _ 素材 .fla”文件。从【库】面板中将作为背景的图片元件放置到舞台上，将图层命名为“背景”。创建一个新图层，将按钮元件放置到该图层中，将图层命名为“按钮”。创建一个新图层，将图层命名为“动作”，如图 11.44 所示。

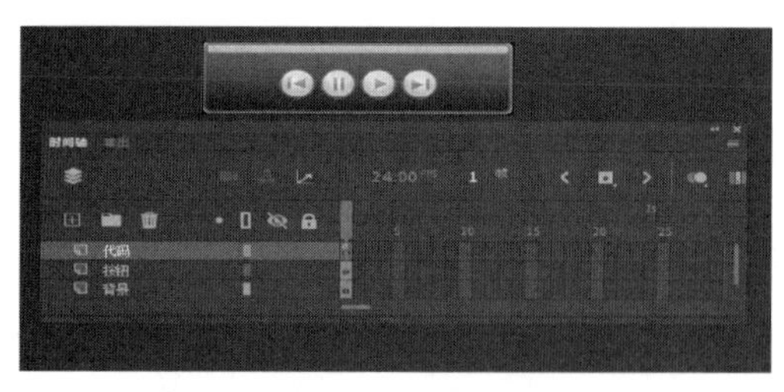

图 11.44　放置元件

（2）分别选择舞台上的按钮元件，打开【属性】面板，在【实例名称】文本框中赋予按钮实例名称，如图 11.45 所示。这里，实现播放上一首音乐功能的按钮的实例名称为 btn_prev，实现音乐暂停功能的按钮的实例名称为 btn_stop，实现音乐开始播放功能的按钮的实例名称为 btn_play，实现播放下一首音乐的按钮的实例名称为 btn_next。

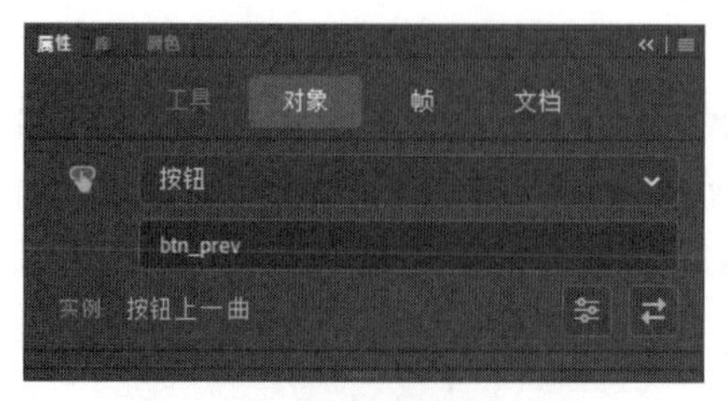

图 11.45　赋予按钮实例名称

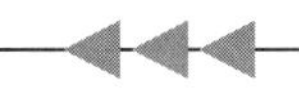

（3）选择“动作”图层的第 1 帧，按 F9 键打开【动作】面板，输入实现功能的程序代码。具体的程序代码如下所示：

```
//定义三个 URLRequest 对象指向需要播放的音乐文件
var req1: URLRequest = new URLRequest(“Music1.mp3”);
var req2: URLRequest = new URLRequest(“Music2.mp3”);
var req3: URLRequest = new URLRequest(“Music3.mp3”);
//定义播放三首音乐的 Sound 对象
var song1: Sound = new Sound(req1);
var song2: Sound = new Sound(req2);
var song3: Sound = new Sound(req3);
//定义变量 index，用于确定歌曲序号
var index: Number = 1;
//定义变量 position，用于记录音乐当前的播放位置
var pausePosition: Number = 0;
//指定当前播放的音乐
var csong: Sound = song1;
//播放当前音乐
var st: SoundChannel = csong.play();
//播放变量为正在播放状态
var isPlay: Boolean = true;
//为播放按钮添加事件侦听
btn_play.addEventListener(MouseEvent.CLICK, playF);
//为停止按钮添加事件侦听
btn_stop.addEventListener(MouseEvent.CLICK, stopF);
//为上一首按钮添加事件侦听
btn_prev.addEventListener(MouseEvent.CLICK, prevF);
//为下一首按钮添加事件侦听
btn_next.addEventListener(MouseEvent.CLICK, nextF);
//按钮的事件响应函数用于播放音乐
function playF(e: MouseEvent): void {
   //判断当前播放状态，如果没有播放则播放
   if (!isPlay) {
          //改变状态变量的值
          isPlay = true;
          //播放音乐
          st = csong.play(pausePosition);
   }
}
//按钮的事件响应函数用于停止播放音乐
function stopF(e: MouseEvent): void {
   //如果正在播放 则停止
   if (isPlay) {
          //改变状态变量的值
          isPlay = false;
```

```
            //记录当前的播放位置
            pausePosition = st.position;
            //音乐播放停止
            st.stop();
        }
    }
    //按钮的事件响应函数用于播放上一首音乐
    function prevF(e: MouseEvent): void {
        //如果当前序号大于1 则播放序号减1。否则，播放序号设置为最后一首音乐的序号3   if
(index > 1) {
            index--;
        } else {
            index = 3
        }
        //指定需要播放的音乐
        csong = this["song" + index] as Sound;
        //当前播放的音乐停止
        st.stop();
        //指定的音乐开始播放
        st = csong.play();
    }
    //按钮的事件响应函数用于播放下一首音乐
    function nextF(e: MouseEvent): void {
        //如果当前序号小于3 则播放序号加1。否则播放序号设置为第一首音乐的序号1
        if (index < 3) {
            index++;
        } else {
            index = 1
        }
        //指定需要播放的音乐
        csong = this["song" + index] as Sound;
        //当前播放的音乐停止
        st.stop();
        //指定的音乐开始播放
        st = csong.play();
    }
```

专家点拨：Sound 类经常会和 SoundChannel 类、SoundTransform 类、SoundMixer 类结合在一起使用，实现对声音的强大功能的控制。使用 SoundChannel 对象来控制声音的属性以及将其停止或者恢复播放；使用 SoundTransform 对象控制声音的声道和音量；使用 SoundMixer 对象对混合输出进行控制。本范例使用 SoundChannel 类来实现对声音的播放的控制。

（4）保存文档，按 Ctrl+Enter 组合键测试程序。程序运行效果如图 11.46 所示。

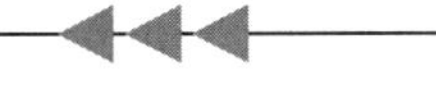

图 11.46　程序运行效果

11.4　本章小结

本章介绍了 ActionScript 3.0 的基本知识和使用 ActionScript 3.0 来实现交互、控制动画播放以及创建各种典型应用的方法。通过本章的学习，读者能够掌握使用 Flash 编写脚本代码的方法，能够应用 ActionScript 3.0 脚本语言来制作一些常用动画特效并实现各种交互。

11.5　本章习题

一、选择题

1．利用 ActionScript 3.0 编程时，使实例名为 mc 的影片剪辑对象逆时针旋转 30°，应该使用下面哪段程序代码？（　　）

A．mc.rotation-=30　　B．mc.rotation+=30

C．mc.scaleX-=30　　D．mc.width-=30

2．如果要在脚本文件中使用 Sprite 类，那么下面哪段代码是正确的？（　　）

A．include flash.display.Sprite;　　B．import flash.display.Sprite;

C．package flash.display.Sprite;　　D．import flash.display.MovieClip;

3．Sound 类属于哪个包？（　　）

A．fl.display 包　　B．flash.display 包

C．flash.media 包　　D．fl.media 包

4．在 ActionScript 3.0 编程时，下面的叙述哪个是正确的？（　　）

A．如果想停止播放声音，可以使用 Sound 类的 stop() 方法

B．如果想播放声音，可以使用 Sound 类的 start() 方法

C．可以使用 SoundChannel 对象的 position 属性获取当前声音的播放位置

D．Sound 类的构造函数是 play()

二、填空题

1.【动作】面板是 Animate CC 中的专用 ActionScript 编程环境，主要由______、脚本编辑窗格和脚本导航器三个部分组成。

2．Animate CC 为了方便不熟悉 ActionScript 脚本语言的设计者实现某些脚本功能，提供了一个______面板，用户可以利用它快速将代码插入到文档中以实现常用的功能。

3．scaleX 和 scaleX 是 MovieClip 类的属性，当将它们设置为 0 ～ 100 间的某个值时，该值为______影片剪辑为原影片剪辑的百分数；当 scaleX 和 scaleY 的值为大于 100 的某

个值时，该值是______影片剪辑为原影片剪辑的百分数；当 scaleX 或 scaleY 为负值时，将______翻转原影片剪辑并进行缩放。

4．在 ActionScript 3.0 中，要创建一个类的对象需要使用______。将类实例化为对象后，每个对象中都包含了类里面定义的属性和方法，可以通过______运算符对各自的属性和方法进行访问。

5．类是___________的一组对象的集合。类为属于该类的全部对象提供了统一的抽象描述，其内部包括___________两个主要部分。

6．MovieClip 类是 Flash 中最常用的类，时间轴上的所有影片剪辑都是 MovieClip 类的实例。每个影片剪辑实例都具有一个名称，即___________，该名称的作用是唯一地标识为可由动作脚本控制的对象。在编程时创建 MovieClip 类的对象可以使用其构造函数：___________。

11.6 上机练习和指导

11.6.1 随鼠标跳动的小球

使用提供的素材图片制作一个在舞台上随鼠标移动而跳动的蓝色小球，如图 11.47 所示。

图 11.47 随鼠标跳动的小球

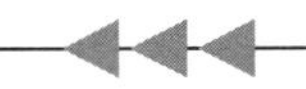

主要操作步骤如下。

（1）将作为背景的素材图片和小球素材图片导入到【库】面板。将背景图片放置到主场景的舞台上。创建一个名为 ball 的影片剪辑元件，将小球素材图片放置到该影片剪辑中。

（2）在【库】面板中右击 ball 影片剪辑元件，选择快捷菜单中的【属性】命令打开【元件属性】对话框，在【高级】设置栏中勾选【为 ActionScript 导出】复选框，在【类】文本框中输入类名 Ball。

（3）回到“场景 1”，在【时间轴】面板中选择“图层 1”的第 1 帧，打开【动作】面板，输入如下程序代码即可：

```
var vx:Number=0;
var vy:Number=0;
var sp:Number=0.1;
var fr:Number=0.95;
var gr:Number=5;
stage.frameRate=24;
var ball:Ball=new Ball();
this.addChild(ball);
//侦听 enterFrame 事件，调用 onEnterFrame() 函数
this.addEventListener(Event.ENTER_FRAME,onEnterFrame);
function onEnterFrame(event:Event):void {
//计算 ball 对象与鼠标光标的水平距离和垂直距离
 var dx:Number=mouseX-ball.x;
 var dy:Number=mouseY-ball.y;
 //计算鼠标水平方向产生的加速度和垂直加速度
 var ax:Number=dx*sp;
 var ay:Number=dy*sp;
//计算 ball 对象水平方向和垂直方向的速度
 vx+=ax;
 vy+=ay;
//加上重力加速度
 vy+=gr;
 //计算 ball 对象水平方向和垂直方向运动的摩擦力
 vx*=fr;
 vy*=fr;
 //获得小球的位置
 ball.x+=vx;
 ball.y+=vy;
 }
```

11.6.2 用鼠标控制的旋转文字

使用提供的素材背景图片制作动画效果。动画播放时，文字在舞台上旋转，旋转的速

度和方向由鼠标位置决定。动画运行的效果如图 11.48 所示。

图 11.48　用鼠标控制的旋转文字

主要操作步骤如下。

（1）将素材图片导入到舞台，调整图片的大小。创建一个新影片剪辑元件，在影片剪辑元件中使用【文本工具】绘制一个空白文本框。在【属性】面板设置文本框的实例名，在【属性】面板中为影片剪辑设置类名。

（2）回到“场景 1”，在【时间轴】面板中选择“图层 1”的第 1 帧，打开【动作】面板。输入如下程序代码：

```
import flash.display.MovieClip;
//转动的坐标位置
var mx:Number = 285;
var my:Number = 200;
//转动的速度
var speed:Number = 0.00015;
var a:Number = 0;
var sa:Number = 0.4;
//定义数组
var wzt:Array = new Array();
//指定要旋转的文字
var myText:String = “江雨霏霏江草齐，六朝如梦鸟空啼.”;
for (var i:uint = 0; i < myText.length; i++)
{
 var myMC:mc = new mc();
 myMC.x = mx;
 myMC.y = my;
 //取出字符并放进数组
 myMC.txt.text = myText.substr(i,1);
```

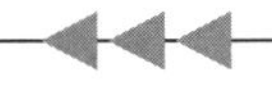

```
 wzt.push(myMC);
 //添加到舞台
 addChild(myMC);

}
addEventListener(Event.ENTER_FRAME, enterframe);
function enterframe(e:Event):void
{
 for (var j:uint = 0; j < myText.length; j++)
 {
          //设置字符的缩放和转动
          var xm:Number = mouseX;
          var dx:Number = (xm-mx)*speed;
          var sx:Number = .2 + .8 * Math.cos(a + sa * j);
          var sy:Number = .6+.4*Math.abs(Math.cos((a+sa*j)/2));
          wzt[j].x = Math.sin(a + sa * j) * 180 + mx;
          wzt[j].alpha = sy;
          wzt[j].scaleX = sx;
          wzt[j].scaleY = sy;
}
a +=  dx;
}
```

11.6.3　下雪动画效果

制作白色雪花漫天落下的动画效果。使用类文件编写代码生成雪花，在 Animate CC 文档中使用代码调用类文件获得雪花纷飞的动画效果。程序运行效果如图 11.49 所示。

图 11.49　漫天雪花效果

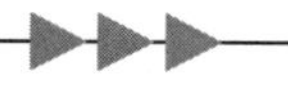

主要操作步骤如下。

（1）创建名为 SNN.as 的类文件，该类文件用于创建雪花并获得雪花下落的动画效果。这里使用 ActionScript 3.0 的绘图函数绘制圆形作为雪花，圆形的半径和透明度值均使用随机值以获得大小不一透明度不同的雪花效果。类文件中的程序代码如下所示：

```
package {
    import flash.display.MovieClip;
    import flash.display.MovieClip;
    import flash.utils.Timer;
    import flash.events.TimerEvent;
    import flash.events.Event;
    public class SSN extends MovieClip {
            //定义影片剪辑实例作为绘制图形的载体
            public var snowF: MovieClip = new MovieClip()
            //雪花的半径
            public var radius: Number;
            //路径角度
            public var angle: Number;
            //降落速度
            public var speed: Number;
            public function SSN() {
                    //重新绘图
                    StartAgain()
                    //添加事件监听器
                    addEventListener(Event.ENTER_FRAME, enterF);
            }
            public function StartAgain(): void {
                    //设定绘制圆形的半径
                    radius = Math.random() * 2;
                    //设定路径角度
                    angle = (Math.random() + 0.5) * Math.PI / 2;
                    //设定降落速度
                    speed = Math.random() + 1;
                    //设定雪花初始位置
                    x = Math.random() * 630;
                    y = -10;
                    //设定雪花透明度
                    snowF.alpha = Math.random()
                    //绘图前擦除已有图形
                    snowF.graphics.clear()
                    //设置绘制图形的填充颜色
                    snowF.graphics.beginFill(0xffffff, 1)
```

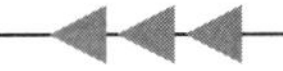

```
                //绘制圆形作为雪花
                snowF.graphics.drawCircle(0, 0, radius)
                //将绘制图形添加到舞台上
                addChild(snowF)
                //设置雪花垂直方向上的初始位置
                snowF.y = -30
            }
            function enterF(e: Event): void {
                //设定雪花降落时横向移动距离
                snowF.x += speed * Math.cos(angle);
                //设定雪花降落时纵向移动距离
                snowF.y += speed * Math.sin(angle);
                //判断雪花是否移出指定范围
                if (snowF.y > 480 || snowF.x < 0 || snowF.x > 640) {
                    //如果移出指定范围则重新绘制雪花
                    StartAgain()
                }
            }
        }
    }
```

（2）创建一个新的 Animate 文档，将文档的背景设置为黑色，同时在舞台上放置背景图片。选择【时间轴】面板中的第 1 帧，在【动作】面板中输入程序代码。这段代码用于导入类并使绘制的雪花在舞台上重复出现以实现漫天雪花的动画效果。具体的程序代码如下所示：

```
    //导入类
    import SSN
    import flash.utils.Timer;
    import flash.events.TimerEvent;
    import flash.events.Event;
    import flash.display.MovieClip;
    //定义影片剪辑实例
    var MM: MovieClip = new MovieClip()
    //指定一个计数变量
    var i: Number = 0
    //添加事件侦听器
    addEventListener(Event.ENTER_FRAME, Falling)
    //事件响应程序
      function Falling(e: Event) {
            //计数加 1
            i++
            //创建一个新的实例
```

```
        MM[ “S” + i] = new SSN()
        //将实例添加到舞台
        addChild(MM[ “S” + i])
        //指定实例的位置
        MM[ “S” + i].x = Math.random() * stage.width
        MM[ “S” + i].y = 0
}
```